JAHRBUCH
2009

BAUTECHNIK

20. Jahrgang, August 2008

Herausgeber:
Verein Deutscher Ingenieure
VDI-Gesellschaft Bautechnik (VDI-Bau)

Redaktion: Reinhold Jesorsky, VDI-Bau
Anzeigen: Wolfgang Wernitz
Herstellung: Helmut Maier
Druck: Limberg Druck GmbH, Kaarst

© Verein Deutscher Ingenieure

VDI Verlag GmbH · Düsseldorf 2008

ISBN 978-3-18-401660-9

Printed in Germany

Inhalt

Teil IV VDI-intern

Tätigkeitsbericht und Ausblick

VDI-Gesellschaft Bautechnik – ein Überblick

Teil V Übersichten/Tabellen/Adressen

Geleitwort

Sehr geehrtes Mitglied, liebe Leserin, lieber Leser,

das Jahrbuch 2009 enthält wie üblich gezielt eingeworbene Aufsätze und Berichte über aktuelle Bauwerke, Baumaßnahmen und neue Entwicklungen auf verschiedenen Gebieten der Bautechnik.

Im Teil I bilden die Themen Wert des Bauens, Klimawandel und Bautechnik, Tunnelbau, Brückenbau, große Sonderbauten und Fassadentechnik deutliche Schwerpunkte. Der Teil II unter der Überschrift Fachwissen beschäftigt sich ausschließlich mit Themen der Bauverfahrenstechnik. Der traditionelle technisch-geschichtliche Beitrag im Teil III ist dem bemerkenswerten Bauingenieur Thomas A. Jaeger gewidmet. Teil IV informiert Sie über Neues aus dem VDI und Teil V enthält nützliche Tabellen, Übersichten und Adressen.

Das Jahrbuch soll Ihnen als grundlegende und wichtige Informations- und Wissensquelle, als Handbuch für die tägliche Arbeit und als eine Publikation zur Verstärkung der Mitgliederbindung dienen.

Seit der Ausgabe 2004 erscheinen die Jahrbücher mit eingelegter CD-ROM, auf der alle Beiträge im Original gespeichert sind, so dass die Abbildungen und Fotos auch in Farbe betrachtet werden können.

Für Anregungen, Wünsche, Vorschläge und Kritik zum Inhalt und zur Gestaltung unserer Jahrbücher haben wir stets ein offenes Ohr. Bitte äußern Sie Ihre Meinung!

Ihre

VDI-Gesellschaft Bautechnik

Der Vorsitzende

Prof. Dr.-Ing. M. Curbach

Der Geschäftsführer

Dipl.-Ing. R. Jesorsky

Düsseldorf, September 2008

Teil I

Aktuelles/ Beruf/ Ausbildung/ Karriere in Exklusiv- beiträgen

Vom Wert des Bauens [1)]

Prof. Dr.-Ing. **Manfred Curbach**, Dresden

Bauen ist eine Kunst, nicht umsonst spricht man von Baukunst. Doch was ist sie wert, diese Baukunst?

Wenn im Folgenden von einem Wert des Bauens die Rede ist, sehe ich zwei wesentliche Bedeutungen, die im weiteren Verlauf beide gemeint sind. Zum einen meine ich einen ökonomischen Wert, der sich zum Beispiel durch einen Geldbetrag messen lässt. Zum anderen gibt es auch den psychologischen oder philosophischen Aspekt, wenn wir von Werten oder von Ethik sprechen. Diese Werte bestimmen wir selbst, wie wir uns selbst eine Ethik geben, und ich betrachte es als eine wichtige Aufgabe dieses Beitrags, den Wert beim Bauen zu beschreiben und zu formulieren. Ein Zugang dazu erfolgt über einen Vergleich mit anderen Industriezweigen, sowohl in Bezug auf die Vergangenheit und die Visionen, die in der Vergangenheit geäußert wurden, als auch über den gegenwärtigen Stand im Bauwesen und unsere heutigen Vorstellungen über die zukünftige Entwicklung.

Unsere Gesellschaft verändert sich mit großer Geschwindigkeit. Vielen Menschen erscheint es so, als würde sich diese Entwicklung heute schneller vollziehen, als dies früher der Fall war. Ob diese subjektiv empfundene Beschleunigung tatsächlich auch objektiv so vorhanden ist, vermag ich nicht zu sagen. Es ist ausgesprochen schwierig, mit dem Wissen um die bisherigen Entwicklungen und der Kenntnis unseres heutigen Standes von Wissenschaft und Forschung in die Zukunft zu blicken. An Beispielen lässt sich verdeutlichen, dass die jeweilige Wahrnehmung sich mit dem zeitlichen Abstand verändert und daher Prognosen aus der Vergangenheit uns heute hin und wieder schmunzeln lassen.

1. Visionen damals und heute

Versetzen wir uns in die Lage eines Menschen im Jahre 1907, dem Gründungsjahr des Deutschen Ausschusses für Stahlbeton, und betrachten wir die Entwicklung des Automobils, das zum damaligen Zeitpunkt bereits 22 Jahre alt war. Mit einiger Wahrscheinlichkeit hat ein visionärer Zeitgenosse damals etwa folgendes vermutet (ROGERS [1]), Bild 1.

[1)] Erstveröffentlichung in: 100 Jahre DAfStb, Berlin Beuth Verlag 2007

Bild 1: Modell T von Ford: Beginn einer Revolution

„Ja, ich kann erkennen, dass dies irgendwie eine sinnvolle Erfindung ist, irgendwann in der Zukunft. Ohne Zweifel ist es ausgesprochen schwierig, es zu verwenden, und Benzin ist sehr schwer zu bekommen, außerdem gibt es nur sehr wenige Straßen, die qualitativ gut genug sind; aber früher oder später wird es bei einigen Menschen Anklang finden. Es könnte sein, dass ich es später mal für mein Geschäft gebrauchen könnte."[1]

Kaum jemand wird damals die Ansicht vertreten haben, „dass diese Erfindung in rasender Geschwindigkeit die Landschaft Amerikas verändern wird. Sie wird unser Leben verändern, wie wir arbeiten, wie wir einkaufen, ja selbst, wie wir unsere Freunde treffen werden."[2]

Ein Jahr später, 1908, begann Henry Ford die Massenproduktion des Modells T (BILLINGTON, BILLINGTON [2]) und ein Wandel setzte ein, der nicht nur unsere Gesellschaft veränderte, sondern auch das gesamte Baugeschehen. Der Straßen- und Brückenbau erlebte einen

---

[1] „Yes, I can see how this will be a somewhat useful invention, at some point of time. Of course it's still too hard to use, and gasoline is difficult to come by, and there relatively few roads good enough to even support the device, but sooner or later, I can see that this will catch on some people. I might even be able to use it in my business at some point."

[2] This invention will rapidly reshape the landscape of America. It will change where we live, how we work, how we shop, even how we meet our mates."

unglaublichen Schub, durch den der im Vergleich zum Automobil gar nicht mehr so junge Baustoff Eisenbeton massiv unterstützt wurde und gleichzeitig unterstützend wirkte, Bild 2.

© Deutsche Fotothek - Preview Scan

Bild 2: Drachenlochbrücke im Zuge der Autobahn München-Stuttgart

Bei anderen Erfindungen wurde die zukünftige Entwicklung noch deutlicher unterschätzt: Im Hinblick auf Computer wird dem damaligen IBM-Chef THOMAS WATSON ein Zitat aus dem Jahre 1943 zugeschrieben: „Ich denke, dass es einen Weltmarkt für vielleicht fünf Computer gibt"[3] [3].

ROGERS unterscheidet zwei verschiedene Arten von Visionären [1]: den Berufsvisionär (professional futurist) und den praktischen Visionär (practical futurist). Die Vorhersagen von Berufsvisionären oder professionellen Zukunftsforschern haben die interessante Eigenschaft, dass sie zu der Zeit, in der sie eintreten sollten, häufig schon wieder vergessen worden sind, so dass der Urheber in der Regel nicht zur Rechenschaft gezogen wird. Der praktische Visionär verbindet mit seiner Sicht der Zukunft im Normalfall die Absicht, damit in irgendeiner Weise Entscheidungen z.B. über die Herstellung eines Produkts oder einer Dienstleistung zu

---

[3] "I think there is a world market for maybe five computers."

15

verbinden. Liegt er mit seinen Vermutungen bzw. Visionen falsch, wird er durch die dann anders eingetretene Entwicklung „bestraft".[4] Sollte WATSON die ihm zugeschriebene Vision tatsächlich geäußert und danach gehandelt haben, sind er und sein Konzern nicht gerade optimal in die Computer-Zukunft gestartet.

Bild 3: Brückenmännchen der Steinernen Brücke in Regensburg aus dem Jahre 1446: einst sah es die Freiheit der Stadt Regensburg voraus, was würde es heute sehen?

Ganz nebenbei stellt sich die Frage, wie die Entwicklung des Computers und des Internets heute in Analogie zu Automobil und Autobahn vor 100 Jahren die Zukunft und unsere Art zu leben verändern werden. Die jederzeit und überall vorhandene Gegenwart aller jemals niedergelegten Informationen ist zwar noch eine Vision, jedoch keine äußerst gewagte. Wenn wir die Entwicklung der Speicherkapazität für Personal Computer der vergangenen 20 Jahre auf die Bandbreite des Internets übertragen, werden wir erstens feststellen, dass sie immer zu gering ist. Wir werden aber auch feststellen, dass analog des Mooreschen Gesetzes zur Leistungsfähigkeit von Prozessoren[5] auch die Weiterleitung von Informationen

---

[4] Wenngleich man feststellen muss, dass in manchen Fällen die geäußerte Vision die Zukunft so beeinflusst hat, dass sie im Sinne der Vorhersage eintritt (self-fulfilling prophecy)

[5] Das **Mooresche Gesetz** sagt aus, dass sich die Komplexität integrierter Schaltkreise mit minimalen Komponentenkosten etwa alle zwei Jahre verdoppelt. Unter Komplexität verstand Gordon Moore, der das Gesetz 1965 formulierte, die Anzahl der Schaltkreiskomponenten auf einem Computerchip.

im Internet mit großer Geschwindigkeit zunimmt. Dies wird zum Einen unsere Art verändern, Informationen zu suchen, aber auch generell unsere Art zu leben und zu arbeiten.

Betrachten wir dazu zwei Jugendliche, die an ihren Computern im Internet spielen. Im Extremfall sitzen beide in selben Raum, haben Head-Sets auf und spielen miteinander in einer virtuellen Welt und haben großen Spaß daran. Dies mag manchem nicht unbedingt gefallen, aber Sorgen sollten wir uns erst dann machen, wenn dies der einzige Kontakt zu den Mitmenschen ist.

Wir brauchen uns aber auch nur bewusst zu machen, wie wir reagieren, wenn morgens beim Einschalten des Computers das Internet nicht funktioniert, wir keine E-Mails empfangen oder „scheinbar" wichtige Informationen abfragen können. Nach einem ersten kleinen Schreck wird ein Moment der Freude eintreten, dass wir jetzt nicht erreichbar und damit nicht störungsanfällig sind. Dauert dieser Zustand aber länger an (je nach Beruf oder privaten Interessen zwischen einigen Stunden und einigen Tagen), werden wir unruhig und fordern die Reparatur des Internet-Zugangs.

Es dürfte deutlich geworden sein, dass schon heute eine mehr oder weniger große Abhängigkeit vom Computer und vom Internet vorhanden ist und in Zukunft eher noch zunehmen wird.

Die Geschwindigkeit der Veränderungen im so genannten IT-Bereich wird nach unserer Empfindung relativ schnell vonstatten gehen und alle Produkte, die für diese Entwicklungen erforderlich sind, werden so schnell, wie sie entwickelt werden, auch wieder überholt sein.

Im Hinblick auf die Geschwindigkeit der Entwicklung neuer Produkte und deren schnellem Verfall haben wir es mit einem Phänomen zu tun, das wir auf der einen Seite unterstützen, bewundern, ja geradezu fordern, mit dessen Konsequenzen wir uns auf der anderen Seite aber nur wenig beschäftigen. Wir bezeichnen die Forschung und die Industrie, die sich mit der Entwicklung von derartigen Produkten beschäftigen, als „High-Tech". Dazu zählen Produkte wie Computer, Handys, Autos, Audio- und Video-Geräte, Fotoapparate, Spülmaschinen und viele andere mehr, Bild 4.

Ursprünglich sprach Moore von einer jährlichen Verdoppelung, 1975 korrigierte er seine Angabe auf eine Verdoppelung alle zwei Jahre.

Bild 4: Ein digitaler Photoapparat mit 3,2 MegaPixel war vor drei Jahren der Hit, heute haben Geräte der gleichen Größe 10 MegaPixel und werden gekauft, obwohl der „alte" Apparat noch immer gute Fotos macht.

Ein großer Teil unserer Gesellschaft lebt von der Produktion und mit den Produkten. Neue Produkte werden in großer Geschwindigkeit „visionär" entwickelt, Bedürfnisse werden geschaffen und befriedigt und ein großer Teil der Gesellschaft schätzt diese Entwicklung und bewundert die ingenieurtechnische Leistung.

2. High-Tech

Die Bezeichnung „High-Tech" fasziniert die Menschen zum Teil derart, dass Wirtschaftszweige, die nicht von Haus aus in diesen Bereich fallen, das Bestreben entwickeln, auch dazu gehören zu wollen oder es zumindest anstreben. Dazu gehört auch die Bauindustrie, aus der heraus hin und wieder ein Slogan wie zum Beispiel „Vom Gummistiefel zum High-Tech" zu hören ist und mit dem Studenten geworben werden sollen, Bild 5.

Bild 5: Die Vorstellung unserer Jugend vom Bauwesen: Vom Gummistiefel zum High-Tech?

„High-Tech" fasziniert die Menschen zum Teil aber auch derart, dass Forschungsmittel gerne gegeben, dass Produktideen schnell umgesetzt und dass Produkte gerne gekauft werden, obwohl die Vorgängertechnik oder das Vorgängergerät durchaus noch sehr gut arbeiten. Dies führt aber zwangsläufig dazu, dass der Computer, der vor drei Jahren noch das „Nonplusultra" darstellte, heute nicht nur finanztechnisch abgeschrieben ist, sondern auch schlicht veraltet und überholt ist.

Mobiltelefone werden mit Laufzeitverträgen von zwei Jahren verkauft. Nur selten verzichtet der Kunde auf die Möglichkeit, beim Neuabschluss oder bei Verlängerung eines Vertrages ein neues Handy zu bekommen. Fernsehgeräte werden nur selten länger als zehn Jahre verwendet, bei Waschmaschinen, Spülmaschinen, Trocknern und anderen Haushaltsgeräten werden Lebensdauern von mehr als zehn Jahren positiv vermerkt, da sie nicht die Regel sind.

Kaum jemand fährt in Deutschland ein Auto, das älter als 15 Jahre ist. Hat ein Fahrzeug 30 Jahre überstanden, bekommt es einen besonderen Status und man kann in Deutschland ein Oldtimer-Kennzeichen beantragen.

Allen genannten Produkten ist gemeinsam, dass sie in sehr kurzer Zeit nach ihrem Kauf einen großen Teil ihres Anschaffungswertes verlieren. Nur äußerst selten erreicht ein Produkt den Status eines Sammelobjektes und man kann damit, wie zum Beispiel bei Autos in seltenen Fällen, einen hohen Wert erzielen. Bei Automobilen sinkt der Preis in den ersten Jahren rapide ab und nach zehn bis 15 Jahren wird ein Fahrzeug in den Rohstoffkreislauf zurückgeführt.

3. Vom Bauen

Im Bereich des Bauens beobachten wir jedoch eine völlig andere Entwicklung. Ein Einfamilienhaus, ein Bürogebäude oder ein Industrieanlagengebäude stellt für den jeweiligen Besitzer einen Wert dar, von dem im Laufe der Jahre erwartet wird, dass dieser Wert steigt. Immobilienbesitz zählt zu den sichersten Anlagearten, die von großen Fonds oder Versicherungen gewählt werden. Ohne dass dies im öffentlichen Bewusstsein verankert ist, gehen diese Geldanleger davon aus, dass die Gebäude angemessen unterhalten bzw. gewartet werden. Auch der Besitzer einer privaten Immobilie, wie z.B. eines Einfamilienhauses, erwartet, dass der Wert über die Zeit zunimmt, Bild 6.

Bild 6: Einfamilienhaus

Nur dieser Tatsache ist es auch zu verdanken, dass eine Immobilie als Sicherheit für einen Kredit verwendet werden kann und die Kreditzinsen sich auf einem vergleichsweise niedrigen Niveau befinden.[6] Um sich den Unterschied hinsichtlich der Wertentwicklung eines Fahrzeugs und eines Gebäudes deutlich zu machen, braucht man nur die unterschiedlichen Niveaus von Kreditzinsen für die beiden „Produkte" zu vergleichen, oder sich vorzustellen, was passieren würde, wenn man seinem Kreditinstitut sein mobiles Telefon als Sicherheit anbieten würde.

Da jedem Bauwerk aus dem Bereich der Gebäude, der Industrieanlagen, dem Brückenbau, dem Wasserbau, dem Straßenbau usw. ein ungefährer Wert zugeordnet werden kann, besteht auch die Möglichkeit, den gesamten ökonomischen Wert aller Bausubstanz in Deutschland abzuschätzen. Je nach Statistik erhält man Zahlen in der Größenordnung von 10 bis 25 Billionen Euro. Ausgeschrieben bedeutet das: 10.000.000.000.000 bis 25.000.000.000.000 Euro. Bezieht man dies auf jeden Bundesbürger, entfällt auf jeden Deutschen ein Wert an Bausubstanz von 125.000 bis 312.500 Euro. Damit gehört jedem,

---

[6] Dass auch hier finanztechnisch massive Fehler gemacht werden, kann aus der derzeitig sichtbaren Immobilienkrise in den USA abgeleitet werden. Die Fehler liegen aber nicht im eigentlichen Wert einer Immobilie, sondern in der einseitig auf einen Vorteil bedachten, deutlich überhöhten Einschätzung eines Wertes und der 100%igen Finanzierung dieses angenommenen Wertes. Im Grunde wurde eine über viele Jahre erwartete, d.h. angenommene und durchaus auch wahrscheinliche, Steigerung des Immobilienwertes auf den heutigen Zeitpunkt projiziert und ebenfalls als Sicherheit in die Kreditfähigkeit mit einbezogen.

einschließlich jedem Baby und jedem Mitglied der Familie, der Gegenwert eines Einfamilienhauses.

Legt man die 25 Billionen Euro zu Grunde [14] und geht von einer mittleren Lebenserwartung von 100 Jahren aus, müssten allein in Deutschland jedes Jahr rund 250 Milliarden Euro (250.000.000.000 Euro) in die Ersatzbeschaffung neuer Bauwerke fließen, eine Summe, die bei weitem nicht erreicht wird.

Daraus folgt, dass entweder deutlich mehr Geld investiert werden muss – was angesichts der vorhandenen wirtschaftlichen Situation, selbst bei allem Optimismus, unrealistisch ist – oder dass die Lebensdauer der vorhandenen Bausubstanz deutlich (!) gesteigert werden muss. Dies ist gleichbedeutend mit der Forderung nach größerer Nachhaltigkeit. Alle heute existierenden und alle zur Zeit in der Planung oder im Bau befindlichen Bauwerke müssen so geplant, behandelt, gepflegt, unterhalten und gebaut werden, dass sie eine Gesamtlebensdauer aufweisen, die deutlich höher als die heute oft angesetzten 60, 80 oder 100 Jahre ist. Dass es heute Bauwerke gibt, die deutlich älter sind, und dass derartige Bauwerke besonders geschätzt und gepflegt werden, zeigen zwei Beispiele aus Regensburg: die Steinerne Brücke – gebaut 1135 bis 1146 – und der Dom, Baubeginn 1273, Bild 7 und Bild 8.

Bild 7: Steinerne Brücke

Bild 8: Regensburger Dom

Diesen großen und wichtigen ökonomischen Wert gilt es zu erkennen und zu schätzen.

Da die Nutzung in 100 Jahren aus heutiger Sicht aber nicht mal ansatzweise vorausgesagt werden kann, andererseits aber klar ist, dass wir bei Nutzungsänderungen – auch größerer Art – nicht einfach neu bauen können, müssen wir uns mit den Möglichkeiten beschäftigen, Bauwerke so beständig und gleichzeitig so variabel wie möglich zu planen und zu bauen.

Beständigkeit wird in der Baubranche oft mit dem Begriff der Dauerhaftigkeit bezeichnet. Wenn alle mit Bauwerken befassten Menschen – und das sind nahezu alle, denn wir alle wohnen und arbeiten in Gebäuden, bewegen uns über Straßen und Brücken, nutzen die technische Infrastruktur – sich des Problems der unbedingt erforderlichen Nachhaltigkeit im Baubereich bewusst werden, wenn also ein Nachhaltigkeitsbewusstsein entsteht, wird die dafür wiederum erforderliche Dauerhaftigkeit als echter, auch materiell bezifferbarer Wert erkannt und anerkannt.

Die Wahrnehmung von Dauerhaftigkeit als Qualitätsmerkmal von Bauwerken ist dabei nur ein Teil der Wahrnehmung des gesamten Bauens. Letztere ist durchaus differenziert und hängt mit den Assoziationen zusammen, die jeweils vorhanden sind und oft über lange Zeiträume im Wechselspiel zwischen Gesellschaft und Baugeschehen entstehen.

Ein eher negatives Bild ist aufgrund des Verhaltens einiger weniger Beteiligter in der Bauindustrie entstanden: Durch verschiedene Korruptionsskandale ist die Assoziation „Baugewerbe = korruptionsempfänglich " entstanden und nur schwer wieder zu reduzieren. Durch die Planung von ästhetisch wenig befriedigenden Bauwerken aus Beton wird diese Bauweise in weiten Teilen der Bevölkerung eher negativ bewertet, wie man an Begriffen der deutschen Sprache wie z.B. „zubetonieren" oder „Betonkopf" erkennen kann. Dies sollte nicht dem Beton zugeschrieben werden, sondern den Menschen, die derartige Entwürfe umsetzen.

Eine eher neutrale Einschätzung des Bauens ist im Zusammenhang mit dem Wohnen, dem Arbeiten und dem Reisen zu konstatieren. Die Gesellschaft geht davon aus, dass unsere Bauwerke, unsere Wohnhäuser, unsere Bürogebäude, unsere Brücken einfach da sind … und dass sie sicher sind. Ebenso ist es eine Selbstverständlichkeit, dass aus unseren Wasserhähnen sauberes, trinkbares Wasser kommt.

Eine eher positive Wahrnehmung des Bauens erleben wir immer dann, wenn ein herausragendes Bauwerk eingeweiht oder in Betrieb genommen wird. Sei es ein neues Museum, ein rekordverdächtiges Hochhaus oder eine neue, herausragende, weitspannende Brücke, die Presse berichtet über derartige Bauwerke vor allem dann positiv, wenn die ästhetische Qualität deutlich sichtbar ist und die Menschen nehmen derartige Bauwerke interessiert auf und diskutieren darüber. Positive Aufmerksamkeit erfahren Bauwerke auch dann, wenn sie Menschen oder Kulturen verbinden, wie zum Beispiel die im Krieg zerstörte und anschließend wieder aufgebaute Brücke wie diejenige in Mostar, Bild 9a und 9b.

Bild 9a: Alte Brücke von Mostar aus dem Jahr 1930,

Bild 9b: Brücke von Mostar heute, Bild Wikipedia, Haris Mustagrudić

Im Anstieg begriffen, wenn auch absolut noch relativ gering, ist das Bewusstsein, dass unsere gebaute Umwelt einen wichtigen Wert im Sinne der Baukultur für unsere Gesellschaft leistet.

Womit wir zu der Frage kommen, wie Dauerhaftigkeit in der Öffentlichkeit wahrgenommen wird. Hier scheint eine gewisse Verwandtschaft zu der Frage zu bestehen, wie Sicherheit bei Gebäuden wahrgenommen wird. Beide werden nur dann wahrgenommen, wenn sie **nicht** da sind. Womit gleichzeitig eine deutliche Ähnlichkeit zum Begriff „Gesundheit" vorhanden ist. Auch diese ist im Normalfall besonders dann gefragt, wenn sie **nicht** vorhanden ist. Erst, wenn man etwas nicht mehr hat, merkt man, wie wertvoll es einem war.

Ähnlich ist es mit der Gesundheits**vorsorge**: sie wird nur von denen betrieben, die das entsprechende Bewusstsein haben, womit auch hier eine große Übereinstimmung zur Dauerhaftigkeitsvorsorge bei Gebäuden festzustellen ist.

Wenn wir also ein Bewusstsein für den Wert von Dauerhaftigkeit schaffen wollen, werden wir vor allem über den Sinn von erhaltenden Maßnahmen und deren werterhaltenden Charakter informieren müssen.

Neben dieser öffentlichkeitswirksamen Maßnahme werden wir aber auch die Techniken und Verfahren zur Nachhaltigkeit und Dauerhaftigkeit unserer Bauwerke selber weiterentwickeln müssen, um den Anforderungen der Zukunft zu genügen.

4. Konstruktionsaufgaben der Zukunft

Im Jahre 2005 hat die AMERICAN SOCIETY OF CIVIL ENGINEERS (ASCE) eine Konferenz zur Zukunft des Bauingenieurwesens durchgeführt und deren Ergebnisse in dem Buch „The Vision for Civil Engineering in 2025" zusammengefasst [4]. Die von der ASCE veröffentlichten zusammengestellten Vorstellungen unterscheiden sich dabei nicht von den auch in Deutschland und anderen Ländern getroffenen Feststellungen [5].

4.1 Bevölkerungszunahme

Die Zunahme der Weltbevölkerung wird besonders stark die städtischen Gebiete belasten. Im Mai 2007 lebten ca. 6,6 Milliarden Menschen auf der Erde. Pro Sekunde steigt die Weltbevölkerung um ca. 2,4 Menschen. Die UNO erwartet bei leicht sinkender Zunahmegeschwindigkeit bis zum Jahre 2050 eine Bevölkerung von ca. 9,2 Milliarden Menschen, davon 2/3 in Städten. Das bedeutet, dass – rein rechnerisch – zur Aufnahme des Zuwachses in den nächsten 43 Jahren jeden Tag zunächst Städte mit rund 207.000 Einwohner und später Städte mit rund 165.000 Einwohnern **pro Tag** gebaut werden müssen.

Die Verringerung der Geschwindigkeit der Bevölkerungszunahme ist dabei nicht wirklich beruhigend.

Diese Menschen brauchen Energie, Trinkwasser, saubere Luft, sichere Entsorgung der Abfälle und Möglichkeiten zur Mobilität. Die heute vorhandenen Ideen, diese Menschen unterzubringen, klingen nicht gerade attraktiv: Die „Schwimmende Stadt X-Seed 4000", eine Vision aus dem Jahre 1980 von der TASAI CORPORATION, soll wenige Kilometer vor der Küste Japans als Hypergebäude mit einem Durchmesser von sechs Kilometern mehr als 4000 m hoch sein und damit den Fujiyama um 224 Meter überragen. In 800 Stockwerken sollen eine Million Menschen leben, dauerhaft allerdings nur bis in eine Höhe von 2000 m, weil oberhalb dieser Höhe die Versorgung mit Sauerstoff und Energie problematisch wird. Außerdem herrscht im obersten Stockwerk des japanischen Megatraums ziemlich dünne Luft bei ca. -11°C. Gute Bedingungen, um dort Ski zu laufen.

Die Frage, ob ein Leben in einem derartigen Gebäude menschenwürdig ist, bleibt unbeantwortet. „The future will happen with or without us", heißt es bei der ASCE. Welche Ideen können wir für die Weltbevölkerung anbieten, damit wir eine menschenwürdige Zukunft gestalten können? Gleichzeitig dezentral, und doch konzentriert werden die Städte organisiert sein. Doch selbst bei guten Konzepten für die Zukunft müssen wir bedenken, dass die Gegenwart Slums von ungeheuren Ausmaßen kennt, die nicht von heute auf morgen in menschenwürdige Vorstädte verwandelt werden können, so dass die Gefahr besteht, dass die Zunahme der Bevölkerung auch zu einer Zunahme an Slums führt. Und dies ist nicht menschenwürdiger als ein 4000 m hohes Bauwerk für eine Million Menschen.

4.2 Klimawandel

Gleichzeitig erleben wir eine Veränderung des uns umgebenden Klimas. Alle Elemente sind davon betroffen: Erde, Wasser, Luft und Feuer.

Erdbeben bedeuten für viele dicht besiedelte Gebiete eine ständige Gefahr, die durch das Bevölkerungswachstum gerade in diesen Zonen zunimmt. Die mittleren Temperaturen der Luft steigen, Gletscher schmelzen ab, der Wasserspiegel steigt, die Gefahr durch Hochwasser betrifft nahezu alle Küstenstaaten. Die Zunahme an extremen Wetterlagen führt zum verstärkten Auftreten von Hurrikans und Tornados auch in Gebieten, in denen derartige Phänomene bisher weniger bekannt waren. Die größeren Extreme des Klimas hinsichtlich

der Temperaturen begünstigen Waldbrände, diese zerstören landwirtschaftlich wichtige Gebiete und bedrohen Städte, Bild 10.

Bild 10: Hochwasser 2002 in Dresden

Unabhängig von den Ursachen, auch unabhängig von der Frage, welchen Einfluss die Menschen auf diese Entwicklung hatten oder haben, müssen wir auf diese Veränderungen reagieren. Konzepte sind zu entwickeln, mit deren Hilfe Bauwerke, Bauweisen und Baumaterialien an die sich verändernden Einwirkungsniveaus angepasst werden können.

Noch immer sind in vielen Erdbebengebieten Bauwerke vorhanden, die im Katastrophenfall nur unzureichend Schutz bieten, teilweise durch ihre Bauweise eine zusätzliche Gefahr bei Einsturz darstellen. Wir benötigen Verstärkungstechniken für vorhandene Gebäude, Konzepte für erdbebengerechte, preiswerte Gebäude und auf dem langen Weg dorthin mobile Schutzsysteme, die sowohl transportabel und schnell montierbar sind als auch einen Schutz gegen extreme Temperaturen aufweisen, wie das letzte Erdbeben in Afghanistan im Winter deutlich vor Augen geführt hat.

Der ansteigende Wasserspiegel erfordert massive Investitionen in den Küstenschutz einschließlich eines wirkungsvollen Deichmonitorings. Innovative Lösungen sind gefragt, wenn es um die Verhinderung von Erosionsprozessen durch die Einwirkung von Wellen geht. Wichtig werden auch gesamtheitliche Betrachtungen für Flussläufe, denn eine wirksame Hochwasserbeherrschung am Oberlauf eines Flusses kann wegen des schnellen Abflusses großer Wassermengen zu verheerenden Katastrophen am Unterlauf führen.

Extreme Windbeanspruchungen, wie sie aus deutscher Sicht immer nur in großer Entfernung, z.B. in Übersee, am Fernseher verfolgt wurden, treten immer häufiger auch in Europa auf und es ist anzunehmen, dass hohe Windgeschwindigkeiten teilweise gleichzeitig mit starken Regen- oder Schneefällen zu extremeren Beanspruchungen unserer Bauwerke führen und einen entsprechenden Schutz notwendig werden lassen.

Zur Erhöhung der Sicherheit der Menschen bei extremen Bränden sind die Bauwerke entsprechend zu verbessern, wobei immer der Mensch im Mittelpunkt stehen muss und Zeit und Möglichkeiten vorhanden sein müssen, um Menschenleben zu retten.

Für all die genannten Aufgaben ist Beton mit all seinen Varianten und Differenzierungsmöglichkeiten bei gleichzeitig geringen Kosten hervorragend geeignet und es liegt an uns, diesen Baustoff auch in Zukunft zum Schutz des Menschen einzusetzen.

4.3 Bedrohung durch Unfälle und Terrorismus

Dies kann ebenfalls sehr wirkungsvoll in all den Fällen geschehen, in denen eine Gefahr für den Menschen durch Unfälle oder Terrorismus gegeben ist. Unsere Lebensqualität wird heute durch eine Vielzahl von technischen Anlagen gesichert, in denen wie auch immer geartete Unfälle nicht mit absoluter Sicherheit ausgeschlossen werden können, vor deren Folgen wir uns durch entsprechende bauliche Auslegungen, das heißt durch eine Bemessung für diese Katastrophenlastfälle, schützen können. Obwohl auch gegen die Auswirkungen terroristischer Anschläge kein absoluter Schutz gewährleistet werden kann, können uns intelligente Entwürfe von Bauwerken oder Verstärkungen vor einem Großteil letztlich kriegerischer, menschenverachtender Angriffe schützen.

4.4 Deckung des Energiebedarfs

Eine wichtige Aufgabe besteht in der sicheren Energieversorgung für die Menschen. Nachhaltig arbeitende Konzepte sind den bisherigen Konzepten zwar inhaltlich überlegen, bilden aber dennoch zurzeit noch den kleineren Teil der Energieversorgung. Die Nutzung von Geothermie und Solarthermie sind vom Prinzip bekannt und anerkannt, werden aber noch viel zu wenig genutzt.

Die Nutzung der Erdwärme oder auch des enormen Wärmespeichervermögens des Bodens ist in hohem Maße ausbaubar. Dies gilt nicht nur für Wohn- oder Bürogebäude, sondern zum Beispiel auch für Straßen und Brücken, die mit minimalem Energieaufwand schnee- und eisfrei gehalten werden können, so dass wintertypische Unfälle vermieden, Menschenleben gerettet und volkswirtschaftlich enorme Einsparungen möglich werden.

Bei Anwendung der Solarthermie wird Sonnenlicht gebündelt, um Wärmeenergie in mechanische Energie umzuwandeln, mit der dann ein Generator angetrieben werden kann. Diese Umwandlung kann direkt erfolgen – z.B. mit einem Stirlingmotor – oder indirekt, indem ein Medium erhitzt wird, mit dem dann eine Turbine angetrieben wird.

Eine damit eng verwandte Idee ist die eines Aufwindkraftwerkes, wie es von JÖRG SCHLAICH entwickelt wurde und dessen großtechnische Umsetzung leider noch immer nicht erfolgt ist [6], Bild 11. Von der Sonne erwärmte Luft unter einem großen Glasdach steigt in einem Kamin hoch, in dem Turbinen untergebracht sind. Durch den Luftzug im Kamin werden die Turbinen angetrieben und dadurch elektrischer Strom erzeugt. Bei Verwendung von mit Wasser gefüllten Schläuchen unter dem Glasdach kann auch während der Nacht die Luftbewegung aufrecht erhalten werden. Es besteht die Hoffnung, dass eine derartige Anlage in absehbarer Zukunft gebaut wird und aufzeigt, dass Aufwindkraftwerke gerade für die eher armen Länder in den sonnenreichen Gebieten dieser Erde ideal sind. Eine besondere Herausforderung ist die Konstruktion und Ausführung des Kamins, der mit ca. 1000 m Höhe und einem Durchmesser in der Größenordnung von 60 m idealerweise aus Beton entstehen würde.

Eine möglichst effiziente Verwendung der gewonnenen Energie erfordert die Weiterentwicklung von Techniken wie zum Beispiel die Nutzung des Wärmespeichervermögens von Beton im Zuge der Baukerntemperierung, die im Sommer für eine Kühlung des Gebäudes und im Winter für die Erwärmung genutzt werden kann, so dass das Raumklima durch den Beton sehr positiv beeinflusst werden kann.

RHEINZINK®

RHEINZINK® – Das Material mit Zukunft

RHEINZINK® ist der Markenname für eine Zinklegierung aus 99,995 % Feinzink und exakt definierten Anteilen an Kupfer und Titan. Entwickelt für die besonderen Anforderungen moderner Bauklempnerei, zeichnet sich der Werkstoff durch seine hervorragenden Verarbeitungsqualitäten aus. Die lange, wartungsfreie Lebensdauer, die ästhetische Optik und die vorbildliche ökologische Bilanz prädestinieren RHEINZINK® als Baumaterial mit Zukunft. Es ist in walzblank und zwei „vorbewitterten" Ausführungen lieferbar. Diese verfügen bereits ab Werk über die typisch blaugraue bzw. schiefergraue Optik der

Patina, ohne dem Material die positiven Eigenschaften einer natürlichen Oberfläche zu nehmen. Alle drei Varianten erfüllen die höchsten Qualitätskriterien, unterliegen der freiwilligen Prüfung nach dem QUALITY ZINC-Kriterienkatalog und sind zu 100 % receyclebar. Die über die gesetzliche Haftung hinausgehende 30-jährige RHEINZINK-Garantie schafft zusätzliche Sicherheit.

Möchten Sie mehr über nachhaltiges Bauen erfahren? Detaillierte Informationen finden Sie im Internet unter www.designing-nature.de

RHEINZINK GmbH & Co. KG, Postfach 1452, 45705 Datteln, Germany
Tel. +49 (23 63) 605-0, Fax: +49 (23 63) 605-209
E-Mail: info@rheinzink.de, www.rheinzink.de

RZ_34684-CD

RHEINZINK

Bild 11: Aufwindkraftwerk von Schlaich

4.5 Bauen und Arbeiten im Bestand

Der enorme Wert unserer Bausubstanz zwingt uns dazu, die vorhandenen Werte zu schützen, zu beobachten, zu pflegen und bei Bedarf instand zu setzen oder zu verstärken. Für all diese Fälle sind vorhandene Techniken und Verfahren weiter zu entwickeln und neue, effizientere zu finden, zu erforschen und umzusetzen.

Das systematische Beobachten, das Bauwerks-Monitoring, ist erst in den Anfängen vorhanden. Es wird intensiv geforscht [7], mit der Umsetzung wird nach und nach begonnen. Bis die technisch absehbaren Möglichkeiten und die daraus sich ergebenden, wirtschaftlichen Vorteile in einem großen Teil der Bauwerke umgesetzt worden sind, werden voraussichtlich noch viele Jahre vergehen.

Für die Instandsetzung und die Verstärkung von Bauwerken werden bekannte Verfahren verbessert und neue Methoden unter Zuhilfenahme innovativer Werkstoffkombinationen entwickelt. Die Verwendung von textilbewehrtem Beton für die nachträgliche Verstärkung von Bauteilen bietet eine Vielzahl von Vorteilen: geringes zusätzliches Gewicht, flächige Anbringung selbst über Kopf, beliebige Anpassbarkeit selbst an komplizierte Geometrien, hohe statische Wirksamkeit und geringe Kosten. Die Forschung auf diesem Gebiet wird intensiv betrieben [8] und erste Umsetzungen mit Zustimmungen im Einzelfall belegen das hohe Potential [9], Bild 12.

Bild 12: Verstärkung einer Schale mit textilbewehrtem Beton

4.6 Neue Materialien – neue Materialkombinationen – neue Konstruktionen

Die Weiterentwicklung des Betons ist von so großer Bedeutung, dass ihr ein eigenes Kapitel in diesem Buch gewidmet wird [11] und hier nur einige Schlagworte genannt seien.

So führt die Forderung nach einer Zunahme der Nachhaltigkeit zur Entwicklung neuer, effizienterer Materialien aus der Gruppe des Betons, die für ihren jeweiligen Einsatzbereich optimiert werden. Dies wird durch die Materialentwicklung gerade auch beim Beton bis in den Nano-Bereich hinein erreicht. Faszinierende Werkstoffe entstehen so zur Zeit auf der Basis natürlicher Materialien Ebene [10], Bild 13.

Bild 13: Der Schichtaufbau von Schneckenschalen ist das Geheimnis ihrer Stabilität, im Perlmuttband (graublau) ist jede Lage der Kalziumkarbonatkristalle in eine Matrix aus Proteinen und Chitin verpackt.

In Zukunft wird auch die ganzheitliche Betrachtung der Materialien zunehmende Bedeutung gewinnen. Zusätzlich zu den bisher bekannten Aspekten aus dem Bereich der Betonherstellung einschließlich des erforderlichen Energieaufwands wird auch der Vorteil mitbewertet werden, dass der Beton einen Teil des CO_2 der Luft aufnimmt, ein Aspekt, der unter dem Begriff Carbonatisierung vor allem negativ belegt ist, der aber auch einen positiven Aspekt besitzt, der bisher viel zu wenig beachtet wurde.

Für den optimalen Einsatz in Gebäuden werden immer öfter verschiedene Materialien kombiniert. Die ca. 150 Jahre alte Kombination von Stahl und Beton ist noch immer äußerst erfolgreich, weil tragfähig, gebrauchstauglich, dauerhaft und finanziell konkurrenzlos. Neue Kombinationen von Beton mit Glas oder Carbon sind aber bereits aus den Kinderschuhen heraus und zeigen ihre Potentiale in ersten, z.T. auch serienmäßigen Anwendungen, mit denen neue Märkte erreicht werden, die dem traditionellen Stahlbetonbau verwehrt bleiben [12, 13]. Neue Materialkombinationen sind zu erwarten und stellen ein Forschungspotential ersten Ranges dar.

Die Bauwerke der Zukunft, die zum Teil aus diesen neuen Materialkombinationen gebaut werden, entstammen Entwürfen, die nach neuen Prinzipien entstehen. Auf der einen Seite wird das Entwurfsgeschehen für Standardprodukte immer stärker durch die immer leistungsfähigeren Computer bestimmt. Dies wird nicht in allen Fällen zu ästhetisch befriedigenden Lösungen führen. Auf der anderen Seite werden Entwürfe mehr und mehr durch natürliche Lösungen inspiriert werden, denen eine eigene, oft sehr positive Ästhetik nicht abgesprochen werden kann, Bild 14.

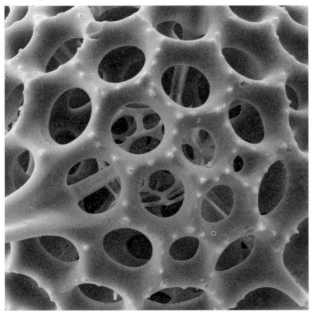

Bild 14: Bionik: Vorbilder aus der Natur: Radiolarie aus Siliziumdioxid

Dieses Teilgebiet der Bionik wird in Zukunft an Bedeutung deutlich zunehmen und auch hier ist der Beton durch seine Eigenschaft, jede beliebige Form entsprechend der gewählten Schalung annehmen zu können, ein idealer Baustoff.

5. Zusammenfassung

Das Bauen für die Gesellschaft befriedigt das Grundbedürfnis des Menschen nach Schutz und Sicherheit. Dieses Bedürfnis zu erfüllen, wird in Zukunft aufgrund der sich verändernden

Rahmenbedingungen, durch die Klimaveränderungen und durch die wichtigen Forderungen zur Nachhaltigkeit, zum Teil schwieriger und anspruchsvoller.

Um die Freiheit der Menschen zu sichern, dort zu leben, wo sie leben wollen, dort zu arbeiten, wo sie arbeiten wollen und sich dorthin zu bewegen, wo sie hinwollen, sind wir als Ingenieure aufgefordert, zunehmend kreativer bei der Lösung der anstehenden Aufgaben zu werden. Diese Lösungen verlangen sowohl ein Höchstmaß an technischer Phantasie und als auch hohe entwerferische Qualität, um Sicherheit, Gebrauchstauglichkeit und Dauerhaftigkeit mit der Forderung eines hohen ästhetischen Anspruchs zu verbinden. Der Einsatz höchst entwickelter Technik muss im Einklang mit künstlerischem Feeling stehen, um auch in Zukunft Bauwerke zu errichten, die ihre Aufgaben über einen Zeitraum erfüllen, der über ein Menschenleben weit hinausgeht. Die Einheit von Funktion und Form darf nicht nur bloßes Schlagwort in der Architekturtheorie sein, sondern muss selbstverständlich werden.

Es wird in Zukunft eines der wichtigsten Ziele sein, außerordentlich dauerhafte Bauwerke mit hohem ästhetischem Anspruch und größtmöglicher Nutzungsvariabilität zu bauen, die nicht nur wirtschaftlich einen Wert darstellen, sondern auch emotional wertvoll sind, so dass wir auch weiterhin sagen können:

„Wir schaffen Werte"
Der Wert unserer Bauwerke besteht in nicht weniger, als dass es den darin befindlichen Menschen die Freiheit gibt, in diesem Bauwerk zu leben und zu arbeiten, ohne an die Bedrohung der Umwelt zu denken, dass es den Menschen gestattet, ohne Angst vor den Naturgewalten über eine Brücke zu fahren und dass jeder ohne Befürchtungen einer Vergiftung das Wasser aus dem Wasserhahn trinken kann.

Diese Freiheit ist nicht selbstverständlich, sondern das Ergebnis unserer gewachsenen Baukultur, für die Bauingenieure und Architekten gemeinsam die Verantwortung tragen, und sie muss für immer extremere Fälle angestrebt und nach Möglichkeit auch erreicht werden … und manchmal bauen diese Ingenieure und Architekten sogar symbolisch den vielleicht größten aller Werte: die Freiheit, Bild 15.

Bild 15: Gebautes Symbol für den großen Wert der Freiheit, entworfen von dem Künstler FRÉDÉRIC AUGUSTE BARTHOLDI, gebaut von dem Ingenieur GUSTAVE EIFFEL.

6. Literatur

[1]   Rogers, Michael; Looking Ahead: How Do We Think About 1025? The Vision for Civil Engineering in 2025; American Society of Civil Engineers ASCE, 2007

[2]   Billington, David P., Billington, David P. jr; Power, Speed, and Form – Engineers and the Making of the Twentieth Century; Princeton: Princeton University Press 2006

[3]   Context, Thema: Visionen; Das Magazin von HeidelbergCement; Ausgabe 2, 2007

[4] American Society of Civil Engineers, The Vision for Civil Engineering in 2025, ASCE 2007

[5] Deutsche Forschungsgemeinschaft, Rundgespräche über die Zukunft des Bauingenieurwesens, Veröffentlichung in Vorbereitung, 2007

[6] Schlaich, Jörg, Das Aufwindkraftwerk, Stuttgart: Deutsche Verlags-Anstalt 1994

[7] Peil, Udo (Sprecher), Sicherstellung der Nutzungsfähigkeit von Bauwerken mit Hilfe innovativer Bauwerksüberwachung, Sonderforschungsbereich 477 der Deutschen Forschungsgemeinschaft, Technische Universität Braunschweig 2003

[8] Curbach, Manfred (Sprecher), Textile Bewehrungen zur bautechnischen Verstärkung und Instandsetzung, Sonderforschungsbereich 528 der Deutschen Forschungsgemeinschaft, Technische Universität Dresden 2005

[9] Curbach, Manfred; Hauptenbuchner, Barbara; Ortlepp, Regine; Weiland, Silvio; Textilbewehrter Beton zur Verstärkung eines Hyparschalentragwerks in Schweinfurt, Beton- und Stahlbetonbau 102 (2007), S. 353 - 361

[10] Pietschmann, Catarina, Mit dem Dreh der Natur, GEO 2006, Heft 8, S. 52 - 72

[11] Müller, Harald, Zum Baustoff der Zukunft, Visionen mit Beton, Hrsg: Manfred Curbach, Berlin: Beuth-Verlag 2007

[12] Curbach, Manfred; Graf, Wolfgang; Jesse, Dirk; Sickert, Jan-Uwe; Weiland, Silvio; Segmentbrücke aus textilbewehrtem Beton; Beton- und Stahlbetonbau 102 (2007), S. 342 – 352

[13] Hegger, Josef, Textilbewehrter Beton – Grundlagen für die Entwicklung einer neuen Technologie, Sonderforschungsbereich 532 der Deutschen Forschungsgemeinschaft, Rheinisch-Westfälische Technische Hochschule Aachen 2005

[14] Peil, Udo, Life-Cycle Prolongation of Civil Engineering Structures via Monitoring, Proc. of 4th, International Workshop on Structural Health Monitoring, Stanford University 2003, Stanford, CA, 64-78

Klimawandel – Ingenieure in der Verantwortung

Ressourcenschonende Technik durch ganzheitliche Wertmaßstäbe - Schwerpunkt Infrastruktur

Dr.-Ing. **Ulrich Baumgärtner**

Dr.-Ing. **Oliver Fischer**

Dr.-Ing. **Casimir Katz**

Dipl.-Ing. **Alexander Putz**

Dr.-Ing. **Walter Streit**

Dr.-Ing. **Uwe Willberg**

Arbeitskreis Klimaschutz – Schwerpunkt Infrastruktur
Bayerische Ingenieurekammer-Bau

Zusammenfassung

Der Beitrag dient zur Standortbestimmung der Ingenieure in einer vom Klimawandel bedrohten Welt. Ausgehend von einer Darstellung der globalen Herausforderung wird aufgezeigt, dass weltweiter umweltverträglicher Wohlstand nur erreichbar ist, wenn er auf der Basis ganzheitlicher Wertmaßstäbe etabliert wird. Der hierfür erforderliche Umbau der Wertesysteme in den modernen Gesellschaften bedingt und fördert die Entwicklung und Anwendung einer Technik, die mehr als bisher Rücksicht auf weltweit nur begrenzt vorhandene Ressourcen nimmt und dafür sorgt, dass die Freisetzung klimaschädlicher Emissionen weitestgehend gesenkt wird. Erfolg versprechen die Ansätze zur „Ökonomisierung des Umweltschutzgedankens", z. B. die von Stern vorgeschlagene Bewertung von CO_2-Äquivalenten [4]. Mit der Darstellung derzeit diskutierter Lösungsansätze wird aufgezeigt, dass insbesondere im Bereich des öffentlichen Baus, z. B. bei Maßnahmen zum Erhalt und Ausbau der Infrastruktur, bei ausreichendem politischen Willen sogar auf der Basis bestehender Rechtsgrundlagen kurzfristige Handlungsmöglichkeiten gegeben wären. Der öffentliche Bau könnte hier unterstützt durch die Innovationskraft der Ingenieure eine Vorreiterrolle für den notwendigen Umbau des Wirtschaftssystems nach den Erfordernissen einer nach ganzheitlichen Wertmaßstäben orientierten Gesellschaft spielen.

Bild 1   Bild 2

Bild 1:   „Die Natur am seidenen Faden"
           (Blatt an unsichtbarem Spinnenfaden Foto Walter Streit)
Bild 2:   „Und schnell und unwahrscheinlich schnelle, dreht sich umher der Erde Pracht"
           (J. W. v. Goethe: „Faust- Prolog im Himmel")

1.   Ausgangslage

Es lässt sich trefflich darüber streiten, inwieweit das ökologische Gleichgewicht unseres Planeten durch den Fußabdruck des Homo Sapiens - des „vernunftbegabten Menschen" - bereits irreversibel beschädigt ist, oder ob es noch am seidenen Faden hängt (Bilder 1, 2). Unbestritten scheint jedoch im aktuellen gesellschaftlichen und politischen Diskurs – zumindest seit der Veröffentlichung des 4. Sachstandsberichts des Weltklimarates IPCC (= Intergovernmental Panel on Climate Change) im Jahre 2007 - welche dramatischen Auswirkungen die durch anthropogene Emissionen verursachte globale Erwärmung auf unsere unmittelbare Zukunft haben wird, bzw. vor welch großer Herausforderung wir stehen, wenn deren Folgen auf ein für die gesamte Menschheit erträgliches Maß begrenzt werden sollen. Hierbei ist zu beachten, dass die Ergebnisse der vom IPCC untersuchten Szenarien eine erhebliche Bandbreite aufweisen. Verantwortungsethisches Denken verpflichtet, die Volksgesellschaften sowie deren Repräsentanten ihr Handeln nach den ungünstigeren Prognosen auszurichten. Dies ist insbesondere hervorzuheben, da der IPCC selbst ausdrücklich darauf hinweist, dass jedes Zukunftsszenario weitere - in den bisherigen Berechnungen noch nicht erfassbare - Restrisiken beinhaltet.

„Die bisherigen Minderungsstudien berücksichtigen nicht die gesamte Bandbreite der Rückkopplungen zwischen dem Klima und dem Kohlenstoffkreislauf. Die zur Erreichung eines bestimmten Stabilisierungsniveaus notwendigen Emissionsreduktionen werden daher möglicherweise unterschätzt. Dazu kommt, dass bei einer hohen Klimasensitivität die Emissionen früher und schneller gemindert werden müssten, als wenn die Klimasensitivität niedrig ausfallen sollte."

„Es gibt seit dem TAR (= dritter Sachstandsbericht – Anm. d. Verf.) zusätzliche Hinweise darauf, dass das Risiko eines zusätzlichen Anstieges des Meeresspiegels durch Abschmelzen des Grönländischen als auch des westantarktischen Eisschildes größer ist, als dies durch derzeitige Modellergebnisse vorausgesagt wird. Der Grund ist, dass dynamische Eisprozesse, die derzeit beobachtet werden, nicht vollständig in den Modellen abgebildet werden." [1]

2. Herausforderungen

Der Klimaschutz ist unbestreitbar eine Aufgabe, deren globale Dimension sämtliche bisherigen Ansätze einer weltumspannenden Kooperation der Volksgesellschaften der Erde in den Schatten stellt. So werden sich sämtliche Bemühungen der in der heutigen Weltwirtschaft dominierenden Industriestaaten zur Eindämmung der Treibhausgas-Emissionen als „Tropfen auf dem heißen Stein" erweisen, wenn es nicht über internationale Kooperation gelingt den aufstrebenden Schwellenländern und hierbei insbesondere den erwachenden Riesen – der Volksrepublik China, Indien und Russland – umsetzbare Wege zur Erreichung eines umweltverträglichen Wohlstands aufzuzeigen. Es ist sonst zu befürchten, dass der enorme Aufholbedarf dieser Volksgesellschaften unter den derzeitigen strukturellen Gegebenheiten ihres Wirtschaftsgefüges einen so großen weltweiten Emissionszuwachs verursachen wird, dass selbst die Realisierung der ambitioniertesten Reduktionsmaßnahmen der hochentwickelten Industriestaaten nahezu wirkungslos verpuffen könnten. Wie in Tabelle Bild 3 veranschaulicht, erwirtschafteten die G8-Staaten mit etwa 13,4% der Weltbevölkerung im Jahre 2005 einen Anteil von 65,7% an der Summe der Bruttoinlandsprodukte und verursachten dabei 47,3% der weltweiten CO_2-Emissionen. Der Anteil Chinas, Indiens, und auch Russlands an der Weltwirtschaftsleistung mutet hier mit ca. 5%, 2%, bzw. 1,2% noch relativ bescheiden an, wächst jedoch stetig und rasant.

Diese drei Staaten erzeugen bisher (Stand 2005) in Summe erst ca. 8,2 % des globalen Bruttoinlandsproduktes, produzieren dabei jedoch bereits ca. 24,6 % der weltweiten CO_2-Emissionen. Wenn nun in naher Zukunft jedes dieser drei Länder bei gleichbleibendem Emissionsfaktor (= Verhältnis CO_2 : BIP) jeweils die Wirtschaftsleistung Deutschlands erreicht, ergäbe sich eine Erhöhung des weltweiten Emissionsausstoßes von etwa 40 %. Dies veranschaulicht einerseits das Risikopotential der Entwicklung der Schwellenländer und andererseits die dringende Notwendigkeit einer international abgestimmten Klimaschutzpolitik.

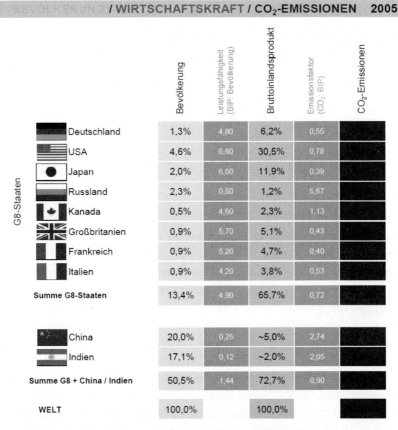

/ WIRTSCHAFTSKRAFT / CO_2-EMISSIONEN   2005

	Bevölkerung	Leistungsfähigkeit (BIP: Bevölkerung)	Bruttoinlandsprodukt	Emissionsfaktor (CO_2: BIP)	CO_2-Emissionen
Deutschland	1,3%	4,80	6,2%	0,55	
USA	4,6%	6,60	30,5%	0,78	
Japan	2,0%	6,00	11,9%	0,39	
Russland	2,3%	0,50	1,2%	5,67	
Kanada	0,5%	4,60	2,3%	1,13	
Großbritanien	0,9%	5,70	5,1%	0,43	
Frankreich	0,9%	5,20	4,7%	0,40	
Italien	0,9%	4,20	3,8%	0,53	
Summe G8-Staaten	13,4%	4,90	65,7%	0,72	
China	20,0%	0,25	~5,0%	2,74	
Indien	17,1%	0,12	~2,0%	2,05	
Summe G8 + China / Indien	50,5%	1,44	72,7%	0,90	
WELT	100,0%		100,0%		

Bild 3:   Tabelle Weltbevölkerung / Wirtschaftskraft / CO_2-Emissionen

Eine weitere Schlüsselfunktion zur Beeinflussung perspektivischer Klimaszenarien fällt den Anrainerstaaten der letzten auf der Welt verbliebenen großen Regenwälder zu. Man muss sich hierzu verdeutlichen, dass allein die Summe der jährlich durch Brandrodung in den Waldgebieten Amazoniens freigesetzten CO_2-Äquivalente mehr als das 1,6-fache der im gleichen

Zeitraum in Deutschland erzeugten Emissionen beträgt. Bild 4 veranschaulicht zudem welche gigantische Speicherkapazität der Regenwald Amazoniens insgesamt darstellt und welches Gefährdungspotential seine fortschreitende Zerstörung für das Weltklima in sich birgt.

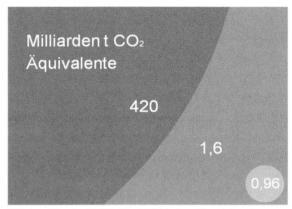

Bild 4   [Quelle: WWF (World Wide Fund for Nature)]

420 Mrd. t CO_2-Äquivalente   = Speicherkapazität Regenwald Amazonien

1,6 Mrd. t CO_2-Äquivalente   = jährlicher Emissionszuwachs aus Entwaldung Amazoniens

0,96 Mrd. t CO_2-Äquivalente   = jährliche Emission in Deutschland

Info: 36 Mrd. t CO_2-Äquivalente = jährliche Emission weltweit

3. Handlungsmöglichkeiten

Im „Bonner Manifest zum Schutze und zur Nutzung von Gemeinschaftsgütern" fordert die Freiburger Kantgesellschaft zu Recht nichts Geringeres als die Etablierung eines „neuen globalen Gesellschaftsvertrags" und erläutert dazu wie folgt:

*„Der große Philosoph Immanuel Kant bietet mit seiner Rechtslehre im Kapitel Das Weltbürgerrecht eine prägnante Legitimation für solche Forderungen. Er sagt: „**Alle Völker stehen ursprünglich in einer Gemeinschaft des Bodens.**" Dieser naturrechtliche Grundgedanke ist heute prinzipiell auf die gesamte Biosphäre zu beziehen. Auf seiner Basis sind die gesellschaftlichen Vereinbarungen und Regeln den Notwendigkeiten einer globalisierten Überlebensgemeinschaft anzupassen. Hierbei könnte man sich von einer ,goldenen Verhaltensregel' leiten lassen, die sich in allen Kulturen findet und erhalten hat und die Kant als kategorischen Imperativ so formulierte:*

*„**Handle so, dass die Maxime deines Willens jederzeit zugleich als Prinzip einer allgemeinen Gesetzgebung gelten könne.**"* [2]

Der Kant´sche Ansatz ist in doppelter Hinsicht erwähnenswert. Einerseits liefert er einen im wahrsten Sinne des Wortes kultur- und systemunabhängigen ethischen Rahmen für den politisch-gesellschaftlichen Diskurs, andererseits zeigt seine konsequente Anwendung, dass die in den letzten Jahrzehnten in manchen Kreisen der Wohlstandsgesellschaft aufkeimende „Aufklärungs-, bzw. Vernunftfeindlichkeit" völlig unangebracht ist. **Die exzessive Anwendung einer natur- und menschenfeindlichen Technik, sowie der Raubbau an den Ressourcen unseres globalen Lebensraums ist nicht das Ergebnis der „Vernunftanwendung im Sinne des Aufklärungsgedankens" sondern vor allem das Resultat kurzsichtigen, egoistischen - also „unvernünftigen Handelns" eines Teils der Menschheit.**

Dieser Teil der Menschheit bildet im Wesentlichen den Grundstock der Volksgesellschaften der heute hochentwickelten Industriestaaten der Erde, deren Wohlstand – nicht nur in der Vergangenheit – zu erheblichen Anteilen auf Kosten unseres Planeten erwirtschaftet wurde. Auch heute noch beansprucht ca. ein Fünftel der Weltbevölkerung etwa 80% der weltweit vorhandenen natürlichen Ressourcen für sich und erlaubt es sich zugleich die Atmosphäre überproportional und teilweise nach wie vor ungehemmt mit Treibhausgasen anzureichern. Einschränkungsappelle an die aufholbedürftige, bisher zu kurz gekommene Mehrheit der Weltbevölkerung klingen nach **„Wasser predigen, weil man den Wein bereits selbst getrunken hat".**

Insofern ist es legitim zu fordern, dass sich die Gesellschaften der führenden Industriestaaten der Welt ihrer historischen Verantwortung stellen, indem sie nicht nur eine Vorbildfunktion übernehmen, sondern auch bereit sind einen entsprechend großen Anteil der Kosten global wirksamer Maßnahmen zur Eindämmung des Klimawandels zu tragen.

4. Wege zum umweltverträglichen Wohlstand

Ein dauerhafter Erfolg jeder global wirksamen und somit nachhaltigen Klimaschutzpolitik wird selbst mittelfristig nur unter der Voraussetzung einer Verbesserung der Lebensbedingungen der Menschen in den bislang benachteiligten Teilen der Welt erzielbar sein. Langfristig ist es sogar unverzichtbar, dass die internationale Staatengemeinschaft ihr Handeln auf das Endziel der Erlangung eines „weltweiten umweltverträglichen Wohlstands" ausrichtet. Auch in den hochentwickelten Industrieländern sind die erforderlichen Maßnahmen politisch wesentlich leichter umzusetzen, wenn diese keinen wesentlichen Einschränkungen des Lebensstandards verursachen. Statt starrer administrativer Regelungen versprechen hier die aufkeimenden Ansätze zur „Ökonomisierung der Umwelt" mehr Erfolg. Im Vorfeld der Bonner Weltkonferenz der Unterzeichnerstaaten des CBD-Abkommens („Convention of Biologicy Conversity") erschien der Spiegel (Nr. 21/2008) mit der gleichsam provokant und trefflichen

Einsame Spitze.
Doppelte Auszeichnung.

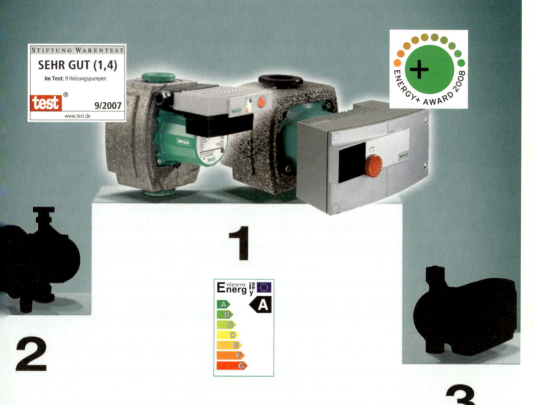

Hocheffizienzpumpen Wilo-Stratos ECO und Wilo-Stratos.

Die Hocheffizienzpumpen von Wilo überzeugen mit Stromeinsparungen bis zu 80 % im Vergleich zu ungeregelten Heizungspumpen. Dafür wurden sie jetzt ausgezeichnet: die Wilo-Stratos ECO von der Stiftung Warentest mit einem „sehr gut" und die Wilo-Stratos 25/1–6 mit dem „Energy+ Award 2008". Dieser Preis ist Bestandteil des EU-Projekts „Energy+ Pumps", das hoch energieeffiziente Umwälzpumpen zum europäischen Standard machen will und für besonders energieeffiziente Pumpentechnik verliehen wird. Beeindruckend? Wir nennen das Pumpen Intelligenz.

Pumpen Intelligenz.

Titelzeile: „Der Preis des (Über)Lebens – Wie viel es kostet die Natur zu retten". Der zugehörige Leitartikel widmet sich der Frage – „Wie viel ist uns die Erde wert?" [3].

Die in der Diskussion befindlichen Ansätze zur Ermittlung des ökonomischen Werts der Öko(logischen) Systeme des Planeten, sowie der Kosten die einerseits für deren Stabilisierung aufgewendet, bzw. andererseits für deren Beschädigung erstattet werden müssen, erscheinen insofern zielführend, da nur die Synthese zwischen ökologisch verantwortlichem und wirtschaftlich sinnvollem Handeln einen Paradigmenwechsel in Richtung eines ganzheitlich ausgerichteten Weltwirtschaftssystems ermöglichen wird.

Der 2006 erschienene, vom ehemaligen Weltbank-Chefökonomen Nicholas Stern ausgearbeitete „Stern-Report" („Stern Review on the Economics of Climate Change") beschäftigt sich in diesem Sinne mit den wirtschaftlichen Aspekten des Klimawandels und kommt letztendlich zu dem Ergebnis, dass eine schnelle, zielstrebige und weltweit koordinierte Klimaschutzpolitik unter streng ökonomischen Aspekten dringend angeraten ist.

„Die Mitigationskosten – für entschiedene Maßnahmen zur Emissionsminderung – sind als Investition zu betrachten, d.h. als Kosten, die heute und in den kommenden Jahrzehnten in Kauf genommen werden müssen, um die Risiken sehr schwerwiegender Folgen in der Zukunft zu vermeiden. Wenn bei diesen Investitionen mit Bedacht vorgegangen wird, sind diese Kosten tragbar, und es ergeben sich vielfältige Möglichkeiten für Wachstum und Entwicklung. Damit dieser Prozess erfolgreich verläuft, muss die Politik für verlässliche Marktsignale sorgen, Marktversagen beheben und eine angemessene Lastenverteilung sowie Risikominimierung in den Mittelpunkt stellen."

„Der Nutzen wirksamer, frühzeitiger Maßnahmen wiegt die damit verbundenen Kosten bei weitem auf."

„Die Beweise zeigen, dass das Wirtschaftswachstum letztendlich Schaden nimmt, wenn wir den Klimawandel ignorieren ……….. Langfristig gesehen ist die Bekämpfung des Klimawandels eine wachstumsfreundliche Strategie." [4]

Sterns Untersuchungen belegen, dass die Kosten für die dringend anzuratenden Maßnahmen zur Senkung von Treibhausgasemissionen dann auf eine für die Weltgesellschaft bewältigbare Größenordnung von ca. 1% des globalen Bruttoinlandsprodukt begrenzt werden können, wenn rasch gehandelt wird. Andernfalls wären die Folgekosten eines ungebremsten Klimawandels nach seinen Prognosen etwa 5mal so hoch. Angesichts der verfügbaren Investitionsmittel erscheint es darüber hinaus besonders wichtig, jene Maßnahmen zu ergreifen, die die größte Wirksamkeit entfalten. Eine erfolgsversprechende, entideologisierte Klimaschutzpolitik sollte demnach nicht „Verzicht" predigen, sondern nach Effizienz streben.

5. Ingenieurleistung im Zeichen des Klimawandels

Die Erhaltung bzw. die Erreichung eines umweltverträglichen hohen Lebensstandards setzt die Umsetzung von ganzheitlichen Wertmaßstäben in sämtlichen Wirtschaftsbereichen voraus. Dies erfordert hochentwickelte technische Standards und zeigt auch, dass letztendlich die Überlebensfähigkeit der Weltgesellschaft in hohem Maße von der Innovationskraft der Ingenieure abhängt.

Nachhaltiger globaler Umwelt- und Klimaschutz ist nur möglich, wenn durch intelligente Ingenieurleistungen Wege zur Ressourcenschonung und Emissionsreduktion entwickelt und umgesetzt werden. Dies setzt allerdings voraus, dass neben einem ausreichenden gesellschaftlichen Konsens auch der politische Gestaltungs- und Handlungswille vorhanden ist, die Rahmenbedingungen dahingehend zu verändern, dass der Einsatz von ressourcenschonender Technik gleichzeitig wirtschaftlich erfolgreich ist.

47

6. Klimaschutz und Infrastruktur

Eine herausragende Rolle im Kampf gegen den Klimawandel fällt in Deutschland dem Baubereich zu. Nahezu 70 % des gesamten Energieverbrauchs können dem Gebäude- und Verkehrsbereich zugeordnet werden. Die Bundesregierung hat 2006 zur Stärkung der Innovationsfähigkeit der deutschen Bauwirtschaft die „Forschungsinitiative Zukunft Bau" gestartet. Hierbei sollen auch unter anderem den gezielten Einsatz von Baufördermitteln entsprechende Impulse gesetzt sowie die deutsche Wirtschaft aufgefordert werden „Vorschläge zur Beseitigung von Innovationsdefiziten zu unterbreiten". [5]

Im Bereich des Bauwesens fokussieren sich die Aktivitäten zum Thema Klimaschutz bisher vorwiegend auf dem Gebiet des Hochbaus. Das Hauptaugenmerk wird hier – nicht zuletzt aufgrund der enorm gestiegenen Energiekosten – auf die Verbesserung der Energieeffizienz von Alt- und Neubauten gelegt. Darüber hinaus gibt es bereits umfangreiche Forschungsergebnisse und ausgereifte Tools zur ganzheitlichen Betrachtungen und Optimierung von Wohngebäuden [5]. Bei diesen Betrachtungen wird versucht, die Gesamtkosten eines Bauwerks unter Einbeziehung des Lebenszyklus zu minimieren. Aufgrund derzeit fehlender Kostenrelevanz bleibt die CO_2-Bilanz hierbei bisher i. d. R. unberücksichtigt.

Leistungsfähige Verkehrswege werden auch in einer zukünftigen – an die Anforderungen des Klimaschutzes angepassten – Gesellschaft weiterhin eine zentrale Rolle spielen, auch wenn die individuelle Mobilität, sowie der Waren - und Gütertransport unter Umständen im Zeichen des Klimawandels heute noch nicht absehbaren Veränderungen unterworfen sein könnten.

Der Anteil des Verkehrssektors auf die Emissionsbilanz einer modernen Gesellschaft ist enorm. Nach den hierzu weltweit gültigen Statistikkriterien beträgt dieser z. B. in Deutschland ca. 20 %. Diese Bilanz ist allerdings insofern trügerisch, da hier nur die direkten Emissionen, das heißt z. B. die durch Verbrennung fossiler Treibstoffe unmittelbar in die Umwelt freigesetzten Stoffe, eingerechnet werden. Indirekte Emissionen werden anderen Bereichen zugeordnet. Nicht enthalten sind daher in dieser Bilanz beispielsweise sämtliche bei der Energieerzeugung sowie zur Produktion und Entsorgung von Fahrzeugen anfallenden Emissionen. Darüber hinaus bleiben auch sämtliche durch Bau, Betrieb, Erhaltung und spätere Demontage von Verkehrswegen und den zugehörigen Ingenieurbauwerken verursachten Umweltbelastungen völlig unberücksichtigt.

Im Vergleich zu den oben erwähnten Aktivitäten im Bereich des Hochbaus sind bei den Baumaßnahmen der Infrastruktur bisher weniger Innovationsanreize erkennbar. Im Zuge von Planfeststellungsverfahren werden diese zwar auf Umweltverträglichkeit geprüft, allerdings fehlt hierbei derzeit sowohl die Berücksichtigung von globalen Faktoren, als auch eine Wirtschaftlichkeitsbetrachtung unter Berücksichtigung von Emissionskosten. Die Vergabe der Bauleistungen selber erfolgt bisher i. d. R. nach dem Kriterium des „in der Herstellung wirtschaftlichsten Angebots". Die aktuell geplanten und teilweise in Bau befindlichen Betreibermodelle zum Bau von Bundesautobahnen, sowie PPP-Projekte bieten der Industrie zumindest einen Anreiz über die Verbesserung der Qualität der Ausführung direkten Einfluss auf die im Betreiberzeitraum (i. d. R. 25 - 30 Jahre) anfallenden Unterhaltskosten zu nehmen und zudem die Betriebskosten zu minimieren. Die Emissionsbilanz spielt hierbei bisher jedoch ebenso keine Rolle.

Die Beeinflussungsmöglichkeiten auf die durch Infrastrukturmaßnahmen insgesamt – direkt und indirekt – erzeugte Emissionsmenge sind jedoch während des gesamten Realisierungsprozesses enorm.

Die Notwendigkeit der ganzheitlichen Betrachtung und der Einbeziehung von Klimazielen (resp. CO_2 Äquivalentsbewertung) in der Bewertung von Infrastrukturprojekten kann z. B. sowohl grundsätzliche Entscheidungen, wie die „Wahl des Verkehrsmittel" oder die „Entscheidung für Trassenvarianten", als auch die Bewertung der Vergabe von Planungs- und Bauleistungen entscheidend mit beeinflussen. Dies betrifft einerseits die globale länderübergreifende Mobilität, eine wesentliche Rolle spielen andererseits aber auch die Verkehrskonzepte in den die weltweiten Metropolen und Ballungsräumen. Beispielsweise kann durch die verstärkte Verlagerung des (vor allem in asiatischen Metropolen extrem ansteigenden) innerstädtischen Individualverkehrs auf öffentliche Verkehrsmittel (z.B. Light Rail Systems, U-Bahnen) die CO_2-Emission in den Ballungsräumen entschieden gesenkt werden – bei gleichzeitiger Steigerung der Lebensqualität.

Gerade bei den durch die öffentliche Hand finanzierten Infrastrukturmaßnahmen bietet sich die Chance, die begrenzte Ressource „Volksvermögen" möglichst effizient im Sinne ganzheitlicher Wertmaßstäbe einzusetzen.

So besteht z. B. die Möglichkeit im Rahmen einer Planfeststellung abzuwägen, ob es auf der Basis einer ganzheitlichen ökonomischen Bewertung im Sinne des Klimaschutzes sinnvoller sein kann, **lokal** eine hinsichtlich des Umweltschutzes/Naturschutzes nicht optimale Lösung – mit weniger Belastung für das Volksvermögen – zu wählen, um dafür mit dem eingesparten Volksvermögen **global** eingesetzt einen wesentlichen höheren Mehrwert zu erreichen.

7. Bewertung der Wirtschaftlichkeit auf Basis ganzheitlicher Wertmaßstäbe

7.1 Einleitung

Unter ganzheitlichen Wertmaßstäben ist das wirtschaftlichste Angebot für eine Bauleistung im Prinzip analog bisheriger Wertmaßstäbe ermittelbar. Hierbei ist zusätzlich der Aufwand für den Unterhalt und die Entsorgung mit zu bewerten, es ist also der gesamte Lebenszyklus eines Bauwerks zu betrachten. Für die korrekte Bewertung ist darüber hinaus die über den gesamten Zeitraum auftretende Umweltbelastung zu berücksichtigen.

Zur Bewertung der Umweltfolgen werden heute allgemein die Werte der CO_2-Äquivalent-Emissionen herangezogen. Dessen finanzielle Bewertung erfolgt heute z. B. über den internationalen anerkannten Referenzwert nach Stern [4] oder auch über den international Emissionshandel.

Hieraus ergibt sich dann das wirtschaftlichste Angebot unter ganzheitlichen Wertmaßstäben.

7.2 Einfluss ganzheitlicher Wertmaßstäbe auf Baustoffpreise

Zur Veranschaulichung des Einflusses eines ganzheitlichen Wertmaßstabs sind im Folgenden für einige exemplarische Baustoffe die Veränderungen der Kosten/Preise dargestellt, die sich für den Fall ergeben, dass produktbezogene CO_2-Emissionen mit einem Wert von 85 €/je Tonne (nach Stern-Review [4]) bewertet werden.

Produkt	Preis heute	CO₂-Aquivalent bei Herstellung	Transport CO₂.Aquivalent (Schiff/Bahn/LKW)	Preis real	Faktor
ALUMINIUM (Rohprodukt aus Australien Schiff)	2.000 €/t	20 t = 1.700 €/t	0,25 t = 20 €/t	3720 €/t	1,86
STAHL (Rohprodukt aus Russland Bahn)	600 €/t	2 t = 170 €/t	0,17 t = 15 €/t	785 €/t	1,3
BETON mit PZ (PKW)	150 €/m³	0,45 t = 38 €/m³	0,06 t = 5 €/m³	193 €/m³	1,29
BETON mit HZ	150 €/m³	0,28 t = 24 €/m³	0,06 t = 5 €/m³	179 €/m³	1,19
GRANITBORDSTEINE aus China	230 €/t	---	0,5 t = 42 €/t	272 €/t	1,18
GRANITBORDSTEINE aus Bayer. Wald	260 €/t	---	0,04 t = 3 €/t	263 €/t	1,01

Tabelle 1: „Einfluss ganzheitlicher Wertmaßstäbe auf Einheitspreise"
(CO_2-Äquivalentwerte entnommen aus [13])

Die kleine Auswahl zeigt, wie sich dadurch Einheitspreise und vor allem auch Kostenverhältnisse von konkurrierenden Baustoffen zueinander verändern. Dies verdeutlicht somit auch das enorme Potential im Hinblick auf die Entwicklung und den Einsatz ressourcenschonender Produkte und Techniken.

Das Innovationspotential wäre hier um ein Vielfaches größer, als unter den derzeit noch angewandten – ökologisch und ökonomisch nicht zu vertretenden – Kriterien.

7.3 Rechtslage in EU durch EU/2004/18/EC [6]

Im Folgenden wird aufgezeigt, dass die öffentliche Hand aufgrund geltender Rechtslage bereits heute Bauaufträge nach ganzheitlichen Wertmaßstäben vergeben dürfte.

In Artikel 53 der EU-Richtlinie sind neben dem Preis u. a. folgende weitere zu bewertende Kriterien für die Ermittlung des wirtschaftlich günstigsten Angebots angegeben:

Qualität	(quality)
Technischer Wert	(technical merit)
Ästhetik	(aesthetics)
Zweckmäßigkeit	(functional characteristics)
Umwelteigenschaften	(environmental characteristics)
Betriebskosten	(running costs)

In der Praxis wird jedoch davon abweichend weiterhin meist überwiegend der Herstellungspreis als Entscheidungskriterium für die Vergabe von Bauleistungen herangezogen. Umwelteigenschaften, Betriebskosten und Qualität werden kaum bewertet, obwohl dies zur Ermittlung der Wirtschaftlichkeit nach ganzheitlichen Wertmaßstäben dringend notwendig wäre.

Weiter wird in der Präambel nach Absatz (1) festgelegt, dass der öffentliche Auftraggeber auf die Bedürfnisse der betroffenen Allgemeinheit – explizit solcher aus dem ökologischen Bereich – eingehen kann.

Dies berechtigt den öffentlichen Aufraggeber eindeutig, durch die Bewertung ökologischer Kriterien Angebote zu beauftragen, die in der Herstellung kurzfristig höhere Kosten verursachen.

Weiter kann der Auftraggeber nach Absatz (29) der Präambel technische Spezifikationen für Umweltanforderungen festlegen. Es wäre somit neben der rein preislichen Bewertung der „CO_2-Verursachung" auch die Vorgabe von „CO_2-Limits" möglich (der Begriff „CO_2" steht vereinfachend für „CO_2 – Äquivalent").

Aus der Richtlinie ist unmittelbar abzuleiten, dass die Berücksichtigung der Nachhaltigkeit durch ganzheitliche Wertmaßstäbe bei der Bewertung von Angeboten für Bauleitungen, z. B. durch die Bewertung der CO_2-Emissionen, auf europäischer Ebene erwünscht ist. Die Umsetzung der Vorgaben der EU-Richtlinie scheitert in der Praxis bisher vor allem daran, da objektive, d. h. auf dem Rechtsweg überprüfbare Wertmaßstäbe fehlen.

Zum heutigen Zeitpunkt sind CO_2-Emissionen bewertbar geworden. Die in dem von der Britischen Regierung in Auftrag gegebenen Stern Review [4] erfolgte Einschätzung der Bewertung der Umweltfolgen je Tonne CO_2 mit 85 € ist inzwischen zum Referenzwert geworden. In Deutschland erfolgt die Umsetzung der EU-Richtlinie formal durch das neue Vergabehandbuches des Bundes HVA-B-Stb [7]. Theoretisch ist somit in Deutschland heute der Preiswettbewerb der reinen Baukosten bereits durch einen Leistungswettbewerb abgelöst. Beim Wertungskriterium Preis könnten auch die Kosten für Unterhalt und Erneuerung – einschließlich der Umweltfolgen – bewertet werden.

Das bedeutet, es ist u. a. möglich

- CO_2-Emissionen der Herstellung der Baumaterialien und des Bauwerks selbst
- CO_2-Emissionen des Transports und
- CO_2-Emissionen des Unterhalts einschließlich Entsorgung

zu bewerten.

Im Wertungskriterium "Technischer Wert" sind u. a. "Qualität der Firmen" und "Qualität der Planer" und "Umwelt" zu bewerten. Es besteht die Möglichkeit hier für Firmen und Planer Ratingsysteme einzuführen und den Mindeststandards für die technischen Anforderungen an Stoffe, z. B. im Hinblick auf CO_2-Emissionen, festzulegen.

7.4 Umsetzung

Es gibt Werkstoffe, die sich am Markt heute nicht durchsetzen können, da sie in der Anschaffung etwas teurer sind, deren Einsatz aber aufgrund längerer Lebensdauer und damit geringerer Unterhaltskosten bei einer Bewertung der life-cycle-costs wirtschaftlich wäre [8]. Hierzu existieren auch Ansätze Bauleistungen incl. Nutzungsdauerkosten zu werten [9].

Weiter gibt es heute unter dem Begriff "Virtuelles Bauen" viele Entwicklungen, z. B. [10, 11] deren Möglichkeiten durch immer schnellere Computergenerationen weiter enorm steigerungsfähig sind. So werden bereits jetzt komplexe Bauaufgaben mittels relativ detaillierter 3-Modellen aufbereitet und zusätzlich mit einer Entwicklung des Bauablaufs überlagert. Dies geschieht z. B. von Baufirmen um Schwachstellen der Steuerung der Logistik frühzeitig zu erkennen. Somit existieren heute bereits 4-D-Modelle. Die vierte Dimension "Zeitablauf" lässt sich grundsätzlich auf die gesamte Lebensdauer eines Bauwerks ausdehnen.

Zur Umsetzung des zentralen Gedanken eines ganzheitlichen Wertmaßstabes ist diese 4-D-Simulation einer Baumaßnahme noch um die Dimension „Emissionsbewertung" zu erweitern. Diese fünfte Dimension bewertet nun die Umweltbeeinflussung. Mit entsprechender Aufbereitung von Baumaßnahmen einschließlich Bauablauf und life-cycle als 5-D-Modell bereits in der Angebotsphase ist es möglich Angebote einschließlich deren Umweltfolgen zu bewerten. Durch intensive Entwicklungstätigkeit sollte dieses Ziel bereits in wenigen Jahren erreichbar sein.

7.5 Mögliche Konsequenzen

Die Umsetzung des vorstehenden Ansatzes wird aufgrund völlig neuer Wirtschaftlichkeitskriterien mit an Sicherheit grenzender Wahrscheinlichkeit einen Innovationsschub verursachen. So würde eine monetäre Bewertung der CO_2-Emission z. B. bei der Zementherstellung die Entwicklung neuer – in der Herstellung weniger energieintensiver – Zemente z. B. auf Mg-Basis stark forcieren [12]. Auch bestünden dann ganz neue Anreize zur Reduktion von Warenströmen und zur Entwicklung bzw. Herstellung langlebiger Produkte. Verfolgt man die Entwicklung in den USA, wo von Seiten der Politik keinerlei vergleichbare gesetzliche Vorgaben geschaffen werden, so ist festzustellen, dass dort derzeit sogar die Wirtschaft die Führung bei den Klimaschutzaktivitäten übernimmt, um nicht im Vergleich zu Europa weiter ins Hintertreffen zu geraten. Dies zeigt auch, dass die von der EU geschaffenen Rahmenbedingungen sowohl aus ökologischer aber eben auch aus ökonomischer Sicht einen Vorteil für die europäischen Volkswirtschaften darstellen und somit umgehend genutzt werden sollten.

7.6 Was wäre kurzfristig realisierbar ?

(Beispiel Ingenieurbauwerk)

Bei der Ermittlung des wirtschaftlichsten Angebote könnten heute bereits die Hauptmassen von Ingenieurbauwerken unter Berücksichtigung des Kriteriums "CO_2-Emission" gewertet werden.

CO_2-Äquivalentwerte für wesentliche Baustoffe und Transportwege sind in der Datenbank Gemis [13] angegeben. Hieraus ergeben sich u. a. folgende Werte:

Material	CO_2-Äquivalentwert
Beton C 30/37	175 g/kg
Stahl	2.037 g/kg
Stahlblech verzinkt (= beschichtet)	2.647 g/kg

Vergleicht man nun in Deutschland marktübliche Preise für Beton und Stahl unter Berücksichtigung der CO_2-Emissionen und bewertet diese mit einem Preis von 85 €/t [4] so ergibt sich folgende Verschiebung des Preisgefüges:

	bisher	neu	Veränderung
Beton C 30/37 eingebaut	150 €/m³	185 €/m³	+ 24 %
Betonstahl 500 S eingebaut	1.000 €/t	1.170 €/t	+ 18 %
Baustahl verzinkt (beschichtet) eingebaut	3.000 €/t	3.225 €/t	+ 8 %
Spannstahl eingebaut	3.000 €/t	3.170 €/t	+ 6 %

Bezieht man die Veränderung der Einheitspreise der relevanten Rohbaumaterialien auf den durchschnittlichen Mengenbedarf des Überbaus einer Straßenbrücke mit mittlerer Spannweite, so ergibt sich je m²-Brückenfläche die folgende statistische Veränderung:

	Materialbedarf[1]	Kosten bisher	Veränderung	
Verbundbrücke:	180 kg/m² Baustahl	540 €/m²	+ 40 €/m²	+ 7,5 %
	875 kg/m² Beton	57 €/m²	+ 13 €/m²	+ 23,0 %
	70 kg/m² Betonstahl	70 €/m²	+ 12 €/m²	+ 17,0 %
		667 €/m²	+ 65 €/m²	+ 9,8 %
Spannbetonbrücke:	2.000 kg/m² Beton	130 €/m²	+ 30 €/m²	+ 23,0 %
	120 kg/m² Betonstahl	120 €/m²	+ 21 €/m²	+ 17,0 %
	30 kg/m² Spannstahl	90 €/m²	+ 5 €/m²	+ 5,7 %
		340 €/m²	+ 56 €/m²	+ 16,5 %

[1] Die angegebenen Mengen stellen mittlere Schätzwerte dar und erheben keinen Anspruch auf absolute Genauigkeit. Der dargestellte Vergleich soll vielmehr die generellen Möglichkeiten und Tendenzen aufzeigen, die sich durch die Einführung einer monetären Bewertung CO_2-Emission ergeben können.

Der Kostenvergleich für die Hauptmengen einer Spannbetonbrücke im Vergleich zu einer Verbundbrücke zeigt unter Ansatz eines ganzheitlichen Wertmaßstabes eine Verschiebung bezüglich des wirtschaftlichsten Angebots gegenüber dem nach heutigem Standard ermittelten reinen Herstellungspreis. Die einfache Einbeziehung der CO_2-Emission in die Bewertung lässt Innovationspotential erahnen. Darüber hinaus ist es ebenso problemlos heute möglich, die Folgekosten für die Transporte der Hauptmengen in die Beurteilung einzubeziehen. Die

Vorgabe von Grenzwerten, z. B. für CO_2-Emissionen bei der Herstellung von Baumaterialien, ist ebenso realisierbar.

8. Ideenwettbewerbe zum Aufzeigen des Innovationspotentials

In den Grundsätzen der Wettbewerbsordnung „GRW" ist einleitend formuliert [14]:

> *„Wettbewerbe auf den Gebieten ... des Bauwesens können ..., ökologische, technische und wirtschaftliche Aufgaben mit unterschiedlichen Schwerpunkten ... stellen."*

Die Durchführung eines Ideenwettbewerbs mit Wertungskriterien wie „wirtschaftliche Bauverfahren unter ganzheitlichen Wertmaßstäben" ist somit direkt auf Basis der bestehenden Wettbewerbsordnung möglich.

Derzeit ist bei der Bayerischen Ingenieurekammer ein Ideenwettbewerb zu diesem Themenkomplex in Vorbereitung. Maßgebendes Wertungskriterium für die Wettbewerbsarbeiten soll die „reale" Wirtschaftlichkeit sein, also die Darstellung der zu erwartenden **„life-cycle-costs" incl. CO_2-Äquivalentbewertung.**

Die Thematik soll am Planungsbeispiel einer Großbrücke ausgearbeitet werden. Die Abstimmung für die Auswahl eines geeigneten Bauwerks mit findet zur Zeit mit der Bayerischen Straßenbauverwaltung statt. Der Wettbewerb soll gemeinsam von der Autobahndirektion Südbayern und der Bayerischen Ingenieurekammer-Bau als Einladungswettbewerb mit 5 – 7 Teilnehmern ausgelobt werden. Ziele des Wettbewerbs sind:

- Aufzeigen von Innovationspotential
- Schaffung von Diskussionsgrundlagen
- Öffentlichkeitswirksame Aktion

Durch die Form eines Ingenieurwettbewerbs mit vorab eindeutig definierten Wertungskriterien (CO_2-Äquivalent-Werte, Bewertung CO_2-Emissionen) ist eine kurzfristige Realisierung erreichbar.

9. CO_2-Bilanz einer Baumaßnahme an einem Pilotprojekt

Aufbauend auf der Berücksichtigung der CO_2-Bilanz bei der Wertung eines Angebotes oder Nebenangebotes soll am Ende einer Baumaßnahme ein Soll (Angebot) / Ist (Ausführung) Vergleich gezogen und über ein Bonus-Malus-System auch monetär bewertet werden. Damit würden zum einen Anreize für die ausführende Baufirma geschaffen beim Einkauf von Baustoffen, z. B. die CO_2-Äquivalente von Produkten und deren Transport zu berücksichtigen.

Darüber hinaus könnte durch den Soll / Ist-Vergleich der angebotenen Mengen zu den tatsächlich verbrauchten Mengen eine Bonus/Malus-Rechnung angestellt werden, um z. B. Mengenangaben eines Nebenangebotes auf ihre Seriosität zu prüfen und somit die CO_2-Bilanz im Rahmen der Wertung nicht zu einem Papiertiger verkommen zu lassen. Ziel dieses Massenvergleichs wäre nicht zwangsläufig die Reduktion der Mengen, sondern die CO_2-Bilanz der Baumaßnahme auf der Basis der tatsächlich verbrauchten Mengen auch in der Praxis nachvollziehbar zu machen.

Das vorgestellte Konzept zur Betrachtung der CO_2-Bilanz eines Ingenieurbauwerks von der Planung über die Ausschreibung bis hin zur Bauausführung lässt sich auf andere Baumaßnahmen im Bereich der Infrastruktur übertragen und hat den großen Vorteil, dass am Ende der Baumaßnahme nicht nur über eine CO_2-Bilanz in der Theorie gesprochen würde, sondern auch tatsächlich gemacht und auch entsprechend monetär vergütet wird.

10. Fazit, Ausblick

Die allgemein anerkannten Untersuchungen von Stern [4] belegen eindeutig, dass die Szenarien zur Beherrschung des Klimawandels bei umgehendem Handeln noch finanzierbar sind. Der politische Wille dies entschieden durch Schaffung ganzheitlicher Wertmaßstäbe umzusetzen ist aber Voraussetzung, dass ein ausreichender Innovationsdruck und -schub zur Entwicklung ressourcenschonender Technik entstehen kann. Lösungsansätze, wie die hier vorgestellten, lassen das große Innovationspotential erahnen. Dem Berufsstand der Ingenieure obliegt hier eine besondere gesellschaftliche Verantwortung.

Bisher fehlen jedoch noch klare Bekenntnisse zu ganzheitlichen Wertmaßstäben und entsprechende eindeutige und verlässliche Vorgaben der Politik. Hoffnungsfroh stimmt aber, dass derzeit der Klimaschutz von Politik und Gesellschaft intensiv thematisiert wird und ein grundsätzliches Umdenken auslösen könnte.

Die weltweite Ächtung von FCKW belegt eindrucksvoll, dass die Staatengemeinschaft in Fragen des Klimaschutzes konsensfähig sein kann und die Technik bei entsprechenden Rahmenbedingungen innovative Lösungen findet.

Bayerische Ingenieurekammer-Bau

Arbeitskreis Klimaschutz

„ Ressourcenschonende Technik durch ganzheitliche Wertmaßstäbe

- Schwerpunkt Infrastruktur"

Im Arbeitskreis sind entsprechend der Philosophie einer „Großen Kammer" Ingenieure aus Verwaltung, Bauindustrie und freiberuflicher Tätigkeit vertreten:

Verwaltung:	Dr. Uwe Willberg, Abteilungsleiter Brücken- und Ingenieurbau der Autobahndirektion Südbayern
Bauindustrie:	Dr. Oliver Fischer, Bilfinger Berger AG, Geschäftsleiter Technisches Büro Ingenieurbau (Vorstandsbeauftragter der Bay.Ing.Kammer)

Für die verschiedenen Sparten der freiberuflich tätigen Ingenieure:

Konstr. Ingenieurbau:	Dipl.-Ing. Alexander Putz, Geschäftsführender Gesellschafter Igl, Putz + Partner, Kuratoriumsmitglied des WWF
	Dr. Walter Streit, Geschäftsführender Gesellschafter Büchting + Streit GmbH, Kuratoriumsmitglied des WWF (Vorsitzender des Arbeitskreises)
Projektmanagement:	Dr. Ulrich Baumgärtner, Geschäftsführender Gesellschafter Dr. Baumgärtner GmbH (stv. Vorsitzender des Arbeitskreises)
Softwareentwicklung:	Dr. Casimir Katz, Mitglied des Vorstands – CTO Sofistik AG

Die Bayerische Ingenieurekammer-Bau ist als Körperschaft des öffentlichen Rechts frei von wirtschaftlichen Interessen und unparteiisch; die Tätigkeit im Arbeitskreis ist ehrenamtlich.

Ziele:

Aufzeigen, Erarbeiten, Entwickeln von Lösungsansätzen zur Umsetzung von ganzheitlichen Wertmaßstäben bei Planung, Bau und Nutzung der Infrastruktur (fachbezogen, interdisziplinär, politisch).

Kontakt: Walter.Streit@Buechting-Streit.de

Quellen

[1] 4. Sachstandsbericht (2007) des IPCC (www.IPCC.de)

[2] Bonner Manifest zum Schutz und zur Nutzung von Gemeinschaftsgütern (www.Kantstiftung.de)

[3] „Marktplatz der Natur" Spiegel Nr. 21/2008, Autoren: Philip Bethqe, Rafaela von Bredou, Christian Schwägerl

[4] Stern Review of the economic challenges of climate change (www.sternreview.org.uk)

[5] MDR Hr. Halstenberg die Forschungsinitiative „Zukunft Bau" in der Bundesrepublik Deutschland, Beton- und Stahlbetonbau 103 (2008), Heft 1

[6] Directive 2004/18/EC of the european parliament and the council on coordination of procedures for the award of public works contracts, public supply contracts an public service contracts. March 31, 2004.

[7] Handbuch für die Vergabe und Ausführungen von Bauleistungen im Straßen- und Brückenbau (HVA B-Stb) – Ausgabe März 2006 – und Allgemeines Rundschreiben Straßenbau Nr. 8/2006.

[8] Braun Ch, Fobo W., "Bridge Sliding, Bearings with High Long Term Performance" Deutsch – Japanisch Kolloquium 2003 Osaka

[9] Kuhlmann U., Pelke E., Hauf G., Herrmann T., Steiner J., Aul M.; „Ganzheitliche Wirtschaftlichkeitsbetrachtungen bei Verbundbrücken unter Berücksichtigung des Bauverfahrens und der Nutzungsdauer", Stahlbau, Vol 76 (2007) pp 105 – 116

[10] Gralla M., Hanff J., Schaper D., „Virtuelles Bauen und partnerschaftliche Geschäftsmodelle – eine innovative Verbindung" Bautechnik Vol 83 (2006) pp 463 – 469

[11] Neuberg F., Fink D., "3D Planungs–Strategie aus Beispiel Vijzelgracht Amsterdam"

[12] Constantinidis G., Ulm F.-J., "The nanograuular noture of C-S-M", Journal of the Mechanics and Physics of Solids, Vol 55 (2007) pp 64-90

[13] Globales Emissions-Modell integrierter Systeme (Gemis 4.2) Ökoinstitut s.v, Institute for Applied Ecology, Darmstadt 2004, www.gemis.de

[14] Grundsätze und Richtlinie für Wettbewerbe auf den Gebieten der Raumplanung, des Städtebaues und des Bauwesens – GRW 1995 – novellierte Fassung vom 22.12.2003

Großprojekte der DB Netz AG –
Eine Herausforderung für den Ingenieurbau

Dipl.-Ing. **Wolfgang Feldwisch VDI**, Leiter Großprojekte DB Netz AG, Frankfurt am Main

Zusammenfassung

Die DB Netz AG als Eisenbahninfrastrukturunternehmen des Bundes (EIU) unterhält mit mehr als 34 000 km Streckenlänge das größte Schienennetz Europas. Ingenieure der Bahn entwerfen, bauen, erhalten und betreiben die Schienenwege über das gesamte Leistungsspektrum der Fahrwegtechnik.

Die Fahrweganlagen umfassen den Erdbau, den Oberbau mit 73 000 Weichen, die Oberleitung, die Leit- und Sicherungstechnik mit 4700 Stellwerken sowie 27 900 Brücken und 797 Tunnel mit 482 km Tunnellänge.

In einer bemerkenswerten Gemeinschaftsleistung planen und realisieren die Bauingenieure der Bahn, des Eisenbahn-Bundesamtes (EBA), der Ingenieurbüros und der Bauindustrie von der Idee über die Realisierung bis zur Inbetriebnahme wegweisende Projekte mit innovativen Ingenieurbauwerken, neuen Bauweisen und Bauverfahren. Das zeigt sich insbesondere bei den strategisch wichtigen und politisch bedeutsamen Großprojekten der Bahn.

1. Großprojekte als Teil des Leistungsspektrums der Fahrwegtechnik

Mit ihren bisherigen neuen und ausgebauten Strecken innerhalb und außerhalb des Transeuropäischen Eisenbahnnetzes (TEN) hat die Deutsche Bahn ihr Unternehmensziel nach deutlicher Reduzierung der Reisezeiten mit leistungsfähigen Trassen auch für den stark wachsenden Güterverkehr in einem ersten Schritt erreicht. Dabei sind die großen Investitionsprojekte das Ergebnis der Bundesverkehrswegeplanung des Bundes [1] und der Investitionsstrategie der DB Netz AG [2].

Im Folgenden werden die bemerkenswertesten Großprojekte der Bahn unter Betrieb, im Bau und in Planung dargestellt (Tabelle 1). Dabei wird auf die wichtigen bautechnischen Leistungselemente des Fahrweges, die Tunnel und Brücken, eingegangen. Bereits beim Bau der bestehenden Hochgeschwindigkeitsstrecken der Bahn sind spektakuläre wegweisende Ingenieurbauwerke realisiert worden. Die standsichere, gebrauchstaugliche und wirtschaftliche Planung und Realisierung von 120 Eisenbahnbrücken sowie 37 Tunnel mit 184 km Tunnelstrecke in den nächsten Jahren allein im Zuge der Großprojekte Nürnberg – Erfurt – Halle/Leipzig, Stuttgart 21 und Wendlingen – Ulm stellen eine weitere beispiellose technisch-wirtschaftlich-betriebliche Herausforderung dar [3].

2. Großprojekte unter Betrieb

2.1 Die ersten Hochgeschwindigkeitsstrecken der Deutschen Bahn

Der Hochgeschwindigkeitsverkehr (HGV) wurde erstmals mit den Neubaustrecken (NBS) Hannover – Würzburg und Mannheim – Stuttgart im Mai 1991 mit einer Geschwindigkeit von max. 280 km/h realisiert [4]. 1998 wurde die Schnellfahrstrecke von Hannover über Stendal mit 250 km/h nach Berlin eröffnet. Mit der Aufnahme des kommerziellen Betriebes auf der NBS Köln – Rhein/Main im August 2002 wurde erstmals ein Geschwindigkeitsniveau von 300 km/h erreicht. Bei diesen Großprojekten wurden wegweisende Ingenieurbauwerke mit innovativen Bauverfahren realisiert. Bild 1 zeigt beispielsweise die Anwendung des Vorschubverfahrens beim Bau der Lahntalbrücke (NBS K-R/M, l = 438 m).

Bild 1: Vorschubverfahren Lahntalbrücke   Bild 2: Lahntalbrücke unter Betrieb

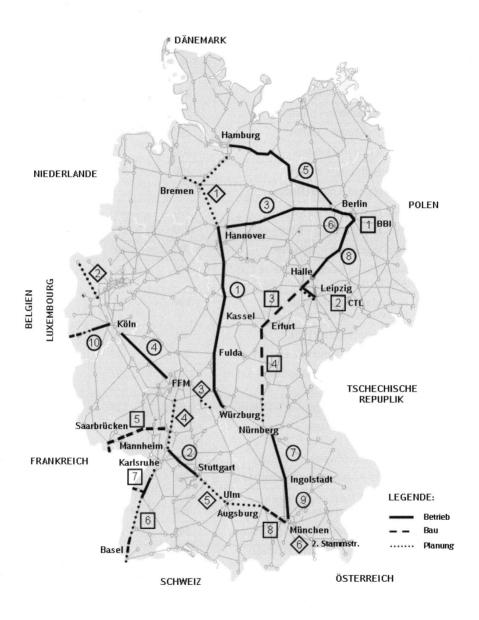

DÄNEMARK

NIEDERLANDE

POLEN

BELGIEN

LUXEMBOURG

Hamburg

Bremen

Berlin

BBI

Hannover

Halle

Leipzig

CTL

Kassel

Erfurt

Köln

Fulda

FFM

TSCHECHISCHE
REPUPLIK

Würzburg

Saarbrücken

Nürnberg

Mannheim

Karlsruhe

Stuttgart

Ingolstadt

FRANKREICH

Ulm

Augsburg

München

2. Stammstr.

Basel

SCHWEIZ

ÖSTERREICH

LEGENDE:

Betrieb

Bau

Planung

61

Tabelle 1:   Die wichtigsten Großprojekte der DB Netz AG in Betrieb, Bau und Planung

	NBS/ABS	V max km/h	Länge km	Inbetrieb- nahme
①	NBS Hannover - Würzburg	280	327	06/1991
②	NBS Mannheim – Stuttgart	280	99	06/1991
③	NBS Hannover – Berlin	250	264	06/1998
④	NBS Köln- Rhein/Main	300	177	08/2002
⑤	ABS Hamburg – Berlin	230	286	12/2004
⑥	Pilzkonzept Knoten Berlin	120-200	-	05/2006
⑦	NBS Nürnberg – Ingolstadt	300	89	05/2006
⑧	ABS Halle/Leipzig – Berlin (VDE 8.3)	200	187	05/2006
⑨	ABS Ingolstadt – München	200	82	12/2006
⑩	ABS Köln – Aachen – Grenze D/B Abschnitt Köln – Düren (übr. Str.)	250	39 (77)	12/2003 (2014)
1	Fughafenanbindung Berlin – Brandenburg International (BBI)	120	15	10/2011
2	Citytunnel Leipzig (CTL)	80	3,9	12/2011
3	VDE 8.2 NBS Erfurt – Leipzig/Halle	300	123	12/2015
4	VDE 8.1 ABS/NBS Nürnberg – Erfurt	NBS 300 ABS 230	107 122	12/2017 nach 2020
5	ABS Sbr. – Ludwigsh. (POS Nord)	160-200	128	2009/2014
6	ABS/NBS Karlsruhe – Basel	ABS 200 NBS 250	183	2016
7	Kehl – Appenweier (POS Süd)	160-200	14	2010/2014
8	ABS 23 Augsburg – Olching (-Mü)	43	230	12/2010
◇1	ABS/NBS Hamburg/Bremen – Hannover (Y-Trasse)	300 160	92 22	nach 2015
◇2	ABS D/NL Emmerich - Oberhausen	160	70	2013
◇3	ABS/NBS Hanau – Nantenbach (Schwarzkopftunnel)	160	8	2014
◇4	NBS Rhein/Main – Rhein/Neckar	300	96	2018
◇5	Stuttgart 21, NBS Wendlingen – Ulm	250	117	2019
◇6	2. Stammstrecke S-Bahn München	120	9,3/2,5	2016/2022

Die Vorschubrüstung ist eine aufwändige Stahlbaukonstruktion, die nach Herstellung des 1. Überbaufeldes in das nächste Feld gefahren wird. Durch dieses Bauverfahren kam es im Bereich der Lahn zu keinem baulichen Eingriff. Zugleich werden an die Gestaltung solcher Talbrücken hohe Anforderungen gestellt. So ist die weit sichtbare fertige Lahntalbrücke mit 116 m Spannweite des Bogens und doppelter Stützweite der Normalfelder als Teil der Landschaft ein Aushängeschild und Vorbild für HGV-Strecken (Bild 2).

Bild 3: Ulmenstollenvortrieb Tunnel Limburg (NBS Köln-Rhein/Main, l = 2.395 m)

Beim Tunnelbau ist die klassische bergmännische Methode das Spritzbetonverfahren mit Ulmenstollen- und Kalottenvortrieb angewendet worden. Mit dem Ulmenstollenvortrieb werden entlang des Ausbruchsrandes der Ulmen zwei oder drei beherrschbare Querschnitte voraus-eilend aufgefahren. Die Sicherung und der Ausbau erfolgen mit Spritzbeton (Bild 3). Diese Bauweise ist setzungsarm und wenig seitendruckanfällig. Bei gebrächem und druckhaftem Gebirge wird der Kalottenvortrieb angewendet. Dabei wird ein Firststollen oder wenn möglich die ganze Kalotte als oberer gewölbter Querschnittsteil vorauseilend aufgefahren. Danach folgen die Strosse und die Sohle. Die Sicherung und der Ausbau erfolgen mit Spritzbeton (Bilder 4 und 5).

Durch die Fortschritte im Maschinenbau kommt in den letzten Jahren weltweit zunehmend auch der maschinelle Tunnelvortrieb zum Einsatz [5].

 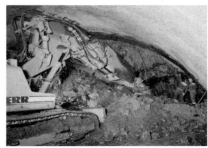

Bilder 4 uns 5: Kalottenvortrieb Tunnel Fernthal (NBS Köln – Rhein/Main, l = 1.555 m)

Unter den realisierten Großprojekten nimmt die im Dezember 2004 in Betrieb genommene Ausbaustrecke (ABS) Hamburg – Berlin eine besondere Stellung ein. Bis dahin wurden bestehende Strecken nur bis zu 200 km/h ertüchtigt. Diese Strecke wurde mit weiterentwickeltem Regelwerk erstmals auf 230 km/h ausgebaut [6] [7]. Die 286 km lange Strecke wird in ca. 90 Minuten mit einer durchschnittlichen Reisegeschwindigkeit von 190 km/h befahren. Seit der Eröffnung erfreut sich die Strecke wachsender Beliebtheit.

2.2 Die Großprojekte des Jahres 2006

Eine Herausforderung zur Fußballweltmeisterschaft im Jahr 2006 war die Inbetriebnahme [8] der national und international bedeutenden Eisenbahninfrastruktur der

- Nord-Süd-Verbindung im Knoten Berlin mit dem Berliner Hauptbahnhof,
- ABS Berlin – Leipzig mit 200 km/h,
- NBS Nürnberg – Ingolstadt mit 300 km/h und
- ABS Ingolstadt – München mit 200 km/h.

2.2.1 Eisenbahnknoten Berlin

Mit dem sog. Pilzkonzept wurde der Eisenbahnknoten Berlin in den letzten 15 Jahren konsolidiert [9]. Ein vorläufiger Abschluss ist mit der Inbetriebnahme der neuen Nord-Süd-Verbindung mit dem 3,5 km langen Tiergartentunnel und dem Berliner Hauptbahnhof als Kreuzungspunkt mit der bestehenden Ost-West-Achse im Mai 2006 erreicht.

Ein großer Teil der in Betrieb gegangenen 9 km langen viergleisigen Trasse der Nord-Süd-Verbindung mit dem Berliner Hauptbahnhof als sichtbares Zeichen der Renaissance der Bahnmetropole verläuft im Berliner Untergrund. Der Tiergartentunnel unterquert die neuen Stadtquartiere rund um den Potsdamer Platz, das Regierungsviertel sowie den Grünbereich des Tiergartens. Der Berliner Baugrund stellte dabei alle Beteiligten vor große Herausforderungen. Schwierige bodenmechanische Verhältnisse, alte Tunnelteile und Fundamentreste, aber auch Findlinge und kriegsbedingte Altlasten mussten sicher beherrscht werden. Genaueste Untersuchungen mit geophysikalischen Meßmethoden, Bodenproben und deren Auswertung durch erfahrene Gutachter waren erforderlich. Zugleich mussten besondere ökologische Anforderung erfüllt werden, wie keine Beeinträchtigung des Grundwasserhaushaltes, vollständiger Erhalt des Baumbestandes im Tiergarten, der „grünen Lunge" der Stadt, und Schutz vor Erschütterungen und Lärm.

64

Im Bereich des Spreebogens wurde nicht nur das neue Regierungsviertel, sondern auch die Spree untertunnelt. Um die Tunnel für Fernbahn, U-Bahn und Bundesstraße 96 bauen zu

können, musste die Spree für zwei Jahre in ein provisorisches Bett umgeleitet werden (Bild 6). Bei Bauvorhaben dieser Größenordnung nehmen Abmessungen, Tiefe, Wasserdruck und andere Faktoren neue Dimensionen an, die Sicherheitsanforderungen sind ungewöhnlich hoch [10]. Insgesamt wurde hier Beispielhaftes geleistet [11].

Bild 6: Tiergartentunnel mit Spreeverlegung
(Nord-Süd-Verbindung Knoten Berlin)

2.2.2 ABS Berlin – Halle/Leipzig (VDE 8.3)

Ebenfalls rechtzeitig zur Fußballweltmeisterschaft wurde im Mai 2006 die 187 km lange ABS Berlin – Halle/ Leipzig mit 200 km/h in Betrieb genommen. Mit der ABS ist ein Fahrzeitgewinn zwischen Berlin und Leipzig von 90 min (von 151 auf 61 min) möglich geworden ist. Die Besonderheit ist die Doppelausrüstung mit klassischer Linienzugbeeinflussung und elektronischem Zugsicherungssystem „European Train Control System" (ETCS).

2.2.3 NBS Nürnberg – Ingolstadt und ABS Ingolstadt – München

Im Mai 2006 wurde auch die 89 km lange NBS Nürnberg – Ingolstadt als ein Teilstück der Nord-Süd-Achse des europäischen Hochgeschwindigkeitsnetzes mit einer Geschwindigkeit von 300 km/h in Betrieb genommen [12]. Mit den Trassierungskriterien der sowohl für Personen- als auch Güterverkehr ausgelegten Strecke sind bei der Querung der Fränkischen Alb neun Tunnel mit einer Gesamtlänge von 27 km errichtet worden. Die längsten Tunnel sind der Tunnel Euerwang (7700 m) und der Tunnel Irlahüll (7260 m).

Die Tunnel des nördlichen Abschnittes liegen in verschiedenen sandigen bis tonigen Sandsteinformationen. Ab dem Albaufstieg Richtung Süden liegen die Tunnel in mehr oder weniger verkarstetem Kalkgebirge. Hier wurden im Zuge der sorgfältig und vorsichtig erfolgten Tunnelvortriebe teilweise spektakuläre Höhlensysteme angetroffen, die nur mit kurzen Abschlagslängen in kleinen Schritten durchörtert werden konnten (Bild 7). Es waren umfang-

Bild 7: Karsthohlräume und Verbruch in der Ortsbrust Tunnel Irlahüll

reiche Sicherungen erforderlich, z.B. Ortsbrustanker, Rohrschirme, Erkundungsbohrungen und ein ausführliches Messprogramm mit engen Messrythmen. Das Gebirge wurde vor Einbau der Innenschale sorgfältig erkundet und kraftschlüssig verfüllt bzw. verplombt. Auch nach dem Einbau der Innenschale wurde das Verformungsverhalten intensiv beobachtet.

Zusammen mit der im Dezember 2006 in Betrieb genommenen 82 km langen ABS Ingolstadt – München konnte mit einer Investition von 3,5 Mrd. € die Fahrzeit von Nürnberg nach München um 40 Minuten auf 1 Stunde reduziert werden.

3. Großprojekte im Bau

3.1 POS Nord und Süd

Der Ausbau der Strecke von Saarbrücken nach Ludwigshafen erfolgt gemäß der deutsch-französischen Vereinbarung von La Rochelle als Teil der TEN-HGV Paris – Ostfrankreich – Südwestdeutschland, abgekürzt POS.

Die POS besteht aus den Teilen Nord und Süd. Die POS Nord wird derzeit von Saarbrücken nach Ludwigshafen in einer 1. Baustufe mit einer Streckengeschwindigkeit bis 200 km/h ausgebaut [13]. Die Inbetriebnahme mit ETCS ist für 2009 geplant. Die 2. Baustufe folgt bis 2014. Die POS Süd besteht aus dem Bau einer neuen zweigleisigen Rheinbrücke zwischen Kehl und Straßburg bis 2010 [14], der Ertüchtigung der Strecke Kehl – Appenweier auf 200 km/h und der Anbindung an die NBS/ABS Karlsruhe – Basel bis 2014.

3.2 NBS/ABS Karlsruhe – Basel

Mit der NBS/ABS Karlsruhe – Basel als südliche Teilstrecke des Rheinkorridors Emmerich – Basel werden Kapazitätsengpässe insbesondere für den wachsenden Güterverkehr beseitigt. Sie dient als Hauptzulaufstrecke zu den Schweizer Alpenübergängen, u.a. zu der im Bau befindlichen Gotthard-Basis-Strecke. Durch den viergleisigen Ausbau der 183 km langen

Strecke auf 250 km/h wird eine Verkürzung der Reise- und Transportzeiten und eine deutliche Erhöhung der Leistungsfähigkeit der Strecke erreicht. Der Streckenabschnitt zwischen Rastatt und Offenburg ist seit Dezember 2004 in Betrieb.

Herausragendes und größtes Einzelbauwerk ist der im Bau befindliche 9385 m lange Katzenbergtunnel [15]. Die zwei eingleisigen Röhren wurden mit zwei Tunnelvortriebsmaschinen aufgefahren (Bild 8) und mit 63000 Tübbingen einschalig ausgebaut. 2,4 Millionen m³ Ausbruchmaterial wurde im nahe gelegenen Steinbruch Kapf umweltschonend mittels Förderbandtechnik eingelagert. Schwierige Baugrundverhältnisse mit Sandstein, Tonmergel, wasserführendem Fischschiefer und verkarsteten Oxfordkalken mit teilweise hohem Wasserandrang an der Ortsbrust waren zu bewältigen. Auch die schwierige Unterfahrung des Rutschhanges bei Bad Bellingen wurde sicher abgeschlossen.

Bild 8: Schneidrad der Tunnelvortriebsmaschine Katzenbergtunnel

Für den Brand- und Katastrophenschutz wurden 19 Verbindungsbauwerke zwischen den beiden Röhren mit einem Abstand von 500 m sowie zwei Lüftungsschächte in der Mitte der Röhren hergestellt. Damit wurde die „Technische Spezifikation Interoperabilität" (TSI) zur „Sicherheit in Eisenbahntunneln", die ab Juni 2008 verbindlich gilt [16], bereits antizipierend erfüllt (Bild 9).

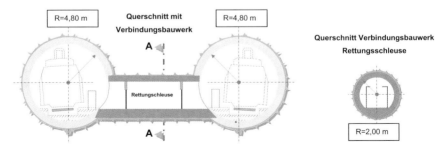

Bild 9: Verbindungsbauwerke beim Katzenbergtunnel

Der Durchschlag der Tunnelröhren ist im Oktober 2007 erfolgt (Bild 10). Die Inbetriebnahme ist für Dezember 2011 geplant.

Bild 10: Zielbaugrube und Durchbruch Katzenbergtunnel

Der maschinelle Vortrieb hat sich beim Katzenbergtunnel, nach anfänglichen Schwierigkeiten, bewährt. Das ist insoweit von Bedeutung, als die Frage nach dem jeweils wirtschaftlichsten Vortriebsverfahren für unsere zukünftig aufzufahrenden Tunnel im Rahmen des Technologiewettbewerbs eindeutig beantwortet werden muss.

Dabei ist festzuhalten, dass das Spritzbetonverfahren sich auch unter schwierigen geologischen Bedingungen bewährt hat und Stand der Technik ist. Es gibt zudem diskussionswürdige Ansätze der Weiterentwicklung, wie die von Lunardi in Italien [17], mit Vollausbruch und größeren Abschlagslängen durch vorauseilende Glasfaserstabilisierung und so schnell wie möglichem Nachziehen des Ausbaus.

Im Benchmark sind in den letzten Jahren erhebliche Fortschritte bei den weltweit eingesetzten Tunnelvortriebsmaschinen mit hohen Vortriebsleistungen auch bei schwierigen Böden zu verzeichnen. Daher ist der maschinelle Vortrieb ein ebenso in Frage kommendes Vortriebsverfahren, wenn Maschinen- und Baugrunddaten überlagernd ausgewertet werden und die Besetzung und das Handling der Maschine von Anfang an mit einer erfahrenen und ausreichenden Mannschaft erfolgt.

3.3 City Tunnel Leipzig (CTL)

Auch das Großprojekt des City-Tunnels Leipzig als unterirdische Verbindung zwischen dem Hbf und dem Bayrischen Bahnhof ist eine herausfordernde Tunnelbaumaßnahme. Sie hat als Kernstück des zukünftigen S-Bahnsystems zentrale Bedeutung für das Schienennetz im Großraum Leipzig [18] [19].

Die 2 eingleisigen Tunnelröhren werden durch die Deutsche Einheit Fernstraßen-planungs- und -bau GmbH (DEGES) im Auftrag des Freistaates Sachsen im Rohbau errichtet, die 5 unterirdischen Stationen sollen schlüsselfertig übergeben werden. Auch hier kommt eine Tunnelvortriebsmaschine zum Einsatz.

Im eiszeitlichen Geschiebemergel sind zehn unterschiedliche geologische Schichten zu durchfahren, überwiegend Kies, Sand und Lehm mit Einlagerungen größerer Tertiärquarzite und von Findlingen. Unterhalb der Großstadt Leipzig werden die Tunnel zum Teil mit sehr geringen Überdeckungen und Abständen aufgefahren. Setzungen im Millimeterbereich werden erfasst und direkt an einen automatisch überwachenden Zentralcomputer übermittelt.

In besonders kritischen Bereichen kommt auf einer Fläche von 22.000 m² das Compensation-Crouting-Verfahren zur Sicherung der Gebäude gegen unverträgliche oder schädliche Verformungen zum Einsatz. Das Verfahren kombiniert die Verbesserung des Baugrundes zur Verformungsminimierung mit der Möglichkeit zur kontrollierten Hebung einzelner Bauwerksteile vor Erreichen schädlicher Bauwerksverformungen.

Kompliziert war vor Beginn des Vortriebs die Bergung mehrerer Litzenanker der Baugrube eines mehrstöckigen Geschäftshauses mit unter 35° geneigten, bemannten Druckluftvortrieben (d = 1,2 m, bis zu 1,8 bar) unter Einhaltung der zulässigen Ver-formungen, ebenso die Bergung von Teilen einer überschnittenen Bohrpfahlwand durch einen Spritzbetonvortrieb (d = 3,5 m) im Schutze einer mehrstufigen Vereisung.

3.4 Schienenanbindung Flughafen Berlin – Brandenburg – International (BBI)

Der neue Flughafen BBI, der die bisherigen Berliner Flughäfen Schönefeld, Tegel und Tempelhof (mit über 20 Mio. Flugreisenden, mehr als 250 000 Flugbewegungen und 124 Zielen in 46 Länder in 2007) ersetzen soll, ist neben den Großprojekten der Bahn eines der größten Bauprojekte in Ostdeutschland.

Er wird mit einem Bahnhof unterhalb des Terminalgebäudes direkt an das Schienennetz angebunden [20]. Dazu wird eine 2-gleisige Strecke vom Berliner Außenring (BAR) bis zur Görlitzer Bahn für den Regional- und Fernverkehr neu gebaut. Wegen der engen technischen und baulogistischen Verzahnung mit dem Flughafenterminal wird der Rohbau des unterirdischen Bahnhofs im Auftrag der DB Netz AG durch die Flughafen Berlin Schönefeld GmbH (FBS) zu einem Festpreis errichtet und bis zum 30.06.2010 übergeben.

Der Flughafen und die Schienenanbindung sollen zum Winterflugplan 2011/2012 in Betrieb genommen werden.

3.5 NBS Ebensfeld - Nürnberg (VDE 8.1) und NBS Erfurt – Halle/Leipzig (VDE 8.2)

Die beiden Neubaustrecken sind zusammen mit

- der ABS Berlin Halle/Leipzig (VDE 8.3, vgl. Ziffer 2.2.2) und
- der ABS Nürnberg – Ebensfeld als 122 km lange mit 230 km/h auszubauende Strecke mit einer Inbetriebnahme nach 2020,

als Teil des transeuropäischen Schienenverbundes von Skandinavien über Berlin und München bis nach Verona bedeutende Großprojekte für die Deutsche Bahn [21] [22]. Sie sollen nicht nur dem Personen-, sondern auch dem schnellen Güterverkehr dienen. Die Strecke zwischen Berlin und München wird in weniger als 4 Stunden bewältigt werden.

Mit einer Investitionssumme von fast 8 Mrd. € ist die Gesamtmaßnahme von Berlin bis Nürnberg das größte Infrastrukturprojekt Deutschlands.

3.5.1 NBS Ebensfeld - Erfurt (VDE 8.1)

Die 107 km lange Neubaustrecke Ebensfeld – Erfurt durchquert die Mainebene und verläuft durch das Kerngebiet des Thüringer Waldes. Sie soll im Dezember 2017 mit dem Zugsicherungssytem ETCS in Betrieb genommen werden. Aufgrund der bewegten Mittelgebirgstopographie werden 29 Brücken gebaut und 22 Tunnel mit einer Gesamtlänge von 41 km aufgefahren. Die beiden längsten Tunnel sind der 8314 m lange Bleßbergtunnel und der 7391 m lange Silberbergtunnel. Die Ausführung der Tunnel erfolgt gemäß Planfeststellung zweigleisig im bergmännischen Vortrieb.

Die NBS wird in großen Teilen in der Abfolge Tunnel – Brücke – Tunnel – Brücke gebaut. Dabei dienen die jeweils fertig gestellten Bauwerke raum- und umweltschonend der baulogistischen Ver- und Entsorgung der Baustellen. In der Konsequenz sind bestimmte Bauwerke bauzeitbestimmend.

Landschaftsprägende Bedeutung haben die großen Eisenbahnbrücken, wie z.B. die Talbrücke Wümbachtal (Bild11). Sie ist 570 m lang, mit Stützweiten von 44 m und einem A-Bock von 88 m Länge. Die Brücke ist bereits fertig gestellt.

Bild 11: Landschaftsprägende fertig-　　　Bild 12: Ilmtalbrücke als zweigleisiger
　　　　　gestellte Wümbachtalbrücke　　　　　　　　Spannbeton-Hohlkasten

Wuchtig ist die Talbrücke Ilmtal, die mit einer Länge von 1681 m das Ilmtal, die Ilm, die Bundesstraße B 88 und die Langenwiesener Teiche in einer Höhe von 50 m überquert. Im Bild
12 ist das gestalterische Ergebnis der Abwägung zwischen technischen Anforderungen,
Umweltverträglichkeit, Wirtschaftlichkeit und Architektur zu sehen. Die gewählte Lösung als
Spannbeton-Durchlaufträger-Kette mit einem einzelligen Hohlkastenquerschnitt gliedert sich
in vier einzelne Durchlaufträger mit Längen von 336, 415, 459 und 471 m und drei Bögen mit
Spannweiten von 125, 155 und 175 m als Anpassung an die vorhandene Topographie. Die
Brücke wird bis 2011 fertig gestellt.

3.5.2 NBS Erfurt - Halle/Leipzig (VDE 8.2)

Die 123 km lange auf 250 km/h ausgelegte Neubaustrecke Erfurt – Halle/Leipzig führt durch
das Thüringer Becken, durchfährt den Höhenzug Finne mit seinen Gesteinen vorwiegend
aus der Trias-Folge, Bundsandstein und Muschelkalk und überquert mit einer mehr als 8 km
langen Talbrücke die Auen der Saale und der Weißen Elster. Der Fahrzeitgewinn beträgt für
die Relation Erfurt – Leipzig 27 min, für die Relation Erfurt – Halle 46 min. Die Inbetriebnahme ist für Dezember 2015 vorgesehen. Bis dahin werden drei Tunnel mit zwei eingleisigen
Röhren mit einer Gesamtlänge von 15,4 km aufgefahren.

Der Finnetunnel (2 x 6886 m) durchfährt im Westabschnitt eine tektonische Großstörung aus
lokal entfestigtem Bundsandsteingebirge, an der die Schichtenfolge steil aufgestellt ist. Er
liegt in weiten Teilen bis zu 50 m unter dem Grundwasserspiegel. Die beiden Tunnelröhren
werden im Vollschnittverfahren, wie beim Katzenbergtunnel, mit 2 Tunnelvortriebsmaschinen
aufgefahren. Der Bibratunnel (2 x 6414 m) befindet sich in weitgehend standfestem Gebirge

des Bundsandsteins. Der Osterbergtunnel (2 x 2072 m) quert teilweise gestörtes und entfestigtes Muschelkalkgebirge.

Unter den Ingenieurbauwerken ist die Saale-Elster-Talbrücke herausragend (Bild 13). Als zweigleisiger Spannbeton-Hohlkasten mit einem stählernen Stabbogen hat sie eine Länge von 6465 m mit einem Brückenabzweig nach Halle und Leipzig von 2112 m. Als aufgeständerte Brücke überquert sie die Auen der Saale und der Weißen Elster, ein Flora-Fauna-Habitat-Gebiet. Diese Brücke ist nach ihrer Fertigstellung in 2012 die größte Eisenbahnbrücke in Deutschland.

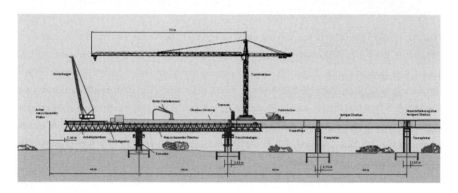

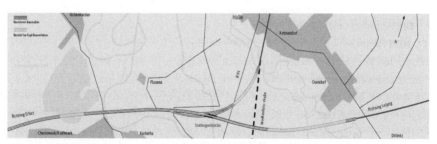

Bild 13: Saale-Elster-Talbrücke als Spannbeton-Hohlkasten, Bauzeit 2006 - 2012
(VDE 8.2 NBS Erfurt – Halle/ Leipzig, l = 6.465 m und l =2.112 m)

Auch die Unstrut -Talbrücke als zweigleisiger Spannbeton-Hohlkasten mit 4 Bögen und einer Länge von 2668 m ist spektakulär (Bild 14). Bei den Baugrunduntersuchungen wurden 11 Höckergräber mit Gefäßen als Grabbeigaben aus der sog. Schnurkeramik-Zeit der Steinzeit entdeckt. Vor 4000 Jahren beerdigte man die Verstorbenen in gehockter Haltung und auf der Seite liegend. Der Begriff Schnurkeramik verweist auf die Technik, Gefäße mit Schnüren zu verzieren. Völlig überraschend waren diese Funde nicht, da das Unstrut-Tal nach geophysikalischen Messungen schon länger als archäologische Schatzkammer einer Jahrtausende alten Besiedlung gilt.

Bild 14: Unstrut-Talbrücke als zweigleisiger Spannbeton-Hohlkasten

Bild 15: Rollbahnbrücke Flughafen Leipzig/Halle International

Interessant ist auch eine nicht alltägliche Verkehrskreuzung. Der bereits seit 2003 in Betrieb befindliche Streckenabschnitt Gröbers–Leipzig wird von der Rollbahn des Flughafens Leipzig/Halle International gekreuzt und führte zur Ausbildung einer Rollbahnbrücke (Bild 15).

4 Die Großprojekte in Planung

4.1 NBS Hannover – Hamburg/Bremen (Y-Spange)

Wichtig für den stark anwachsenden Seehafenhinterlandverkehr in Norddeutschland ist die Kapazitätserweiterung der Schienenkorridore Bremen – Hannover und Hamburg – Hannover. Dazu ist eine 92 km lange 2-gleisige Neubaustrecke zwischen Lauenbrück und Isernhagen mit 300 km/h und der 2-gleisiger Ausbau und die Elektrifizierung der Strecke Visselhövede nach Langwedel mit 160 km/h geplant. Die Kosten werden mit 1,6 Mrd. € geschätzt.

4.2 NBS Rhein-Main/Rhein-Neckar

Mit der zweigleisigen NBS Rhein/Main – Rhein/Neckar mit 300 km/h zwischen Frankfurt a.M. und Mannheim mit der Einbindung in die vorhandene Schnellfahrstrecke Mannheim – Stuttgart wird ein wichtiger Lückenschluss im europäischen Hochgeschwindigkeitsnetz herbeigeführt. Zurzeit werden die Grundlagen für die Planfeststellung erarbeitet. Dabei steht die Lösung der Frage im Vordergrund, auf welche Art und Weise Mannheim optimal angebunden werden können.

4.3   2. Stammstrecke S-Bahn München

Bei der S-Bahn München bestehen durch den Zuwachs von 250.000 auf ca. 750.000 Reisende pro Tag erhebliche Kapazitätsengpässe. Zur Entlastung der bestehenden Stammstrecke und zur Einführung eines 15-Min.Taktes für alle S- Bahnlinien mit zusätzlichen überlagerten Express-S-Bahnlinien im 30-Min.Takt soll in einer 1.Baustufe eine 2-gleisige 9,3 km lange Strecke (Ost- Ast) zwischen Laim und Leuchtenbergring mit einem 6,5 km langen Tunnel (zwischen Leuchtenbergring und Donnersberger Brücke) gebaut werden. Hinzu kommen der Umbau der Stationen Laim und Leuchtenbergring sowie der Neubau der unterirdischen Stationen München Hbf und Marienhof mit einer max. Tieflage von 43 m unter GOK. In einer 2. Baustufe folgen eine 2,5 km lange 2-gleisigeStrecke (Süd-Ast) als Tunnel (vom Abzw. Max-Weber-Platz bis zum Hp St.Martin-Straße) und der Neubau einer unterirdischen Station Ostbahnhof.

4.4 Stuttgart 21

Ein bedeutendes Projekt ist - als Teil der Gesamtmaßnahme Stuttgart – Ulm – Augsburg - die Neugestaltung des Eisenbahnknotens Stuttgart, bekannt unter dem Namen Stuttgart 21 [23].

Im Rahmen des kombinierten Verkehrs- und Städtebauprojektes Stuttgart 21 wird der Hauptbahnhof Stuttgart vom heutigen Kopfbahnhof mit 16 Gleisen in einen unterirdischen Durchgangsbahnhof mit 8 Fernbahngleisen umgewandelt. Die weitere teilweise unterirdische Streckenführung bindet den Flughafen Stuttgart und die Neue Messe in das Fernverkehrsangebot der Bahn ein. Die Investitionen für Stuttgart 21 betragen 2,8 Mrd. €. Die Inbetriebnahme ist für 2019 vorgesehen.

Die zentralen Elemente des Projektes Stuttgart 21 sind die Tunnelbauten. 30 km der 57 km langen Gesamtstrecke Stuttgart 21 verlaufen im Tunnel. Dabei sind schwierige geotechnische Bedingungen zu beherrschen. So durchörtert der 9468 m lange Fildertunnel die am Rand des Stuttgarter Talkessels liegende Schicht des anhydritführenden unausgelaugten

Gipskeupers. Bei Verbindung mit Wasser treten erhebliche Volumenvergrößerungen mit hohen Quelldrücken auf, die verhindert bzw. sicher beherrscht werden müssen.

4.5 NBS Wendlingen - Ulm

Die 60 km lange NBS Wendlingen - Ulm wird zweigleisig weitgehend parallel zur BAB 8 Stuttgart – Ulm für den Fern- und leichten Güterverkehr gebaut. Die freiwerdenden Trassen werden auf der über Plochingen / Geislingen verlaufenden Bestandsstrecke für verbesserte Angebote im Regional- und Güterverkehr genutzt werden. Die Investitionen betragen 2 Mrd. €. Die Inbetriebnahme ist für 2019 vorgesehen.

Mit 28 km Tunnelstrecken werden der Albvorlandtunnel (2 x 8175 m), Boßlertunnel (2 x 8710 m), Steinbühltunnel (2 x 4770 m) und Albabstiegtunnel (2 x 5955 m) aufgefahren.

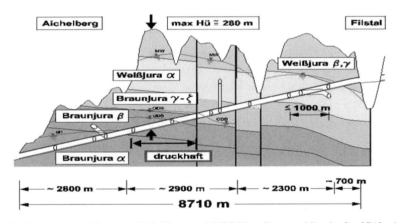

Bild 16: Geologischer Längsschnitt Boßlertunnel (NBS Wendlingen – Ulm, l = 2 x 8710 m)

Beim Boßlertunnel südlich des Filstales sind Schichten des Braunjura zu durchörtern (Bild 16). Für einzelne Schichtglieder dieser Formation haben sich in den Voruntersuchungen sehr geringe Festigkeiten mit „druckhaftem Gebirge" ergeben. Oberhalb liegende Schichten des Weißjura sind bereichsweise verkarstet. Auch beim Bau des Steinbühltunnels ist mit in ihrer Größe nicht bekannten und nicht erkundbaren Karstrinnen und -höhlen zu rechnen.

Für das Auffahren der Tunnel kommen sowohl Vortriebsmaschinen als auch das Spritzbetonverfahren in Frage [24] [25].

Insgesamt stellen die geologischen, hydrologischen und hydrogeologischen Verhältnisse bei den Projekten Stuttgart 21 und NBS Wendlingen – Ulm höchste Anforderungen an die Planung und die Bauausführung. Alle bisherigen Herausforderungen im Tunnelbau treten hier in konzentrierter Form auf.

5 Herausforderung Großprojekte

Die Vielzahl der in einem vergleichsweise kurzen Zeitraum zu realisierenden Großprojekte mit ihren Ingenieurbauwerken verlangt

- die rechtzeitige Sicherung der Finanzierung über Finanzierungsvereinbarungen und finanzielle Baufreigaben,
- eine schlanke reaktions- und entscheidungsfähige Projektorganisation,
- die ergebniswirksame Steuerung der Investitions- und Aufwandsbudgets der DB Netz AG mit Risiko- und Chancenanalyse einschl. Simulation möglicher Schadens-, Kosten- und Bauzeitüberschreitungen mit Eintrittswahrscheinlichkeiten,
- die Beherrschung der komplexer werdenden Inbetriebnahmeprozesse,
- den Einsatz qualifizierter Ingenieure und
- die Umsetzung der Erwartungen der DB Netz AG an die Partner am Bau.

5.1 Finanzierung

Es ist erklärtes politisches Ziel, dass die Schiene als umweltfreundlicher Verkehrsträger bei der Bewältigung des steigenden Verkehrsaufkommens auch zukünftig eine maßgebliche Rolle übernehmen soll [1]. Grundvoraussetzungen dafür sind die Vorhaltung der Infrastruktur und gezielte Investitionen in Aus- und Neubaumaßnahmen. Die dafür notwendige Finanzierungsstruktur weist als Finanzierungsträger den Bund, die Länder, die EU und die DB AG aus.

In den letzten 10 Jahren sind 48,8 Mrd. € in die Infrastruktur investiert worden. Die aktuelle Mittelfristplanung weist für 2008 bis 2012 Investitionen von 23,2 Mrd. € aus. Gleichwohl ist mit den darin enthaltenen jährlichen 2,5 Mrd. € für das Bestandsnetz und ca. 1,1 Mrd. € des Bundes für den Bedarfsplan die Finanzierung der geplanten Großprojekte noch nicht ausreichend. Die Sicherung der zeitgerechten Realisierung der Großprojekte und des weiteren Geschäftserfolgs der Deutschen Bahn verlangt die Lösung dieses politischen Handlungsproblems, wobei der Börsengang ein wichtiger Beitrag ist.

5.2 Projektorganisation

Die Eisenbahnen des Bundes haben als Bauherren für jede Baumaßnahme zur Vorbereitung und Ausführung einer Baumaßnahme geeignete Bauvorlageberechtigte, geeignete Bauüberwacher Bahn sowie geeignete Unternehmer zu bestellen und aufgrund der Verpflichtung aus § 4 Abs. 1 AEG entsprechend qualifiziertes Personal zur Beurteilung ihrer Auftragnehmer vorzuhalten. Bauvorlageberechtigte und Bauüberwacher sind grundsätzlich Mitarbeiter der Eisenbahnen des Bundes oder von diesen bevollmächtigte Personen.

Innerhalb der Deutschen Bahn AG wird die Bauherrenfunktion für die Großprojekte von der zentralen Organisationseinheit „Großprojekte" der DB Netz AG mit einer schlanken, prozessorientierten Aufbauorganisation mit kurzen Berichts- und Entscheidungswegen durch direkte Anbindung an den Vorstand wahrgenommen [26]. Kernaufgaben sind u.a. die Aufgabenstellung und Projektierung, die Finanzierung, die Budgetsteuerung, die Überwachung von Kosten, Terminen und Qualität sowie die Inbetriebnahme (Bild 17).

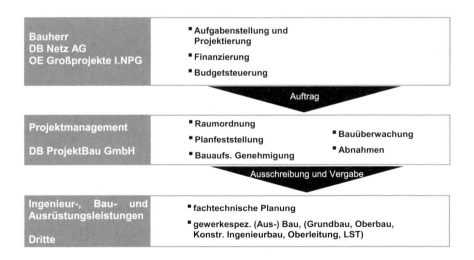

Bild 17: Projektorganisation der Großprojekte

Mit der technischen Planung und Realisierung sowie dem Projektmanagement wird als konzerninterner Dienstleister und technischer Spezialist die DB ProjektBau GmbH beauftragt. Diese bedient sich bei der Erfüllung ihrer Planungs- und Bauaufträge über Ausschreibung und Vergabe des nationalen und europäischen Ingenieur- und Bauleistungsmarktes. Die Überwachung obliegt dem Bauherrn.

Diese Projektorganisation hat sich bei den Großprojekten im Grundsatz bewährt.

5.3 Steuerung

Bei der Planung, Kontrolle und Steuerung der Großprojekte arbeitet der Bauherr in den Dimensionen und wechselseitigen Abhängigkeiten von Kosten, Finanzierung, Terminen und Qualität (Bild 18). Die Herausforderung besteht darin, diese Dimensionen für

- das laufende Geschäftsjahr 2008,

- die Mehrjahresplanung 2008 bis 2012 und

- den langfristige 10-Jahreszeitraum

widerspruchsfrei in eine stimmige und realisierungsfähige Übereinstimmung mit den jeweiligen Projektzielen und verfügbaren Budgets zu bringen. Zudem sind Randbe-dingungen wie die Forderung, 2 Jahre vor der technischen Fertigstellung die Inbe-triebnahme als Grundlage für den europäischen Fahrplan zu garantieren oder die Unstetigkeit der unter Hauhaltsvorbehalt stehenden Bundesmittel, zu beachten.

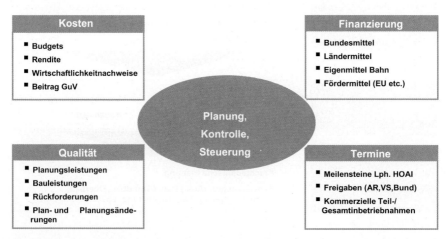

Bild 18: Planung, Kontrolle und Steuerung der Großprojekte

Eine weitere Herausforderung ist die bauherrenseitige Aussteuerung einer unter-jährigen Störung bei einem Großprojekt, wie z.B. ein sich realisierendes Baugrundrisiko mit Auswirkungen auf Kosten und Termine. Hier ist eine ständige Optimierung und eine exzellente Frühwarn-, Risiko- und Chancenanalyse erforderlich, um die Übersicht zu behalten und rechtzeitig Gegensteuerungsmaßnahmen einleiten zu können.

5.4 Beherrschung komplexer Inbetriebnahmeprozesse

Die Inbetriebnahme von Projekten im TEN erfordert ein hohes Maß an Wissen über das System Bahn und über die Prozesse, die zur kommerziellen Inbetriebnahme führen.

Nach europäischem Recht ist der diskriminierungsfreie Zugang von vorhandenen oder zukünftigen Fahrzeugen zum TEN sicher zu stellen. Der Nachweis dafür erfordert während der Planung und Bauausführung eine intensive Prüfung und Zertifizierung der neuen Eisenbahninfrastrukturanlagen nach den Transeuropäischen Spezifikationen Inter-operabilität (TSI) durch die Eisenbahn-CERT als Benannte Stelle Interoperabilität Bahnsysteme beim Eisenbahn-Bundesamt (EBC). Funktionalität und Interoperabilität der eingebauten Komponenten und Teilsysteme sowie die Konformität der Komponenten und Teilsysteme untereinander müssen von den EIU als Antragsteller nachgewiesen werden.

Vor Aufnahme des Regelbetriebes werden nach nationalem Recht zum einen die erweiterte Betriebsgenehmigung für die neue bzw. erweitete Schieneninfrastruktur nach AEG durch den Bundesminister für Verkehr, Bau und Stadtentwicklung (BMVBS) und zum anderen die Inbetriebnahmegenehmigung nach der Transeuropäischen-Eisenbahn-Interoperabilitäts-verordnung – (TEIV) [27] durch das Eisenbahn-Bundesamt (EBA) erteilt.

Durch die TEIV sind die bislang bestehenden Regelungen der EIV und der KonVEIV, mit denen die Interoperabilitätsrichtlinien der EU in nationales Recht umgesetzt wurden, zusammengefasst worden. Geltungsbereich der TEIV ist das deutsche TEN und die dort verkehrenden Fahrzeuge. Es gelten unmittelbar die TSI

- „Infrastruktur" vom 30.05.2002
- „Energie" vom 30.05.2002
- „Zugsteuerung, Zugsicherung und Signalgebung" vom 30.05.2002/29.04.2004
- „Betrieb" vom 30.05.2002
- „Instandhaltung" vom 30.05.2002.

5.5 Qualifikation der Ingenieure

Planung und Bau von Großprojekten mit ihren Tunneln und Brücken erfordern fachliche Exzellenz, wirtschaftliche Disziplin und faire Kooperation und können nur von qualifizierten und erfahrenen Ingenieuren beherrscht werden [28]. Auch deren Einstellungen beeinflussen die jeweiligen Ergebnisse maßgeblich, z.B. die Bereitschaft zur interdisziplinären Zusammenarbeit in den verschiedenen Projektphasen [29]. Die herausfordernden Aufgaben, angefangen von den technischen Erkundungen, über die statisch-konstruktive Planung, die Auswahl der Baustoffe und Bauverfahren bis hin zum Ausbau und zur betriebstechnischen Ausstattung, neben den Aspekten des zivilen und des öffentlichen Rechts, sind nur als exzellente Gemeinschaftsleistung lösbar.

5.6 Erwartungen der DB Netz AG an die Partner am Bau

Unsere Partner sind die Planer, Geotechniker, Bauunternehmer, Wissenschaftler und Prüfingenieure. Wir erwarten eine sorgfältige Planung und Ausführung mit einer nach Kosten, Zeit, Wirtschaftlichkeit und Qualität optimalen Lösung. Zu den einzusetzenden Techniken, z.B. Vortrieb bei Tunneln und Bauverfahren bei Brücken, erwarten wir einen konstruktiven und rationalen Ingenieurdialog mit dem Ziel, aus Fehlern zu lernen und den Technologiewettbewerb voranzubringen. Die mit dem Anspruch der Unabhängigkeit und Neutralität handelnden Prüfingenieure des Eisenbahnbundesamtes sollten noch früher eingebunden werden. Kosten- und Terminsicherheit von Projektbeginn bis Projektende kann durch Partnering-Modelle erreicht werden, mit denen die Verteilung der Risiken geregelt wird. Wir erwarten ein faires Vertragsverhalten, das im technisch-kaufmännisch-juristischen Vertrags- und Verhaltensgeflecht auf Kooperation (Win-Win) anstelle von Konfrontation setzt.

6 Ausblick

Im Gegensatz zur landläufigen Meinung steht die Schiene vor weit größeren Herausforderungen an den Neu- und Ausbau als die Straße. In den kommenden Jahren planen und bauen wir – unter der Voraussetzung einer ausreichenden Finanzierung - zahlreiche strategisch wichtige und politisch bedeutende Großprojekte. Die damit ver-bundenen Investitionsmittel müssen wirtschaftlich unter Beachtung der Lebenszykluskosten eingesetzt werden.

Schwierige bautechnische Fragen – gebirgsmechanische Verhältnisse mit Quelldruck, karstigem oder „druckhaftem Gebirge" sowie geringe Überdeckungen bei Tunneln oder neue und innovative Bauweisen und -verfahren bei Eisenbahnbrücken – müssen ebenso beherrscht werden wie die Zusammenführung der einzelnen Teilbeiträge von der Idee über die Planung, Finanzierung und Genehmigung bis zur Realisierung und Inbetriebnahme.

Diese Aufgabe erfordert wirtschaftliche Disziplin, fachliche Exzellenz und faire Kooperation. Sie kann letztlich nur von qualifizierten und erfahrenen Ingenieuren bei der DB Netz AG, den Ingenieurbüros und den Baufirmen sowie des Eisenbahn-Bundesamtes (EBA) beherrscht werden.

7. Literatur

[1]   Bundesministerium für Verkehr, Bau und Stadtentwicklung (BMVBS): Investitionsrahmenplan bis 2010 für die Verkehrsinfrastruktur des Bundes (IRP). April 2007

[2]   Pohl, M.: Eckpunkte der Investitionsstrategie der DB Netz AG. Elektrische Bahntechnik 105 (2007), H. 4/5, S. 202 – 204

[3]   Feldwisch, Wolfgang: Großprojekte der Bahn als Herausforderung für den Tunnelbau. Geotechnik 30 (2007), H. 4, S. 2 - 12

[4]   Jänsch, E.: Hochgeschwindigkeitsverkehr in Deutschland – 15 Jahre Erfolg. Eisenbahntechnische Rundschau 55 (2006), H. 10, S. 704 - 712

[5]   Herrenknecht, M., Lehmann, G., Burger, W., Wehrmeyer, G.: Die Entwicklung der Mixschilde. VDI-Gesellschaft Bautechnik, Jahrbuch 2008 (19), September 2007, S. 38 – 59

[6]   Feldwisch, W., Drescher, O., Haag, C.: Mit Tempo 230 zwischen Hamburg und Berlin. Eisenbahntechnische Rundschau 53 (2004), H. 12, S. 821 – 831 und Edition ETR. Ausbaustrecke Hamburg und Berlin für 230 km/h, Hamburg 2005, S. 10 – 19

[7]   Feldwisch, W.: At 230 km/h between Hamburg and Berlin. - High-speed technology - What mode of operation for a high speed net work?. Eurailspeed 2005, Mailand, Kongressband

[8]   Feldwisch, W., Schülke, H.: Die Inbetriebnahme der Großprojekte der Bahn zur Fußballweltmeisterschaft 2006. Eisenbahntechnische Rundschau 55 (2006), H. 5, S. 289 – 300

[9] Feldwisch, W., Ruppert, G.: 10 Jahre Bautätigkeit der Deutschen Bahn in Berlin. Eisenbahntechnische Rundschau 49 (2000), H. 6, S. 365 – 377

[10] Feldwisch, W., Rothe, R., Kamitz, K., Schulze, P.: Die Nord-Süd-Verbindung – Wie organisiert der Bauherr ein solches Projekt? Bahnmetropole Berlin – Die neue Nord-Süd-Verbindung. Eurailpress Tetzlaff-Hestra Verlag, Hamburg 2006, S. 36 - 42

[11] Azer, H.: Von Senkkasten, Schildvortrieb und Spreeverlegung. Bahnmetropole Berlin – Die neue Nord-Süd-Verbindung. Eurailpress Tetzlaff-Hestra Verlag, Hamburg 2006, S. 54 - 65.

[12] Feldwisch, W., Ritzert, J.: Am Ziel: Mit Hochgeschwindigkeit von Nürnberg nach München. Edition ETR. Schnellbahnachse Nürnberg-Ingolstadt-München – Neue Infrastruktur mit Spitzentechnologie. Eurailpress Tetzlaff-Hestra Verlag, Hamburg 2006, S. 208 – 215

[13] Gutfrucht, M., Mortag, M.: Ausbaustrecke Saarbrücken – Ludwigshafen (POS Nord). Eisenbahntechnische Rundschau 56 (2007), H. 5, S. 262 – 270

[14] Mortag, M., Statkiewitz, N.: Rheinbrücke Kehl: Eine grenzüberschreitende Herausforderung. Eisenbahningenieur 59 (2008), H. 1, 23 - 26

[15] Nied, J., Dassler, B., Zieger, T.: Neu- und Ausbau der Strecke Karlsruhe – Basel – aktueller Planungsstand und Bauablauf. Eisenbahntechnische Rundschau 56 (2007), H. 9, S. 506 - 512

[16] Europäische Union: Entscheidung der Kommission v. 20.12.2007 über die technische Spezifikation für die Interoperabilität bezüglich „Sicherheit in Eisenbahntunneln im konventionellen transeuropäischen Eisenbahnsystem und im transeuropäischen Hochgeschwindigkeitssystem. Amtsblatt der EU v. 07.03.2008, S. I.64/1 – I.64/71

[17] Lunardi, P.: Design and Construction of Tunnels. Italian edition published by Hoepli, 2006

[18] Stecher, D.: City-Tunnel Leipzig schließt Lücke im Schienennetz. Tunnel (2006), H. 11, S. 22 – 27

[19] Stecher, D.: City-Tunnel Leipzig im Bau – eine Lücke im Schienennetz wird geschlossen. Eisenbahntechnische Rundschau 56 (2007), H. 7/8, S. 430 - 434

[20] Feldwisch, W., Neubert, S.: Die Schienenanbindung Flughafen Berlin – Brandenburg – International (BBI). Eisenbahntechnische Rundschau 57 (2008), H. 5, S. 273 - 277

[21] Feldwisch, W., Drescher, O., Flügel, M., Lies, S.: Die Planung der Neu- und Ausbaustrecke Nürnberg-Erfurt-Leipzig/Halle. Eisenbahntechnische Rundschau 56 (2007), H. 9, S. 494 - 500

[22] Feldwisch, W., Drescher, O., Flügel, M., Lies, S.: Die Realisierung der Neu- und Ausbaustrecke Nürnberg-Erfurt-Leipzig/Halle. Eisenbahntechnische Rundschau 56 (2007), H. 9, S. 502 - 505

[23] Nied, J., Marquart, P.: Planung, Realisierung und Geologie der Großprojekte Stuttgart 21 und NBS Wendlingen – Ulm. Geotechnik 30 (2007), H. 4, S. 225 – 230

[24] Wittke, W.: Stuttgart 21 – Studie zur Machbarkeit maschineller Tunnelvortriebe in den Planfeststellungsabschnitten 1.2 bis 1.6. März 2004

[25] Maidl, B.: Ansätze zur Weiterentwicklung von Bauverfahren im Zuge des Neubaus der Tunnel der Deutschen Bahn. Edition ETR - Ingenieurbauwerke. Hestra-Verlag, Darmstadt 2001, S. 18 - 28

[26] Feldwisch, W.: Großprojekte – Komplexität und Verantwortung. Deine Bahn 2006, H. 11, S. 2 - 7

[27] Zweite Verordnung zum Erlass und zur Änderung eisenbahnrechtlicher Vor-schriften vom 5. Juli 2007 - Artikel 1 - Verordnung über die Interoperabilität des transeuropäischen Eisenbahnsystems (Transeuropäische-Eisenbahn-Inter-operabilitätsverordnung – TEIV) mit Gültigkeit vom 14.07 2007

[28] VDI-Gesellschaft Bautechnik: Wir bauen auf Kompetenz. Düsseldorf 2008 (www.vdi.de/bau)

[29] Fendrich, L.: Wertschöpfung verlangt Wertschätzung! Eisen-bahningenieur 59 (2008), H. 1, S. 3

8. Bildnachweis

Bild 10 ARGE Katzenbergtunnel, sonst DB AG

Der Citytunnel Malmö Los E201
Ein gemeinsamer Erfolg von Bauherr, Auftragnehmer und Planern

Dipl.-Ing. **Tobias Nevrly**, Bilfinger Berger AG, München
Dr.-Ing. **Ernst-Rainer Tirpitz**, Bilfinger Berger AG, Wiesbaden

Kurzfassung

Der Citytunnel Malmö in Südschweden ist ein herausragendes Infrastrukturprojekt, das in Fortsetzung der Öresund-Querung für eine bessere Anbindung Schwedens an das europäische Hochgeschwindigkeitsnetz der Eisenbahn sorgt. Das Los E201 umfasst die Bauwerke für zweimal 5,6 km Bahnstrecke, darunter zweimal 4,6 km Einspurtunnel in Tübbingbauweise, den unterirdischen Bahnhof Triangeln in der Stadtmitte und 750 m Rampe mit Tunnel in offener Bauweise. Durch die gute und vertrauensvolle Zusammenarbeit zwischen Bauherr, Auftragnehmer und Planern konnten innovative Lösungen erfolgreich umgesetzt werden.

1. Überblick

Das Gesamtprojekt beginnt im Süden als Anschluss an eine oberirdische Eisenbahntrasse, die dreiecksförmig an die bestehende Linie anbindet. Im Norden endet die Maßnahme in einer zweigleisigen unterirdischen Erweiterung des Bahnhofes Malmö Central. Nordöstlich des neuen Bahnhofsteils Malmö Central Nedre werden die Gleise mit der bestehenden Bahntrasse Richtung Göteborg und Stockholm zusammengeführt. Durch die Neutrassierung wird die Reisezeit von Kopenhagen nach Malmö deutlich verkürzt und ein Fahrtrichtungswechsel der Züge Richtung Göteborg und Stockholm entfällt. In den ebenfalls auf der Neubautrasse liegenden Bahnhöfen Hyllie (Los E 302) und Triangeln werden zukünftig die Züge des Regionalverkehrs halten und damit die Erschließung Malmös mit öffentlichem Personennahverkehr wesentlich verbessern und die beiden Zentren Kopenhagen und Malmö noch näher zusammenrücken lassen.

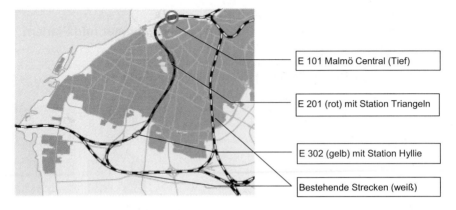

E 101 Malmö Central (Tief)

E 201 (rot) mit Station Triangeln

E 302 (gelb) mit Station Hyllie

Bestehende Strecken (weiß)

Bild 1 Aufteilung der Baulose in Malmö [3]

Bauherr ist die Projektgesellschaft „Citytunneln" (CTP), gegründet von den beteiligten Institutionen „Banverket" (schwedische Eisenbahnbehörde), Stadt Malmö und Region Skåne.

Mit der Planung und Bauausführung des Loses E 201 wurde die Arbeitsgemeinschaft „Malmö Citytunnel Group HB" (MCG) unter Federführung der Bilfinger Berger AG mit den dänischen Partnern Per Aarsleff A/S und E. Pihl & Søn A.S beauftragt. Die Bauzeit begann im April 2005 und endet im Oktober 2009 bei einem Auftragsvolumen von ca. 253 Mio. Euro [3].

Das Baulos E 201 ist das größte der drei Lose und beinhaltet Planung und Herstellung (Design and Build) der folgenden Bauwerke:

- 4,6 km langer doppelröhriger Tunnel im Schildvortrieb mit Tübbingausbau
- 280 m lange Kaverne als neuer unterirdischer Bahnhof mit Zugangsbauwerken (Station Triangeln)
- 750 m lange Einfahrtsstrecke in offener Bauweise mit Rampe im Süden
- 13 Querschläge, 4 Druckausgleichsschächte und 2 Notausstiege

2. Geologie

Der Untergrund in Malmö besteht von oben nach unten aus folgenden Schichten:

- Auffüllungen und nacheiszeitliche Sedimente mit Mächtigkeiten von in der Regel ein bis zwei Metern, lokal aber auch zwischen 3,5 m und 5 m.
- Quartäre, glaziale, überkonsolidierte Sedimente mit 4-10 m Schichtdicke, überwiegend als Geschiebelehm. Zonen mit vom Schmelzwasser abgelagerten Tonen,

Schluffen, Sanden und Kiesen sind ebenfalls anzutreffen. Gegen Norden hin treten Einschaltungen von organisch angereicherten Sanden und Torf auf.

- Tertiäre Kalksteine mit bis zu 60 m Mächtigkeit. Die Kalksteine werden in den überlagernden „Kopenhagener Kalkstein" – falls vorhanden – und den Bryozoenkalk unterteilt. Die Kalksteine sind auf den obersten 1-2 m durch die eiszeitliche Vergletscherung zerbrochen bis zerschert.

Der Tunnel und die Bahnhofskaverne liegen zur Gänze im Bryozoenkalk. Dieser Kalkstein ist ein schwach angewitterter, poröser Fossilschuttkalk mit lagenweise stark unterschiedlichen Festigkeiten. Die Gesteinsfestigkeiten schwanken je nach Dichte und Quarzgehalt zwischen 0,1 und 110 MPa und erreichen Höchstwerte von über 300 MPa in Flintkonkretionen. Für die geotechnische Klassifizierung wird das Material in fünf Festigkeitsklassen und fünf Zerlegungsgrade unterteilt.

Die Schichtung des Kalksteins ist vorwiegend horizontal mit Schwankungsbreiten von 5 -15°. Innerhalb des Loses E 201 fällt die Schichtung überwiegend leicht in Richtung Süden ein. Die Schichtflächenabstände betragen wenige Millimeter bis zu einem Meter. Lagen mit hoher Festigkeit treten meist auch mit größerer Mächtigkeit auf, was das Gebirgsverhalten günstig beeinflusst.

Überregionale tektonische Verwerfungen wie die Sorgenfrei-Tornquist-Zone und regionale wie die Vellinge-Zone und Svedala-Zone befinden sich wenige Kilometer vom Projektgebiet entfernt und haben Einfluss in Form von kleinräumigen Zerrüttungszonen. Das störungsparallele, vertikale Kluftsystem ist überwiegend engständig bis mittelständig und weist raue Oberflächen auf. Die Größe der Klüfte beschränkt sich dabei meist auf wenige Quadratmeter, Klüfte mit einer Ausbisslänge von mehr als 10 m treten nur vereinzelt auf. Typisch für einen angewitterten Kalk ist das vereinzelte Auftreten geöffneter Klüfte [3].

Als Besonderheit innerhalb des Bryozoenkalkes gelten vereinzelt auftretende Korallenriffkalke mit erhöhter Wasserwegigkeit und tonig verfüllten Hohlräumen mit Durchmessern von bis zu einigen Metern. Einen typischen geologischen Längsschnitt am Vortriebsbeginn zeigt Bild 2 (Rechter Rand = Beginn des TBM-Tunnels am Übergang zur offenen Bauweise).

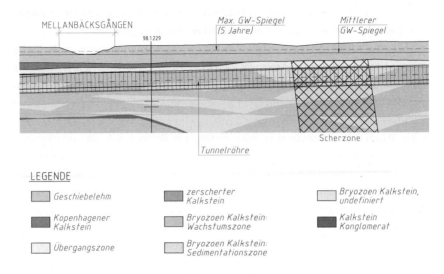

LEGENDE

Geschiebelehm

Kopenhagener
Kalkstein

Übergangszone

zerscherter
Kalkstein

Bryozoen Kalkstein:
Wachstumszone

Bryozoen Kalkstein:
Sedimentationszone

Bryozoen Kalkstein,
undefiniert

Kalkstein
Konglomerat

Bild 2 Geologischer Längsschnitt am südlichen Vortriebsbeginn

3. Hydrologie

Grundsätzlich können drei Grundwasserstockwerke unterschieden werden [3]:

Bei Grundwasserstockwerk GWL 1 handelt es sich um einen stark durchlässigen Porenwasserleiter aus Moränenmaterial und zerrüttetem Kalkstein mit K-Werten um $0,5–5,0 \times 10^{-4}$ m/s. Im Grenzbereich zum Kalkstein werden die höchsten Durchlässigkeiten registriert.

Die Tunneltrasse befindet sich vollständig im Grundwasserstockwerk GWL 2 im oberen Bereich des Tertiärs. Dabei handelt es sich um einen schwach durchlässigen Kluftwasserleiter mit K-Werten um $5,0–10,0 \times 10^{-5}$ m/s. Vertikale Durchlässigkeiten sind um den Faktor 10 geringer. Direkt oberhalb von wasserstauenden, regional auftretenden Lagen kommt es zu wasserführenden geöffneten Klüften, die als kleine Kanäle mehrere hundert Meter weit verfolgt werden können.

Das gespannte Grundwasserstockwerk GWL 3 befindet sich mehrere Meter unterhalb der Tunneltrasse. Zugehörige K-Werte liegen im Bereich von $0,1–3,0 \times 10^{-4}$ m/s. Wie bei GWL 2 handelt es sich dabei um einen Kluftwasserleiter.

Das Grundwasser ist mit pH = 8 leicht alkalisch und aufgrund des maritimen Einflusses leicht salzhaltig. Es befindet sich ein hoher Anteil an Eisen im Grundwasser.

Aufgrund wasserrechtlicher Auflagen wird im Projektgebiet für das Auffahren der Station Triangeln, die Querschläge und die Rettungsschächte eine aufwändige Grundwasserhaltung betrieben. Ein für den Bauzustand beschränkt zugelassener Absenkungstrichter wird mit Hilfe von Bodeninjektionen und einem System aus Pump- und Schluckbrunnen aufrechterhalten (Bild 3). Das dennoch in die Vortriebe eintretende Restwasser wird gefasst, neutralisiert und getrennt behandelt.

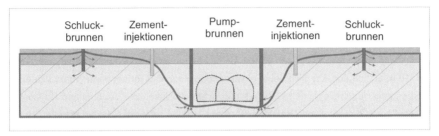

Bild 3 Wasserhaltungsschema im Bereich der Vortriebe (hier: Kaverne Triangeln) aus [3]

4. Der unterirdische Bahnhof Triangeln

Herstellkonzept für die Zugangsschächte

Die Station Triangeln stellt das Kernstück des Projektes dar. Sie liegt direkt in oder vielmehr unter der Innenstadt von Malmö und erschließt das Geschäftszentrum sowie die Universitätsklinik. Bedingt durch den engen Gesamtterminplan und die bauliche Verknüpfung der Tunnelstreckenvortriebe mit dem Bahnhof Triangeln ist dieses Bauwerk von besonderer Bedeutung. Der Bahnhof besteht aus zwei 25 m tiefen und 28 m breiten Startschächten am nördlichen und südlichen Bauwerksende. Von diesen Schächten aus wurde die Bahnhofskaverne in bergmännischer Bauweise ausgebrochen. In den Schächten entstehen später die zwei Zugangsbauwerke des neuen Bahnhofes.

Die Herstellung der Kaverne und der Betonbauwerke für den Bahnhof stellt die anspruchsvollste Baumaßnahme des Gesamtprojektes dar. Während der Herstellung des Betonbauwerks sind beide Schildvortriebsmaschinen in das südliche Ende der Bahnhofskaverne eingefahren, wurden durch die Bahnhofskaverne durchgezogen und starteten anschließend aus dem nördlichen Kavernenende heraus wieder den Vortrieb für die jeweils zweite Tunnelstrecke.

Das Abteufen der Startschächte erfolgte im Bereich des Quartärs im Schutze einer Spundwand am Südschacht bzw. einer überschnittenen Bohrpfahlwand am Nordschacht. Im Tertiär wurde der weitere vertikale Vortrieb durch Felsnägel und eine bewehrte Spritzbetonschale gesichert.

Um den vertikalen Vortrieb zu beschleunigen und dadurch frühzeitig mit dem Vortrieb für den Pfeilerstollen der Bahnhofskaverne beginnen zu können wurden die Schachtbreiten auf Mindestmaße begrenzt. Die Breite beider Schächte beträgt somit an der schmalsten Stelle 11,20 m. Die Bahnsteigebene auf Höhe der Endaushubsohle bietet Platz für zwei Gleise mit Mittelbahnsteig auf einer Breite von 28 m. Diese Breite wird auf der gesamten Länge des Bahnhofsbauwerkes beibehalten, d.h. die Schachtbaugruben mussten in der Bahnsteig-ebene auf eine Breite von 28 m aufgeweitet werden.

Das gewählte Herstellkonzept sah vor die Schächte im vertikalen Vortrieb bis zu einer Tiefe von -10 m abzuteufen. Die sich dabei einstellenden Horizontalverformungen führen zu einer Entspannung des umliegenden Gebirges und einem Absinken des zugehörigen Horizontaldruckes. Nach Einbau eines Ortbetonringbalkens wurden temporäre Stahlrohrsteifen installiert. Im nächsten Schritt erfolgte der Aushub auf -13 m und dadurch eine Vorspannung der Steifen, hervorgerufen durch die Behinderung der Horizontalverformungen. Die darauffolgende Aufweitung der Seitenstollen in mehreren Etappen verstärkt diesen Effekt im Sinne einer künstlichen Bogentragwirkung. Durch dieses Konzept des künstlichen Bogens konnte die mittragende Wirkung des umgebenden Felses während der Bauphase optimal genutzt und die Belastung auf das endgültige Bauwerk deutlich reduziert werden.

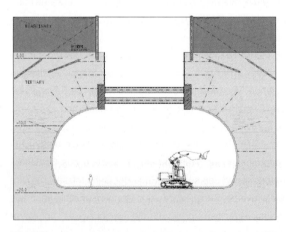

Bild 4 Hauptbauzustand der Schachtbaugruben mit seitlicher Aufweitung

Die Geometrie und das gewählte Sicherungsverfahren des Schachtes tragen den geforderten Randbedingungen des Bauherrn und den Anforderungen der Baustelle in besonderem Maße Rechnung – durch die Form des Schachtes wird der Eingriff in den Baugrund und somit die Herstellzeiten, sowie die auftretenden Emissionen minimiert; die temporäre Sicherung der Aufweitungsbereiche durch Rohrsteifen verhindern schädliche Verformungen.

Der Vortrieb wurde mit Hilfe eines detaillierten geotechnischen Messprogramms überwacht, welches unter Beteiligung des Technischen Büros in München entwickelt wurde. Dieses Programm diente zur Bestätigung der getroffenen Annahmen in den statischen Berechnungen und bietet die Möglichkeit, bei extremen Abweichungen mit Hilfe von zusätzlichen Sicherungsmaßnahmen im Sinne der Beobachtungsmethode rechtzeitig zu reagieren. Die Messergebnisse bestätigten das gewählte Konzept, sowie die Materialien und Vorgehensweise bei dieser Baumaßnahme.

NATM Kaverne

Die Kaverne für den unterirdischen Bahnhof Triangeln hat eine Länge von 186 m zwischen den beiden Zugangsschächten, sowie eine Höhe von etwa 12 m und bietet Platz für zwei Gleise mit Mittelbahnsteig auf einer Breite von 28 m.

Der Vortrieb mit Teilschnittmaschinen sicherte den schonenden und gleichzeitig profilgenauen Gebirgsausbruch, den die anstehende Geologie und die Nähe zu bestehender Bebauung erforderte. Die Ausbruchgeometrie wurde unter Berücksichtigung des optimalen Arbeitsradius der Teilschnittmaschinen gewählt, ohne dabei die statischen Anforderungen zu vernachlässigen.

Das Auffahren der Kaverne erfolgte als dreiteiliger Querschnitt mit einem vorauslaufenden Pfeilerstollen und zwei nachfolgenden Seitenröhren, mit einem Gesamtausbruchquerschnitt von 300 m². Jeder dieser Vortriebe wurde dabei in einen Kalotten- und einen Strossenvortrieb unterteilt. Die Herstellung der Pfeiler mit Kopfbalken erfolgte mit selbstverdichtendem Beton in Betonierabschnitten mit einer Länge von 13,8 m (zwei Pfeiler) mit 95 m³ pro Betonierabschnitt.

Im Rahmen der Planung wurden acht Ausbruchs- und Sicherungsklassen definiert, über deren Einsatz vor Ort entschieden wurde. Die Vortriebe erfolgten im Schutz einer Spritzbetonsicherung. Je nach Ausbruchsklasse wurden zusätzlich Ausbaubögen und Felsnägel verwendet. Als praktikabel zeigte sich stets eine Anpassung der Ausbruchsklassen im Rahmen der Planungsvorgaben. Auf diese Weise konnte auf kurzem Weg, das bedeutet in Abstimmung mit Bauleitung, einem Vertreter des Planers und dem Geologen, die Ausbaufestlegung an das Gebirge angepasst werden.

Unmittelbar nach Fertigstellung der Kaverne erfolgte das Einfahren und Durchziehen der Tunnelbohrmaschinen. Die Bodenplatten der Hauptstollen und die Innenschale werden nach dem Durchziehen der Tunnelbohrmaschinen hergestellt.

Die Planung der temporären und permanenten Bauteile der Kaverne erfolgte unter Beachtung verschiedenster Versagensformen mit Hilfe von 2D-FEM Berechnungen.

Bild 5 NATM-Kaverne bei Einfahrt der ersten Tunnelbohrmaschine

Das permanente Bahnhofsbauwerk

Die permanenten Betonbauwerke für den Bahnhof Triangeln werden als wasserdichte Ortbetonbauwerke mit Beton der Festigkeitsklasse C40/50 ausgeführt und unterliegen sehr strengen Anforderungen des Bauherrn bezüglich Wasserdichtigkeit und Dauerhaftigkeit. Die Rissbreite ist auf 0,15 mm zu beschränken.

Die Kaverne besteht aus 13 Regelblöcken mit jeweils zwei Pfeilern und einem kürzeren Block mit nur einem Pfeiler, die mit Dehnungsfugen voneinander getrennt werden. Der Zugang zu den Bahnsteigen erfolgt in den beiden Zugangsschächten jeweils über vier Rolltreppen, die in zwei Abschnitten auf die Bahnsteigebene führen. Direkt unter den Rolltreppen, sowie in den angrenzenden Bereichen am nördlichen und südlichen Ende der Bahnsteighalle befinden sich Technikräume. Das südliche Zugangsgebäude erhält zusätzlich ein 30 m langes, 15 m breites und 14 m hohes Zwischengeschoss, dass sich schräg mit dem

vertikalen Schachtbereich verschneidet. Die seitlichen Gewölbe weisen eine Überlagerung von ca. 15 m auf. Beide Zugangsschächte wurden als monolithische Bauwerke geplant. Die Geometrie beider Eingangsbauwerke ist äußerst komplex. Es gibt kaum durchgehende Deckenebenen. Die meisten Ebenen verspringen in ihrer Lage und werden immer wieder durch große Öffnungen unterbrochen. Außerdem gibt es wenige von oben bis unten durchgehende Wandscheiben.

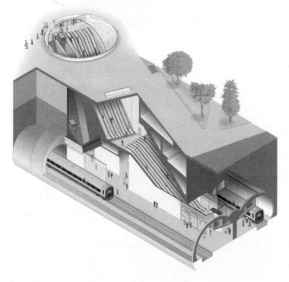

Bild 6 Schematische Darstellung des 60 m langen, nördlichen Zugangsbauwerks aus [4]

Erste Untersuchungen des Tragverhaltens an 2D-Stabwerksmodellen zeigten schnell, dass sich das Gesamttragverhalten der Strukturen durch vereinfachte, idealisierte Betrachtungen aufgrund der Komplexität nur schwer erschließen lässt. Die vertikale Lastabtragung erfolgt primär über die mit Technikräumen ausgestatteten Kernbereiche, sowie über die jeweils erste Stütze auf der Bahnsteigplattform, die noch Bestandteil der Zugangsbauwerke ist. Die seitlich angehängten Gewölbe generieren lediglich zusätzliche Lasten auf das vertikale Schachtbauwerk.

Für beide Schachtbauwerke wurden dreidimensionale FE-Modelle entwickelt, die eine Erfassung der Tragwirkung in Längs- und Querrichtung ermöglichen. Um die Berechnung dennoch überschaubar und nachvollziehbar zu halten, wurde im Zuge der Tragwerksplanung versucht, wo möglich sinnvolle Vereinfachungen und Teilmodelle zu verwenden sowie die an den Gesamtmodellen ermittelten Ergebnisse zu überprüfen.

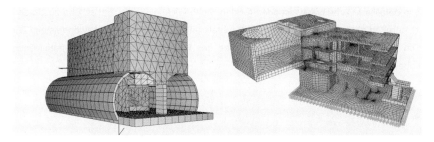

Bild 7 FE-Modelle der permanenten Schachtbauwerke

Bei der Planung der Betonbauwerke musste insbesondere die gesamte Baugeschichte der Zugangsschächte berücksichtigt werden. Da die Herstellung der permanenten Schächte schon vor dem Durchziehen der Tunnelbohrmaschinen begann, galt es in enger Abstimmung mit der Arbeitsvorbereitung die einzelnen Bauabläufe festzulegen und statisch zu untersuchen. Dies bedeutet, dass mehrere Lastfälle mit ständig wechselnden Tragsystemen unter Berücksichtigung von Kriech- und Schwindvorgängen beachtet werden mussten.

Bild 8 Die Tunnelbohrmaschinen passieren den Nordschacht in Triangeln

Dabei lag das Hauptaugenmerk nach dem Durchziehen der Tunnelbohrmaschinen auf dem schrittweisen Ausbau der temporären Stahlrohrsteifen und den damit verbundenen Kräfteumlagerungen auf das endgültige Bauwerk. Die Berechnungsergebnisse fanden hier Eingang in detaillierte Arbeitsanweisungen für den Steifenrückbau um in diesen Bau-zuständen die sichere Abtragung der gewaltigen Horizontalkraftbeanspruchung zu gewährleisten. Zusätzlich wurden alle Bauzustände im Rahmen des Risikomanagements einer detaillierten Risikobewertung unterzogen.

Bild 9 Betonbauarbeiten zwischen den Steifenlagen in Triangeln Süd

Rechnerischer Brandschutz

Die Sicherheit in den zu erstellenden Bauwerken und Tunneln erfordert, dass die Stahlbetonkonstruktion im Brandfall Temperaturen bis zu 1.300 °C aufnehmen kann. Im Zuge der Ausführungsplanung für die Betonbauteile im Bahnhof Triangeln wurde ein spezielles Berechnungsverfahren zur heißen Bemessung im Brandlastfall entwickelt, das für alle Betonbauwerke des Bauloses E 201 angewandt wurde. Das Verfahren basiert auf der Europäische Vornorm und berücksichtigt die sehr strengen Anforderungen des Bauherrn an den rechnerischen Brandschutz.

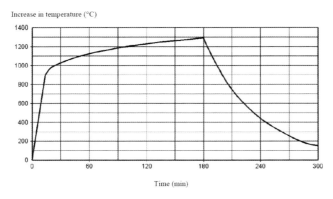

Increase in temperature (°C)

Time (min)

Bild 10 Bemessungsbrand

Gemäß Bauvertrag ist im Zuge der Ausführungsplanung ein rechnerischer Nachweis der Brandbeständigkeit des Tragwerks nach ENV 1992-1-2 (Vornorm zu EC 2 Teil 1-2) unter Berücksichtigung der thermischen Zwängungen zu führen. Die Standsicherheit der Konstruktion ist für die volle Dauer des Brandes zu gewährleisten. Darüber hinaus ist die Gebrauchstauglichkeit der gewählten Betonmischung durch umfangreiche Brandversuche nachzuweisen. Als Bemessungsbrand wurde ein Brandszenario mit Temperaturen bis 1300° C und einer Branddauer (inkl. Abkühlphase) von fünf Stunden vorgegeben (Bild 10).

Um die zahlreichen unterschiedlichen Bauwerksquerschnitte entlang des Tunnels mit vertretbarem Aufwand wirtschaftlich bemessen zu können, war es notwendig ein Berechnungsverfahren zu entwickeln, dass sowohl den Anforderungen der ENV 1992-1-2 gerecht wird, als auch die statische Berechnung mit den gleichen Standardprogrammen (Stabwerks- und FEM-Programme) ermöglicht, mit denen ebenfalls die „Kaltstatik" durchgeführt wird. Das vereinfachte Verfahren aus der ENV, welches in der statischen Berechnung mit dem Ersatzquerschnitt keine thermischen Lasten berücksichtigt, konnte hier nicht angewendet werden, da sich beim Citytunnel Malmö aufgrund seiner Einbettung in den Fels Zwangsschnittgrößen ergeben, die nach dem Bauvertrag zu berücksichtigen sind. Es wurde daher ein modifiziertes vereinfachtes Verfahren entwickelt.

Im Brandfall muss eine erforderliche Restfestigkeit des Betonstahls gewährleistet sein, d.h. die Temperaturbeanspruchung des Betonstahls muss begrenzt werden. Die Verwendung von oberflächlich angebrachten Brandschutzmaßnahmen (wie z.B. Brandschutzplatten oder Brandschutzmörtel) ohne besondere Zustimmung des Bauherren ist beim Citytunnel Malmö nicht erlaubt. Demzufolge war die Betondeckung in den Bahnhofsbereichen auf 8 cm zu erhöhen. Da es im Brandfall durch Verdampfen des Wasseranteils im Beton und der daraus entstehenden Volumenvergrößerung zu Abplatzungen kommen könnte, welche negative Auswirkungen auf die statische Tragfähigkeit und den Schutz der Bewehrung haben, werden dem Beton Kunststofffasern zugegeben, die im Brandfalle schmelzen und in den dadurch erzeugten Hohlräumen einen Abbau des Dampfdruckes ermöglichen. Somit werden die Abplatzungen auf ein vertraglich definiertes Maß begrenzt.

Die Wirksamkeit dieser Maßnahme ist in umfangreichen Brandversuchen nachzuweisen. Mit der für den Citytunnel Malmö entwickelten Berechnungsmethode wurden auch Vergleichsrechnungen mit der Brandkurve der deutschen ZTV-ING durchgeführt. Für einige Beispielquerschnitte konnten hierbei Ersatztemperaturen ermittelt werden, die in der Größenordnung des nach der ZTV-ING anzusetzenden Temperaturgradienten von 50 K liegen. Für dickere Querschnitte ergeben sich jedoch kleinere Gradienten.

Mit der entwickelten Berechnungsmethode können auch Querschnitte mit Querschnittsdicken kleiner als 80 cm (Untergrenze für die Anwendbarkeit des vereinfachten Verfahrens der ZTV-ING) berechnet werden, wie sie vor allem bei Tübbings vorkommen.

5. Die zwei Streckentunnel

Tunnelbohrmaschinen

Die Tunnelröhren wurden von Süden her mit den beiden EPB-Schildmaschinen „Anna" und „Katrin" der Firma Herrenknecht aufgefahren. Der Schilddurchmesser betrug 8,9 m. Die Ortsbrust wurde nur gegen den Wasserdruck gestützt. „Anna" startete am 15. November 2006 mit der westlichen Röhre, „Katrin" am 4. Dezember mit der Oströhre. Im Sommer 2007 erreichten beide Maschinen die Station Triangeln. Dort wurden ihnen Füße mit Panzerrollen angeschweißt und anschließend zog man sie auf Schienen durch den Bahnhof. Am Norden-de der Station Triangeln wurde der Vortrieb wieder aufgenommen. Die letzte Maschine erreichte am 21. April 2008 den Zielschacht in Los E 101. Insbesondere in den Nordvortrieben zwischen Triangeln und Malmö Central konnten sehr gute Vortriebs-geschwindigkeiten erreicht werden: die beste Tagesleistung betrug 22 Ringe, die beste Monatsleistung im Durchlaufbetrieb über 600 m.

Tübbingdesign

Der Tübbingring für den einschaligen Ausbau ist wie folgt aufgebaut:

- Konischer Uni-Ring aus 7 + 1 Segmenten mit kleinem Schluss-Stein
- Innendurchmesser 7.900 mm, mittlere Ringbreite 1.800 mm, Dicke 350 mm
- Beton C40/50 mit Stabstahl bewehrt

- Brandschutzanforderungen werden durch Zugabe von Polypropylenfasern erfüllt
- Längsfugenversatz zwischen benachbarten Ringen von einem halben Segment
- TBM mit 14 Doppelpressen jeweils auf den Längsfugen und in Tübbingmitte
- Dichtungsprofile aus EPDM (Für 5 bar bei 12 Stunden Versuchsdauer nachzuweisen)

Besonderheiten:

- Erhöhte Betondeckung c_{nom} = 63 mm innen und außen sowie c_{nom} = 40 mm an den Stirnseiten wegen Chlorid im Grundwasser
- keine Zwischenlagen in den ebenen Ringfugen
- Längsfugen mit Führungsstangen ("guiding rods") aus Recycling-Polypropylen (Durchmesser 49,7 mm, Länge 900 mm bzw. zweimal 497 mm am Schluss-Stein)
- keine Tübbingverschraubung in den Längsfugen außer am Schluss-Stein

Bild 11 Fertig ausgerüstete Tübbings auf dem Lagerplatz (noch ohne Führungsstangen)

Das gewählte Tübbingdesign hat sich auf den zweimal 4.600 m Vortrieben sehr bewährt. Die Tübbingmontage war schnell und maßgenau möglich. Die anfängliche Skepsis der Vortriebsmannschaften gegenüber dem ungewohnten Design konnte bereits nach kurzer Einarbeitungszeit zerstreut werden. Insgesamt bestätigt die nur geringe Anzahl an Abplatzungen und undichten Fugenbereichen das gewählte Tübbingdesign.

Die vergleichsweise hohe Betondeckung in Kombination mit nur 350 mm Tübbingdicke hat dazu geführt, dass der Bewehrungskorb insbesondere in Bereichen mit Verschraubungstaschen und -kanälen sehr genau gefertigt werden musste, um alle Toleranzvorgaben zu erfüllen. An einigen wenigen Stellen konnten die Vorgaben trotzdem nicht alle eingehalten werden und es waren Korrosionsschutzmaßnahmen in Form von lokalen Epoxy-Beschichtungen der Bewehrung vorzunehmen.

Die Tübbingbewehrung für die Scheibenbeanspruchungszustände hinter der Maschine ist bei dem gewählten Design etwas höher als beim Standard-Design mit elastischen Ringfugeneinlagen. Durch das Fehlen der Zwischenlagen ist der Kontakt zum Vorgängerring deutlich härter. Somit bewirken die unvermeidlichen Versätze in der Ringfuge größere Zwangsbeanspruchungen in den Tübbings, die entsprechend mit Bewehrung abzudecken waren.

Der Einsatz der Führungsstangen in Verbindung mit einem Wegfall der Längsfugenverschraubung wurde u.a. in den Niederlanden beim Projekt Groene Hart bereits früher erfolgreich eingesetzt [1]. Die Führungsstangen helfen beim Ringbau die Versätze in den Längsfugen klein zu halten. Da sie aus Recycling-PP hergestellt werden, sind ihre Festigkeitswerte eher gering und können auch stärker schwanken. Übliche, experimentell gewonnene Schubspannungen im Bruchzustand liegen in der Größenordnung von 10 MPa bis 15 Mpa, was bei der Dimensionierung beachtet werden sollte. Beim Wegfall der Verschraubung in den Längsfugen verhindert zunächst der Radialdruck aus der Schildschwanzdichtung und danach der Verpressdruck der Ringspaltverpressung (die Ringspaltverpressung erfolgt durch den Schildschwanz) , dass sich die Längsfugen infolge der Rückstellkräfte der Dichtungsrahmen öffnen.

6. Querschläge

Aus Sicherheitsanforderungen und zur Aufnahme von elektromechanischen Schaltanlagen sind zwischen den beiden eingleisigen Tunnelröhren insgesamt 13 Querschläge angeordnet. Der Abstand zwischen den Querschlägen beträgt im Mittel ca. 350 m. Ein Querschlag befindet sich im Bereich des Tunnels in offener Bauweise in der Nähe des Südportals, alle anderen 12 Querschläge waren bergmännisch zu erstellen. Ihre Länge variiert zwischen 13 m und 31 m.

Der Bauherrenentwurf sah einen Hufeisenquerschnitt mit 4,5 m lichter Breite in den Ulmen und 3,0 m lichter Breite auf Sohlniveau vor. Die Anschlussstücke an die Haupttunnel konnten kleiner gewählt werden, da hier nur ein rechteckiger Lichtraum von 2 m Breite und 3,8 m Höhe vorgegeben war. Um die Bauausführung zu vereinfachen wurde für die Querschläge nur das große Profil konstant über die ganze Länge gewählt, d.h. auch die Öffnung in der Tübbingschale wurde entsprechend groß. Sie beträgt drei Ringbreiten = 5,4 m. Die Höhe der Öffnung wurde zu 1,5 Segmentlängen gewählt. Das entspricht einer inneren Abwicklungslänge von 5,3 m.

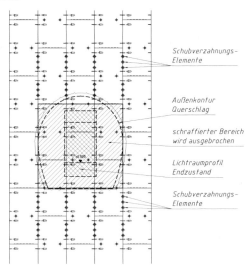

Bild 12 Tübbings rund um den Querschlag

Die Normalkraft musste von den geöffneten Ringen auf die benachbarten Ringe übertragen werden. Dies geschah mit Hilfe von Schubverzahnungselementen oberhalb und unterhalb der Öffnung. Es handelt sich dabei um rautenförmige Stahlrohrstücke, die in kleine „Betontaschen" im Bereich der Ringfuge eingebracht werden. Tasche und Stahlrohr werden anschließend mit hochfestem Mörtel kraftschlüssig verfüllt. Dieses Prinzip hat sehr gut funktioniert und erfordert keinen großen Aufwand, weil bei der Tübbingherstellung lediglich kleine Aussparungskörper in der Schalung ergänzt werden müssen. Die gemessenen Verformungen beim Öffnen der Tübbingschale lagen stets im Bereich unter 2 mm. Diese Bauweise wurde mittlerweile zum Patent angemeldet. Der rechnerische Nachweis erfolgte an einem 3-D-Schalenmodell. Gebirgs- und Wasserdruck wurden als Flächenlasten simuliert, die Bettung durch das Gebirge über Federn. Bild 13 zeigt die Stellen mit den maximalen Spannungskonzentrationen. Rund um die Öffnung waren Stahlbeton-Sondertübbings erforderlich mit einem Bewehrungsgehalt von ca. 170 kg/m³.

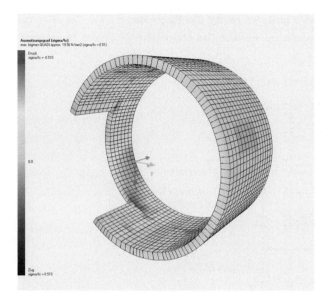

Bild 13 Spannungen an der Öffnung in der Tübbingschale mit Nachbarring

Die Querschläge selbst wurden konventionell mit einem Tunnelbagger mit Anbaufräskopf aufgefahren. Besondere Bedeutung kam der Wasserhaltung zu. An allen Querschlägen wurden die Grundwasserverhältnisse im Vorfeld intensiv erkundet und ausgewertet. Für einige Querschläge wurde es erforderlich, vor Passage der TBMs tiefreichende Injektionsschürzen rings um die späteren Querschläge herzustellen. An anderen Querschlägen war der Kalkstein auch ohne diese Maßnahmen dicht genug, um den Vortrieb bei offener Wasserhaltung durchführen zu können. Zuletzt wurde die Innenschale als WUB-KO eingebracht und kraftschlüssig und wasserdicht an die Tübbingschale angeschlossen.

Bild 14 Vortriebsbeginn eines Querschlags (gelb = Schildspurmörtel, grau = Kalkstein, schwarze Flecken = Flintkonkretionen)

7. Zusammenarbeit zwischen Planung und Ausführung

Die Zusammenarbeit zwischen dem Bauherrn „Citytunnelprojektet" (CTP) und der ausführenden ARGE MCG war von Anfang an auf den gemeinsamen Projekterfolg ausgerichtet. MCG verantwortet auch die Ausführungsplanung, die im Technischen Büro (TB) des Bilfinger Berger Ingenieurbaus an den Standorten München und Wiesbaden sowie in den Ingenieurbüros NIRAS (DK) und Ramböll (DK) erbracht wurde. Die temporären und permanenten Bauwerke des Bahnhofes Triangeln wurden am Standort München geplant. Tunnel, TBM-Baubehelfe und Querschläge plante das TB am Standort Wiesbaden.

Innerhalb der ARGE lag der Tunnelbau beim Partner Bilfinger Berger. So konnte in-house das Tübbingdesign ohne die Zwischenlagen und mit den Führungsstangen entwickelt und abgestimmt werden, welchem anschließend auch CTP als Bauherr zustimmte. Ebenso wurden die Schubverzahnungselemente vom TB entworfen und von MCG beim Bauherrn vorgeschlagen. Auf Grund der wirtschaftlichen und terminlichen Vorteile dieser Lösung wurde ihre Anwendung zeitnah freigegeben.

Um die komplexen Randbedingungen für den Bau des Bahnhofs Triangeln zu erfüllen, wurde bereits in der Angebotsphase ein optimiertes Sicherheits- und Tragwerkskonzept entwickelt.

Die Schlüssigkeit des Gesamtkonzepts unter besonderer Berücksichtigung der Minimierung der Umwelteinflüsse und insbesondere die Tatsache, dass die Planung der Hauptbauwerke im Sinne der integrierten Planung von Bilfinger Berger selbst erbracht wurde, fanden die besondere Anerkennung des Bauherrn.

Durch die frühzeitige und sehr enge Abstimmung zwischen der Planung und den ausführenden Einheiten konnten die komplexen Bauabläufe und Zwischenbauzustände optimiert werden, sodass eine erhebliche Bauzeitverkürzung erreicht wurde. Der Schachtaushub sowie der NATM-Vortrieb erfolgten ohne Unterbrechungen, da durch die im Voraus geplanten Ausbruchsklassen, unter Beachtung verschiedener Versagensformen, auf alle Eventualitäten sofort reagiert werden konnte.

8. Fazit

Die Rohbauarbeiten am Citytunnel Malmö Los E 201 werden in 2009 abgeschlossen. Durch die Anwendung verschiedener innovativer Lösungen konnten Wirtschaftlichkeit, Qualität und Termintreue des gesamten Bauvorhabens verbessert werden. Die konstruktive Verhältnis zwischen allen Projektbeteiligten, insbesondere zum Bauherrn, und die baustellennahe Planung machten dies möglich.

9. Literatur

[1] Aartsen, R.J.; Vahle, F.: Tremendous Performance of Aurora in the Dutch Green Heart. Bauingenieur 80 (2005), S. 581-587

[2] Christensen H.: Sweden Profile – The Citytunnel, European Railway Review Issue 5, 2006

[3] Förder, M.: Unter Tage – Tunnelbau in Skandinavien: Der Malmö Citytunnel, Schweden. Tagungsband Deutscher Bautechniktag, 19. und 20. April 2007, Mainz. DBV-Heft Nr. 12, S. 111-112

[4] Horn M., Hestermann U.: Malmö Citytunnel – Design & Build in Schweden, Vortrag an der Universität Darmstadt, 2006

Tunnelaufweitung über dem rollendem Rad

Erfolgreicher Einsatz einer neuen Tunnelaufweitungsmaschine auf der Nahestrecke im Mausenmühlen und Jähroder Tunnel

Dipl. Ing. **Matthias Breidenstein**, Frankfurt

Zusammenfassung

Eisenbahnbetrieb und Tunnelbau in bestehenden, in Betrieb befindlichen Tunneln schlossen sich bisher wegen zu großer, gegenseitiger Abhängigkeit aus. Mit der „Tunnel im Tunnel – Methode sind wir jetzt in der Lage, zumindest auf zweigleisigen, nicht elektrifizierten Bahnstrecken beide Tätigkeiten mit geringen Einschränkungen ganztägig durchzuführen. Durch die Entwicklung eines im Tunnel auf Behelfsschienen längsverschieblichen Tunnelvortriebsportals kann der Tunnel über dem rollenden Rad auf einen neuen, der aktuellen Vorschriftenlage angepassten Lichtraum aufgeweitet werden und der Eisenbahnbetrieb in eingleisiger Betriebsführung aufrecht erhalten werden.

1. Allgemeines

Die Eisenbahnen Europas betreiben in großen Teilen bis zum heutigen Tag Eisenbahnstrecken, deren Trassierungsgrundzüge aus der Gründerzeit des Schienenverkehres im 19. Jahrhundert stammen. Die Bahnstrecken sind in die Natur und die Siedlungsstruktur so eingebunden, dass die großen Ingenieurbauwerke wie Brücken und Tunnel in den meisten Fällen nur in der bestehenden Trassierung erneuert werden können. In der Gründerzeit des Schienenverkehres (19. Jahrhundert) sind 380 von 600 der bis heute im Schienennetz der Deutschen Bahn betriebenen Tunnel gebaut worden. Die ältesten, noch in Betrieb befindlichen Tunnel haben mittlerweile eine über 150 Jahre andauernde Geschichte. Die Eisenbahntunnel werden durch Regelbegutachtungen von Tunnelfachleuten in festgelegten Zyklen untersucht und durch geeignete Maßnahmen in einem betriebssicheren Zustand gehalten.

Die frühen Tunnel sind nach den jeweiligen Bauvorschriften der Länderbahnzeit erstellt worden. Diese waren sehr unterschiedlich. Beim Tunnelbau galt die Prämisse, den Hohlraum nur so groß wie nötig zu bauen, um bei den damals geringen Geschwindigkeiten einen sicheren Betrieb zu ermöglichen. Tunnel wurden in aller Regel nur in den Regionen trassiert, wo die Geologie eine größere freie Standzeit des Gebirges zuließ. Die Tunnelbautechnik mit Holzverbau als Hauptsicherungselement ließ bei weitem nicht die heutigen Trassierungen oberflächennah in verwittertem Gebirge zu. Ein geschlossenes Sohlgewölbe war in der Gründerzeit des Eisenbahnbetriebs wegen der meist standfesten Geologie nicht erforderlich und somit auch nicht üblich.

Die Tunnel sind in Ihrer langen Historie erheblichen Belastungen ausgesetzt gewesen. Zunächst einmal sind dies die Einwirkungen aus Gebirgsdruck und dem Gebirgswasser von außen auf die Tunnelschale. Zusätzlich werden die Tunnel von innen durch die permanenten Temperatur – und Feuchtigkeitsschwankungen und über eine sehr lange Zeit ihrer Nutzung auch durch Rauchgase belastet. Umbauten zum Beispiel für Oberleitungen und Sanierungen in der Technik der jeweiligen Zeit mit Mauerwerk oder später Spritzbeton haben zu weiteren Lasten auf das Bauwerk geführt.

Im Ergebnis der bereits erwähnten Regelbegutachtungen kommt bei einem Tunnel irgendwann der Zeitpunkt, dass er nur über Instandhaltungsarbeiten nicht mehr wirtschaftlich zu betreiben ist und deshalb Planungen in Richtung gesamthafte Erneuerung oder Neubau angestellt werden müssen.

2. Stand der Technik

Die Arbeiten zur Unterhaltung und Erneuerung von Eisenbahntunneln müssen stets so geplant werden, dass die betrieblichen Belange des Eisenbahnbetriebes im Vordergrund stehen. Daraus folgt zwangsläufig, dass alle größeren Arbeiten nur in Zeiten ohne Eisenbahnbetrieb durchgeführt werden können, da selbst bei zweigleisigen Tunneln außer für reine Wartung ein Gleis für die Arbeiten nicht ausreicht. Auf vielbefahrenen Strecken des Personenfernverkehrs und des Güterverkehrs sind die Zeiten der Betriebsruhe so kurz, dass Betriebsunterbrechungen in einem Tunnel durch Zugumleitungen oder Schienenersatzverkehr herbeigeführt werden. In den sich daraus meist ergebenden nächtlichen Tunnelsperrungen von 6 bis 7 Stunden können mit geringer Wirtschaftlichkeit für den Baubetrieb Bauarbeiten ausgeführt werden. Längere Sperrungen für Wochenenden oder sogar längere Betriebszeiträume sind wegen des Vorrangs der Personen– und Güterverkehre schwer durchzusetzen. Nur wenn gar keine andere Möglichkeit besteht, den Tunnel zu sanieren, dann wird auf das Mittel der Streckensperrung mit Verkehrsumleitungen zurückgegriffen.

Aus den vorgenannten Gründen sind Bauweisen zur Sanierung von Tunneln entwickelt worden, die mit den betrieblichen Randbedingungen kompatibel sind und den sicheren Betrieb der Bauwerke ermöglichen. Die einfachste Methode ist die Beseitigung von nicht mehr tragfähigem Tunnelausbau durch herausmeißeln oder abschrämmen und Ersatz des Tunnelausbaus durch meist bewehrten Spritzbeton. Dies ist nur dann möglich, wenn der restliche Mauerwerkstragring nach der Beräumung auch noch einen tragfähigen Restquerschnitt hat. Bei stärkerer Schädigung der Tunnelauskleidung kann mit der Rippenbauweise eine Sanierung durchgeführt werden. Hier werden im Achsabstand von ungefähr 150 cm mauerwerkstiefe, 50 cm breite Rippen ausgeschnitten und durch bewehrten Spritzbeton ersetzt. Die verbindenden Felder von 100 cm werden mit bewehrtem Spritzbeton zur Verbindung zweier benachbarter Rippen ausgespritzt.

In Fällen besonders tiefgehender und großflächiger Schädigung des Tunnelausbaues wird der Streckenabschnitt mit dem Tunnel gesperrt. Dies wurde zum Beispiel in den Jahren 2003 und 2004 für den Loreley und den Rossstein Tunnel im Mittelrheintal durchgeführt. Da hier zwei Streckenröhren zur Verfügung stehen, konnte der Betrieb durch die parallelen Tunnelbauwerke als sogenannter zeitweiser eingleisiger Betrieb für 14 Monate geführt werden. Der Tunnel bekam eine Sohlvertiefung um etwa einen Meter zur Querschnittsvergrößerung und eine 35 cm dicke Innenschale wurde gegen das bestehende Mauerwerk betoniert.

Wenn eine so relativ einfache Umleitungstrecke wie bei einem zweiröhrigen Tunnelbauwerk nicht zur Verfügung steht und eine Sperrung aus betrieblichen Gründen nicht möglich ist, gibt es als technische Lösung nur den Tunnelneubau in Parallellage. Dies wird gerade aktuell beim Ramholz Tunnel praktiziert. Der alte Tunnel wird durch eine parallele, zweigleisige Röhre mit 474 m Länge ersetzt. Beim Schlüchterner Tunnel mit 3.575 m Länge wird parallel ein neuer Tunnel erstellt und der alte dann wie beim Loreley Tunnel durch Sohlabsenkung komplett erneuert. Durch diese mehrphasige Bauweise kann die Bahnstrecke über alle Bauphasen zweigleisig zur Verfügung gestellt werden.

Alle beschriebenen Bauverfahren belegen das bisherige Grundprinzip, dass sich Eisenbahnbetrieb und Tunnelbau gegenseitig ausschließen und eine Trennung zwingend vorzusehen ist. Der Eisenbahnbetrieb hat aufgrund der Hauptaufgabe der DB AG zum Transport von Personen und Gütern immer Vorrang, so dass die Bauarbeiten um die betrieblichen Belange herum geplant werden müssen.

3. Neues Bauverfahren mit einer Tunnelaufweitungsmaschine nach dem „Tunnel – im – Tunnel – Prinzip"

Das Ziel der Planungen der DB ProjektBau war und ist es, das Grundprinzip der Trennung von Eisenbahnbetrieb und Tunnelbaubetrieb aufzuheben und parallel zum Eisenbahnbetrieb auch Bauarbeiten zu ermöglichen. Diese Planungen beschränken sich zunächst auf zweigleisige, nichtelektrifizierte Hauptstrecken, die einen nicht unerheblichen Anteil am Streckennetz der DB AG gerade in den Mittelgebirgen mit vielen Tunneln besitzen. Das Betriebsprogramm der Strecke muss es zulassen, dass im Streckenabschnitt des Tunnels eine eingleisige Betriebsführung möglich ist. Der Tunnelabschnitt einschließlich der Tunnelvorfelder wird auf einen eingleisigen Betrieb reduziert, Das ist mit rechtzeitiger Vorplanung und Einarbeitung in den Fahrplan ohne Einschränkungen für den Fahrgastverkehr möglich. Bei höher belasteten Strecken können großräumige Umleitungen von Fernverkehrs- und Güterzügen geplant werden, dass die eingleisige Streckenkapazität für die Bauzeit ausreicht. In dem zweigleisigen Tunnel wird durch Ausbau des ersten und durch Verlegung des zweiten Gleises in die Tunnelmitte der nötige Arbeitsraum geschaffen. Aus bahnbetrieblicher Sicht ist die wesentliche Neuentwicklung dann der Einsatz von stationären Einhausungen im Bereich der Tunnelportale und einer verschiebbaren Einhausung im Bereich des Tunnels selbst.

Die verschiebbare Einhausung ermöglicht es, an jeder Stelle im Tunnel den Bahnbetrieb wirksam vor den Arbeiten des Tunnelbaus zu schützen und somit den 24–h–Betrieb der Tunnelbaustelle zu gewährleisten. Sie ist so zu konstruieren, dass von ihr aus alle wesentlichen Arbeiten des Tunnelbaus möglich sind. Dazu gehören die Abbrucharbeiten des bestehenden Mauerwerkes, die Ausräumarbeiten der Hinterpackung und der Ausbruch des Gebirges durch baggern, meißeln oder sprengen. Die Einhausung ist gleichzeitig Arbeitsgerät für Bewehrungs – und Spritzbetonarbeiten, in dem die erforderlichen Geräte auf radial- und längsverschieblichen Führungen montiert werden und somit die Erreichbarkeit jedes Arbeitspunktes sicherstellen. Vor der Einhausung sichert der alte Mauerwerkstragring den Tunnel. Hinter der Einhausung dient die neue Spritzbetonschale, erforderlichenfalls mit Ankern, der Sicherung des Gebirges bis zum Einbau der dauerhaften Innenschale aus Schalbeton.

Unabhängig von der Einhausung kann in Betriebsruhen eine eventuell erforderliche Systemankerung im oberen Ulmen- und Firstbereich von einem Zweiwege-Gerät eingebracht werden oder Sägeschnitte zur definierten Trennung der Arbeitsbereiche durchgeführt werden. Dadurch wird die Anzahl der Arbeitsgeräte, die auf der Einhausung zu montieren sind, reduziert. Diese Entkopplung bringt mehr Flexibilität in den Bauablauf und behindert nicht den Einsatz der verfahrbaren Einhausung. Aus bahnbetrieblicher Sicht muss die Einhausung so konstruiert sein, dass sie den für den Zugverkehr erforderlichen Lichtraum zuverlässig freihält. Diese muss auch bei außergewöhnlichen Lasten wie Nachbrüchen oder bei unsachgemäßer Gerätebedienung, die trotz aller Sorgfalt passieren können, sichergestellt sein. Dazu ist es erforderlich, dass Einhausung und Oberbau für das in der Mitte liegende Gleis eine Einheit bilden. Im Falle einer Verschiebung der Einhausung verschiebt sich das Betriebsgleis mit, so dass der erforderliche Lichtraum stets zur Verfügung steht.

Der Vorteil dieses ganzen Verfahrens ist es, dass nur noch bei wenigen Arbeiten Geräte in den freigehaltenen Lichtraum hineinragen oder das Betriebsgleis für schienengebundene Arbeiten benötigt wird. Diese wenigen Arbeiten können zuverlässig in den natürlichen Sperrpausen des Bahnbetriebes ausgeführt werden.

Arbeitsablauf

Der Gleiskörper wird in die Tunnelmitte verlegt und durch die Streifenfundamente mit Rück-verankerung zu einem Fangedamm verspannt. Der aufgeweitete Bereich hinter der Einhausung wird mit einem massiven Anprallschutz zum Schutz des Bahnbetriebes versehen. Die Schutzeinhausung wird vor dem Tunnelportal montiert und mit dem Vortriebsstand weiter verfahren. Der Vortriebsbereich wird in der Mitte der mindestens 15 m langen Einhausung liegen, so dass der Schutz des Bahnbetriebs durch einen mindestens 6 m langen Schutz-schild über und neben dem Gleis vor und hinter dem Vortriebsbereich sichergestellt ist. Die Systemankerung wird mit Kopfplatten durchgeführt und die Tunnelschale durch Sägeschnitte in definierte Abschlagslängen von 1,0 m, 1,50 m oder 2,0 m getrennt.

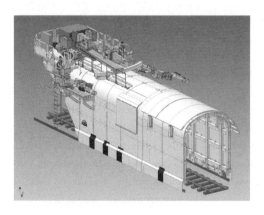

Bild 1 Tunnelvortriebsportal mit vorlaufendem
        Abstützelement, Arbeitsbereich, Meissel-
        arm und zwei Bohrgeräten für Anker- und
        Sprengbohrlöcher

Bild 2 Profilierungs- Räumungsbagger
        vor der linken Vortriebsortsbrust

Bild 3 Tunnelvortriebsportal bei Einsatzbeginn im Mai 2007

Das Vortriebsgerät bricht abschnittsweise Mauerwerk ab und räumt die Hinterpackung heraus. Der verbleibende Fels ist mit leichten Sprengungen zu lösen.

Der freigelegte Fels wird mit zweilagig bewehrtem Spritzbeton und erforderlichenfalls mit Ankern gesichert.

Der Vortrieb muss links und rechts von der Schutzeinhausung von zwei Vortriebsgeräten koordiniert durchgeführt werden, deren Arbeitsbereiche sich in der Tunnelfirste überschneiden. Ebenso ist die Ver– und Entsorgung für beide Tunnelseiten unabhängig voneinander durchzuführen. Ein Überqueren der Gleise ist nur im Bereich der Einhausungen zulässig. Die Materialien werden am Tunnelportal mit einem Turmdrehkran im Schutz der festen Einhausung über das Gleis gehoben. Nach Abschluss der Vortriebsarbeiten wird eine 35 cm dicke Tunnelinnenschale aus wasser-undurchlässigem Beton mit Hilfe eines Schalwagens auf örtlich vorbereitete Fundamentbalken betoniert, die gemeinsam mit dem integrierten Kabelkanal später als Gehweg dienen.

Praktische Umsetzung der Planungen

Die Pilotprojekte zur Umsetzung des neuen Bauverfahrens sind der Mausenmühlen Tunnel und der Jährodter Tunnel auf der zweigleisigen, nicht elektrifizierten Bahnstrecke 3511 von Bingen nach Saarbrücken. Diese beiden Tunnel sind 149 m beziehungsweise 129 m lang. Sie liegen in einem Streckenabschnitt mit 1.200 m Länge von Streckenkilometer km 81,1 bis km 82,3. Die Baustelle ist durch eine zentrale Zufahrt zwischen den beiden Tunneln erreichbar.

Diese Baustellenerschließung ist bereits unabhängig vom Tunnelbau zusammen mit dem Gleisbau umgesetzt worden. Die Bahnstrecke wird auf 1200 m für dreizehn Monate eingleisig betrieben. Zwischen den Tunneln ist das bestehende Richtungsgleis „Bingen" in seiner Lage verblieben. In den Tunneln ist dieses Gleis in die Tunnelmitte verlegt worden. Das Richtungsgleis „Saarbrücken" ist auf dem gesamten Streckenabschnitt ausgebaut worden. Der Freiraum des zweiten Gleises wird als Fahrbahn von der zentralen Baustelleneinrichtung bis zu den Tunnelportalen ausgebildet und gegen das Betriebsgleis mit Leitplanken gesichert. Vor den Portalen sind nur sehr kleine Baustelleneinrichtungsflächen von maximal 500 m² als Umschlagplatz für die Tunnelarbeiten vorhanden. Ein Großteil davon wird für die portalnahe feste Einhausung über die Bahnstrecke zum Schutz des Bahnbetriebs gegen die gleisüberquerenden Transporte benötigt.

Die geplante Bauzeit von 13 Monaten für die Kompletterneuerung des Tunnels konnte bereits bei den Pilotprojekten eingehalten werden. Der Aufweitungsvortrieb der beiden Tunnel hat mit dem Prototyp eines Tunnelvortriebsportals trotz einiger Kinderkrankheiten lediglich fünf Monate gedauert. Bei kompletter Aufrechterhaltung des Eisenbahnbetriebes und ohne verfahrensbedingte Arbeitsunfälle hat das Projektteam der DB ProjektBau einschließlich Bauunternehmung und Maschinenhersteller mit einer durchschnittlichen Aufweitungsleistung von zwei Metern pro Tag einen Meilenstein in der Tunnelbaugeschichte geschafft. An einigen Spitzentagen konnten zwei Abschläge von jeweils zwei Metern Länge realisiert werden.

Bild 4 Durchschlag des Tunnelvortriebsportals im Mausenmühlen Tunnel im Oktober 2007

Endzustand

Das Ergebnis dieser ersten Pilotprojekte ist ein neuer, moderner Tunnelquerschnitt mit 52 m²
Querschnittsfläche über Schienenoberkante. Der Innenradius ist von 4,0 m im alten Tunnel
auf einen planmäßigen Radius von 4,97 m im neuen Tunnel vergrößert worden. Eine Abfla-
chung des Profils im Firstbereich zur Verringerung der Ausbruchmassen wäre aufgrund des
schlechteren Tragverhaltens gegenüber einem Kreisquerschnitt nur durch erhebliche Mehr-
bewehrung zu erreichen gewesen. Zusätzlich hätten wir bei einer 35 cm starken Innenschale
erhebliche Schwierigkeiten bei Bewehrungs- – und Betoneinbau bekommen, so dass wir
diese Optimierung ausgeschlossen haben. Optimiert wurde der Gesamtquerschnitt aber mit
einer unternehmensinternen Genehmigung zur Reduzierung des bautechnischen Nutzrau-
mes von 0,30 m auf 0,10 m, die sich mit dem sehr standfesten Gebirge und der bereits eingetretenen Erstverformung des Gebirges beim Tunnelbau 1860 begründen ließ. Mit diesem
Bauwerk stehen 10 m² zusätzliche Querschnittsfläche zur Verfügung. Alle aktuellen Bauvor-
gaben für Tunnelprofile können berücksichtigt werden und die Tunnel stehen für alle Neu-
entwicklungen einschränkungsfrei zur Verfügung. Das Lichtraumprofil GC bietet zusammen
mit der Einhaltung der Vorgaben von Gefahrenbereich und Sicherheitsraum sogar die Option
zur Streckenelektrifizierung.

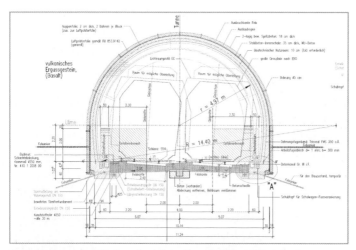

Bild 5 Regelquerschnitt für den aufgeweiteten Tunnel mit 4,0 m Gleisabstand

Bild 6 Fertiges Ostportal des Jähroder Tunnel mit Natursteinverblendung

4. Ausblick

Die Erkenntnisse aus den Pilotprojekten werden gerade für weitere Projekte ausgewertet. Verbesserungspotentiale sind gerade im Bereich der Schutterung und bei den Lasten aus den Sprengungen festgestellt worden. Insbesondere für den jetzt mit 406 m Länge in Planung befindlichen Tunnel ist ein besseres Logistikkonzept zur Ver- und Entsorgung des Arbeitsbereiches aufzustellen. Insgesamt sind vier weitere Projekte mit gleichem Vortriebsprinzip in einem sehr weiten Planungsstadium kurz vor der Bauausführung.

Weitere Überlegungen gehen hin zu einer Lösung mit Tübbingen als Tunnelausbau, um den zeit- und kostenintensiven Ausbau mit einem Schalwagen einzusparen und die Gesamtbauzeit mit Eingriffen in den Eisenbahnbetrieb nochmals deutlich zu senken.

Auch vor Tunneln mit Oberleitungen werden die planenden Ingenieure genauso wenig kapitulieren wie vor Fragestellungen in Richtung eines zumindest statisch wirksamen Sohlschlusses.

Es gibt noch viel Optimierungspotential für diese neue Bauweise der Tunnelaufweitung unter laufendem Betrieb. Der Anfang ist gemacht. Weitere, innovative Lösungen werden gebraucht, um hier die Leistungsfähigkeit der Ingenieure zu belegen.

Last Planner, ein Instrument für Bauprojekte nach den Grundsätzen des Lean Managements

Dipl. Ing. **Stefan Simon**, DB ProjektBau GmbH, Frankfurt/Main
Dr. Ing. **Thomas Schriek**, Deutsche Bahn AG, Leipzig
Prof. Dr. Ing. **Fritz Gehbauer**, Universität Karlsruhe, Karlsruhe
Dipl. Ing. **Marc Dittmann**, DB ProjektBau GmbH, Berlin

Vorbemerkung

Im Jahr 2006 startete die Deutsche Bahn AG ein Projekt zur Senkung der Planungskosten. Aufgrund der geringen Gegenfinanzierung der Planungskosten durch die Zuwendungsgeber von Infrastrukturmaßnahmen, initiierte der Ressortvorstand für Infrastruktur der Deutschen Bahn AG, Stefan Garber, das Projekt „IXP-Optimierung Planungskosten". Dabei wurden viele Maßnahmen zur Verbesserung der Prozesse und Abläufe erarbeitet. Die Grundphilosophie bei dieser Untersuchung war die Konzentration auf Wertschöpfung und die Vermeidung von Verschwendung – ein Kernelement des klassischen „Lean Managements", wie es aus der Fertigungsindustrie bekannt ist.

Dieser Artikel soll einen Teilaspekt dieses Ansatzes, nämlich die Einführung des Last Planner Systems in Bauprojekten, betrachten und zeigen, welche Parameter bei der Übertragung eines klassische Ansatzes aus der Automobilindustrie in die Bauwirtschaft im Allgemeinen und in die DB ProjektBau GmbH im Besonderen zu beachten waren.

Zusätzlich soll der Artikel einen Ausblick auf die möglichen Handlungsfelder und Vorgehensweisen des institutionellen Bau-Auftraggebers Deutsche Bahn AG in Deutschland geben und zeigen, dass eine Weiterentwicklung im Sinne einer kooperativeren Vertragsgestaltung und Interpretation Schritt für Schritt angestrebt werden muss.

1 Herkunft der Methode „Last Planner" und theoretischer Hintergrund

1.1 Kurze Einführung in das Lean Management im Bauwesen

Das Lean Management im Bauwesen geht auf das Lean Management in der stationären Industrie zurück und dieses wiederum auf die so genannte Lean Production, die in der japanischen Automobilindustrie, insbesondere bei Toyota, entwickelt wurde. Auch wenn das Planen und Managen im Bauwesen sich sehr stark von den entsprechenden Tätigkeiten in der stationären Industrie unterscheidet, können die prinzipiellen Grundlagen und Vorgehensweisen doch verwendet werden, wenn sie adaptiert und fallweise auch mit neu gestalteten Methodiken ergänzt werden. In dieser Einführung wird auf die erwähnten Hintergründe kurz eingegangen.

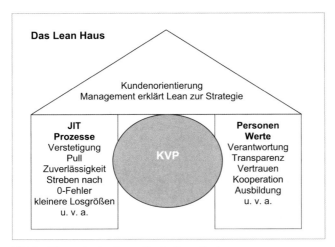

Bild 1   Elemente des Lean-Productions-Systems

Im Bild 1 sind die wesentlichen Elemente des sogenannten Lean Produktions Systems dargestellt. Die linke Hauptsäule ist mit dem Begriff Just-In-Time (JIT) überschrieben und betrifft alles, was die Verbesserung der Prozesse umfasst. Das Just-In-Time Prinzip ist nicht der Ausgangspunkt sondern das Ergebnis einer langen Entwicklung, die die Verbesserung der Prozesse in den Mittelpunkt gestellt hat. In den Prozessen wurden unnötige Wartezeiten, Warteschlangen, Lager zur Stabilisierung der Produktion festgestellt und letztlich als Verschwendung identifiziert. Es wurde außerdem festgestellt, dass diese Verschwendungen sehr stark mit den Unstetigkeiten des Material- und Informationsflusses zusammenhängen (Puffer, um die Schwankungen auszugleichen). Um diese Verschwendungen zu reduzieren oder zu eliminieren war es daher nötig, die Prozesse zu verstetigen und in einen gleichmäßigen Fluss zu bringen. Daraus entwickelte sich dann das Prinzip des gleichmäßigen Arbeitsflusses, der es erlaubte, unnötige Puffer, Zwischenlager und andere Verschwendungen abzubauen. Erst nachdem dieses gelungen war, konnte dann mit dem Prinzip „Just-In-Time" weitergearbeitet werden, denn Just-In-Time funktioniert nur bei stetigen Prozessen. In der weiteren Entwicklung kamen dann ganz gezielte Werkzeuge zur Unterstützung des Oberzieles hinzu: das Pull-Prinzip, KANBAN, die Wertstromanalyse und viele andere, auf die hier jetzt (noch) nicht eingegangen werden soll.

Schon zu Beginn dieser Entwicklungen wurde erkannt, dass das Oberziel nicht erreichbar ist, wenn die Menschen in Planung und Produktion nicht von vornherein in diese Entwicklung einbezogen werden und selbst zum Entwicklungsziel erklärt werden. Deswegen ist die zweite, die rechte Säule im Bild 1 den Menschen gewidmet. Prozesse verbessern sich nicht von alleine und sie lassen sich letztlich auch dadurch nicht verbessern, dass man immer neue Anweisungen präsentiert. Das wesentliche Element der Lean Production sind die Menschen an allen Stellen der Wertschöpfungskette. Vor Ort und direkt am Arbeitsgegenstand des Planens oder Produzierens sollen die Menschen in die Lage versetzt werden, Verschwendungen zu erkennen, die Qualität zu erhöhen und den Arbeitsfluss zu verstetigen. Um dieses Potential zu heben, wurden die Menschen in diese Richtung ausgebildet und auch in die Entscheidungsprozesse einbezogen. Dazu gehören ständige Weiterbildung und das Prinzip der Übertragung von Verantwortung in den jeweiligen Arbeitsbereich hinein. Arbeiter wurden dazu aufgefordert diese Verantwortung zu leben, es wurde sogar gestattet, das Produktionsband anzuhalten, wenn ein Mangel festgestellt wurde. Auf diese Weise hat sich schrittweise die Qualität des Endproduktes auf bisher nicht da gewesene Werte bringen lassen. Das gemeinsame Lernen und Handeln wurde in den Mittelpunkt gestellt. Transparenz, Kooperation und Vertrauen wurden auf neue Höhen gebracht. Es wurde dadurch erreicht, dass das gemeinsame Produkt oder das gemeinsame Produzieren für alle dann gewinnbringend gestaltet wird, wenn bereichsorientierte Suboptima transparent gemacht wurden. Nur wenn diese erkannt werden, können sie insgesamt zur Optimierung des gesamten Projekterfolges umgestaltet werden. Das gemeinsame Lernen wird zum Hauptauslöser der Verbesserung der Prozesse. Gemeinsam Lernen kann man aber nur in einem Umfeld der Transparenz und des Vertrauens. Dieses entwickelt zu haben ist der Kern der rechten Säule im Bild 1. Die Prozesse werden nicht von alleine selbstlernend, sondern nur durch die darin integrierten Menschen.

Daraus entwickelt sich dann auch das nächste Prinzip der Lean Production der KVP, die kontinuierliche Verbesserung, die als Bindeglied zwischen den beiden Säulen im Bild 1 dargestellt ist.

Verbunden werden die beiden Tragsäulen durch das gemeinsame Dach, in dem zwei weitere wesentliche Punkte des Lean Managements wiedergegeben werden. Der eine betrifft eine wesentliche Voraussetzung und der andere Punkt das ultimative Ziel des Lean Managements. Als Voraussetzung wird gesehen, dass das Management, also die Geschäftsführung, sich eindeutig mit den Lean Zielen identifiziert, diese im Sinne des

Voranstehenden formuliert, und ständig die Mitarbeiter einbezieht und ihnen das Umfeld schafft, das die gewünschten Entwicklungen ermöglicht. Das ultimative Ziel jeden Planens und Wirtschaftens ist der Kunde. Im Lean Produktionswesen steht der Kunde im Mittelpunkt. Er soll sich sein Produkt nach seinem Wünschen aus den Planungs- und Produktionssystem herausziehen können. Er wird damit zum Auslöser des Pull-Prinzips. Diese Prinzip steht im Gegensatz zum Schiebe-Prinzip (Push). Im Push wird ein Produkt auf den Markt geworfen, sicherlich wohl überlegt auf mögliche Kundenbedürfnisse produziert, aber letztlich einmal im Markt hat der Kunde keine Möglichkeiten der Beeinflussung mehr. Im Pull-Prinzip hingegen beeinflusst der Kunde das Produkt und seine zeitliche Bereitstellung.

Dieser Kunde ist auf jeden Fall hauptsächlich der Endnutzer. Das Prinzip gilt aber auch für alle davor gelagerten Zwischenstufen, in denen Pläne entwickelt werden und einem Weiterbearbeiter (Kunde) übergeben werden oder Teilprodukte erstellt werden und dann dem Weiterbearbeiter übergeben werden. Dieses kundenorientierte Pull-Prinzip dient dazu, dass in jeder Bearbeitungsstation nur das hergestellt wird, was dem nachfolgenden Bearbeiter wirklich nützt. Alles was diesem Nutzen nicht zuträglich ist, ist Verschwendung. Die Eliminierung dieser Verschwendung ist eines der Ziele des Lean Managements.

Das oben Beschriebene stammt ursprünglich aus der produzierenden, stationären Industrie. Die Grundprinzipien aber zum Beispiel die Verstetigung der Prozesse, das Vermeiden von Verschwendungen und Puffern, die nur deswegen gebildet werden, weil erfahrungsgemäß die Prozesse instabil sind, Transparenz, Vertrauen und echte Zusammenarbeit gelten in jeder Ausprägung des Produzierens, Planens und Wirtschaftens. Und damit sind wir beim Lean Management im Bauwesen.

Einige der im Lean Management der Produktion entwickelten Werkzeuge wie „5S", „5W", „Wertstromanalyse" oder „KANBAN" können unmittelbar auf die Wertschöpfungskette des Bauwesens übertragen werden. Andere Aspekte wie Vertrauen, Transparenz, gemeinsames Lernen aus Fehlern, die Übertragung von Verantwortung an ein Produktionsband, etc. sind nicht ohne weiteres zu übertragen und im komplexen Umfeld des Planens und Bauens anzuwenden. Die mit diesen Zielrichtungen ausgestattete und für das Bauwesen speziell entwickelte Methodik hierzu ist das sogenannte Last Planner System. Es handelt sich um eine strukturierte Vorgehensweise, um den Prozess des Planens und des Bauens zu stabilisieren, ein Umfeld des Vertrauens und echten Kooperierens zu schaffen, Kundenorientiertheit im Auge zu behalten und die Menschen so zu bilden und einzubeziehen, dass ein maximaler Projekterfolg angestrebt werden kann. Es geht dabei darum, dass die Wirkungen jeden einzelnen Planungs- und Produktionsschrittes, die immer in der Zukunft liegen, besser und gemeinsam in den Griff genommen werden. Dies geschieht im Wesentlichen auf zwei sich ergänzenden Pfaden.

Der eine wird gebildet durch das integrierte Projektteam. In diesem Team sollen nicht nur diejenigen mitwirken, die gerade einen Planungs- oder Bearbeitungsschritt mit zu gestalten haben, sondern auch diejenigen, die im zeitlichen Ablauf normalerweise später oder viel später kommen. Es sollen auch diejenigen mit einbezogen werden, die viel später in der Produktionskette einwirken, die sogenannten letzten Planer. Diese letzten Planer frühzeitig mit in das Projektteam mit einzubeziehen, ist ein wesentlicher Erfolgsfaktor, dieser hat auch dem Last Planner System (Last Planner = letzter Planer) seinen Namen gegeben. Wenn diese späteren oder letzten Planer sich fruchtbringend in frühe Gestaltungsphasen des Projektes einbringen können, kann dadurch der Prozess stabilisiert werden, spätere Überraschungen eliminiert werden.

Auf dem zweiten parallelen Pfad wird im Last Planner System versucht, die Kundenorientiertheit umzusetzen. Dazu gehören offene Diskussionen, transparentes Aufdecken der eigenen Überlegungen mit dem Ziel in jedem Planungs- und Bearbeitungsschritt das zu produzieren, was der nächste Bearbeiter und schließlich der Endkunde braucht. Dabei sollen Transparenz und gegenseitiges Vertrauen langsam wachsen. In diesem Kooperationsmodell wird eine Verstetigung des Prozesses erreichbar, gemeinsames Lernen ausgelöst und der Projekterfolg wahrscheinlicher. Das Team wird Verbesserungspotentiale im eigenen Prozess erkennen und umsetzen. Gleichzeitig aber wird in der Vorgehensweise des Last Planner Systems auch herausgearbeitet, wo das Projekt an äußere Grenzen und Behinderungen stößt. Diese werden dokumentiert und sollen zur Verbesserung des Gesamtunternehmens beitragen.

Im Lean Management ist der Begriff Just-in-Time einer der wesentlichen und auch in Nicht-Fachkreisen bekannt. Weniger bekannt ist, dass Just-in-Time nur die Spitze des Eisberges bildet. Just-in-Time ist nur deswegen möglich geworden, weil die Produktions- und Planungsprozesse verstetigt wurden. Man kann nicht Just-In-Time anliefern oder eine Leistung erbringen, wenn die Prozesse sich nicht stetig gestalten und präzise voraussehen lassen. Die Prozessverstetigung ist somit der Kern aller Verbesserungen des produktiven Handelns.

Da das Bauwesen nicht oder nur selten fließbandartig abläuft, können die Prozesse der Lean Production nicht übertragen werden. Daher wurde das Last Planner System entwickelt, das einige wesentliche Kernpunkte des Lean Managements für die Bauproduktion umsetzbar macht beziehungsweise machen kann:

- Prozessverstetigung,
- Erhöhung der Zuverlässigkeit aller Arbeits- und Informationsflüsse,
- Anwendung des Pull-Prinzips,
- Transparenz,
- rechtzeitiges Erkennen von Hindernissen,
- das Ganze in einem integrierten Projektteam.

Die nach diesem System moderierten, gestalteten und protokollierten Planungssitzungen können sowohl in kleinen und großen Bauprojekten als auch in Verwaltungsabläufen angewendet werden. Dabei entwickeln sie umso mehr Verbesserungspotenzial, je komplexer und unübersichtlicher die gegenwärtigen Abläufe sind. Die dabei vorkommenden Unstetigkeiten, Schwankungen und für manche Beteiligte dann auch unangenehme Überraschungen sind aus dem System durchaus erklärbar, unvermeidlich sind sie jedoch nicht.

Mit den im Last Planner System vorhandenen Möglichkeiten der Schaffung von Transparenz und wesentlicher Verbesserung der Zusammenarbeit der Prozessbeteiligten können hier Fortschritte erzielt werden.

In den nachfolgenden Texteilen wird dieses Last Planner System erläutert, sowohl in der Theorie als auch in Anwendungsbeispielen. Der Leser mag dabei im Auge behalten, was in der vorstehenden Einführung zum Lean Management ausgeführt wurde. Das Last Planner System ist allgemein anwendbar und wird sich in jedem Planungs- und Produktionsumfeld so entwickeln, dass ein angepasstes Werkzeug entsteht. Jeder Leser und Anwender mag daher dazu beitragen, dass das System in seinem Umfeld eine Methodik wird, die speziell für die jeweiligen Anwendungsbereiche adaptiert und weiterentwickelt wird. Dementsprechend wird dann die vorliegende Ausarbeitung erst dann zu einem internen angewendeten System, wenn jeder sich projektorientiert eingebracht hat.

Erfahrene und erfolgreiche Projektmanager werden dabei einwenden und kommentieren, dass sie diese Prinzipien schon immer angewendet haben. Das wird sicherlich der Fall sein, wenn entsprechend erfahrene und erfolgreiche sprechen. Das Last Planner System bietet aber auch außerhalb dieser eng begrenzten Personengruppe Möglichkeiten über die gesamte Firma durch am Last Planner orientierte Zusammenarbeit wesentliche Mehrwerte zu schaffen.

Am Ende dieser Einführung sollte auch klar geworden sein, dass Lean Management nicht bedeutet, radikal zu verschlanken, Ressourcen abzubauen, Kosten einzusparen, Personen zu eliminieren um dann mit den verbleibenden mehr zu leisten. Das Lean Management hat einen viel höheren Anspruch und ist darauf ausgerichtet, dass eine möglichst große Übereinstimmung zwischen den Interessen der Menschen und des Projektes aufgebaut wird. Stabile Prozesse nützen allen. In der intensivierten Kooperation und der transparenten Erörterung aller Interessen entstehen Potentiale, die genau diese Gemeinsamkeit herausarbeiten. Junge Mitarbeiter und Mitarbeiterinnen werden eingebunden und sehen, wie sich ein Projektmanagement transparent entwickelt; sie bekommen daher die beste Ausbildung dafür, dass sie bald eigene Projekte übernehmen können. Daher kann das Last Planner System auch als Instrument der Personal- und Firmenentwicklung angesehen werden.

1.2 Lean Construction Werkzeuge

Anfang der 90er Jahre wurden im Bauwesen die ersten Versuche unternommen, die Prinzipien des Toyota Production Systems (TPS) auf das projektorientierte Bauwesen zu übertragen. Dies geschah zunächst im Umfeld von Berkeley und Stanford in den USA, wo sich auch eine erste kleine Beratungsunternehmung gebildet hatte. Auch hat sich dort eine mittelständische Baufirma mit diesen Dingen beschäftigt. Weitere Impulse kamen aus Großbritannien und Finnland, wo der schon erwähnte Lauri Koskola sich vertiefte Gedanken zu Lean und Bauwesen gemacht und die ersten Vorschläge unterbreitet hat. In 1992 wurde die International Group of Lean Construction (IGLC) gegründet, die seither einen jährlichen Kongress macht und die Weiterentwicklung der Lean Methodiken im Bauwesen betreibt. Einige der Methodiken aus der Lean Production lassen sich auf das Bauwesen übertragen, einige müssen und mussten modifiziert werden und weitere wurden speziell für das Bauwesen entwickelt. Die Gründer dieser internationalen Gruppierung haben auch den Term Lean Construction geprägt. Wir verwenden in unserem Zusammenhang auch den Ausdruck Lean Management im Bauwesen (LMB)

Im Jahre 1998 hat das Bauministerium Großbritanniens eine Studie in Auftrag gegeben (Rethinking Construction), die sich damit beschäftigen sollte, weswegen im Bauwesen diese immer wieder vorkommenden Planungs- und Ausführungsverzögerungen, Kostenüberschreitungen und Terminüberschreitungen an der Tagesordnung sind. Es wurde postuliert, dass das nicht so bleiben könne und dass es Methoden geben müsse, um diese Situation wesentlich zu verbessern. Das Ergebnis war der **Egan Report** (Rethinking Construction 1998): Lean Production ist die allgemeine Version des sehr erfolgreichen TPS. Lean Thinking beschreibt die Kernprinzipien, die diesem System zugrunde liegen und die auch auf jede andere Geschäftätigkeit angewendet werden können: beim Entwerfen, Konstruieren, Planen, Liefern und Ausführen von individuellen Einzelaufträgen.

Es wurde zunächst festgestellt, dass die Lean Production im Allgemeinen, also auf andere Industriezweige übertragen, eine Weiterentwicklung des eigentlichen Toyota Production Systems ist. Die auf der Lean Production aufbauende Methodik des Lean Thinking beschreibt die Kernprinzipien, die diesem System zugrunde liegen und die auch auf jede andere Geschäftätigkeit angewendet werden können: beim Entwerfen, Konstruieren, Planen, Liefern und Ausführung von individuellen Einzelaufträgen und Projekten. Auf der Basis dieses Reportes hat die British Airports Authority eigene Überlegungen angestellt und eine weltweite Recherche gestartet, wo im Bauwesen Lean Ideen angewendet werden bzw. eigene Methodiken eventuell entwickelt werden. Man ist auf die Gruppierung in Kalifornien gestoßen, wo mittlerweile das so genannte Last Planner System als speziell für das Bauwesen entwickelte Lean Methodik verfügbar war. Auf diese Weise ist das Terminal 5 [1] am London Heathrow das erste internationale Großprojekt geworden, das mit diesen Lean Instrumenten in der Ausführung geplant und durchgeführt wurde. Dabei wurden erhebliche Rationalisierungseffekte und Kosteneinsparungen erzielt.

Das Bild 2 zeigt den heute im LMB verfügbaren Lean Werkzeugkasten. Einige Methoden, wie zum Beispiel visualisierte Arbeitsplätze oder 5S können sofort und ohne große Vorbereitungen oder Umstrukturierungen angewendet werden, und zwar sowohl an planenden als auch an ausführenden Arbeitsplätzen. Andere Methoden, wie zum Beispiel

---

[1] Es sei an dieser Stelle angemerkt, das die Schwierigkeiten bei der Inbetriebnahme nur das Gepäcksystem betrafen, das (leider) nicht im Anwendungsbereich der Methode lag, die nicht im technischen Ausbau angewendet wurde.

das Last Planner System mit der integrierten Pull-Produktion von Planungen und Produkten erfordert Vorbereitung, Schulung und Einübung.

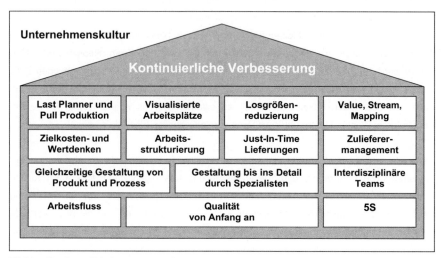

Bild 2   Der Lean Werkzeugkasten (Planen und Bauen)

1.3 Wie werden Projekte traditionell geführt

Im Bild 3 ist dargestellt, auf welche Weise unsere Projekte derzeit geführt werden. Daraus leiten sich die Eigenschaften des derzeitigen Vorgehens ab. Diese sind zunächst auf Vorgänge zentriert, es wird budgetiert, geplant, terminiert, kontrolliert und verbessert, Vorgang für Vorgang. Außerdem ergibt es eine hierarchische Anordnung und Kontrolle. Kontrolle beginnt mit der Nachverfolgung von Kosten und Terminen. Ansätze, die Produktivität ohne Gesamtabstimmung zu erhöhen, führen zu gestörten Arbeitsflüssen und oft zu verminderter Leistung. Schließlich führt ein Planungssystem, das vorwiegend darauf ausgerichtet ist, Verträge nach zu verfolgen, zu Unsicherheiten und Verschwendung von Ressourcen, weil es ungeeignet ist, die Arbeit zwischen Spezialisten zu koordinieren.

Ein Produktionssystem jedoch, das nach Lean Prinzipien geführt wird, versucht, diese Schwächen zu eliminieren und durch klare Kooperationshandlungen zu ergänzen. Nach Lean Prinzipien zu planen und auszuführen, sieht vor, dass Meilensteine verwendet werden, um Informationen, Material und Arbeit durch den Arbeitsfluss zu ziehen (Pull-Prinzip). Außerdem wird eine frühzeitige Zusammenarbeit mit allen Projektbeteiligten eingerichtet, um die Wertschöpfung zu erhöhen. Damit soll auch ein verlässlicherer Arbeitsfluss innerhalb und zwischen den Arbeitsgruppen erreicht werden. Die Arbeit wird in kleine Arbeitspakete, unter Umständen auch mit unvollständiger Information, aufgeteilt und die Bewertung von Planung

Feststellung der Kundenziele (einschließlich Qualitäts-, Termin- und Kostenzielen) und der notwendigen Handlungen, um diese zu erreichen.

Gliederung des Projektes in Vorgänge, Schätzung der Vorgangsdauern und der damit verbundenen Kapazitäten an Ressourcen, Aufbau einer logistischen Verknüpfung mittels Netzplantechnik.

Vergabe oder vertragliche Absicherung jedes Vorgangs, Benennung des Anfangstermins und Überwachung von Kosten-, Termin-, Qualitäts- und Sicherheitsvorgaben. Reaktion auf negative Abweichungen.

Koordinierung mittels Gesamtterminplan und wöchentlichen Besprechungen
- Kostenreduzierung durch Verbesserung der Produktivität
- Terminverkürzung durch Beschleunigung aller Vorgänge oder durch Änderungen der Verknüpfungen
- Verbesserung von Qualität und Sicherheit durch Kontrollen und Zwang

Bild 3   Wie werden Projekte derzeit geführt? (nach G. Howell)

und Budget findet häufig und kooperativ statt. Nach diesem Prinzip wird zugestanden, dass Entscheidungen bis zum letzten verantwortlichen Zeitpunkt verschoben werden. Damit findet ein gemeinsames Management von Terminen und Kosten bereits in der frühen Planungsphase beziehungsweise in der frühen Ausführungsphase statt. Im Bild 4 sind diese Prinzipien mit ihren hauptsächlichen Gestaltungspunkten noch einmal zusammengefasst.

1.4 Das Last Planner System

Im Last Planner System (LPS) wird der konventionelle Terminrahmenplan herangezogen und schrittweise immer mehr verfeinert, und die Voraussagesicherheit der daraus entstehenden Planungen immer mehr gesteigert. Das heißt, der Wertfluss wird verstetigt, die Zusagen, die von den einzelnen Beteiligten bezüglich ihrer Einzelbeiträge gemacht werden, werden immer sicherer und damit entsteht ein Projektablauf, der gute Chancen hat, innerhalb der Zeitvorgaben und der Budgetvorgaben zu bleiben. Dies wurde in allen bisherigen Anwendungen auf kleinen, mittleren und sehr großen Projekten nachgewiesen. Im Einzelnen ist die Vorgehensweise wie folgt. Der Basisterminplan wird als Ganzes oder in einzelnen Phasen zwischen Meilensteinen hergenommen und verfeinert. Das geschieht in

Verwendung von Meilensteinen um Informationen, Material und Arbeit durch den Arbeitsfluss zu ziehen (Pull-Prinzip)
- Verwendung des „letzten verantwortbaren Moments" als Projekt-Treiber
- Minimierung der Verschwendung in Form von Nacharbeiten in der Planung
- Bewusste Gewährung von Gestaltungsfreiräumen für das Planungsteam

Frühzeitige Zusammenarbeit mit den Projektbeteiligten, um Wertschöpfung zu erreichen
- Aufbau eines vollständigen Wertstroms von der Planung über die Ausführung und Fertigstellung bis hin zur Inbetriebnahme
- Kontinuierliche Verfeinerung von Details und der Kostenansätze bereits in der Planungsphase
- Nutzung des Expertenwissens der Projektbeteiligten zur Aufdeckung von Optimierungspotenzialen in den Produkt- und Prozessentwürfen
- Zusammenarbeit mit Projektbeteiligten, die nach den Lean Prinzipien arbeiten, um zusammen zu lernen und die Möglichkeiten des Lean Managements besser zu nutzen zu können

Aufteilung in kleine Arbeitspakete unvollständiger Informationen und häufige Bewertung von Planung und Budget
- Gewährung von Gestaltungsfreiräumen für das Planungsteam sowohl für Projekt- als auch für Teillösungen
- Sicherstellung der Vereinbarkeit von Planung und Kostenbudget
- Teilen und Zusammenarbeiten als Alternative zu Planungen und Schätzungen im luftleeren Raum

Gemeinschaftliches Management von Terminen und Kosten bereits in der frühen Planungsphase
- Frühzeitige Erkennung von Terminverlängerungen
- Frühzeitige Eingrenzung der Zielkosten für das Projekt und der zugehörigen Vorgänge
- Zusammenarbeit ist der Schlüssel zum Erfolg

Bild 4   Anwendung der Lean Prinzipien in der Planungsphase (nach G. Howell)

der so genannten kooperativen Phasenplanung. Hier finden sich alle in der jeweiligen Phase beteiligten Planer und Ausführende zusammen und kleben (als Rückwärtsentwicklung) die einzelnen Beiträge, die sie geben, auf der Zeitachse auf Wänden auf, zunächst so, wie jeder Einzelne das aus seiner Sicht sieht. Dann beginnt die kreative und kooperative Phase, indem gemeinsam versucht wird, durch zeitliche Verschiebungen innerhalb der einzelnen Prozesse durch Schnittstellendiskussionen, durch Diskussion und Offenlegung der einzelnen Puffer, die jeder mitbringt, das ganze Produktionssystem und seine Beteiligten in mehr Transparenz aufscheinen zu lassen und verständlich zu machen. Das Ergebnis ist dann immer ein Prozess, der optimiert ist und in dem sich jeder so wieder findet, dass ein optimierter Prozessablauf für alle von Nutzen ist. Bild 5 zeigt beispielhaft eine solche "Arbeitswand".

Im klassischen Projektmanagement werden aus der Rahmenterminplanung Tätigkeits- und einzelne Vorgangslisten herausgearbeitet und die Soll-Ist-Vergleiche werden in Ergebnisprotokollen niedergelegt (Bild 6). Dabei ist der Rahmenterminplan das zentrale Kontrollinstrument und Ergebnis einer strategischen Planung. Die Arbeitslisten stellen eine starke Zerstückelung dar und garantieren keinen regelmäßigen Fluss des Planungs- oder Arbeitsprozesses. Die Protokolle wiederum bringen einen geringen Lerneffekt und sind nur Überwachungs- und Reaktionsinstrumente. Es herrscht insgesamt ein Mangel an einer gemeinsamen Sprache, Mangel an Produktionswissen, Mangel an Teameinigkeit und weitestgehende Missachtung von Flexibilität und gegenseitigen Abhängigkeiten, in anderen Worten, jede beteiligte Institution oder Person ist im Wesentlichen in erster Linien auf die eigenen Vorteile und nicht auf die Optimierung eines Gesamtprozesses ausgerichtet.

Bild 5   Pull-Terminplanung

Bild 6   Klassisches Projektmanagement

Im Lean Projektmanagement jedoch, geht man von einer dezentralisierten Planung aus, entwickelt ein gemeinsames explizites Qualitätsverständnis, es wird ein klarer Weg des Arbeitsflusses entwickelt, die Arbeit basiert auf Anfrage und nicht auf Anweisung, und das ganze wird in gemeinsamen Teamabsprachen erzielt. Aus dem schon erwähnten in Kooperation entstandenen Phasenplan, der für die betrachtete Phase schon eine Prozessoptimierung enthält, die durch Kooperation entstanden ist, werden weitere Arbeitsinstrumente entwickelt. Der nächste Veränderungsschritt ist eine Sechs-Wochen-Vorschau, in der alle Arbeiten aufgelistet werden, die laut Phasenplan in den kommenden sechs Wochen zu erledigen sind. Bevor diese Arbeiten jedoch in die eigentliche Arbeitsplanung übernommen werden, wird eine Restriktionsanalyse vorgenommen. Dies geschieht wiederum gemeinschaftlich zwischen allen Beteiligten, die auf der Liste dieser Sechs-Wochen-Vorausschau vorkommen. Das eigentliche Detailarbeitsinstrument ist der Wochenplan, aufgeteilt in einzelne Tage. In diesem Wochenplan werden nur solche Listen aus der Sechs-Wochen-Vorschau übernommen und in konkrete Arbeitsplanung umgesetzt, die dort frei von allen Restriktionen gemacht worden sind. Das führt dazu, dass in der betrachteten Woche mit hoher Wahrscheinlichkeit ein hoher Prozentsatz der Arbeiten auch wie geplant ausgeführt werden können und werden. Das ist ja der Kern der Lean Production, ein stetiger Arbeitsfluss, der nicht durch Schwankungen, Unterbrechungen und den damit verbundenen Umorganisationen bis hin zum Chaos begleitet und gekennzeichnet ist. In Zeiten der reinen Planung, wo die Veränderungen nicht im Tagesrhythmus auftreten, können die Zeitfenster auch größer gewählt werden, zum Beispiel Sechs-Monats-Vorschau und Monatsplan.

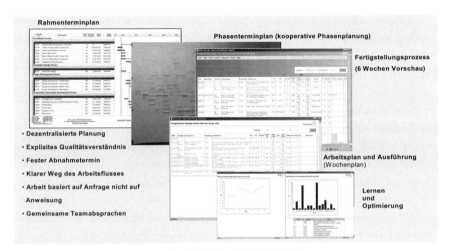

Bild 7   Lean Projektmanagement (nach G. Howell, G. Ballard)

Außerdem wird an dieser Stelle der Lerneffekt gezielt dadurch erreicht, dass der so genannte PEA-Wert (in der englischsprachigen Lean Praxis PPC-Wert genannt), der den Prozentsatz der zu dem angegebenen Zeitpunkt tatsächlich durchgeführten Arbeiten im Verhältnis zu allen in der betrachteten Woche ausgeführten oder geplanten Arbeiten darstellt (Prozentzahl der Erledigten Arbeiten, PEA). Es ist also ein Zuverlässigkeitsbeiwert für die gemachten Zusagen der einzelnen Prozessbeteiligten. In der Bauindustrie sind diese Werte heutzutage zwischen 55 und 60 Prozent. In Prozessen, Planungs- oder Bauprozessen, die einige Zeit mit diesen Lean Vorgehensweisen arbeiten, steigert sich dieser Wert schnell auf 70 Prozent oder 80 Prozent und auch höher. Es wurde nachgewiesen, dass bei Werten unter 60 Prozent keine zügige und zuverlässige und damit keine profitable Arbeit möglich ist. Gute Bauabläufe entstehen erst über 70 Prozent und damit sind auch dann die Bauzeitverzögerungen gegen Null bzw. die Terminsicherheit steigt und damit auch die Erlöse beziehungsweise Deckungsbeiträge und Gewinne. Außerdem hat der Investor mehr Freude, wenn sein Projekt innerhalb des Budgets und der Zeitvorgaben abgeschlossen wird. Das Bild 7 zeigt noch einmal diesen Ablauf. Aus dem Basisterminplan entwickelt sich der

Rahmenphasen- und Vorschauterminplan (kooperierende Phasenplanung), danach wird der Fertigstellungsprozess im Einzelnen geplant (Sechs-Wochen-Vorschau), woraus sich der Arbeitsplan für die detaillierte Ausführung (Wochen-Vorausschau) ableitet. Daraus wiederum wird der PEA-Wert ermittelt und alle Abweichungen beziehungsweise Nichteinhaltungen von gemachten Zusagen werden analysiert und in Ursachenkategorien geteilt, so dass ein Lernprozess automatisch entsteht. Dieser Lernprozess hat eine relative kurze Rückkopplungsdauer, so dass er noch für das laufende Projekt zu positiven Veränderungen führt. Außerdem werden diese Effekte auch langfristig für die Unternehmung, sei es eine Planungsbüro- oder eine Bauunternehmung oder auch ein Bauherr, nützlich sein.

2 Einführung der neuen Methode bei der DB ProjektBau GmbH

Die Deutsche Bahn AG „verbaut" jährlich mehrere Milliarden Euro in Infrastrukturprojekten. Die Vielzahl der Projekte (mehrere tausend laufende Projekte) allein ist dabei schon eine Herausforderung, ganz zu schweigen von den Schwierigkeiten, die in einzelnen Großprojekten zu bewältigen sind. Dabei sind zwei Sachverhalte für die Deutsche Bahn AG von besonderem Interesse. Erstens die Planungskosten selbst, die nur zum Teil durch die Zuwendungsgeber (Bund, Länder und Gemeinden) die die Bauprojekte mit finanzieren, abgedeckt werden. Dadurch ist eine Zielstellung, die Planungskosten auf das refinanzierbare Niveau zurück zu führen.

Zweitens erzeugen Bauprojekten naturgemäß störende Einflüsse auf den Betrieb der Infrastruktur. Diese können zwar planerisch berücksichtigt werden, müssen sich dann aber mit hoher Sicherheit auch im geplanten Zeitraum abspielen. Hieraus ergibt sich die Zielstellung, für möglichst hohe Terminstabilität in der Realisierung von Baumaßnahmen zu sorgen. Die DB ProjektBau GmbH hat im Bahnkonzern die Rolle des Projektrealisierers übernommen. Grundsätzlich werden alle mittleren und größeren Projekte ab einem gewissen Realisierungsgrad, in der Regel ab Leistungsphase 3 oder 4, an die DB ProjektBau GmbH zur verantwortlichen Fertigstellung übergeben. Dabei ist das Unternehmen schon in den früheren Projektphasen eingebunden, übernimmt aber naturgemäß erst nach der Gesamtbeauftragung die Verantwortung für Kosten und Termine.

Aus diesem Rollenbild heraus war die DB ProjektBau GmbH prädestiniert, das Last Planner System für den DB-Konzern zu pilotieren, da gerade die mittleren und großen Infrastrukturprojekte eine Komplexität aufweisen, die als Anwendungsumgebung geeignet ist. Zwar wäre der Ansatz „Last Planner" nicht auf komplexe Sachverhalte beschränkt, der Beweis der Anwendbarkeit kann in solchen Projekten mit höherer Allgemeinverbindlichkeit jedoch geführt werden.

Die Motivation, an diesem neuen Ansatz mitzuwirken, sollte sowohl bei den Bauherren (Eisenbahninfrastrukturunternehmen), als auch beim der Projektleitung und den konzernexternen Planern und Baufirmen vorhanden sein, da das Konzept insgesamt für sichere und besser planbare Terminabläufe sorgt, gegebenenfalls Bauzeiten verkürzt und so zu einer Einsparung bei allen Beteiligten führt.

Die Einsicht in diese Wirkweise und somit der Grund für jeden Projektbeteiligten, schon allein aus Eigeninteresse diesen kooperativen Ansatz zu unterstützen, ist aus Sicht der Bahn eine wichtige Basis und Voraussetzung für den Erfolg der eingeschlagenen Richtung. Nur wenn es gelingt, allen Verantwortungsträgern innerhalb eines Infrastrukturprojektes klar zu machen, dass insgesamt stabile und verkürzte Abläufe mehr Vorteile bringen, als mit großem Aufwand durchgesetzte Partikularinteressen, kann der Ansatz „Last Planner" ein erfolgreicher Zwischenschritt auf dem Weg in eine echte kooperative Zusammenarbeit darstellen.

Das Last Planner System ist besonders gut für einen solchen Pfad geeignet, da hier ohne umfassende vertragliche Eingriffe erste Ansätze des kooperativen Herangehens eingeführt werden können. Für die Anwendung ist es lediglich notwendig, dass die Projektbeteiligten den Willen und die Offenheit zum „Mitmachen" mitbringen und sich in den Projektsitzungen entsprechend einbringen.

2.1 Strategie der Einführung zur Sicherung der Nachhaltigkeit

Die Implementierung neuer Ansätze in Großunternehmen ist grundsätzlich von der Frage begleitet, welches Vorgehen bei der Einführung die größte Nachhaltigkeit einer Verbesserung mit sich bringt. Die letzten Jahrzehnte des DB-Konzerns auf dem Weg zum Börsengang haben zwar immer wieder, auf der Grundlage guter Ideen, zu Veränderungen geführt, diese waren aber – wie in vielen Großkonzernen – nicht immer dauerhaft oder sind manchmal schon auf dem Weg zur Einführung zu stark verwässert worden. Daher sollten im Zuge der Einführung von Last Planner bestimmte Kriterien zur Sicherung der Nachhaltigkeit besonders beachtet werden. Zunächst war es wichtig, nicht eine „verordnete" Verbesserung per Anweisung einzuführen, sondern die Mitarbeiter durch den Nachweis der Tauglichkeit in der Praxis einzubinden. Es kam also darauf an, die Methode „Last Planner" nicht detailliert vorzugeben, sondern über ausgewählte Pilotprojekte und in Zusammenarbeit mit den verantwortlichen Projektleitern zunächst eine Erprobung durchzuführen. In dieser Phase war es möglich, die theoretischen Ansätze, die sicherlich in einzelnen Projekten schon erfolgreich angewendet wurden, nun an die spezifischen Anforderungen der Praxis anzupassen. Zusätzlich wurden in dieser Phase Fragen aufgeworfen, die so außerhalb der umfangreichen betrieblichen Mitbestimmung, wie sie bei der Deutschen Bahn AG existiert, so nicht entstanden wären. Gerade die Einführung von Messsystemen in punkto Zuverlässigkeit von Zusagen – die hier ja nur Terminstabilität erzeugen sollen – rufen bei Interessensvertretern reflexartig Vorbehalte hervor.

Zusätzlich waren Fachfragen in Bezug auf die bestehenden Terminplanungsprozesse zu beantworten und Detaillösungen zu erarbeiten. Eine neue methodische Vorgehensweise kann in Großkonzernen nicht einfach umgesetzt werden, sondern muss in die regelmäßig bestehende Landschaft der Prozesse eingepasst werden. Dieses mühevolle Geschäft scheint zunächst nicht wertschöpfend, verhindert aber im Nachhinein ein Absinken der operativen Effizienz durch ein Auseinanderfallen der Arbeitsmethoden.

Die Teams der Pilotprojekte konnten so intern Vertrauen zur neuen Herangehensweise aufbauen und den übrigen Projekten als Meinungsbildner dienen. Die Berichterstattung über inhaltliche Projektergebnisse an die höheren Hierarchieebenen stand dabei nicht im Vordergrund, damit sich die in den Pilotprojekten benötigte Vertrauensbasis der Teilnehmer in Bezug auf die Fehlerkultur und das Lernen aus Fehlern ausbilden konnte.

In der Tat hat sicher dieser Ansatz bewährt und die Methode des „Last Planner" wurde in das bestehende Terminplanungssystem integriert. Die Vorbildfunktion der Pilotprojekte konnte sich entfalten und schon während der Pilotphase wollten weitere Projektleiter aus anderen Infrastrukturprojekten davon lernen und den Ansatz selbst anwenden (Pull-Prinzip).

In den Pilotprojekten wurde die Methode durch den zeitweiligen Einsatz eines externen Beraters/Moderators vorgestellt und in drei bis vier Veranstaltungen geübt. Nach dieser Phase sollten die Projektleiter in der Lage sein, Last Planner als Instrument zu beurteilen und in ihrem Projekt selbstständig anzuwenden.

Die DB ProjektBau GmbH ist in sieben Regionalbereiche und eine Zentrale strukturiert. Zudem wurden durch die gesamte Firma, neben den Servicefunktionen Finanzen und Personal, drei Fachbereiche installiert, die die Funktionen Projektmanagement, Planung und Bauüberwachung abdecken. In diesem Umfeld musste eine effiziente Organisation zur weiteren Betreuung des Themas geschaffen werden. Aufgrund der fachlichen Inhalte gehört das Thema „Last Planner" zum Bereich des Projektmanagements. Gleichwohl müssen die benachbarten Bereiche sowohl über den Inhalt als auch über die Art der Anwendung informiert oder sogar geschult werden. Daher hat das Unternehmen sich für eine regionale Struktur entschieden und die Rolle eines so genannten „Lean Management Beauftragten" in jeder Region vergeben. Dieser „Beauftragte" hat nun die Aufgabe nach der Pilotphase, für die entsprechende regionale Verbreitung der Methode „Last Planner" zu sorgen und dient als Koordinator und Ansprechpartner für die zentrale Steuerung in dieser Frage.

Durch dieses Vorgehen sollte außerdem die Möglichkeit geschaffen werden, den neuen Grundansatz des Lean Managements zu transportieren und die Mitarbeiter in diesem Zusammenhang zu sensibilisieren.

2.2 Das Projekt Nitteler Tunnel und Lean Management
Das Projekt „Erneuerung des Nitteler Tunnels" ist das Pilotprojekt für die Umsetzung des Last Planner Systems als Baustein aus dem Lean Management. Der Nitteler Tunnel ist ein 574 Meter langer, zweigleisiger Eisenbahntunnel auf der Moselstrecke im Abschnitt von Trier an die französische Grenze. Das inzwischen über 120 Jahre alte Tunnelbauwerk muss aufgrund unterschiedlicher Schäden erneuert werden. Der Bereich Tunnelbauprojekte der DB ProjektBau GmbH in Frankfurt/Main hat bahnintern den Auftrag zur Erneuerung des Bauwerks erhalten. Bis Anfang 2007 war hierfür die Vorentwurfsplanung abgeschlossen und das Projekt befand sich in der Entwurfs- und Genehmigungsplanung. Die Planungen für die Erneuerung haben schnell gezeigt, dass es sich um eine komplexe und sehr schwierige Bauaufgabe handelt. Der Tunnel soll eine neue Innenschale mit einem geschlossenen Profil erhalten, wobei die Tunnelsohle um bis zu zwei Meter abgesenkt wird. Weiterhin erhält der Tunnel eine umfangreiche rettungstechnische Ausrüstung nach den geltenden Richtlinien des Eisenbahn-Bundesamtes – unter anderem einen Rettungsplatz, den Tunnelfunk für Rettungseinsätze, eine Trockenlöschwasserleitung und eine Oberleitungsnotabschaltung. Dies alles kann nur bei einer Vollsperrung der Strecke für die gesamte Bauzeit erfolgen. Nach umfangreichen Abstimmungen hat die DB Netz AG als Betreiber der Infrastruktur einer Vollsperrung der Strecke für 14 Monaten zur Erneuerung des Nitteler Tunnels ab Juni 2009 zugestimmt. Vor diesem Hintergrund war den Beteiligten schnell bewusst, dass das Lean Management eine Chance ist, die termin- und qualitätsgerechte Abwicklung des Projektes zu unterstützen. Die Auswahl des Nitteler Tunnels als Pilotprojekt für das Lean Management im Bauwesen fand auf allen Ebenen der DB ProjektBau GmbH breite Zustimmung.

Ende 2006 war die Grundsatzentscheidung gefallen, Lean Management bei der Deutschen Bahn AG anhand eines Pilotprojektes einzuführen. Die erfolgreiche Einführung eines neuen Systems bedarf zweier Voraussetzungen. Zum einen müssen die Projektbeteiligten vom Nutzen überzeugt sein, zum anderen die Rahmenbedingungen für die Anwendung geschaffen werden. Anfang 2007 hat Herr Professor Gehbauer in einem Einführungsvortrag die Projektleitung über die Grundsätze und Inhalte des Lean Managements informiert. Da die Erneuerung des Nitteler Tunnels äußerst kritische Zeitvorgaben für die Planung und Baurealisierung hat, bot sich in diesem Projekt der Einsatz des Last Planner Systems an.

Was sind die Erwartungen, die an das neue System gestellt wurden? Aus Sicht der Projektleitung soll die Einführung des Last Planner Systems helfen, die eng gesetzten Terminvorgaben zu halten, die Schwachstellen rechtzeitig aufzudecken sowie die Planungsprozesse zu verstetigen. Als sekundäres Ziel resultiert aus den vorgenannten Punkten eine Erhöhung der Planungsqualität und als primäres Ziel die wirtschaftliche und wertschöpfende Projektabwicklung.

Um diese Ziele zu erreichen, wurde zuerst das Projektteam, bestehend aus einer Projektingenieurin, einem Projektkaufmann, einer Projektsteuererin sowie dem Projektleiter umfangreich eingewiesen. Der zweite Schritt bestand darin, Lean Management in der Projektarbeit mit allen Beteiligten einzuführen. Die Projektleitung hat mit der Unterstützung von Professor Gehbauer nun die Fachplaner und alle weiteren Beteiligten in die Methodik eingeführt. Die ersten Planungsbesprechungen hat Professor Gehbauer oder einer seiner Mitarbeiter persönlich begleitet; jedoch war dies nur die Starthilfe. Möglichst schnell sollten die Prinzipien des Lean Managements im Projekt eigenständig angewandt werden und von dort auf weitere Piloten bei der DB ProjektBau GmbH übertragen werden.

Lean Management war nicht die erste Neuerung, die mit hohen Zielen an den Start ging, so dass bei den Teilnehmern der Auftaktveranstaltung im Projekt eine gewisse Skepsis vorhanden war. Die Befürchtung, dass solch ein System auch automatisch zu mehr Arbeit führt, war fast überall zu spüren. Um der anfänglichen Skepsis zu begegnen, wurde die Schulungsphase sehr kurz gehalten und schnell mit der Anwendung des Last Planner Systems begonnen.

Die bestehenden Terminpläne wurden zur Seite gelegt und in der ersten Planungsbesprechung nach dem neuen System ein großer leerer Plan lediglich mit der Zeitachse der laufenden Planungsphase an die Wand gehängt. Jeder Beteiligte bekam einen

Stapel farbiger Klebezettel und einen Stift mit der Bitte übergeben, sich die wesentlichen Schritte seiner Planungsarbeit zu überlegen und diese auf den Zetteln zu notieren. Nun wurden nacheinander alle Beteiligten gebeten, ihre ausgefüllten Zettel an der Zeitachse orientiert auf dem Plan zu befestigen und die Überlegungen hierzu zu erläutern. Schnell entstand in der Runde eine Diskussion zu den einzelnen Punkten. Terminfolgen die sich der eine Fachplaner überlegt hatte, kollidierten plötzlich mit einem Planungsdetail eines anderen. Zettel wurden an dem Plan wieder verschoben und neue angeordnet. Die Diskussion bekam eine produktive Eigendynamik die der anfänglichen Skepsis gewichen war. Es war gelungen in einer produktiven und vertrauensvollen Atmosphäre jeden Einzelnen aktiv in die Erarbeitung der Planungsphase zu integrieren. Im Vergleich zu den bisherigen Planungsbesprechungen, bei denen Sachstände reihum abgefragt und diskutiert wurden, haben sich in dieser Besprechung alle dem Projekt „untergeordnet" und die anstehenden Arbeitsschritte gemeinschaftlich festgelegt. Hindernisse werden früher als bisher identifiziert und der Weg für die nächsten Projektschritte frei geräumt. Abhängigkeiten wurden frühzeitig erkannt und in den Abläufen berücksichtigt. Puffer, die von den einzelnen Planern für Ihre Arbeitsschritte eingebaut waren, schmolzen plötzlich zugunsten des Gesamtablaufs dahin. Nachdem diese Phasenplanung abgeschlossen war, mussten für die Zeit bis zur nächsten Planungsbesprechung Arbeitspakete geschnürt werden, die jeder abzuarbeiten hatte. Hierzu wurde ein Wochenplan erstellt, in dem die konkreten Arbeitsaufträge formuliert und mit realistischen Zeitvorgaben hinterlegt waren. Dieser Plan wurde seitdem in jeder Planungsbesprechung fortgeschrieben. Er erfüllt zwei wesentliche Aufgaben. Zum einen werden die besprochenen Aufgaben nachvollziehbar dokumentiert. Zum anderen dient der Plan in der darauffolgenden Besprechung als Hilfsmittel, um die Erreichung der gesetzten Ziele nachzuvollziehen. Hierdurch erhalten alle Projektbeteiligten einen Indikator für den Erfolg des Lean Managements und somit für die termin- und qualitätsgetreue Umsetzung des Projektes. Beim Pilotprojekt lag der Erfüllungsquotient in den ersten Besprechung nach der Einführung des Last Planner Systems bei nahezu 100 Prozent, brach jedoch in den darauffolgenden Besprechungen wieder auf bis zu 70 Prozent ein, was den Erfahrungen bei anderen Projekten entspricht. In der darauffolgenden Zeit hat sich der Erfüllungsgrad dann auf rund 80 bis 90 Prozent verstetigt, was als sehr guter Wert zu sehen ist, da dies zu einer spürbaren Verbesserung der Termintreue im Vergleich zu den Zeiten vor Einführung des Lean Managements geführt hat.

Nach eingehender interner Diskussion wurde entschieden, auch auf ein klassisches Besprechungsprotokoll zu verzichten. Von der Projektsteuererin werden in der Besprechung per Beamer und Labtop die verteilten Aufgaben mit den Bearbeitungsterminen direkt in den Wochenplan eingetragen. Im Anschluss an die Besprechung wird der Wochenplan den Beteiligten als Arbeitsergebnis direkt per Mail verteilt.

2.3 Ausblick und weitere Umsetzung

Nach einer erfolgreichen Umsetzung in den Leistungsphasen 3 und 4 steht nun die Bauphase an. Das Lean Management, im speziellen das Last Planner System, basieren auf einem ehrlichen und offenen Umgang miteinander. Es wird sich zeigen, inwieweit dies im Vertragsverhältnis mit der Baufirma umsetzbar ist. Gerade die im Wettbewerb ermittelten Kosten sind selten auskömmlich für die ausführenden Baufirmen kalkuliert. Hier bietet die für das Lean Management erforderliche Offenheit auch Potential, um diese in Mehrkosten/Nachträge umzusetzen.

Unabhängig davon sind die bisherigen Erfahrungen mit den Ansätzen des Lean Managements beim Pilotprojekt Nitteler Tunnel sehr vielversprechend und bestärken uns darin weiterzumachen. Viele der Gedanken des Lean Managements sind bereits aus der klassischen Termin- und Kostensteuerung bekannt, jedoch bisher nicht in dieser Konsequenz umgesetzt worden. Lean Management als Philosophie setzt das Projekt in den Mittelpunkt. Jede noch so kleine Störung kann das Projektziel gefährden. Lean Management versucht diese Störungen so früh wie möglich zu erkennen und aus dem Weg zu räumen. Hierbei gibt es einige Grundsätze, deren Einhaltung auch aus unserer Erfahrung sinnvoller Weise eingehalten werden sollten. In die Besprechungen sind möglichst alle Projektbeteiligten einzubinden. Dies geht über die Projektleitung und die Planer weit hinaus. Nach Bedarf werden Bauherr, Genehmigungsbehörden und sonstige Beteiligte in die Besprechungen eingeladen und tragen dazu bei, dass die Hindernisse für die nächsten Planungsschritte aus dem Weg geräumt werden können.

Ein weiterer Grundsatz ist es, möglichst alle Entscheidungen, die das Projekt betreffen, auch im Projekt zu treffen. Dies ist sicherlich eine der am schwierigsten umzusetzenden Ansätze, jedoch ist dieser Grundsatz nur konsequent „lean"-gedacht. Gerade in großen Unternehmen gibt es häufig sehr viele komplexe Entscheidungs- und Genehmigungswege. Wenn man Lean Management ernst meint, muss man bereit sein, seine eigenen Abläufe immer wieder kritisch zu hinterfragen und auch zu korrigieren. Nur so können alle Potentiale des Lean Managements erschlossen werden und im Ergebnis steht ein wirtschaftliches Projekt mit hoher Termintreue.

3. Exkurs: Darstellung der aktuellen Ansätze zum Thema Partnering bei der DB AG

Komplexe Bauvorhaben stellen hohe Anforderungen an alle Projektbeteiligte. Die zu schließenden Bauverträge sind durch projektspezifische Randbedingungen meist unvollständige Verträge, die nicht alle unvorhersehbaren Risiken wie zum Beispiel den Baugrund detailliert abbilden können. Negativfolgen wie Terminüberschreitungen, Nachtragsauseinandersetzungen, Qualitätsverluste aber auch ineffiziente und mangelnde Kommunikation müssen vermieden werden.

Zur optimalen Projektabwicklung müssen sich Auftraggeber und Auftragnehmer zu Grundsätzen verständigen, die bei gegebenenfalls entstehenden Unklarheiten oder Konflikten ein schnelles lösungsorientiertes Handeln ermöglichen. Diesbezüglich verfolgt die Deutsche Bahn AG zwei partnerschaftliche Ansätze.

Mit der Bauindustrie werden Leitlinien zur partnerschaftlichen Projektabwicklung von Infrastrukturprojekten entwickelt. Diese Leitlinien bestehen aus einer Präambel und sieben Hauptmodulen. Sie werden in einem gemeinsamen Projekt der Spitzenverbände der deutschen Bauwirtschaft (Hauptverband der deutschen Bauindustrie, Bundesvereinigung mittelständischer Bauunternehmer, Zentralverband des Deutschen Baugewerbes) und führender Auftraggeber im Bereich Verkehrsinfrastruktur (Deutsche Bahn AG und DB ProjektBau GmbH, Deutsche Einheit Fernstraßenplanungs- und -bau GmbH (DEGES), Hessisches Landesamt für Straßen- und Verkehrswesen) zusammen mit dem Lehrstuhl für Projektmanagement der Universität Kassel und dem Bundesministerium für Verkehr, Bau und Stadtentwicklung (BMVBS) entwickelt.

Es ist der Wunsch dieser Auftraggeber- und Auftragnehmerorganisationen, dass alle oder einzelne Module dieser Leitlinien zur „Partnerschaftlichen Projektabwicklung" angewendet werden und zu einer echten partnerschaftlichen Zusammenarbeit zwischen Auftraggeber und Auftragnehmer führen. In dieser Leitlinie wurden die folgenden Module gemeinsam optimiert:

- *Optimierte Definition des Bau-Soll*
  Im Einzelnen werden Grundsätze zur Aufstellung der Leistungsbeschreibung aber auch Durchführungsmodalitäten für einen Bauauswertungsworkshop mit Auftraggeber und Auftragnehmer beschrieben. Eine gemeinsame Analyse von Nachträgen und Konflikten im Projekt soll zu einem kontinuierlichen Verbesserungsprozess führen.

- *Definition von Prozessen bei der Abwicklung des Bau-Soll*

  Prozessregelungen für geänderte und zusätzliche Leistungen und deren Vergütung sollen im Vorfeld projektspezifisch festgelegt werden.

- *Risikoidentifikation und Diskussion über die Verteilung der Risiken*

  Gerade in der Bauwirtschaft ist die Risikoidentifizierung und -verteilung durch die projektspezifischen Randbedingungen eine komplexe Herausforderung. Eine offene Diskussion mit der Zielsetzung, dass derjenige die Risiken trägt, der diese am besten beeinflussen kann, ist dabei der grundsätzliche Ansatz.

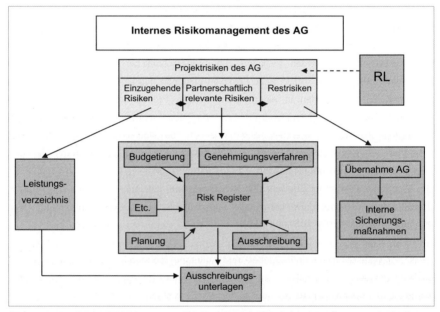

Bild 8   Risikoidentifikation

Im Rahmen des internen Risikomanagements des Auftraggebers wird eine Risikoliste erstellt. Diese wird konkretisiert, in dem eindeutig zuzuordnende Auftraggeber- und Auftragnehmerrisiken definiert werden. Die verbleibenden partnerschaftlichen Risiken werden im Dialog verifiziert und demjenigen Partner zugeordnet, der diese am besten beeinflussen kann. Diesbezüglich werden dann auch Vergütungsmodelle für Risiken definiert.

138

- *Gemeinsame Aufnahme von Projektdaten*

  Gemeinsam abgestimmte Planlauflisten in einem gemeinsamen Datenpool, einheitliche Leistungs-, Abrechnungs- und Qualitätserfassung oder auch eine gemeinsame Kommunikations- und Informationsplattform sollen projektspezifisch vereinbart werden.

- *Klare Regelungen für Entscheidungen und Kompetenzen*

  Insbesondere bei komplexen Projekten mit mehreren Beteiligten sind die Schnittstellen und Entscheidungskompetenzen klar zu definieren.

- *Klare Regelungen im Umgang und Lösen von Konflikten*

  Im Umgang mit Konflikten sind im Vorfeld mögliche Eskalationsebenen und für den Ausnahmefall auch Grundsätze im Umgang mit Schlichtungs- oder Gerichtsverfahren zu definieren.

- *Projektoptimierung durch Anreizsysteme*

  Beim gemeinsamen Optimieren der Projektziele Qualität, Kosten und Termine sind faire Vergütungsmodelle zu entwickeln, die eine win-win-Situation ermöglichen. Diskutiert werden Bonusmodelle oder Anreizmodelle, an denen sowohl Auftragnehmer als auch Auftraggeber partizipieren.

Zudem müssen bei komplexen Projekten mit unklarer Risikoentwicklung auch Modelle zur Bauablauforganisation sowie partnerschaftliche Vergabemodelle diskutiert werden. Die Deutsche Bahn AG hat diesbezüglich in Anlehnung – aber abgewandelter Form – zu den GMP-Verträgen ein Organisations- und Vergabemodell entwickelt. In Anlehnung an die angloamerikanischen Modelle werden Risikosummendeckelungen (Bild 9), die über Anreizsysteme/Bonusmodelle optimiert werden sollen, diskutiert.

In diesen Partnering Modellen sollen alle Projektbeteiligten bereits in den frühen Projektphasen eingebunden werden. In einem Ideenwettbewerb, der sich ausdrücklich nicht nur über die Wertung des Preises definiert, werden die geeigneten Projektpartner ausgesucht, mit denen das Projekt bezüglich Kosten, Terminen und Risiken gemeinsam optimiert werden kann. Diese Modelle erfordern allerdings eine hohe partnerschaftliche Grundeinstellung aller Projektbeteiligten.

Risikowettbewerbs- und Anreizkonzept:

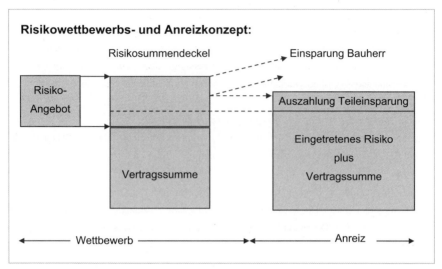

Bild 9   Risikosummendeckel

Sowohl die Leitlinien als auch die Partnering Modelle werden nur dann erfolgreich sein, wenn die Projektbeteiligten gegenseitiges Vertrauen entwickeln und man es schafft, für alle Projektbeteiligten einen win-win-Situation zu schaffen.

4. Ausblick und mögliche Entwicklungen

Nachdem die konkrete Einführung eines Bausteines aus dem Lean Management vorgestellt wurde, soll ein Ausblick auf mögliche zukünftige Entwicklungen gewagt werden. Dabei ist zu beachten, dass das Thema in Deutschland insgesamt noch in einer Anfangsphase steckt und sich nicht alle Möglichkeiten in der Realität verwirklichen lassen. Die diskutierten Modelle und Ansätze stellen einen Überblick über die theoretischen Möglichkeiten dar befinden sich noch nicht in der konkreten Anwendung. Bis es dazu kommt, werden die Modelle sicherlich fortzuschreiben sein und in veränderter Form in der Praxis auftreten. In sofern sind alle am Prozess Beteiligten aufgefordert, gestaltend in Definition eines optimierten Bauprozesses und einer optimierten Zusammenarbeit einzugreifen.

Der erste notwendige Schritt ist eine grundsätzliche Analyse der IST-Situation. Dazu sollen folgenden Zeilen einen Anstoß geben. Das deutsche Vergaberecht steht auf den ersten Blick manchen der neuen Ansätze entgegen beziehungsweise bildet ein Hindernis. Hindernisse sind jedoch da, um überwunden zu werden, gegebenenfalls abgebaut zu werden, manchmal auch, um (legal) unterlaufen zu werden, dass heißt nichts anderes als die doch vorhandenen Freiheiten auch konsequent zu erkennen und zu nutzen. Diese Vergabelinien gelten natürlich auch in Europa und in den Ländern, in denen bisher die Lean Construction Methoden sehr erfolgreich eingesetzt werden. Man ist konsequent herangegangen, die Nachteile von zu rigiden Vergaberichtlinien zu erkennen und abzubauen. Zu diesen Nachteilen gehören vier hauptsächliche systemische Probleme mit dem traditionellen Vertragswesen. Das Problem 1 bezieht sich darauf, dass oftmals gute Ideen zurückgehalten werden, weil jeder mit seinen guten Ideen haushält und nur dann herausrückt, wenn sie für den eigenen Prozess günstig sind, nicht aber, wenn sie "nur" dem Gesamtprozess nützen. Das Problem 2 bezieht sich darauf, dass das traditionelle Vertragswesen die echte Kooperation und die echte Innovation behindert. Das Problem 3 adressiert das fehlende Vermögen aus vertraglichen Regulierungen, so wie sie normal angewendet werden, eine koordinierende Funktion abzuleiten. Das vierte Hauptproblem ist sehr kritisch, weil es darauf ausgerichtet ist, nach lokaler Optimierung zu streben und nicht das Optimum des Gesamtprozesses zu fördern. Diese Gründe sind ausreichend, um an die Möglichkeit der Ausschöpfung der Flexibilität in den vorhandenen Systemen heranzugehen und auch mittelfristig das System anzupassen.

Um an dieser systemisch bedingten Situation etwas zu ändern, sind das Engagement von großen Bauherren und öffentlichen Investoren sowie die Mitwirkung des Gesetzgebers hilfreich.

Die Lean Ziele nach Maximieren des Wertes und nach Minimieren der Verschwendung, sind sehr schwer umzusetzen, wenn das kontraktuelle Vertragswerk die eigentlichen Werkzeuge, wie echte Koordination, behindert, und Kooperation und Innovation einschränkt und stattdessen einzelne Planer und Ausführende dafür belohnt, dass sowohl gute Ideen zurückgehalten werden und die eigenen Leistungen zu Lasten der anderen Beteiligten und zu Lasten des gesamten Projekterfolges egoistisch optimiert werden.

Die Antwort ist das, was sich im angelsächsischen Raum zu entwickeln beginnt, das so genannte Relational Contracting (Integrierte Form des Bauvertrages, IFB), dass heißt also ein Vertragswesen, was sich auf die Definition der Beziehung der Partner untereinander konzentriert und die Produktdefinition dem Teamwork dieser Partner überlässt. Das ist etwa wie eine Minigesellschaft zu verstehen, in der mit offenen Büchern gehandelt und agiert wird und die sich auf die Gesamtoptimierung ausrichtet und nicht auf lokale Suboptima. Die Kraft Aller wird eingebracht, das Ziel zu erreichen, statt den oder die Schuldigen zu suchen und daraus Nachträge abzuleiten. In diesem System kommen alle Ideen auf den Tisch, weil das gemeinsame Ziel gesucht wird und daraus ergeben sich dann Einsparungen, die auf jeden Fall dem Gesamtprojekt nützen und auch den individuellen Beteiligten.

Dazu muss aber ein Geist des Teilens etabliert werden, der dann notwendig ist, wenn nicht alle gleichermaßen von der ausgewählten und umzusetzenden Idee profitieren. Einzelne Beteiligte müssen also zufrieden sein, wenn sie ein Pferd abgeben und dafür nur ein Pony bekommen (trading horses for ponys). Mit anderen Worten, nicht in jedem Fall können die positiven Effekte gleich verteilt werden. Der Kurzgekommene muss einfach darauf setzen, dass es beim nächsten Mal wieder umgekehrt geht. Anwendungen in der Praxis, bei einigen amerikanischen mittleren und auch kleineren Projekten, weisen in die Richtung, dass all das umsetzbar ist. Außerdem haben große Bauherren wie Honda in Großbritannien, British Petrol beim Herstellen von Bohrplattformen und andere mit diesem System sehr gute Erfahrungen gemacht. Und wie gesagt, nicht nur die Bauherren, die das Projekt haben wollen, machen diese guten Erfahrungen, sondern alle projektbeteiligten Planer und Ausführende.

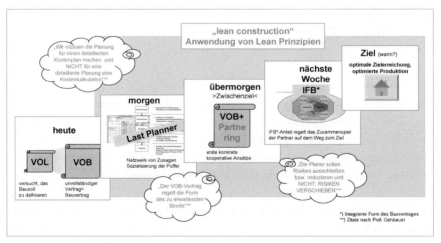

Bild 10 Last Planner System – Kontext und Ausblick

Aus diesen Beispielen kann man also die Blickrichtung ableiten, mit der die Problemstellungen anzugehen sind. Dabei ist offensichtlich, dass die Forderung nach einem kooperativen Miteinander nicht naiv und einseitig vorgebracht und umgesetzt werden kann, sondern sich – flankiert durch intelligente Migrationskonzepte – langsam etablieren muss. Dabei ist es notwendig, langfristige und verlässliche Partner zu finden, mit denen man Schritt für Schritt eine Veränderung aufbauen kann. Das oben beschriebene Last Planner System bildet in diesem Kontext einen ersten Schritt, auf dem Weg zum Ziel (Bild 10).

Dieser schematische Ausblick zeigt, dass das Last Planner System ein Baustein aus dem Lean Management darstellt und lediglich den Einstieg in eine kooperative Weise des Herangehens unterstützen kann. Weitere Schritte müssen folgen, um eine dauerhafte Veränderung zu erzeugen.

Wichtig ist allerdings, dass alle Schritte die nach und nach eingeführt werden, durch die beteiligten Partner verantwortungsvoll angewandt werden und gleichzeitig der Nutzen eines jeden Schrittes für jeden Beteiligten sofort sichtbar und nutzbar wird. Dabei können auch solche Maßnahmen zu einem Nutzen durch stabilere und effizientere Prozesse führen, die nicht direkt mit alternativen Vergütungssystematiken einhergehen.

Das Dezentrale Pumpensystem

Revolution im Heizungsbereich: von der Angebots- zur Bedarfsheizung

Dr. **Thorsten Kettner**; Manager Systems Research and Technology bei der WILO AG, Dortmund
Dr. **Jens Oppermann**; Research Engineer Systems bei der WILO AG, Dortmund

Zusammenfassung

Schlecht versorgte Heizkörper in hydraulisch nicht optimalen Heizsystemen gehören demnächst der Vergangenheit an. Das Dezentrale Pumpensystem der Dortmunder WILO AG sorgt dafür, dass jede Heizfläche individuell durch eine Miniaturheizungspumpe die benötigte Heizwassermenge erhält. In Praxistests zeigte das Dezentrale Pumpensystem gegenüber dem konventionellen Systemaufbau erhebliche Einsparpotenziale insbesondere beim Heizenergiebedarf. Etwa 20 % Endenergieeinsparung sind möglich, zudem zeichnet sich die neue Technologie durch eine sehr präzise und komfortable Raumtemperaturregelung aus.

1. Einleitung

Eine zentrale Heizung erfordert eine zentrale Umwälzpumpe – logisch. Das es auch anders geht, beweist der deutsche Pumpenspezialist Wilo mit seinem neuen Dezentralen Pumpensystem. Aus 1 mach 10 – was nach biblischer Brotvermehrung klingt, ist nun in die Wirklichkeit umgesetzt worden: mit extrem kleinen Pumpen, die maximal 3 Watt Leistung benötigen, kann jeder Heizkörper einzeln versorgt werden. Was auf den ersten Blick nach Mehraufwand aussieht, könnte sich für viele Gebäude als eine energiesparende und wirtschaftliche Lösung mit interessanten neuen Einsatzmöglichkeiten herausstellen.

Das Dezentrale Pumpensystem ist nicht der erste bedeutende Meilenstein der Pumpentechnologie, mit dem das 1872 gegründete Traditionsunternehmen Wilo die Haustechnik revolutioniert. So wurde bereits 1928 der erste Umlaufbeschleuniger der Welt entwickelt und zum Patent angemeldet. Damit war im Vergleich zur bisherigen reinen Schwerkraftzirkulation bei

Warmwasserheizungen ein bedeutender Fortschritt gelungen. Besonders große Einspareffekte lassen sich mit so genannten Hocheffizienzpumpen erzielen. Auch hier war Wilo Vorreiter, als das Unternehmen 2001 die erste Hocheffizienzpumpe der Welt für Heizung, Klima und Kälteanwendungen vorstellte. Die „Wilo-Stratos"-Pumpen und die 2005 vorgestellten kleineren Hocheffizienzpumpen „Wilo-Stratos ECO" verbrauchen gegenüber ungeregelten Umwälzpumpen bis zu 80 Prozent weniger Strom.

Die inzwischen in einem großen Produktspektrum verfügbare Technologie bietet nunmehr kaum noch nennenswerte Verbesserungsmöglichkeiten, so dass sich für einen innovativen Pumpenhersteller die Frage nach der Realisierbarkeit weiterer Energieeinsparpotentiale stellt. Mit dem Dezentralen Pumpensystem hat Wilo nun erstmals ein Konzept entwickelt, durch das sich die Energieeffizienz des gesamten Heizungssystems verbessern lässt, d.h. nicht nur der Strom-, sondern insbesondere auch der Heizenergieaufwand. Hier tritt an die Stelle einer „Angebotsheizung" mit zentraler Heizungspumpe und Drosselregelung eine „Bedarfsheizung", bei der die Wärmeabgabe durch dezentrale Miniaturpumpen – nicht größer als Thermostatventile – geregelt wird. Durch eine deutlich bessere Regelgüte, minimierte Verluste bei der Erzeugung und Verteilung der Heizwärme sowie eine bedarfsgerechte und damit energieeffiziente Versorgung der Heizkörper kann der Endenergieverbrauch im Vergleich zum konventionellen System um ein Fünftel reduziert werden.

Zentrales Element des Konzeptes ist eine neue Generation sehr sparsamer kleiner Pumpen, die so leise sind, dass sie auch in Wohn- und Schlafräumen betrieben werden können. Sie laufen nur, wenn im entsprechenden Raum Wärme benötigt wird. Durch die bedarfsgerechte Regelung werden beträchtliche Heizkostenersparnisse erzielt. Das Regelverhalten bietet zudem den Bewohnern einen höheren Komfort durch bessere Regelgenauigkeit. Neue Funktionalitäten in Verbindung mit Gebäudeautomation unterstützen Gebäudebetreiber und Hausbesitzer etwa durch Fernbedienbarkeit. Für den Fachhandwerker ergibt sich zudem die Möglichkeit einer Ferndiagnose und gezielten Vorbereitung anstehender Wartungsarbeiten. Das Systemverhalten wurde in umfangreichen Feldtests untersucht und validiert.

Im Folgenden wird detaillierter auf das Gesamtsystemkonzept eingegangen, die unterschiedlichen Varianten der hydraulischen Einbindung dargestellt, die Möglichkeiten der Integration in das Gebäudeautomationsumfeld beleuchtet und Feldtestergebnisse vorgestellt.

2. Grundidee des Systems

In Bild 1 ist der Übergang vom klassischen Heizungssystem mit zentraler Pumpe zur Anlage mit dezentralen Pumpen dargestellt. Ca. 50 % der hydraulischen Leistung muss für die Ventile aufgebracht werden, damit eine entsprechende Ventilautorität gewährleistet ist. Beim Dezentralen Pumpensystem entfällt dieser Aufwand, es wird nur der Differenzdruck zur Überwindung der Rohrreibungsverluste bei dem thermisch erforderlichen Massenstrom benötigt. Im Idealfall kann die zentrale Pumpe entfallen, dies hängt von den internen Druckverlusten des Wärmeerzeugers und der Größe der Verteilsysteme ab.

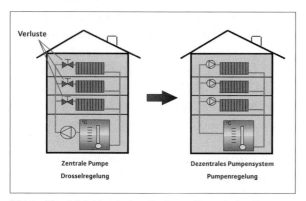

Bild 1   Vergleich klassisches System – Dezentrales Pumpensystem

Das Dezentrale Pumpensystem (DzP) besteht aus folgenden elektrischen Grundkomponenten (s. Bild 2):

- Zentrale Regeleinheit, als „Master" bezeichnet
- Spannungsversorgung 24 VDC
- Raumbediengeräte mit integriertem Temperaturfühler für jede thermische Zone
- Motorelektroniken
- Pumpe mit Motorkopf
- Zentrales Bediengerät (optional)

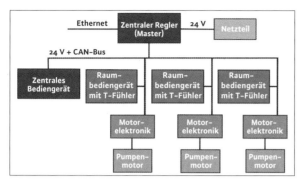

Bild 2   Gesamtübersicht Dezentrales Pumpensystem

Die zentrale Regeleinheit übernimmt alle Steuerungs- und Regelaufgaben im Gesamtsystem. Dies umfasst das Sammeln der Soll- und Istwertdaten aus den Raumbediengeräten über den Industrie-Datenübertragungsstandard CAN-Bus, die Vorgabe einer Vorlaufsolltemperatur an den Wärmeerzeuger, die Verwaltung von Zeitprofilen, die Regelung der Raumtemperaturen sowie die Ansteuerung der Pumpen über CAN-busfähige Motorelektroniken. Über die Raumbediengeräte können Raumsolltemperaturen vorgegeben sowie Zeitprofile eingestellt werden. Die Motorelektronik steuert den Pumpenmotor und sorgt für die Kommunikation mit der zentralen Steuereinheit (Master).

3. Anwendungsvorteile

Das Dezentrale Pumpensystem ist sowohl mit Hilfe von Simulationen als auch messtechnischen Analysen umfangreich untersucht worden. Nachfolgend werden die wichtigsten Ergebnisse und Systemvorteile erläutert.

3.1 Raumtemperaturregelung

Im Gegensatz zum konventionellen System mit Thermostatventilen wird die Raumtemperatur für jede thermische Zone durch einen PID-Regler gemäß der Sollwertvorgabe konstant gehalten. Da Thermostatventile bauartbedingt nur einen P-Regler darstellen, lässt sich damit eine bleibende Regelabweichung nicht verhindern. Das Führungsverhalten des Dezentralen Pumpensystems kann man Bild 3 entnehmen. Die Abweichung vom Raumtemperatursollwert ist bei Thermostatventilen deutlich größer als 1 K, beim Dezentralen Pumpensystem kleiner als 0,5 K.

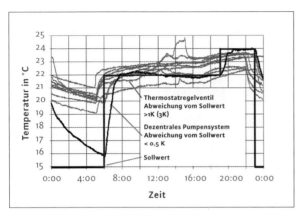

Bild 3   Regelverhalten Thermostatventile – Dezentrales Pumpensystem

Bei großen Heizleistungsreserven – etwa durch hohe Wärmegewinne, eine hohe Vorlauftemperatur oder durch große Heizflächen – neigt das Thermostatventil zu einem instabilen
Regelverhalten, verbunden mit großen Temperaturschwankungen. In der Praxis verstärken
oft Nutzereingriffe diese Tendenz. Bild 4 zeigt das Regelverhalten an mehreren aufeinander
folgenden Tagen ohne Nutzereingriff.

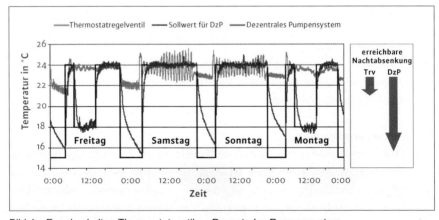

Bild 4   Regelverhalten Thermostatventile – Dezentrales Pumpensystem

Die Raumtemperaturschwankungen sind oftmals so groß, dass die thermische Behaglichkeit
deutlich beeinträchtigt wird. Das Regelverhalten lässt auch die Nutzung von Wärmegewin-
nen nur eingeschränkt zu. Demgegenüber werden mit einer dezentralen Pumpe eine hohe

148

Regelgüte, das heißt relativ kurze Ausregelzeiten, sowie eine hohe Regelstabilität und -genauigkeit erreicht. Dadurch können Wärmegewinne optimal genutzt werden.

3.2 Nachtabsenkung

Je nach Dämmstandard des Gebäudes und aktuellen Außentemperaturen werden durch marktgängige Kesselsteuerungen entweder eine Nachtabsenkung der Vorlauftemperatur (sog. Stützbetrieb) oder eine Nachtabschaltung durchgeführt. Im Falle der Nachtabsenkung wird der Kessel weiterhin betrieben, jedoch auf niedrigerem Niveau als während des Heizbetriebes. Nun tritt der Effekt auf, dass in den Nachtstunden die Thermostatventile aufgrund der sinkenden Raumtemperatur öffnen. Die abgesenkte Vorlauftemperatur wird durch das Ansteigen der Heizkörpermasseströme teilweise kompensiert. Daher kann – wie aus Bild 4 hervorgeht – die gewünschte Raumtemperaturabsenkung nur teilweise realisiert werden. Bei dem Regelsystem mit dezentralen Pumpen wird dagegen bis auf die gewünschte Raumtemperatur abgesenkt. Diese wird dann bis zum Ende der Absenkzeit gehalten. Eine entsprechende Ansteuerung ermöglicht das Abschalten des Wärmeerzeugers während der Zeitdauer des Auskühlens der Räume.

3.3 Heizenergieeinsparung

Die durch das Dezentrale Pumpensystem erzielbare Energieeinsparung resultiert vor allem aus der präzisen Raumtemperaturregelung, dem raumweisen intermittierenden Betrieb, der bedarfsgeführten Vorlauftemperatur sowie dem automatischen hydraulischen Abgleich.

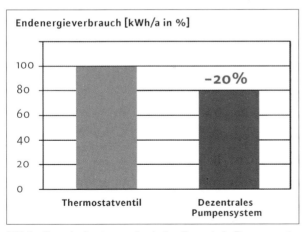

Bild 5   Energieeinsparung durch das Dezentrale Pumpensystem

Bild 5 zeigt die Energieeinsparung für ein typisches Einfamilienhaus im Gebäudebestand. Der Verbrauchswert des Systems mit dezentralen Pumpen liegt deutlich unter dem mit Thermostatregelventilen ermittelten Verbrauchswert. Bezogen auf den Verbrauch der konventionell geregelten Anlage entspricht das einer Reduzierung der Brennstoffkosten um 20 Prozent. Im Niedrigenergiehaus wird diese prozentuale Einsparung noch deutlich größer.

3.4 Bedarfsgeführte Vorlauftemperatur

Stand der Technik ist eine witterungsgeführte Steuerung der Vorlauftemperatur, wie die obere Linie in Bild 6 zeigt. Oftmals gibt es aber während der Heizperiode Betriebzustände, für die aufgrund von solaren Gewinnen und inneren Lasten eine niedrigere Vorlauftemperatur zur Deckung der Heizlast ausreichend ist. Diese Betriebzustände sind in Bild 6 als Punkte dargestellt.

Durch eine Kopplung des zentralen Reglers im Dezentralen Pumpensystem mit der Regelung des Wärmeerzeugers lassen sich diese Einsparpotenziale nutzen.

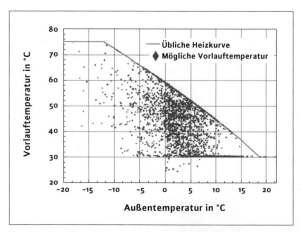

Bild 6   Bedarfsgeführte Vorlauftemperatur – Außentemperaturgeführte Vorlauftemperatur

3.5 Schnellaufheizung

Indem auf die Vorlauftemperatur des Kessels direkt Einfluss genommen wird, kann der thermische Komfort gegenüber konventionellen Systemen deutlich verbessert werden. Dies wird durch eine kurzfristige Anhebung der Vorlauftemperatur (evtl. sogar über die Heizkurve hinaus) erreicht. Damit erreicht die Raumtemperatur deutlich schneller den gewünschten Sollwert als beim klassischen System mit Thermostatventilen.

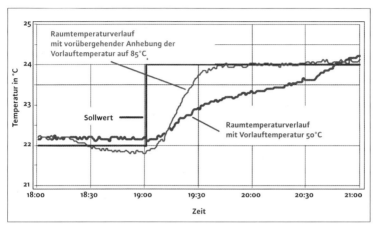

Bild 7   Schnellaufheizung

3.6 Aufheizoptimierung

Das Verfahren der Aufheizoptimierung kennt den nächsten Sollwertsprung aufgrund des hinterlegten Zeitprofils und ermittelt aus aktuellen Rahmenbedingungen wie Außentemperatur und Sprunghöhe den optimalen Aufheizzeitpunkt, so dass zu Beginn der Nutzungszeit die Raumtemperatur bereits erreicht ist und nicht erst deutlich später. Der „Angstzuschlag" bei manueller Aufheizungsoptimierung kann somit entfallen, zudem werden ein geringerer Energieverbrauch und höherer Komfort erreicht. Der Nutzer muss nun nicht mehr selbst entscheiden, wann er seine Heizungsanlage aus der Nachtabsenkung „weckt". Zudem lassen sich für jeden Raum individuelle Sollwerte bestimmen.

3.7 Hydraulischer Abgleich

Ein häufiges Problem – vor allem im Wohnungsbau – ist der fehlerhafte oder nicht durchgeführte hydraulische Abgleich. Der vom Wärmeerzeuger am weitesten entfernte Heizkörper wird unterversorgt, der nächstgelegene überversorgt. In der Praxis wird dies häufig durch überdimensionierte Pumpen oder angehobene Vorlauftemperaturen kompensiert.

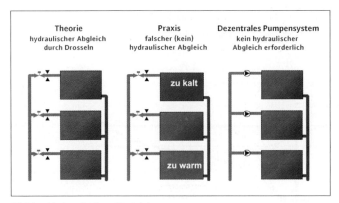

| Theorie | Praxis | Dezentrales Pumpensystem |
| hydraulischer Abgleich durch Drosseln | falscher (kein) hydraulischer Abgleich | kein hydraulischer Abgleich erforderlich |

Bild 8   Hydraulischer Abgleich

Betrachtet man den dynamischen Raumtemperaturverlauf eines nicht hydraulisch abgeglichenen Systems, so wird die Raumsolltemperatur des entlegensten Raumes wesentlich später erreicht als beim einem optimalen hydraulischem System. Dies führt dazu, dass die Aufheizzeit für das gesamte Gebäude entsprechend verlängert wird, bis auch der letzte Raum seine Solltemperatur erreicht hat. Durch die unnötige Verlängerung der Nutzungsdauer des Wärmeerzeugers resultiert ein Mehrverbrauch, der in der Fachliteratur [6] mit etwa 6% beziffert wird. Dieses Ergebnis wird durch das umfangreiche Messprojekt OPTIMUS [5] bestätigt.

Beim Dezentralen Pumpensystem ergibt sich systembedingt der große Vorteil, dass ein hydraulischer Abgleich durch den Installateur vor Ort entfällt. Im Gegensatz zur konventionellen Anlage mit Thermostatventilen, wo an jedem Heizkörper die entsprechende Voreinstellung des Ventils vorgenommen werden muss, entfällt dieser Aufwand beim Dezentralen Pumpensystem. Durch den vorhandenen zentralen Regler, auf dem sämtliche Betriebsdaten der Anlage konzentriert sind, wird der automatische hydraulische Abgleich möglich, da die Pumpen zentral koordiniert und untereinander abgeglichen werden.

4. Hydraulische Konzepte und Einbindung in die Gebäudeautomation
Die Einbindung der dezentralen Pumpen kann auf sehr unterschiedliche Weise erfolgen. Ausschlaggebend ist beispielsweise, ob es sich um eine Sanierung oder einen Neubau handelt bzw. wie viel Heizkreise vorhanden sind.

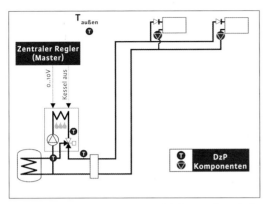

Bild 9   Hydraulisches Konzept mit Wandgerät und einem Heizkreis

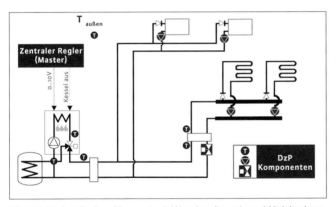

Bild 10 Hydraulisches Konzept mit Wandgerät und zwei Heizkreisen

Bild 9 zeigt die Einbindung der dezentralen Pumpen im Rücklauf bei einem Heizkreis. Im Vorlauf ist ein Rückflussverhinderer eingebaut, um eine rückwärtige Durchströmung der Heizkörper zu vermeiden. Aufgrund der hohen internen Druckverluste des Wandgerätes muss der Wärmeerzeuger von der Wärmeübergabe durch eine hydraulische Weiche getrennt werden. Diese kann bei bodenstehenden Wärmeerzeugern mit geringen internen Druckverlusten entfallen. Über die 0-10 Volt Schnittstelle, die heute schon bei vielen Wärmeerzeugern verfügbar ist, kann die bedarfsgeführte Vorlauftemperatur realisiert werden.

Es ist auch problemlos möglich, zwei Heizkreise mit unterschiedlichen Vorlauftemperaturen einzubinden (s. Bild 10). Die Vorlauftemperatur des Fußbodenkreises wird dann über die Drossel vor der hydraulischen Weiche einreguliert.

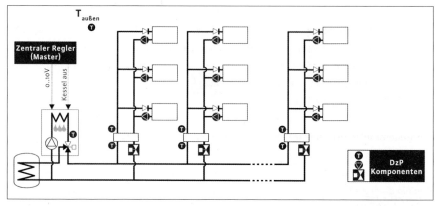

Bild 11 Hydraulisches Konzept mit Wandgerät und n Heizkreisen

In Mehrfamilienhäusern ist es sinnvoll, z.B. etagenweise über hydraulische Weichen zu entkoppeln (Bild 11). Hierbei werden die Drosseln durch Motorventile vor den hydraulischen Weichen entsprechend der benötigten Vorlauftemperatur angesteuert.

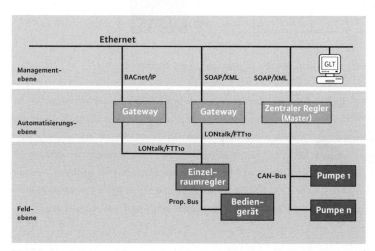

Bild 12 Einbindung des Dezentralen Pumpensystems in die Gebäudeautomation

154

In modernen Bürogebäuden ist heutzutage der Einsatz einer Gebäudeautomation Stand der Technik. Diese übernimmt in der Regel die komplette Einzelraumregelung inklusive Beleuchtungssteuerung und Belüftung. Das Dezentrale Pumpensystem lässt sich auf unterschiedliche Weise in die Gebäudeautomation einbinden. Ein möglicher Weg ist in Bild 12 dargestellt. Die Integration erfolgt hier auf der Automatisierungsebene über den im Gebäude vorhandenen LON-Bus. Über ein Gateway werden die Datenpunkte für Raumsoll- und Isttemperaturen, die Vorlaufsolltemperaturen und weitere Informationen (z.B. momentane Drehzahl) aus dem Dezentralen Pumpensystem mit der Gebäudeautomation ausgetauscht. Der Nutzer des Raumes bedient weiterhin wie gewohnt die Bedienelemente der Gebäudeautomation, während im Hintergrund bei entsprechendem Heizbedarf die Pumpen angesteuert werden.

Ein weiterer Integrationsansatz ist die direkte Einbindung des zentralen Reglers (Master) in die Gebäudeautomation über BACnet/IP. Hierbei verhält sich der Master wie ein Building Controller, sämtliche dort vorhandenen Datenpunkte werden als BACnet-Objekte nach außen hin dargestellt.

Die dezentrale Pumpe wird es zunächst in drei verschiedenen Ausführung geben – als Inline-Variante, als H-Block in Inlineausführung und als H-Block in Eckausführung. Die Pumpe wird mit einem Serviceadapter ausgeliefert, so dass sie ohne den Heizkreis bzw. den Heizkörper zu entleeren trocken montiert und demontiert werden kann.

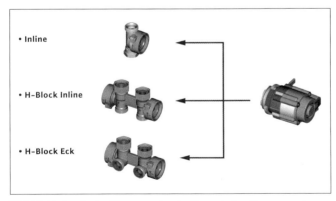

Bild 13 Hydraulische Komponenten im Dezentralen Pumpensystem

5. Feldtest-Erprobung

Das Dezentrale Pumpensystem wird derzeit in verschiedensten Feldtestobjekten erprobt. Die Bandbreite reicht hier vom Einfamilienhaus über Mehrfamilienhäuser bis hin zu Bürobauten. Neben der Aufnahme umfangreicher Messdaten im Minutenintervall wurden auch die Nutzer der Objekte befragt. Parallel zur Messdatenerfassung wurden auch umfangreiche Simulationen mit der Simulationsumgebung TRNSYS von der TU Dresden durchgeführt. In Bild 14 und 15 ist die Häufigkeitsverteilung der Raumtemperaturregelabweichung in den einzelnen thermischen Zonen für Thermostatventile und das Dezentrale Pumpensystem dargestellt.

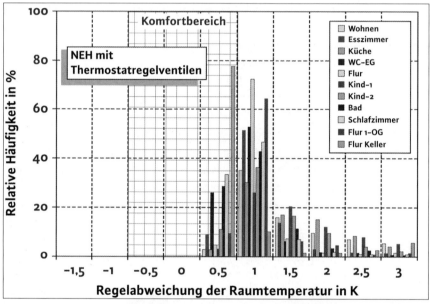

Bild 14 Häufigkeitsverteilung der Raumtemperatur-Regelabweichung mit Thermostatventilen (Simulationsergebnisse)

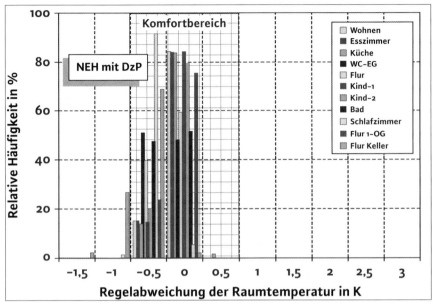

Bild 15 Häufigkeitsverteilung der Raumtemperatur-Regelabweichung mit dezentralen
Pumpen (Simulationsergebnisse)

Hier ist deutlich zu erkennen, dass bei Thermostatventilen eine deutlich höhere Regelabweichung der Raumtemperatur auftritt als beim Dezentralen Pumpensystem. Die Klassenmitte
liegt beim DzP um den Nullpunkt herum, beim Thermostatventil um +1 K. Durch den
P-Regler Thermostatventil entsteht also eine deutlich höhere, bleibende Regelabweichung.

Das Ergebnis der Simulationen konnten in den Feldtestergebnisse durch Messungen bestätigt werden. Exemplarisch wurde die Häufigkeitsverteilung der Regelabweichung einer Zone
für den Zeitraum eines Monats in Bild 16 dargestellt.

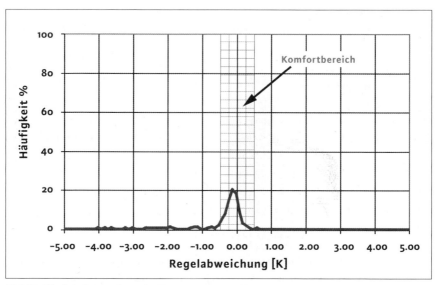

Bild 16 Häufigkeitsverteilung der Raumtemperatur-Regelabweichung – Ergebnisse aus dem Feldtest

6. Fazit und Ausblick

Mit dem Dezentralen Heizungssystem leistet die WILO AG – wie zuletzt mit den 2001 entwickelten, besonders stromsparenden Hocheffizienzpumpen – erneut Pionierarbeit. Der Wechsel von einer „Angebotsheizung" zur „Bedarfsheizung" mit dezentralen Heizungspumpen wurde bereits an einer Vielzahl von Feldobjekten getestet. Die Messergebnisse und bisherigen Erfahrungen mit dem System sind so gut, dass das System zur Marktreife weiterentwickelt wurde und Anfang des Jahres 2009 verfügbar sein wird. Die Besonderheit des Dezentralen Pumpensystems liegt in dem erreichbaren Heizenergieeinsparpotential und nicht mehr allein in der Strombilanz, die bei heutigen zentralen Pumpen im Vordergrund steht. Für die Heizenergie wurde ein Einsparpotenzial von etwa 20 Prozent gemessen. Dieses Ergebnis wurde durch umfangreiche Simulationsrechnungen der TU Dresden bestätigt. Die relativen Einsparungen im Niedrigenergiehaus (Dämmstandard: 3-Liter-Haus) liegen etwas höher, im Altbau etwas niedriger. Aufgrund des höheren Verbrauchs im Altbau ist die absolute Einsparung hier jedoch größer. Insbesondere in Niedrigenergiehäusern sorgt das System für eine gesteigerte Behaglichkeit. Dazu trägt zum einen die Schnellaufheizfunktion bei, mit der das Gebäude oder einzelne Räume in kurzer Zeit temperiert werden können. Zum anderen führt die präzise Wärmezufuhr zu einer schnellen Anpassung an die Wunschtemperatur sowie einer hohen Temperaturstabilität. Die dezentralen Heizungspumpen bieten einen hohen Bedienkomfort. Gleichzeitig werden die Geräusche in der Heizungsanlage auf ein Minimum reduziert. Dem Fachhandwerker erleichtert das Dezentrale Pumpensystem die Inbetriebnahme einer Heizungsanlage, weil sie prinzipbedingt automatisch zu jedem Zeitpunkt hydraulisch abgeglichen ist.

In Verbindung mit einer Informationsvernetzung sowie innovativen Regel- und Steuerungsmechanismen werden funktionale Vorteile erreicht, die besonders in Mehrfamilienhäusern und Zweckbauten zum Tragen kommen. In einer – möglicherweise schon vorhandenen – Gebäudeautomation liefert die Pumpe Daten für die Fehlererkennung und Fehlerdiagnose. Die Fernbedienbarkeit ermöglicht es, nutzerorientierte Heizprofile anzulegen und aktuelle Daten z. B. für ein Energiemonitoring/-management zur Energieverbrauchsauswertung abzurufen.

Mit dem Schritt von der Angebots- zur Bedarfsheizung sind die Möglichkeiten des neuen Systems jedoch bei weitem noch nicht erschöpft. Auch der Einsatz dezentraler Pumpen in anderen Anwendungsgebieten wie der Kältetechnik ist ein spannendes Thema für die Zukunft.

7. Literatur

[1]   Opländer, Dr. Jochen: System Intelligenz - Visionen werden wahr, HLH, Heft 09, Springer VDI-Verlag, 09/2007

[2]   Meyer, Dr. Franz: Dezentrale Heizungspumpen, BINE Projektinfo 13/06, FIZ Karlsruhe, 2006

[3]   Bach, Prof. Dr. Heinz: Dezentrale Regelpumpen statt Drosselregelung, HLH, Heft 09, Springer VDI-Verlag, 09/2007

[4]   Jagnow, Kati; Halper, Christian; Timm, Tobias; Sobirey, Marco: Optimierung von Heizungsanlagen im Gebäudebestand - TGA Fachplaner, Gentner Verlag, 5-teilige Artikelserie: 5-2003, 8-2003, 11-2003 , 01-2004, 03-2004

[5]   Optimus-Gruppe: Abschlussbericht Teil 1-4, http://www.optimus-online.de, Stand: 09.06.2008

[6]   Hirschberg, Prof. Dr. Rainer, Heigl, Hans-Jürgen: Wärmeübergabe und hydraulischer Abgleich in Heizungsanlagen, IKZ-Fachplaner, Heft 7/2007, Strobel Verlag, 2007

Dezentrales Pumpensystem
– ein neues hydraulisches Konzept

Prof. Dr.-Ing. **Rainer Hirschberg**, Präsidiumsmitglied VDI

In der Heiztechnik treten die weitaus meisten Probleme im Betrieb im Bereich der Wärmeverteilung auf. Ungleichmäßige Wärmeabgabe in den Räumen und störende Geräusche stehen an oberster Stelle der Mängelbeschreibungen.

Seit der Einführung von Umwälzpumpen im Jahre 1929 durch den Ingenieur Wilhelm Oplän-der, der das Patent auf den so genannten Umlaufbeschleuniger erhielt, ist es selbstverständlich geworden, dass Heizungspumpen an zentraler Stelle in einem Heizkreis installiert werden. Jahrzehntelang waren die Forschungs- und Entwicklungsschwerpunkte darauf gerichtet den Wirkungsgrad zu verbessern, um den elektrischen Aufwand im Vergleich zum hydraulischen Bedarf zu verringern. Bei grundsätzlichen Gedanken zur energetischen Bewertung und der Suche nach einem idealen Wärmeverteilsystem ist erst die Idee entstanden, dass eine dezentrale Pumpe an einem Wärmeübergabesystem (Heizkörper), die immer nur dann, wenn Bedarf besteht, Heizwasser fördert und dies in einer Menge, die ebenfalls nur dem momentanen Bedarf entspricht, ein Teil des idealen System sein könnte. Eine wahrhaft revolutionäre Idee, die in des Wortes Sinn eine radikale Änderung in der Wärmeverteilung bedeutet. Und welche Möglichkeiten tun sich auf? Es ist kein hydraulischer Abgleich mehr erforderlich, auf energieaufwändige Drosselorgane im Wärmeverteilsystem kann verzichtet werden, die dezentrale Pumpe ist gleichzeitig hochwertiger PI-Regler, bedarfsabhängiger Betrieb und Einbindungsmöglichkeit in Gebäudeautomationssysteme sind sozusagen systemimmanent. Die eingangs geschilderten Probleme im Bereich der Wärmeverteilung gehören schlagartig der Vergangenheit an.

Bei der immer wichtiger werdenden Frage nach Energieeffizienz ist zu erwarten, dass selbst gegenüber heute zentralen so genannten Hocheffizienzpumpen Einsparpotenziale von mehr als 30 % bei Ein- und Zweifamilienhäusern und von etwa 20 bis 25 % bei größeren Wohn-

und Nichtwohngebäuden bestehen, vorausgesetzt die Rohrführung ist entsprechend konzipiert.

Es versteht sich von selbst, dass für die verschiedenen Anwendungsfälle noch Auslegungsrichtlinien und nachvollziehbare Verfahren zur energetischen Bewertung zu erarbeiten sind. Das neue Konzept dezentraler Pumpen zeichnet sich jedoch bereits jetzt als eine der größten Innovationen in der Heiztechnik ab.

Die Hightech - Initiative der Bundesregierung: Was muss der Sektor Bauwesen leisten?

Nach einem Vortrag auf der Fachtagung des BMVBS im Rahmen der DEUBAU 2008

Prof. Dr.-Ing. **Bernd Hillemeier** und Prof. Dr.-Ing. **Frank U. Vogdt**
Technische Universität Berlin

1 Die Hightech – Initiative

Das Bundesministerium für Bildung und Forschung (BMBF) hat die Hightech-Strategie zum Klimaschutz ins Leben gerufen, um die Forschungs- und Innovationskräfte in Wirtschaft und Wissenschaft in Deutschland zu mobilisieren und stärker zu bündeln. Durch eine bessere Vernetzung von Wirtschaft und Wissenschaft sollen die Technologieführerschaft erhalten, neue Leitmärkte erschlossen und gute Ideen schneller zu neuen Produkten werden. [1]

Bild 1: Das Energie- und Klimaprogramm der Bundesregierung wird durch die Ressorts BMBF (Bildung/Forschung), BMWI (Wirtschaft/Technologie), BMU (Umwelt/ Natur-schutz/ Reaktorsicherheit), BMELV (Ernährung/Landwirtschaft/ Verbraucher-schutz), BMVBS (Verkehr/Bau/Stadtentwicklung) getragen und gemeinsam umgesetzt.

1.1 Die Vorgaben aus Brüssel

Der Europäische Rat der Staats- und Regierungschefs hat im Frühjahr 2008 unter der deutschen Präsidentschaft die Weichen für eine integrierte europäische Klima- und Energiepolitik gestellt. Bis zum Jahr 2020 sollen die Treibhausgas-Emissionen um mindestens 20% gegenüber dem Ausgangsniveau von 1990 reduziert werden. Die Erhöhung der globalen Mitteltemperatur soll auf maximal 2 K im Vergleich zum vorindustriellen Niveau begrenzt werden. [2]

1.2 Die Reaktion aus Berlin (Das Energie- und Klimaprogramm der Bundesregierung)

Die deutsche Bundesregierung begegnet der Herausforderung des Klimawandels mit einem 30 Punkte umfassenden Klima- und Energieprogramm. Deutschland soll die Treibhausgasemissionen bis 2020 um 40% gegenüber 1990 reduzieren. Die Ökonomie soll darunter nicht leiden sogar gleichzeitig wachsen. Die Abhängigkeit von fossilen Energieträgern soll reduziert und der Anteil erneuerbarer Energien an der Stromerzeugung bis 2020 auf über 1/4 erhöht und auch danach weiter ausgebaut werden.

Forschung und Entwicklung nehmen in diesem Programm eine Schlüsselrolle ein.

Klimaschutz ist eine große gesellschaftliche Aufgabe. Sie ist anstrengend und kostet viel Geld. Deshalb muss zuallererst Energie so effizient wie möglich genutzt und anschließend erneuerbare Energie hinzugeschaltet werden. Was nicht gelten darf wäre, erneuerbare Energie um jeden Preis einsetzen. Denn nicht der energiepolitische Begriff der Energieeffizienz ist entscheidend, sondern der betriebswirtschaftliche der Wirtschaftlichkeit.

Für die Maßnahmen im Rahmen der Hightech-Strategie zum Klimaschutz stellt das BMBF in den kommenden 10 Jahren zusätzlich eine Milliarde EURO zur Verfügung. Wirtschaft und Industrie haben zugesagt, sich mit einer mindestens doppelt so hohen Summe zu beteiligen. Eingebunden sind die Branchen bzw. Technologiefelder Energie, Chemie, Industrieprozesse und Materialwirtschaft, sowie Bauen, Wohnen, Mobilität und Verkehr bis zu Biosphäre, Land- und Forstwirtschaft.

Die Kernfragen der Hightech-Strategie zum Klimaschutz lauten: Wie können wir klimarelevanten Schlüsseltechnologien schnellstmöglich zum Durchbruch verhelfen? Wo können wir bestehende Technologien verbessern? Wie passen wir uns den unvermeidlichen Klimaänderungen an? Welche Wissenslücken müssen wir schließen?

Mit ihrem Energie- und Klimaprogramm setzt die Bundesregierung die europäischen Richtungsentscheidungen auf nationaler Ebene durch ein konkretes Maßnahmenprogramm um. Leitschnur bleibt das Zieldreieck aus Versorgungssicherheit, Wirtschaftlichkeit und Umweltverträglichkeit. Das integrierte Energie- und Klimaprogramm greift die Aussagen der Regierungserklärung vom 26. April 2007 und die Ergebnisse des Energiegipfels vom 3. Juli 2007 auf. [3]

Bild 2:   Energieeffizienz und erneuerbare Energien werden durch die Hightech-Strategie zum Klimaschutz und durch die im Rahmen des 6 Milliarden Programms zusätzlich in die Energieforschung gelenkten Mittel unterstützt. Das Programm der Bundesregierung will die Deutschen Klimaschutzziele in einem kontinuierlichen Prozess bis 2020 erreichen. Für das Jahr 2008 stehen dafür im Bundeshaushalt 2,6 Milliarden EURO zur Verfügung, einschließlich der bis zu 400 Millionen EURO aus der Veräußerung von Emissions-Zertifikaten.

2   Die Bedeutung des Bausektors

Von den 17 Hightech Sektoren sind elf mit dem Bauwesen verknüpft. Das Bauwesen ist ein Querschnittsgebiet und spielt demzufolge eine bedeutende Rolle bei den drei Säulen der Nachhaltigkeit. Das Bauwesen ist mit über 10 Prozent am Bruttosozialprodukt der stärkste Wirtschaftsbereich. Bauen erfordert Beschaffung und Verarbeitung großer Massen und ist eng mit Versorgungssicherheit von Rohstoffen und energieintensiven Produktionsprozessen verknüpft. Kein anderer Wirtschaftszweig greift in dem Maße in die Gestaltung der Umwelt ein wie das Bauen. Die Aufwendungen für die Nutzung der gebauten Infrastruktur, der Verbrauch an Strom, Öl und Gas können minimiert werden und tragen damit zur Umweltverträglichkeit bei.

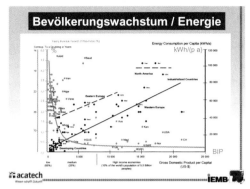

Bild 3: Die Zunahme der Weltbevölkerung und das rasante Wachstum von aufstrebenden Volkswirtschaften wie China und Indien sorgen für eine exponentiell steigende Energienachfrage. Die weltweite Nachfrage nach Primärenergie wird bis 2020 auf plus 50% Steigerung geschätzt, die Nachfrage nach elektrischer Energie auf 100%. Voraussichtlich werden im Jahr 2020 noch immer 2/3 des Stroms aus fossilen Energiequellen erzeugt werden.

3 Energiepolitik ist Weltpolitik

Energiepolitik ist Forschungspolitik, Nationalpolitik und Weltpolitik. Die Grafik (von Jörg Schlaich) zeigt die Interdependenz zwischen Bruttosozialprodukt, Energiebedarf und Bevölkerungswachstum [4]. Je höher der Lebensstandard und je höher der Energieverbrauch sind, desto niedriger stellt sich die Geburtenrate ein. Die obere blaue Gerade zeigt, dass die Effizienz der Energieverwertung in den östlichen Ländern tendenziell wie in den westlichen Ländern verläuft (gleiche Steigung der Geraden). Absolut liegt sie aber darüber, was bedeutet, dass dort weniger Effektivität vorherrscht.

Eine Schlussfolgerung, die daraus abgeleitet werden könnte, lautet: gebt den unterentwickelten Ländern Energie. Dadurch verlangsamt sich das Wachstum der Weltbevölkerung und reduziert sich das Elend in unterentwickelten Gebieten. In der heutigen Zeit hungert etwa 1 Milliarde Menschen, 2 Milliarden Menschen haben keinen Zugang zu elektrischem Strom. Ein hoffnungsvoller Ausblick ist: die Ärmsten der Armen wohnen in Grenzgebieten zu Wüstenregionen. In vielleicht 100 Jahren werden wir nichts mehr zur Energieerzeugung verbrennen. Das ererbte Vermögen, die fossilen Ersparnisse, werden verbraucht sein. Jetzt muss das Einkommen den Bedarf an Energie decken, das Einkommen in Form von Sonnenenergie. In ariden und heißen Regionen können Aufwindkraftwerke,

Sonnenkollektoren, Windkraftanlagen und Photovoltaikparks Sonnenenergie einfangen und in die wertvollste Energieform, in elektrische Energie überführen. Mit (HGÜ) Hochspannungs-Gleichstrom-Übertragung wird der Strom verteilt. Nutznießer sollten die heute Armen werden. Reich ist heute, wer über Gas und Öl verfügt, reich ist morgen, wer einen Platz an der Sonne hat. Der große Nutznießer wird sein, wer heute Produktionsprozesse auf solare Stromerzeugung umstellt und in Forschung und Entwicklung auf diesem Gebiet investiert.

4 Das Einsparpotential des Bausektors

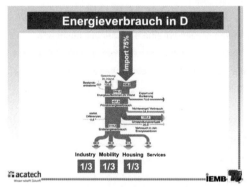

Bild 4: In unserer gebauten Welt, in Wohnhäusern, Büros und Fabriken, gibt es ein enormes energetisches Sparpotenzial. Mehr als 44% des Endenergieverbrauchs in Deutschland geht auf das Konto des Betreibens von Gebäuden. Rechnerisch könnten durch die energetische Sanierung aller Gebäude in Deutschland jährlich 150 Millionen t CO_2 und 40 Milliarden EURO Heizkosten eingespart werden. Damit kann der Bereich Gebäude und Wohnen sowohl einen der klimawirksamsten als auch volkswirtschaftlich relevantesten Beiträge zum Klimaschutz leisten.

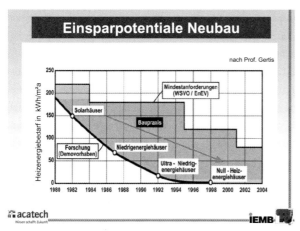

Einsparpotentiale Neubau

Bild 5: Durch die Weiter- und Neuentwicklung von den Stoffen, Materialien, Konzepten und Verfahren kann das Spektrum der Energieeinsparung auch bei der Altbausanierung erweitert werden.

4.1 Die Förderung der energetischen Sanierung

Das integrierte Energie- und Klimaprogramm der Bundesregierung stellt für 2008 und 2009 im Rahmen des CO_2-Gebäudesanierungsprogramms 700 Millionen EURO jährlich für die energetische Sanierung von Wohngebäuden und 200 Millionen EURO für die Sanierung von kommunalen Einrichtungen zur Verfügung. Diese Förderung wird über 2009 fortgeführt. Teil des Regierungsprogramms ist zudem die Verwirklichung von umfangreichen Potenzialen zur Reduzierung des CO_2-Ausstoßes bei Bundesgebäuden. Mit dem Energieausweis für Wohnhäuser ab Juli 2008 hat die Bundesregierung in der Altbausanierung einen weiteren entscheidenden Anreiz geschaffen, Gebäude energieeffizient zu bauen oder zu sanieren.

Bei dem Gesetzgebungs- und Maßnahmenprogramm geht es um eine Optimierungsaufgabe. Wie können durch eine Kombination aus verbindlichen Standards zur Energieeffizienz von Gebäuden, staatlicher Förderung, sowie Information der Verbraucher und Eigentümer anhand guter Beispiele die enormen und vergleichsweise kostengünstigen Effizienzpotenziale insbesondere im Gebäudebestand mobilisiert werden? Wie können integrierte Lösungsansätze bei dem einzelnen Gebäude und im gesamtstädtischen Umfeld gefunden werden?

Es ist für unsere Volkswirtschaft wichtig, dass auch unter den veränderten Rahmenbedingungen das produzierende Gewerbe und die energieintensive Industrie weiterhin international wettbewerbsfähig bleiben.

Diesen Ansatz verfolgten auch der erste und zweite Klima-Forschungsgipfel des Bundesministeriums für Bildung und Forschung, die acatech als designierte Deutsche Akademie der Technikwissenschaften im Jahr 2007 mit veranstaltete. Beide Gipfel verstanden sich als ein Beitrag des BMBF zur High-Tech-Strategie der Bundesregierung, Forschungsallianzen für Schlüsseltechnologien mit erkennbarem Klimapotenzial bei gleichzeitiger Nachfrageattraktivität zu schmieden.

Bereits beim ersten Gipfel in Hamburg am 2. Mai 2007 wurden dazu sechs Dialogforen zu klimarelevanten Forschungsbereichen veranstaltet, denen jeweils Spitzenvertreter von Wissenschaft und Wirtschaft angehörten. Hierzu zählten die Themenfelder Energie, Mobilität, Chemie und industrielle Prozesse, Materialien sowie Biosphären/Land- und Forstwirtschaft.

Auch dem Bereich Gebäude und Wohnen war ein eigenes Dialogforum gewidmet, das von den Autoren dieses Beitrags als wissenschaftlichen Chairpersonen vertreten wurde. In den folgenden sechs Monaten bis zum zweiten Gipfel koordinierten sie zusammen mit den Vertretern der Bauindustrie die inhaltliche Arbeit.

Bei der Ergebnispräsentation vor 300 Teilnehmern am 16. Oktober in Berlin wurde deutlich, dass der Gebäudebereich aufgrund des großenteils unsanierten Baubestands einen der wichtigsten Sektoren überhaupt darstellt, um kurz- und mittelfristig Energie einzusparen. Vor diesem Hintergrund betonten die Partner die Notwendigkeit der Weiterentwicklung innovativer Dämmstoffe und intelligenter Module als zentrale Zukunftsaufgabe für Forschungspolitik und Industrie.

So bestand unter den Teilnehmern des Klima-Forschungsgipfels Einvernehmen darüber", dass die großen wirtschaftlichen Potenziale zur Steigerung der Energieeffizienz insbesondere auf der Nachfrageseite liegen, im Gebäudebestand, im Verkehr, im Produktbereich und in der mittelständischen Wirtschaft.

4.2 Die Langfristigkeit der Lösungen

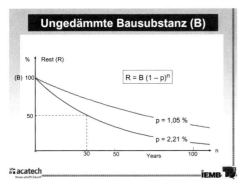

Bild 6: Bei einem Gebäudebestand von etwa 38 Millionen Wohneinheiten werden etwa jährlich 265.000 Wohneinheiten energetisch saniert. Wenn angenommen wird, dass diese Rate in den nächsten Jahren beibehalten wird, er gibt sich aufgrund obiger rechnerischer Abschätzung dass 50% des heute noch ungedämmten Bestandes saniert erst in 100 Jahren energetisch modernisiert sein werden. Deshalb muss das Tempo deutlich erhöht werden, um die Klimaschutzziele der Bundesregierung einhalten zu können. Selbst bei einer Verdoppelung der Leistung sind 50% erst in 30 Jahren modernisiert.

4.3 Technische Lösungen

Bild 7: Im Sommer die überschüssige Energie speichern, und im Winter die passive Solarenergie nutzen, so könnte sich das Haus der Zukunft an klimatische

Rahmenbedingungen anpassen. Eine entscheidende Rolle, vor allem bei älteren Häusern, spielen dabei die Wärmedämmung und die Wärmespeicherung.

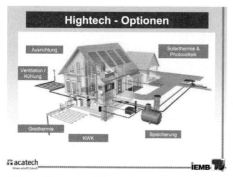

Bild 8: Muss man Häuser heute überhaupt noch heizen? Das Null- Heizenergiehaus der Zukunft braucht keine zusätzliche Heizung, es versorgt sich selbst beispielsweise durch Solarzellen auf dem Dach. Ab 2008 will daher eine Innovationsallianz für das ressourceneffiziente Gebäude für die Welt von übermorgen innerhalb von fünf Jahren innovative, energiesparende Technologien in Projekten anwenden. Zentrale Forschungsfragen betreffen sowohl passive Kühlung und Wärmeversorgung sowie die entsprechenden Speichertechnologien, eine adaptive Gebäudehülle und Bautechniken als auch die Auslegung von Gebäuden für Extremwetterbedingungen. [Lit Arbeitskreissitzung BMVBS, BMWI, BMBF zum Klimaforschungsgipfel im BMBF in Bonn am August 2007].

Bild 9: Auch bei der Herstellung oder durch das Recycling von Bauten kann Energie gespart werden. Wenn beispielsweise die Fertigteilelemente eines fünfstöckigen Ge-

bäudes wieder verwendet werden, lassen sich 1,4 Millionen kWh Primärenergie sowie 323 t CO2 vermeiden und die Rohbaukosten im Vergleich zum Neubau um 25% senken.

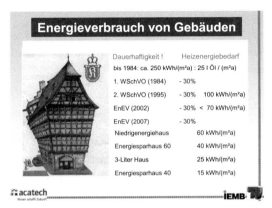

Bild 10: Das Bild dokumentiert links Dauerhaftigkeit mit dem Maison Kammerzell in Straßburg aus dem 17. Jahrhundert, und rechts die Energieeinsparungen infolge der gestaffelten Wärmeschutz- und Energieeinsparverordnungen.

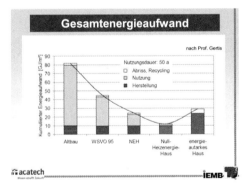

Bild 11: Bei einer weitergehenden Abnahme des Energiebedarfs für das Betreiben von Gebäuden wird der Energieaufwand für die Errichtung dominant. Mit Lebenszyklusanalysen (Life-Cycle-Costing LCC, Life-Cycle-Assessment LCA) lassen sich Gebäudevarianten optimieren. Das energieautarke Haus ist somit derzeit noch nicht sinnvoll.

Niedrigenergiehäuser und Passivhäuser haben sich aus der traditionellen Gebäudeerrichtung heraus weiterentwickelt. Sie sind heute charakterisiert durch die Berücksichtigung ihrer Geometrie, geographische Ausrichtung, Luftdichtheit, sowie ihre passive Nutzung der Sonnenenergie, die Verwendung von Lüftungssystemen mit Wärmerückgewinnung und effiziente Heizsysteme.

Durch transparente Wärmedämmung, solare Energiegewinnung und dezentrale Wohnraumlüftung mit Wärmerückgewinnung kann beispielsweise ein Mehrfamilienhaus aus den sechziger Jahren zu einem 3 l Haus umgestaltet werden.

5   Das Beispiel gebende Verhalten des Bundesbauministeriums

Das Bundesbauministerium kann man als Vorbild für energiesparendes und ressourcenschonendes Bauen betrachten. Bei den Neu- und Umbaumaßnahmen für die Parlaments- und Regierungsbauten in Berlin wurden außergewöhnliche Anstrengungen unternommen, um den Energieverbrauch vorbildlich zu senken und erneuerbare Energien zu nutzen.

Um ein einheitlich hohes Niveau der einzelnen Baumaßnahmen abzusichern, wurde schon 1995 der Energiebeauftragte für die umzugsbedingten Baumaßnahmen des Bundes bestellt.

Bild 12: Zu den wesentlichen Aufgaben des Energiebeauftragten für die umzugsbedingten Baumaßnahmen gehören die Minimierung des Gebäude gebundenen Energiebedarfs, die Optimierung der Energieversorgung der Liegenschaften und die um-
fassende Nutzung regenerativer Energien.

Um diese Ziele zu erreichen, sind frühzeitig im Planungsprozess die Weichen zu stellen. Ziele waren die etwa 40 %-ige Unterschreitung der Anforderungen nach geltender Wärmeschutzverordnung (in Neubauten) und die 40 %-ige Unterschreitung des Jahres-Heizwärmebedarfs gegenüber dem Zustand vor der Herrichtung. Der Jahres-Strombedarf soll nur zwischen 25 bis 50 kWh/(m2*a) liegen und der Jahres-Kältebedarf sollte ebenfalls durch ausreichenden Sonnenschutz begrenzt werden.

Der Verzicht auf die Bereitstellung von Warmwasser in den Büros und den sanitären Einrichtungen war eine weitere Möglichkeit, den Energiebedarf zu senken.

Bild 13: Bei den Regierungsgebäuden wurden 10.000 m² Photovoltaikanlagen und 1500 m² Solarkollektoren installiert. Mit zwei Anlagen zur solar gestützten Kälteversorgung mit je etwa 100 kW Kälteleistung, und drei mit Pflanzenöl befeuerten Blockheizkraftwerken mit 3700 kW elektrischer Leistung insgesamt wurde im Spreebogen eine regenerative Deckungsrate von 80% erreicht.

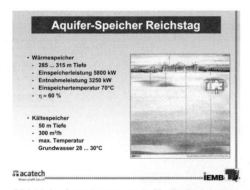

Bild 14: Im Spreebogen wurde für die Parlaments- und Regierungsbauten ein besonders innovatives Energieversorgungskonzept entwickelt. Zu den Kernpunkten gehören Blockheizkraftwerke, saisonale Speicher, sogenannte Aquifere (Bild), DEC-Anlagen und Photovoltaik. Die Gebäude des Deutschen Bundestages sind mit einem unterirdischen Energieverbund versorgungstechnisch gekoppelt.

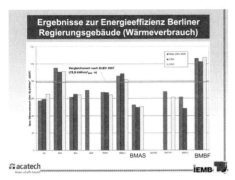

Bild 15: Für die Berliner Regierungsgebäude liegen dokumentierte Energieverbrauchswerte für Wärme und Strom für den Zeitraum ab 2000 vor. Der Wärmeverbrauch liegt überwiegend deutlich unter den Vergleichswerten für Verwaltungsgebäude nach EnEV 2007. Derartige Vergleichswerte stammen aus der statistischen Auswertung von Verbrauchsdaten für Gebäude gleicher Nutzung. Sie stellen keinen Anforderungswert dar, erlauben aber eine vergleichende Einschätzung gebäudespezifischer Verbräuche.

Die Ursache der teilweise erhöhten Wärmeverbräuche in einigen Gebäuden wurden durch das Institut für Erhaltung und Modernisierung von Bauwerken an der TU Berlin (IEMB) analysiert. Als Ursache wurde der hohe Anteil denkmalgeschützter Altbausubstanz ermittelt. Beim BMBF ist zudem der Wärmeverbrauch für die Kälteerzeugung in dem Kennwert enthalten.

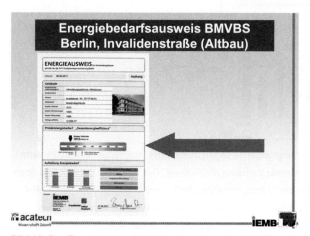

Bild 16: Der Energieausweis hat durch seinen dem Streifentacho nachempfundenen auf
Anhieb erkennbaren Verbrauchszustand einen hohen Wiedererkennungswert er-
langt. Der abgebildete Ausweis gilt für das Bundesministerium für Verkehr, Bau und
Stadtentwicklung. Es ist ein Altbau aus dem Jahr 1875. Er wurde in den Jahren 1996
bis 2000 umfangreich saniert. Der spezifische Transmissionswärmetransferkoeffizient liegt 41% unter dem Anforderungswert nach der Energieeinsparverordnung 2007
für modernisierte Altbauten.

Mit der Einführung der novellierten Energieeinsparverordnung (EnEV 2007) sind in
öffentlichen Gebäuden mit mehr als 1000 m² Nutzfläche ab dem 1.7.2009 Energieausweise
zu erstellen und an gut sichtbarer Stelle auszuhängen. Insgesamt wurden Ausweise für 36
Gebäude arbeitet.

Bild 17: Übergabe des Energiebedarfsausweises für das BMVBS an Minister Tiefensee anlässlich des Tags der offenen Tür im BMVBS (2006).

Die vorliegenden Energieausweise belegen auch bei allen praktisch eingetretenen Problemen der einzelnen Lösungen das hohe Maß der erreichten Energieeffizienz.

Die Energieeinsparverordnung formuliert zwei Anforderungen an die energetische Qualität von Gebäuden: der Jahresprämieenergiebedarf gibt vor, wie viel Primärenergie jährlich für die Beheizung, Belüftung sowie Warmwasserbereitung, bei Nicht Wohngebäuden zusätzlich noch für Kühlung und Beleuchtung, eingesetzt werden darf. Der spezifische Transmissionswärmetransferkoeffizient gibt Vorgaben für die energetische Güte der Gebäudehülle und beschreibt, wie viel Energie je Kelvin Temperaturunterschied zwischen Innenraum und Umgebung über die Gebäudehüllfläche durch Transmission übertragen werden darf.

Bei all den vielen Details und der marktwirtschaftlich ausgerichteten Wettbewerbssituation der verschiedenen Technologien zur Energieeinsparung, flankiert durch zusätzliche „ordnungspolitische" Vorgaben, darf nicht übersehen werden, dass die größten Erfolge der Energieeinsparung und des Klimaschutzes in unserem eigenverantwortlichen Handeln begründet sind. Jeder einzelne kann am meisten dazu beitragen, dass das Gesamtziel umfassend und schnell erreicht wird. Die kleinen Schritte sind in ihrer Summe viel stärker als große vorgeschriebene Maßnahmen, die häufig noch auf Unverständnis und Widerwillen stoßen. Das folgende Bild veranschaulicht die Dynamik unserer Energiesituation.

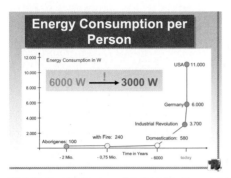

Bild 18: Das Bild veranschaulicht den Energiebedarf der Menschheit in der geschichtlichen Entwicklung. Jeder Mensch setzt im Ruhezustand, auch wenn er schläft, 100 W an Leistung um. Energiesprünge ergaben sich durch die Nutzung des Feuers, durch das Sesshaftwerden, durch die Erfindung der Dampfmaschine und durch die technische Revolution. Industriegesellschaften verbrauchen heute 6000 W pro Person. Die USA liegen mit 11.000 W an der Spitze.

Das generelle Ziel bezüglich Energieeinsparung und Umweltschutz muss es sein, unsere 6000-W-Gesellschaft in eine 3000-W-Gesellschaft umzuwandeln bzw. weiterzuentwickeln. [5]

Literatur

[1]   2. Klima-Forschungsgipfel, Berlin, 16.10.2007, Bundesministerium für Bildung und Forschung.

[2]   Richtlinie 2002/91/EG des Europäischen Parlaments und des Rates vom 16. Dezember 2002 über die Gesamtenergieeffizienz von Gebäuden. Amtsblatt der Europäischen Gemeinschaft Nr. L1/65 vom 04.01.2003

[3]   Das integrierte Energie- und Klimaprogramm (IEKP) der Bundesregierung, Dezember 2007

[4]   Schlaich, J.; Bergermann, R.: Leicht weit – Light Structures. Katalogbuch anlässlich der Ausstellung „leicht weit – Light Structures" im Deutschen Architekturmuseum (DAM), Frankfurt am Main, 2003

[5]   Die Zukunft der Energieversorgung in Deutschland. Herausforderungen – Perspektiven – Lösungswege. Hrsg. Bernd Hillemeier. acatech Symposium 21. November 2006

Qualitätssicherung im konstruktiven Ingenieurbau

Dr.-Ing. **Michael Eisfeld** MSc, Eisfeld Ingenieure Kassel;
Univ.-Prof. Dr. **Peter Struss**, TU München

Zusammenfassung

Die heutigen Planungsprozesse sind aufgrund der wirtschaftlichen Rahmenbedingungen stark verkürzt, iterativ und damit anfällig für Fehler. Um das Auftreten solcher Fehler und der damit verbundenen Schadensfolgen während der Ausführung und Nutzung des Bauwerks zu vermeiden, hat der Gesetzgeber die hoheitliche Prüfung und Bauüberwachung als Form der präventiven Qualitätssicherung eingeführt. Durch die immer komplexer werdenden, mit Hilfe des Computers geplanten Bauwerke, stößt die heutige Prüfmethodik an ihre Grenzen. Dieser Beitrag stellt daher eine standardisierte modellbasierte Prüfmethodik vor, die auf der Fehlermöglichkeits- und Einflussanalyse (FMEA) nach DIN EN 60812 basiert. Die Methode erlaubt in einfacher Weise das Risiko infolge eines Fehlers und seiner Auftretenshäufigkeit objektiv abzuschätzen und Maßnahmen zur Risikoreduzierung einzuleiten.

1. Konstruktive Schadensursachen

Die gesellschaftlich und politisch gewollte Verkürzung von Planungs- und Genehmigungsverfahren sowie die wirtschaftlichen Rahmenbedingungen führen zu verkürzten Bauprozessen. Dies hat bei immer stärker werdendem Kosten- und Termindruck wachsende Risiken für Planungs- und Ausführungsfehler im konstruktiven Ingenieurbau zur Folge, die für die steigende Zahl von Bauschäden - im schlimmsten Fall den Einsturz eines Gebäudes - verantwortlich sind. In Zeiten von Standsicherheitsnachweisen, bei denen Einzelpositionen für Bauteile vom Tragwerksplaner nachgewiesen und zu Teiltragsystemen und diese nachträglich zum Gesamttragwerk mit wohldefinierten Schnittstellen zusammengefügt wurden, konnten durch die vorherrschende Prüfmethodik, die auf der Erfahrung des einzelnen Prüfingenieurs beruhte, grobe Fehler und damit schlimmere Folgen für die Standsicherheit ausgeschlossen werden. Dabei stellte der Prüfingenieur die Richtigkeit der Einzelpositionen und darauf aufbauend händisch den Lastabtrag zwischen diesen sicher. Leider weicht aufgrund der wirtschaftlichen Rahmenbedingungen die „klassische" statische Berechnung immer mehr dem „globalen" Standsicherheitsnachweis, der auf einem dreidimensionalen Berechnungsmodell ohne Bauteilbezug (siehe Abbildung 1) beruht. Die Folgen sind die Aktivierung verdeckter Lastabtragsreserven, unentdeckte Modellierungsfehler und die konstruktive Nicht-Ausbildung wichtiger Verbindungsknoten zwischen in der Genehmigungsphase. All dies führt zu einer verringerten Robustheit des Tragwerks, die mit einer reduzierten Tragwerkssicherheit einhergeht und der Prüfingenieur im einzelnen bewerten muss.

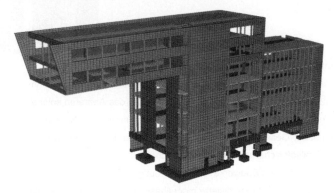

Abbildung 1: Tragwerksmodell aus Knoten und Elementen

Die einzige Methodik, die dem Prüfingenieur heutzutage bleibt, ist durch eine Vergleichsberechnung sicherzustellen, das für das ihm durch den Planer vorgelegte Tragwerk ein Gleichgewichtszustand existiert. Dieser kann natürlich von dem gewählten abweichen, was die vollständige Kontrolle der Bauteile und Verbindungen bei vertretbarem Aufwand nahezu unmöglich werden lässt. Nur welche Bauteile und Verbindungen bestimmen maßgeblich die Tragwerkssicherheit und Robustheit?

Die für die Robustheit und Zuverlässigkeit maßgebenden Stellen durch ein methodisches Vorgehen herauszufinden ist Sinn und Zweck der standardisierten FMEA [1]. Sie erlaubt auf der Ebene der Systemelemente, die kritischen Stellen des Tragwerks zu erkennen und Planungsfehler, die in gebauter Form Schäden verursachen, durch geeignete Maßnahmen auszuschließen, also die Auftretenswahrscheinlichkeit eines Versagens zu verringern [2]. Die FMEA ist als Methode zur präventiven Fehlervermeidung genormt und besitzt einen hohen Verbreitungsgrad in unterschiedlichen Industriebereichen, im Besonderen im Maschinenbau und der Automobilindustrie, wo sie seit Jahren erfolgreich angewendet wird [3].

2. Anwendung der System-FMEA

Die FMEA-Methode ist seit 1980 genormt und als System-FMEA (im folgenden kurz als FMEA bezeichnet) seit 1996 für die Automobilentwicklung in der VDA 4 Teil 2 als Richtlinie definiert [4]. Ziel der FMEA ist die qualitative Untersuchung von Systemelementen (SE) auf Fehlerarten (FA) und deren Auswirkungen auf das übergeordnete System als Fehlerfolgen (FF) sowie das Auffinden ihrer Fehlerursachen (FU). Es handelt sich also um eine induktive Methode, bei der durch Betrachtungen von SE auf FF übergeordneter Systeme geschlossen wird [3]. Die FMEA wird nach dem Entwurf des Systems durchgeführt, um möglichst früh Schwachstellen zu entdecken, da 80% aller Fehler, die während der späteren Lebensdauer auftreten, auf Schwachstellen in der Planung beruhen, oder Wiederholungsfehler sind. Hinzu kommt, dass je später ein Fehler entdeckt wird, desto höher die Kosten für seine Beseitigung sind (siehe Abbildung 2).

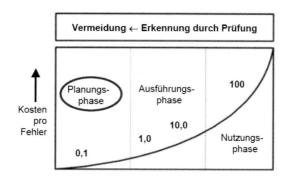

Abbildung 2: Kostenentwicklung in Abhängigkeit vom Zeitpunkt der Fehlererkennung aus [3]

Bei der FMEA wirken verschiedene Personen mit, um ein optimales Ergebnis zu erzielen. Als Grundlage für die Durchführung einer FMEA sowie die Erfassung von FA dienen verschiedene Informationen, wie zum Beispiel Lastenhefte, Zeichnungen, Fehlerkataloge, Schadensstatistiken und Normen. Eine konkrete FMEA umfasst in Abhängigkeit der Zieldefintion, welche den Umfang sowie die Randbedingungen beschreibt, folgende Arbeitsschritte:

1. Strukturbeschreibung: Auflistung aller SE und deren Schnittstellen sowie deren Synthese zu Teilsystemen und dem betrachteten Gesamtsystem.
2. Funktionsanalyse: Bestimmung der Abhängigkeiten zwischen den SE in Form eines Funktionsnetzes für ein- und ausgehende Zustandsgrößen und Erstellung von

Funktionsbäumen für übergeordenete Teilsysteme (Abbildung 3 verdeutlicht für ein SE die Zusammenhänge).

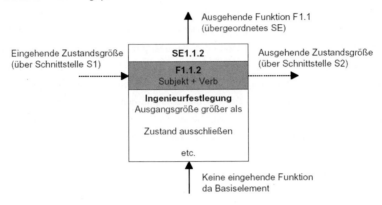

Abbildung 3: Funktionsbeschreibung für SE

3. Fehleranalyse: Bestimmung der FU – z. Bsp. Material, unzulässige Belastung, falsche Auslegung, zu geringe Kontrolle - und der FF für jede potentielle FA sowie die Auswertung der daraus reusltierenden FF auf das übergeordnete Teilsytem bzw. das Gesamtsystem.

4. Risikobewertung: Berechnung des Risikos über die Risikoprioritätszahl RPZ = B x A x E nach Bedeutung (B) der FF, Auftretenswahrscheinlichkeit (A) der FU und gegebener Entdeckungswahrscheinlichkeit (E) der FU und FA.

5. Optimierung: Verringerung des Risikos durch mögliche Maßnahmen zur Reduzierung der A oder FF, was zur Revision des Systementwurfes führen kann.

Die obigen Arbeitschritte werden solange durchlaufen, bis eine vorher festgelegte Risikogrenze für RPZ nicht mehr überschritten wird. Das Ergebnis wird in standardisierten Formblättern erfasst, in denen Maßnahmen, Verantwortliche und erstellte Dokumentationen festgehalten werden. Dokumentationen umfassen Ziele der FMEA, Übersicht der Systemstruktur, Funktionsnetze und –bäume, Teammitglieder sowie die Bewertungskataloge für B, A und E [5].

Es existieren computergestützte Werkzeuge für diesen Prozess. Die derzeit verwendeten erfüllen im wesentlichen die Funktion von Editoren zum Erfassen der Analyseergebnisse und automatisieren lediglich deren Strukturierung. Der Prozess bleibt trotz dieser Unterstützung aufwändig und sehr zeitintensiv, da die eigentliche Analyse von Fachleuten händisch und (zumindest in der Theorie) bei Entwurfsänderungen erneut durchzuführen ist. Die Art des Schlussfolgerns ist jedoch wiederholend, aber schwierig für Experten, da diese Abhängigkeiten zwischen FA, FU und FF auf verschiedenen Hierarchieebenen des Systems gleichzeitig berücksichtigen müssen.

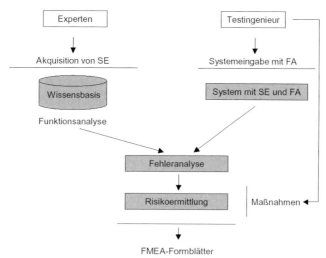

Abbildung 4: Softwarearchitektur mit Tätigkeiten

Um die Durchführung der FMEA in der Praxis für den Ersteller zu erleichtern, sind die obigen Arbeitsschritte so weit wie möglich zu automatisieren. Hierzu kann die komponentenbasierte Verhaltensmodellierung (VM) von physikalischen Systemen, wie sie seit Anfang der 80er Jahre erforscht wird, herangezogen werden [6]. Sie findet heutzutage zum Beispiel ihre Anwendung in der präventiven Qualitätssicherung in der Luftfahrtindustrie [7]. Dabei wird die VM für komplexe Systeme benutzt, um eine neue Generation von FMEA-Werkzeugen zu entwickeln, in denen auch das Ableiten von Fehlverhalten (Berechnung der FU und FF für gegebenen FA) automatisiert und somit der Aufwand für den Qualitätssicherungsprozess erheblich reduziert wird (Ausschalten von Fehlerquellen im manuellen Prozess sowie schnelle Anpassung bei Entwurfänderungen). Grundlage dieser Umsetzung bildet eine Wissensbasis, in der für die SE mit bestimmten FA die FU als „Fehlverhalten" über Zustandsgrößen sowie FF auf höherer Ebene als abstrahierte Funktionsmerkmale abgelegt sind. Abbildung 4 verdeutlicht die Architektur des modellbasierten Softwaresystems mit den korrespondierenden Tätigkeiten, die bei einer FMEA durchgeführt werden müssen.

Der Experte baut zuerst über die Akquisitionskomponente die Wissensbasis auf, die als Grundlage zur Erstellung einer konkreten FMEA erforderlich ist. In dieser können die funktionalen Abhängigkeiten in Templateform zwischen den SE abgeleitet werden. Danach erstellt der Testingenieur die Systembeschreibung mit möglichen FA. Für die Beschreibung des Systems sowie die instanziierten Templates wird eine Fehleranalyse in Form einer Constraint-Netz-Propagierung durchgeführt. Hier werden vom System die FU sowie FF ermittelt, da die generellen Abhängigkeiten zwischen den einzelnen SE und Teilsystemen bekannt sind. In der Wissensbasiss sind ebenso Auftretenswahrscheinlichkeiten und Bedeutungen der Fehler abgelegt, so dass nach Festlegung von Maßnahmen durch den Testingenieur zur Entdeckung einer FF oder einer FU die Risikoprioritätszahlen vom Softwaresystem ermittelt werden. Dieser Prozess kann solange iterativ durchlaufen werden, bis festgelegte Risikogrenzen nicht mehr überschritten werden. Die Software erstellt nun automatisch die FMEA-Formblätter, welche dem Ingenieur zur Verfügung stehen. Zur umfangreicheren Beschreibung des Softwaresystems mit seinen Komponenten siehe [7].

Die Ausgestaltung des modellbasierten FMEA-Systems muss auf die Gegebenheiten im konstruktiven Ingenieurbau übertragen und angepaßt werden. Hier sind im Besonderen die Unterschiede zu nennen, dass es sich bei Bauwerken um Einzelartefakte im Vergleich zu einer in der Automobilindustrie vorherrschenden Serienfertigung handelt, die durch verschiedene Projektbeteiligte geplant, immer neu berechnet und ausgeführt werden. Die Prüfingenieure übernehmen dabei die Rolle des Testingenieurs und des Experten, die das Wissen für eine FMEA bereitstellen und das Tragkonzept in Hinblick auf verschiedene Fehlerscenarien testen.

6. Modellbasierte Qualitätssicherung

Um die Anwendung der FMEA im konstruktiven Ingenieurbau für den Bereich der Genehmigungsplanung und die bautechnische Prüfung zu fördern, muss das oben beschriebene System sinnvoll in den heutigen Planungsablauf integriert werden. Dies kann wie folgt geschehen:

1. Die Vereinigung der Prüfingenieure erstellt die Wissensbasis mit Hilfe der Akquisitionskomponente, da der Stand der Technik in Bezug auf die Tragwerksrobustheit abgebildet werden muss. Sie umfasst die Definitionen von Bauteilen, ihren Schnittstellen

untereinander, möglichen FA (Sie können Planungs-, Ausführungs- und auch andere Fehler, die aus der Nutzung resultieren, umfassen. Hier können die bekannten Erhebungen der Bundesvereinigung und der Landesvereinigungen genutzt werden.) sowie deren FU und FF. Bedeutungen der FF sind von diesen in Bezug auf die Standsicherheit zu definieren. Zusätzlich werden von der Vereinigung die Risikogrenzen für verschiedene Bauwerkskassen in Abhängigkeit der consequence classes nach EN 1990 festgelegt [8].

2. Der Tragwerksplaner erstellt das statische Konzept als Systembeschreibung. Dies kann entweder durch bekannte bauteilorientierte Software oder durch eine einfaches graphbasiertes Eingabetool erfolgen.

3. Für das entworfene Tragsystem legt der verantwortliche Prüfer mögliche FA für die gegebenen Randbedingungen und deren Bedeutung fest und nutzt die Wissensbasis um mit Hilfe der modellbasierten Software das ihm vorgelegte System zu testen. Hier ist zu erwähnen, dass dies ohne eine numerische Berechnung des Gesamtsystems möglich ist, da das Tragverhalten durch genährten Einflussfunktionen im Modell abgebildet werden kann, um den Einfluss von Fehlern auf bemessungsrelevante Stellen zu beurteilen [9].

4. Auf Basis des analysierten Systems kann das vorhandene Risiko automatisch für gegebene Auftretenshäufigkeiten abgeleitet werden. Der Prüfingenieur kann jetzt Maßnahmen wie sinnvolle Berechnungen, gezielte Überwachungen bei der Ausführung, etc. anhand der Risikoprioritätenliste vorschlagen, so dass die Risikogrenzen für die jeweiligen Bauwerksklassen nicht überschritten werden.

5. Nach Vorlage dieser Liste hat der Tragwerksplaner seinen Standsicherheitsnachweis gegebenenfalls zu ergänzen oder geeignete Ausführungen durch seine Planung sicherzustellen.

6. Als Ergebnis dieses integrierten Planungs- und Prüfungsprozesses entstehen die standardisierten Formblätter, in denen die Qualitätssicherung für den Bauherren nachvollziehbar und „unabhängig" von der durchgeführten elektronischen Schnittgrößenberechnung und Nachweisführung dargestellt ist.

Vorteil dieses Vorgehens ist, dass der Prüfingenieur seine statische Prüfung und spätere Überwachung gezielt auf die kritischen Stellen mit hohem Einfluss auf die RPZ beschränken kann, ohne das Sicherheitsniveau zu verringern. Zusätzlich dient allen Beteiligten der dokumentierte Prozess im Falle eines Schadens zur rechtlichen Entlastung da sie nachweislich das geplante Tragwerk systematisch auf seine Robustheit überprüft haben. Der Aspekt der Nachweisbarkeit sollte im Besonderen für Tragwerksplaner bei komplexen Planungsprojekten interessant sein, da die Anwendung der FMEA als Beweismittel zur Qualitätssicherung in den Qualitätsnormen gefordert oder empfohlen wird. Abbildung 5 fasst das Vorgehen nochmals zusammen.

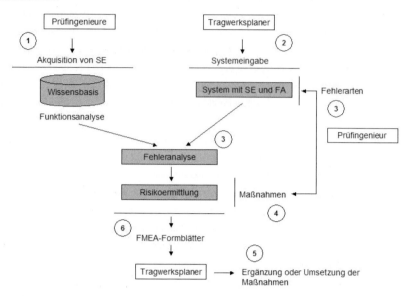

Abbildung 5: FMEA-Vorgehen im konstruktiven Ingenieurbau

7. Abschlussbemerkungen

Heutzutage bedeutet Planen immer mehr Rechnen, da in der Praxis keine Zeit zum Verstehen des Tragverhaltens und der darauf aufbauenden Konstruktion bleibt. Berechnungen und damit Planungen sind aber oft fehlerhaft, so dass bei unzureichenden Kontrollen das Sicherheitsniveau eines Bauwerks in Hinblick auf seine Standsicherheit reduziert wird. DIN 1055-100 fordert daher das Vier-Augen-Prinzip, denn die beaufschlagten Teilsicherheitsbeiwerte beziehen sich lediglich auf Material- und Lastunsicherheiten, nicht aber auf Planungsfehler und Ausführungsfehler [10].

Bisher richtet sich die Qualitätssicherung im Bauwesen hauptsächlich auf die Ausführung von Baukonstruktionen sowie auf die Güte der verbauten Materialien. Erste Ansatzpunkte für eine präventive QS in der Tragwerksplanung wurden bisher diskutiert [11], aber nicht praxisgerecht umgesetzt. So werden statische Berechnungen vor allem auf Grundlage von Erfahrung und Intuition kontrolliert, d.h. es gibt kein Maß, wie und mit welchen Schwerpunkten geprüft werden muss, und wie kritisch das Versagen einzelner Bauteile in

186

Bezug auf die Standsicherheit des Tragwerks ist. Somit ist eine systematische proaktive Quallitätsicherung, wie sie in der Automobil- und Luftfahrtindustrie seit Jahren mit Hilfe der standardisierten Fehlermöglichkeits- und Einflussanalyse angewandt wird, aus wirtschaftlichen Gründen für alle am Bau Beteiligten wünschenswert, aufgrund des Grundrechtes auf Leben und körperliche Unversehrtheit, die der Staat den Bürgern garantiert, unabdingbar [12].

In einem genehmigten Forschungsprojekt [13] werden die Autoren als ersten Schritt ein computerbasiertes Qualitätssicherungssystem wie in diesem Beitrag beschrieben für die Genehmigungsplanung und bautechnische Prüfung von Tragwerken mit Hilfe der System-FMEA und der bauteilorientierten Verhaltensmodellierung entwickeln. Es wird insbesondere um die schnelle und bauteilbezogene Identifikation kritischer Bereiche von Tragwerken, die in der Praxis meistens mit der Finiten-Elemente-Methode berechnet werden, sowie um die klare Definition von Prüfprioritäten mit Hilfe der RPZ gehen. Da zum Thema modellbasierte FMEA erste Erfahrungen ausschließlich im Bereich der Luftfahrtindustrie gewonnen wurden (siehe [7]), hoffen die Autoren in diesem Projekt ein sinnvolles Werkzeug für die konstruktive Ingenieurspraxis zu entwickeln.

Referenzen

[1]   DIN EN 60812: Analysetechniken für die Funktionsfähigkeit von Systemen - Verfahren für die Fehlzustandsart- und -auswirkungsanalyse (FMEA), Beuth Verlag, 2006.

[2]   Schneider, J.: Sicherheit und Zuverlässigkeit im Bauwesen, Teubner 1996.

[3]   Deutsche Gesellschaft für Qualität: FMEA - Fehlermöglichkeits- und Einflussanalyse, DGQ-Band 13-11, 3. Auflage, Beuth Verlag, 2004.

[4]   Sicherung der Qualität vor Serieneinsatz, Teil 2 – System-FMEA, Verband der Automobilindustrie e.V., Henrich Druck+Medien, 1996.

[5]   Bertsche, B. u. Lechner, G.: Zuverlässigkeit im Fahrzeug- und Maschinenbau, Springer Verlag, 2004.

[6]   Struss, P.: Modellbasierte Systeme und Qualitative Modellierung. In: Goerz, G. , Rollinger, C. , Schneeberger, J. (Hrsg.): Handbuch der Künstlichen Intelligenz, 3. Auflage, Oldenbourg Verlag, 2000.

[7]   C. Picardi, L. Console, F. Berger, J. Breeman, T. Kanakis, J. Moelands, S. Collas, E. Arbaretier, N. De Domenico, E. Girardelli, O. Dressler, P. Struss, B. Zilbermann: AU-TAS: a tool for supporting FMECA generation in aeronautic systems. In: Proceeding of the 16th European Conference on Artificial Intelligence 2004 in Valencia, Spain, pp. 750-754.

[8]   EN 1990, Deutsche Version DIN EN 1990: Basic of structural design, Oktober 2002.

[9]   Hartmann, F., Katz, C.: Structural Analysis with Finite Elements, 2. Auflage, Springer-Verlag, 2007.

[10] DIN 1055-100, Einwirkungen auf Tragwerke, Teil 100: Grundlagen der Tragwerkspla-nung, Sicherheitskonzept und Bemessungsregeln, März 2001.

[11] Andrä, H.-P.: FMEA im Bauwesen als zeitgemäße Form der bautechnischen Pürfung zur Kosten-Nutzen-Optimierung. Beitrag zum Lindauer Bauseminar 2007.

[12] Andrä, H.-P.: Der Prüfingenieur in Deutschland – ein Modell für die Europäische Union. In Fachzeitschrift: Der Prüfingenieur (2004), Nr. 25, S. 4-5.

[13] Tragwerk-FMEA, unveröffentlichter Antrag zur Forschungsinitiative „Zukunft Bau", Juni 2007.

Saadiyat Bridge

Das Tor zu Abu Dhabi's neuem kulturellen Zentrum

Dipl. Ing. **Simone Hafner,** C.ENG., M.I.C.E., Züblin International GmbH, Stuttgart; **Frédéric Turlier**, Technischer Leiter, Parsons International Ltd., Abu Dhabi.

1   Die Entwicklungsmaßnahme Saadiyat Island

Im Jahr 2004 bekam die Abu Dhabi Tourism Authority (ADTA) die Aufgabe, den Tourismus voranzutreiben und die Besucherzahl in den Emiraten zu steigern. Um dieses Ziel zu erreichen, muss die Infrastruktur erweitert werden. Zur Erfüllung der anstehenden Aufgaben wurde im Januar 2006 die Tourism Development & Investment Company (TDIC) gegründet, eine Aktiengesellschaft, die sich im Besitz von ADTA befindet.

Zusätzlich zur Entwicklung von neuen Hotels auf der Insel Abu Dhabi haben die Behörden beschlossen, dass auf der 27 km² großen, natürlichen Insel Saadiyat ein neues städtebaulich geplantes Entwicklungsgebiet bebaut würde. Die Insel ist strategisch sehr günstig, da sie nur 500 m vor der Küste Abu Dhabi's mit seinem zentralen Geschäftsviertel liegt. Saadiyat wird nicht nur ein weltklasse Umwelt-sensibles Touristenziel sein, sondern sein Kernstück wird die Erschaffung eines neuen kulturellen Bezirks für Abu Dhabi und die Vereinigten Arabischen Emirate darstellen. Dieses kulturelle Viertel wird außer vier wichtigen Museen auch ein Kulturzentrum für Darstellende Künste beinhalten, das von einigen der weltberühmtesten Architekten – Lord Norman Foster, Frank Gehry, Jean Nouvel, Zaha Hadid und Tadao Ando - entworfen werden soll.

Diese ikonischen Bauwerke werden den Kulturbezirk von Saadiyat als ein internationales kulturelles Ziel positionieren [1].

Die Hauptzufahrt und damit auch der Schlüssel zur Insel, wird die Saadiyat Brücke sein, die von Parsons International entworfen wurde und derzeit von einer Arbeitsgemeinschaft aus der Ed. Züblin AG und Saif Bin Darwish gebaut wird. Diese Brücke wird die Stadt Abu Dhabi und die Insel mit 2 x 5 Fahrbahnen und 2 Stadtbahn-Gleisen verbinden. Man wird kaum 5 Minuten brauchen, um die Insel von der Innenstadt Abu Dhabis zu erreichen, wodurch der Standort zentral und für Besucher von nah und fern leicht erreichbar ist. Außerdem wird die Brücke an eine im Bau befindliche Schnellstaße anbinden, die vom Flughafen Abu Dhabi zur

Saadiyat Insel führt und damit die Entfernung zwischen beiden Orten auf knapp 25 Kilometer reduziert.

Zukunftsvision Saadiyat-Island

Die Saadiyat Brücke wird eine der größten Brücken in dieser Region sein und viele architektonische Besonderheiten aufweisen, sowie auch ein komplexes Beleuchtungssystem, das ein wechselndes Erscheinungsbild je nach Anlass ermöglicht.
Sie bildet das passende Tor für einen einmaligen Bestimmungsort.

2 Zeitplan des Projektes

Auftragserteilung	Dezember 2006
Start der Bauarbeiten	März 2007
Fertigstellung der Pfahlgründung	Oktober 2007
Fertigstellung der Unterbauten	Mai 2008
Teil-Übergabe (4-spurige Schnellstraße)	September 2009
Fertigstellung der Überbauten	Oktober 2009
Endgültige Übergabe der Brücke	Dezember 2009

3 Ausschreibungsentwurf

Der Ausschreibungsentwurf wurde von Parsons International Ltd. (PIL) erstellt, die seit über 25 Jahren aktiv in der Infrastrukturplanung der VAE involviert sind. Auf der Basis ihrer Orts-kenntnis und ihres internationalen Fachwissens wurde das Konzept und somit der Aus-schreibungsentwurf wie folgt entwickelt:

Die Brücke beginnt von Abu Dhabis Seite im Westen mit einem Rampenbauwerk (Unit 1), erhebt sich dann zu einem Mittelteil, der den Schifffahrtsweg überspannt (Unit 2), und führt schließlich weiter auf die Saadiyat Insel nach einer Überleitungseinheit (Unit 3) zu den Ram-penbauwerken (Unit 4+6) und einer vorgesehenen Hochbahnkonstruktion für die spätere Stadtbahn (Unit 5).

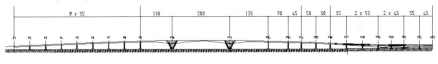

ELEVATION

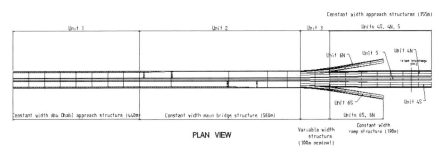

PLAN VIEW

Profil und Aufsicht der Brücke

Das Hauptfeld über dem Schifffahrtsweg ist 200m breit. Die Gesamtfläche des Brückendecks beträgt 86.200m². Die gesamte Konstruktion ist auf 925 gebohrten Pfählen fundiert.

Der Ausschreibungsentwurf sah für den Brückenbau vor, dass die Zufahrten, Rampen und zukünftige Bahnkonstruktionen in der Fertigteil-Segmentbauweise Feld für Feld gebaut wer-den. Für das Hauptfeld basiert der Entwurf auf dem Frei-Vorbau-Verfahren. Dadurch wird dem variablen Querschnitt Rechnung getragen und das längere Feld über dem Schifffahrts-weg überwunden.

Um die Bauarbeiten zu erleichtern und wasserseitige Arbeiten in Grenzen zu halten, war eine Landgewinnung an der Abu Dhabi Seite der Brücke vorgesehen. Später wurde eine kleinere, temporäre Landgewinnungsmaßnahme auf der Saadiyat Seite der Brücke akzeptiert. Die Gesamtlänge der Brücke beträgt 1455m, die Breite 60m. Er besteht aus drei, miteinander verbundenen Hohlkastenelementen. Die zwei Zufahrtsrampen und zukünftige Schienenkonstruktion bestehen je aus einzelnen Kastenträgern. Die Übergangseinheit ist ein aus Ortbeton gebauter Multi-Kammer-Hohlkastenträger.

Wesentliche Massen für die Angebotsplanung waren wie folgt:

	Zement	Bewehrungs- stahl	Spannstahl / Anderer Stahl	
Pfähle	28,000 m3	2,400 t	(Ummantelung)	4,000 t
Fundamente	27,000 m3	3,200 t	-	
Unterbau	20,000 m3	1,700 t	-	
Überbau	69,000 m3	5,700 t	(VS)	3,600 t
Ausbau	3,000 m3	500 t	-	

Bei dem aggressiven Meeresumfeld kam dem Rostschutz besondere Bedeutung zu. Außer einer niedrigen Durchlässigkeit des Betons, wird die Bewehrung mit Epoxydharz beschichtet und die äußeren Betonoberflächen der Brücke werden mit einer schützenden Schicht gestrichen werden.

4   Alternativer Entwurf des Unternehmers

Auftragnehmer ist eine Arbeitsgemeinschaft aus der Ed. Züblin AG als Federführer und Saif Bin Darwish Ltd. als lokalem Partner. Die Ed. Züblin AG, vertreten durch Züblin International GmbH und Dywidag Bau GmbH Niederlassung Brückenbau in Nürnberg, hat Änderungen bei der Angebotsplanung vorgenommen, um die Bauleistung zu optimieren.

Unit 1: Änderung der Bauweise in das Takt-Schiebe-Verfahren

Der wesentliche Vorteil dieser Änderung liegt darin, dass die Ed. Züblin AG umfangreiche Erfahrung, verfügbares Gerät und Personal für diese Bauweise hat. Zusätzlich würde sie die Produktion des Überbaus an Land von einem festen, leicht erreichbaren Ort ermöglichen, mit besserer Kontrolle über die Qualität des Produkts und mit einer Reduktion des Risikos bei einer entsprechenden wasserseitigen Produktion.

Units 4 bis 6: Änderung der Bauweise in die konventionelle Lehr-Gerüstbauweise

Mit der Änderung in Unit 1 wäre es nicht wirtschaftlich, für den kleineren Teil bestehend aus Units 4 bis 6 spezielle Geräte für die Segment-Bauweise zu beschaffen. Der Vorteil dieser Änderung war, dass die Ortbeton Bauweise Gerüstsysteme benutzt, die einfach und lokal verfügbar sind. Außerdem ermöglicht sie die Arbeit an mehreren Fronten.

4 Bau der Brücke

Nach einer kurzen Phase mit vorbereitenden Arbeiten begannen die eigentlichen Bauarbeiten im März 2007.

Landgewinnungsarbeiten

Einer der ersten Schritte war es, auf der Abu Dhabi Seite eine permanente Landgewinnung von fast 400.000m³ zu schaffen und auf der Saadiyat Seite eine temporäre Landgewinnung von 200.000m³. Der Hauptanteil des Materials für die Landgewinnung bestand aus Meeressand, der durch das Nassbaggerverfahren gewonnen wurde. Das für diese Arbeiten genutzte Saugbaggerschiff besaß eine Schüttgutkapazität von 16.500m³. Diese große Kapazität ermöglichte die Beendigung der Landgewinnungsarbeiten im Juli 2006, ohne dabei die Saugbagger bei ihrem Hauptauftrag, nämlich der Beschaffung von über 50 Millionen Kubikmeter Material für die Gestaltung und Anhebung von der Saadiyat Insel, zu sehr zu verspäten.

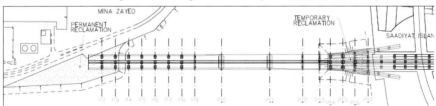

Lageplan der permanenten und vorübergehende Landgewinnung

Pfahlkonstruktion

Nach den Erdschüttarbeiten begannen die Pfahlarbeiten an Land. Insgesamt 4 Bohranlagen waren gleichzeitig im Einsatz, um 467 Pfähle mit einem Durchmesser von 1,2m an Land und 484 Pfähle mit einem Durchmesser von 1,2m und 1,5m im Wasser fertig zu stellen. Die Pfahllänge reichte von 14m bis 24m. Außerdem mussten einige Fender-Pfähle für temporäre

Arbeiten und Anlagen gesetzt werden. Besondere Aufmerksamkeit galt den Auswirkungen der Gezeiten und der Navigationsbeschränkungen.

Wasserarbeiten für Fundamente und Pfähle

Gründung

Die Fundamente wurden sowohl an Land, als auch im Wasser errichtet. Ihre Größe reicht von 100m³ bei einzelnen Pfeilerfundamenten bis 4650m³ bei den großen Fundamenten, die drei Stützpfeiler tragen.

Pfeiler

Die Unterbauten umschließen 5 Widerlager, 65 typische Standardpfeiler und 6 Paar V-Pfeiler beim Hauptfeld. Die Höhe für einen Regel-Betonierabschnitt für typische und V-förmige Pfeiler beträgt 4,76m. Holzschalung mit Standard-Schalungsplatten und Holzträger-Elementen wurden als Kletterschalung eingesetzt. Für die schrägen V-Stützpfeiler wurde sowohl ein auf der Gründung aufliegendes temporäres Traggerüst benötigt, als auch temporäre Spannbänder. Der ca. 10 m hohe Pfeilertisch wurde in 7 Betonierschritte unterteilt.

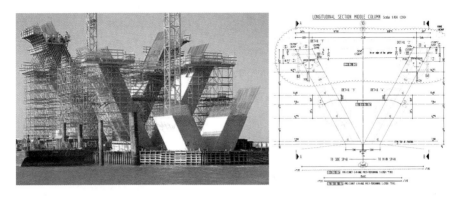

Bau der V-Pfeiler

Nach Fertigstellung des Bauwerks werden die V-Pfeiler verkleidet und somit zum wesentlichen architektonischen Merkmal der Brücke. Sie bilden den Blickpunkt der Brücke. Die Konturen der Gesamtform werden mit einem Lichtschlauch mit einer Reihe von Farben ausgestattet, die die Ansicht der Brücke bei Nacht bestimmen.

Unit 1 – Takt-Schiebe-Verfahren

Die Takt-Schiebe-Verfahrenstechnik wurde ursprünglich für Talbrücken in Deutschland entwickelt. Die optimale Spannbreite beträgt ungefähr 45 bis 50m [2]. Es handelt sich um eine konkurrenzfähige Alternative zum Vorbaugerüstverfahren und zur Segmentbauweise, bei der keine großen Mengen an Material für temporäre Arbeiten benötigt werden. Nach einer ersten Anwendung in den frühen 80er Jahren, ist diese Methode in den letzten 25 Jahren in den VAE nicht eingesetzt worden.

Unit 1 – Takt-Schiebe-Verfahren an der Nord Brücke

Durch die günstige Spannweite und Schnittgeometrie konnte dieses Rampenbauwerk mit nur geringen Änderungen gegenüber dem Ausschreibungsentwurf begonnen werden. Die drei

Brückendecks werden eines nach dem anderen vorgeschoben und sind in je 17 Segmente unterteilt, typischerweisen ein halbes Feld lang (27,5m). Die Fugen befinden sich an Viertelspunkten.

Um eine Zykluszeit von maximal 7 Tagen zu gewährleisten, ist die Fertigung in zwei Abschnitte geteilt worden:

- Bau von Brückenfeld A für die Trog-Fertigung (Sohle und Wände)
- Bau von Brückenfeld B für Fahrbahnplattenkonstruktion

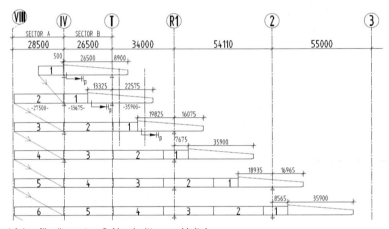

Bauabfolge für die ersten 6 Abschnitte von Unit 1

Bei den ersten zwei Abschnitten wird die Brücke von Hohlkolben-Pressen mit einer Kapazität von 6400kN gezogen. Die übrigen Abschnitte werden mit Schub-Pressen mit einer maximalen Kapazität von 9000kN vorgeschoben. Taktkeller und Taktanlage werden für jede Brückeeinheit quer umgesetzt.

Unit 2 – Freivorbauverfahren

Zum Bau der mittleren Haupteinheit der Brücke wird das Ortbeton-Freivorbauverfahren eingesetzt. Insgesamt werden 16 Vorbauwagen benutzt. Von diesen sind 12 Stück modifizierte DSI Vorbauwagen, die die Abschnitte von den V-Stützpfeilern Achsen 10 und 11 mit variablen Höhen von 3,5m bis 9,3m betonieren werden. Die übrigen 4 Fahrgestelle sind an Stützpfeilern 12 und 13 vorgesehen, um an den kürzeren Kragarmen Abschnitte mit konstanter Querschnittshöhe zu bauen. Hilfstürme und Haltekabel werden benutzt, um die Stabilität der kurzen Kragarme zu gewährleisten, die ansonsten auf Lagern auf den Pfeilern ruhen.

Vorbauwagen an Stützpfeiler 12 Nord   Querschnitt von Stützpfeilern 10 & 11

Die Zeitvorgabe je Vorbautakt beträgt 5 Tage. Der Unternehmer hat den Einsatz der Vorbauwagen optimiert und dadurch die Anzahl der Betonierabschnitte gegenüber dem Ausschreibungsentwurf um 60 Stk. reduziert und die Bauzeit somit verkürzt.

Interne Spannglieder, die sich in der oberen Platte befinden und dort verankert sind, werden für das Freivorbauverfahren benutzt. Wenn die Brückenkragarme einmal verbunden sind und so die Spanne schließen, werden interne Spannglieder eingebaut, die sich in der unteren Platte befinden. Bei Fertigstellung des Bauwerks werden externe Spannglieder im Hohlkasten installiert.

Units 4 bis 6 – Lehrgerüstbauweise
Für diese Ortbeton-Einheiten werden herkömmliche Lehrgerüste (Käfige) eingesetzt. Ein Gesamtvolumen von 69.000m³ Lehrgerüst wird über zwei Felder gespannt, die parallel gebaut werden. Die Gerüstelemente werden verbunden und bilden so stabile Türme, die an ihren nächsten Einsatzort umgesetzt werden können, entweder durch Querverschub auf Schienen oder konventionell mit Kran und Tieflader. Dadurch wird eine maximale Flexibilität in der Bauabfolge ermöglicht.

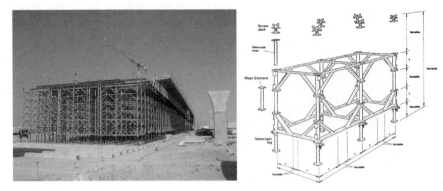

Lehrgerüst (Käfige) bei Unit 4

Jedes Feld des Überbaus von Unit 4, 5 und 6 wird in zwei Abschnitten betoniert: Zuerst der Trog (U-Abschnitt) und dann die Fahrbahnplatte. Die äußeren Schalungsteile müssen teilweise abgebaut werden, um in ihre nächste Position gebracht zu werden. Die Fahrbahn-Schalung zwischen den Stegen wird von einer Spanne zur nächsten geschoben. Die Betonier-Länge der Kastenträger beträgt 55m.

Unit 3 – Lehrgerüstbauweise

Wie beim Ausschreibungsentwurf vorgesehen, ist Unit 3 ein aus Ortbeton gebauter Multi-Kammer-Hohlkastenträger. Um jedoch die Gerüst- und Schalungsmengen zu begrenzen, hat der Unternehmer sich entschieden, längs laufende, senkrechte Fugen einzuführen, die den Abschnitt in drei Teile teilen. Jeder Teil wird in drei Schritten betoniert: Zuerst die untere Platte, dann die Stege und zuletzt die Fahrbahnplatte. Der mittlere Teil des Überbaus wird zuletzt gebaut, um Schwindspannung zu minimieren.

Vorspannung mit nachträglichem Verbund

Es wird eine Kombination von internen und externen Spanngliedern eingesetzt. Die größten Spannglieder haben 19 Litzen. Die Maximallänge für interne Spannglieder beträgt 200m, für externe 240m. Das Freyssinet C-Range System ist für die Vorspannungsarbeiten ausgewählt worden. Quervorspannung wird sowohl in den einzelnen Brückendecks eingesetzt, als auch im Verbindungselement zwischen den verschiedenen Kastenabschnitten. Der Rostschutz der Spannglieder wird durch Zementmörtel erreicht.

5 Erkenntnisse

Bei einem Projekt von dieser Größenordnung gibt es viele lehrreiche Erkenntnisse. Von den Wichtigsten wollen wir die folgenden erwähnen:

Planungskoordination

Im Hinblick darauf, dass einige Units des Bauwerks als Teil seines Sondervorschlages vom Unternehmer erneut geplant wurden, war es sehr wichtig, dass beide, Unternehmer und Consultant des Bauherrn auf der Baustelle genügend Planungskapazität unterhielten, so dass Änderungen und Anpassungen direkt besprochen werden konnten. Es gibt keinen Zweifel, dass die Nähe der Parteien auf der Baustelle eine pro-aktive Kooperation erleichtert und das schnelle Reagieren auf Schwierigkeiten und Probleme ermöglicht. Wesentlich sind Offenheit und Kooperationsbereitschaft von Unternehmer und Consultant des Bauherrn, um letztendlich zu gewährleisten, dass das Projekt sicher, rechtzeitig und im erwarteten Qualitätsstandard fertig gestellt wird.

Wahl des Vorspannungssystems mit nachträglichem Verbund

Wenn sich der Unternehmer für das System eines bestimmten Lieferanten entscheidet, muss er dessen Details genau kennen und verstehen, da einige der anscheinend unwichtigeren Details und Hilfsmittel die Arbeitsabfolge in großem Maße beeinflussen können. Besonders die Injektionsmaßnahmen können den normalerweise recht kurzen Zyklus im Taktschieben oder Freivorbau verzögern.

Dies ist umso wichtiger, wenn der Unternehmer, wie in diesem Projekt, die Vorspannarbeiten selbst vornimmt.

Betontechnologie

Wegen der teilweise großen Dicke der Bauteile ist es erforderlich, dass Maßnahmen zur Temperaturkontrolle vorgenommen werden. Das Ziel ist, sowohl die maximale Kerntemperatur als auch den Temperaturunterschied zwischen den äußeren Oberflächen und dem Kern zu begrenzen. Wenn man bedenkt, dass die Durchschnittstemperaturen zwischen 5°C im Winter und 55°C im Sommer betragen, musste ein Temperaturkontrollplan für jede Jahreszeit entwickelt werden. Die größte Herausforderung war es, zu garantieren, dass der Beton nicht zu schnell erhärtete, da er zu den meisten Teilen der Brücke per Schiff transportiert wurde. Dabei muss ein Kompromiss gefunden werden, um sowohl den Anforderungen an Verarbeitbarkeit, Qualität, Dauerhaftigkeit und Wirtschaftlichkeit gerecht zu werden.

Beton-Beschichtungssysteme

Die freiliegenden Oberflächen der Brücke werden zum einen aus ästhetischen Gründen gestrichen, zum anderen auch, um die Poren zu versiegeln und eine Barriere gegen den Eintritt von aggressiven Chemikalien zu erhalten. Der Farbauftrag muss genau mit den Bauarbeiten koordiniert werden, um Gerüste und Bühnen nutzen zu können, die noch vor Ort sind. Ansonsten werden für weitere Arbeitsschritte zusätzliche bewegliche Zugangsbühnen und getrennte wasserseitige Zugänge benötigen.

6   Fazit

Der Bau der Saadiyat Brücke ist eine Herausforderung für alle Beteiligten.

Zum aktuellen Zeitpunkt (Sommer 2008) ist die Herstellung schon weit fortgeschritten. Pfahlgründung und Herstellung der Unterbauten und Pfeiler sind abgeschlossen. Die Überbauten sind zu ca. 20% fertig gestellt.

Die technischen Sondervorschläge des Unternehmers zur optimalen Ausnutzung von vorhandenen Erfahrungen, Geräten und Personal und die pro-aktive Kooperation zwischen Unternehmer und Consultant des Bauherrn führen zu einer bisher termingerechten, qualitativ hochwertigen und sicheren Abwicklung der Baumassnahme.

Referenz Literatur

[1] TDIC - Saadiyat Island Cultural District Exhibition
[2] Bernhard Göhler – Incremental Launching (ISBN 3-433-01792-1) (Takt-Schiebe-Verfahren)

Entwurf und Bau der neuen Rheinbrücke Wesel im Zuge der B58n

Dr.-Ing. **Markus Hamme**, Landesbetrieb Straßenbau NRW - Betriebssitz Gelsenkirchen;
Dipl.-Ing. **Hans Löckmann**, Landesbetrieb Straßenbau NRW - Regionalniederlassung Niederrhein, Projektgruppe Wesel;
Dipl.-Ing. **Werner Brand**, DYWIDAG-Systems International GmbH

Kurzfassung

Im Zuge des Neubaus der Bundesstraße B58n als Ortsumgehung Wesel wird auch eine neue Rheinquerung erforderlich. Die Ausführung erfolgt als Schrägseilbrücke mit nur einem Pylon auf der linksrheinischen Seite. Die neue Brücke wird neben der vorhandenen aus dem Jahre 1953 errichtet und ersetzt diese nach der Fertigstellung. Mit einer Stromöffnung von fast 335 m gehört die neue Rheinbrücke Wesel zu den größten Brücken in Deutschland. Der nachfolge Aufsatz schildert die wesentlichen Grundlagen des Bauwerksentwurfs und der Bauausführung.

1 Lage der Brücke und Verkehrsbedeutung

1.1 Verkehrswege

Die Bundesstraße B58 beginnt an der deutsch - niederländischen Grenze bei Straelen / Venlo und führt über Geldern, Wesel, Haltern nach Beckum. Sie ist mit ihrer Lage am Nordrand des Ballungsraumes Ruhrgebiet eine Hauptverkehrsader und stellt die verkehrliche Verbindung zwischen dem linksrheinischen und dem rechtsrheinischen Gebiete mit der Rheinquerung her. Wegen der nahen Lage zu den Bundesautobahnen A57 und A3 übernimmt sie auch die Zubringerfunktion zum überregionalen Straßennetz.

Vom linksrheinischen Ortsteil Wesel-Büderich bis hin zur östlichen Stadtgrenze von Wesel ist die B58 stark überlastet und hat eine erheblich reduzierte Verkehrsqualität. Die B58 genügt wegen der beiden engen Ortsdurchfahrten Wesel-Büderich und der Innenstadt von Wesel, aber auch wegen der zu schmalen Straßenbrücke über den Rhein (zweistreifig und 7,80 m Breite zwischen den Borden) nicht mehr den heutigen Anforderungen. Aus diesem Grund ist

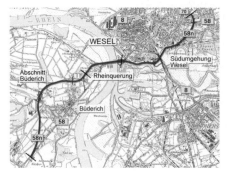

zur Entlastung der Ortslagen von Wesel-Büderich und Wesel vom Durchgangsverkehr eine neue Bundesstraße B58n als Nordwestumgehung Büderich und als Südumgehung Wesel geplant. Die Länge der B58n beträgt 9,9 km. Im Zuge der neuen Ortsumgehung Wesel wird auch ein Ersatzneubau für die bisherige Rheinbrücke erforderlich.

Bild 1   Ortsumgehung Wesel B58n

1.2   Geschichte der Rheinbrücke Wesel

Die erste feste Rheinbrücke bei Wesel wurde im Juli 1917 unter Verkehr genommen. Die nach dem damaligen Oberpräsidenten der Rheinprovinz, *Freiherr Georg von Rheinhaben* benannte Brücke hatte eine Gesamtlänge von 510 m, die sich in Einzelstützweiten von 2x55 m + 97,5 m + 150 m + 97,5 m + 55 m aufteilte.

Nach der Sprengung der *Rheinhabenbrücke* zum Ende des 2. Weltkriegs durch die deutschen Truppen am 3. März 1945 wurde noch im gleichen Frühjahr durch die alliierten Truppen mit dem Neubau einer Behelfsbrücke ca. 75 m stromabwärts begonnen. Im Februar 1946 konnte sie unter Verkehr genommen werden. Sie wurde nach Feldmarschall *Montgomery* benannt.

Wegen akuter Einsturzgefährdung der *Montgomerybrücke* durch Treibeis im Winter 1946/47 wurde Anfang 1947 die Planung zur Wiederherstellung der zerstörten Rheinbrücke begonnen. Aufgrund der finanziellen Zwänge wurde die Altsubstanz weitgehend mitgenutzt, so dass die Rheinbrücke von vornherein nur als „Dauerbehelfsbrücke" betrachtet wurde. Die Stützweiten entsprachen etwa denen der *Rheinhabenbrücke* von 1917. Diese Brücke ist seitdem nahezu unverändert unter Verkehr. Lediglich die ursprüngliche Betonfahrbahn wurde zur Reduktion des Eigengewichts und Vergrößerung der zulässigen Verkehrslasten im Jahr 1978 durch eine leichte orthotrope Stahlfahrbahnplatte ersetzt.

Bild 2   Rheinhabenbrücke von 1917 (aus [1])   Bild 3   Montgomerybrücke von 1946 [www.nrbw.de]

Bild 4   Vorhandene Rheinbrücke Wesel

2   Neubauentwurf

2.1   Planungsgrundlagen

Die Linienführung der B58n sieht die neue Querung mit dem Rhein auf der unterstromigen Seite des bestehenden Bauwerks vor. Nur mit dieser Trassierung konnten die beidseitig des Rheins liegenden Bodendenkmäler sowie das unter Denkmalschutz stehende Fort Blücher umgangen werden. Im Bereich zwischen den beiden Deichlinien verläuft die Trasse in einer Geraden, an die unmittelbar auf dem Ostufer ein Rechtsbogen anschließt.

Zur Vermeidung von Behinderungen der Schifffahrt auf dem Rhein ist die heutige Schifffahrtsöffnung von 150 m auf mindestens 300 m aufzuweiten. Außerdem dürfen im Rhein keine Stützen oder Pfeiler errichtet werden. Als kleinste lichte Durchfahrtshöhe ist ein Maß von 9,10 m über dem höchsten schiffbaren Wasserstand (HSW II) sicherzustellen. Weiterhin wurde durch die Wasserwirtschaft die Forderung erhoben, die durch die heutige Brücke verursachte Engstelle für den Hochwasserabfluss zu beseitigen. Das bedeutete, dass die links-rheinische Vorlandbrücke bis möglichst in die Nähe des linksrheinischen Deichs zu verlängern war.

Für den Abschnitt Rheinquerung der B58n ist ein 4-streifiger Querschnitt mit Richtungstrennung vorgesehen, der auf der Rheinbrücke so weit aufgeweitet wird, dass im Falle von Wartungs- oder Instandsetzungsarbeiten eine 3-streifige Verkehrsführung auf einer Brückenhälfte möglich ist. Am südlichen Ende der Brücke sind die Verzögerungs- und Beschleunigungsspuren der AS Wesel zu berücksichtigen. Die Gesamtbreite zwischen den Geländern beträgt beim Normalquerschnitt 27,50 m. Vor dem rechtsrheinischen Widerlager erfolgt eine Querschnittsaufweitung auf 31,50 m zur Aufnahme zusätzlicher Beschleunigungs- und Verzögerungsspuren.

Eine ausführliche Beschreibung des gesamten Bauwerksentwurfs wurde bereits in [2] veröffentlicht.

2.2 Tragwerksform

Im Zuge der Bearbeitung des Entwurfs für den Abschnitt Rheinquerung der B58n wurden drei Tragwerksvarianten gegenübergestellt, mit denen die Forderungen der Schifffahrt nach einem stützenfreien Verkehrsweg sowie der Wasserwirtschaft nach Verlängerung der Vorlandbrücke erfüllt werden sollten. Untersucht wurden eine Schrägseilbrücke, ein Stabbogen und eine Fachwerkbrücke. Als Ergebnis dieser Untersuchungen wurde die Schrägseilbrücke als die gestalterisch und wirtschaftlich beste Lösung ausgewählt.

Bedingt durch die Trassierung und das vorhandene Gelände im Bauwerksbereich kann die Schrägseilbrücke nur mit einem Pylon gebaut werden. Da auf dem rechtsrheinischen Ufer am Bauwerksabschluss die Trasse der B58n nach Süden abschwenken muss, um die Industrieansiedlung auf dem Lippehochufer zu umgehen, ist die Positionierung eines Pylonen auf der rechten Rheinseite nicht möglich. Ferner hat der Rhein im Bauwerksbereich einen unsymmetrischen Verlauf. Durch den extremen Linksbogen im Kreuzungsbereich ist nur auf der linksrheinischen Seite ein ausgeprägtes Vorland ausgebildet. Auf der rechtrheinischen Seite steigt das Gelände vom Rhein kommend sofort auf die Höhe der Büdericher Insel an. Daher fehlt hier die für eine Rückverankerung von Seilen erforderliche Vorlandbrücke. Die für die Schifffahrt erforderliche Öffnungsweite von mehr als 300 m muss deshalb mit nur einem auf der linksrheinischen Seite errichteten Pylon überbrückt werden.

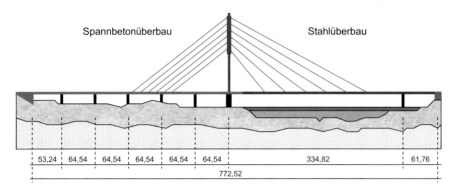

Spannbetonüberbau   Stahlüberbau

| 53,24 | 64,54 | 64,54 | 64,54 | 64,54 | 64,54 | 334,82 | 61,76 |

772,52

Bild 5   Schematische Längsansicht

Die Gesamtlänge der neuen Rheinbrücke ergibt sich zu 772,52 m. Die Einzelstützweiten betragen 53,24 m + 5 x 64,54 m + 334,82 m + 61,76 m.

2.3 Überbaugestaltung

Die Materialwahl für den Überbau erfolgte gemäß den statischen Anforderungen. Bei der Auswahl des Materials für die Strombrücke stand die Gewichtsminimierung im Vordergrund. Deshalb wurde ein Stahlquerschnitt mit vergleichsweise teurer orthotroper Fahrbahnplatte einem Verbund- oder gar Spannbetonquerschnitt vorgezogen. Die auf der linksrheinischen Seite anschließende Vorlandbrücke wird dagegen aus wirtschaftlichen Erwägungen und um das nötige Gegengewicht für die Abspannung des Stromfeldes zu schaffen, in Spannbeton ausgeführt. Eine wesentliche Planungsvorgabe war es, abhebende Lasten im Rückveranke-rungsbereich der Schrägseile zu vermeiden, um so die Lagesicherheit ohne den Einsatz war-tungs- und verschleißintensiver Druck-/Zuglager zu gewährleisten. Zur Vermeidung eines weiteren, statisch ungünstigen Materialwechsels wurde das rechtsrheinische Feld der Strombrücke ebenfalls in Stahlbauweise geplant.

Die Rheinbrücke Wesel unterteilt sich damit in den 408,684 m langen Stahlüberbau der Strombrücke und den 363,86 m langen Spannbetonüberbau der linksrheinischen Vorland-brücke. Der Wechsel vom Stahl zum Beton wurde im Entwurf um 12,10 m vom Pylon in Richtung Vorlandbrücke abgerückt, um für die biegesteife Kopplung günstigere statische Verhältnisse als in der Pylonachse zu erhalten. Im Zuge der Ausführung wurde die Koppel-stelle, einem Nebenangebot der Baufirma folgend, in das Stromfeld verschoben.

Der zweibahnige Querschnitt mit Mittelstreifen erlaubt als wirtschaftlich und gestalterisch überzeugende Lösung die Ausführung als Mittelträgerbrücke. Hierbei sind die das Fahrbahndeck tragenden Seile der Bauwerksachse, d.h. im Mittelstreifen angeordnet. Außermittige Belastungen aus Verkehr oder bei Erneuerung des Fahrbahnbelages auf einer Brückenhälfte müssen über Torsion zu den Auflagern abgetragen werden. Für die Überbauten kommt bei den gewählten Stützweiten und aufgrund der erforderlichen Torsionssteifigkeit nur ein Hohlkastenträger in Betracht. Der Überbau wird daher als mehrzelliger Hohlkasten mit weit auskragender Fahrbahnplatte ausgebildet. Diese wird durch Schrägstreben im über die gesamte Brückenlänge einheitlichen Abstand von 4,034 m unterstützt. Die Konstruktionshöhe der Überbauten beträgt über die gesamte Brückenlänge einheitlich 3,75 m.

Die Ausführung des Stahlüberbaus als dreizelliger Hohlkasten erlaubt in der 2 m breiten, mittleren Kastenzelle eine einfache Verankerung der Tragseile. Die Gesamtbreite des Hohlkastens beträgt 13,80 m, so dass sich die beidseitigen Kragarmbreiten zu je 7,71 m im Normalbereich und 9,71 m im Aufweitungsbereich ergeben. Daraus ergibt sich eine Gesamtbreite von 29,22 m, bzw. 33,22 m im Aufweitungsbereich. Die Aussteifung erfolgt durch Querrahmen und Querschotte.

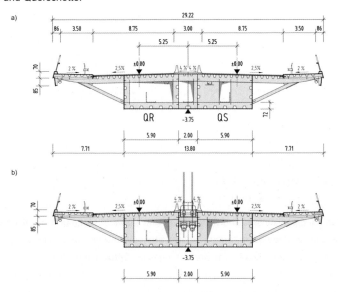

Bild 6   Querschnitt der Strombrücke a) Normalbereich, b) Seileinleitungsbereich (aus [2])

Der Spannbetonquerschnitt wird im Seilverankerungsbereich ebenfalls als dreizelliger und ansonsten als zweizelliger Hohlkasten ausgeführt. Die Breite des Hohlkastens beträgt wie bei der Strombrücke 13,80 m, so dass sich mit den beidseitigen Kragarmbreiten von 7,20 m und den je 0,51 m breiten Gesimsen ebenfalls eine Gesamtüberbaubreite von 29,22 m ergibt.

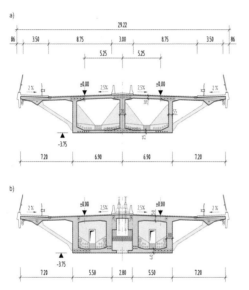

Bild 7   Querschnitt der Vorlandbrücke a) Normalbereich, b) Seileinleitungsbereich (aus [2])

2.3   Pylon

Das Erscheinungsbild der Rheinbrücke Wesel wird im Wesentlichen durch den in der Niederrheinlandschaft weithin sichtbaren Pylon bestimmt. Deshalb wurde beim Bauwerksentwurf großer Wert darauf gelegt, unter Beachtung der statischen und konstruktiven Anforderungen dennoch eine gestalterisch ansprechende Pylonform zu finden. Diese leitet sich zunächst aus dem gewählten Tragsystem einer Mittelträgerbrücke ab. Während die Seilebenen in Bauwerksachse angeordnet werden können, ist dies für den Pylon selbst nicht möglich, da hierfür die Mittelstreifenbreite von 3,0 nicht ausreicht. Der Pylon muss daher im unteren Bereich seitlich, neben dem Fahrbahndeck geführt werden. Daraus leitet sich fast zwangsläufig die gewählte Form eines umgedrehten Ypsilons ab. Die Höhe des Pylonen ergibt sich aus der statisch sinnvollen Begrenzung der Seilneigung auf 1:2,5 für das längste Tragseil. Die

Gesamthöhe beträgt 129,40 m über Gelände, wobei hiervon ca. 16,50 m auf den massiven Pylonpfeiler entfallen. Der Pylon selbst unterteilt sich in den unteren, zweiteiligen Abschnitt mit einer Höhe von 51,64 m und den oberen, einteiligen Abschnitt mit einer Höhe von 61,29 m. In Höhe des Überbaus bindet der Pylon biegesteif in einen massiven Pylonpfeiler ein.

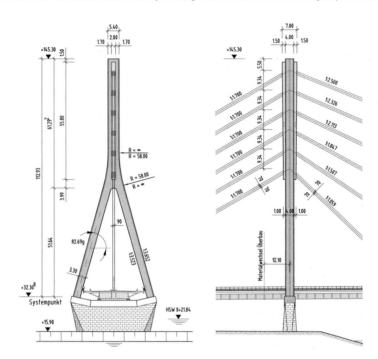

Bild 8   Pylonform (aus [2])

Die unteren Schrägstiele des Pylonen bestehen aus je einem rechteckigen Stahlbetonhohl-kasten mit einer in Brückenlängsrichtung konstanten Breite von 4,0 m und einer in Brücken-querrichtung zwischen 3,30 m und 3,78 m variierenden Breite.

Die obere Pylonnadel wird als Verbundquerschnitt ausgeführt. Diese Ausführung erlaubt trotz schlanker Abmessungen eine gut zugängliche Seilverankerungskonstruktion im Inneren des Pylonen. Der innere Teil des Verbundquerschnitts besteht aus einem 2,0 m breiten Stahlkasten zur Verankerung der Seile. In der Seitenansicht hat er eine von unten nach oben zunehmende Breite von 6,0 m bis 7,0 m. An beiden Längsseiten des Stahlkastens schließen im Querschnitt U-förmige Stahlbetonbauteile mit einer Breite von 1,70 m in Brückenquerrichtung und 4,0 m in Brückenlängsrichtung an, so dass sich für den inneren Stahlkasten ein seitlicher Überstand von 1,0 m bis 1,5 m ergibt. Die Verbundwirkung wird durch eine kontinuierliche Verdübelung mit Kopfbolzen erzielt. Zur Minimierung der Abmessungen erfolgt die Herstellung der Betonteile aus hochfestem Beton.

Zur Begehbarkeit des Pylonen wird in einem der Schrägstiele ein Aufzug angeordnet. Der obere Teil ist durch eine in den seitlichen Betonteilen angeordnete Leiteranlage begehbar.

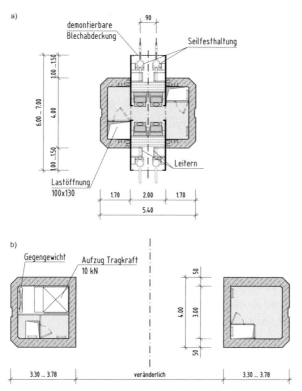

Bild 9   Pylonquerschnitt a) Pylonnadel b) Pylonstiele (aus [2])

2.4 Unterbauten und Gründung

Der Pylonpfeiler wird als im Grundriss achteckige Pfeilerscheibe mit Natursteinverblendung ausgeführt (vgl. Bild 8).

Die übrigen Pfeiler erhalten eine V-Form gemäß der Darstellung in Bild 10.

Die Gründungen aller Pfeiler und der Widerlager wurden aufgrund des vorhandenen Baugrundes als Pfahlgründungen mit Bohrpfählen konzipiert.

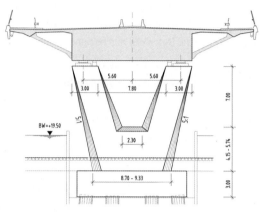

Bild 10 Regelpfeiler (aus [2])

2.5 Seile

Zur Abspannung der Strombrücke werden beidseitig des Pylonen jeweils 6 Seilgruppen, die wiederum aus je 2 x 3 Einzelseilen bestehen angeordnet. Der Abstand der Einzelseile untereinander beträgt 600 mm und 900 mm in Brückenquerrichtung. Die Anordnung auf der Stromseite erfolgt fächerförmig, die auf der Vorlandseite harfenförmig (vgl. Bild 5). Der Abstand der Verankerungspunkte im Brückendeck beträgt auf der Stromseite 40,34 m und auf der Vorlandseite 16,13 m. Am Pylon beträgt der Abstand zwischen den Verankerungspunkten 9,34 m. Alle Seile erhalten im Pylon einen Festanker und im Überbau einen Spannanker zur Eintragung der Vorspannkräfte.

Als Seilart waren im Bauwerksentwurf entsprechend den aktuellen Regelungen für Brücken im Zuge von Bundesfernstraßen vollverschlossene Spiralseile mit einem Durchmesser zwischen 100 mm und 115 mm vorgesehen. Im Zuge der Ausschreibung wurden in Abstimmung mit dem Bundesverkehrsministerium (BMVBS) jedoch Nebenangebote, die eine Ausführung als Litzenbündelseile beinhalten, ausdrücklich zugelassen und bei der Auftragsvergabe auch beauftragt.

3 Bauausführung

3.1 Vorlandbrücke

Aufgrund eines Nebenangebotes der mit der Bauausführung beauftragten Arbeitsgemeinschaft wurde der Überbau der Vorlandbrücke im Taktschiebeverfahren errichtet. Dazu wurde hinter dem linksrheinischen Widerlager ein Taktschiebekeller eingerichtet, in dem das Betonieren der einzelnen Takte erfolgte. Für den Spannbetonüberbau ergab sich durch die Verlegung der Koppelstelle mit dem Stahlüberbau um 20,17 m ins Stromfeld eine Gesamtlänge von 397,23 m. Die Herstellung erfolgte in 12 Takten mit Längen zwischen 27,94 m und 34,17 m sowie einem abschließenden Takt von 13,65 m Länge.

Als Besonderheiten der Taktschiebemontage bei der Rheinbrücke in Wesel sind zum einen der sehr große Querschnitt und zum anderen der verwendete Vorbauschnabel zu erwähnen. Als Vorbauschnabel wurde nämlich der erste Schuss des Stahlüberbaus für die Strombrücke mit einer Länge von 27,24 m verwendet. Die Mittelzelle des zweiten Schusses der Strombrücke wurde ebenfalls bereits vorab montiert, um direkt nach Erreichen der Endlage des Spannbetonüberbaus mit der Montage der ersten Seile beginnen zu können. Für das Taktschieben wurde dieses Bauteil aber nicht benötigt. Für die Ausführungsplanung und die Fertigung des Stahlüberbaus war diese Vorgehensweise eine besondere Herausforderung.

Trotz Verwendung des Vorbauschnabels waren für die Taktschiebemontage zusätzliche Hilfsstützen erforderlich. In jedem Feld des linksrheinischen Vorlands wurde eine zusätzliche Pfeilerscheibe aus Stahlbeton errichtet, die nach dem Abschluss der Taktschiebemontage wieder zurück gebaut wurden.

Bild 11 Taktschieben der Vorlandbrücke

3.2 Pylonmontage

Nach abgeschlossener Herstellung des Pylonpfeilers konnte mit der Montage des Pylonen begonnen werden. Hierbei ist in die Errichtung der Schrägstiele und der Pylonnadel zu unterscheiden. Die Schrägstiele wurden nach Herstellung eines Anfängertaktes mit konventioneller Großflächenschalung in 10 weiteren Betonierabschnitten mit einer Kletterschalung hergestellt. Die Höhe der einzelnen Betonierabschnitte betrug dabei 4,88 m. Da die Schrägstiele aus statischen Gründen nicht bis zur vollen Höhe frei stehen können und zur exakten Ausrichtung der Pylonstiele, wurden für die weitere Herstellung jeweils in Höhe des fünften und zehnten Betonierabschnitts Druckstreben aus Stahl zwischen den beiden Schrägstielen eingebaut, so dass sich diese gegeneinander abstützen konnten.

Mit dem elften Betonierabschnitt erfolgte der Zusammenschluss der beiden Schrägstiele. Anschließend wurde der erste Schuss des Stahlkastens der Pylonnadel montiert und der zwölfte Betonierabschnitt erstellt. Der erste Takt des Stahlkastens enthält neben dem Fuß des eigentlichen Stahlkastens vor allem auch zwei große (ca. 7,20 m x 3,0 m), 60 mm dicke Stahlbleche mit einer Vielzahl von aufgeschweißten Kopfbolzendübeln zur Herstellung des Verbundes zwischen Stahl und Beton.

Anschließend wurde mit der eigentlichen Stahlbaumontage für die Pylonnadel begonnen. Die Schüsse 2 - 4 mit Höhen zwischen 13,75 m und 14,65 m wurden wegen der großen Bau-

Bild 12 Herstellung der schrägen Pylonstiele

teilgewichte mit einem großen am Pylonfuß stehenden Raupenkran montiert. Die Schüsse 5 - 7 mit kurzen Bauteillängen zwischen 2,5 m und 5,0 m wurden mit dem ohnehin auch für die

Betonierarbeiten vorhandenen Turmdrehkran eingehoben. Die ersten fünf Pylonschüsse bestehen aus jeweils zwei und der sechste aus drei Bauteilen. Der siebte Schuss konnte aufgrund seines verhältnismäßig geringen Gewichtes einteilig montiert werden.

Bild 13   Montage des Stahlkastens der Pylonnadel

Die außen liegenden Stahlbetonteile der Pylonnadel wurden anschließend wiederum mit einer Kletterschalung in weiteren 14 Betonierabschnitten hergestellt. Die Höhe der Betonier-abschnitte betrug wechselweise 4,30 m oder 5,0 m. Lediglich die Betonierabschnitte 13, 25 und 26 waren niedriger. Eine besondere Herausforderung war die Verwendung von hochfes-tem Beton der Klasse C55/67 für die Betonbauteile des Pylonen. Trotz eines umfangreichen Qualitätssicherungsplans und Durchführung eines Betonierversuchs im Maßstab 1:1 stellte die Gütesicherung des Betons alle Beteiligten vor erhebliche Probleme. Letztlich ist es aber gelungen die erforderliche Betongüte am fertigen Pylon zu erreichen. Als weiterer Schwierig-keitsgrad bei der Bauausführung hat sich die hohe Bewehrungskonzentration insbesondere an den Füßen der Schrägstiele und am Fuß des Stahlkastens herausgestellt. Um das Beto-nieren zu erleichtern mussten teilweise Bewehrungseisen mit einem Durchmesser von 50 mm verwendet werden.

3.3 Strombrücke

Da im Bereich Wesel auf dem Rhein sehr reger Schiffsverkehr herrscht, musste ein Montageverfahren vorgeschrieben werden, das eine Beeinträchtigung der Schifffahrt ausschließt. Die Herstellung der Strombrücke muss daher weitestgehend wie bei der alten Weseler Brücke im freien Vorbau mit Anlieferung und Montage der Bauteile von „oben" erfolgen. Eine Montage mit Großbauteilen vom Rhein aus wie bei der Flughafenbrücke in Düsseldorf im Zuge der A44 zuletzt praktiziert konnte hier nicht ausgeführt werden.

Für die Montage wird der insgesamt 376,4 m lange Stahlbauabschnitt des Überbaus in 18 Montageschüsse eingeteilt. Die Schusslängen betragen zwischen 27,24 m und 16,14 m. Jeder einzelne Schuss besteht aus 11 Bauteilen, die auf der Baustelle zum Gesamtquerschnitt zusammengesetzt werden. Die Fertigung der Einzelteile erfolgt durch die Fa. Donges SteelTec (vormals Donges Stahlbau) in Darmstadt.

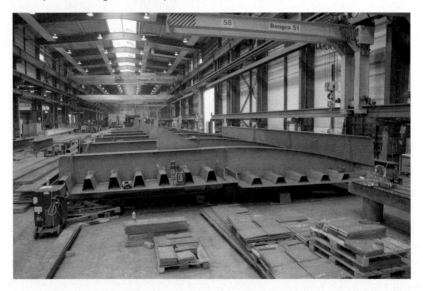

Bild 14 Werksfertigung des Stahlüberbaus

Die Schüsse 16 - 18 bilden das rechtsrheinische Vorlandfeld der Brücke. Sie werden mit Mobilkränen vom Rheinvorland aus montiert. Die Schüsse 14 und 15 werden dann im Freivorbau von der Vorlandbrücke aus hergestellt. Der Schuss 1 wurde wie bereits geschildert als Vorbauschnabel genutzt und dementsprechend schon im Taktschiebekeller montiert. Der

Einbau der übrigen Schüsse erfolgt im Freivorbau von der linksrheinischen Seite aus. Die einzelnen Querschnittsteile werden dazu über die fertige Vorlandbrücke transportiert, mit einem Mobilkran vor die Brückenspitze gehängt und dann verschweißt.

Bild 15 Montage des Stahlüberbaus im Freivorbau

Die Seile werden sukzessive mit dem Freivorbau der Stahlbrücke montiert. Nach Einbau des letzten Schusses wird der von der rechtsrheinischen Seite aus montierte Überbauabschnitt noch um 100 mm Richtung Strom verschoben um die letzte Lücke zu schließen.

3.4 Seilmontage

Der beauftragte Sondervorschlag ersetzt die im Bauwerksentwurf vorgesehenen vollver-schlossenen Seile durch Litzenbündelseile des Systems DYWIDAG DYNA GRIP® mit den Typen DG-P 37 bzw. DG-P 55.

Insgesamt werden ca. 700 to Litzen bei einer maximalen Seillänge von 285 m eingebaut.

Die Schrägseile sind überbauseitig mit einem Spannanker bestehend aus einem Ankerblock mit verstellbarer Ringmutter und pylonseitig mit einem Festanker versehen. Alle Verankerun-gen besitzen innenliegende Dichtungselemente, die das Eindringen von Wasser in den Keil-bereich verhindern. In den Verankerungen werden generell mindestens drei Verankerungs-bohrungen für eine eventuell später erforderliche Verstärkung mit Reservelitzen vorgesehen.

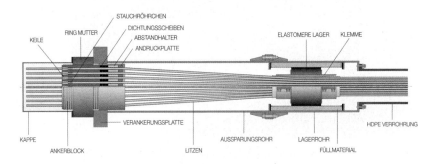

Bild 16 Spannanker des Systems DYWIDAG DYNA GRIP®

Als Zugglieder kommen 7-drähtige kaltgezogene Litzen Ø 15,7 mm, R_m = 1770 N/mm², feu-erverzinkt und gewachst, mit PE- Mantel in Schrägseilausführung zum Einsatz, die mit 3-teiligen, besonders schwingfesten Keilen verankert werden. Das gesamte Litzenbündel wird in einem rubinroten HDPE-Schutzrohr mit äußerer Wendel zur Reduktion Regen-Wind induzierter Schwingungen geführt. Zur weiteren Reduktion von Schwingungen werden die Seile einer Gruppe jeweils in den Drittelspunkten untereinander gekoppelt.

Die Litzen werden ca. 4 m nach dem Spannanker bzw. ca. 2 m nach dem Festanker durch eine sogenannte Lagerführung gebündelt. Die Elastomerlager dienen zur Verringerung der Biegemomente im Verankerungsbereich und besitzen zudem dämpfende Eigenschaften.

Das Schrägseilsystem DYNA GRIP® ermöglicht den Austausch einzelner Litzen und wurde seit dem Jahre 2000 international bereits bei 23 Schrägseilbrücken eingesetzt. In Deutschland wurde dieser Typ bereits bei den Seilen der neuen Rügenbrücke angewendet.

Da es für Litzenbündelseile derzeit noch keine Zulassung gibt, war es erforderlich, eine Zustimmung im Einzelfall zu beantragen. Hierfür waren, zusätzlich zu den für die Rügenbrücke bereits durchgeführten Versuchen, vor allem zwei neue Dauerschwingversuche gemäß der fib-Richtlinien [3] am Litzenbündel mit 55 Litzen gefordert. Die Versuche wurden an der Materialprüfanstalt der TU München durchgeführt. Es wurden 2 Millionen Lastwechsel mit einer Schwingbreite von 200 N/mm² bei einer Oberlast von 45 % GUTS (Nennbruchlast) aufge-

bracht. Um Ausführungstoleranzen sowie Winkelverdrehungen des Seils im Bauwerk zu simulieren, mussten die Verankerungen in den Versuchen planmäßig mit 0,6° Schiefstellung eingebaut werden. Im Anschluss an die Dauerschwingversuche wurden die Bruchlasten und die Dehnungen bei Maximallast ermittelt. Sämtliche Kriterien der fib-Richtlinien wurden hierbei erfüllt.

Bild 17 Dauerschwingversuch für die Zustimmung
im Einzelfall

Zur Montage der Seile werden zunächst die einzelnen Rohrstücke der äußeren HDPE-Verrohrung auf der bereits fertig gestellten Spannbetonvorlandbrücke liegend zu einem Rohrstrang verschweißt und anschließend in eine schräge Lage eingehoben.

Anschließend erfolgen der Einzug der Litzen mit Winden und danach das einzelne Vorspannen der Litzen mittels des patentierten ConTen-Verfahrens. Dabei erfolgt die Montage jeweils wechselseitig mit 2 Seilen der Vorlandbrücke und 2 Seilen der Strombrücke.

Die Seile werden entsprechend der Spannanweisung des Ausführungsplaners in mehreren Spannstufen gleichmäßig gespannt. Eine spätere Korrektur zum Zwecke des Nachspannens oder zur Kontrolle der Seilkraft geschieht mit Hilfe einer Gradientenpresse. Dabei wird der gesamte Ankerkopf angehoben. Durch eine auf dem Ankerkopf schraubbare Ringmutter kann dann eine Erhöhung bzw. auch eine Verringerung der Seilkraft eingestellt werden.

Bild 18 Einheben der HDPE-Hüllrohre

Bild 19 Einziehen der Litzen

Die bisherigen Erfahrungen bei der Rügenbrücke und nun an der Rheinbrücke Wesel fließen derzeit in die entsprechenden Regelwerke für Straßenbrücken in Deutschland ein, so dass Litzenbündelseile künftig gleichwertig zu vollverschlossenen Seilen verwendet werden können.

Bild 20 Seilgruppe im Seileinleitungsbereich der Strombrücke

4   Zusammenfassung

Mit der neuen Rheinbrücke Wesel wird derzeit eine Schrägseilbrücke errichtet die den aktuellen Stand der Technik hervorragend repräsentiert. Schon im derzeitigen Bauzustand und
an Hand der Visualisierungen ist erkennbar, dass sich das Bauwerk sehr gut in die flache
Niederrheinlandschaft von Wesel integriert. Das große Interesse bereits während der Bauausführung lässt auf eine große Akzeptanz durch die Bevölkerung schließen.

Bild 21 Visualisierungen der fertigen Rheinbrücke

Der Auftrag zur Erstellung des Bauwerks wurde im September 2005 erteilt. Die Fertigstellung
soll Mitte 2009 erfolgen, so dass im Herbst 2009 die Brücke unter Verkehr genommen werden kann.

Die Kosten betragen etwa 50 Millionen Euro.

Projektbeteiligte

Auftraggeber:

Bundesrepublik Deutschland, vertreten durch den Landesbetrieb Straßenbau NRW, Regionalniederlassung Niederrhein – Außenstelle Wesel

Bauausführung:

Arbeitsgemeinschaft Rheinbrücke Wesel

Massivbau: Fa. Kirchner, Bad Hersfeld

Stahlbau: Fa. Donges SteelTec (vormals Donges Stahlbau), Darmstadt

Bauwerksentwurf:

Schüßler-Plan Ingenieurgesellschaft mbH, Büros Berlin und Düsseldorf

Prüfingenieure:

Stahlbau: Prof. Dr.-Ing. Hanswille, Bochum

Massivbau: Dipl.-Ing. Uhlenberg, Leverkusen

Fertigungsüberwachung Stahlbau:

Ingenieurgesellschaft Grontmij BGS, Frankfurt am Main

Literaturverzeichnis

[1]   Ministerium für Wirtschaft und Verkehr des Landes NRW: Denkschrift zur Übergabe der wiederhergestellten Straßenbrücke über den Rhein bei Wesel, 1953

[2]   G.Gebert, S.Bohm, P.Sprinke, M.Hamme, H.Löckmann, H.Reinsch: Die neue Rheinbrücke Wesel – Entwurfsplanung und Ausschreibung, Stahlbau 76 (2007), Heft 9

[3]   fib-Bulletin 30: Acceptance of stay cable systems using prestressing steels, Januar 2005

Museumsbrücken Bozen – Skulpturaler Stahlbau über die Talfer

Dipl.-Ing. (FH) **Anita Jokiel**, Dipl.-Ing. (FH) **Josef Gschwendtner**, Dr. sc. techn. **Klaus Thiele**, Dr. -Ing. **Georg Schiner**, Max Bögl Neumarkt / Brixen

Zusammenfassung

Mit der Eröffnung des Neuen Museums für moderne und zeitgenössische Kunst am 24.05.2008 in Südtirols Landeshauptstadt Bozen feierte die Autonome Provinz Bozen - Südtirol als Bauherr gleichzeitig die Einweihung einer spektakulär geschwungenen Stahlbrückenkonstruktion über den Wildbach Talfer.

Bild 1   Blick entlang der Brückenüberbauten auf die Fassade
des neuen, beleuchteten Museums

Zwei Brückenüberbauten machen die Museumsanlage für Fußgänger und Radfahrer von der der Innenstadt abgewandten Seite zugänglich und wirken gleichzeitig als gestaltendes Bauelement. Im Gegensatz zum städtischen Kubus des Museums, dessen transparente Fassadenfront das historische Zentrum mit der Neustadt und dem Talfergrün verbinden, signalisie-

221

ren die schwingenden Formen der Brücken einen spielerischen Umgang mit den Geometrien der umgebenden Landschaft. Die Brücke ist als Raumskulptur aus zwei miteinander korrespondierenden schwingenden Kurven konzipiert. Rad- und Fussweg werden getrennt voneinander geführt.

1. Konstruktionsbeschreibung / statisches System

Beide Brückenüberbauten überspannen dem Entwurf des Berliner Architekturbüros KSV – Krüger Schuberth Vandreike folgend das Flussbett des Wildbaches Talfer mit einer Spannweite von 52m stützenfrei.

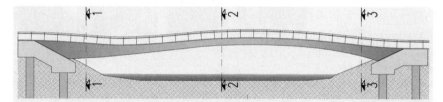

Bild 2 Ansicht der Brücke – Nord mit schematischer Darstellung der Gründungselemente

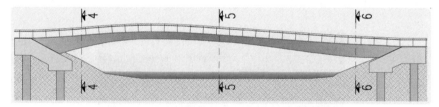

Bild 3 Ansicht der Brücke – Süd mit schematischer Darstellung der Gründungselemente

Die Brückenkörper ähneln mit ihrer knickfreien, monolitisch wirkenden Form und dem in der Mitte flacher werdenden Profilquerschnitt einer Flugzeugtragfläche.

Der Querschnitt der im Grundriss gekrümmten und im Aufriss bogenförmig ausgebildeten Tragkonstruktion wird unsymmetrische Dreiecksgeometrien mit abgerundeten Ecken und variirenden Seitenlängen gebildet. Die Außenhaut besteht aus einem 12mm starken Stahlblech der Güte S355J2W (wetterfester Stahl), welches durch Brückenschotte im Abstand von 3,0 m sowie Trapezhohlsteifen im Brückenkörper seine geschwungene Form erhält.

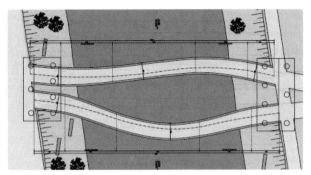

Bild 4   Grundrissdarstellung der Brückenüberbauten mit Kenn-
zeichnung der Widerlagerlage

Durch die geschlossene Bauweise erhalten beide Überbauten eine ausreichend hohe Torsi-
onssteifheit, um die infolge der gekrümmten Grundrissgeometrie entstehenden Torsionskräf-
te in die Brückenwiderlager an beiden Flussufern zu leiten. Die Gründungen beider Überbauten sind gekoppelt, sodass die infolge der gegenläufigen Grundrissgeometrie auch entge-
gengerichtet entstehenden Torsionsmomente im Widerlager nahezu kompensiert werden
und hierdurch keine Veranlassung zur Weiterleitung dieser Kräfte in den Baugrund getroffen
werden musste.

Als statisches Grundsystem der Tragwirkung wurde ein Rahmensystem, bestehend aus
Stahlüberbau als Rahmenriegel sowie Widerlager mit Bohrpfahlgründung als Rahmenstiele
gewählt. Eine Einspannung des Stahlüberbaus in die Widerlager wurde aufgrund der oben
bereits näher beschriebenen Torsionskraftwirkung unerlässlich.

Bild 5   Widerlagereinbindung des   Bild 6   Widerlager nach der Betonage
Stahlüberbaus vor der Verankerung

Zusätzlich war der optische Eindruck des monolitisch aus dem Boden herauskommenden Brückenträgers architektonisch gewünscht. Eine übliche Lagerung als statisch bestimmtes System mit einer verschieblichen Lagerung eines Brückenlagers konnte bei der gewählten Geometrie nicht verwirklicht werden. Das hatte zur Folge, dass Spannungen infolge von Temperaturunterschieden rechnerisch in der Konstruktion zu berücksichtigen waren und die Wahl der Querschnittsausbildung sowie die Wahl der Materialstärken hierdurch erheblich beeinflusst wurde.

2. Technische Konstruktion - Werkstattplanung

Die Art der geometrischen Form sowie die Zielsetzung eine knickfreie, homogene und mono-litische wirkende Stahlkonstruktion zu verwirklichen erforderte eine hohe Präzision in der Werkstattplanung. Grundlage für eine entsprechende Ausführung war eine 3-Dimensionale Modellierung beider Überbauten. Die verwundenen, windschiefen Seitenflä-chen wurden auf dem Konzept aneinandergereihter ebener Dreiecksflächen im Rasterab-stand von 1 m im später sichtbaren und im Rasterabstand von 3 m im später in die Widerla-ger einbindenden Bereich im 3-D Modell modelliert.

Bild 7   Ansicht 3 – D Modell der Werkstattplanung mit Dreiecksteilung

Auf einen Zusammenbau der Überbauten aus dreiecksförmigen Seitenflächen wurde jedoch aufgrund des hohen Schweiß- und Schleifaufwandes verzichtet. Stattdessen wurden die im 3-D Modell entstandenen Dreiecksflächen aus dem dreidimensionalen Konstruktionsmodell in ein zweidimensionales Konstruktionsmodell abgewickelt und hier in der Ebene so anei-nandergelegt das die zur Verfügung stehenden Blechtafeln mit Abmessungen von ca. 3,0 x 12,0 m als Grundlage für den Zuschnitt eines Seitenblechteiles wirtschaftlich ausgenutzt werden konnten. Der späteren geschwungenen Formgebung kam die geringe Blechstärke von nur 12mm in der Form entgegen, dass sich das Seitenblech so problemlos an die formgebenden Schottbleche und Trapezhohlsteifen schmiegen konnte.

Bedarfsstöße in der Werkstattfertigung, welche bei 2 Brückenschüssen je Überbau mit jeweils ca. 30 m Länge aufgrund der vorrätigen Blechtafelabmessungen des wetterfesten Stahls erforderlich wurden, wurde in der Konstruktion bereits so gelegt, dass sich diese zwischen zwei Querschottblechen, jedoch in Schottnähe befinden. So konnte sowohl die Ausführung von Dreiblechnähten vermieden als auch Verwölbungen des Seitenbleches infolge von Schrumpfspannungen während des Schweißenseingeschränkt werden.

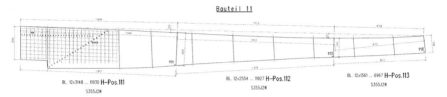

Bild 8   Abwicklung eines aus Dreiecksflächen gebildeten Seitenbleches

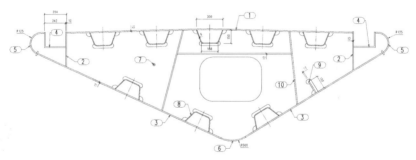

Bild 9   Brückenquerschnitt in Feldmitte

Blechstärken und Materialien zu Bild 9

Belagsblech (1)	Bl 12	S355J2W
Steife Rinnenblech (2)	Bl 12	S355J2W
Seitenblech (3)	Bl 12	S355J2W
Rinnenkantteil (4)	Bl 12	S355J2W
Seitliche und untere Kappe (5+6)	Bl 12	S355J2W
Schottblech (7)	Bl 16	S355 J2N
Trapezhohlsteife (8)	Bl 6	S355J2NC

3. Werkstattfertigung

Jeder Überbau wurde für die Fertigung und den Transport in 2 Schüsse aufgeteilt. Die Werkstattfertigung der 4 Schüsse erfolgte in den Fertigungshallen des Stahlbauwerkes am Stammsitz der Fa. Max Bögl in Sengenthal bei Neumarkt i. d. OPf. Ähnlich der Herstellung eines Schiffsrumpfes wurde die Konstruktion beginnend mit dem Auflegen des zugeschnittenen Geh- und Fahrbahnbleches auf einer der Konstruktionsgeometrie folgenden Schablone begonnen. Anschließend erfolgte das Aufsetzten der Schottbleche, die gleichzeitig die Formgebung für das später folgende Auflegen der Seitenbleche sicherstellte. Seitliche und untere Brückenkappe wurden als Stabmaterial im erforderlichen Radius gekantet und mit Hilfe von Wärmebehandlung der Brückenkontur folgend in Form gebracht. Aufgrund der variierenden Neidungen der Seitenbleche und des tangentialen Übergangs von Kappenkrümmung in das Seitenblech ergaben sich für die Bogenlängen der Kappen ebenfalls variierende Maße. Diese Geometrie wurde planerisch nicht durchkonstruiert, sondern durch eine Anpassung der Kappenbleche im Zuge des Zusammenbaus realisiert.

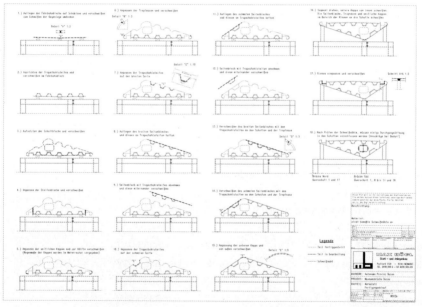

Bild 10   Zusammenbaureihenfolge der Brückenüberbauten in der Werkstattfertigung

Nach dem Auflegen beider Seitenbleche sowie dem Schließen des Querschnittes durch Anbringen und Verschweißen der unteren Brückenkappe wurde die Konstruktion aus Ihrer Fertigungslage in die spätere Einbaulage gedreht und die Kantteile für die Entwässerungsrinnen angebracht. In diesem Zustand wurde die Konstruktion bereits auf die Hilfkonstruktion aufgelegt, welche die Bauteile auch während des späteren Transportes auf den Transportfahrzeugen stabilisierte.

Bild 11 Brückenschüsse der Nordbrücke
in der Fertigungshalle

Bild 12 Anbau der seitlichen
Brückenkappen

4. Transport der Brückenschüsse

Um eine stabile Lagerung der Bauteile während des Transportes sicherzustellen galt es, Zugmaschine, Nachläufer und Schwerpunkt des Brückenschusses in eine Achse zu bringen. Dieses erforderte aufgrund der unterschiedlichen Schussgeometrien inividuell angepasste Hilfskonstruktionen für jedes Bauteil.

Bild 13 Lagerkonstruktion Schuss Nord-
West auf der Zugmaschine

Bild 14 Lagerkonstruktion Schuss Nord-
West auf dem Nachläufer

Mit einer Zuglänge von bis zu 39,0 m einer Breite von 5,80 m sowie einem Gesamtgewicht von bis zu 69 to erfolgte der Transport über die Alpen auf Umwegen. Aufgrund von Beschränkungen für den Schwerlastverkehr auf dem Brenner führte die Fahrstrecke von Neumarkt i. d. Opf.über Passau, Leoben und Klagenfurt nach Venezia und von dort über Verona und Trento aus südlicher Richtung kommend nach Bozen. Insgesamt war für die 1.200 km lange Transportstrecke eine Transportzeit von 4 Nächten vorgesehen.

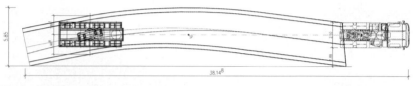

Bild 15   Draufsicht Lastzug Brücke Nord-West

Bild 16 Ansicht Lastzug Brücke Nord-West   Bild 17 Bohrgerät BG 22 zur Erstellung
der Bohrpfahlgründung

5. Errichtung der Gründungsbauwerke

Basis für die Bauwerksgründung stellen 7 Bohrpfähle je Flussufer mit einer Gründungstiefe von 8,0 m sowie einem Durchmesser von 1,2 m dar. Da gemäß Baugrundgutachten mit einem hohen Findlingsaufkommen im Gründungsbereich zu rechen war, kam zur Erstellung der Pfahlgründung ein Bohrgerät vom Typ BG 22 zum Einsatz. Durch dieses Gerät war es möglich, Gesteinsmaterial bei Auftreffen zu durchbohren und das Material mit dem Bohrkern zu ziehen. Auf die Pfähle wurde anschließend eine verbindende Widerlagergrundplatte betoniert. Diese enthielt bereits die unteren Bewehrungslagen sowie die vertikalen Anschlussbewehrungen des Widerlagers und diente als Aufstandsfläche zur Errichtung der widerlagerseitigen Montagehilfskonstruktion zur Auflagerung der Brückenschüssen. Die Fertigstellung der Widerlager erfolgte erst nach Abschluss der Stahlbauarbeiten. Das heißt nach der Verschweißung beider Brückenschüsse, nach dem Einrichten der Brückenlage sowie dem Abschluss der Bewehrungsarbeiten zur Einbindung der Stahlkonstruktion in den Widerlagerbeton. Die Betonage erfolgte in zwei Abschnitten je Widerlager. Im ersten Schritt erfolgte die Betonage des hinteren Widerlagerbereiches, der Bereich um die temporäre Hilfskonstruktion zur Stabilisierung der Stahlüberbauten im Montagezustand, welche sich aufgrund der Querschott- und Schwerpunktslage der Einzelschüsse ebenfalls im Widerlagerbereich befand, wurde im ersten Betonageschritt abgestellt. Nach Erreichung der Betonfestigkeit im hinteren Widerlagerbereich wurde die Hilfskonstruktion am Widerlager freigesetzt, während die im Flusslauf angeordnete Montagehilfe Ihre Wirkung behielt. Nachfolgend erfolgte der 2. Betonageschritt. Um Rissbildungen im Widerlagerbeton infolge termperaturbedingter Ausdehnungen des Stahlüberbaus während der Erstarrungsphase des Betons zu vermeiden, wurde das zweite Widerlager zeitversetzt zum ersten Widerlager betoniert. Die Betonage erfolgte in den Morgenstunden, sodass in den wärmeren Tagstunden ausschließlich Druckkräfte auf den frischen Beton wirkten, während Zugbeanspruchungen welche mit Abkühlung des Bauwerkes in den Abendstunden auftraten, auf einen mit 5 N/mm² bereits ausreichend festen Widerlagerbeton wirkten und Rissbildungen somit vermieden werden konnten.

6. Montage der Brückenüberbauten

Der Einhub der Brückenschüsse erfolgte in eine der Brückenkontur und Brückenform angepasste Montagehilfskonstruktion. Jeder Schuss wurde in zwei Gabelkonstruktionen gelegt, welche nach Einhub der Stahlüberbauten mittels Querträger geschlossen wurden und somit nicht nur Vertikale Auflagerkräfte sondern gleichzeitig Torsions- und abhebende Lgerkräfte aufnehmen konnten. Gleichzeitig waren die Hilfsrahmen so konzipiert, dass diese durch Lagerung auf jeweils zwei 50 to Pressen eine vertikale und durch den Einsatz von horizontal gelagerten Pressen eine horizontale Feinjustierung zum Einrichten des in Brückenmitte angeordneten Baustellenschweißstosses ermöglichte.

Bild 18 Montagerahmen mit
        Justiervorrichtung

Bild 19 Einlegen des ersten
        Brückenschusses

Die Gründung der Hilfskonstruktion erfolgte zum einen wie bereits beschrieben auf dem Wi-derlagerbeton, zum anderen auf Hilfsfundamenten bestehend aus ausbetonierten Betonring-fundamenten im Flussbett. Die Standorte waren so gewählt, dass sich der Bauteilschwer-punkt auch unter Berücksichtigung von montagebedingten Verkehrslasten auf dem auskra-genden Brückenschussabschnitt zwischen den Lagerungspunkten befindet. Trotzdem wur-den Zugverankerungen der Hilfskonstruktion im Widerlagerbereich als Vorsichtsmaßnahme angeordnet.

Bild 20 in Hilfskonstruktion verankerter
        Brückenschuss

Bild 21 Montage der Brücke Süd

Auf dem Fahrbahnblech wurden schwerpunktsbezogene und auf das Krangehänge ausge-richtete Anschlagpunkte angeordnet, durch welche ein lagegenauer Einhub der Konstruktion in die Montagelehre erfolgte. Um der Gefahr eines lastlosen Anhängepunktes und somit ei-ner Überbeanspruchung benachbarter Hubseile aufgrund einer Schwerpunktsverschiebung im Bauteil gegenüber der rechnerisch ermittelten Lage vorzubeugen wurden für den Einhub nur 3 Anschlagpunkte vorgesehen. Durch exakte Längenausrichtung der Kettengehänge wurde somit ein präziser Hubzustand erreicht. Der Einhub der Schüsse mit einem Maximalgewicht von 45 to und einer Kranausladung von 23m erfolgte mittels 400 to Telekran, welcher auf einer im Wildbach aufgeschütteten Kranstandfläche gegründet wurde.

Die Verschweißung der Brückenschüsse erfolgte von Hängerüstungen aus.

7. Schwingungsverhalten und Probebelastung

In Italien ist es Freigabevoraussetzung, jedes Bauwerk vor Inbetriebnahme und als Grundlage für die Erteilung der behördlichen Abnahme einer Probebelastung zu unterziehen. Das in Deutschland übliche System der Bauausführung nach durch einen Prüfingenieur freigegebenen Planunterlagen ist hier unbekannt. Der abnehmende Prüfingenieur nimmt im Vorfeld zwar Einsicht in die Ausführungsunterlagen bestehend aus statischem Nachweis und entsprechenden Plänen, erteilt jedoch seine Freigabe erst nach bestandenem Belastungstest am fertiggestellten Bauwerk. In dem Fall der Museumsbrücke Bozen bestand dieser Test in einer Belastung der Brücken mit 6 unbeladenen LKW je Brückenüberbau.

Bild 22 Südbrücke während der
Belastungsprobe

Gewicht und Standorte der Fahrzeuge wurde im Vorfeld so festgelegt, dass die aufgebrachte Belastung der dem statischen Nachweis zugrunde liegenden Maximalbeanspruchung ohne Teilsicherheitsbeiwert entsprach. Höhennivellements vor, während und nach der 30 minütigen Beanspruchungszeit als Grundlage für einen Vergleich von rechnerisch ermittelten und am Bauwerk gemessenen Verformungen waren so das Abnahmekriterium für die Tragsicherheit.

Überbauverformung unter Probebelastung:

Überbau	Wert gemäß Statik	Wert gemessen	Wert nach Belastung
Brücke Nord	25 mm	16 mm	-6 mm
Brücke Süd	60 mm	32 / 36 mm	0 m

Tabelle 1   Vertikalverformung

Die gemessen Verformungen stellten sich mit 16 mm im Vergleich zu rechnerisch ermittelten 25 mm an der Nordbrücke und gemessenen 36 mm bzw. 32 mm bei erwarteten, errechneten Verformungswerten von 60 mm deutlich unterhalb der zulässigen Grenzwerte ein. Die unterschiedlichen Verformungen bei der Betrachtung der Südbrücke begründen sich durch die in der Grundrissform im Feldmitte ausschwingenden Überbauform. Infolge von Torsionsbeanspruchung verdrehte sich der Überbau erwartungsgemäß und lieferte somit unter Belastung unterschiedlich Vertikalverformungswerte. Die 6 mm Vertikalverformung nach oben nach Entfernen der Belastung im Falle der Nordbrücke begründen sich durch den Zeitpunkt der Probebelastung in den Vormittagsstunden. Zwischen der Messung vor Beanspruchung durch die Transportfahrzeuge und der Messung nach Entlastung, welche zum Nachweis von eventuell eingetretenen plastischen Verformungen diente, lag ein Zeitraum von ca. 2 Stunden. In dieser Zeit erhöhte sich die Sonneneinstrahlung auf das Bauwerk und entstehende Zwängungen infolge von Temperaturdehnungen der nicht verschieblich eingespannten Brücken äußerten sich in einem Ausweichen der Konstruktion, welche hier mit einer Vertikalverformung des Brückenbogens nach oben registriert wurde. Über ein horizontales Ausweichen aus der Grundrisslage, das wahrscheinlich in ähnlichem Ausmaß stattfand wurden keine Messungen durchgeführt.

Zum gleichen Zeitpunkt der statischen Probebelastung erfolgte die dynamische Belastungsprobe des Bauwerkes. Durch konstruktive Maßnahmen wie Ausdehnung der Querschnittshöhe um 10 cm bis 14 cm sowie der Änderung des Brückenbelagsaufbaus von einer 6 cm starken Asphaltschicht in eine 6 mm starke Elastomastikbeschichtung wurde bereits in der Planungsphase gezielt auf eine dynamische Eigenform der Brücke, welche außerhalb des durch den Fußgängerverkehr zu Schwingungen angeregten Freqenzbereiches liegt, hingesteuert. In der Fachliteratur ist die Bandbreite für kritische durch den Fussgänger induzierte Schwingungen mit 1,4 Hz für langsames Gehen bis 3,3 Hz für schnelles Laufen benannt. Ziel war es, durch die gezielte Wahl konstruktiver Randbedingungen auf den Einbau eines Schwingungstilgers verzichten zu können.

Eigenfrequenzen:

Überbau	errechneter Wert ohne konstr. Maßnahmen	errechneter Wert mit konstr. Maßnahmen	gemessener Wert
Brücke Nord	2,3 Hz	3,7 Hz	4,1 Hz
Brücke Süd	1,6 Hz	2,7 Hz	3,1 Hz

Tabelle 2   erste Eigenfrequenzen

Die am Bauwerk gemessenen Eigenfrequenzen stellten sich tendenziell der rechnerischen Betrachtungen entsprechend ein. Gründe für die etwas günstigeren Werte liegen in der rechnerisch getroffenen Annahme für die Bauwerksbettung. Gleichzeitig wurde insbesondere im Falle der Südbrücke ein sehr langsames Abklingen der Schwingungen registriert. Aus diesem Grund und vor dem Hintergrund des sich im Grenzbereich eingestellte Eigenfrequenzwertes wurde hier der Einbau eines Schwingungstilgers als wirkungsvoll erachtet.

Bild 23   Schwingungstilger während des Zusammenbaus

Der Tilger, bestehend aus einer federnd gelagerten mitschwingenden Masse sowie einem schwingungsdämpfenden Hydraulikzylinder, wurde über einen Revisionsdeckel im Fahrbahnblech in den Brückenhohlraum eingelassen und mit dem Brückenkörper verschraubt. Masse, Hydraulikzylinder sowie Federsteifigkeit der Lagerungsfedern wurden nach erfolgter dynamischer Messung am Bauwerk exakt auf die Eigenfrequenz des Überbaus abgestimmt.

Bild 24   Das fertiggestellte Bauwerk

Die Wirkung des Schwingungstilgers wurde durch Messungen an der Brücke belegt. Auch die dynamische Belastungsprobe, in der das Wohlbefinden der Benutzer ausschlaggebendes Kriterium war, fiel zur Zufriedenheit der Prüfenden aus.

234

Effiziente Brücken im kleineren und mittleren Spannweitenbereich

Dipl.-Ing., Dipl.-Wirt.Ing., SFI-IWE **Marc Blum**, Ennepetal / Köln;

Dipl.-Ing. **Andreas Girkes, VDI**, Wetter / Köln

Einleitung

Straßen sind die wichtigsten Verkehrsträger für den Transport von Personen und Gütern. Bedingt durch die schrittweise Erweiterung der EU nach Osteuropa ist die Infrastruktur in Gänze den erhöhten Verkehrsströmen und Verkehrsdichten deutlich anzupassen. Dabei entwickeln sich Länder wie z.B. Deutschland zunehmend zum Transitland; den realistischen Schätzungen der Verkehrsexperten wird allein bis 2015 der Güterfernverkehr auf den Autobahnen in Deutschland um mehr als 60 % zunehmen, der Personenverkehr wird um mindestens ca. 20 % zunehmen.

Die Umsetzung dieser Aufgabe des Auf- und Ausbaus der Infrastruktur ist angesichts der erforderlichen finanziellen Mittel keine einfache Aufgabe, dies erforderte politisch das Setzen von Prioritäten, mit der zwangsläufigen Konsequenz, dass vor allem ein hoher Bedarf an Erhaltungsmaßnahmen entstanden ist, um dem weiteren Verfall mit u. U. erheblichen Einschränkungen für den Verkehr vorzubeugen. Dies hat man inzwischen überall erkannt und so haben Erhaltungsmaßnahmen inzwischen einen höheren Stellenwert als Neu- und Ausbauten. Wurden beispielsweise in 2000 noch ca. 900 Bauwerke neu errichtet, so waren es in 2006 nur noch ca. 600 Bauwerke.

Sorgen bereiten vor allem die Bauwerke der 60er, 70er und 80er Jahre. Einerseits bedingt durch die damaligen noch nicht vorhandenen Erfahrungen, andererseits bedingt durch die deutlich gestiegenen Verkehrsdichten und Änderungen der Anforderungen durch z.B. Einführung neuer Fahrzeugtypen resp. generell höheren Auslastung von LKW, weisen viele Brücken im Bestand mit zunehmender Tendenz teilweise starke Defizite auf. Die meisten dieser Brücken im Bestand wurden für die heutige Verkehrsbeanspruchung nicht ursprünglich bestimmt. Viele alte Bauwerke sind überbeansprucht und erfordern hohe Wartungs- und Reparaturkosten. Vielfach lassen sich alte Brücken den heutigen oder zukünftigen Anforderungen an die Verkehrsdichte nicht mehr wirtschaftlich anpassen. Der vergrößerte Kapazitätsbedarf verlangt oft aufwendige Verkehrskonzepte, bei denen in den meisten Situationen der Wiederaufbau/Austausch der Brücke erforderlich wird. Statistisch betrachtet sind Brücken im kleineren und mittleren Spannweitenbereich die häufigste Kategorie und liegen i.d.R. in den urbanen Ballungsräumen; entsprechend hoch ist die ökologische – soziale - ökonomische Belastung durch Einschränkung des Verkehrsstroms bis zu Verkehrsstau bei konventionellen Bauweisen. Sie werden nachfolgend analysiert.

Straßenbrücken
Der Neubau von Straßenbrücken war bedingt durch den Neubau vieler Bundesstraßen und Autobahnen resp. durch das enorme Wachstum der Verkehrsdichte während der letzten Jahrzehnte. Zukünftig wird aber neben dem Neubau von Ingenieurbauwerken auch der Ersatzneubau aus den vorgenannten Gründen   - größere Verkehrslasten, Lichtraumprofilen oder verbreiterte Straßenquerschnitte -   mehr und mehr an Bedeutung gewinnen. In der Regel erfolgt der Ersatz von Brücken aus Gründen der nicht mehr wirtschaftlichen Instandhaltung, über die Lebensdauer gerechnet.

Die Anforderungen für den Wiederaufbau einer Brücke sind von denen eines völlig neuen Aufbaus ziemlich verschieden. Die Brücke muss zunächst geometrisch dem existierenden Verkehrsweg angepasst sein. Wenn die Basiskonstruktion wiederverwendet werden soll (Wiederherstellung, Ertüchtigung), müssen erfahrungsgemäß Lastbeschränkungen berücksichtigt werden. Der Aufbau einer alten Tragkonstruktion erfolgt mit Raum- und Zeitbeschränkungen, da i. d. R. eine angebrachte Aufrichtungsmethode gewählt / untersucht werden muss, welche Störungen des existierenden Verkehrs minimiert. Dies erfordert eine vorsichtige Analyse der Ist-Situation (Zustand) und viel Erfahrung in der Ausführungsplanung. Stahlkonstruktionen bieten allerdings viele Vorteile durch Flexibilität, Leichtigkeit und Kosten-Wirksamkeit, so dass der hohe Aufwand in der Vor- und Ausführungsplanung durch minimierte Ertüchtigungsaufwände gerechtfertigt wird. Für viele alte Brücken ist aber der Aufwand einer Wiederherstellung und Ertüchtigung für heutige und erwartete Anforderungen an die Verkehrsdichte nicht wirtschaftlich umsetzbar, hier bieten sich Tragkonstruktionen aus Stahl- / Stahlverbund aufgrund ihrer spezifischen Vorteile in besonderem Maße an.

Bei einer Brückenerneuerung ist der Idealfall gegeben, wenn in der Nähe der alten zu erneuernden Brücke genügend Aufbaufläche für einen separaten Neubau vorhanden ist, da dann der Verkehr auf der alten Brücke während des Aufbaus der neuen Brücke aufrecht erhalten werden kann.

Ein Beispiel hierzu ist der Wiederaufbau der Wilson-Brücke in Choisy, Frankreich. Die alte aus dem 19. Jahrhundert stammende Struktur überträgt eine einzelne Fahrgasse über mehr als 11 Eisenbahnspuren. Aus den gewachsenen Anforderungen der Verkehrsdichte, war es unumgänglich eine Lösung zu finden für eine Doppelgasse-Fahrbahn und einen Fuß - und einen Zyklus-Weg. Die neue Brücke wurde als Zweifeldbrücke mit Spannweite 30,42 m und 26,61 m und Betonquerträgern neben dem bestehen Bauwerk errichtet.

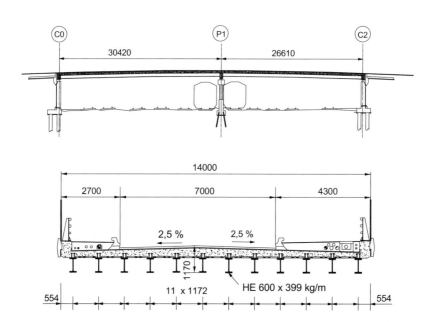

Bild 1, 2: Längs- und Querschnitt der Wilson-Brücke in Choisy, Frankreich

Durch das auferlegte Straßenniveau und das Lichtraumprofil der Eisenbahnspuren war die Bauhöhe vorgegeben. Als Lösung hat man sich für eine Verbundbrücke mit dichtem Hauptträgerabstand entschieden. Als Hauptträger wurden Walzträger vorgesehen.

Walzträger sind heute nach Abstimmung mit dem Lieferwerk in Längen von bis ca. 40 m lieferbar und können weiterhin sehr wirtschaftlich in höherfesten Feinkornbaustahlgütern bis Festigkeitsklasse S460 hergestellt werden. In Verbindung mit einem hohen Vorfertigungsgrad

- die Walzträger wurden mit allen erforderlichen Anarbeitungen (Stirnplatten / Dübeln / Konservierung) im Anarbeitungsservicecenter des Walzherstellers komplett vorgefertigt und an die Baustelle geliefert

ergab sich für dieses Projekt die wirtschaftlichste Lösung. Die Anlieferung der Stahlträger erfolgte per Bahn. Durch das Baukastenprinzip (nachfolgend erläutert), welches auch spätere Verbreiterungen und Verstärkungen ermöglicht, konnte die Montage innerhalb einer kurzen Sperrpause schnell erfolgen.

Südlich vom Schloß Belvedere in Weimar, zirka 5 Kilometer entfernt, liegt die kleine Ortschaft Buchfart mit der sehenswerten Holzbrücke aus dem 18. Jahrhundert (Bild 2, 3, 4). Die Ursprünge dieser Überquerung reichen bis ins 16. Jahrhundert zurück. Die überdachte Ilmbrücke stellt eine bauhistorische Besonderheit dar und steht unter Denkmalschutz. Mit der Sanierung der Holzüberdachung wurde der Unterbau durch Verwendung eines neuen Verbundsystems auf Basis von Walzträgern an heutige Verkehrsanforderungen angepasst und es war aufgrund der leichten Bauweise sogar möglich, die historischen Stützpfeiler im gesamten Ursprungsbild der Brücke zu erhalten.

Bild 3, 4, 5: denkmalgeschützte Holzbrücke bei Buchfart, Ersatzneubau

Für den Bau der 8-feldrigen Horlofftalbrücke bei Hungen, wurden 5 Felder mit Walzträgern HE 1000 B in Güte S460M ausgeführt, Gesamtlänge 236,2 m mit Einzelstützweiten von 23,7 bis 35,9 m. Es handelt sich um einen 4 stegigen Plattenbalkenquerschnitt in Verbundfertigteilbauweise. Diese weitgespannte Brücke kreuzt zwei DB-Strecken, eine frühere Bergbau-Abbaufläche und die Horloff. Aufgrund der natürlichen Lage und der geschützten Landschaft als ökologisch hochwertig resp. wegen einer Beeinträchtigung von schützenswerten Flächen im Bauwerksbereich, wurde als wirtschaftlichste Lösung die Verbundfertigteillösung gewählt, da das Einrüsten des Überbaus mit bodengestützten Traggerüsten nicht zulässig war. Die Rüstungen für das Betonieren der Kappen sowie der Arbeitsschutzsicherungen konnten an den Randträgern bereits vormontiert und mit den Trägern eingehoben werden. Die konstruktiven und wirtschaftlichen Vorteile der Verbundfertigteilbauweise haben dazu geführt, dass diese Bauweise sich in den letzten Jahren zunehmend durchgesetzt hat. Kurze Bauzeiten mit geringsten Störungen der urbanen Infrastruktur, die besonders im innerstädtischen Bereich von Bedeutung sind, können mit dieser Bauweise gut erreicht werden. Die mit diesem Beispiel aufgezeigte Verbundfertigteillösung bietet die für einen schnellen Bauablauf die optimale Lösung.

Bild 6, 7: Neubau Horloftalbrücke

Zukunft Brückenbau: nachhaltiges Bauen im Bestand

Intelligente Lösungen sind zukünftig gefordert, um einerseits den Interessen der Wirtschaft im notwendigen Umfang entgegen zu kommen und andererseits die Grenzen des technisch, wirtschaftlich und politisch Machbaren aufzuzeigen. Hierzu bieten insbesondere Stahl- resp. Stahlverbundkonstruktionen große ökonomische Potentiale, Stahl ist der Baustoff, der auch zu 100 % recyclebar ist, sei es in der Weiterverwendung des Bauteils oder in der Verwertung als Rohstoff (= Schrott ; Upcycling). Die Prinzipien einer nachhaltigen Entwicklung werden bei Verwendung von Stahlbauteilen somit in besonderem Maße unterstrichen. Eine wichtige Voraussetzung beim nachhaltigen Bauen im Bestand sind kostengünstige Bautechniken und Bauverfahren. Der Baustoff Stahl bietet bei richtiger Auswahl der Stahlgüte beste Voraussetzungen für zeitgerecht wirtschaftliches und nachhaltiges Bauen.

Bedingt durch den harten Wettbewerb der achtziger Jahre, hat die Stahlindustrie mit einem gewaltigen Wandel reagiert resp. neue Prozesse und Qualitäten entwickelt, die den Anforderungen, die heute an den Werkstoff Stahl gestellt werden, gerecht werden. Mittlerweile ist die Verwendung von Baustählen nach DIN EN 10025 mit Mindeststreckgrenzen von 355 N/mm², sowie höherfeste schweißgeeignete Feinkornbaustähle bis 460 N/mm² gängige Praxis. Die konsequente Weiterentwicklung entsprechend Teil 4 der DIN EN 10025 sind die thermomechanisch hergestellten schweißgeeigneten Feinkornbaustähle, welche ihre Festigkeitssteigerung durch gezielte Wärmeführung und Endumformung in einem bestimmten Temperaturbereich erfahren, so das weitestgehend auf das Hinzulegieren von Feinkornbildnern verzichtet werden kann. So bieten diese M - Güten weiterhin besondere Verarbeitungsvorteile.

Neutrale Ausschreibungsentwürfe, die auch dem Stahlbau zugänglich sind und dazu auch den Lebenszyklus eines Tragwerks einbeziehen, könnten den Verbundbau weiterhin noch deutlich wettbewerbsfähiger machen. Bei Brücken im kleineren und mittleren Spannweitenbereich könnte durch stärkeres Nutzen der Stahl-/Stahlverbundbauweise (größere Spannweiten; Verzicht auf Mittelpfeiler) der volkswirtschaftliche Schaden durch Verkehrsbehinderungen auf ein Minimum beschränkt werden, in dem industriell vorgefertigte Stahlbauteile bspw. Nachts (in den verkehrsarmen Zeiten) bei kurzen Sperrpausen montiert werden können.

Baukastenprinzip „Verbundbrücken mit Walzträgern"

Im Querschnitt werden die Walzträger im Abstand bis zu 2,80 m angeordnet. Ein enger Trägerabstand erlaubt eine geringe Überbauhöhe und damit auch Einsparungen außerhalb des

Brückenbereichs (Rampenlänge etc.). Die Betonfahrbahnplatte ist meist nur 30 cm dick und damit leichter als bei den üblichen Stahlverbundkonstruktionen. Eine Quervorspannung ist nicht erforderlich. Der Einsatz von marktgängigen Betonfertigteilplatten, die eine bauaufsichtliche Zulassung auch für nicht ruhende Belastungen haben, erleichtert die Schalungsarbeiten als mittragende Schalung und führt zu einer weiteren Verkürzung der Bauzeiten. Die erforderliche untere Querbewehrung ist dabei bereits in den Fertigteilen enthalten. Die Einschalung der Kragarmbereiche erfolgt durch in die äußeren Hauptträger gestellte Schalungskonsolen. Ab etwa > 40 m Stützweite können möglicherweise geschweißte Stahlträger unter Beibehaltung des Konstruktionsprinzips den Spannweitenbereich erweitern.

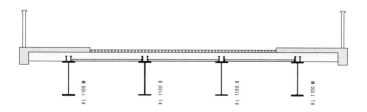

Bild 6: Typischer Querschnitt

1. Betonieren der Feldbereiche

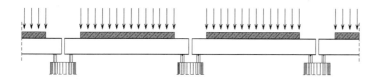

2. Betonieren der Stützbereiche

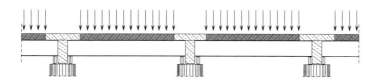

Bild 7: Prinzip des Verkehrsverbundes

243

Die Ausführung bei Durchlaufträgersystemen basiert dabei auf dem Konzept des sogenannten „Verkehrsverbundes". Das bedeutet, dass bei der Herstellung der Fahrbahnplatte zunächst die Feldbereiche betoniert werden, wobei die Stahlträger als Einfeldträger wirken, während die Stützbereiche erst in einer zweiten Betonierphase geschlossen werden. Bei dieser Systemwahl wird bei der Bemessung der Stahlträger dabei der Feldquerschnitt maßgebend und die Stahlmassen entsprechend optimiert.

Die Stützmomente im Durchlaufträgersystem aus Ausbaulasten, Schwinden und Verkehr werden in der Zugzone durch die Längsbewehrung und in der Druckzone durch den Stahlbetonquerträger übertragen.

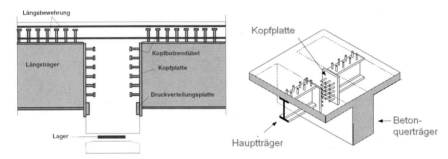

Bild 8: Auflagerquerträger in Stahlbeton

Dieses Baukastensystem zeichnet sich durch einen hohen Vorfertigungsgrad der Stahlbaukonstruktion aus. Die Walzträger werden mit allen erforderlichen Anarbeitungen – Steifen, Dübel, Stirnplatten, Konservierung – vorgefertigt auf die Baustelle geliefert. Die Zielvorstellung ist, den örtlichen Bauunternehmer mit preiswerten, vorgefertigten Konstruktionsteile zu versorgen, die er mit der gleichen Selbstverständlichkeit verwenden kann wie die ihm geläufige, schlaffe Betonstahlbewehrung.

Beschränkte Bauhöhen wie beim vorgenannten Projektbeispiel verlangen ein strukturelles System mit einem hohen Schlankheitsverhältnis (Verhältnis Spannweite zur Trägerhöhe). Hierzu bieten insbesondere Walzträger in höherfesten Feinkornbaustählen bis Festigkeitsklassse S460, die aufgrund des besonderen Herstellverfahrens wirtschaftlich hergestellt werden können, ideale Voraussetzungen:

• industriell gefertigte Bauteile mit Just-in-time-Lieferung zur Baustelle
• entsprechend kleinere Baustellen und –einrichtungen

- Qualitätskontrolle bereits in der Werkstatt
- Schnelle Montage durch standardisierte Anschlüsse und Verbindungstechniken
- kurze, witterungsunabhängige Bauzeiten
- Minimale Lärm- und Staubbelästigungen der Baustellenumgebung
- optimale Umsetzung der Prinzipien einer nachhaltigen Entwicklung

Eisenbahnbrücken

In Deutschland hat der Stahlbau im Eisenbahnbrückenbau eine große Tradition. So sind etwa 25,1 % des Bestandes Stahlbrücken und 25,2 % „Walzträger in Beton" – Brücken (WIB). Der Rest verteilt sich auf Gewölbe- (ca. 28,1 %), Stahlbeton- (ca. 16,9 %) und Spannbetonbrücken (ca. 3,9 %). Der Verbundbrückenanteil spielt mit einem Anteil von ca. 1,2 % im Bestand eine eher untergeordnete Rolle.

Die derzeitige Entwicklung zeigt, dass bei Eisenbahnbrückenneubauten in der Regel Stahlbetonbrücken mit hohem Potential der Beeinträchtigung des urbanen Verkehrsfluss während der Bauphase erstellt werden. So werden reine Stahlbrücken bei Neubauten kaum noch ausgeführt und beispielsweise ist der Anteil der „Walzträger in Beton -" (WIB-) Überbauten bei Neubauten ebenso geringer als im Bestand.

Aus der Bundesplanung für Neubau- und Ausbaustrecken, die bis zum Jahr 2015 zusammengefasst werden, kann entnommen werden, dass der Anteil an Ersatzbrücken größer ist, als für Neubauten. Teils bedingt durch geänderte Anforderungen bezüglich des Lichtraums, der zulässigen Belastung etc. aber auch bedingt durch die Altersstruktur von bestehenden Brücken, bei denen wegen ihres Alters die Sanierung nicht mehr wirtschaftlich zu realisieren wäre.

Verglichen mit Straßenbrücken wird der Wiederaufbau von Eisenbahnbrücken i. A. sehr strengeren Anforderungen unterworfen. Verkehrsunterbrechung ist nur während einer kurzen Zeit annehmbar. Auch bei mehrfachen Eisenbahn-Linien wenn der Verkehr abgelenkt werden kann, ergeben sich durch notwendige Geschwindigkeitsreduzierung Betriebserschwerniskosten bei der Bahn. Betriebserschwerniskosten des Bahnbetriebs werden für jedes einzelne Projekt direkt berechnet und in Rechnung gestellt. Demgegenüber werden die Nutzerkosten im Straßenverkehr bei der Wertung von Angeboten und Nebenangeboten nicht berücksichtigt. Der Einfluss auf den Schienenverkehr wird aber mit einbezogen und kann auch die Bauart beeinflussen. Bauweisen, bei denen Störungen im Schienenverkehr minimiert bzw. vermieden werden können, erhalten bei der Bewertung durch geringere Aufwendungen einen Vorteil.

Aus Finanzierungsgründen kam es bisher nahezu zu einem Stillstand der Investitionen in Neubauten. Es ist aber bekannt dass innerhalb der nächsten 10 Jahre über 15`000 Brückenbauwerke ersetzt werden müssen. Der Anteil an Verbundbrücken innerhalb des Bestandes der DB Netz AG ist gering, den größten Anteil neben Gewölbebrücken stellen die Walzträger in Beton (25 %) dar. Letztgenannte Bauweise ist robust und zeichnet sich durch hohe Steifigkeit und Langlebigkeit aus, jedoch wurde diese Bauweise bei Neubauprojekten mit Spannweiten bis zu 10 m oft durch eine Stahlbetonlösung ersetzt. Mit Fokus auf die anstehende zwingende Erneuerung von über 15`000 Bahnbrücken, in der Regel im innerstädtischen Bereich, wird die Bauweise „Walzträger in Beton" wieder an Bedeutung gewinnen.

Vielfach findet man im innerstädtischen Bereich alte stählerne Brücken mit Hilfs- / Zwischenunterstützungen. Die Erneuerung solcher Brücken verlangt Konzepte, die den Ersatz dieser meist zwei- und dreifeldrigen Bauwerken innerhalb kürzester Zeit ermöglichen. Aufgrund der heutigen Anforderungen z.B. an Lasten und Lichtraumprofil - wobei die notwendige lichte Höhe in der Regel vergrößert werden muss - spielt bei der Auswahl des Bausystems auch die Schlankheit des Erstatzneubaus eine große und i.d.R. entscheidende Rolle. Sicherheit, Robustheit, Dauerhaftigkeit und Wirtschaftlichkeit sind grundlegende Anforderungen.

Anwendungsbereich: Ersatz für vorhandene Eisenbahnbrücken im innerstädtischen Bereich
Gründe:

- Ersatz wegen Anprallgefahr durch häufig gusseiserne Stützen
- Vergrößerung des Lichtraums des unterführten Verkehrs
- Nutzlasterhöhung
- Korrosionsschäden des Überbaus

Anforderungen:

- Beibehalten der Höhenlage der Gleise
- Lärmarme Konstruktion
- kurze Unterbrechung des unter-/überführten Verkehrs
- kurze Überstände der Überbauten über die Lager (kleine Bewegungen der oberen Überbaukanten)

Anwendungsbereich: Neubau zur Beseitigung niveaugleicher Bahnübergänge
Anforderungen:

- kurze Bauzeiten
- möglichst Rahmenkonstruktionen
  - kleiner Endtangentenwinkel
  - Reduktion der Resonanzgefahr
- Übergang zur Hinterfüllung möglichst rechtwinklig zur Gleisachse
- niedrige Bauhöhe
- robuste und ermüdungssichere Konstruktion, insbesondere der Rahmenecken

Eine Möglichkeit der Erneuerung von kurz gespannten Eisenbahnbrücken ist das Herstellen des neuen Überbaus in einer Seitenlage, mit anschließendem Abbruch des alten Bauwerks und Quereinschub der neuen Brücke (Brückenteile). Im nachfolgenden Beispiel - Brücke über einen Kanal in Mehlschwitze, Frankreich - wurden die neuen Überbauhälften (ein Teil je Fahrspur) auf Hilfsunterstützungen komplett vorgefertigt und nach Abbruch der alten Brücke mit Hilfe eines Spezialkrans eingehoben. Die Abbruch- und Montagearbeiten konnten planmäßig innerhalb einer nur wenige Stunden dauernden Sperrpause erledigt werden.

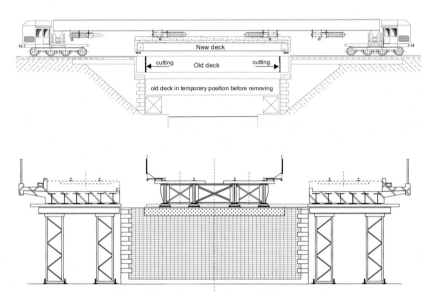

Bild 9, 10: „Walzträger in Beton" – Brücke als Ersatzneubau einer alten Stahlbrücke, Quereinschub nach Abbruch

Ein weiteres interessantes Einsatzfeld von Walzträgern bei der Erneuerung von Eisenbahnbrücken mit kleineren und mittleren Spannweiten ist die Ausführung als Eisenbahntrogbrücke mit querliegender WiB-Platte, beispielsweise die EÜ Bahrenfelder Kirchenweg in Hamburg (Bild 11, 12) mit einer Spannweite von ca. 15 m. Die alten Überbauten Süd und Nord, jeweils eingleisig, genügten nicht mehr den heutigen Anforderungen.

Aufgrund der Bestandssituation kam nur eine Bauweise mit sehr eingeschränkter Bauhöhe in Frage. Ausgeführt wurden 2 Überbauten aus Walzträgern resp. Längsträger aus HL 1100 M mit einer querliegenden WIB-Platte aus HE 140 M, jeweils in Stahlgüte S355M.

Bild 11, 12: Eisenbahnbrücke in Hamburg
EÜ Bahrenfelder Kirchenweg

248

Effizienz in Baukosten und Unterhalt

Die Entscheidungsfindung für eine geeignete Brückenbauweise ist oft vom Aspekt der reinen Herstellkosten geprägt. So gilt es aber idealerweise, Faktoren wie Nutzerkosten, laufende Prüfungs- und Unterhaltskosten sowie Kosten für eine mögliche Traglasterhöhung, und „imaginäre" Kosten der Beeinträchtigung der städtischen Infrastruktur während der Bauphase, zu berücksichtigen.

Herstellungskosten: Eine Verbundbrücke ist gekennzeichnet durch die Kombination der positiven Eigenschaften der Baustoffe Stahl und Beton, so zeichnen sich besonders Verbundbrücken durch ein wirtschaftliches Tragsystem mit optimiertem Materialeinsatz aus. Der für Verbundbrücken typische hohe Verfertigungsgrad garantiert nebenbei eine sehr gute Qualität der Konstruktion und des Korrosionsschutzes.

Nutzerkosten: Nutzerkosten werden oft unterschätzt und finden kaum Berücksichtigung. Diese können jedoch die Baukosten um ein vielfaches übersteigen, wenn beispielsweise der volkswirtschaftliche Schaden durch Staus und Verzögerungen berücksichtigt wird.

Laufende Prüfungs- und Unterhaltskosten: Diese während eines Bauwerkszyklus anfallenden Kosten sind abhängig von der Konstruktion und der Ausstattung des Bauwerks. Verbundbrücken sind leicht zu prüfen und können bei Bedarf problemlos auf höhere Traglasten durch einfaches Aufschweißen von Stahllamellen auf die Stahlunterflansche verstärkt werden.

	Spannbeton	Stahlbeton	Verbund
Baukosten	+	+ +	+
Bauzeit	O	-	+ +
Schlankheit	+	-	+
Unterhalt (p.a.) *)	1,1 %	0,8 %	1,1 %
Robustheit	-	+ +	+
Prüfbarkeit	- -	-	+
Verstärkung	- -	- -	+ +

*) Quelle: Ablöserichtlinien 1980, Tafel Nr. 28

Die Wirtschaftlichkeit von Verbundbrücken lässt sich vor allem durch die Betrachtung der Nutzerkosten gut darstellen. Der hohe Vorfertigungsgrad und die dadurch sehr kurzen Bauzeiten führen dazu, dass beim Einbau der Brücke beträchtliche Zeit gespart werden kann. Wird diese Zeitersparnis bei den erzeugten Nutzerkosten – sowohl beim unterführten als auch beim überführten Verkehr der Ersatzbauten – veranschlagt, so lassen sich höhere Baukosten im Vergleich zu anderen Bauarten leicht kompensieren. Die Baumaßnahme kann damit gesamtwirtschaftlich wesentlich günstiger ausgeführt werden. Beispielsweise kann bei Überführungsbauwerken anstelle der sonst üblichen Bauweise mit Spannbetonfertigteilen und Mittelpfeiler ein Einfeldrahmen in Verbundfertigteilbauweise erstellt werden. Somit entfällt der Mittelpfeiler sowohl bei der Herstellung als auch bei der späteren Bauwerksinstandhaltung resp. gestaltet sich dadurch auch der Bauablauf deutlich einfacher, da eine Verkehrsführung für eine Inselbaustelle entfällt. Eventuell höhere Kosten für einen Stahlverbundüberbau können durch Einsparungen der Unterbauten kompensiert werden.

Neben diesen Vorteilen einer kürzeren Bauzeit und eines einfacheren Bauablaufs führen auch die größere Dauerhaftigkeit bei den Verbundüberbauten zu einer positiven Bewertung, ebenso die leichte und zuverlässige Bauwerksprüfung.

Dauerhaftigkeit

Die Dauerhaftigkeit eines Tragwerks muss während der geplanten Nutzungsdauer gewährleistet sein. Idealerweise sollten z.B. die Maßnahmen gegen Korrosion so getroffen werden, dass keine Instandhaltungsarbeiten während der Nutzungsdauer nötig sind. Übliche Nassbeschichtungssystemen garantieren jedoch nur eine Schutzzeit von 15 Jahren. Für die Lebensdauer üblicher Bauwerke sind diese Zeiten aber nicht ausreichend. Feuerverzinkter Stahl, ist mechanisch stark belastbar und schützt ohne Wartungs- und Instandhaltungszwang für viele Jahrzehnte vor Korrosion, denn die Feuerverzinkung schützt Stahl deutlich länger vor Korrosion als andere Korrosionsschutzverfahren. Auch im direkten ökologischen Vergleich mit klassischen Beschichtungen schneidet das Feuerverzinken besser ab. Das Feuerverzinken ist außerdem, wie insgesamt der Einsatz von Zink, sehr nachhaltig und umweltschonend. Zink ist ein natürliches Element und kann, und eben auch feuerverzinkter Stahl, hervorragend recycelt werden. Die Zinkindustrie arbeitet mit einer modernen, kreislaufwirtschftlichen Anlagentechnik. Bis zu 95% können zurück gewonnen werden, eine sortenreine Trennung im Rückbau ist möglich. Recyceltes Zink kann sogar zu 100% wieder verwendet werden – ohne Qualitätsverlust. Für übliche Brückenbauwerke mit Spannweiten bis 27 m bietet das Feuerverzinken somit eine sehr ökologische und nachhaltige Lösung.

Bild 14: Ersatzneubau Benningsenbrücke in Leipzig, Spannweite 22,7 m, einbaufertig in feuerverzinkter Ausführung und zus. Deckbeschichtung geliefert

Ausblick

Eine konsequente Weiterentwicklung der Verbundfertigteilbauweise ist die VFT-WiB-Bauweise. Kernstück dieser neuartigen Konstruktion ist die Übertragung der Verbundwirkung über Betondübel anstelle von klassischen Kopfbolzen. Bei dieser Konstruktion werden die beiden Baustoffe Beton und Stahl hinsichtlich Ihrer Verwendung symbiotisch optimal beansprucht, der Stahlträger übernimmt prinzipiell eine Funktion, die als externe Bewehrung bezeichnet werden kann. Der Verbund erfolgt über eine mittels Brennschnitt hergestellten Verdübelung Aus einem Walzträger werden zwei tragende Stahlträgerquerschnitte hergestellt bei denen die durch die Brennschnittführung hergestellten Betondübel eine sichere, tragfähige und wirtschaftlich günstig zu fertigende Verbundsicherung ermöglichen.

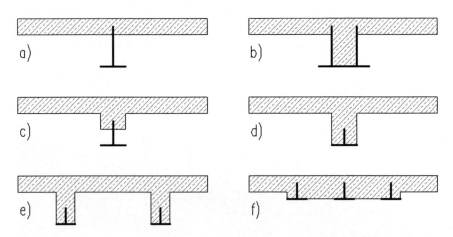

Bild 13: VFT-WiB: Beispiele für verschiedene Querschnittsgestaltung

Im Rahmen der ersten Pilotprojekte konnte festgestellt/bewiesen werden, dass bedingt durch die deutlich optimiere Tragwirkung von Stahl und Beton mit dem VFT-WiB-Konzept ein extrem wirtschaftliches Bausystem geschaffen wurde, welches sich hinsichtlich der Herstellkosten mit sonst üblichen Fertigteilen vergleichen lässt, dabei erreicht man mit der VFT-WiB-Bauweise auch noch deutlich bessere Schlankheiten.

Bild 14: VFT-WiB: stoßlose Trägerlängen bis 40 m mit geringem Anarbeitungsaufwand

Bild 15: VFT-WiB: Verlegen der Fertigteile innerhalb einer kurzen Sperrpause

Bild 16: Pilotprojekt Pöcking

Zusammenfassung/Fazit

Eine Lebenszyklusbetrachtung, die nicht nur den Ressourcenverzehr von Primär- und Sekundärrohstoffen zur Erstellung und Unterhaltung, sondern am Ende auch die Wiederverwertbarkeit / Wiederverwendbarkeit bewertet, führt zwangsläufig zur Erfüllung der Nachhaltigkeit. Diese Betrachtung muss ein zukünftiger Grundsatz sein und bedarf von Anfang an umfassender Kooperation zwischen Bauherr, Architekt, Planer, Bauausführenden und Betreiber.

Die Verbundbauweise kombiniert die symbiotischen Vorteile der Baustoffe Stahl und Beton, die planmäßig zu einer gemeinsamen Tragwirkung herangezogen werden. Bei Ingenieurbauwerken bieten insbesondere Verbundbauwerke mit Walzträgern bei Spannweiten bis 40 m effiziente Lösungen, und leisten einen wichtigen Beitrag zur Nachhaltigkeit:

- Durch das Herstellverfahren der Verbundkonstruktion können die Spannungszustände im Gebrauchszustand stark beeinflusst werden

- Der Verbundüberbau ist relativ leicht und lässt Setzungen zu

- Verbundkonstruktionen sind günstig bei Montagen oder in Betrieb befindlichen Verkehrswegen

- Verbundkonstruktionen sind um ca. 15 % schlanker als vergleichbare Spannbetonüberbauten

- Die Baustoffe Beton und Stahl werden recourcenschonend verwendet, moderne Walzträger sind zu 100 % recycelt, können jederzeit wieder dem Recyclingprozess zugeführt werden und weisen somit den höchsten recyclinggrad aller Baustoffe auf

- Zukünftige Traglasterhöhungen können durch minimalem Aufwand resp. einfaches Aufschweißen von Stahllaschen realisiert werden

Literaturquellen:

Naumann, J.: Aktuelle Entwicklungen im Straßenbrückenbau, Ernst & Sohn Verlag, Stahlbau 75 (2006), Heft 10

Forschungsvereinigung Stahlanwendungen e.V., Faltblatt und Abschlußbericht Forschungsvorhaben P 629, Effiziente Brücken in Verbund, (2006)

Die Bundesregierung: Perspektiven für Deutschland, Unsere Strategie für eine nachhaltige Entwicklung, undatiert

Arcelor Long Commercial: Tragwerkskonstruktionen in nachhaltigen Gebäuden, (2003)

Blum, M.: Die Zukunft des nachhaltigen Bauens, ohne Stahl undenkbar, VDI Jahrbuch (2008)

Girkes, A.: Moderne thermomechanisch gewalzte Langprodukte; Vergleich mit klassischen Stählen, VDI Jahrbuch (2008)

Hauser, H., Baustoff Stahl: Überall im Einsatz und doch verkannt?, Aufsatz, (2005)

Schmackpfeffer, H., Typenentwürfe für Bücken in Stahlverbundbauweise im mittleren Spannweitenbereich, Stahlbau 68, Heft 4, (1999)

Erhöhung der Tragfähigkeit der Vorlandbögen der Eisenbahn-Marienbrücke Dresden

Kombination messtechnischer und rechnerischer Bauwerksuntersuchungen

Dr.-Ing. **Dieter Hänel**, Prüfingenieur, Dresden;
Prof. Dr.-Ing. **Ulrich Gossla**, Fachhochschule Aachen:
Dipl.-Ing. **Thomas Menger**, EBK Ingenieure, Weimar;
Dr.-Ing. **Thomas Bösche**, Curbach Bösche Ingenieurpartner, Dresden

Zusammenfassung

Im Zuge des Ausbaus des Eisenbahnknotens Dresden wurde in den Jahren 2001 bis 2004 die Sanierung und Ertüchtigung der Vorlandbögen der Eisenbahn-Marienbrücke Dresden durchgeführt. Um den erhöhten Lasten durch die Anordnung eines zusätzlichen Gleises auf dem Bauwerk gerecht zu werden, war die Überführung der bisherigen Dreigelenkbogenkette in eingespannte Bögen vorgesehen. Hierzu sollten die vorhandenen Scheitel- und Kämpfergelenke verpresst werden. Während der Bauarbeiten erwies sich diese Verpressung wegen einer vorhandenen Versinterung der Gelenkfugen als nicht vollständig umsetzbar. Der Standsicherheitsnachweis konnte unter diesen Voraussetzungen mit den bisher verwendeten statischen Modellen nicht im vollen Umfang erbracht werden. Zur Feststellung der tatsächlich erreichten Einspannung sowie bisher nicht berücksichtigter Systemreserven erfolgte ein messtechnisch begleiteter Belastungsversuch. Im Ergebnis der durchgeführten Untersuchungen konnte das statische Modell anhand der gewonnenen messtechnischen Daten präzisiert und eine uneingeschränkte Tragfähigkeit des Bauwerks für die erhöhten Beanspruchungen nachgewiesen werden.

1. Allgemeine Angaben zum Bauwerk

1852 wurde als zweite Elbebrücke in Dresden überhaupt die Marienbrücke vollendet. Sie stand vorerst zur gemeinsamen Nutzung durch Straßen- und Eisenbahnverkehr zur Verfügung (Bild 1). Durch ihren Bau wurde eine Verbindung der Leipziger und der Schlesischen Eisenbahnlinie auf der Neustädter Seite Dresdens mit der Böhmischen Eisenbahnlinie auf der Altstädter Seite möglich.

Bild 1   Stadtansicht von Dresden um 1860, rechts die Marienbrücke, aus [1]

Mit wachsendem Verkehrsaufkommen und progressiver Stadtentwicklung wurde zum Ende des 19. Jahrhunderts eine umfassende Erweiterung und technische Umgestaltung des Eisenbahnknotens Dresden notwendig. Während die Bahnanlagen einerseits den Anforderungen des Eisenbahnverkehrs nicht mehr gerecht werden konnten, stellten sie andererseits durch die Vielzahl von niveaugleichen Kreuzungen mit innerstädtischen Verkehrswegen ein Hindernis im expandierenden Stadtraum Dresdens dar.

In den Jahren 1890 bis 1901 erfolgten im Rahmen eines umfangreichen Bauprogramms die Umgestaltung und der Ausbau des Eisenbahnknotens Dresden.

Im Mittelpunkt der Baumaßnahmen stand die Errichtung einer neuen, viergleisigen Eisenbahnüberführung über die Elbe, der Eisenbahn-Marienbrücke Dresden. Die Planungen für diese neue Brücke einschließlich ihrer Vorlandbereiche entstanden unter der maßgeblichen Beteiligung des damaligen Regierungsbaurats Claus Köpcke. Für die linkselbige Vorlandbrücke mit einer Gesamtlänge von ca. 203 m wurde eine Konstruktion aus insgesamt sechs Gewölben gewählt, deren Spannweiten zwischen 22,00 m und 38,12 m betragen (Bild 2). Wegen der unmittelbaren Nähe zur bereits bestehenden Straßenbrücke forderte die Schifffahrt eine Verdopplung der Stützweiten für die neue Brücke im Bereich der Stromquerung. Die eigentliche Strombrücke wurde daher als Stahlkonstruktion aus genieteten Fachwerkbögen über 4 Felder mit Spannweiten von 39,86 m + 65,70 m + 65,80 m + 66,62 m, sowie einem gesonderten Endfeld mit 24,00 m Stützweite konstruiert.

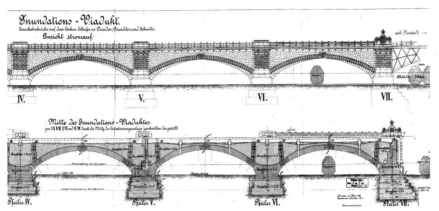

Bild 2   Ansicht und Längsschnitt der Vorlandbrücke (Innundations-Viadukt)

Die Gewölbe der Vorlandbrücke wurden als unbewehrte Stampfbetonbögen hergestellt, deren äußerer Abschluss durch einen mit tragenden mit dem Stampfbeton verzahnten Sandsteinbogen gebildet wird. Die Ansichtsflächen oberhalb der tragenden Bogenschale erhielten eine Sandsteinquadervormauerung (Bild 3).

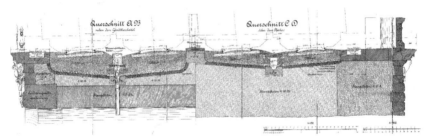

Bild 3   Querschnitte, links im Bogenscheitel – rechts in Pfeilerachse

Das gewählte statische System eines Dreigelenkbogens wurde durch die planmäßige Konzeption von Scheitel- und Kämpfergelenken realisiert. Zur Aufnahme der hohen Pressungen in den Gelenkbereichen erfolgte hier der Einsatz von speziellen Gelenksteinen mit besonderer Betonqualität. In Querrichtung gliedert sich das Bauwerk in zwei durch eine Längsfuge voneinander getrennte Bögen mit jeweils ca. 9,30 m Breite.

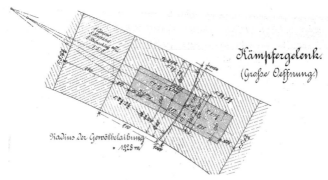

Bild 4   Ausbildung der Gelenke gemäß ursprünglicher Planung

2. Planungen

2.1 Ausbauprogramm der Marienbrücke

Im Rahmen eines ab 2001 vorgesehenen Ausbaus des Eisenbahnknotens Dresden war eine Erweiterung der Elbquerung von bisher 4 Gleisen auf nun 5 Gleise notwendig. Neben der Sanierung und Ertüchtigung von 3 Bahnbögenabschnitten und dem Umbau des Bahnhofs Dresden Mitte beinhaltete das Projekt auch den Ausbau und die Ertüchtigung der Vorland-brücke sowie einen Ersatzneubau der Strombrücke der Eisenbahn-Marienbrücke.

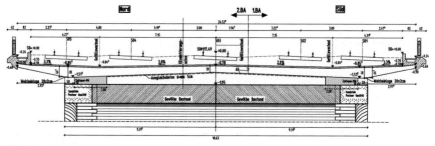

Bild 5   Ausbauquerschnitt

Da die vorhandenen Bögen der Vorlandbrücke mit einer Breite von ca. 18,60 m zur Anord-nung eines 5. Gleises nicht ausreichten, wurde die Herstellung einer weit auskragenden Fahrbahnplatte mit Kragarmlängen von ca. 3,00 m vorgesehen.

2.2 Entwurfsplanung zu den Vorlandbögen

Bei einer zunächst durchgeführten umfassenden Bauwerksuntersuchung durch Saxotest [2] wurden unter Anderem folgende Befunde an den Vorlandbögen festgestellt:

- Sichtbare Durchfeuchtungen sowie Folgeerscheinungen wie Ausblühungen und Auskristallisationen infolge einer durch Alterung und lokale Zerstörung geschädigte Abdichtung
- Spaltzugrisse im vorgemauerten Sandsteinbogen unterhalb der Kämpfergelenke
- Stirnringrisse in den Bögen in Randnähe parallel zu den Gleisachsen
- Schäden durch Kriegs- und Brandeinwirkungen

Die durchgeführten materialtechnischen Untersuchungen ergaben sowohl für den Beton als auch für den Sandstein zufrieden stellende Festigkeiten. Eine Weiterverwendung der Bausubstanz für Um- und Ausbaumaßnahmen wurde als grundsätzlich möglich eingeschätzt.

Im Zuge der Entwurfsplanung zeigte sich, dass die Anordnung von 5 Gleisen sowie die Vergrößerung der ursprünglichen Gleisabstände die Schnittgrößen der Bögen in den Randbereichen stark erhöhen. Dies führt zu einer übermäßigen Beanspruchung der Gelenke (Bild 4) im Kämpfer sowie im Scheitel. Die ursprünglichen Dreigelenkbögen sollten daher, um Normal- und Spaltzugspannungen in den Gelenken herabzusetzen, durch Verpressen der Kämpfergelenke sowie des Scheitelgelenks in biegesteife Bögen umgebaut werden.

2.3 Ausführungsplanung

Die Bauarbeiten an den Vorlandbögen waren zeitlich an den Bau der beiden neuen Strombrücken gekoppelt. Die Arbeiten an der Vorlandbrücke mussten daher in Abschnitten erfolgen. Wegen der abschnittsweisen Herstellung der Fahrbahnplatte, aber auch aufgrund der notwendigen Ertüchtigung der Bögen im Scheitelbereich, wurde das Konzept der Flächenlagerung der Fahrbahnplatte im Zuge der Ausführungsplanung verworfen und eine direkte Auflagerung vorgesehen. Zur Vermeidung von Zwängungen in Längsrichtung sah die Ausführungsplanung jeweils 2 Raumfugen über den Bögen vor. Im Scheitelbereich wurden die Bögen auf einer Breite von ca. 2,00 m verstärkt und mit der Fahrbahnplatte verdübelt. Hierdurch konnte sichergestellt werden, dass die neue Fahrbahnplatte den Stampfbetonbogen im Scheitelbereich im Sinne einer außen liegenden Bewehrung für auftretende Querbiegebeanspruchungen verstärkt und gleichzeitig den angestrebten Effekt des biegesteifen Scheitels unterstützt. In Querrichtung wurde durch entsprechende Bewehrungsausbildung in der Fahrbahnplatte ein durchlaufendes Tragvermögen gesichert.

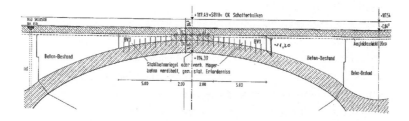

Bild 6

Verstärkung der Randbereiche des Bogens (Verdübelung zur Fahrbahnplatte nicht dargestellt)

Die Querverteilung von Lasten auf den weit auskragenden Fahrbahnplatten wurde mittels
verschiedener Rechenmodelle (Schalen- und Stabwerksmodelle) untersucht. Die Berechnungen für die Ausführungsplanung erfolgten an einem dreidimensionalen Stabwerksmodell.
Der vorhandene Füllbeton wurde aufgrund geringer Festigkeiten sowie unklarem Verbund-
verhalten zum Bogen für die Spannungsnachweise als nicht tragend angesetzt.

Die geplante Systemänderung des ursprünglichen Dreigelenksbogens zum eingespannten
Bogen sowie die Einflüsse sämtlicher Zwischenzustände infolge teilweisem Rückbau und
abschnittsweiser Herstellung der neuen mittragenden Fahrbahnplatte wurden im Rahmen
der Berechnung zur Ausführungsplanung berücksichtigt.

3. Bauausführung

3.1 Bauablauf

Die Durchführung der Bauarbeiten an der Vorlandbrücke wurde 2004 abgeschlossen. Neben
der Herstellung der Fahrbahnplatte einschließlich Gesimskappen erfolgten umfangreiche
Sanierungsarbeiten an den vorhandenen Bögen. So wurde unter anderem der so genannte
„Brandbogen 3" umfassend rekonstruiert welcher durch den Brand eines früher darunter befindlichen Kohlelagerplatzes erhebliche Schäden aufwies.

Bild 7   Unsanierter Brandbogen

Bild 8   Sanierter Brandbogen

3.2 Gelenkverpressung

Die Verpressung der Scheitel- und Kämpferfugen erfolgte jeweils nach Abschluss des entsprechenden Bauabschnitts durch beiderseits der Fugen unter 45° angeordnete Bohrlöcher.

Zur Kontrolle der Wirksamkeit der Verpressung wurden an ausgewählten Querschnitten
Bohrkerne entnommen.

innen   Gelenkstein   außen
Mörtel   Zusinterungen

Bild 9   Bohrkern aus dem Kämpfergelenk

Bild 9 zeigt einen am Pfeiler III entnommenen Bohrkern. Daran war festzustellen, dass die in der statischen Berechnung angesetzte vollflächige Verpressung der Gelenkflächen nicht erreicht wurde. Die entnommenen Kerne waren teilweise mehrfach gebrochen. Es zeigte sich für die Kraftübertragung typisch für alle Kerne folgende zur Verfügung stehende Fläche:

- Im mittleren Bereich die Gelenkberührungsfläche
- Auf beiden Seiten der Gelenkfläche Zusinterungen
- In Richtung Innenleibung 10 – 12 cm Zementmörtelverschluss

Damit ergab sich in den Kämpfern insgesamt eine wirksame Querschnittsdicke von 90 bis 100 cm. Die vorgesehene Volleinspannung konnte damit nicht sichergestellt werden. Gegenüber der ursprünglichen statischen Berechnung erhöhen sich dadurch die Beanspruchungen im Bogen sowie lokal in den Kämpfern.

Im Scheitelquerschnitt konnte aufgrund der erfolgten Bogenverstärkung zuverlässig ein biegesteifer Querschnitt vorausgesetzt werden.

Plausible Ursache der Zusinterungen der Gelenke ist die über lange Jahre nicht voll wirksame Abdichtung und das Lösen von Kalk aus der Bausubstanz durch die eindringende Feuchtigkeit.

4. Messprogramm

4.1 Überprüfung der Wirksamkeit der Gelenkverpressung

Nachdem anhand der Bohrkernuntersuchungen keine vollständig verpresste Kämpfergelenkfuge nachgewiesen werden konnte, erfolgte zur Erlangung einer Teilbetriebserlaubnis eine Parameterstudie, die von unterschiedlichen Einspanngraden ausging. Gleichzeitig wurde veranlasst, dass anhand von Verformungsmessungen über die nachfolgenden drei Jahre das Tragverhalten beobachtet wird, mit dem Ziel, anschließend eine schlüssige Aussage zur Beanspruchung und zur Dauerhaftigkeit der teilverpressten Kämpferfuge und den daraus resultierenden erhöhten Spaltzugspannungen in den Bogenrändern zu erlangen.

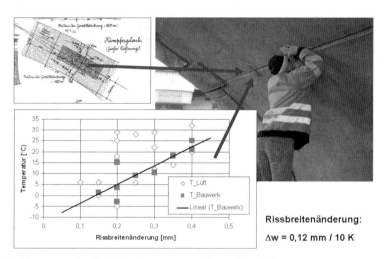

Bild 10 Messungen der Gelenkverformungen an Bogen IV und V

Auf Basis der Messungen von Bauteiltemperatur und Fugenöffnung in den Kämpfergelenken in den Jahren 2003 bis 2005 konnte für die mit Rissmarkierungen versehenen Bögen IV und V ein annähernd linearer Zusammenhang zwischen Bauwerkstemperatur und Fugenspaltöffnung festgestellt werden (Bild 10).

Die gemessene Fugenspaltänderung entsprach einer Verdrehung im teilverpressten Kämpfergelenk. Aufgrund der teilweisen Verpressung war davon auszugehen, dass die exakte Lage des Drehpunktes von der Mitte des Gelenksteins abweichen konnte. Die Ermittlung einer Federsteifigkeit im Kämpfer erfolgte daher iterativ. Zunächst wurden unterschiedliche realitätsnahe Federsteifigkeiten angenommen und unter gleichmäßiger Temperaturbeaufschlagung am ebenen Bogen zugehörige Gelenkrotationen ermittelt.

An einem Scheibenmodell wurden die Gelenkrotationen mit Fugenspaltöffnungen zueinander ins Verhältnis gesetzt. Mittels dieser groben Annäherung konnten jedoch auch weiterhin nur Abschätzungen zum Spannungsniveau vorgenommen werden, da eine realistische Annahme zur Querverteilung ohne einen direkten Belastungstest nicht möglich war.

4.2 Belastungsversuch

Zur Verbesserung der Erkenntnisse über das Tragverhalten des Bauwerks und zur verbindlichen Angabe der Beanspruchbarkeit ($ß_{UIC}$-Wert) des Bauwerks wurde ein Messprogramm erarbeitet und umgesetzt. Damit sollten bisher rechnerisch nicht sicher anzusetzende Tragreserven am Gesamtsystem erschlossen und insbesondere Aufschluss über die wirklichkeitsnahe Querverteilung der für eine Eisenbahnbogenbrücke außergewöhnlichen Kragarmbelastung erhalten werden.

Im Schutz einer Sperrpause des Randgleises wurden Belastungsversuche mit einer schweren Diesellokomotive mit 116 Tonnen Einsatzgewicht durchgeführt. Zu definierten Laststellungen wurden Vertikalverformungen im Scheitel sowie in den Viertelspunkten, Verdrehungen im Kämpfergelenk, Randdehnungen der tragenden Sandsteinschale sowie Rissbreitenänderungen in den Spaltzugrissen der Sandsteinschale für unterschiedliche Laststellungen ermittelt.

Die Belastung erfolgte ausschließlich auf dem äußeren Gleis 501. Auf den Gleisen 502 bis 505 lief regulärer Bahnbetrieb. Für die Auswertung wurden die Messungen aus mehreren ungestörten Überfahrten herangezogen.

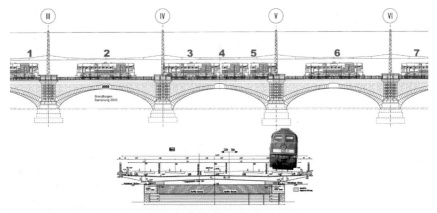

Bild 11 Anordnung der Lastpunkte für die Belastungsversuche

4.3 Messtechnische Bestückung des Bauwerks und Durchführung der Belastungsversuche

Für den Belastungsversuch wurden 7 definierte Laststellungen, entsprechend Bild 11, festgelegt. Die Laststellungen in den Positionen 1 und 7 bilden die Wendepunkte der Lok und befinden sich außerhalb des zu erfassenden Einflussbereiches. Neben den Messungen bei definierten Laststellungen wurden Überfahrten mit Schrittgeschwindigkeit sowie ohne Zwischenhalt zwischen den Wendepunkten messtechnisch erfasst. Das Messprogramm sah vor, Vertikalverformungen im Scheitel und in den Viertelspunkten, Verdrehungen im Kämpfergelenk, Randdehnungen der tragenden Sandsteinschalen sowie Rissbreitenänderungen in den Spaltzugrissen der Sandsteinschale während der Überfahrten zu erfassen. Zur Umsetzung des Messprogramms wurden 61 Sensoren am Bauwerk installiert und die Messdaten quasi simultan computergestützt erfasst und grafisch dargestellt. Bereits während der Planungsphase wurde klar, dass für eine Vielzahl von Messpunkten sehr kleine Verformungsänderungen (Größenordnung $5 \cdot 10^{-3}$ mm) zu erwarten waren.

Bild 12

Im Bereich der Kämpferfuge applizierte Wegaufnehmer zur Bestimmung von Steindehnungen und Gelenkbewegungen (links) sowie abgehängte digitale Wegaufnehmer zur Messung der Vertikalverformungen (rechts)

Auf Grund der inhomogenen Materialeigenschaften des Natursteins wurden bei der Erfassung der Steindehnungen Messbasislängen von bis zu 450 mm erforderlich. Um Einflüsse aus unterschiedlichen Messverfahren weitestgehend ausschließen zu können, wurden alle Verformungsmessungen mit induktiven Wegtastern durchgeführt. Zur Verbesserung der Messgenauigkeit wurden alle Wegsensoren, bei denen geringe Verformungen zu erwarten waren, im relevanten Teilmessbereich unter Laborbedingungen kalibriert. Hierfür kam eine Kalibriervorrichtung mit einer Referenzmesseinrichtung (Systemgenauigkeit ± 0,2 µm) zum Einsatz.

Auf Grund der vorgegebenen Sperrpause fand die Versuchdurchführung bis in die späten Abendstunden statt, so dass jahreszeitlich bedingt mit erheblichen Temperaturdifferenzen gerechnet werden musste. Besonderes Augenmerk wurde daher auf die Sensorapplikation gelegt, um den Temperatureinfluss auf die Messergebnisse reduzieren zu können. So kamen zum Beispiel zur Verlängerung der Messbasislänge Pendelstäbe aus temperaturkompensiertem Material zum Einsatz. Messstellen, die der direkten Sonneinstrahlung ausgesetzt waren, wurden durch aufgespannte Sonnensegel verschattet.

Die Befestigung der Sensorik am Bauwerk erfolgte überwiegend durch Klebeverbindung, um Rückstände nach Abbau der Versuchsanordnung zu vermeiden.

5. Auswertung und Rückschluss auf Tragfähigkeiten

5.1 Dehnungen und Rissbreitenänderungen

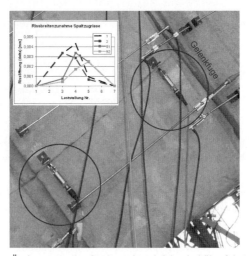

Bild 13 Messung der Änderungen der Spaltzugrisse infolge Loküberfahrt

Die Erfassung möglicher Änderungen der Spaltzugrisse erfolgte mit Wegaufnehmern mit einem Messbereich von +/- 1mm bei 50 mm Messbasis. In Bild 13 sind die gemessenen Rissbreitenänderungen aufgetragen. Infolge der Loküberfahrten konnten Änderungen der Rissbreiten im Bereich von 2/1000 bis unter 5/1000 Millimeter festgestellt werden.

Die in der Sandsteinschale festgestellten Spaltzugrisse können demnach als lastinduziert angenommen werden. Im Nachhinein ist jedoch nicht mehr feststellbar, wann diese erstmals auftraten. Anhand von Untersuchungen der Rissstruktur und der Rissflanken kann aber ausgeschlossen werden, dass es sich um neuere Risse handelt.

An der äußeren Standsteinfläche erfolgten zur Erfassung der Spannungsverteilung im Bogen Dehnungsmessungen. Hierzu wurden induktive Wegaufnehmerbrücken mit 45 cm Basislänge appliziert (Bild 12, links).

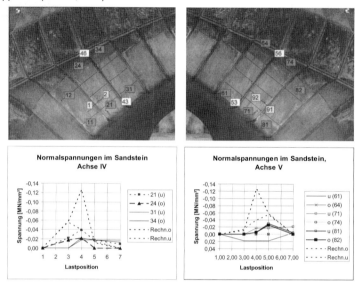

Bild 14 Dehnungsmessungen und Spannungsberechnung in der Sandsteinschale

Die Messwerte liegen teilweise erheblich unter den erwarteten Rechenwerten und streuen aufgrund der kleinen Messgrößen sehr stark.

Anhand der Dehnungsmessung kann jedoch qualitativ nachgewiesen werden, dass die Sandsteinschale (ggf. nur teilweise) mittragende Funktion aufweist. Qualitativ stimmt die Dehnungsmessung (in Längsrichtung) mit den Ergebnissen der Messungen der Rissbreitenänderungen überein und bestätigt die Annahme, die Spaltzugrisse seien lastinduziert.

5.2 Vertikalverformungen und Verformungen in der Kämpferfuge

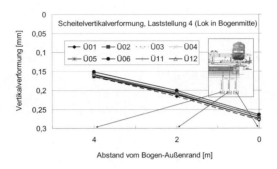

Bild 15 Messungen der Vertikalverformungen im Scheitel bei 8 Überfahrten

Vertikalverformungen wurden in drei Ebenen über die Bogentiefe in Viertelspunkten sowie im Scheitel erfasst. Exemplarisch sind die Messungen der Scheitelverformung bei Loklast in Bogenmitte dargestellt. Die Messungen ergaben ein deutliches Mitwirken innerer Bogenbereiche sowie der zweiten Bogenhälfte. Daraus konnte eine günstigere Querverteilung als ursprünglich berechnet abgeleitet werden. Mit guter Näherung zeigte sich anhand der Messungen eine dreiecksförmige Verteilung der Randgleislast auf die zugehörige Bogenhälfte.

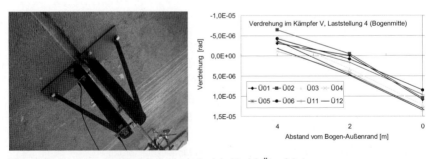

Bild 16 Messungen der Kämpferfugendrehwinkel bei 8 Überfahrten

Anhand der in Bild 16 dargestellten Weggrößen wird deutlich, dass insbesondere die Randbereiche des Bogens keine Festeinspannung aufweisen. Somit werden die Vermutungen, die aus der Langzeitbeobachtung resultierten, bestätigt. Die Gelenkverdrehungen an den Kämpfern klingen jedoch mit zunehmendem Abstand vom Bogenaußenrand zügig ab. Daraus kann auf eine im Vergleich zu den Bogenrändern höhere Einspannung des innen liegenden Betonbogens geschlossen werden. Aus den Messungen der Vertikalverformungen ergeben sich größere mitwirkende Bogenbreiten als bisher angenommen.

5.3 Kalibrierung der Modelle am Belastungsversuch

Anhand der Messergebnisse aus dem Belastungstest sowie unter qualitativer Berücksichtigung der Messungen zur Gelenkverdrehung unter Temperaturbeanspruchung wurde der maßgebende Bogen anhand eines neuen Gesamtmodells räumlich abgebildet. Hierbei wurde die versteifend wirkende alte Betonfüllung über der tragenden Bogenschale berücksichtigt. Die Messergebnisse ermöglichten eine Kalibrierung der Steifigkeiten in den Kämpfergelenken sowie in Querrichtung.

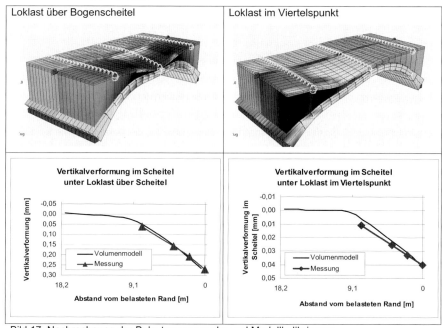

Bild 17 Nachrechnung der Belastungsversuche und Modellkalibrierung

Nach Kalibrierung (vgl. Bild 17) über verschiedene Laststellungen konnte das tatsächliche Trag- und Verformungsverhalten bei sehr guter Übereinstimmung abgebildet werden.

Für die Nachweise sollte jedoch weiterhin wie ursprünglich vorgesehen auf der sicheren Seite liegend die Tragfähigkeit der alten Füllbetonschicht unberücksichtigt bleiben, da für die danach ermittelten Schubspannungen zwischen der als tragend angesetzten unteren Bogenschale und der Füllbetonsicht nicht nachgewiesen werden können. Ein rechnerischer Nachweis der Schubübertragung erwies sich nicht zuletzt aufgrund zu geringer Material- und Gestaltkenntnisse der Verbundfuge als schwierig.

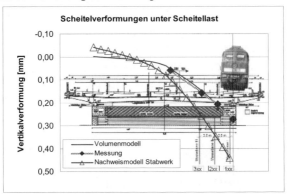

Bild 18 Vergleich der Modelle mit und ohne Berücksichtigung der Aufbetonsteifigkeit

Das Volumenmodell für die Versuchsnachrechnung wurde für die Nachweise wieder durch ein Stabwerksmodell ersetzt. Zuvor wurde dieses Modell jedoch anhand der Ergebnisse des Volumenmodells kalibriert. Hierzu wurde das ursprüngliche räumliche Stabwerksmodell mit nur einer Bogenhälfte auf die Quertragfähigkeit des Gesamtbauwerks angepasst und um die nach Abschluss aller Baumaßnahmen über die Fahrbahnplatte nun gekoppelte zweite Bogenhälfte ergänzt. Nicht mehr relevante Zwischenzustände ungekoppelter Bogenhälften, die während der Umbaumaßnahme auftraten, wurden nicht mehr berücksichtigt.

Eine weitere Parameterstudie wurde an diesem angepassten Stabwerksmodell durchgeführt, mit dem Ziel, ein vergleichbares Quertragverhalten darzustellen. Variiert wurden:

- Die wirksame Plattensteifigkeit (über die Dicke der Fahrbahnplatte)
- Einführung einer steifen (nicht gelenkigen) Verbindung der Aufständerung

5.4 Neuberechnung und Einstufung der Vorlandbögen
Die Nachweise des Gesamtbogens sowie die Ermittlung der lokalen Spannungszustände im kritischen Kämpferbereich erfolgten mit dem am Belastungsversuch kalibrierten Nachweis-

modell. Für die Lastfallkombinationen H sowie HZ für UIC- sowie für SSW-Lasten wurden mittlere Ausnutzungsgrade (basierend auf gemittelten Randspannungen in der äußeren Bogenhälfte) sowie maximale Ausnutzungsgrade (maximale Randspannungen in der Sandsteinschale sowie unmittelbar dahinter im Beton) ermittelt. Die Ergebnisse sind in der nachstehenden Tabelle dargestellt:

Tabelle 1: Ausnutzung des Betonbogens im Kämpferbereich

Festigkeitsnachweis Beton		UIC	SSW
Lastfall H	Mittlere Ausnutzung	**91%**	99%
	Maximale Ausnutzung der Randzone	**102%**	111%
Lastfall HZ	Mittlere Ausnutzung	119%	125%
	Maximale Ausnutzung der Randzone	125%	134%

Maßgebend für die Einstufung des Bauwerks ist die Ermittlung des Belastbarkeitsindex $ß_{UIC}$. Dieser ergibt sich für den Lastfall H zu 1,02 und kann somit zu 1 angesetzt werden. Damit konnte aufgrund der Untersuchungen nachgewiesen werden, dass die Vorlandgewölbebögen für eine uneingeschränkte Nutzung, wie vom Auftraggeber vorgesehen, genutzt werden können.

6. Zusammenfassung

Durch die messtechnische Kalibrierung der untersuchten Rechenmodelle konnte das Tragverhalten der über 100 Jahre alten Vorlandbögen der Marienbrücke Dresden unter Einbeziehung der neu errichteten versteifenden Fahrbahnplatte wirklichkeitsnah und zuverlässig eingeschätzt werden. Dadurch konnten gegenüber der ursprünglichen Ausführung erhebliche Lasterhöhungen zugelassen werden.

Eine Alternative hierzu wäre nur der Neubau eines benachbarten eingleisigen Bauwerks zur Aufnahme des zusätzlichen fünften Gleises gewesen. Dieser hätte erhebliche Mehrkosten verursacht und wäre aus Sicht des Denkmalschutzes nicht optimal gewesen.

Besonders bei der Bewertung des Tragverhaltens bestehender Bauwerke sind messtechnische Untersuchungen oft eine unverzichtbare Ergänzung zu den rechnerischen Betrachtungen. Vielfach gelingt es durch die erweiterten Untersuchungen die Tragfähigkeit historischer und erhaltenswerter Bausubstanz nachzuweisen.

Vergleichbare Maßnahmen sollten möglichst bereits in der Planungsphase sowie bei der Ausschreibung derartiger Bauvorhaben in Erwägung gezogen werden.

7. Literatur

[1] Löffler, F.: Das Alte Dresden. Leipzig: E.A. Seemann Buch- und Kunstverlag, 1981

[2] Saxotest Ingenieur GmbH.: Materialtechnisches Gutachten zu den Massivbauteilen der Brücke im Zuge des Elbübergangs Dresden der Deutschen Bahn (Marienbrücke),1999, unveröffentlicht

[3] Hänel, D.: Berichte über die Zwischenabnahmen der Gelenkverpressung, November / Dezember 2002, unveröffentlicht

[4] Bösche, T.; Gossla, U.; Brunner, A.: Untersuchungen zur Verbesserung der Erkenntnisse über das Tragverhalten der Vorlandbögen der Eisenbahn-Marienbrücke Dresden, 4. Symposium Experientelle Untersuchungen von Baukonstruktionen, Dresden, 2007

[5] Gossla, U.: Eisenbahnbrücke Marienbrücke Dresden – Abschätzung des Tragverhaltens der sanierten Gewölbebögen. Untersuchungsbericht FH Aachen, 2006, unveröffentlicht

[6] EBK Ingenieure GmbH: Messprotokoll zum Belastungsversuch Marienbrücke Dresden, Bogen IV, 2007, unveröffentlicht

[7] Gossla, U.: Eisenbahnbrücke Marienbrücke Dresden – Ermittlung des Tragverhaltens der Gewölbebögen auf Basis eines Belastungstests. Untersuchungsbericht FH Aachen, 2007, unveröffentlicht

Die Brücken auf den Euro-Scheinen - Bilder für die Verbindung zwischen Menschen, Ländern und Kulturen [1)]

Prof. Dr.-Ing. **Manfred Curbach**, Dresden

Einleitung

In vielen Ländern der Europäischen Gemeinschaft ist seit dem 1. Januar 2002 eine neue Währung gültig. Für die Einführung des Euro wurden neben den Münzen, die auf einer Seite ein länderspezifisches Motiv aufweisen, auch neue Geldscheine entworfen, deren Vorder- und Rückseite in allen Ländern einheitlich sind.

Im Februar 1996 lud die Europäische Zentralbank, die damals noch European Monetary Institute hieß, mehrere Banknoten-Designer ein, um den neuen Euro zu entwerfen. Vorgegeben waren die zu verwendenden Farben und ein Thema: „Epochen und Stile Europas". Untersagt waren Bilder, die mit einem bestimmten Land eindeutig in Zusammen-hang gebracht werden können, weil es nur 7 Geldscheine sind, und somit nicht jedes Land hätte berücksichtigt werden können. Damit war klar, dass Personen wenig Chancen hatten, auf den neuen Euro-*Scheinen* zu er*scheinen*. Der Wettbewerb wurde von dem österrei-chischen Grafik-Designer Robert Kalina gewonnen, der bei der Österreichischen Zentralbank arbeitet und zuvor das Geld Österreichs entworfen hat.

Auf der einen Seite der Euro-Scheine befinden sich Fenster, Tore und Pforten, die die Offenheit des neuen Europa symbolisieren, und auf der anderen Seite - zur Freude aller Brückenbauer - sind Abbildungen von Brücken zu erkennen, die die Menschen Europas untereinander verbinden.

Beim Entwurf seiner Geldscheine musste darauf geachtet werden, dass die Abbildungen der von ihm gewählten Brücken einerseits nicht als bekannte Bauwerke zu erkennen und damit einem bestimmten Land zuzuordnen waren, andererseits aber die Baustile von sieben Epochen europäischer Geschichte möglichst gut wiedergegeben werden.

Antike, Romanik, Gotik, Renaissance, Barock, das Zeitalter der Industrialisierung und schließlich die Moderne des 20. Jahrhunderts wurden vom Designer gewählt.

[1)] Erstveröffentlichung in: Tagungsband des 15. Dresdner Brückenbausymposiums 2005, 157-176, unter dem Titel „Brücken für Europa - Die Brücken auf den Euro-Scheinen und ihre möglichen Vorbilder"

Begonnen wurde mit dem Einscannen von Brücken-Bildern, die er in Grafiken umsetzte und dabei veränderte. Über die Ursprünge der auf den Geldscheinen befindlichen „Kunst"-Brücken musste der Designer Stillschweigen vereinbaren, so dass niemand außer Herrn Kalina die Vorbilder der Euro-Brücken kennt und er niemandem die Vorlagen nennen darf.

Also bleibt man auf Mutmaßungen angewiesen, die – wenn man im Internet sucht – schon von einigen angestellt wurden und die sich zum Teil widersprechen. Unter anderem wurde von Georg Küffner ein Artikel in der FAZ veröffentlich [1]. Allerdings sind alle Veröffentlichungen nur Mutmaßungen, und die können auch falsch sein.

Die im Folgenden vorgestellten Brücken sind die persönlichen Mutmaßungen des Autors, die natürlich ebenfalls falsch sein können und die sich von denjenigen in FAZ und Internet zumindest teilweise unterscheiden.

Die Auswahl erfolgte höchst subjektiv, denn wenn mehrere Brücken in Fragen kamen, habe ich mich für diejenige entschieden, die vielleicht die erste ihres Typs war, oder die in irgendeiner Weise ein Superlativ aufzuweisen hat.

Und einige Male wird auch ganz kurz gezeigt, welche Alternative es denn geben könnte.

1. Der 5 €-Schein

Beginnen wir mit dem 5 €-Schein und der Darstellung einer Brücke aus der Antike, Bild 1[1].

Bild 1: Ausschnitt aus dem 5 €-Schein

---

[1] Die Euro-Scheine werden in diesem Artikel entsprechend § 128 Abs. 1 Nr. 1 OWiG nur ausschnittsweise wiedergegeben, um Verwechselungen mit „echtem" Geld zu vermeiden oder um keine Reproduktionsmöglichkeit zur Verfügung zu stellen.

Die Brückenbaukunst bei den Griechen war eher gering ausgebildet, man bewegte sich vorwiegend am Ufer und folgte mit den Wegen ins Landesinnere meist der Landschaft.

Erst die Römer bauten große und lange Brücken, einige auch für Wege und Straßen, besondere Brücken aber für den Transport von Wasser. Die Römer trieben einen unglaublichen Aufwand, um ihre Städte mit Wasser zu versorgen. Und wenn dazu Täler und Schluchten zu überwinden waren, wurden teilweise gewaltige Brückenkonstruktionen geschaffen. Einige von diesen Aquädukten sind uns erhalten geblieben und der vielleicht berühmteste ist der Pont du Gard.

Die Vermutung liegt sehr nahe, dass dieser Pont du Gard Vorbild dieser €-Brücke ist.

Als einziger erhalten gebliebener Aquädukt mit 3 Etagen und seinen 64 Rundbögen zählt der Pont du Gard zu den Meisterwerken antiker Baukunst. Der über diese Brücke laufende A- quädukt versorgte die Stadt Nemausus, heute bekannt als Nimes. Das Wasser kam aus einer Quelle in etwa 20 km Entfernung von Nimes, wobei diese Quelle etwa 17 m höher als Nimes lag. Um das Wasser durch das unwegsame Gelände nach Nimes zu bringen, konstruierten die Römer eine fast 50 km lange Trasse, die ein durchschnittliches Gefälle von nur 34 cm auf einen Kilometer Länge aufweist.

Die Quelle gehörte übrigens zu einem kleinen Flüsschen namens Eure, so dass allein schon deshalb klar ist, dass diese Brücke Pate für den 5 €-Schein stehen muss. 24 bis 30 Stunden brauchte das Wasser bis nach Nimes. Dort hatte jeder Einwohner 400 Liter Wasser pro Tag zur Verfügung, mehr als doppelt so viel, wie in den Industriestaaten heute verbraucht wird.

Die gesamte Brücke wurde aus Muschelkalk gebaut, einem sehr weichen und bröckeligem Stein. Aber auch aus diesem Material kann man – übrigens ohne jeden Mörtel – eine Brücke bauen, die 2000 Jahre steht. Mit Hilfe von etwa 1000 Arbeitern soll die Bauzeit nur 2 bis 3 Jahre gedauert haben [2], Bild 2.

Bild 2: Pont du Gard bei Nimes, ca. 19 v. Chr.

Bei den Maßen der insgesamt 64 Bögen hat der unbekannte römische Baumeister interessante Unregelmäßigkeiten eingebaut. Zu den Enden hin werden die Durchmesser der unteren Bögen immer geringer, von 24 m der größten Öffnung bis zu 15 m außen.

In der oberen Reihe dagegen sind zwar alle Öffnungen gleich weit - vermutlich, weil immer dasselbe Lehrgerüst verwendet wurde -, aber alle Pfeiler unterschiedlich breit, Bild 3.

Bild 3: Oberste Gewölbereihe beim Pont du Gard

Man hat dem Designer, Herrn Kalina, den Vorwurf gemacht, dass er jeden zweiten Pfeiler der zweiten Bogenreihe jeweils in die Scheitelpunkte der unteren Bögen gesetzt hat.

Aber haben die Römer nicht das gleiche in der dritten Reihe gemacht. Diesen Versuch, den Pont du Gard ein wenig zu verändern, kann man Herrn Kalina gut verzeihen.

Wenn man sich diese Brücke anschaut, die 3 Bogenreihen bewundert, ihr Alter und ihre Geschichte bedenkt, hat es diese Brücke meiner Meinung nach wirklich verdient, Vorbild für den 5 €-Schein sein.

2. Der 10 €-Schein
Von vielen Seiten wird vermutet, dass die Rhône-Brücke in Avignon das Vorbild für die Brücke auf dem 10 €-Schein gewesen sein könnte, Bild 4.

Bild 4: Ausschnitt aus dem 10 €-Schein

Im 12. Jahrhundert wurden zahlreiche Brücken in Frankreich von Mönchen unter der Leitung des Mönchs Bruder Bénoît gebaut, später bekannt als „Orden der Brückenbauer". Auch diese Brücke in Avignon soll von diesen Mönchen gebaut worden sein [3].

Die lokale Legende sagt jedoch etwas anderes [4]: Der Hirte Bénézet, schmächtig und besitzlos, hat erklärt, er könne dort eine Brücke bauen, wo weder Gott, die Heiligen Petrus und Paulus noch Karl der Große noch irgendein anderer eine errichten konnte. Der Bischof von Avignon sagte: „Ich glaube ihm erst dann, dass er eine Steinbrücke verwirklichen kann, wenn er einen Felsen aus Kalkstein in meinem Palast bewegt." Der Legende zufolge konnte der Hirtenknabe Bénézet die Prüfung des Bischofs von Avignon erfüllen: Er schleppte einen tonnenschweren Felsbrocken vom bischöflichen Palast an jene Uferstelle, wo er eine Brücke über die Rhone plante.

Diese Geschichte von den übernatürlichen Kräften des schmächtigen Hirten hatte ihren Zweck erfüllt: Alle waren bereit, Spenden zu geben und damit den Bau der Brücke als Akt der Nächstenliebe zu unterstützen. Niemand weiß, ob nun Bénézet oder der Mönch Bénoît diese Brücke gebaut hat.

Mit einer Gesamtlänge von 920 Metern und 22 ohne Mörtel verfugten Bögen mit Spannweiten von 20 m bis 35 m wurden in Avignon die Meisterwerke des antiken Brückenbaus überflügelt. Zugleich schuf der Baumeister die längste Brücke der mittelalterlichen Welt. In gerader Linie verband sie das Ostufer mit der Insel Barthelasse. Dort knickte sie ab, um etwaigen Springfluten besser standhalten zu können. Obgleich sie nur zwei Joche mehr als die zeitgleich entstandene London Bridge besaß, war sie mit ihren elliptischen Bögen zugleich eleganter und dreimal so lang.

Bénézet erlebte die Vollendung des Bauwerks nicht mehr. Er wurde in der neu eingeweihten Brückenkapelle, die sich über dem zweiten Pfeiler erhob, zu Grabe getragen, Bild 5. Ab 1233 entwickelte sich die Wallfahrt zum nunmehrigen Brückenheiligen Bénézet. Mit der Verlegung der päpstlichen Residenz nach Avignon im Jahre 1305 durch Papst Clemens V. wurde die Brücke auch der Treffpunkt von Unterhändlern und Diplomaten, hohen Geistlichen und Fürsten. Erst nachdem sie durch den Weggang der Päpste (ab 1378) bedeutungsloser geworden war, ihres Brückenheiligen beraubt war und durch das Hochwasser von 1665 bis auf drei Bögen hinweggespült worden war, wurde die Brücke St-Bénézet weltberühmt - durch das französische Volkslied „Sur le pont d'Avignon". Heute stehen noch vier Bögen mit Spannweiten zwischen 30,8 m und 33,5 m [5], Bild 6.

Aber: Die Bauten der Romanik werden verbunden mit Begriffen wie wuchtig, trutzig, erdverbunden. Diese Beschreibungen passen aber nicht gerade zu dieser Brücke, die eher schlank und leicht wirkt und damit ihrer Zeit, der Romanik, weit voraus ist.

Es könnte auch die Alte Steinbrücke in Regensburg über die Donau sein, die sogar noch etwas älter ist als die Brücke in Avignon [6]. Diese Brücke war ursprünglich 336 m lang. Von den 16 halbkreisförmigen Bögen sind heute noch 15 vorhanden. Die einzelnen Bögen haben Spannweiten zwischen 10 m und fast 17 m, während die Pfeiler Breiten zwischen fast 6 m und 8 m aufweisen, Bild 7. Das Verhältnis zwischen Öffnung und Pfeiler betrug etwa 2 : 1.

Bild 5: Kapelle des Heiligen Bénézet am zweiten Pfeiler der Brücke in Avignon

Bild 6: Die vier erhaltenen Bögen der Brücke in Avignon

Bild 7: Alte Steinbrücke in Regensburg (Foto aus [6])

3. Der 20 €-Schein

Die Brücke auf dem 20 €-Schein symbolisiert ein Bauwerk aus der Zeit der Gotik, Bild 8.

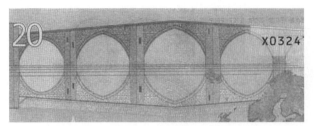

Bild 8: Ausschnitt aus dem 20 €-Schein

Deutlich erkennbares Stilelement sind die Spitzbögen.

Das Vorbild könnte die Brücke Valentré über den Fluss Lot in Cahors sein, die in den Jahren 1308 bis 1355 erbaut wurde. Was auf den Fotos zusätzlich zu sehen ist, sind die Türme. Diese musste der Designer weglassen, weil man sonst die Brücke sofort erkannt hätte, Bild 9.

Bild 9: Pont Valentré über den Fluss Lot in Cahors

Damals waren die Türme aber dringend erforderlich. Cahors war eine reiche Stadt, denn in Cahors war der Hauptsitz der südfranzösischen Geldverleiher, bekannt als Cahorsini. Und diese mussten sich gegen Eindringliche schützen. So kamen 1378 die Wehr-Türme mit gro-ßen Fallgittern hinzu.

Die Bögen der Brücke Valentré mit ihren gotischen Spitzbögen weisen Spannweiten von je 16,5 m auf. In den auf der oberstromigen Seite gebauten, spitzen Pfeilervorsprüngen befinden sich mannshohe Öffnungen, die zusammen mit kleineren Öffnungen darunter für den Einbau eines hölzernen Sprengwerks und damit einer Hilfsbrücke gedacht sein könnten, Bild 10. Eventuell wurde diese Brücke während der sehr langen Bauzeit als vorübergehender Baubehelf genutzt. Die großen Öffnungen sind in jedem Fall ein Charakteristikum für diese Brücke und auch auf dem Geldschein - wenngleich in abgewandelter, und damit schlecht nutzbarer, Art und Weise - wieder zu finden.

Auch zu dieser Brücke gehört eine Geschichte [5]:

Der Brückenbaumeister von Cahors hatte mit dem Teufel einen Pakt abgeschlossen, weil die Arbeiten so langsam vorangingen. Um aber seine Seele zu retten, hatte er kurz vor Fertigstellung der Brücke die Idee, den Satan zu bitten, für den letzten Mörtel das Wasser in einem großen Sieb zu bringen. Als dem Teufel dies misslang und er so die Wette verlor, rächte er sich, indem er jede Nacht eine Ecke des Mittelturms heraus brach, so dass die Steine tags darauf wieder eingefügt werden mussten.

Als der Architekt Paul Gout die Valentré Brücke 1879 restaurierte, hörte er von den Bewohnern von Cahors diese Sage. Die Einheimischen erklärten sich so die Fehlstelle am Mittelturm der Brücke. Um die alte Geschichte zu bewahren, beauftragte Gout den Bildhauer Calmon, einen Satan zu meißeln, der gerade dabei ist, einen Stein aus dem Mauerwerk zu reißen, Bild 11. Die Figur wurde an der betreffenden Stelle angebracht und führte im Laufe der Zeit zur Bezeichnung „Teufelsbrücke" oder auch „Satans-Turm".

Die Geschichte ist so berühmt, dass es darüber in Frankreich einen gut gemachten Comic gibt [7], Bild 12.

Bild 10: Öffnungen in der Pfeilervormauerung   Bild 11: Der Stein mit dem Teufel (Foto aus
[7])

Bild 12: Ein Comic über den Bau der Brücke [7]

4. Der 50 €-Schein

Wir kommen zur Renaissance und zu einer Brücke, die zwar den klassischen Motiven folgt, aber statt eines Kreisbogens, wie er in der Antike üblich war, in den meisten Öffnungen eine elliptische Bogenform zeigt, Bild 13.

Bild 13: Ausschnitt aus dem 50 €-Schein

Es handelt sich um die Pont Neuf in Toulouse, die Neue Brücke aus dem Jahre 1632, also einer Zeit, die wir durchaus noch der Renaissance zuordnen können. Die Brücke hat eine Gesamtlänge von 229,76 m und weist acht Bögen mit Spannweiten von 18,36 m bis 32,07 m auf, Bild 14. Die beiden kleinsten Bögen haben einen reinen Kreisquerschnitt, die übrigen sechs folgen jeweils Korbbögen.

Bild 14: Pont Neuf in Toulouse

Die großen Öffnungen, die dem Hochwasserabfluss dienen, bestimmen die Optik sehr und es ist zu überprüfen, ob diese Brücke trotzdem das Vorbild sein kann.

Doch zunächst zu der Feststellung, dass bei dieser Brücke sehr viel Ziegel verwendet wurden. Die Stadt Toulouse hatte das Problem, dass die nächsten Steinbrüche für Naturstein sehr weit entfernt waren.

Also brannte man in Toulouse Ziegel. Aber so ganz traute man den Ziegeln im Brückenbau dann doch nicht. Auf der Unterseite eines Bogens kann man erkennen, dass immer einzelne Bogenreihen aus Naturstein eingefügt worden sind, der entsprechend weit transportiert werden musste, Bild 15. Wenn man sich die Ziegelflächen etwas genauer ansieht, stellt man fest, dass das Misstrauen den Ziegeln gegenüber wohl gerechtfertigt war. Der Mörtel war offensichtlich haltbarer, wie man sieht, Bild 16.

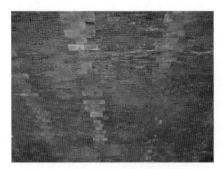 

Bild 15: Naturstein- und Mauerwerkkombination Bild 16: Mauerwerk ohne Ziegel

Bei einem Vergleich einer direkten Ansicht der Brücke und einer Vergrößerung des 50 €-Scheins stellt man fest, dass die geneigten Deck-Flächen der Pfeilervorsprünge samt darunter liegendem Pfeilervorsprung hochgezogen worden sein könnte, was ja bekanntlich mit dem Computer kein Problem darstellt. Noch deutlicher wird dies, wenn man eine Zeichnung [8] von Pont Neuf nimmt und diese neben den Geldschein legt. Der Bogen aus Sandstein, der Schlussstein, die Füllung aus Mauerwerk, passen hervorragend, Bilder 17a-c.

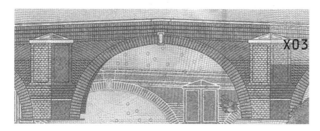

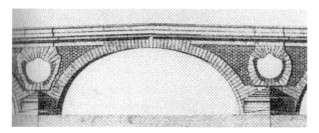

Bild 17a-c: Vergleich von Originalbrücke, Geldschein und Zeichnung aus [8]

Zum Vorbild für die Brücke auf dem 50 €–Schein könnte aber auch eine Straßenbrücke mit dem Namen Pont Louis-Philippe in Cahors geworden sein, Bild 18. Die Bogenform wird genau wiedergegeben, nur aus den runden Pfeilervorsprüngen wurden dreieckige. Letzteres wäre eine durchaus denkbare Verfremdung durch den Designer.

Bild 18: Bogenbrücke Pont Louis-Philippe in Cahors

5. Der 100 €–Schein

Auf dem 100 €-Schein ist eine Brücke mit außergewöhnlich schlanken, um nicht zu sagen, dünnen Pfeiler und eine im Verhältnis dazu große Spannweite zu sehen, Bild 19. Was uns heute vielleicht normal vorkommt, war zur Zeit des Barock eine mutige Idee.

Bild 19: Ausschnitt aus dem 100 €-Schein

War es vielleicht die Schwarzenbergbrücke in Wien, wie von Vielen vermutet wird? Dafür spricht, dass sie in Wien liegt und man vermuten könnte, dass der Geldschein-Designer eine Brücke aus Wien, seiner Heimatstadt, gewählt hat. Sie wurde allerdings erst 1865 gebaut und bereits 1905 wieder abgerissen, Bild 20. Zum Zeitpunkt der Erbauung der Brücke 1865 waren aber derartig schlanke Pfeiler im Verhältnis zur Spannweite nichts Neues mehr. Außerdem kann man eine 1865 gebaute Brücke schlecht dem Barock zuordnen.

Bild 20: Schwarzenbergbrücke in Wien (Foto [13])

Also müssen wir in der Geschichte etwas zurückgehen.

Fast alle römischen Brücken weisen das Verhältnis 3:1 zwischen Spannweite und Pfeilerbreite auf. Dies war erforderlich, um den Bogenschub vom Pfeiler aufnehmen zu können, wenn wieder ein Bogen fertig war und der nächste noch gebaut werden sollte.
Die einzige Ausnahme von dieser Regel war übrigens der Pont du Gard, bei der der unbekannte Baumeister das damals sehr mutige Verhältnis 5:1 gewählt hatte.

Der französische Baumeister Mansart hatte 1687 die Brücke Pont Royale erstmalig wieder mit einem Verhältnis 5:1 entworfen. Der Bauleiter einer ähnlichen Brücke war Jean-Rodolphe Perronet, der beim Ausschalen dieser Brücke beobachtete, wie sich ein Pfeiler durch den Bogenschub nach außen bewegte, da damals eine Spannweite nach der anderen hergestellt wurde. Seine Idee beim Bau der Pont Neuilly-sur-Seine bestand darin, alle Bögen gleichzeitig herzustellen, so dass sich der Bogenschub der einzelnen Bögen jeweils am Pfeiler aufheben kann und nur an den Enden massive Widerlager erforderlich würden, so dass ein Verhältnis von 9 : 1 möglich werden sollte, Bild 21.

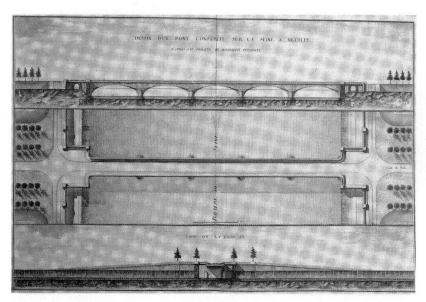

Bild 21: Pont Neuilly-sur-Seine von Jean-Rodolphe Perronet (Zeichnung aus [14])

Perronet konstruierte die weit gespannten Korbbögen aus elf Kreismittelpunkten. Durch Abschrägungen nach außen entsteht dort der Eindruck dünner Segmentbögen, deren Ansatzpunkte 5 m höher liegen als die Korbbögen weiter innen.

Dieser überlegte und elegante Effekt wurde durch die überschlanken Pfeiler geradezu revolutionär gesteigert, wodurch er ein bis dahin unbekanntes Verhältnis von 9,3 : 1 erzielte.

Die logische Folge dieses Vorgehens war natürlich das Aufstellen von Lehrgerüsten über die gesamte Länge der Brücke, da alle Bögen gleichzeitig gebaut werden mussten, Bild 22. Die Bauzeit betrug zwei Jahre, und am 22. September 1772 verwandelte Perronet den Abriss aller Lehrgerüste der Brücke in ein effektvolles Theaterspektakel, bei dem das gesamte Holzwerk binnen nur weniger Minuten im Fluss versank, Bild 23.

Bild 22: Gleichzeitiger Aufbau der Lehrgerüste für alle Bögen (Zeichnung aus [14])

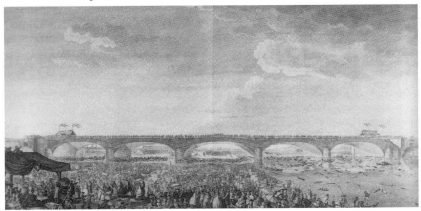

Bild 23: Volksfest bei der Entfernung der Lehrgerüste (Zeichnung aus [14])

Trotz aller Planung und Vorsicht Perronets bei den Fundamenten senkte sich die Brücke leicht nach dem Abbau der Lehrgerüste. Dennoch stand sie fast 2 Jahrhunderte, bevor sie unter Missachtung ihrer historischen Bedeutung im Jahre 1939 abgetragen wurde, weil sie den zunehmenden Autoverkehr nicht mehr aufnehmen konnte.

Eine hervorragende Darstellung der einzelnen Bauzustände der Pont Neuilly-sur-Seine in Form von Modellen im Maßstab 1 : 40 befindet sich im Deutschen Museum in München [9].

6. Der 200 €-Schein

Die Epoche des 200 €-Geldscheins ist das Zeitalter der Industrialisierung, Bild 24. Gusseisen wird als neues Material im Brückenbau möglich und auch verwendet.

Bild 24: Ausschnitt aus dem 200 €-Schein

Eine der schönsten Brücken aus der Anfangszeit der Verwendung von Gusseisen im Brückenbau ist die Spey-Bridge in Cragellachie über den kleinen Fluss Spey in Schottland, erbaut im Jahr 1815, die für das Vorbild der Brücke auf dem 200 €-Schein gehalten wird, Bild 25.

Bild 25: Spey-Bridge in Cragellachie von Thomas Telford

Ein zwischen zwei Widerlager eingespannter Bogen überspannt 150 Fuß, etwa 50 m, wobei sowohl der Bogen als auch die Ständer der Fahrbahn äußerst filigran sind. Zwei dünne, parallel verlaufende Bögen sind durch X-förmige Stäbe und radiale Stäbe miteinander verbunden. Die dünne Fahrbahnplatte ist sehr schwach gekrümmt und mit dem Bogen durch filigrane Stäbe verbunden, die in erster Linie radial verlaufen. Die gesamte Form ist leicht und offen, die sichtbare Form ist identisch mit den Stahlteilen, es gibt keine Verzierungen oder angesetzte Teile. Diese außerordentlich filigrane Konstruktion wurde allgemein bewundert und veranlasste den Dichter Robert Southey zu den Worten: „As I went along the road by the side of the water I could see no bridge; at last I came in sight of something like a spider's web in the air - if this be it, thought I, it will never do! But presently I came upon it, and oh, it is the finest thing that ever was made by God or Man!" [10]

An der Brücke ist zum Andenken an Thomas Telford eine Tafel angebracht, Bild 26: Er gehörte zu einer Generation, in der man sich erstmalig als Bauingenieur gefühlt hat. Im Jahr 1792 schrieb er über eine zuvor getroffene Entscheidung: „Ich fühlte mich immer stärker bestimmt, Arbeiten in einer Größe und mit einer Bedeutung auszuführen, die größer sind als Details von Architektur-Häusern, ... Von diesem Zeitpunkt an zielte meine Aufmerksamkeit allein auf das Bauingenieurwesen (im engl.: to Civil Engineering)." [10]

Bild 26: Tafel an der Spey-Bridge in Cragellachie

Thomas Telford hat den Mut gehabt, eine unglaublich filigrane Struktur aus Gusseisen zu bauen. In den Straßenkarten von Schottland ist die Brücke übrigens als Telford-Bridge eingezeichnet, obwohl sie nur noch als Fußgänger-Brücke in Betrieb ist.

Aber war es wirklich die Spey-Bridge, die als Vorbild diente? Die filigranen Stäbe der Spey-Bridge sucht man auf dem 200 €-Schein vergeblich. Vielmehr sieht es so aus, als ob diese namenlose Eisenbahnbrücke in Cahors Pate gestanden haben könnte.

Im Jahre 1869 erreichte der Bau der Eisenbahn das Städtchen Cahors und zu dieser Zeit ist diese Brücke am Ende des Bahnhofs von Cahors entstanden. Insgesamt fünf Bögen aus Stahl bilden diese 213,45 m lange Brücke. Deutlich erkennt man die Stahlbögen, die senkrechten Stäbe zwischen Fahrbahn und Bogen sowie die Querverbindung etwa auf halber Höhe zwischen Fahrbahn und Bogen [11], Bild 27.

Bild 27: Eisenbahnbrücke in Cahors

Dies ist nun bereits das dritte Mal, dass eine Brücke aus Cahors gezeigt wird, so dass die Frage immer drängender wird: wo liegt denn eigentlich Cahors?

Cahors liegt im Südwesten Frankreichs und ist ein kleines Städtchen mit etwa 21.000 Einwohnern am Fluss Lot, der wie in einem großen U um Cahors herum fließt. In dieser Stadt finden wir drei Brücken, die Vorbilder für Euro-Brücken sein können, Bild 28:

- Die Pont Valentré im Westen,
- die Pont Louis-Philippe im Südosten und
- die namenlose Eisenbahnbrücke im Süden der Stadt.

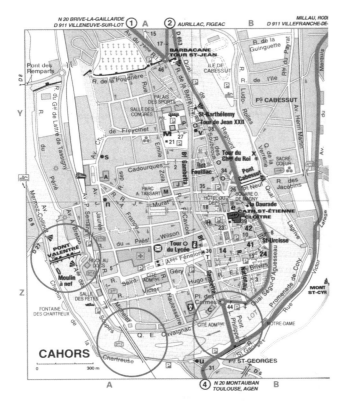

Bild 28: Stadtplan von Cahors (Zeichnung aus [15])

Vielleicht ist dies alles nur Zufall, vielleicht werden wir nie erfahren, welche Bedeutung das kleine Städtchen Cahors für die europäische Währung gehabt hat.

7. Der 500 €-Schein

Auf dem 500 €-Schein kann man leicht erkennen, dass eine Schrägkabelbrücke abgebildet ist, Bild 29. Da die Geschichte der Schrägkabelbrücken bis zum Jahre 1784 zurückverfolgt werden kann, ist hier mit an Sicherheit grenzender Wahrscheinlichkeit nicht die erste Brücke dieser Art abgebildet.

Viel wahrscheinlicher ist es, dass die bei ihrer Entstehung weitest gespannte Schrägkabelbrücke zum Vorbild genommen wurde.

Die Pont de Normandie bei Le Havre weist eine Spannweite zwischen den Pylonen von 856 m auf, damals – 1995 – Weltrekord, heute immerhin noch Europarekord. 184 Kabel mit Längen zwischen 95 und 450 m tragen die Fahrbahn. In den Bereichen außerhalb der großen Öffnung und die ersten 116 m der Hauptspannweite besteht diese Fahrbahn aus Beton. Im mittleren Bereich mit einer Länge von 624 m wurde eine Stahlkonstruktion verwendet, um Gewicht zu sparen [12], Bild 30.

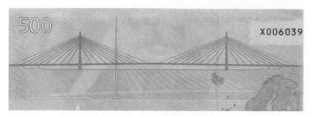

Bild 29: Ausschnitt aus dem 500 €-Schein

Bild 30: Pont de Normandie bei Le Havre

Die beiden Pylone haben eine Höhe von je 214 m und wiegen 35.000 Tonnen. Da klingt es fast harmlos, wenn man feststellt, dass die Pfähle unter den Pylonen rund 60 m weit in den Baugrund reichen. Die gesamte Brücke weist eine Länge von über 2 km auf, genau 2141 m und überquert die Mündung der Seine in ca. 60 m Höhe. Um auf diese Höhe zu kommen, haben die beiden Rampen eine Steigung von etwa 10 %, Bild 31.

Bild 31: Anstieg zur Pont de Normandie

Bei diesem Schein gibt es nach Meinung des Autors keinen Zweifel, dass diese schöne Brücke, die Pont de Normandie, Vorbild für die Brücke auf dem 500 €-Schein ist.

Nach Meinung von Herrn Küffner, dem Autor des FAZ-Artikels, ist es schade, dass die in den vergangenen Jahren gezeigte Kreativität im Brückenbau gerade auf dem 500 €-Schein abgebildet ist und nicht auf einem häufiger benutzten Schein: „So aber wird die Ästhetik modernen Brückenbaus wegen der bei Normalbürgern weit verbreiteten pekuniären Engpässe vermutlich nur recht selten bewundert werden." [1]

8. Schluss

Viele der gezeigten Brücken liegen in Frankreich: Pont du Gard bei Nimes, Pont Bénézet in Avignon, drei verschiedene Brücken in Cahor, darunter die berühmte Pont Valentré, Pont Neuf in Toulouse, Pont Neuilly-sur-Seine in Paris und Pont de Normandie in Le Havre. Ist Frankreich womöglich das Euro-Land? Auch aus anderen Ländern wurden einige Brücken gezeigt: die Alte Steinbrücke in Regensburg in Deutschland, die Schwarzenbergbrücke in Wien in Österreich und die Spey-Bridge in Cragellachie in Schottland.

Es handelt sich um eine höchst subjektive Auswahl von möglichen Vorbildern, bei denen die Brücken und ihre Erbauer wesentlich wichtiger sind als das Land, in dem sie sich befinden.

In jedem Fall handelt es sich um Brücken, bei denen ihre Erbauer - teils unbekannt, teils berühmt - jeweils zu ihrer Zeit großen Mut bewiesen haben, indem sie ihre Ideen umgesetzt haben.

Literatur

[1] Küffner, Georg, Brücken sind Weg, Ziel und Zeichen zugleich, Frankfurter Allgemeine Zeitung vom 31.12.2001

[2] Jurecka, Charlotte, Brücken, Wien: Verlag Anton Schroll & Co, 1979

[3] Graf, Bernhard, Brücken, die die Welt verbinden, München: Prestel 2002

[4] Lefranc, Renee, And the Shepherd Bénézet Built a Bridge for Avignon, Avignon: Editions RMG-Palais des Papes, 2000

[5] Brown, David, Brücken, München: Callwey 1994

[6] Leonhardt, Fritz, Brücken, Stuttgart: Deutsche Verlags-Anstalt 1982

[7] Polomski, Joël, Le diable du Pont Valentré, Cahor: France Quercy 2002

[8] Coppolani, Jean, Les Ponts de Toulouse, Toulouse: Editions Privat 1992

[9] Bühler, Dirk, Brückenbau, München, Deutsches Museum 2000

[10] Billington, David P., The Tower and the Bridge — The New Art of Structural Engineering, Princeton: Princeton University Press 1985

[11] Simoni, Henri, Ponts et Viaducs, Grenoble: Presses et Editions Ferroviaires 1995

[12] Bennett, David, Les Ponts, Paris: Éditions Eyrolles 2000

[13] Medienservice des Österreichischen Bundesministeriums für Bildung, Wissenschaft und Kultur, Wien 2002

[14] Picon, Antoine, L'art de l'ingénieur — constructeur, entrepreneur, inventeur, Paris: Éditions du Centre Pompidou 1997

[15] Michelin — Le Guide Rouge, Clermont-Ferrand: Michelin et Cie 2003

BMW Welt München

Doppelkegel und Wolkendach prägen dieses architektonische und bautechnische Meisterwerk

Dipl.-Ing. **Stefan Keck**, München
Dr.-Ing. **André Müller**, München

Einführung

In firmenhistorisch bedeutender Umgebung am Stammsitz des Unternehmens im Münchner Norden sowie mitten im städtebaulich prägenden Ensemble der 70-ger Jahre, bestehend aus Olympiagelände und BMW Konzernzentrale, liegt die BMW Welt, das Erlebnis- und Auslieferungszentrum der BMW Group.

Bild 1   BMW Welt, Hochhaus und Museumsschüssel (© BMW AG)

Dabei ergänzt die atemberaubende Architektur der BMW Welt in idealer Weise die markante Komposition von BMW Museum („Schüssel") und BMW Hochhaus („Vierzylinder").
Zur Umsetzung der gestalterischen Vorgaben war eine nicht minder spektakuläre bautechnische Meisterleistung erforderlich. Sowohl im Stahlbau als auch im Massivbau wurden außergewöhnliche Wege beschritten.

1. Konzeption und Entwurf

Ausgehend vom Wunsch nach einem zentralen Ort für Auslieferung, Markenpräsentation, Kommunikation und Begegnung wurde in den 90-ger Jahren die Basis für den Bau der BMW Welt gesetzt. Als Plattform dafür sollte ein Gebäude mit herausragender Architektur und charakteristischem Design dienen.

Bild 2   Fotomontage Ansicht Süd (© BMW AG)

Aus einem international besetzten Architekturwettbewerb ging dann im Jahr 2001 der Entwurf von Coop Himmelb(l)au, Wien, als Gewinner hervor.

2. Umsetzung

Nach 4-jähriger Bauzeit (August 2003 bis Oktober 2007) fand am 21. Oktober 2007 die Eröffnung der BMW Welt statt. Bis dahin wurden unter der Leitung des Generalplaners Coop Himmelb(l)au rund 155.000 m³ Erdreich bewegt, 60.000 m³ Beton zusammen mit 9.000 to Betonstahl eingebracht und 3.000 to Profilstahl montiert.

3. Gesamtkomplex

3.1 Übersicht

Das für die Bebauung zur Verfügung stehende Grundstück stellte mit seiner Größe, seiner Lage inmitten urbaner Bebauung sowie der gleichzeitigen direkten Nachbarschaft zu Stammwerk und Konzernzentrale einen außerordentlichen Glücksfall dar. Der Grundriss des realisierten Gebäudes orientiert sich an der bestmöglichen Nutzung der Grundstücksfläche.

Die Abmessungen der BMW Welt können sich dabei durchaus sehen lassen. So könnten innerhalb der Gebäudehülle ein Airbus A380 oder ein Fußballfeld Platz finden.

Tabelle 1   Technische Daten BMW Welt

BMW Welt Gesamtbauwerk	
Länge	180 m
Breite	130 m
Höhe, oberirdisch	28 m
Bruttogrundfläche	75.000 m²
Bruttorauminhalt	530.000 m³
Anzahl Räume	1154

In der Vertikalen untergliedert sich das Gebäude in einen unterirdischen Massivbau, der in vier Tiefgeschossen die wesentlichen Funktionen zum Betrieb des Gebäudes wie Parkgarage, Gebäudetechnik, Fahrzeugspeicher, Waschanlage und Werkstätten beinhaltet. Sowie in den oberirdischen Teil mit der durch ein räumliches Stahlfachwerk getragenen Gebäudehülle und den darin inselförmig untergebrachten Funktionsbereichen.

3.2 Funktionsbereiche

Die Konzeption des Gebäudes versteht die charakteristische Wolkenstruktur als alles überspannendes Dach eines Marktplatzes, auf dem die verschiedenen Funktionen in Form von Haus-in-Haus-Konstruktionen angeordnet sind.

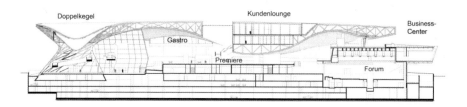

Bild 3   Längsschnitt, Funktionsbereiche (© BMW AG)

Doppelkegel

Markantes gestalterisches Element mit fliesendem Übergang zur Wolkenform des Hauptdaches. Repräsentativer Ort für Markenauftritte, Präsentationen und Veranstaltungen.

Gastro-Turm

Mehrgeschossiger Turm für Restaurantbetrieb, Lifestyle und Merchandising sowie vertikale Erschließung.

Bild 4   Gastro-Turm, Innenbrücke (© BMW AG)

Premiere

Plattform für die Fahrzeugübergabe an den Kunden.

Kundenlounge

Im mächtigsten Teil der „Wolke" untergebrachter zentraler Bereich für Kundenbetreuung und Verwaltung. Anbindung über eine große Freitreppe an die Premiere.

Forum

Multifunktionaler Veranstaltungssaal mit flexiblem Hubboden.

Innenbrücke

Stellt als Verlängerung der Außenbrücke den Anschluss zum BMW Museum her und sorgt für die interne Verbindung der einzelnen Baukörper und Funktionsbereiche.

Business-Center

Weit unter dem Regeldach auskragender Bereich mit Konferenz- und Tagungszone.

Bild 5   Ansicht Nord mit Business-Center (© BMW AG)

BMW Hall

Vom geschwungenem Hauptdach überspannter „Marktplatz" für Fahrzeugpräsentation der aktuellen BMW Produktpalette, Technologiestudios und Design Atelier.

Bild 6   BMW Hall mit Premiere (© BMW AG)

3.3 Gebäudehülle

Vorherrschende Materialien für die Fassade sind Glas und Edelstahl. In Bereichen von dahinterliegenden Fenstern und Öffnungen wurden gelochte Bleche eingebaut. Für die Dachdeckung wurde ein konventionelles Stahltrapezblech verwendet, das jedoch fast

Tabelle 2   Technische Daten Gebäudehülle

Gebäudehülle	
Dach	16.000 m²
Glasfassade	15.000 m²
Edelstahlfassade	10.000 m²

vollständig von Photovoltaikpaneelen überdeckt wird. Entsprechender oberer Abschluss der trichterförmigen Dachkonstruktion des Doppelkegels sind Edelstahlbleche.

3.4 Statisches Konzept

Die Tragkonstruktion der BMW Welt wurde fugenlos erstellt, d.h. alle Einzelbaukörper sind in das Gesamttragsystem eingebunden. Sie können für das Gesamtsystem dabei sowohl stabilisierend als auch belastend wirken, je nach Steifigkeit bzw. Belastungszustand. So hängt sich z.B. der Doppelkegel in Abhängigkeit vom jeweiligen Lastfall an das Regeldach an oder er stützt es.

Das Regeldach als verbindendes Glied der einzelnen Baukörper hat eine freie Spannweite von bis zu 80 m. Als vertikale Auflager für die Gesamtdachfläche von ca. 15.000 m² dienen dabei lediglich 11 Stahlbetonstützen sowie 2 Aufzugkerne. Die Horizontale Stabilisierung erfolgt über die Anbindungen an Doppelkegel, Gastroturm, Kundenlounge und ebenfalls die 2 Aufzugskerne. Als besonders anspruchsvoll erwies sich in diesem Zusammenhang die Einbindung der Kundenlounge.

Das gewaltige statische Gesamtsystem stellte eine sehr große Herausforderung für Hard- und Software der beteiligten Tragwerksplaner dar. Noch Anfang der 90-ger Jahre wäre eine Berechnung mit angemessenem Aufwand und wirtschaftlichem Ergebnis nicht möglich gewesen. Erschwerend kam hinzu, dass das Stahltragwerk der BMW Welt eine Freiformstruktur einnimmt. D.h. es gibt keine regelmäßigen orthogonalen oder wie auch immer systematisch strukturierten Formen. Jeder einzelne zuerst im Computer entworfene, dann vom Tragwerksplaner dimensionierte und schließlich vor Ort eingebaute Stahlträger ist ein Unikat.

4. Bautechnische Highlights

4.1 Baugrube und Gründung

Bereits die Abmessungen der Baugrube zeigen, dass es sich um ein außergewöhnliches Bauwerk handelt. Die Baugrube besitzt einen dreiecksförmigen Grundriss mit den Seitenlängen von 210 m bzw. 110 m. Die Tiefe beträgt für die vier Untergeschosse rund 14,5 m. Der Verbau wurde mittels einer rückverankerten überschnittenen Bohrpfahlwand hergestellt. Im Kronenbereich der Bohrpfähle – oberhalb des Grundwassers – bildeten Steckträger mit einer Holzausfachung den Abschluss des Baugrubenverbaus. Die Bohrpfähle wurden bis in die tertiären Sande zur Abdichtung der Baugrube eingebunden. Der Grundwasserspiegel wurde innerhalb der Baugrube abgesenkt. Die überschnittene Bohrpfahlwand wurde unter Einsatz von Spritzbeton geglättet und mittels einer Trennlage vom Bauwerk abgefugt.

Für die Bemessung der Untergeschosse wurde mit rund 9 m Wassersäule gerechnet. Die Auftriebssicherheit des Gebäudes wird durch die zusätzliche Anordnung von Zugpfählen gewährleistet. Aufgrund der sehr guten Kenntnisse der Münchner Bodenverhältnisse im Baufeld konnte die Anzahl der Zugpfähle optimiert und ein Raster von 4 x 4 m festgelegt werden. Neben den Zugpfählen wird die überschnittene Bohrpfahlwand der Baugrubenumschließung für die Auftriebssicherheit mitgenutzt.

Bild 7   Bodenplatte mit Verbauwänden (© ZMI)

Die durchlaufende fugenlose Bodenplatte wurde für die Gründung als elastisch gebettete Platte bemessen. Die Stärke der Bodenplatte variiert je nach Beanspruchung zwischen 1,00 m und 1,50 m. In die Bodenplatte integriert und örtlich durch Vouten verstärkt sind Bodenkanäle für die energietechnische Versorgung des Bauwerks. An einzelnen Punkten sind die Kanäle im Endzustand zur Wartung zugänglich gemacht.

4.2 Untergeschosse

Die vier Untergeschosse wurden als wasserundurchlässige Konstruktion (weiße Wanne) ausgeführt. Planmäßige Gebäudetrennfugen existieren nicht. Das 2. und 3. Untergeschoss werden als Tiefgarage genutzt, während in den zwei übrigen Untergeschossen Werkstätten, Betriebseinrichtung und Technikräume untergebracht sind.

Für die Bemessung der erdberührten Außenwände wurden die Bohrpfähle des Baugrubenverbaus mit herangezogen. Anhand der vorhandenen Steifigkeitsverhältnisse der Außenwände bzw. Bohrpfahlwand erfolgte die Lastaufteilung. Aufgrund der minimierten Stützenstellung der oberirdischen Geschosse sowie gestalterischer Zwänge kommt es zu hohen Konzentrationen bei der Lasteinleitung in die Untergeschosse. Zusätzlich wirkt sich die unterschiedliche Nutzung in den jeweiligen Untergeschossen auf die geometrischen Verhältnisse aus. Dies alles hat einen wesentlichen Einfluss auf die Anordnung und Ausrichtung der tragwerksrelevanten Wände und Stützen. Die Folge sind geschossweise unterschiedliche Stützraster, uneinheitliche Stützenausrichtungen und Lastversätze. Daraus resultieren erhebliche Bewehrungsgehalte in den Stützen der Untergeschosse. Um die Ausführbarkeit der hoch belasteten Stützen gewährleisten zu können und die Grenzbewehrungsgehalte nicht zu überschreiten, wurden für die Stützen zum Teil hochfeste Betone eingesetzt.

Eine Besonderheit zeigt sich im Bereich der Helix. Die markante Helixstruktur aus Stahl wird in ihrer Geometrie in den beiden ersten Untergeschossen aus Stahlbeton weitergeführt. Aufgrund der geneigten und gekrümmten Wände wurde ein großer Aufwand für die Herstellung der Schalung betrieben. Die CAD-Daten der umzusetzenden Geometrie wurden dem Hersteller elektronisch übergeben. Die Fertigung erfolgte dann auf Basis der digitalen Daten.

Bild 8   Schalung für Untergeschossbereich Helix (© ZMI)

Für das Betonieren konnte kein herkömmlicher Beton eingesetzt werden. Das Einbringen des Betons in die geneigte und gekrümmte Schalung sowie der hohe Bewehrungsgrad der Bauteile erforderten den Einsatz von selbstverdichtendem Beton.

4.3 Helix

Als visuelles und bautechnisches Highlight ist der Doppelkegel, die so genannte Helix, zu nennen. Der projizierte Grundriss der Helix erinnert an die Wirbelbewegungen eines Hurrikans. Der Durchmesser im Erdgeschoss beträgt ca. 35 m, verjüngt sich zu einer Taille im mittleren Bereich, weitet sich asymmetrisch auf und fließt in die Dachkonstruktion über. Die Achse der asymmetrischen Helix ist gegen das Gebäude geneigt, es entstehen völlig frei geformte geometrische Elemente, die als Tragstruktur ausgebildet sind. Die Konstruktion der Helix wird durch stählerne Rechteckhohlprofile gebildet, in deren Innern die Versorgungsleitungen für Sprinkler, Elektro und Klimatisierung geführt werden. Das geometrisch sehr anspruchsvolle räumliche Stahlgebilde konnte nur mit Hilfe einer 3D-Planung zusammengeführt werden.

Bild 9   Stahlkonstruktion Helix im Bauzustand (© Stefan Keck)

Die Gesamtstruktur wird durch eine Vielzahl einzelner Dreieckselemente gebildet, an einzelnen Knotenpunkten treffen sich bis zu sieben Streben. Die Konstruktion der Helix dient zur Aussteifung der Dachkonstruktion, zur vertikalen Lastabtragung des Eigengewichtes und des zugehörigen Dachbereiches. Zusätzlich bildet das Stahlraumtragwerk direkt die Fassade und mit den eingesetzten Isolierscheiben den Raumabschluss. Jedes einzelne der ca. 900 gläsernen Scheibenelemente ist in seiner Geometrie einzigartig. Die einzelnen Scheiben müssen örtlich tragende Anforderungen an die Überkopf-Verglasung erfüllen sowie zum Teil absturzsichernde Funktionen übernehmen.

Die Herstellung des Doppelkegels erfolgte mittels vorgefertigter Segmente, die vor Ort verschweißt wurden. Im unteren Bereich bis zur Einschnürung konnte die Montage ohne Gerüst erfolgen. Dieser Bereich wurde auch mittels eines Brandschutz-Beschichtungssystems auf die Feuerwiderstandsdauer von 30 Minuten (F30) ausgelegt. Die Montage des darüber liegenden Bereiches erfolgte mittels eines großen räumlichen Arbeits- und Traggerüsts.

Der obere Bereich des Doppelkegels vereint sich in einem fließenden Übergang mit den Untergurten der Regeldachkonstruktion. In der Dachobergurtebene gibt es ebenfalls einen fließenden Übergang, wobei er sich im Zentrum des Doppelkegels kreisförmig absenkt, quasi in das Auge des Hurrikans. Im Übergangsbereich zwischen Doppelkegel und Regeldach bilden Dachober- und –unterseite infolge der erforderlichen Bauhöhe für die Tragkonstruktion einen großzügigen, sich in das Regeldach hineinziehenden Luftraum. Aufgrund der außerordentlichen Ausladung galt es, hohe konzentrierte Kräfte zu bewältigen. Um Einspannungen bzw. Biegemomente zu vermeiden, wurden einzelne hoch belastete Tragstäbe mittels Gelenken angeschlossen. Hierzu wurden hochfeste Stahlverbindungsbolzen zwischen 100 mm bis zu 140 mm Durchmesser eingesetzt. Der Einsatz dieser besonderen hoch vergüteten Werkstoffe erforderte ein Zustimmungsverfahren durch die Baubehörden.

Innerhalb der Helix schwingt sich die gekrümmte Schlepptreppe durch den unteren Bereich hoch zur Brücke und schafft die Wegebeziehung aus dem Doppelkegel über die Verbindungsbrücke ins Bauwerk. Die Schlepptreppe ist stützenfrei und hängt über Konsolen an der Tragkonstruktion der Helix.

Bild 10 Anbindung Schlepptreppe an Helix, Übergang zur Brücke (© Stefan Keck)

4.4 Regeldach

Das sich gestalterisch aus dem Doppelkegel entwickelnde und scheinbar über der Gesamtanlage frei schwebende Hauptdach wird durch ein räumliches Stahlfachwerk getragen. Infolge der Wolkenstruktur variiert die Bauhöhe des Fachwerks zwischen 3 m und

Tabelle 3   Technische Daten Regeldach

	Regeldach
Anzahl Knoten	1050
Anzahl Stäbe	3600
Gewicht Stahlkonstruktion	1450 to
Ausbaulast	25.000 kN
Anhängelaste	850 kN
Schneelast	9400 kN

15 m. An mehreren Stellen wird die Tragkonstruktion zu Belichtungszwecken von Einschnitten mit verglasten Dachflächen unterbrochen. Alles in allem ergibt sich aus der frei gebildeten Grundform in Verbindung mit mannigfachen Störstellen und der minimierten Anzahl von Auflagern eine hoch belastete und äußerst sensibel auf kleinste Einflüsse und Veränderungen reagierende Gesamtkonstruktion. Etwas erleichtert wurde die konstruktive Umsetzung der Stahlkonstruktion durch die völlig freie Profilwahl. Sie unterlag lediglich den in den entsprechenden Stäben auftretenden Schnittgrößen. Für die statische Berechnung wurden Regeldach und Helix in einem Gesamtsystem modelliert. Die Sensibilität des Tragwerks zeigte sich auch hier, z.B. wenn aus minimal veränderten Randbedingungen an einer Stelle große Auswirkungen an weit entfernten Bauteilen entstanden. Schwierig gestaltete sich auch die Handhabung der geometrisch frei im Raum liegenden Knotenpunkte und Stabwerkselemente bei der statischen Berechnung und noch mehr bei der Bearbeitung der Konstruktionsdetails im Rahmen der Montage- und Werkstattplanung. Bis zu neun Stäbe schließen an einen Knoten an, jeder einzelne Knoten stellt ein Unikat dar. Die Bearbeitung war durchgehend in allen Planungsphasen mit 3D-Systemen erforderlich.

Der Aufbau der Regeldaches erfolgte auf eigens dafür gefertigten Rüsttürmen, die auf die oberste Untergeschossdecke ablasteten. Soweit möglich wurden vorgefertigte ebene Teilfachwerke verwendet, die dann mittels Gurtstäben und Diagonalen in Querrichtung verbunden wurden. Die Gesamttragfähig war erst nach Einbau des letzten Stabes hergestellt. Das Umlasten der Konstruktion auf die endgültigen Auflagerpunkte war als eigener Lastfall mit in die statische Berechnung eingegangen. Auch während dieses Vorgangs waren, wie schon während der gesamten Aufbauphase, die tatsächlichen Verformungen mit den vorab berechneten abgeglichen worden.

Bild 11 Regeldach über Forum, Rüstturm (© Stefan Keck)

4.5 Gastroturm

Der Gastroturm stellt ein weiteres markantes Bauteil im Hinblick auf das Tragwerk der BMW Welt dar. Es handelt sich dabei um eine außergewöhnliche Stahlbetonkonstruktion mit vorgespannten Elementen, die wesentlich an der Aussteifung des Dachtragwerkes mitwirkt. Die vertikalen Tragelemente der Kernzone führen bis in die Untergeschosse und werden dort aufgrund des vorgesehenen Ladehofs und der Fahrspuren der Anlieferung aufgelöst und auf hoch bewehrte Abfangträger abgelastet.

In den Ebenen des Erdgeschosses und in der darüber liegenden Ebene E1 des öffentlichen Restaurants binden die Flachdecken direkt in den Kern ein. Die Ebene E3 des Grand-Restaurants wird nicht wie gewöhnlich durch Stützen abgelastet, sondern schwebt quasi an Zugstützen, die an die im Dachtragwerk verbundlos vorgespannten Kragenkonsolen hoch gehängt sind. Die selbigen Konsolen dienen zudem als Auflagerpunkte für die Regeldachkonstruktion. Aufgrund der sehr großen konzentrierten Lasteinleitung und der doch schlanken Bauteilabmessung musste auch hier selbstverdichtender Beton eingesetzt werden. Infolge der sehr langen Fließstrecken des selbstverdichtenden Betons sind bei solchen Konstruktionen Maßnahmen zur Verhinderung einer Entmischung zu treffen.

Auf Höhe der Ebene E1 – im Bereich des öffentlichen Restaurants – bildet der Gastroturm eines der Auflager für die Innenbrücke.

4.6 Brücke

Das Brückentragwerk wurde als Stahlfachwerkkonstruktion ausgeführt und gliedert sich in einen 150 m langen Außenbereich sowie einen rund 120 m langen Innenbereich. Der Außenbereich verbindet die BMW Welt mit dem BMW Museum. Im Innenbereich hängt die Brücke über Zugstangen an der Dachkonstruktion sowie an der Lounge, liegt im Gastrobereich auf den auskragenden Stahlbetonträgern auf und endet im Forumsbereich. Eine dynamische Schwingungsuntersuchung des Brückentragwerkes zeigte, dass auf mechanische Schwingungstilger verzichtet werden kann.

4.7 Kundenlounge

Die Kundenlounge besteht aus einem zweigeschossigen Verbundbau und ist in die Dachkonstruktion integriert. Die Dach- sowie die zwei Geschossdecken lasten auf einen

Tabelle 4   Technische Daten Lounge

Lounge	
Gewicht Stahlkonstruktion	900 to
Gewicht Betonkonstruktion	1100 to
Ausbau- und Nutzlast	20.000 kN

zentralen Kern ab. Es stehen neben dem Kern nur zwei Stützen sowie zwei exzentrische Auflagerpunkte an den anschließenden Aufzugskernen zur Lastabtragung zur Verfügung. In die Aufzugschächte wird die Last jeweils über einen schräg abstehenden „Finger" eingeleitet, an dessen Verbindungsstelle zur Lounge ein Kalottenlager aus dem Brückenbau wirkt. Dessen max. Belastung beträgt ca. 19.000 kN vertikal und ca. 7.000 kN horizontal. Die unterste Ebene wird durch eine Fischbauchkonstruktion mittels Stahlfachwerken gebildet, die die Stützenlasten aus den Obergeschossen zu den Auflagerpunkten leitet. Zusätzlich bilden die in den Fassadenebenen integrierten großen Fachwerkwände ein weiteres wesentliches

Tragelement der Lounge. Einige dieser Fachwerkwände und damit auch deren Wirkungslinien sind gegen die Vertikale geneigt. Daraus resultieren Abtriebskräfte, die bei der Berechnung des Kräfteverlaufs und bei der konstruktiven Ausbildung besonders berücksichtigt werden mussten.

Bild 12 Lounge Fischbauträger, Abstützung eines „Fingers" im Bauzustand

Eine besondere Herausforderung bildete die Montage der Konstruktion, da für die Lastabtragung im Bauzustand nur 9 zusätzliche Rüsttürme zur Verfügung standen. Die Rüsttürme waren so ausgelegt, dass sie die Last der Bauzustände in die Deckenebene der obersten Untergeschossdecke einleiten. Aufgrund des fortschreitenden Ausbaus in den Untergeschossen war es nicht möglich, die Rüsttürme bis in die Gründungsebene des Bauwerkes herunterzuführen. Dies bedeutete, dass die aufnehmbaren Lasten der Rüsttürme begrenzt und im Montage- bzw. Bauablauf zu berücksichtigen waren. Die außerordentlich komplexen Montage- und Bauzustände wurden in mehr als 100 Einzelvorgängen planerisch untersucht und in einer Gesamtdarstellung aller Einzelschritte vom Beginn der Montage bis zur Fertigstellung der Lounge festgehalten. Erschwerend kam dabei die Ausführung der

Geschossdecken in Stahlverbundbauweise mit den damit verbundenen unterschiedlichen Tragzuständen - vor und nach dem Abbinden des Betons - dazu. Der abschließende Umlastvorgang von den Rüsttürmen auf die endgültigen Auflagerpunkte floss ebenfalls in die Bemessung der Konstruktion mit ein.

Um den Anforderungen hinsichtlich des Brandschutzes 90 Minuten (F90) zu genügen, wurden die Stahlträger, insbesondere der Fischbauchebene, mittels Spritzputz geschützt. Einzelne Verbundelemente wurden mittels Heißbemessungsverfahren rechnerisch untersucht.

5. Vervollständigung BMW Ensemble

Nach der Generalsanierung des Hochhauses und dem Neubau der BMW Welt wurde mit der Wiedereröffnung des erweiterten und völlig neu gestalteten BMW Museums im Juni 2008 das eindruckvolle Ensemble komplettiert.

6. Projektbeteiligte

Bauherr:	BMW AG, München
Generalplaner:	Coop Himmelb(l)au, Wien
Projektsteuerung:	Hans Lechner ZT GmbH, Wien
Tragwerksplanung (Entwurf):	B+G Ingenieure, Frankfurt
Tragwerksplanung (Ausführung):	SSF Ingenieurgesellschaft mbH, München
	Köppl Ingenieure GmbH, Rosenheim
	Ludwig + Weiler GmbH, Augsburg
Prüfingenieur:	Prof. Dr.-Ing. K. Zilch, Zilch Müller Hennecke, München
Ausführung Stahlbau / Fassade:	Maurer Söhne GmbH & Co KG, München
	Josef Gartner GmbH, Gundelfingen
Ausführung Massivbau:	Wiemer + Trachte AG, Dortmund

Autoren:	Dipl.-Ing. Stefan Keck, BMW Group, 80788 München
	Dr.-Ing. André Müller, Zilch + Müller Ingenieure GmbH, Lindwurmstraße 129a, 80337 München

314

Sukkah – Neue Glashalle des Jüdischen Museums, Berlin

Fassadenplanung

Dipl.-Ing. **Andreas Ewert**, Arup, Berlin

Zusammenfassung

Der Entwurf von Daniel Libeskind, dem Architekten des Jüdischen Museums, für die gläserne Hofüberdachung bezieht sich auf eine Sukkah (hebräisch für Laubhütte), ein im Judentum sehr wichtiges Bild - denn beim Laubhüttenfest Sukkot wird der Auszug der Juden aus Ägypten gedacht. So galt es, das temporäre Erscheinungsbild einer Laubhütte aus Ästen und leichten Stoffen in eine filigrane Konstruktion aus Glas und Stahl umzusetzen. Dabei war neben den hohen Anforderungen der Denkmalbehörde nach Transparenz und Durchsicht auf den barocken Altbau vor allem auch ein komfortables Innenraumklima zu beachten, das ein Glashaus dieser Art als Herausforderung an die Gebäudehülle mit sich bringt. Zahlreiche Simulationen, Glasstatische Berechnungen und erwirkte Zustimmungen im Einzelfall machten die Umsetzung der Idee der Architekten erst möglich.

1. Funktionale Anforderungen

Der gläserne Neubau dient als ganzjährig nutzbarer Veranstaltungsraum von 670 Quadratmetern. Sowohl Konzerte und Empfänge für bis zu 500 Personen als auch Konferenzen sollen in dem zwölf Meter hohen Raum veranstaltet werden können. Und das ohne klimatisch bedingte Einschränkungen.

Das 1735 durch den Architekten Philipp von Gerlach errichtete Kollegienhaus steht unter Denkmalschutz. Ziel war es, den Glashof so zu gestalten, dass er als spätere Erweiterung erkennbar ist. Erreicht wurde dies durch eine Glasfuge zwischen Altbau und den gläsernen Bauteilen „Sukkahdach" und „Sukkahfassade". Wie ein „freistehender Tisch auf vier Beinen", so die Entwurfs-Erläuterung von Matthias Reese, dessen Büro Reese Architekten in dem Bauvorhaben die Rolle des Kontakt- und Ausführenden Architekten übernommen hat. Dem Reiz des nahe liegenden Gartens als zusätzlich Außenfläche für Veranstaltungen in den

Sommermonaten wird mit weit aufschiebbaren Türanlagen entsprochen. Die 16-teilige Falt-schiebetüranlage lässt sich zu vier Paketen zusammen schieben. Zusätzlich drehbare Sei-tenelemente erlauben eine räumlich maximierte Öffnung zum Garten über die gesamte Glasdachbreite.

Bild 01 Ansicht der Ganzglasfassade und Türanlage, Foto: Maximilian Meisse

Die Verwendung von „Weisglas", einer Glasproduktion aus besonders Eisenoxidarmen Flo-atglas, optimiert die Farbneutralität beim Durchblick auf die alte barocke Fassade des ehe-maligen Berlin-Museums. Das sonst grünlich wirkende Glas verbessert sich in der Licht-transmission um maximal drei bis fünf Prozent.

2. Die Primärkonstruktion: Stützen und Gebälk

Das gläserne Dach steht auf vier Stahlträgern, die sich wie Bäume in den Himmel verästeln. In jedem Stützenbündel ist jeweils ein Schweißprofil aus Brandschutzgründen (F90-Anforderung) mit Ortbeton gefüllt. Die übrigen Schweißprofile nehmen zahlreiche Medienlei-tungen und die Dachentwässerung auf. Die scharfkantigen Stützenbündel enden in einem netzartigen Deckengebälk aus Stahlprofilen (HEB 500), die das rechteckige Raster des Glasdaches tragen (Bild 04).

Auch wenn kein direkter Bezug zu dem 1999 fertig gestellten Hauptgebäude durch den Architekten geplant war, nehmen die vier Stützenbündel und das Deckengebälk gestalterischen Bezug auf den „Zick-Zack-Bau" mit seinen linienförmigen Reliefen und Einschnitten in der Fassade.

Die stärkste architektonische Präsenz jedoch entfaltet der Glashof in seiner Hauptfassade zum Garten. Die leicht gefaltete Glasfassade aus neun verschiedenen Einzelscheiben lehnt sich an das Bild einer diaphanen Haut, die an den baumartigen Stützen hängt - wie eine Art Vorhang mit einem Faltenwurf, der eine sehr stimmungsvolle Wirkung bei künstlicher Beleuchtung im Innenraum entfaltet.

Besonderer planerischer Sensibilität bedurfte es bei der Berücksichtigung der Bewegungen und Durchbiegungen des Stahltragwerks. Übliche Verformungsbegrenzungen reichten hier nicht aus, so dass differenzierte Verformungsbilder des Stahlbaus und eine 3D-Planung im Austausch zwischen Tragwerksplanung (GSE, Berlin) und Fassadenplanung (Arup) notwendig wurden. Die aus der Fassadenkonstruktion heraus erforderlichen Begrenzungen in der Primärkonstruktion konnten dabei sowohl wirtschaftlich erarbeit als auch in die konstruktiven Details übersetzt werden. Differenzverformungen der Fassadenpfosten wurden extrem Material sparend auf die Anforderungen der sensiblen Befestigungsart der Ganzglasfassade abgestimmt. Montagetoleranzen werden über die Detailausbildung aufgefangen (Bild 02).

 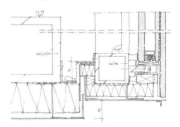

Bild 02 Kopfpunkt Ganzglasfassade, © Arup   Bild 03 Fußpunkt Ganzglasfassade, © Arup

Bewegungen von bis zu 40 Millimetern mussten auf Grund der Geometrie der Stützen und Träger am Fußpunkt der hängenden Fassade berücksichtigt werden (Bild 03). Die Bewegungsfuge zwischen Glasdach und Altbau befindet sich unterhalb des Traufgesims. Faltenbalgdichtungen hinter verschiebbaren Blechen gewährleisten hier die Dampf- und Regendichtigkeit des Gebäudes.

3. Die Sekundärkonstruktion: Glasdach und Glasfassade

Die Isolierglasscheiben in dem ca. vier Prozent geneigten Glasdach liegen auf einem Stahl-profil Raster von 2,75 x 1,45 Meter. Die 120 Millimeter hohen und 80 Millimeter breiten Rechteckhohlprofile tragen ein Aufsatzsystem aus Edelstahlschraubprofilen und Silikondichtungen. Die Längsfugen auf dem Glas sind mit Pressleisten abgedeckt. Die quer zum Gefälle verlaufenden Fugen sind nass versiegelt und über flache Aluminium Teller gegen Windsog gesichert. Glasverschmutzungen durch stehendes Wasser werden so weitgehend vermieden. Schmale Rechteckhohlprofile, sogenannte „Pins", zwischen Primär- und Fassadenkonstruktion gewährleisten Bewegungsmöglichkeiten aus thermischen Längenänderungen.

Die im Bild eines leichten Vorhangs gefaltete Sukkahfassade erwies sich als besondere konstruktive Herausforderung. Neben den senkrecht verlaufenden Stahlpfosten hinter jeder zweiten Silikonfuge liegt jeweils eine Silikonfuge mit freier Glaskante. Die schräg verlaufende freie Kante definiert die 84 Scheiben der Ganzglasfassade in neun verschiedene Typen von trapezförmigen Gläsern. Horizontal werden alle Gläser von Stahlriegeln unterstützt, welche die Eigenlasten der Scheiben in die Stahlpfosten aus T-Profilen übertragen. Die dreiseitig linienförmig gelagerten Scheiben sind über mechanische Verbindungen („Knochen") im Scheibenzwischenraum in der Aufsatzkonstruktion auf den T-Profilen befestigt. Die innere Scheibe der Isolierverglasung wird über einen Anpressdruck mit dem Profil gefügt. Die äußere Scheibe tritt über die tragende Wirkung des Randverbundes in einen Verbund mit der inneren. Auf eine mechanische Sicherung der äußeren Scheibe, die bauaufsichtlich bei einer Einbauhöhe über acht Metern notwendig gewesen wäre, konnte nach Erwirkung einer Zustimmung im Einzelfall verzichtet werden.

Bild 04 Innenansicht des Glasdaches, Stützen und Gebälk, Foto: Jens Ziehe

Die schlanken Schweißprofile in T-Form wurden im Metallbauwerk zu Leitern vormontiert und vor Ort untereinander verschweißt. Diese monolithische Konstruktion wurde ebenfalls auf der Baustelle endbeschichtet. Die Isoliergläser wurden mit einem Einscheibensicherheitsglas (ESG – H) als äußeres Glas und einem Verbundsicherheitsglas (VSG) aus Teilvorgespannten Gläsern (TVG) als inneres Glas eingebaut.

4. Bauaufsichtliche Zustimmungen

Sowohl für die zu Reinigungs- und Wartungszwecken betretbaren Gläser des Glasdachs als auch für die Gläser der Ganzglasfassade wurden vor der Vergabe der Bauleistungen die Zustimmungen im Einzelfall bei der Obersten Bauaufsichtsbehörde erwirkt. Zur Umsetzung der innovativen Konstruktionen wurden neben glasstatischen Berechnungen, Detailentwicklungen und Materialverträglichkeitsnachweisen durch Arup, alle Prüfversuche und Stellungnahmen am Zentrum für metallische Bauweisen e.V. an der RWTH Aachen erarbeitet. Das Ergebnis einer dreiseitig linienförmig gelagerten SG-Verglasung (Structural Glazing) in einer Einbauhöhe oberhalb von acht Metern ohne die Verwendung einer zusätzlichen mechanischen Sicherung entspricht den gestalterischen Vorgaben der Architekten.

- Scheibenaufbau Glasdach: 12 ESG-H/ 16 SZR/ 2x6(8) VSG aus TVG, 1,52 PVB
- Scheibenaufbau Glasfassade: 12 ESG-H/ 22 SZR/ 10/8 VSG aus TVG, 0,76 PVB

5. Gebäudeklima

Zahlreiche Varianten zur Reduktion des Energieeintrages in das Glasgebäude wurden untersucht. Die Verwendung eines außen liegenden Sonnenschutzes wurde unter denkmalpflegerischer Anforderung der uneingeschränkten Durchsicht auf den denkmalgeschützten Altbau außer Betracht gelassen.

Bild 05 Ansicht der Ganzglasfassade im Kontext, Foto: Jens Ziehe

Mittels Ergebnissen aus Sonnenstandsuntersuchungen und thermischen Gebäudesimulationen ist man gemeinsam mit dem Bauherr und den Architekten zu dem gestalterisch und bauphysikalisch abgewogenen Ergebnis gekommen, hochwertige selektive Sonnenschutzbeschichtungen in die Gebäudehülle zu integrieren:

	Transmissionswert in %	Energieeintragswert (g-Wert) in %
Verglasung - Dach	50	27
Verglasung - Fassade	57	35

Tabelle 01   Transmissions- und Energieeintragswerte der verwendeten Gläser

Diese Beschichtungen, große Lüftungsklappen im obersten Zwickel des Glasdachs und Lüftungskästen oberhalb der Faltschiebetüren können die Temperatur an Sommertagen knapp über der Außentemperatur halten.

Bild 06 Innenansicht der Fassade, Foto: Jens Ziehe

Das Westdeutsche Protonentherapiezentrum Essen

Eine Partnerschaft der besonderen Art

Rechtsanwältin **Petra Nowacki**, Züblin Development GmbH, Köln
Dr.-Ing. **Karen Treuter**, Züblin Development GmbH, Köln
Dipl.-Ing. **Bernd Timmers**, Ed. Züblin AG – Zentrale Technik, Duisburg
Dipl.-Ing. **Roman Bludau**, TPA GmbH, Köln
Dipl.-Wirtsch.-Ing. **Markus Bedenbecker**, Züblin Development GmbH, Köln

Enormer Investitionsbedarf bei knappen Finanzen – PPP als Beschaffungsalternative

Bund und vor allem Länder und Kommunen (auf letztere entfallen rund 60 % der öffentlichen Bauinvestitionen) stehen vor einem riesigen Investitionsnachholbedarf. Diesem gegenüber stehen aber immer noch ansteigende Defizite der öffentlichen Haushalte – trotz eines bereits eingeleiteten Konsolidierungskurses. Obwohl 2006 das erfolgreichste Jahr für Public Private Partnership (PPP) im öffentlichen Hochbau seit Beginn des Jahrzehnts war, werden bei Beschaffungsentscheidungen der öffentlichen Hand die Möglichkeiten einer privaten Realisierung zu selten geprüft. Dabei, dies hat die Vergangenheit gezeigt, stellt PPP ein wichtiges Instrument für eine Effizienzsteigerung des Staates bzw. der öffentlichen Verwaltung dar. Public Private Partnership, auch als Öffentlich Private Partnerschaft (ÖPP) bezeichnet, ermöglicht der öffentlichen Hand, sich auf ihre Kernaufgaben zu besinnen. So ist beispielsweise die Schulträgerschaft eine staatliche Pflichtaufgabe. Dies bedeutet aber nicht, dass der Staat die Schulgebäude selbst errichten und betreiben muss.

Projektkonzeption und Bedeutung

Protonentherapie ist ein innovatives Verfahren der Krebsbehandlung, speziell geeignet für die Behandlung von Tumoren in strahlenempfindlichem Gewebe sowie die Behandlung von Kindern. Bisher wird dieses Verfahren im klinischen Betrieb in Deutschland noch nicht eingesetzt. Mit der Errichtung des Westdeutschen Protonentherapiezentrums Essen (WPE) soll allen geeigneten Patienten diese Therapieform erschlossen werden.

Neuartig sind neben der Art der Behandlung auch Finanzierung und Betrieb des Therapiezentrums im PPP-Verfahren. Nach rund vierjähriger Bau- und Inbetriebnahmezeit sollen ab 2009 stufenweise jährlich mehr als 2.000 Patienten behandelt werden.

Über einen Zeitraum von 15 Jahren wird das betriebsbereite Zentrum an den klinischen Betreiber vermietet, im Anschluss daran übernimmt die Universitätsklinik Essen die Anlage vollständig.

Das Projekt spielt eine Vorreiterrolle im Public Private Partnership Sektor in Deutschland und wurde mit dem „PPP Deal of the Year Award" 2006, mit dem „Health-Care-Deal of the Year 2006" (ProjectFinance) sowie dem „PPP-Innovationspreis 2007" (Behördenspiegel/Bundesverband Public Private Partnership) ausgezeichnet.

Die Aufgabe

Der Auftraggeber (die WPE gGmbH) hat die schlüsselfertige Planung, Errichtung (inklusive Ausstattung mit medizinischen Anlagen, medizinischem Gerät und Möblierung), Finanzierung sowie den langjährigen Betrieb (ausgenommen medizinischer Betrieb) inklusive Wartung eines weitgehend funktional beschriebenen Protonentherapiezentrums auf einem Grundstück des Universitätsklinikums Essen ausgeschrieben.

Im WPE sollen jährlich über 2.000 Patienten in vier Behandlungsräumen bestrahlt werden. Neben drei Therapieplätzen für tief gelegene Tumore (ausgestattet mit Gantries) soll auch ein Festwinkelstrahl-Raum mit Augentherapieplatz entstehen.

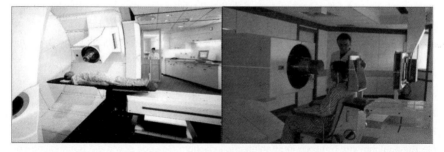

Abbildung 1: Behandlung eines Patienten in einer Gantry (links) u. im Fixbeamraum (rechts)
Quelle: IBA

Exkurs: Protonen und ihr Einsatz in der Strahlentherapie

Biologische Wirkung

Ionisierende Strahlung wirkt über Schäden im Zellkern und auch in Zellmembranen. Besonders wichtig für die Inaktivierung der Teilungsfähigkeit von Zellen ist die Induktion von Doppelstrangbrüchen in der DNA des Zellkerns. Prinzipiell lässt sich jede Tumorzelle inaktivieren und abtöten, vorausgesetzt, die verabreichte Strahlendosis ist hoch genug. Grundsätzlich gilt: So viel Dosis im Tumor wie nötig, so wenig Dosis im umgebenden Normalgewebe wie möglich. Durch die Wahl mehrerer Strahlenfelder, die in Einstrahlrichtung fast nicht überlappen, kann das Normalgewebe geschont werden. Im Vergleich zur bisherigen Form der Strahlentherapie wird mit der Protonentherapie eine Dosiserhöhung im Tumor möglich, ohne das Normalgewebe vermehrt zu belasten.

Physikalische Eigenschaften

Gegenüber einer Strahlentherapie mit Photonen können mit Protonen selektivere Dosisverteilungen erreicht werden. Photonen durchdringen den gesamten Körper in der Einstrahlrichtung, deponieren ihre maximale Energie dicht unter der Körperoberfläche und erfahren zur Tiefe hin eine exponentielle Schwächung ihrer Intensität. Daraus resultiert bei tiefer gelegenen Tumoren pro Strahlenfeld eine hohe Belastung des Normalgewebes vor dem Tumor und auch hinter dem Tumor. Protonen dagegen haben eine durch die Ausgangsenergie steuerbare Reichweite im Gewebe. Ihre Hauptenergie wird im Tumor deponiert und verursacht hier eine maximale Zellschädigung, sodass der Tumor inaktiviert wird.

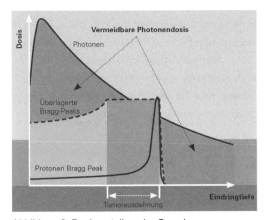

Abbildung 2: Dosisverteilung im Gewebe
Quelle: WPE gGmbH

Die Beteiligten im PPP-Projekt

STRABAG Projektentwicklung GmbH → Züblin Development GmbH

Die STRABAG Projektentwicklung GmbH (SPE), einst unter dem Namen SF-Bau GmbH im Jahre 1965 gegründet, sowie die 1990 gegründete ZÜBLIN Projektentwicklung GmbH (ZPE) haben sich mit Wirkung vom 01.06.2006 in der neuen Züblin Development GmbH (ZDE) formiert. In der neuen Gesellschaft werden jetzt die Kompetenzen der beiden Projektentwickler gebündelt. Somit verfügt die ZDE neben der Direktion PPP über neun regionale Bereiche mit mehr als 100 Mitarbeitern.

Als einer der ersten Projektentwickler in Deutschland entwickelte die SPE bis Ende 2005 über 375 Projekte mit einem Volumen von über 4 Milliarden Euro. Insgesamt sind 1,2 Mio. m² Gewerbeflächen, 295.000 m² Handelsfläche und 13.800 Wohnungen entstanden. Die Direktion Public Private Partnership hat darüber hinaus eines der ersten PPP-Projekte in Deutschland, die Schulen in Witten, schon im Betrieb.

IBA – Ion Beam Applications S.A.

Die IBA entstand 1986 als Spin-off des Cyclotron-Forschungszentrums der katholischen Universität von Louvain-La-Neuve (UCL), die ihr erstes Cyclotron 1947 produzierte.

Die Zielsetzung war, eine einzigartige Sachkenntnis in der Partikelbeschleunigertechnologie auszunutzen, um den steigenden Bedarf der Medizin und der Industrie aufzufangen.

Zuerst in der medizinischen Belichtung aktiv, erkannte IBA schnell die Notwendigkeit die Angebotspalette zu erweitern. So lenkte die Firma ihre Aufmerksamkeit auf die Strahlentherapie und entwickelte Cyclotrone, die fähig sind, zahlreiche Formen des Krebses mit einem hohen Grad an Präzision und Wirksamkeit zu behandeln, die vorher nicht möglich waren. 1992 erweiterte IBA ihre Tätigkeiten in den industriellen Sektor der Sterilisation u. Ionisierung durch das Einführen des Rhodotrons®. Dies ist eine neue Art des Partikelbeschleunigers, welche auf einem patentierten Konzept der französischen Atomenergie-Kommission basiert.

Die IBA, mit einem Umsatz von 190 Mio. Euro (2004) und circa 800 Mitarbeitern, ist nunmehr seit 15 Jahren im Protonentherapiebereich tätig und kann mit sieben installierten Systemen (davon bereits vier Zentren weltweit im klinischen Betrieb) auf viel Erfahrung zurückgreifen.

326

STRIBA Protonentherapiezentrum Essen GmbH (STRIBA)

Die STRIBA wurde eigens zur Durchführung dieses Projektes gegründet und ist somit Vertragspartner des Auftraggebers. Das 50/50 Joint-Venture der STRABAG Projektentwicklung GmbH und der Ion Beam Applications S.A. (IBA) plant, baut, finanziert und betreibt das Protonentherapiezentrum über die gesamte Vertragslaufzeit (15 Jahre).

Organigramm der beteiligten Unternehmen

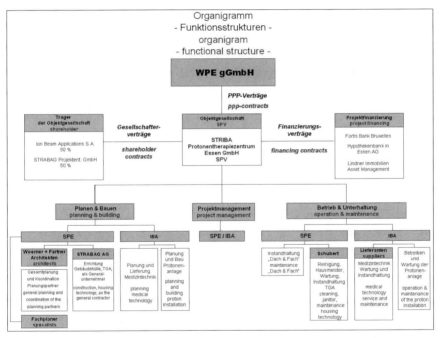

Abbildung 3: Organigramm der Projektbeteiligten

Quelle: eigene Dateien

Vertragsstruktur

Der Auftraggeber, die WPE gGmbH, hat mit der STRIBA folgende Verträge abgeschlossen:

- einen Mietvertrag,
- einen Instandhaltungsvertrag sowie
- einen Reinigungs- u. Entsorgungsvertrag.

Weiter hat die STRIBA mit dem Universitätsklinikum Essen einen Pachtvertrag über das Grundstück abgeschlossen.

Risiken und Innovationen

Voraussetzung für einen erfolgreichen Vertragsschluss und Basis für eine ebenso erfolgreiche Projektabwicklung waren und sind eine klare Aufteilung der Verantwortlichkeiten und Zuordnung der Risiken zu den beteiligten Partnern.

Durch eine umfangreiche Risikoanalyse wurden sämtliche Risiken identifiziert und in einer Risikomatrix zusammengestellt. Ziel bei dieser Vorgehensweise war und ist eine strukturierte und den Zuständigkeiten angepasste Risikoverteilung vornehmen zu können.

Der öffentliche Partner, die WPE, als 100%ige Tochtergesellschaft des Universitätsklinikums Essen, trägt die Verantwortung für den medizinischen Betrieb und übernimmt das „Marktrisiko", der private Partner, die STRIBA Protonentherapiezentrum Essen GmbH, übernimmt Planung, Bau, Finanzierung sowie nichtmedizinischen Betrieb und trägt das Verfügbarkeitsrisiko.

Ebenso klar wie die Trennung zwischen öffentlichem und privatem Partner ist die Zuordnung von Verantwortlichkeiten zwischen den privaten Partnern geregelt. Die STRABAG Projektentwicklung/Züblin Development ist zuständig für Planung, Errichtung und Betrieb des Gebäudes inklusive der technischen Gebäudeausrüstung einschließlich aller damit verbundenen Risiken, die Ion Beam Applications zeichnet sich verantwortlich für die Errichtung und den Betrieb der Partikeltherapieanlage sowie der Installation und Unterhaltung der medizinischen Geräte.

Die Umsetzung

Die Kombination der Erfahrung der STRABAG AG/Ed. ZÜBLIN AG bei Krankenhausprojekten sowie der Marktführerschaft der IBA in der Protonentechnik bilden die Basis für ein erfolgreiches Konzept.

Externes Know-how der zahlreichen Planer, Fachingenieure und anderen Spezialisten hat es in relativ kurzer Zeit ermöglicht, eine optimale Lösung für die Realisierung des WPE entwickeln zu können.

Neben der klaren Aufgabenteilung zwischen den Beteiligten ist es aber vor allem die lösungsorientierte und konstruktive Zusammenarbeit, die erforderlich ist, um ein gestalterisch wie technisch anspruchsvolles Gebäude mit patientenfreundlichen und effizienten Betriebsabläufen bei höchster Zuverlässigkeit zu schaffen und zu betreiben.

Planerisches Konzept
Ausgangspunkt aller Überlegungen zum Gebäude ist die Funktionalität des Therapieablaufs. Der besondere Anspruch liegt darin, dass dieser bisher nicht erprobt ist und das Gebäude entsprechend flexibel auf die Weiterentwicklung in den nächsten fast 20 Jahren reagieren können muss. Dazu bedarf es heute der engen Zusammenarbeit mit dem künftigen klinischen Anwender.

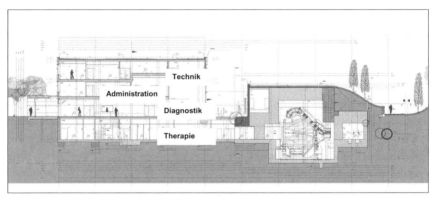

Abbildung 4: Gebäudequerschnitt mit Funktionsbereichen
Quelle: eigene Dateien

Hohe planerische Anforderungen stellen des Weiteren die technischen Ansprüche der Protonentherapieanlage an Umgebungsbedingungen im Gebäude, von Genauigkeit über Versorgungssicherheit bis zum Strahlenschutz, dar. Das erfordert ein integratives Arbeiten aller Fachplaner in allen Bereichen von Beginn an. Beispielhaft hierfür stehen die nachfolgenden Teilabschnitte zur Tragwerksplanung sowie zur Betontechnologie

Ein weiterer wichtiger Aspekt ist die praktikable, nutzungseffiziente und wartungsfreundliche Gestaltung des Gebäudes unter strikter Einhaltung des Kostenrahmens. Hier ist bereits in der Planung die enge Zusammenarbeit mit dem späteren Facility-Management-Partner unabdingbar.

Einführung zum Tragwerkskonzept

Das Westdeutsche Protonentherapiezentrum besteht aus zwei Gebäudeteilen, dem Protonentherapiebereich und der Poliklinik. Beide Gebäudeteile sind in der Konstruktion auf einander abgestimmt. In der Funktion bilden die beiden Gebäude eine Einheit. Statisch konstruktiv werden die beiden Gebäude vollkommen unterschiedlich durchgebildet. Bezogen auf den Strahlenschutz gibt es in der Poliklinik lediglich örtlich begrenzte Bereiche mit Strahlenschutzanforderungen, wie CT-Räume und den PET-CT-Bereich.

Der Protonentherapiebereich ist mit seinen massiven Betonabmessungen auf die strahlenschutztechnischen Belange ausgelegt und stellt insgesamt einen sehr starren Baukörper dar. Die Gebäude sind aus betriebstechnischen Gründen in der Fußbodenebene E-01 monolithisch miteinander verbunden, oberhalb des Fußbodens E-01 jedoch mit einer Dehnfuge getrennt, um dem unterschiedlichen Tragverhalten der Konstruktion Rechnung zu tragen.

Der Protonentherapiebereich besteht im Wesentlichen aus fünf von einander getrennten Räumen, dem Fixed Beam Treatment Room 1, den drei Bestrahlungsräumen Gantry 2 bis 4 sowie dem Zyklotronraum mit dem daran anschließenden lang gestreckten BTS-Raum (BTS = beam-transport-system).

Oben genannte Räume erhalten aus Strahlenschutzgründen massive Stahlbetonwände und Decken mit Stärken bis zu 3,80 m; die Sohlendicken variieren zwischen 0,75 und 1,50 m. Der Zugang zu den Räumen erfolgt über jeweils ein Labyrinth Wandsystem mit Wandstärken von ca. 1,15 m. Ein gesonderter Strahlenschutznachweis war die Grundlage für die Festlegung der Bauteilabmessungen.

Ausmaße Protonentherapiebereich:
Grundriss: ca. 70 x 30 m
Höhe: ca. 15 m, davon ca. 10 m unterhalb OK. Gelände.

Das statische System des gesamten Protonentherapiebereichs wird durch ein räumliches FEM-Modell abgebildet.

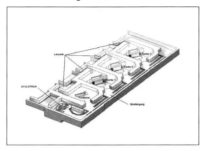

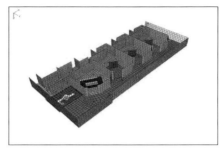

Abbildung 5: Schalmodell

Quelle: InfoGraph, Pro

Abbildung 6: inite Elemente Modell

Quelle: InfoGraph, Pro

Als EDV-Lösung wird das Programm InfoCAD der Firma InfoGraph GmbH, Aachen, verwendet, das anhand vorgegebener Einwirkungen und Kombinationen die erforderlichen Bewehrungsgrade aus Beanspruchungen in den Grenzzuständen der Tragfähigkeit sowie der Gebrauchtauglichkeit nach DIN 1045-1 und 1055-100 errechnet.

Die Gründungsebene des Protonentherapiebereichs liegt auf Höhe des vorhandenen Felshorizontes, lokal erfolgt ein Bodenaustausch bis auf den Felshorizont.

Alle Einwirkungen aus der Protonen Gerätetechnik, Erd- und Wasserdruck, für Zwang aus Wärmeeinwirkung der Außenbauteile unterhalb und oberhalb OK. Gelände werden berücksichtigt. Für alle Bauteile werden die Auswirkungen auf die Bewehrungsgrößen aus Kriechen und Schwinden untersucht.

Zur Sicherstellung der Rissbreitenbegrenzung werden innerhalb der FEM-Analyse Rissweiten von w_k = 0,15 mm für alle Außenbauteile in WU-Qualität und w_k = 0,20 mm für Innenbauteile, jeweils im hohen Betonalter, angesetzt. Rissbreitenbeschränkung infolge Zwang aus Abfließen der Hydratationswärme wird bei den einzelnen Bauteilen nachgewiesen. Die massigen Bauteile werden mit wirksamen Bauteildicken vom max. h = 1,00 untersucht.

Als zusätzliche bautechnische Maßnahme zur Begrenzung der Rissgefährdung infolge Hydratationswärmeentwicklung kommen bauseits wärmegedämmte Schalungselemente zum Einsatz.

Betontechnologie

Die Vorgabe seitens des Strahlenschutzbeauftragten war es, einen Abschirmbeton mit einer Festbetontrockenrohdichte (Trockenrohdichte) von $\geq$ 2,35 kg/dm³ herzustellen. Weiterhin sollte der Beton die Druckfestigkeitsklasse C 30/37 und die Expositionsklassen XC2, XF1 (WU) erfüllen. Das Prüfalter der Betonprobekörper wurde sowohl für die Bestimmung der Druckfestigkeit, als auch für die Bestimmung der Trockenrohdichte auf 56 Tage festgelegt. Die TPA Köln hat im Vorfeld der Betonagen einige Rezepturen im Labor in Bezug auf deren Frischbeton- und Trockenrohdichten untersucht. Die Auswertung der Druckfestigkeiten stand dabei im Hintergrund. Es wurden eine Vielzahl an Betonzusammensetzungen konzipiert und hergestellt, wobei teilweise auch nur verschiedene Fließmittel mit einander verglichen wurden. Ziel der Versuchsreihe war es, einen Beton zu konzipieren, der den o. g. Anforderungen entsprach. Als Vorhaltemaß für die Trockenrohdichte wurde 0,1 kg/dm³ anvisiert, sodass es eine Zieltrockenrohdichte von 2,45 kg/dm³ zu erreichen galt.

Beschreibung der Ausgangsstoffe

Bei allen Rezepturen wurde ein Zement CEM III/A 42,5 N NW verwendet, welcher neben zielsicherer Erreichung der Druckfestigkeitsklasse auch den Anspruch an eine niedrige Hydratationswärmeentwicklung haben sollte, da Bauteildicken von ca. 1,50 – 3,00 m zu betonieren waren.

Der Sand 0/2 und das Rundkornmaterial der Körnung 2/8 entstammten aus dem Gebiet des Niederrheins. Bei beiden Fraktionen betrug die Kornrohdichte 2,63 kg/dm³. Der verwendete Basalt-Edelsplitt stammte aus einem Werk aus der Eifel.

Die Gesteinskörnung unterteilte sich in die Kornfraktionen 2/5, 5/8, 8/11, 11/16, 16/22 mm und wies eine mittlere Kornrohdichte von 3,0 kg/dm³ auf. Als grobe Gesteinskörnung wurde Basalt-Split verwendet, um die geforderte Trockenrohdichte des Festbetons sicher erreichen zu können.

Versuchsreihen

Im Vordergrund der Untersuchungen standen die Frischbetonrohdichte sowie die Trockenrohdichte der Betone. Weiterhin war die Frischbetonkonsistenz, die Verarbeitbarkeit, das Sedimentationsverhalten und die Druckfestigkeit nach 56 Tagen von Interesse. Die Konsistenz des Frischbetons sollte auf die Konsistenzklasse F4 gemäß DIN EN 206-1/DIN 1045-2 eingestellt werden. Die $w/z_{(eq)}$-Werte der Ausgangsrezepturen waren i. d. R. auf 0,52 eingestellt.

Auswahl der Rezeptur für den Strahlenschutzbeton

Die Betonrezeptur, die schließlich auf der Baustelle zur Anwendung kam, erfüllte die geforderten Eigenschaften am besten und stellte besonders bei der Verarbeitbarkeit auf der Baustelle das Optimum der im Vorfeld geprüften Rezepturvariationen dar. Der verwendete Beton lässt sich wie folgt charakterisieren:

Zement:	CEM III/A 42,5 N-NW	330	kg/m³
Wassergehalt:		175	kg/m³
w/z-Wert:		0,53	
Gesteinskörnung:	Sand 0/2:	40	%
	Kies 2/8:	14	%
	Basalt-Edelsplitt 8/11:	22	%
	Basalt-Edelsplitt 11/16:	12	%
	Basalt-Edelsplitt 16/22:	12	%
Zusatzmittel:	BV (PCE)	0,3	% vom Zementgehalt

Die Frischbetonrohdichte beträgt 2,536 kg/dm³, womit die geforderte Trockenrohdichte nach Trocknung bis zur Massenkonstanz von 2,35 kg/dm³ zielsicher erreicht wurde. Die Druckfestigkeit im festgelegten Prüfalter von 56 Tagen betrug im Mittel 53 N/mm².

Entscheidend für den Erfolg der Strahlendichtigkeit des Abschirmbetons war die Tatsache, dass das Thema Rissbildung schon bei der Rezeptierung des Betons unbedingt Beachtung finden musste. So musste sichergestellt werden, dass die Differenz zwischen der Temperatur im Betonkern und der Betonrandzone weniger als 15 K beträgt.

Aus diesem Grund kam ein Zement zur Anwendung, der bei der Hydratation, einer stark exothermen Reaktion, so wenig Wärme wie möglich entwickelt.

Während der Erstellung der massigen Bauteile aus Abschirmbeton wurde die Temperaturentwicklung kontinuierlich durch einbetonierte Temperaturfühler dokumentiert. Die Maximaltemperaturen in der Kernzone des Betons betrugen ca. 55 – 58 °C, die Oberfläche wurde durch wärmedämmende Folien so bedeckt, dass die Temperaturdifferenz ca. 10 – 15 K zwischen Kern und Randzone betrug.

Bauablauf

In der nur 17 monatigen Rohbauphase für das Gebäude hat die mit der Bauausführung beauftragte STRABAG AG/Ed. Züblin AG – Direktion NRW rund 16.500 m³ Beton und 2.000 Tonnen Betonstahl für die meterdicken Wände des Therapiezentrums mit rund 10.200 m² Geschossfläche verarbeitet. Als Voraussetzung für die Einbringung des Zyklotrons waren darüber hinaus in diesem Zeitraum alle technischen Systeme und Anlagen zu installieren und in Betrieb zu nehmen.

Abbildung 7: Einbringung Cyclotron
Quelle: eigene Dateien

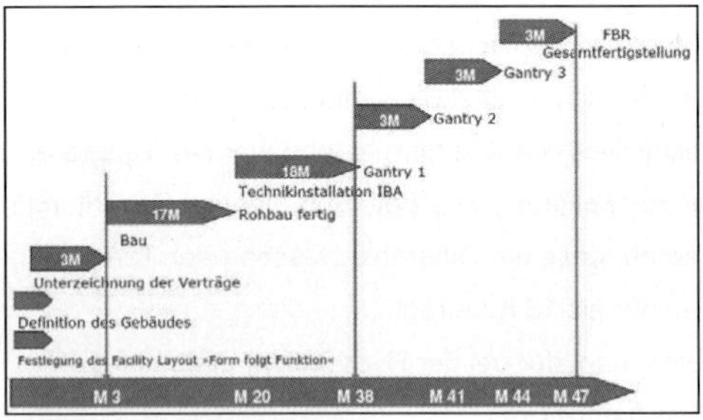

Abbildung 8: Bauablauf
Quelle: eigene Dateien

Im März 2008 begann planmäßig die Installation der Protonentherapieanlage mit der Einbringung des ca. 240 t schweren Zyklotrons. Bereits im Sommer 2008 wird dieses Zyklotron erstmals einen Protonenstrahl erzeugen. Insgesamt 18 Monate werden für Installations- und Testphase benötigt, bis Ende 2009 die ersten Patientenbehandlungen beginnen können. Die Fertigstellung des Gesamtbauvorhabens ist für Mitte 2010 geplant.

Projektmanagement

Nicht zuletzt ist es der ambitionierte Zeitplan, der insbesondere wegen der zu beachtenden rechtlichen Rahmenbedingungen allen an der Projektvorbereitung und -abwicklung Beteiligten höchste Fachkompetenz, Kreativität und Teamfähigkeit abverlangt.

Das Management dieses Projektes stellt für die Ingenieure unseres Hauses eine ganz besondere Herausforderung dar. Obwohl der wertmäßige Anteil des Gebäudes am Gesamtprojekt vergleichsweise gering erscheint, ist die Führung der interdisziplinären Zusammenarbeit während der Gebäudeplanung und -errichtung entscheidend für den späteren Projekterfolg und das Projekt selbst richtungweisend für künftige Aufgaben in anspruchsvollen PPP-Projekten.

Fazit

Das Projekt hat nicht nur in medizinischer, sondern auch in wirtschaftlicher Hinsicht einen hohen Stellenwert für den Auftraggeber (WPE gGmbH) und den Auftragnehmer und deren Gesellschafter (STRABAG [ZÜBLIN]/IBA) sowie für das Ruhrgebiet und Nordrhein-Westfalen.

Neben der Entstehung von rund 100 qualifizierten Arbeitsplätzen im Zentrum selbst, wird mit positiven Beschäftigungseffekten für die gesamte Region gerechnet, insbesondere durch Stärkung der Medizintechnikindustrie und Ausweitung des internationalen Patienten- und Wissenschaftstransfers.

Das Essener Projekt wird dem deutschen PPP-Markt darüber hinaus einen enormen Anstoß geben und kann durchaus als „Leuchtturmprojekt" verstanden werden. Die hier gesammelten Erfahrungen und Erkenntnisse dienen beiden Seiten für zukünftige Projekte in diesem Sektor. Außerdem soll dieses Projekt zeigen, dass durch das dritte „P" (Partnership = partnerschaftliche Zusammenarbeit) enorme Synergieeffekte erzielt werden können. Man arbeitet nicht gegeneinander, sondern miteinander für ein gemeinsames Ziel.

Kranhaus plus
Spektakuläre Bautechnik im Kölner Rheinauhafen

Dipl.-Ing. **Wolfgang Schmidt**, Köln
Dipl.-Ing. **Manfred Biwer**, Köln
Dipl.-Ing. (FH) **Rolf Becker**, Stuttgart

Die enge Verflechtung zwischen Planung, Arbeitsvorbereitung, Baustofftechnologie und Bauausführung wird am Beispiel des Kranhaus plus, des zweiten von insgesamt drei Kranhäusern, deutlich. Bauabläufe, Bauhilfsmaßnahmen und Bauzwischenzustände werden zu wesentlichen Parametern in der Tragwerksplanung, die ihrerseits höchste Anforderungen an die Bauausführung stellt. Doch auch die einzelnen Gewerke wie TGA, Fassade, Innenausbau und Rohbau hängen untrennbar über eine Vielzahl von zu berücksichtigenden Schnittstellen zusammen. Um diese Anforderungen erfüllen zu können, bedarf es einer ausgefeilten Bautechnik.

Bild 1   Kranhaus plus und Kranhaus 1 im Frühjahr 2008

1. Der Standort Rheinauhafen Köln

Im Rahmen des städtebaulichen Großprojektes „Neugestaltung Rheinauhafen" wird die Kölner Ufersilhouette künftig durch drei markante Gebäude geprägt: die Kranhäuser Nord („Pandion Vista"), Mitte („Kranhaus 1") und Süd („Kranhaus plus"). Auf einer Landzunge zwischen dem Rhein und dem Kölner Yachthafen gelegen und umrahmt von Schokoladenmuseum und historischem Hafenamt entsteht hier ein moderner Büro- und Wohnstandort, der architektonisch durch die drei 60 m hohen Kranhäuser dominiert wird.

Jedes dieser Kranhäuser nimmt durch die spektakuläre, brückenartige Überbauung auf einer Höhe von 35 m und die zurückversetzte, optisch unauffällige Megastütze bewusst Anleihen an die Lastkrane des alten Handelshafens. Unterkellert wird das gesamte Ensemble von der längsten Tiefgarage Europas (1,6 km), die als eine der ersten Maßnahmen im Rheinauhafen im Jahr 2003 erstellt wurde.

Im Frühjahr 2007 erhielt der Bereich Bonn der Ed. Züblin AG von der moderne Stadt GmbH und der DI Deutsche Immobilien AG den Auftrag zur schlüsselfertigen Erstellung des südlichen Kranhauses. Auf etwa zwei Dritteln der gesamten Nutzfläche von etwa 16.000 m² werden hier die Anwälte der internationalen Kanzlei Freshfields-Bruckhaus-Deringer residieren.

Das 18-geschossige Gebäude wurde (wie die beiden anderen Kranhäuser) vom Hamburger Architekturbüro BRT Bothe Richter Teherani und von Linster Architekten, Trier, entworfen.

2. Das Tragwerkskonzept

Das Tragwerk des Kranhauses Süd lässt sich über die Bauhöhe grob in drei Bereiche gliedern:

- Die über die gesamte Gebäudefläche herzustellenden Geschosse 9 bis 15 mit punkt-gestützten Flachdecken in einer Dicke von 25 cm und Technikeinhausungen in Stahl im 15. Obergeschoss sowie dem technisch sehr anspruchsvollen Brückenbauwerk im 9. Obergeschoss.

- Dem hafenseitigen Hauptkern („großer Stempel") mit den Nutzflächen vom Erdgeschoss bis zum 8. Obergeschoss und dem in Kletterbauweise zu erstellenden rheinseitigen „kleinen Stempel" mit der Megastütze, dem Panoramaaufzug und der Treppenanlage.

- Der Untergeschosskasten in WU-Bauweise und die Gründung in Form einer dicken Pfahlkopfplatte.

Begleitend zur Entwurfsarbeit des Architekturbüros BRT an den drei Kranhäusern wurden durch das Ingenieurbüro IDK Kleinjohann verschiedene Tragwerkskonzepte zum Abfangen der Bauwerkslasten zwischen den obersten Geschossen und dem in die beiden Stempel aufgelösten Grundriss der unteren Geschosse entwickelt und hinsichtlich ihrer Vor- und Nachteile in Bezug auf Herstellkosten, Bauabläufen und Gebrauchstauglichkeit (Verformungen, Schwingungen) untersucht. Unter anderem wurden Varianten mit ein- und zweigeschossigen Stahlfachwerkträgern als horizontale Abfangebene und eine Variante mit Fachwerken in der Fassadenebene untersucht. Es ergaben sich für jede der o. g. Varianten Nachteile bei den zu erwartenden Kosten, der Standzeit des Schwerlastgerüstes oder der Nutzbarkeit (mögliche Lasten, Durchgänge im Abfanggeschoss, Verformungen, Brandschutz). Die gewünschte Betonkernaktivierung konnte mit keiner dieser Maßnahmen erreicht werden. Infolgedessen entschied man sich für eine massive Lösung der Abfangebene in Spannbetonbauweise, die allerdings aufgrund der großen Eigenlasten ein schweres Lehrgerüst erforderte.

Besonderes Augenmerk wurde auf die Begrenzung der Lasten im Endzustand gelegt. Denn die Gründungsmaßnahmen wurden bereits im Jahr 2003 im Zuge der Erstellung der Tiefgarage ausgeführt. Bereits zu diesem Zeitpunkt mussten die Weichen für eine möglichst flexible Planung der aufgehenden Stützen und Wände erfolgen, da für die Kranhäuser noch kein Endinvestor feststand und damit auch die tatsächliche Nutzung offen war.

Von der insgesamt 2,60 m dicken Pfahlkopfplatte der kombinierten Pfahl-Plattengründung wurde deshalb im Rahmen des Baus der Tiefgarage lediglich eine 1,0 m dicke Schicht hergestellt. Auf der so abgestellten Bodenplatte in den unmittelbar an die bereits genutzte Tiefgarage angrenzenden Baugruben des großen und des kleinen Stempels begann die Ed. Züblin AG nach Auftragserteilung im Juni 2007 mit den Rohbauarbeiten.

3. Herstellung der Gründungssohle und der Weißen Wanne

Über einen Zeitraum von vier Jahren lagen die Baugruben mit der Anschlussbewehrung und den Fugenbändern frei bewittert offen. Nach intensiver Reinigung der Anschlussflächen und der Bewehrung wurde die Rauhigkeit der Arbeitsfuge durch das Betonlabor geprüft und in Abstimmung mit dem Prüfingenieur freigegeben. Die bereits vorhandene Bewehrung wurde ergänzt, wobei das Einfädeln der 16 m langen Längseisen Durchmesser 32 mm in die vorhandene Schubbewehrung einen großen Aufwand verursacht hat.

In enger Zusammenarbeit mit den Fachplanern mussten darüber hinaus druckwasserdichte Anschlusspunkte an die bestehende Tiefgarage geschaffen werden. Die Konstruktion wurde dabei so gewählt, dass die von Züblin zu erstellenden Bauteile in sich und zur bestehenden Tiefgarage hin wasserdicht sind, ohne auf die möglicherweise nicht mehr intakten einbetonierten Fugenbänder angewiesen zu sein.

Bild 2   Baugrube und bestehende Gründungsarbeiten zum Zeitpunkt des Baubeginns

Bild 3   Herstellen der Probekörper

Bild 4   Einbau von Temperaturfühlern
          in die Bodenplatte

Im Zuge der Fortschreibung der Planung stellte sich heraus, dass für die Bodenplatte statt eines Normalbetons C 35/45 ein hochfester Beton C 60/75 in einer Dicke von 1,70 m auszuführen war. Ein solcher Beton wurde als Massenbeton in Deutschland bislang noch nicht ausgeführt.

Die schwierige Aufgabe der Betontechnologen der konzerneigenen Gesellschaft TPA bestand darin, eine Betonrezeptur zu entwickeln, die die Eigenschaften eines Massenbetons hinsichtlich Schwindverhalten, Wärme- und Festigkeitsentwicklung mit der hohen geforderten Festigkeit, der Pumpfähigkeit und der WU-Anforderung einer Weißen Wanne in Einklang bringt. Dazu wurden mehrere Probekörper mit unterschiedlichen Betonrezepturen hergestellt, anhand derer die optimale Sorte ausgewählt werden konnte. Die Betonkerntemperatur wurde sowohl am Probekörper, als auch an der Bodenplatte selbst mit 58 °C bestimmt. Der angestrebte maximale Temperaturgradient zwischen Kern und Oberfläche von 15 K konnte erreicht werden. Für die Prognose der Festigkeitsentwicklung und der Verarbeitbarkeit wurden ca. 80 Probewürfel untersucht und 150 Ausbreitmaße ermittelt.

Ziel war es, trotz des Einsatzes von PCE-Zusätzen die Pumpbarkeit des Betons zu gewährleisten. Infolge der hohen Festigkeit musste die Überwachung gemäß Überwachungsklasse 3 (hochfester Beton) durchgeführt werden. Für maximale Sicherheit beim Einbau des Betons wurden zusätzliche Ersatzpumpen vorgehalten. Der unvermeidbar starken Ansammlung von Zementschlempe an der Betonoberfläche wurde durch Reinigen der Anschlussfugen zu den aufgehenden Wänden mittels Hochdruckwasserstrahl begegnet (siehe Bilder 5 und 6).

Bild 5 und 6   Reinigen und Vorbereiten der Anschlussfuge zwischen Bodenplatte und Außenwand

4. Planung und Bau des Traggerüstes

Von entscheidender Bedeutung für den Bauablauf des gesamten aufgehenden Bauwerks war die Wahl des Traggerüstes für die Unterstützung des Brückenbauwerks. Hierfür wurden von der Zentralen Technik der Ed. Züblin AG verschiedene Varianten untersucht und mit dem Tragwerksplaner sowie den in Frage kommenden Gerüstbaufirmen abgestimmt. Entscheidungskriterien waren u. a.:

- die notwendige Standzeit des Traggerüsts bis zur Tragfähigkeit des Überbaus,
- die Lasten, für die das Traggerüst auszulegen war,
- die Nutzbarkeit für die unterseitige Fassadenmontage,
- die Gründung des Gerüstes auf und neben der bestehenden Tiefgarage und die Gewährleistung des reibungslosen Baustellenverkehrs.

Die erste Variante sieht eine flächige Unterstützung für eine verteilte Last von etwa 36 kN/m² zur Herstellung des Brückenbauwerks im 9. Obergeschoss vor. Nach vergleichsweise kurzer Standzeit könnte dann das Gerüst aus Gründen der Wirtschaftlichkeit durch zwei Lasttürme im Bereich der dreigeschossigen Querabfangung ersetzt werden, bis diese erstellt wird und tragfähig ist. Bei der zweiten Variante wird dagegen im zweiten Schritt auf die beiden Lasttürme verzichtet, was allerdings nur durch eine Ertüchtigung der bis dahin eingeschossigen Querabfangung, durch temporäres Schließen der Wandöffnungen und Bemessung für den Bauzustand möglich ist. Betrachtet man nur das Gerüst für sich, wäre dies sicher die wirtschaftlichste Lösung. Bauablauftechnisch einfacher und sinnvoller ist die schließlich zur Ausführung gekommene Variante 3, bei der das Traggerüst für die volle Betonierlast der Geschosse 9 bis 11 ausgelegt wurde. Durch den relativ späten Abbau nach Vorspannen der gesamten Konstruktion ergibt sich allerdings die längste Standzeit.

Insgesamt sechs Türme mit je vier Traggerüststützen (HEB 360, S 355) wurden unter dem Brückengeschoss angeordnet. Direkt am großen Stempel wurden Steckträger HEB 500 vorgesehen, deren abhebende Auflagerkraft über eine Durchankerung an drei Geschossdecken zurückgehängt wurde. Auf den 24 Traggerüststützen und den sechs Steckträgern wurde je ein Hydraulikzylinder angeordnet, mit denen zu jeder Bauphase Last und Weg kontrolliert und bedarfsweise korrigiert werden konnten. Den Abschluss des Traggerüstes bildete die auf die Jochträger HEB 800 bis HEB 1000 (S 355) aufgelegte Trägerlage (überwiegend HEB 500, S 235). Für die Aussteifungsberechnung wurde das Gerüst freistehend bis zur Erstellung der Bodenplatte im 9. Obergeschoss gerechnet. Erst mit monolithischem Anschluss dieser Betonscheibe an den großen Stempel konnten die Horizontallasten über die Gebäudeaussteifung abgetragen werden, was für den Bau der Wände im 9. OG und die weiteren Bauabläufe zwingende Voraussetzung war.

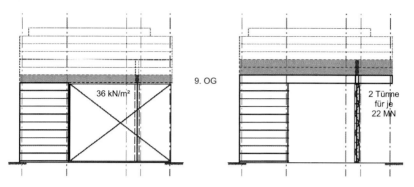

Bild 7a und 7b   Variante 1: Flächengerüst für 9. OG mit Umbau auf Lasttürme für
Betonierlast 10. und 11. OG

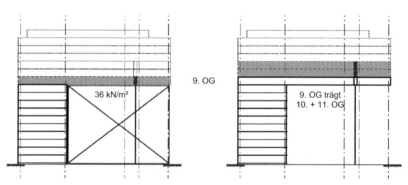

Bild 8a und 8b   Variante 2: Flächengerüst für 9. OG, Bemessung Brückenbauwerk
für Betonierlast 10. und 11. OG

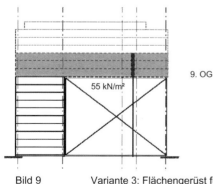

Bild 9   Variante 3: Flächengerüst für Betonierlast 9. bis 11.OG

Außerordentlich schwierig gestaltete sich die anschließende Planung der Gründung des Traggerüstes. Für nahezu jede der 24 Stützen ergab sich eine individuelle Gründungssituation. Ein Teil der Stützen wurde mittels Fundamente auf der durchgestützten Tiefgaragendecke gegründet, wobei dadurch jedoch keinesfalls die Durchfahrtsbreite der zentralen Erschließungsstraße der Großbaustelle Rheinauhafen eingeschränkt werden durfte. Die mittleren beiden Türme wurden auf die massiven Wände des zwischenzeitlich hergestellten Untergeschosses im Stempel B gestellt. Die Gründung der beiden uferseitigen Türme auf 19 m langen Bohrpfählen erfolgte durch Züblin Spezialtiefbau. Die Pfähle mussten exakt zwischen zwei bestehenden Kanälen platziert werden, ohne diese zu beschädigen. Da keine Horizontallasten auf die nahe gelegene Kaimauer abgegeben werden durften, wurden die beiden uferseitigen Türme mit dem übrigen Gerüst am Fußpunkt gekoppelt.

Um Abweichungen der gemessenen zu den berechneten Auflagerkräften und Eventualitäten im Bauablauf mit der nötigen Sicherheit abdecken zu können, hat man nahezu alle Gründungen für die theoretische Traglast der Traggerüststützen (3,25 MN) ausgelegt.

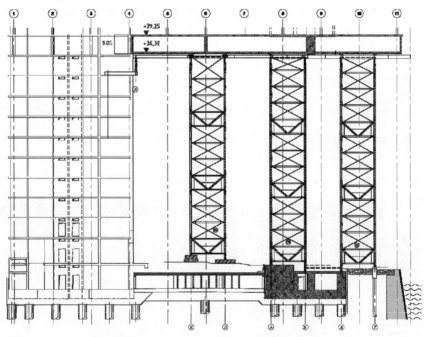

Bild 10 Das Traggerüst mit der inhomogenen Gründung

Bild 11 Pfahlgründung der rheinseitigen Türme in unmittelbarer Nähe zur Kaimauer

Bild 12 Traggerüststützen mit Hydraulikzylindern und Jochträgern

345

5. Die Herstellung des Brückenbauwerks

Das Brückenbauwerk im 9. Obergeschoss besteht aus sechs bis zu 1,50 m dicken eingeschossigen Längsträgern, die in einen dreigeschossigen Querträger münden. Dabei wirken Träger, Decke und Bodenplatte insgesamt als Hohlkasten. Der ebenfalls 1,50 m dicke Querträger nimmt die Lasten auf und gibt sie als wandartiger Träger an die Megastütze ab. Diese ist – bei einer Knicklänge von 36,5 m – für eine Bemessungslast von insgesamt rund 150 MN ausgelegt. Längs- und Querträger wurden in Betongüten von C 45/55 bis C 50/60 (Teilbereiche in C 60/75) mit Vorspannung geplant und ausgeführt.

Die genaue Höhenlage der Bodenplattenschalung des Brückenbauwerks wurde anhand eines Überhöhungsplans hergestellt. Dadurch sollten die Einfederung der Traggerüststützen, die Durchbiegungen der Feld- und Jochträger und die Verformungen des Brückenbauwerks nach dem Ausrüsten weitestgehend kompensieren werden. Das Schwerlastgerüst war für die Abtragung der insgesamt ca. 4800 to schweren Konstruktion des 9. bis 11. Obergeschosses ausgelegt. In den Lasteinleitungsbereichen, also den Kreuzungspunkten zwischen Jochträgern und Betonlängsträgern, musste mit sehr hohen Pressungen gerechnet werden. Statt der üblichen Holzschalungsträger wurden deshalb in diesen Bereichen Stahlträger gleicher Höhe eingebaut.

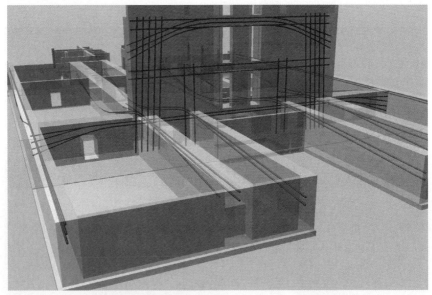

Bild 13 Räumliches Modell des Brückenbauwerks mit der Spanngliedführung

Für die Vorspannung wurde das SUSPA Litzenspannverfahren mit 19- und 22-litzigen Spanngliedern angewendet. Um den lagegenauen Einbau der Hüllrohrunterstützungen trotz der großen Bauteildicke sicherstellen zu können, wurden die Träger über die gesamte Länge beidseitig ohne Schalung bewehrt; diese wurde erst nach Abschluss der Bewehrungsarbeiten aufgebaut.

Für die Spannglieder kam eine Kombination aus Hüllrohren mit nachträglich eingebrachten Litzen und Fertigspanngliedern zum Einsatz. Letztere wurden dort verwendet, wo die Zugänglichkeit der Anker nach dem Einbau nicht mehr gegeben war; also insbesondere bei den vertikalen Spanngliedern des dreigeschossigen Querträgers. Für deren Montage musste eigens ein Gerüst als Unterkonstruktion und gleichzeitig als Arbeitsebene vorgehalten werden. Im Wechsel mit den Bewehrungsarbeiten wurden dann die bis zu 10 m langen vertikalen Fertigspannglieder eingebracht und am Gerüst fixiert. Parallel dazu wurden die Hüllrohre der horizontalen Spannglieder und die schlaffe Bewehrung in Quer- und Längsträgern eingebaut. In den hochbewehrten Knotenpunkten kreuzen sich also schlaffe Bewehrung und Spannglieder in drei Richtungen; um die Durchgängkeit der Hüllrohre dennoch sicherzustellen, wurden die Litzen bereits vor Betonage der Bauteile eingeschossen.

Das Brückengeschoss wurde ursprünglich als reines Traggeschoss entworfen. Im weiteren Planungsverlauf wurde deutlich, dass man weitere Technik- und Lagerflächen benötigt. Infolgedessen wurden die vorgespannten Träger mit einer Vielzahl von Durchbrüchen und Durchgängen ausgestattet, um die gewünschte Nutzung zu ermöglichen. Für unvermeidbare Durchbrüche in hoch beanspruchten Bereichen wurden Stahlmantelrohre mit 30 mm Wandstärke eingesetzt.

Bild 14 Hilfsgerüst mit Fertigspanngliedern, Einbau der Hüllrohre in die Längsträger

Besonders heikel waren Türstürze in den Längsträgern, bei denen durch die Konzentration von Spanngliedern und schlaffer Bewehrung die Verbügelung stellenweise verschweißt werden musste, da der notwendige Platz für Übergreifungen oder Bügelschlösser nicht gegeben war. Die hohen Bewehrungsgrade in Verbindung mit der Massigkeit der Bauteile erforderten auch besondere Maßnahmen bei Einbau und Verdichtung des Betons und dessen Rezeptur. Dazu wurde der Beton auf ein Ausbreitmaß von 65 cm (Konsistenzklasse F6) eingestellt und – analog zur Bodenplatte – an Probekörpern mit den Abmessungen der Hauptkreuzungspunkte hinsichtlich Pumpbarkeit, Verdichtbarkeit mit Außenrüttlern sowie Temperaturentwicklung untersucht. Für die Verdichtung wurde eine Kombination aus 40 Innen- und 120 Außenrüttlern verwendet. Um bei letzteren eine höhere Verdichtungstiefe (üblich sind bei Außenrüttern ca. 30-40 cm) zu erzielen, wurden Pressluftrüttler, wie sie auch im U-Bahnbau angewendet werden, eingesetzt.

Bild 15 Verschweißen der Bügel   Bild 16   Einbau von Stahlmantelrohren

Träger und Deckenfelder wurden abschnittweise betoniert. Für die daraus resultierenden Bauzwischenzustände wurde zwischen Baustelle und dem Ingenieurbüro IDK ein Herstellkonzept mit den beteiligten Firmen (Traggerüst, Schalung, Bewehrung, Vorspannung und Vermessung) vereinbart und nach Freigabe durch den Prüfingenieur umgesetzt. Darin wurden auch die o. g. Überhöhungsplanung, die Spannanweisung des Tragwerksplaners und das vermessungstechnische Konzept integriert. In regelmäßigen Abständen wurden Weg- und Lastmessungen an den 24 Hydraulikzylindern durchgeführt. Dadurch war einerseits die noch verbleibende Restüberhöhung festzustellen, die dann in die aufgehenden Geschosse übernommen werden musste. Andererseits konnte durch Messung des Pressendrucks und gezieltes Anfahren/Ablassen der Pressen die Überlastung des Gerüsts einschließlich dessen Gründung sowie Schäden an den bereits hergestellten, aber noch nicht vorgespannten Trägern ausgeschlossen werden.

Das Aufbringen der Vorspannung erfolgte in zwei Schritten: Nach Herstellung des Querträgers im 10. Obergeschoss wurden die zweigeschossigen vertikalen Spannglieder vorgespannt. Alle übrigen vertikalen und horizontalen Spannglieder wurden nach Herstellung des 11. Obergeschosses vorgespannt und verpresst. Im Anschluss konnte das Traggerüst abgelassen und der Rohbau mit den noch verbleibenden konventionellen Geschossen abgeschlossen werden.

6. Schnittstellen zu Ausbau und Fassade

Für die Verträglichkeit zu den Ausbaugewerken und der Fassade war die Untersuchung der während der Bauphase und im Endzustand auftretenden Toleranzen und Verformungen von großer Bedeutung. Die Elemente der Stapelfassade sind mit je 2 Haltepunkten an den Deckenrändern befestigt. Durch die Justiervorrichtung können bis zu 20 mm innerhalb eines Regelachsfeldes von 6,75 m ausgeglichen werden. Für die Verformungen der zunächst überhöhten Deckenränder sowie die Gesamtbauwerksverformungen wurden die Elemente überhöht eingebaut. Die Rückstellung in die Nulllage kann schadlos von der Fassade aufgenommen werden.

Zu Beginn der Fassadenarbeiten im Erdgeschoss waren der große Stempel bis zum 15. OG und das Brückengeschoß gerade fertig gestellt. Die Arbeiten an der Fassade des Brückengeschosses und der aufgehenden Etagen konnten – aufgrund der großen zu erwartenden Verformungsanteile – zwingend erst nach dem Ablassen des Traggerüstes und dem Erstellen der weiteren Geschosse erfolgen. Bild 17 zeigt die Abhängigkeit der Fassadenmontage zum Rohbau. Die Montage wurde erst nach Fertigstellung des 14. Obergeschosses auf das Brückengeschoss ausgedehnt.

Aber auch bei den noch einzubringenden Bodenbelägen sind die sich bis zum Endzustand einstellenden Gesamtbauwerksverformungen zu berücksichtigen. So muss der Hohlraumboden mit einer Gesamthöhe von 25 cm und integrierten Bodenkonvektoren mit h = 19 cm analog zur Fassade den Überhöhungen des Bauwerks folgen. Diese betragen unmittelbar nach dem Vorspannen an der Kragarmspitze rund 60 mm und verringern sich nach Rohbaufertigstellung und Montage der Fassade sowie Beaufschlagung mit Ausbau- und Nutzlasten bis auf ca. 30 mm. Dieser Betrag baut sich infolge kriecherzeugender Dauerlast über einen mehrjährigen Zeitraum ab; er verläuft von Vorderkante des großen Stempels (Auflagerung Brückenbauwerk) bis zur Kragarmspitze annähernd linear.

Die Bauwerksverformungen wurden in jeder Bauphase durch das eingeschaltete Vermessungsbüro Roppes & Esch dokumentiert. Die vom Tragwerksplaner berechneten Werte zeigten eine sehr gute Übereinstimmung mit den Messergebnissen.

Bild 17 Fassadenmontage am großen Stempel, Brückengeschoss bereits freitragend

7. Kennzahlen, eingesetzte Betongüten

Tabelle 1 Gebäudekennzahlen

BRI gesamt	ca. 75.200 m³
BGF gesamt	ca. 21.200 m²
Fassadenfläche	ca. 13.900 m²
Betonmassen	ca. 12.000 m³
Betonstahlmassen	ca. 2.400 to
Spannstahlmassen	63 to
Schraubanschlüsse	ca. 18.000 Stück
Bohrpfähle (D = 1,50 m)	64 Stück
Auftragssumme (netto)	ca. 33,5 Mio.Euro

Tabelle 2 Eingesetzte Betongüten

Bodenplatte	C 60/75 WU
Außenwände UG	C 35/45 WU
Stützen, Wände UG	C 35/45 bis C 60/75
Decke UG	C 35/45 bis C 60/75
Decke Regelgeschoss	C 30/37
Stützen, Wände RG	C 30/37
Megastütze	C 50/60 bis C 60/75
Wände, Decke 9. OG	C 30/37 bis C 60/75
Stützen ab 10. OG	C 30/37 bis C 50/60

Sensorgestützte technische Trocknung zur Beseitigung des Löschwassers an der Herzogin Anna Amalia Bibliothek Weimar

Dipl.-Ing. **Rüdiger Burkhardt**, EBK Ingenieure GmbH, Weimar

Zusammenfassung

Zusammenfassung: Durch die Einwirkung von über 180.000 Liter Löschwasser gab es Verluste und erhebliche Feuchteschäden an Mauerwerk und Decken der historischen Herzogin Anna Amalia Bibliothek. Aus dem Schutz der wertvollen Bausubstanz vor Folgeschäden, bspw. durch Schwamm- und Schimmelbildung ergab sich die Aufgabe zur beschleunigten Beseitigung des Löschwassers. Im Ergebnis simulationsgestützer bauphysikalischer Berechnungen auf Grundlage der Erkenntnisse aus den Bauzustandsuntersuchungen wurde deutlich, dass die Austrocknungsgeschwindigkeit in Mauerwerk und Gewölbedecken nur durch die Anhebung der Temperaturen im Bauteilkern deutlich beschleunigt werden kann. Durch experimentelle Untersuchungen während der Planungs- und Bemusterungsphasen konnte eine optimierte Technologie zur technischen Trocknung ermittelt werden. Mit einer Kombination aus raumklimatischem Verfahren und direkter Energiezufuhr in die Mauerwerks- und Gewölbebereiche über regelbare elektrisch betriebene Heizstäbe wurde die Bausubstanz abschnittsweise in einem Zeitraum von ca. 10 Monaten erfolgreich getrocknet. Im Rahmen eines Bauwerksmonitorings wurden während dieser Zeit die Temperaturverläufe, die Wärmeentwicklung, der Wirkungsgrad und das Trocknungsverhalten messtechnisch erfasst und für die Anlagensteuerung und –optimierung eingesetzt.

1. Einführung

Zur Brandbekämpfung wurden laut Feuerwehrprotokoll ca. 180.000 Liter Wasser eingesetzt. Ein erheblicher Anteil davon führte zu einer sehr hohen Durchfeuchtung der Wand- und Deckenkonstruktionen besonders im Bereich der unmittelbar vom Brand betroffenen Baukonstruktionen. Allgemein bekannt sind die hohen Risiken, die eine derartige Feuchtebelastung für eine historische Baukonstruktion darstellen. Am Bibliotheksgebäude waren besonders die Auswirkungen auf die vielen Holzbauteile auch im Hinblick auf die Gefahr einer Reaktivierung von Schwammbefall zu berücksichtigen. In diesem Zusammenhang und dem ehrgeizigen Plan, das Bibliotheksgebäude bereits im Jahr 2007 wieder zu eröffnen, ergab sich nach Sicherung der Bausubstanz die Aufgabe, möglichst alle durch die Brand- und Löschwassereinwirkung verursachten Risiken in einem sehr kurzen Zeitraum zu beseitigen. Selbstverständlich waren dabei die denkmalpflegerische Zielstellung und die restauratorischen Forderungen zu berücksichtigen.

Den nachfolgenden Ausführungen liegen die vorliegenden Erfahrungen und Erkenntnisse aus der Fachplanung und Durchführung der technischen Trocknung zur Beseitigung des Löschwassers zu Grunde.

Die Durchführung, die interdisziplinäre wissenschaftliche Begleitung und die Auswertung des Projektes werden von der Deutschen Bundesstiftung Umwelt unterstützt.

2. Erfassung der Bauwerkszustände

Bereits wenige Tage nach dem Brandereignis wurden der Sachstand und die erforderliche Vorgehensweise zur Beseitigung der Löschwasserschäden und der Feuchtebelastung festgelegt. Das Konzept berücksichtigte die Möglichkeiten instationärer Bauteilssimulationen zur Beschreibung der Feuchteveränderungen im Bauteilquerschnitt und experimentelle Untersuchungen zur Beurteilung der Wirksamkeit der Verfahren zur technischen Trocknung (Bild 1). [1]

Bild 1   Brand- und Löschwassereinwirkung

Zur Beschreibung der Wirkmechanismen der Feuchtebelastung während und nach der Einwirkung durch Löschwasser wurden für die Bausubstanz der konstruktive Bestand, der Materialbestand, die Verteilung des Wassers und der Schadsalze sowie die räumliche Verteilung der Schäden in repräsentativen Bereichen erfasst. Wesentliche Ergebnisse sind:

Das Mauerwerk besteht aus unterschiedlich dichten / festen Travertinen mit vglw. hohem Makroporenanteil und einem kalkgebundenen Mauermörtel mit vergleichsweise hoher Porosität. Die Gewölbeschalen der Renaissancesäle im Erdgeschoss bestehen aus Mauervollziegel und gipskalkgebundenen Mauermörtel. Das Bindemittel der zu erhaltenden Putzflächen in den Renaissancesälen ist ebenfalls ein Kalk-Gips-Gemisch (Bild 2). [2]

Ergebnisse der Vor-Ort-Untersuchungen zur Erfassung der inneren Mauerwerksstruktur

Befundstelle	Material	Mauerstärke	Bohrtiefe
Erdgeschoss, Außenwand Ost, 1,75 m über OKF	Kalkstein und Travertin und Kalk-Mörtel	ca. 90 cm	75 cm

Profil – schematische Skizze im sondierten Bereich / Bohrprotokoll und Videoskopie

0 [cm]	10	20	30	40	50	60	70	80	90	100	110

Innen   außen

Bemerkungen :
- Unregelmäßiges Bruchsteinmauerwerk
- Mehrschaligkeit mit kohäsiver Innenschale
- Dichter und poröser Travertin, hoher Mörtelanteil im Inneren (ca. 25%)
- Im Inneren kleinere Steine verbaut, vollvolumig vermörtelt, keine Hohlräume
- oberflächennah hohe Durchfeuchtung des Mauerwerkes, nach innen abnehmend,

Bild 2   Mauerwerksstruktur und Löschwasserschäden am Gewölbe eines Renaissancesaales

Die Feuchtebelastung im Mauerwerk und den Deckengewölben ist unterschiedlich. Die höchste Feuchtebelastung ist in den Mauerwerkskörpern und den Gewölbekämpfern der Renaissancesäle im Erdgeschoss vorhanden. Hier wurde in größeren Bereichen eine kapillare Sättigung festgestellt (Durchfeuchtungsgrad 100%). Die Feuchtebelastung im Mauerwerk in den Obergeschossen ist im Vergleich zum Erdgeschoss wesentlich geringer (Bild 3).

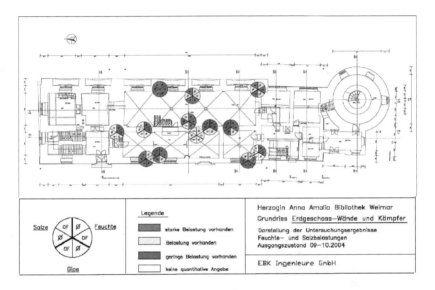

Bild 3   Darstellung ausgewählter Untersuchungsergebnisse Feuchte- und Salzbelastungen, Erdgeschoss, Ausgangszustand 09/10 2004

Die Konzentration an baustoffschädigenden Salzverbindungen im Mauerwerk ist vergleichsweise gering. Die nachgewiesenen Salzverbindungen sind hauptsächlich lösliche Bestandteile aus den verwendeten Baustoffen. [3], [4]

3. Planung

Die Fachplanung zur technischen Trocknung der Mauerwerks- und Deckenkonstruktion war nur ein Bestandteil der gesamten Sanierungsplanung der historischen Herzogin Anna Amalia Bibliothek. [5]

Auf Grundlage der Erkenntnisse aus der Bauzustandserfassung wurden spezielle bauphysikalische Berechnungen mit Hilfe mehrdimensionaler Simulationsmodelle durchgeführt. Wichtiges Ziel der Berechnungen und Simulationen war die Ermittlung des zeitlichen Austrocknungsverhaltens der Baukonstruktionen bei verschiedenen Randbedingungen. [6]

Im Ergebnis wurde deutlich, dass bei der nachgewiesenen Feuchtebelastung in den Bauteilen ohne unterstützende technische Trocknung von einem Austrocknungszeitraum größer 10 Jahre ausgegangen werden muss.

Wesentlich für die Umsetzung der zusätzlichen restauratorischen Vorgaben war außerdem die Aussage, dass ein Entfernen des Renaissanceputzes keinen gravierenden Einfluss auf die Austrocknungsgeschwindigkeit im Mauerwerkskern hat.

Die Austrocknungsgeschwindigkeit kann durch die Anhebung der Temperaturen im Bauteilkern deutlich erhöht werden. Voraussetzung für den angestrebten Zeitraum bis zur Trocknung innerhalb von 10 bis 12 Monaten sind Temperaturen im Mauerwerkskern größer 70°C.

Zusätzlich war zu gewährleisten, dass im Bereich der gipshaltigen Baumaterialien der an den ca. 28 cm starken, raumnahen Gewölbeschalen einschließlich der Renaissanceputze Maximaltemperaturen von 40°C nicht überschritten werden können. Auf Grundlage dieser Vorgaben wurden verschiedene technische Trocknungsverfahren experimentell untersucht:

- Trocknung mittels Mikrowellen
- Trocknung mittels Infrarotflächenstrahlern
- Trocknung durch direkte Wärmezufuhr in die am stärksten feuchtebelasteten Mauerwerksbereiche mittels elektrisch betriebener Heizstäbe.

Entsprechende Probetrocknungen wurden in verschiedenen Bereichen durchgeführt und bewertet.

Im Ergebnis wurden die am stärksten feuchtebelasteten Bereiche der Mauerwerkskrone im zweiten Obergeschoss mit Hilfe gerichteter Mikrowellen bei optimierten Verfahrensparametern technisch getrocknet. Mit den ausgeführten 3 bis 6

Behandlungszyklen und der Erstellung zusätzlicher Abdampfkanäle in der Mauerwerkskrone konnten die Auflagebereiche bis zur Ausgleichsfeuchte getrocknet werden.

Infrarotflächenstrahler wurden zur Beschleunigung der Trocknung ausgewählter Deckenflächen der Holzbalkendecke über dem zweiten Obergeschoss eingesetzt.

Das günstigste Ergebnis für die beschleunigte Trocknung der massiven, am stärksten feuchtebelasteten Mauerwerks- und Deckenbereiche im Erdgeschoss der Renaissancesäle wurde mit der Kombination von raumklimatischen Verfahren mit der direkten Wärmezufuhr über gesteuert elektrisch betriebene Heizstäbe erreicht.

Mit dieser innovativen Technologie wurde ein ausgewählter Probewandbereich in einem Zeitraum von ca. 8 Wochen bis zur stofflich bedingten Ausgleichsfeuchte getrocknet (Bild 4). Aus der langjährigen Arbeit in Arbeitsgruppen der Wissenschaftlich-Technischen Arbeitsgemeinschaft für Bauwerkserhaltung und Denkmalpflege - WTA war das Know how der Firma ISOTEC in Bezug auf die temperaturgeregelte Heizstabtechnologie bekannt. Die Firma ISOTEC verfügt auf Grund der verfahrensgegenständigen Austrocknung von Mauerwerk im Rahmen der Bohrlochinjektionen zum Einbringen nachträglicher Horizontalabdichtungen nach dem Paraffinheißverfahren über jahrzehntelange Erfahrungen zur temperaturgeregelten Austrocknung von Mauerwerk mittels elektrisch betriebener Heizstäbe. [7]

Herzogin Anna Amalia Bibliothek

Probenahmeprotokoll und Laborergebnisse

Klimadaten während der Probenahme am: 30.03.05   Temperatur: 15°C   rel. Luftfeuchte: 58%
Klimadaten während der Probenahme am: 10.05.05   Temperatur: 15°C   rel. Luftfeuchte: 56%

	Probebezeichnung		Feuchtebilanz		Bemerkungen
Pro-be-num-mer	Probe-charakteristik	Entnahme-tiefe [cm]	Feuchtig-keitsgehalt [M%]	Werte in grafischer Darstellung	
	Erdgeschoss - Mauerwerkskrone Mittelwand **Probebereich technische Trocknung** **Prüffeld Mitte - Vorproben**				
1.1	Mauermörtel und Kalkstein	0-50	1,8	1,8	
1.2	Mauermörtel (EG MW I 1.2)	50-62	12,0	12,0	Bindemittel - Kalk
1.3	Mauermörtel	62-68	7,8	7,8	
1.5	Mauermörtel	76-83	9,8		
1.6	Mauermörtel	83-89	9,1	9,1	
1.7	Mauermörtel (EG MW I 1.7)	89-102	10,5	10,5	Bindemittel - Kalk
	Erdgeschoss - Mauerwerkskrone Mittelwand **Probebereich technische Trocknung** **Prüffeld Mitte - Nachproben** **Abstand zum Heizstab 25 cm**				
1.1	Kalkstein und Mauermörtel	0-30	0,8	Mittelwert: 0,8	
1.2	Kalkstein und Mauermörtel	30-38	0,7		
1.3	Mauermörtel	38-58	1,7	1,7	
1.4	Kalkstein und Mauermörtel	58-75	0,6	0,6	
1.5	Kalkstein und Mauermörtel	80-85	0,8	Mittelwert: 0,7	
1.6	Kalkstein und Mauermörtel	85-90	0,5		
1.7	Kalkstein	90-100	0,4	0,4	

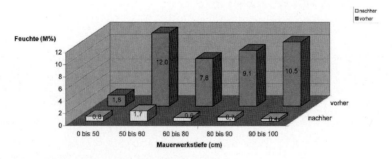

Reduzierung der Feuchtebelastung im Mauerwerk durch technische Trocknung
Prüffeld Mitte

Bild 4   Probenahmeprotokoll und Laborergebnisse

4. Ausführung und sensorgesteuerte Qualitätssicherung

Die bauabschnittsweise Ausführung der technischen Trocknung wurde über die gesamte Anwendungszeit messtechnisch begleitet. Die Prozesssteuerung der elektrisch betriebenen Heizstäbe wurde dabei über ein speziell entwickeltes Steuergerät vorgenommen (Bild 5).

Dabei wurde die maximal zu erzielende Oberflächentemperatur an den eingesetzten Heizstäben gemäß den baustoffspezifischen Vorgaben bauteilbezogen regeltechnisch begrenzt.

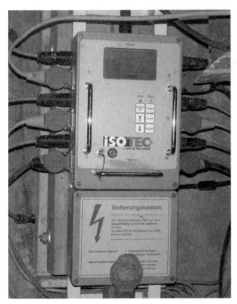

Bild 5   Detail ISOTEC - Steuergerät

Im Rahmen des Bauwerksmonitorings zur Kontrolle und Qualitätssicherung wurden Temperaturverlauf, Wärmeentwicklung, Wirkungsgrad und Trocknungsverhalten messtechnisch ermittelt und dokumentiert.

Bild 6   Thermovisionsaufnahme

Eingesetzt wurden Temperatursensoren an ausgewählten Stellen der Wandoberflächen. Die Messstellen dafür wurden nach dem Anfahren der Anlagentechnik zur technischen Trocknung mit Hilfe einer Wärmebildkamera lokalisiert (Bild 6 und 7).

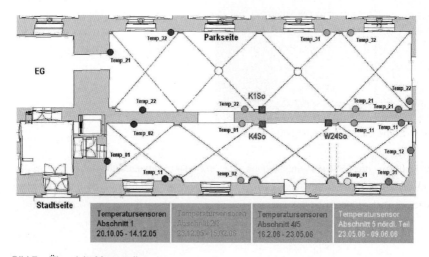

Bild 7   Übersicht Messstellen

Für die kontinuierliche Überwachung der Feuchteveränderung und der Trocknungsverläufe im Mauerwerk wurden Ringelektrodensensoren zur Erfassung des spezifischen Widerstandes und der Temperaturen im Bauteilquerschnitt eingesetzt (Bild 8).

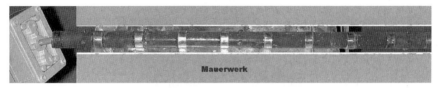

Bild 8   Ringelektrodensensor „Zebrasonde"

Mit dem aus der Geophysik bekannten Messprinzip können mit der Wennerfeld-Anordnung spezifische Widerstandstomogramme aufgezeichnet werden. Zu berücksichtigen dabei waren die bauteilbezogene Kalibrierung und eine gute Ankopplung der Elektroden an das Mauerwerk über einen speziell rezeptierten Verpress- und Injektionsmörtel. Bei der Messmethode wird der Einfluss der Feuchteveränderung im Bauteil auf den spezifischen Widerstand genutzt [8;9].

An den visualisierten Messergebnissen ist der Trocknungsverlauf im Bauteilquerschnitt qualitativ nachvollziehbar. Die dargestellten Grafiken zeigen Veränderungen in einem technisch getrockneten Mauerwerksbereich der Renaissancesäle im Erdgeschoss (Bild 9) und im Vergleich in einem nicht behandelten nach wie vor stark feuchtebelasteten Mauerwerksbereich im Untergeschoss (Bild 10).

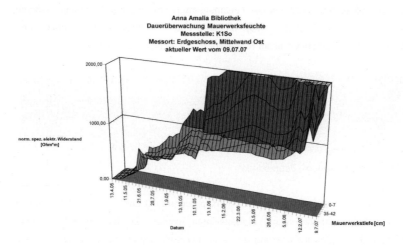

Bild 9   Visualisierte Messdaten in einem durch Energiezufuhr technisch getrockneten
          Bereich

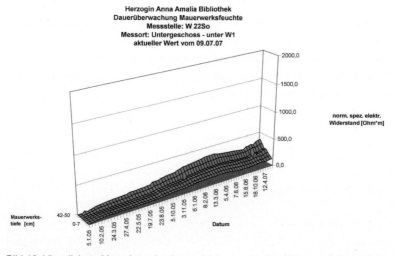

Bild 10 Visualisierte Messdaten in einem nicht getrockneten Mauerwerksbereich im
          Untergeschoss

362

Die aus den Messdaten abgeleiteten Erkenntnisse zum Trocknungsverlauf und die Messdaten zur Temperaturüberwachung (Bild 11) wurden während des Bauablaufs zur Steuerung und Optimierung der technischen und zeitlichen Abläufe herangezogen.

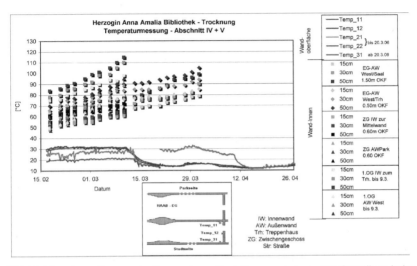

Bild 11 Messdaten Temperaturüberwachung Bauteilkern und raumnahe Gewölbeschalen

5. Fazit und Ausblick

Das Ziel der weitestgehenden Wiederherstellung der Gebrauchstauglichkeit der Löschwasser geschädigten Bauteile bei gleichzeitiger Berücksichtigung der denkmalpflegerischen Zielstellung wurde an der Herzogin Anna Amalia Bibliothek im Zeitraum von ca. 10 Monaten erreicht. Die zeitintensiven Maßnahmen zur statisch konstruktiven Mauerwerksertüchtigung waren parallel zu den technischen Trocknungsmaßnahmen möglich. Die technische Trocknung unterstützte die erforderlichen Maßnahmen zur Schwammbekämpfung.

Die technische Trocknung des stark feuchtebelasteten Natursteinmauerwerkes ist mit elektrisch betriebenen Heizstäben bei vergleichbaren Randbedingungen in vergleichsweise in kurzen Zeiträumen möglich. Mit der von ISOTEC entwickelten Steuereinheit und den Temperatur geregelten Heizstäben steht dazu eine Praxis erprobtes technischen System zur Verfügung.

Besonders bei historischen Baukonstruktionen und Materialien ist für die baubegleitende Kontrolle, die Prozesssteuerung der technischen Trocknung und den Erfolgsnachweis der Einsatz eines sensorgestützten Bauwerksmonitorings erforderlich. An der Herzogin Anna Amalia Bibliothek wurde ein entsprechend problembezogenes Monitoring entwickelt und erfolgreich angewendet.

Seit Ende 2007 wird das Stammhaus der historischen Herzogin Anna Amalia Bibliothek wieder voll genutzt. Durch die Weiterführung des Monitorings zur Erfassung von Veränderungen in ausgewählten Bauteilen, stehen auch künftig Bauzustandsdaten zur Verfügung.

6. Literatur

[1] Ingenieurbüro Trabert und Partner, BBS Ingenieurbüro Gronau + Partner, MFPA Weimar, EBK Ingenieure GmbH: „Konzept zur Erfassung des Ausmaßes der Feuchteschäden als Grundlage für die Mauerwerkssanierung und Bauwerkstrocknung" 09/2004

[2] EBK Ingenieure GmbH: „3. Untersuchungsprotokoll - Ergebnisse der Vor-Ort-Untersuchungen zur Erfassung der inneren Mauerwerksstruktur und des Deckenaufbaus", 11/2004

[3] Dr. Zier, H.-W.: Untersuchungen an Mörtelproben aus dem Mauerwerk, 05/2005

[4] Wissenschaftlich-Technische Arbeitsgemeinschaft für Bauwerkserhaltung und Denkmalpflege e.V.: WTA-Merkblatt 4-5-99/D „Beurteilung von Mauerwerk – Mauerwerksdiagnostik", 1999

[5] Grunwald, W., Architekten Grunwald und Burmeister: „Sanierung Anna Amalia", 26. Mitteldeutsches Bau-Reko-Kolloquium 04/2007

[6] WTA-Publications der Wissenschaftlich-Technischen Arbeitsgemeinschaft für Bauwerkserhaltung und Denkmalpflege e.V.: „Simulationsgestützte Feuchteuntersuchungen DBU-Projekt - Beseitigung spezieller Löschwassereinwirkungen an der Herzogin-Anna-Amalia-Bibliothek in Weimar", WTA-Almanach, 2006

[7] ISOTEC Franchise-Systeme GmbH, Fachbetrieb Helmut Krüger Bausanierung: „Paraffininjektions-Richtlinie"

[8] Menger, Th.; Burkhardt, R.: Abschlussbericht AIF-Projekt „Entwicklung der Feuchtesensorik basierend auf geoelektrische Verfahren und bautechnische Begleitung

[9] Kupfer, K. u.a.: „Materialfeuchtenmessung", Expert-Verlag, 1997

Rohrdurchführungen: Planungs- und Ausführungssicherheit durch optimalen Deckenverguss

Mario Eschrich, Geberit Vertriebs GmbH, Pfullendorf, Produktmanager Sanitärsysteme

Der Begriff „Deckenverguss"

Die Bezeichnung Deckenverguss ist weder in einer Norm, noch in der Bauregelliste und auch nicht in den maßgebenden Allgemeinen bauaufsichtlichen Zulassungen und Allgemeinen bauaufsichtlichen Prüfzeugnissen zu finden. Trotzdem ist dies bei allen am Rohbau direkt und indirekt beteiligten Personen ein gängiger Begriff, bei dessen Nennung jeder weiß, was damit verbunden ist. In der Baufachsprache versteht man darunter die Verfüllung von Deckendurchbrüchen mit einer dafür geeigneten Vergussmasse, so dass alle Anforderungen an eine Decke entsprechend den Landesbauordnungen eingehalten werden.

In Bezug auf den Brandschutz kommt dem Deckenverguss und damit auch der Vergussmasse in Verbindung mit klassifizierten Rohrdurchführungen durch F30/F90-Decken eine besondere Bedeutung zu. In den dafür maßgebenden Allgemeinen bauaufsichtlichen Zulassungen (AbZ) und Allgemeinen bauaufsichtlichen Prüfzeugnissen (AbP) wird exakt beschrieben, wie diese klassifizierten Rohrdurchführungen ausgeführt werden müssen. Für das vollständige Verschließen der sogenannten Restöffnungen werden zwar bestimmte Baustoffe angegeben, es gibt jedoch keine Angaben darüber, wie dies bewerkstelligt werden kann bzw. muss – die Ausführung des Deckenvergusses im eigentlichen Sinn wird also nicht näher beschrieben.

Unter dem Gesichtspunkt des Schallschutzes ist der Deckenverguss ebenfalls von Bedeutung, da davon auszugehen ist, dass es durch ungenügend verschlossene Decken zu einer Erhöhung der Luftschallübertragung kommt.

Gewährleistungsrisiko

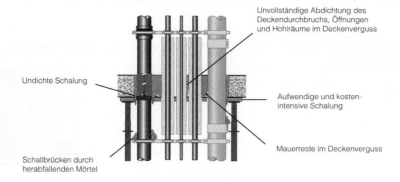

Unvollständige Abdichtung des
Deckendurchbruchs, Öffnungen
und Hohlräume im Deckenverguss

Undichte Schalung

Aufwendige und kosten-
intensive Schalung

Mauerreste im Deckenverguss

Schallbrücken durch
herabfallenden Mörtel

Bild 1   Deckenverschluss, herkömmlich erstellt

In den entsprechenden AbP und AbZ für klassifizierte Rohrdurchführungen und Installations-
schächte sind Bestimmungen hinsichtlich des Deckenvergusses enthalten, die zwingend
einzuhalten sind. Dieser Zusammenhang ist den planenden und ausführenden Firmen oft nur
ungenügend bekannt und wird daher oft nicht beachtet. Der Installateur ist also auch für die
vorschriftsmäßige und fachgerechte Ausführung des Deckenvergusses voll verantwortlich,
unabhängig davon, wer diese Arbeiten ausführt.

In der Vergangenheit war es in aller Regel der Maurer, der Schalung und Deckenverguss
erstellte, ohne die geringste Kenntnis über die Brandschutzvorschriften in dem Bereich der
Rohrdurchführungen zu haben. Dessen ungeachtet waren diese Arbeiten seit jeher im Gewerk des Maurers als Pauschalposition enthalten. Der Installateur trägt bzw. übernimmt also
die Gewährleistung für Arbeiten, die er selbst gar nicht ausgeführt hat. Schon aus Eigeninteresse müsste er diese Arbeiten des Maurers überwachen oder noch besser: er führt die Arbeiten gleich selbst durch.

Anpassung erforderlich

Die Vergussmasse für einen Deckenverguss hat aus Sicht des Brandschutzes bei klassifizierten Rohrdurchführungen und bei Installationsschächten dieselbe Bedeutung und damit
den gleich hohen Stellenwert wie die Rohrabschottungen oder Rohrummantelungen selbst.
Aus den Zulassungen und Prüfzeugnissen der klassifizierten Rohrdurchführungen und Installationsschächten wird dies nicht immer ersichtlich. Auch wird hier nicht von einem „Decken-

verguss" gesprochen, sondern vom Ausfüllen und Verschließen der „Restöffnungen", „Rest-fugen", „Restspalte" oder „Hohlräumen".

Obwohl somit die Materialfrage eine bedeutende Rolle spielt, gab es hierzu bisher keine ein-heitliche Regelung. Genannt wurden u.a. Beton, Mörtel aus einem Gips-Reinsandgemisch, Mörtel der Mörtelgruppen II, IIa oder III, Zementmörtel und Gipsmörtel. Das sind alles Bau-stoffe, die nur eine wichtige Eigenschaft gemeinsam haben – sie sind nicht brennbar. Weite-re Eigenschaften, die für einen optimalen Deckenverguss notwendig sind, bleiben unbeach-tet. Daher ist es sehr sinnvoll, hier übergeordnete Begriffe zu verwenden, wie z.B.: nicht brennbar, formbeständig und ggf. hochfliesfähig.

Da in den vergangenen zehn Jahren in den Zulassungen und Prüfzeugnissen die zulässigen Abstände zwischen den Leitungen immer kleiner geworden sind und heute die Null-Abstands-Regelung fast schon üblich ist, ist es sehr wichtig, auch den Deckenverguss dieser Entwicklung anzupassen. Ein funktionierender Deckenverguss kann mit einem Verguss aus Beton oder dem üblichen Mauerwerksmörtel unter den beschriebenen Voraussetzungen nur sehr unzureichend hergestellt werden. Daher ist es nicht mehr ausreichend, nur von der Nichtbrennbarkeit der Vergussmasse auszugehen. Für das vollständige Schließen ist ein hochfließfähiger, feinkörniger Baustoff erforderlich. Es muss sichergestellt sein, dass dieses Material die Deckenaussparung, die „Restspalte" und „Hohlräume" – also den Raum zwi-schen den Leitungen und dem umgebenden Bauteil und/oder der Leitungen zueinander - selbsttätig (im Sinne von Eigenfließfähigkeit) und vollständig ausfüllt.

Bild 2   Nie wieder solche Konstruktionen, die nicht den Anforderungen des Brand- und Schallschutzes entsprechen.

Mörtelgruppen MG II, IIa und III

Erläuterungen zu den Mörtelgruppen sind unabdingbar, da sie in vielen Verwendbarkeits-
nachweisen in Bezug auf klassifizierte Rohrdurchführungen aufgeführt sind. Die Mörtelgrup-
pen II, IIa und III kommen aus der DIN 1053-1, einer Norm für Mauerwerk und Mörtel für
Mauerwerk. Danach gibt es Normalmörtel mit einem vorgegebenen Mischungsverhältnis
Kalk/Zement und Normalmörtel in unterschiedlicher Zusammensetzung mit Eignungs- oder
Gütenachweis nach Tabelle A2 und der entsprechenden Zuordnung in Mörtelgruppen. In der
Praxis kommt jedoch nur der Mörtel mit Nachweis zur Anwendung. Bereits mit Veröffentlichung der DIN EN 998 im September 2003 wurde jedoch die Tabelle A2 in DIN 1053-1 zurückgezogen. Die Mörtelgruppen wurden durch Mörtelklassen ersetzt. Jeder aktuelle Verweis
auf die Mörtelgruppen ist damit gegenstandslos. Im übrigen ist auch nochmals darauf zu
verweisen, dass es sich dabei um Mörtel für Mauerwerk handelt – nicht aber um Mörtel für
einen Deckenverguss. Das sind zwei völlig verschiedene Anwendungsbereiche mit unterschiedlichen Anforderungen, die berücksichtigt werden müssen. So muss beispielsweise für
den Eignungsnachweis bei einem Mauerwerksmörtel die Druckfestigkeit und die Mindest-
haftscherfestigkeit geprüft werden. Die Druckfestigkeit hat jedoch beim Ausfüllen von Restspalten und beim Verguss innerhalb von Installationsschächten keine praktische Bedeutung,
weil es hier keine großen statischen Belastungen gibt. Die Prüfung der Mindesthaftscherfes-
tigkeit erfolgt in Verbindung mit einem zuvor erstellten Mauerwerk. Die entsprechenden Ergebnisse haben somit in Bezug auf einen Deckenverguss keinerlei Aussagekraft. Hier hat in
der Zwischenzeit ein Umdenkungsprozess mit dem Ziel stattgefunden, praxisorientierte Vorgaben anzuwenden. Trotzdem wird der entsprechende Hinweis für eine gewisse Übergangszeit aus formalen Gründen in den bereits vorhandenen Dokumenten noch zu finden sein.

Zukünftig wird es in den Allgemein bauaufsichtlichen Zulassungen, die das Deutsche Institut
für Bautechnik (DIBT) ausstellt und den Allgemein bauaufsichtlichen Prüfzeugnissen die die
vom DIBT zugelassenen Prüfstellen ausstellen, eine einheitliche Formulierungen geben. In
dieser Formulierung werden die Mörtelgruppen in Bezug auf den Baustoff des Deckenvergusses nicht mehr zu finden sein. Es werden hier übergeordnete Begriffe Einzug halten, die
sich ausschließlich auf die für den Brandschutz notwendigen Eigenschaften **nicht brennbar**
und **formbeständig** beziehen. Von den zuständigen Stellen ist folgende Formulierung für
das Verschließen von Restfugen, Restöffnungen und Restspalten bei Durchführungen von
Rohren durch Decken und Wände in den AbP festgelegt worden:

„Der vorhandene Restspalt zwischen Bauteillaibung und Rohr muss mit formbeständigen, nichtbrennbaren Baustoffen wie z.B. Beton, Zementmörtel oder Gips vollständig in Bauteildicke verschlossen werden."

Das Schalungssystem

Wird der Deckenverguss vom Maurer hergestellt, wird für die Schalung ein handelsübliches Schalungsmaterial – mit allen damit verbundenen Nachteilen – verwendet. Es ist praktisch unmöglich, bei mehreren dicht nebeneinander liegenden Rohren eine passgenaue Schalung herzustellen. Zwangsläufig ergeben sich mehr oder weniger große Spalte, die dann mit Papier oder anderen gerade greifbaren Materialien ausgestopft werden. Nicht selten werden die Restöffnungen in dieser Weise zur Hälfte ausgestopft und der Rest dann mit der Vergussmasse ausgefüllt. Im Brandfall kann ein derartiger Deckenverguss seine Funktion nicht erfüllen. Im übrigen ist die Erstellung einer oben beschriebenen Schalung sehr zeitaufwendig. Zwei Stunden Zeitaufwand sind keine Seltenheit. In der Regel sind für diese Schalungen zusätzliche Abstützungen erforderlich, die oft auf den Rohrsystemen oder deren Befestigungen positioniert werden, so dass die Isolierung und/oder die Systeme selbst Schaden nehmen.

Die Lösung: Komplettes Deckenverschluss-System

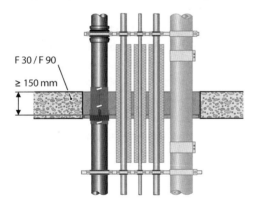

F 30 / F 90

≥ 150 mm

Bild 3   Deckenverschluss-System FSH90 in einer Decke im Massivbau

Mit der bisher üblichen Methode ist also ein im Brandfall zuverlässig funktionierender Deckenverguss nicht zu erstellen. Es wird dringend erforderlich, dass der Umdenkungsprozess auch bei allen an der Planung und Ausführung Beteiligten stattfindet. Mit dem auf dem Markt befindlichen Geberit Deckenverschluss-System FSH90 wurde dieser Prozess intensiviert. Es werden mit diesem Produkt ganz neue Wege beschritten und damit die bisherigen Probleme auf einfache Weise gelöst. Das System besteht aus der mineralischen Vergussmasse und dem Schalungssystem. Die Vergussmasse ist hochfließfähig, sehr feinkörnig, nichtbrennbar und formbeständig. Das sind alles Eigenschaften, die an einen im Brandfall voll funktionsfähigen Deckenverguss zu stellen sind. Auch bei sehr kleinen (bis auf Null gehenden) Rohrabständen wird sichergestellt, dass alle Öffnungen und Spalte vorschriftsmäßig in Bauteildicke verschlossen werden. Generell müssen die geltenden Abstandsregelungen für die jeweiligen Rohrsysteme und die geltenden Maßnahmen für die Rohrabschottung eingehalten werden. Für die Vergussmasse liegt ein notwendiges Allgemeines bauaufsichtliches Prüfzeugnis als Nachweis der Baustoffklasse A1 nach DIN 4102 vor.

Das Schalungssystem kann als verlorene oder demontierbare Schalung eingesetzt werden und ist so konzipiert, dass auch im Bereich der Rohre keine Spalte entstehen, durch welche die hochfließfähige Vergussmasse austreten kann. Der Rahmen ist stufenlos anpassbar, bei größeren Aussparungen können 2 Rahmen hintereinander montiert werden. Zusätzliche Abstützungen sind hier nicht erforderlich.

Ein ganz wichtiger Gesichtspunkt ist damit erfüllt: Die Verantwortlichkeiten sind klar geregelt. Der Installateur kann guten Gewissens die Gewährleistung erbringen. Der Deckenverguss einschließlich Montage des Schalungssystems wird vom Fachhandwerker, also vom Installateur hergestellt. Es versteht sich damit fast von selbst: Wer qualifizierte Rohrdurchführungen in R90-Qualtiät erstellt, der hat automatisch auch den qualifizierten Deckenverguss zu erstellen. Der Maurer ist somit entlastet und außen vor. Neben den Fachhandwerkern sind nun aber auch die Fachplanungsbüros gefordert, das Deckenverschluss-System in die Sanitär/Heizungs-Ausschreibungen aufzunehmen.

Bild 4   Das Deckenverschluss-System Geberit FSH 90 macht Schluss mit aufwändigen Montagen und lästigen Nacharbeiten.

Die Montage

Bild 5   Ausmessen der Deckenöffnung

Bild 6   Seitenschienen mit einem gängigen Handwerkszeug ablängen.

Bild 7   Schienen und Spezialfolie montieren.

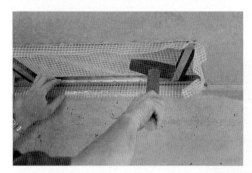

Bild 8   Die Seitenteile einsetzen. Der komplette Rahmen ist montiert.

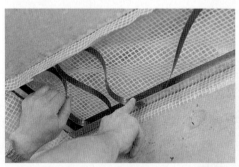

Bild 9   Nur noch das Stahlträgerband einsetzen

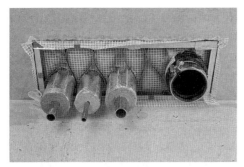

Bild 10 Einfach die Rohre mit oder ohne Isolierungen durchführen.

Bild 11 Die Vergussmasse anrühren

Bild 12 Die Vergussmasse einfüllen – fertig ist die sichere und
letztendlich auch kostengünstigere Lösung.

Zerstörungsfreie Schichtdickenmessung im Straßenbau mit dem Georadarverfahren

Prof. Dr.-Ing. **Martin Köhler**, Detmold;
Dipl.-Ing. **Jürgen Nießen**, Achim;
Dipl.-Ing. **Karsten Johannßen**, Espelkamp-Fiestel

Aus den Ergebnissen von bisher durchgeführten Georadarmessungen zur Bestimmung der Dicken der Oberbauschichten im Straßenbau lässt sich oftmals die Planumsebene nicht eindeutig identifizieren. Ein neu entwickeltes Geotextil mit integrierten Reflektorstreifen (sog. "Radar Detectable Geotextile, RDG"), das auf dem Planum verlegt wird, ermöglicht hingegen eine klare Abgrenzung der Planumsebene in den Radargrammen. Das bereits im Gleisbau erprobte Geotextil wurde auf einer Parkplatzfläche erstmals im Straßenbau eingesetzt. Wie Georadarmessungen zeigen, lässt sich nicht nur das Planum in den Messergebnissen eindeutig identifizieren. Vielmehr können auch Setzungen der Planumsebene, die beim Einbau der ersten Tragschicht entstehen und zu einem Mehreinbau von Tragschichtmaterial führen, erfasst und dokumentiert werden.

1. Notwendigkeit der zerstörungsfreien Schichtdickenmessung im Straßenbau

Die Schichtdicke von Tragschichten ohne Bindemittel (ToB) wird im Straßenbau überwiegend durch punktweise Bestimmung des Höhenniveaus von Planum und Tragschichtoberfläche bestimmt. Die Dicke der Tragschicht ergibt sich aus der Höhendifferenz beider Ebenen. Dabei wird angenommen, dass sich das Höhenniveau des Planums durch den darauf erfolgenden Einbau und die Verdichtung der ToB nicht verändert. Tatsächlich aber kommt es häufig infolge der begrenzten Tragfähigkeit des Untergrundes/Unterbaues und ggf. aufgrund einer nicht vorhandenen Filterstabilität zwischen ToB-Material und dem Boden des Untergrunds/Unterbaus bereits bei der Verdichtung des ToB-Materials zu Setzungen des Untergrunds/Unterbaus und/oder zu einem Eindringen von Gesteinskörnern aus der ToB in den

Untergrund/Unterbau (vgl. [1, 2]). Selbst bei einer Schichtdickenmessung durch das Anlegen von Schürfen in der ToB lässt sich ihre Dicke somit nicht exakt bestimmen, da keine klare Schichtgrenze zwischen dem granularen ToB-Material und dem Untergrund/Unterbau eindeutig definiert werden kann. Dies führt ggf. zu Unklarheiten bei der Bauabrechnung.

Langfristig sind infolge ungleichmäßiger Schichtdicken der Tragschicht(en) ohne Bindemittel und ungleichmäßiger Tragfähigkeit ihrer Oberfläche Setzungen zu erwarten, die im Verlauf der Nutzungsdauer als Verformungen (Längs- und Querunebenheiten) der Fahrbahnoberfläche sichtbar werden und somit den Fahrbahnzustand verschlechtern.

Besteht zwischen dem auf dem Planum einzubauenden ToB-Material und dem Boden des Untergrunds/Unterbaus keine ausreichende Filterstabilität, so können Erosionserscheinungen an der Schichtgrenze durch das Verlegen eines Geotextils auf dem Planum vermieden werden. Das Geotextil ist hinsichtlich seiner mechanischen und hydraulischen Leistungsfähigkeit zu dimensionieren. Die Auswahl wird zudem unter Beachtung der Einbaubeanspruchungen entsprechend der notwendigen Geotextilrobustheitsklasse vorgenommen [3, 4]. Das Geotextil übernimmt sowohl im Bauzustand als auch während der Nutzungsdauer der Verkehrsflächenbefestigung die Trenn- und die Filterfunktion in der Planumsebene.

Sowohl bei der Bauabnahme, vor allem aber zur Ermittlung des Schichtenaufbaus vorhandener Verkehrsflächenbefestigungen, werden zum Zwecke der Erfassung von Bestandsdaten für das Erhaltungsmanagement der Straßeninfrastruktur häufig Schichtdickenmessungen mit dem "Ground Penetration Radar" (GPR, häufig "Georadar" genannt) durchgeführt [5]. In Fällen, in denen sich die Gefügestruktur und der Wassergehalt der ToB und des Untergrunds/Unterbaus und damit die Dielektrizitätskonstante beider Schichten nicht wesentlich unterscheiden, ist die Planumsebene auf den gemessenen Radargrammen nicht klar erkennbar und somit die Dicke der ToB bzw. des gesamten Oberbaus nicht zuverlässig messbar. Insofern ergibt sich die Forderung nach einer eindeutigen ortsfesten Markierung der Planumsebene als Bezugsebene für die zerstörungsfreie Schichtdickenmessung mit dem Georadar.

2. Vliesstoff mit Reflektorstreifen (RDG-Vliesstoff) zur Kennzeichnung der Planumsebene

Die beschriebene Aufgabenstellung, eine ortsfeste Markierung der Planumsebene für Georadarmessungen zu schaffen, war Auslöser für eine gemeinsame Entwicklung der Firmen GBM Wiebe Gleisbaumaschinen und der Firma NAUE GmbH & Co. KG, Hersteller von Geokunststoffen. Das Ergebnis dieser Entwicklung ist ein mechanisch verfestigter Vliesstoff, an dem im Abstand von 2 m bis 5 m in Rollenlaufrichtung Aluminiumstreifen mit einer Breite von 5 cm bis 20 cm (je nach Erfordernis), quer zur Rollenlaufrichtung verlaufend, befestigt sind. Dieses Geotextil wird als "Radar Detectable Geotextile" (RDG) bezeichnet.

Abb. 1: Mechanisch verfestigter Vliesstoff der Fa. Naue mit Aluminium-Reflektorstreifen (RDG-Vliesstoff) auf der Versuchsfläche der Fachhochschule Lippe und Höxter

Die quer zur Längsrichtung verlaufenden Reflektorstreifen werden beim Abscannen der Verkehrsflächenbefestigung mit dem Georadarverfahren als anthropogenes Hindernis detektiert; sie zeichnen sich in den Radargrammen als Hyperbeln ab und ermöglichen so eindeutig die Identifikation der Planumsebene. Durch die Trenn- und Filterfunktion des Vliesstoffes wird zudem ein Vermischen von Tragschicht- und Untergrund-/Unterbaumaterial verhindert und somit die Frostbeständigkeit des Oberbaus dauerhaft gesichert, indem eine hydraulisch bedingte Erosion an der Schichtgrenze verhindert wird. Der Einbau eines RDG-Vliesstoffes erfolgt wie bei einem üblichen Trenn- und Filtergeotextil; die Reflektorstreifen erfordern keinerlei Veränderung des Einbauverfahrens.

Auslöser für die Entwicklung des RDG-Vliesstoffes war die Forderung nach einer eindeutigen Detektion der Planumsebene zur Bauüberwachung im Gleisbau. Vor allem die Abmessungen, der Verlauf und die Qualität des Schotterbetts unter dem Gleisrost sowie die Frage nach einer Vermischung des Gleisschotters mit dem Material der Planumsschutzschicht (PSS) sollten mit Hilfe des Georadarverfahrens durch eine Gleisbefahrung erkundet und dokumentiert werden.

3. Anwendung im Gleisbau - definierte Detektion von Schichtgrenzen unter Bezug auf das "Radio Detectable Geotextile (RDG)"

Das GeoRail-Verfahren wird seit 1990 bei Bahnnetzbetreibern im In- und Ausland zur Vorerkundung ("Grobdiagnose") und Qualitätskontrolle eingesetzt [6, 7, 8, 9, 10, 11]. Die Firma GBM Wiebe Gleisbaumaschinen GmbH erkundet im Schnitt pro Jahr ca. 1.500 Kilometer Gleis mit dem GeoRail-Verfahren. Auf dem Foto in Abb. 2 ist ein mit den erforderlichen Geräten aufgerüstetes Fahrzeug zu sehen. Die Messungen erfolgen mit 80 km/h bei einer Längsauflösung von 5 cm (20 Georadar-Scans je Meter für alle 3 Profile). Der erzeugte Maßstab beträgt 1:500.

Abb. 2: Regelfahrzeug mit GeoRail-Messanlage

Die unter Verwendung des Georadarverfahrens erfassten Messdaten müssen für die weitere Verwendung beim Kunden für die Aufgaben des Bahnnetzbetreibers möglichst eindeutige Aussagen liefern. Routinemäßig durchgeführte GeoRail-Messungen liefern zwar den eindeutigen Nachweis von Schichtgrenzen, deren Verlauf und Qualität. Fachleute für die Datenauswertung und -interpretation erkennen diese Schichten eindeutig. Aber dem Laien erschließen sich die Signaturen in den Radargrammen nicht. Deswegen wurde in den letzten Jahren an Darstellungsmöglichkeiten gearbeitet, die sich an der DIN 4023 orientieren. Die Radargramme werden somit für Bauingenieure und Geotechniker lesbar (s. Abb. 3).

Die Abbildung 3 zeigt das Endprodukt einer GeoRail-Befahrung. Alle Details werden synchron und fortlaufend am Monitor dargestellt. Alle Daten sind in einer Datenbank abgelegt, sodass Änderungen im Datenbestand automatisch in die 2D-Darstellung einfließen.

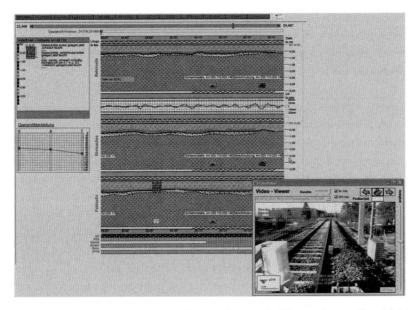

Abb. 3: 2D-Darstellung dreier Messprofile mit Video, Aufschlüssen, Querprofil und Schienen-
längshöhen

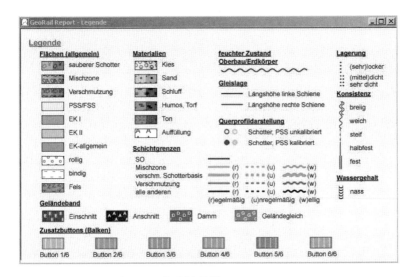

Abb. 4: Legende, angelehnt an die DIN 4023

Die Erzeugung qualitativ hochwertiger Radardaten, deren Auswertung und Darstellung ist mit den oben aufgezeigten Werkzeugen gewährleistet. Die Schichtmächtigkeiten und das Quergefälle sind aus den Radargrammen direkt ablesbar. Auch selbst kleinräumige Fehler sind gut erkennbar. Im Zweifelsfall müssen einige Kalibrieraufschlüsse durchgeführt werden.

Das Radargrammbeispiel Abb. 5 stellt einen ca. 70 m langen, sauberen Sanierungsabschnitt dar. Der Oberbau ist als Schotteroberbau mit einer unter der Schotterschicht angeordneten Planumsschutzschicht (PSS) ausgeführt. Es sind die Bahn- und die Feldseite dargestellt. Die Feldseiten einer zweigleisigen Strecke sind die der Bahnachse abgewandten Seiten und grenzen an das benachbarte Gelände (Feld). Die Bahnseiten berühren sich in der Bahnachse. Bei eingleisigen Strecken ist die Feldseite grundsätzlich mit aufsteigender Kilometrierung rechts.

Das Gefälle ist sofort aus den beiden Radargrammen abzulesen. Ebenso die kleine Störung auf der Bahnseite (roter Pfeil). Die Schichtgrenzen erscheinen auf der Feldseite leicht verschwommen. Dies liegt an der dort vorhandenen, wenige Zentimeter mächtigen Mischzone. Abfließendes Wasser transportiert Feinkornmaterial entlang des Gefälles in Richtung Feldseite und überdeckt die tatsächliche Unterkante des Schotters. Im Bereich der Schichtgrenze zwischen Planumsschutzschicht und Untergrund (UK PSS) vermischt sich PSS-Material mit dem anstehenden Boden.

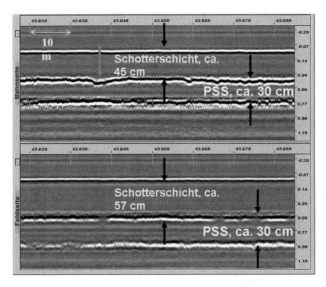

Abb. 5: Bahn- und Feldseite eines Streckenneubaus; der rote Pfeil markiert eine Schadstelle

Allerdings ist die eindeutige Zuordnung von Radargrammsignaturen zu den tatsächlich vorhandenen Objekten und Schichtgrenzen nicht gegeben. Sinnvollerweise müssen die zu detektierenden Schichtgrenzen Signaturen erzeugen, die man dort nicht erwartet. Aus diesem Grunde wird in der Schichtgrenze zwischen Planumsschutzschicht und Untergrund ein Vliesstoff mit quer zur Fahrtrichtung in den Vliesstoff eingearbeiteten Reflektorstreifen (RDG) eingebaut. Die Streifen haben einen Abstand von 5 m und eine Breite von 20 cm. Beim Abscannen der Eisenbahntrasse werden neben den Schichtgrenzen auch die Reflektorstreifen detektiert. Deren Signaturen repräsentieren die Unterkante der PSS eindeutig. In Abb. 6 ist ein Messabschnitt mit diesen Reflektorstreifen dargestellt. Beim Überqueren der Streifen werden kleine Hyperbeln erzeugt, deren Hochpunkte die Lage des RDG eindeutig repräsentiert. Ihr regelmäßiges Auftreten sorgt für Eindeutigkeit. Verbindet man die Hochpunkte der Hyperbeln entlang der erkennbaren Schichtgrenze, erhält man deren tatsächlichen Verlauf. Da Metalle für Radarsignale als Totalreflektoren wirken, sind die Reflektorstreifen selbst in Bereichen von Vermischungen mit Wasser oder sonstigen Materialien normalerweise gut erkennbar.

In dem Radargrammbeispiel in Abb. 6 sind zwei parallele Radargramme (Gleisachse + Feldseite) abgebildet. In der Gleisachse wurde ein Vliesstoff mit Reflektorstreifen eingebaut

(RDG Versuchsmuster). Durch Vermischungen mit Wasser ist die Unterkante der PSS kaum erkennbar, die Hyperbeln in der Gleisachse jedoch sehr deutlich: Die Hochpunkte der Hyperbeln repräsentieren die Schichtgrenze, in der der RDG-Vliesstoff eingebaut wurde (Reflektorstreifen liegen auf dem Erdkörper).

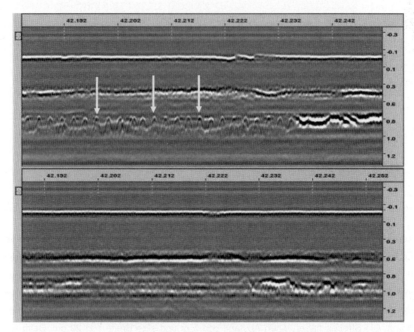

Abb. 6: Identifizierung der Unterkante der Planumsschutzschicht (gelbe Pfeile) anhand der in den Vliesstoff eingearbeiteten Reflektorstreifen im oberen Radargramm

4. Anwendung des RDG-Vliesstoffes auf einer Versuchsfläche für Verkehrsflächenbefestigungen

4.1. Aufbau der Verkehrsflächenbefestigungen

Im Rahmen von Neubaumaßnahmen auf dem Campusgelände der Fachhochschule Lippe und Höxter in Detmold wurden unter anderem die Außenanlagen neu angelegt. Eine 30 m² große Parkplatzfläche konnte als "Versuchsfläche für wasserdurchlässige Verkehrsflächenbefestigungen" nach den Vorgaben aus dem Lehrgebiet Erd- und Straßenbau ausgeführt werden. Der Oberbau besteht aus einer einheitlich vorhandenen Kiestragschicht 0/32 mit

einer planmäßigen Dicke von 40 cm sowie sechs unterschiedlichen Fahrbahndeckenvarian-
ten. Hierzu zählen vier wasserdurchlässige Pflasterdecken, eine konventionelle Betonpflas-
terdecke sowie eine Asphaltbefestigung aus wasserdurchlässigem Asphalt.

Der als Untergrund vorhandene Schluffboden wies eine nicht ausreichende Tragfähigkeit (E_{v2}
$\approx$ 35 MPa) auf. Daher wurde vorgesehen, auf dem Planum ein Trenn-/Filtergeotextil und ein
Geogitter als Tragschichtbewehrung zu verlegen. Als Trenn-/Filtergeotextil wurde der von
den Firmen NAUE und GBM Wiebe entwickelte mechanisch verfestigte Vliesstoff mit Reflektorstreifen (Flächengewicht: 250 g/m², GRK 4; s. Abb. 1) eingesetzt. Da auch eine elektromagnetische Schichtdickenmessung nach dem Wirbelstromverfahren durchgeführt werden
sollte, wurden ergänzend zwischen Geotextil und Geogitter die hierfür notwendigen Alumini-
umplatten eingelegt (Abb. 7).

Abb. 7: Beschüttung des mit dem RDG-Vliesstoff, dem Geogitter und Aluplatten versehenen
Planums mit dem (rötlich gefärbten) Kiestragschichtmaterial

4.2. Messung der Oberbaudicke mit dem Georadar

Nach Fertigstellung der Verkehrsflächenbefestigungen wurden auf der Versuchsfläche Georadarmessungen mit dem Ziel der Bestimmung der Oberbaudicke von der Fa. GBM Wiebe
durchgeführt. Die Messungen erfolgten entlang von fünf parallelen Messlinien mit 1000 MHz-
Antennen, wobei jeweils alle Deckenausführungen überfahren und alle Reflektorstreifen ge-

quert wurden. Unmittelbar anschließend an die Messdurchführung erfolgte entlang einer der Messlinien das Anlegen von drei Kontrollschürfen, wobei jeweils der komplette Oberbau (Pflasterschicht, Bettung und Kiestragschicht) bis zu dem auf dem Planum vorhandenen Vliesstoff aufgegraben wurde. Die an der ersten Aufgrabungsstelle gemessene Oberbaudicke wurde der Fa. GBM Wiebe als Referenzwert für die Kalibrierung zur Verfügung gestellt; die beiden verbleibenden Messwerte der Oberbaudicke dienten als Kontrollwerte für die Georadarmessung.

Tab. 1: Gegenüberstellung der per Aufgrabung und per Georadarmessung bestimmten Gesamtdicke des Oberbaus

Aufgrabungsstelle		Oberbaudicke [cm]	
Nr.	Fahrbahndecke	aus Aufgrabung	aus Georadarmessung
1	Konventionelles Rechteckpflaster auf Kiessplitt-Bettung	53,0	- (Kalibrierpunkt)
2	Dränbeton-Rechteckpflaster auf Kiessplitt-Bettung	68,5	68,0
3	Sickerfähiges Klinkerpflaster auf Kiessplitt-Bettung	59,0	59,0

Abb. 8: Georadarmessung durch die Fa. GBM Wiebe

Abb. 9: Aufgrabungsstelle Nr. 3 zur Feststellung der Oberbaudicke

Wie bereits unmittelbar nach der Georadarmessung aus den Radargrammen (Abb. 10) zu entnehmen war, sind die Reflektorstreifen und die auf dem Planum eingelegten Aluminium-platten eindeutig zu identifizieren. Auch bilden sich die unterschiedlichen Befestigungsaus-führungen in den Radargrammen mit teils spezifischen Signaturen ab. Daneben wurde deut-lich, dass die Oberbaudicke sehr unterschiedlich ist, was auf eine ungleichmäßige Dicke der Kiestragschicht zurückzuführen ist. Obwohl das Planum eben abgezogen wurde (Abb. 1), haben sich offenbar teilweise beim Einbau der Kiestragschicht Setzungen des Untergrundes eingestellt, die durch einen Mehreinbau von Tragschichtmaterial ausgeglichen wurden. Die Ergebnisse der Aufgrabungen bestätigen mit gemessenen Oberbaudicken zwischen 53 cm und 68,5 cm die bereits aus den Radargrammen ersichtliche ungleichmäßige Oberbaudicke. Die aus den Radargrammen abgeleitete Oberbaudicke entsprach an den Aufgrabungsstellen 2 und 3 bis auf eine Abweichung von 0,5 cm nahezu exakt den bei der Aufgrabung festge-stellten Werten (Tab. 1).

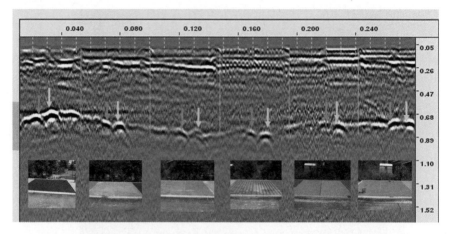

Abb. 10: Versuchsfläche auf dem Campusgelände der FH Lippe und Höxter in Detmold: Radargramm (rote Pfeile markieren RDG-Reflektorstreifen, blaue Pfeile Aluminiumplat-
ten; der Abstand der als gelbe, gestrichelte Linien eingetragenen Marker beträgt
1 m)

Für die Suche nach Hohlräumen unter Verkehrsflächenbefestigungen, z. B. in der Leitungs-
zone erdverlegter Rohrleitungen, werden immer häufiger so genannte Radarscanner eingesetzt [12]. Diese bestehen aus mehreren parallel aufzeichnenden Antennenpaaren, die einen
Abstand von 12 cm zueinander haben. Dies gewährleistet eine ausreichende Datendichte,
sodass auch kleinräumige Objekte erfasst werden können. Der mit 14 Antennenpaaren be-
stückte Scanner der Fa. GBM Wiebe wurde zur Durchführung einer flächenhaften Georadarmessung ebenfalls auf der Versuchsfläche der FH Lippe und Höxter in Detmold eingesetzt (Abb. 11). Dabei wurden drei Scanner-Spuren mit insgesamt 42 Radarprofilen erzeugt.
Die Profile wurden mit einer speziellen Software in ein 3D-Volumen überführt. Anschließend
wurde dieser Block in horizontale Scheiben ("time slices") zerlegt (Abb. 12). Die dargestellten
Tiefenlagen der jeweiligen Scheiben sind aus der Tabelle 2 ersichtlich:

Tab. 2: Zuordnung und Tiefenbereich der Schnitte

Scannerprofil	Tiefenlage [cm]
C6	29 - 38
C7	34 - 41
C8	39 - 48
C9	44 - 52
C10	49 - 57
C11	54 - 62
C12	59 - 67

Abb.11: Georadarmessung mit dem Mehrkanalscanner

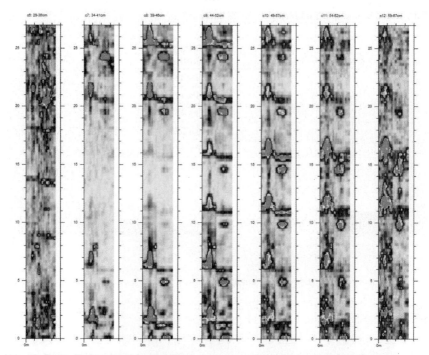

Abb. 12: Radar-Tiefenschnitte, erzeugt aus insgesamt 42 parallelen Radarprofilen

Die Profile c9 bis c12 in Abbildung 12 zeigen alle RDG-Reflektorstreifen des Vliesstoffes und die Aluminium-Reflektorplatten über die gesamte Messlänge. In den Schnitten c7 und c8 erkennt man die Reflektoren nur am Anfang und am Ende der Versuchsfläche. Ursache hierfür ist die bereits erwähnte Setzung des Planums. Durch die gemeinsame Betrachtung aller Tiefenschnitte wird deutlich, dass es sich um eine muldenartige Setzung des Planums in der Mitte der Versuchsfläche handelt. Während die beiden Reflektoren jeweils am Anfang und am Ende der Messstrecken in den Schnitten c10 bis c12 aufgrund der zunehmenden Tiefe in den Darstellungen verschwinden, erkennt man die mittleren Reflektoren immer noch deutlich.

388

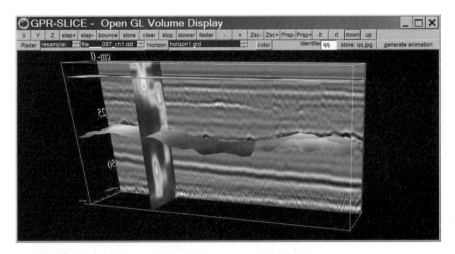

Abb. 13: Verlauf des Planums, aus der 3D-Darstellung extrahiert

Die Abbildung 13 zeigt die Setzung des Planums als Teppich. Grundlage dieser Darstellung sind die für jedes Profil gescannten Schichtgrenzen. Die einzelnen Scan-Punkte werden miteinander verbunden. Es entsteht die dargestellte Fläche.

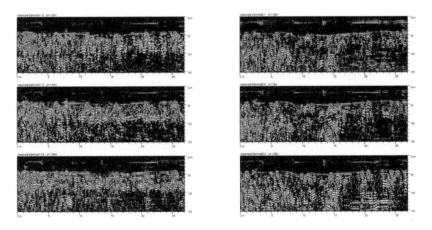

Abb. 14: Sechs Einzelprofile aus dem 3D-Block, 400MHz; Eindringtiefe 1,5 m

Die Scanner-Antennen in Abbildung 14 verfügen über einen größeren Öffnungswinkel (Apertur) als die Hornstrahler, deren Radargramme in Abbildung 15 zu sehen sind. Daher sind die

Hyperbeln mit den 400 MHz-Scannerantennen deutlich stärker ausgeprägt. Durch den deutlichen Abstand der 1000 MHz-Antennen zur Verkehrsfläche entstehen Reflexionen an deren Begrenzungsmauern (in Abb. 15 markiert durch gelbe Pfeile).

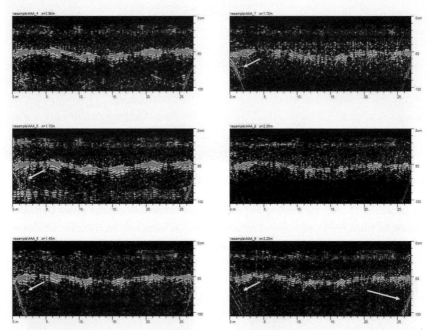

Abb. 15: Sechs Einzelprofile, aufgenommen mit 1000 MHz-Antennen, Eindringtiefe 1 m

Die Ergebnisse zeigen, dass sich durch Georadarmessungen unter Bezug auf einen RDG-Vliesstoff die Lage und der Verlauf des Planums bei Verkehrsflächenbefestigungen zuverlässig feststellen lassen. Damit kann zum einen die Oberbaudicke dokumentiert werden. Lässt sich der Verlauf der Schichtoberflächen der weiteren Oberbauschichten aus den Messergebnissen eindeutig ableiten, so kann eine Schichtdickenermittlung und mit Hilfe einer Volumenberechnung ergänzend eine Baumassenermittlung durchgeführt werden. Derartige Berechnungen wurden von der Fa. GBM Wiebe bereits für den Fahrbahnoberbau in einem norwegischen Straßentunnel erfolgreich durchgeführt.

5. Verwendung zuverlässiger Schichtdickeninformationen für die Bauüberwachung und das Infrastrukturmanagement Straße

Georadarmessungen zur zerstörungsfreien Ermittlung der Schichtdicken von Verkehrsflächenbefestigungen unter Bezug auf einen RDG-Vliesstoff in der Planumsebene können – je nach Durchführungszeitpunkt – einer Reihe unterschiedlicher Zwecke dienen:

5.1. Bauüberwachung

Wie Ergebnisse der Georadarmessungen auf der Versuchsfläche der FH Lippe und Höxter erkennen lassen, können sich durch eine geringe bzw. ungleichmäßige Tragfähigkeit Setzungen des Untergrundes/Unterbaues beim Einbau der Oberbauschichten ergeben. Das Planum weist dann, wie üblicherweise angenommen, keinen ebenen Verlauf mehr auf. Die aufgetretenen Setzungen werden überwiegend durch einen Mehreinbau von Tragschichtmaterial ausgeglichen. Bei einer Abrechnung der Bauleistung nach Flächenmaß [m²] bekommt der Auftragnehmer den Mehreinbau üblicherweise nicht vergütet. Wird hingegen das Tragschichtmaterial entsprechend der angelieferten und eingebauten Masse [t] abgerechnet, so wird ihm die Leistung vergütet, wenngleich die unplanmäßig höhere Einbaumasse oftmals zu Unstimmigkeiten zwischen Auftraggeber und Auftragnehmer führt. Das oben dargestellte Beispiel verdeutlicht somit die Notwendigkeit der Anordnung eines RDG-Vliesstoffes auf dem Planum und der Durchführung von Georadarmessungen mit dem Ziel einer exakteren Baumassenermittlung und Bauabrechnung. Als Nebeneffekt ergibt sich zudem eine Vermeidung des Abwanderns von Tragschichtmaterial in den Untergrund/Unterbau, da mit dem Vliesstoff die Filterstabilität zwischen Tragschichtmaterial und dem Boden des Untergrundes/Unterbaues in jedem Falle sichergestellt werden kann.

Auch zur Ermittlung des Schichtenaufbaus nach Instandsetzungs- und Erneuerungsmaßnahmen sollten Georadarmessungen unter Bezug auf den RDG-Vliesstoff in der Planumsebene verwendet werden. Werden die Maßnahmen im Tiefeinbau oder im kombinierten Hoch- und Tiefeinbau durchgeführt, so verbleiben die zuvor vorhandenen Schichten in schwankender Dicke im Aufbau, sodass die Schwankungen im neuen Schichtenaufbau durch die Messungen dokumentiert werden können.

5.2. Infrastrukturmanagement

Im Rahmen des Infrastrukturmanagement kann, sofern keine Bauakten verfügbar sind, die Erfassung von Bestandsdaten der Verkehrsflächenbefestigungen ebenfalls mit Hilfe von Georadarmessungen erfolgen. Ein in der Planumsebene verlegter RDG-Vliesstoff erhöht die

Zuverlässigkeit der Schichtdickenmessung für Tragschichten ohne Bindemittel. Die dabei festgestellten Schichtdickenschwankungen sind von wesentlicher Bedeutung für eine Prognose der zu erwartenden Entwicklung der Fahrbahnunebenheiten. Die erfassten, in der Straßendatenbank abgelegten Bestandsdaten sind von maßgebender Bedeutung für die Wertermittlung der Straßeninfrastruktur.

Zur Unterstützung der Erhaltungsplanung sollten Georadarmessungen zur Identifikation von Schwachstellenbereichen, beispielsweise bei der Abgrenzung homogener Abschnitte oder bei der Festlegung von Erhaltungsmaßnahmen, durchgeführt werden. Die dafür notwendige Vorgehensweise wurde bereits mehrfach erprobt und kann durch Referenzierung auf eine definierte Planumsebene in ihrer Zuverlässigkeit erhöht werden.

6. Zusammenfassung

Die Schichtdicke von Tragschichten ohne Bindemittel (ToB) wird im Straßenbau überwiegend aus der Höhendifferenz zwischen der Höhe der Tragschichtoberfläche und der Höhe des Planums bestimmt. Beide Schichtoberflächen werden dabei als eben angenommen. Tatsächlich aber kommt es häufig beim Einbau der Tragschicht zu Setzungen des Planums, die durch einen Mehreinbau von Tragschichtmaterial ausgeglichen werden. Der Verlauf der Schichtgrenzen im Oberbau wie auch der Verlauf des Planums nach Herstellung der Verkehrsflächenbefestigung lassen sich mit Hilfe von Georadarmessungen zerstörungsfrei ermitteln. Aus den Ergebnissen von bisher durchgeführten Georadarmessungen lässt sich allerdings oftmals die Planumsebene nicht eindeutig identifizieren. Ein neu entwickeltes Geotextil mit integrierten Reflektorstreifen (sog. "Radar Detectable Geotextile, RDG"), das auf dem Planum verlegt wird, ermöglicht hingegen eine klare Abgrenzung der Planumsebene in den Radargrammen.

Im Gleisbau wird der RDG-Vliesstoff bereits angewendet, um eine Vermischung von Planumsschutzschichtmaterial mit dem darunter vorhandenen Boden des Untergrundes/Unterbaues zu verhindern. Die Reflektorstreifen dienen im Rahmen der planmäßigen Vorerkundung mit dem GeoRail-Verfahren zur eindeutigen Identifikation der Erdplanumsebene in den erfassten Radargrammen. Die Dicken der Planumsschutzschicht (PSS) und der Gleisschotterschicht unter dem Gleisrost lassen sich somit eindeutig bestimmen. Schichtinhomogenitäten können gleichfalls erkannt werden.

Der bereits im Gleisbau erprobte RDG-Vliesstoff wurde auf einer Versuchsfläche der Fachhochschule Lippe und Höxter erstmals in einer Verkehrsflächenbefestigung des Straßenbaus auf der Planumsebene verlegt. Wie Georadarmessungen zeigen, lässt sich mit Hilfe der Radargramme der Verlauf des Planums unter dem fertiggestellten Oberbau klar erkennen. Somit können Setzungen der Planumsebene, die beim Einbau der ersten Tragschicht entstehen und zu einem Mehreinbau von Tragschichtmaterial führen, erfasst werden. Die Identifikation und Dokumentation der Planumsebene sowie der Oberflächen von Oberbauschichten durch Georadarmessungen kann damit zukünftig nicht nur zu einer Verbesserung der Baumassenermittlung, sondern auch zur Erhöhung der Zuverlässigkeit von Bestandsdaten für Zwecke des Infrastrukturmanagements führen. Durch die Reflektorstreifen des RDG-Vliesstoffes als ortsfeste Markierung der Planumsebene ist eine klare Identifikation des Planums als Bezugsebene in den Radargrammen möglich. Gegebenenfalls ist zusätzlich an einzelnen Punkten eine Kalibrierung der Georadarmessungen erforderlich.

Literatur

[1]   Floss, R.: Handbuch ZTVE, Kommentar mit Kompendium Erd- und Felsbau, 3. Auflage; Kirschbaum Verlag; Bonn; 2007

[2]   Köhler, M.; Ulonska, D.; Wellner, F.: Dauerhafte Verkehrsflächen mit Betonpflastersteinen: Richtig planen und ausführen; Betonverband Straße, Landschaft, Garten e.V. (Hrsg); Verlag Bau + Technik; Düsseldorf; 2006

[3]   Forschungsgesellschaft für Straßen- und Verkehrswesen – FGSV (Hrsg.): Merkblatt über die Anwendung von Geokunststoffen im Erdbau des Straßenbaues (M Geok E), Ausgabe 2005; FGSV-Verlag; Köln; 2005

[4]   Köhler, M.: Geotextilrobustheitsklassen: Eine praxisnahe Beschreibung der Robustheit von Vliesstoffen und Geweben gegenüber Einbaubeanspruchung; in: Tiefbau Ingenieurbau Straßenbau 49 (2007), Heft 11, S. 52-54

[5]   Förster, M.-O., Hothan, J.: Gültigkeit der mit dem "Ground Penetration Radar" (GPR) ermittelten Schichtdicken von Straßenbefestigungen; Bundesministerium für Verkehr, Bau- und Wohnungswesen (Hrsg.); Reihe "Forschung Straßenbau und Straßenverkehrstechnik", Heft 826; Bonn; 2001

[6]   Haszio, S.; Funke, M.: Flächendeckende Untersuchung der Bettungs- und Untergrundverhältnisse von Schienenverkehrswegen; in: Der Eisenbahningenieur 51 (2000), Heft 6

[7]   Nießen, J.: GeoRail – Unterwegs auf sicherem Grund; in: Der Eisenbahningenieur 51 (2000), Heft 6

[8]   Nießen, J.: GBM GeoRail Xpress – Modulares Multisensorsystem erfasst Schienenwege in einer Datenbank; in: Der Eisenbahningenieur 53 (2002), Heft 10

[9]   Nießen, J.: GeoRail Xpress als Systemvoraussetzung für eine qualitätsgerechte Projektvorbereitung; in: Der Eisenbahningenieur 55 (2004), Heft 9

[10] Nießen, J.; Giertz, M.: GeoRail Xpress: Schienenprüfung mit Hochgeschwindigkeit; in: Güterbahnen 3 (2004), Heft 2

[11] Nießen, J.: Einsatz des GeoRail®-Verfahrens von GBM Wiebe Gleisbaumaschinen für die Qualitätskontrolle nach Neu- und Umbaumaßnahmen; in: Der Eisenbahningenieur 56 (2005), Heft 8

[12] Abschlussbericht: "Einsatzmöglichkeiten des Georadars als Verfahren zur Detektion und Bewertung von Lagerungsdefekten und Hohlräumen im Bereich erdverlegter Abwasserkanäle"; GBM Wiebe mit RWTH Aachen und GKE Consult, Bochum; September 2007

Instandsetzung einer denkmalgeschützten Betonstraße

Dipl.-Ing. **Rüdiger Burkhardt**
Dr. **Lothar Goretzki**
Dipl.-Ing. **Stefan Kraska**

Ingenieurbüro für Bauwerkserhaltung Weimar GmbH, Weimar

Zusammenfassung

Die nördlich von Weimar gelegene, unter Denkmalschutz stehende Zufahrtsstraße zur Gedenkstätte Buchenwald wurde 1938/39 errichtet. Nach über 60 Jahren Nutzung war sie Ende der 1990er Jahre in einem schlechten Zustand, gekennzeichnet durch Verformungen, starke Auswitterungen und Ausplatzungen, Rissbildungen und fehlende Verfugung.

Die Konzeption für die denkmalgerechte Instandsetzung eines ausgewählten Straßenabschnittes umfasste das Wiederherstellen der Straßenoberflächen, den Schutz der Betonoberfläche und die Herstellung dauerhafter Fugen. Als Zielstellung stand bei der restauratorischen Instandsetzung der umfassende Erhalt der optischen Erscheinung der Straßenoberfläche im Vordergrund.

Angelegte Musterflächen stimmten mit der Zielstellung im Zuge der Planung überein. Die Ausführung der Instandsetzungsarbeiten erfolgte analog der Ausführung der Probeflächen durch einen Fachbetrieb im Jahr 2004.

Durch die Anwendung bewährter Betonersatzmaterialien in Kombination mit neuen Stoffen für den Oberflächenschutz konnte die Betonoberfläche der denkmalgeschützten Blutstraße konserviert werden und die Erlebbarkeit wie die Nutzbarkeit der Straße bewahrt bleiben.

Eine Nachuntersuchung der mit „MC-DUR porfil" imprägnierten Betonoberfläche nach vergleichsweise intensiver Winterbelastung 2004/2005 ergab, dass die kapillare Wasseraufnahme verringert wurde, ein fester Verbund zwischen Imprägniermittel und Betonoberfläche besteht, die Imprägnierung zu einer deutlichen Reduzierung des Oberflächenabtrages führt.

1. Allgemeines

Das ehemalige Konzentrationslager Buchenwald mit der heutigen Gedenkstätte befindet sich in Thüringen ca. 7 km nordwestlich von Weimar. Die Anbindung des KZ Buchenwald an die Ortsverbindungsstraße Weimar – Ettersberg Siedlung erfolgte ursprünglich über einen unbefestigten Waldweg. In den Jahren 1938/39 errichteten vor allem jüdische Häftlinge des

KZ Buchenwald in Zwangsarbeit und unter extremen Druck durch die SS eine Betonstraße anstelle des Waldweges.

In Erinnerung an die Leiden der Steinträgerkolonnen, die das Packlager der Straße aus dem ca. 1000 m entfernten Steinbruch heran trugen, wurde sie „Blutstraße" genannt.

Heute gehört die Blutstraße zur Gedenkstätte Buchenwald und steht unter Denkmalschutz. Über diese Straße gelangen die meisten der jährlich rund 600.000 Besucher zur Gedenkstätte Buchenwald. Zugleich ist sie eine häufig befahrene ländliche Verbindungsstraße.

Aufgrund des desolaten Zustandes der Betonstraße nach 60jähriger Nutzung war die zulässige Höchstgeschwindigkeit Ende der 1990er Jahre stellenweise bis auf 10 km/h reduziert worden. Eine Sperrung der Straße war nicht mehr auszuschließen. Unter Einbeziehung der Denkmalbehörden begann die Stadt Weimar als Bauherr eine teilweise Instandsetzung des Bauwerkes zu planen.

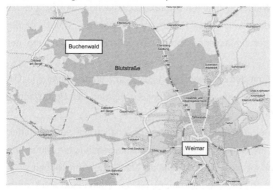

Abb. 1   Lage der Blutstraße [1]

2.   Bauwerkszustand vor der Instandsetzung

Den vorgesehenen Instandsetzungsarbeiten gingen Bestands- und Bauzustandsuntersuchungen im Jahr 2001 voraus.

Die Straße wurde als typische 30er-Jahre-Betonstraße aus Fahrbahnplatten in Ort-Beton hergestellt. Im Beton der Fahrbahnplatten wurden unterschiedliche Erhaltungszustände nachgewiesen. Neben nahezu ungeschädigten Platten waren Bereiche mit stärkeren Auswitterungen und Ausbrüchen sowie gebrochene Platten mit Höhenversatz vorhanden.

Starke Schäden waren zu unterschiedlichen Zeitpunkten stellenweise mit Bitumen / Asphalt ausgebessert worden.

Abb. 2 Zustand vor der Instandsetzung - teilweise starke Schäden mit Ergänzungen aus Asphalt

Die fehlende Verfugung der Fahrbahnplatten führte zu Ausbrüchen und Fehlstellen an den Fugenflanken. Lokal wurden die Platten durch eingedrungenes Niederschlagswasser unterspült. Hieraus resultierten Schäden am Unterbau, die lastabhängige Bewegungen, Verformungen, Rissbildung und Höhenversätze der Fahrbahnplatten zur Folge hatten.

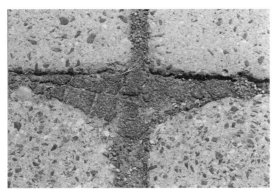

Abb. 3 typischer Zustand der Fugen – versprödeter, desolater Verguss, leicht erhabene, matt schwarze Basalteinstreuung im Betongefüge

Die Fahrbahnplatten waren zweischichtig aufgebaut. Der Unterbeton mit einer Schichtstärke von ca. 13 cm bestand aus einem Beton der Rohdichte 2,3 kg/dm³ und einer Druckfestigkeit von 54 N/mm². Als Gesteinskörnung kam vor Ort anstehender Kalkstein zur Anwendung. Die Deckschicht mit einer Schichtstärke von ca. 7 cm wies eine Rohdichte von 2,4 kg/dm³ bei einer Druckfestigkeit von 67 N/mm² auf. Sie war gekennzeichnet durch die Verwendung von einer Basaltgesteinskörnung von hoher Verschleißfestigkeit. Aufgrund der jahrzehntelangen Beanspruchung durch Fahrzeuge, sowie die Anwendung von Taumitteln bildete sich eine markante Oberflächenstruktur heraus, aus der die oberflächennahen Basaltkörner erhaben hervortraten. Der Zementstein sowie andere Gesteinskörnungen traten deutlich zurück bzw. waren herausgewittert.

Abb. 4   Bohrkern im Profil; typischer Aufbau (Verschleißschicht mit Basalt-Gesteinskörnung)

Insbesondere die tieferen Auswitterungen aus der Fahrbahnoberfläche stellten eine starke Gefährdung der Dauerhaftigkeit des Betons dar. Durch die Einwirkungen aus Feuchtigkeit und Frost sowie der Anwendung von Taumitteln war eine weitere Schädigung des Denkmals absehbar.

4.   Ausführung der betonrestauratorischen Maßnahmen

Aufgrund der intensiven Schädigung wurde ein Teil der Blutstraße unter einer neuen bitumengebundenen Fahrbahndecke konserviert. Ein ausgewählter ca. 300 m langer besser erhaltener Abschnitt der Straße wurde unter betonrestauratorischen Gesichtspunkten instand gesetzt.

Zielstellung der restauratorischen Instandsetzung war der möglichst umfassende Erhalt der optischen Erscheinung der Fahrbahnoberfläche im Sinne eines „Zeitfensters". Dazu war die vorhandene Substanz so weit zu sichern, dass weitere alterungsbedingte Schäden nicht auftreten bzw. der Korrosionsfortschritt entscheidend verzögert wurde. Vorhandene Schäden waren so instand zu setzen, dass eine größtmögliche Dauerhaftigkeit unter definierten Belastungen erreicht werden.

Die Instandsetzungskonzeption umfasste folgende Kernpunkte:

- Wiederherstellen schadhafter Straßenoberflächen in ähnlicher Oberflächenanmutung (Gesteinskörnung 11 bis 16 mm als Basalt, Betonoberfläche teilweise ausgewaschen/ gebürstet)
- mittelfristig dauerhafter Schutz der Betonoberfläche vor korrosiven Medien (Imprägnierung)
- Herstellen funktionstüchtiger Fugen (dauerelastischer Verguss)
- regelmäßige Wartung der Oberfläche (Ergänzung von Ausbrüchen, Wiederherstellung der Imprägnierung)
- definierte Verkehrsbelastungen

Um Erkenntnisse zum erzielbaren Erscheinungsbild und zu Veränderungen bei Verkehrsbelastung zu gewinnen, wurden im Juni 2004 die geplanten betonrestauratorischen Maßnahmen unter Vor-Ort-Bedingungen auf Musterflächen ausgeführt. Die Bemusterung diente der Überprüfung der Eignung der geplanten technischen Lösungen. Die Auswahl der dabei angewendeten Produkte / Materialien erfolgte auf Grundlage von Vorversuchen.

Mit den bemusterten Instandsetzungsverfahren

- Reprofilierung tiefer Fehlstellen mit einem kunststoffvergüteten Grobmörtel (PCC)
- Reprofilierung der Oberfläche mit einem kunststoffmodifizierten Feinmörtel und Basaltsplitteinbettung
- nichtfilmbildende Imprägnierung der Oberfläche mit einem niedrigviskosen Epoxidharz MC Bauchemie „MC-DUR porfil"
- Verfugung mit einer dauerelastischen Fugenvergussmasse auf Polysulfidbasis

konnte eine an den Bestand der denkmalgeschützten Straße angepasste Oberfläche erzielt werden. Im Zeitraum der Bemusterung zeigten die Materialien nach Verkehrsbelastung keine Schädigung. Durch die Beanspruchung der Oberfläche stellte sich eine Vergleichmäßigung der lokalen Veränderung der Oberflächenerscheinung infolge der Imprägnierung ein.

Die folgenden Ergebnisse für die Leistungsbeschreibung und Ausführung ließen sich aus der Bemusterung ableiten.

- Der Verbund der Reprofilierung ist bei gebrochenen Kanten besser als bei geschnittenen.
- Die Basaltsplitteinbettung sollte in Abhängigkeit der Splittdichte der Nachbarflächen erfolgen.
- Die Oberflächenimprägnierung ist durch Rollen aufzubringen.
- Die Fugen sind vor dem Verguss mit verdichtetem Sandbett vorzufüllen.

Der Nachweis der Umsetzung der technischen und denkmalpflegerischen Zielstellung wurde anhand der Musterflächen erbracht.

Abb. 5 gebürstete Betonoberfläche mit freigelegtem Basaltsplitt im frischen Zustand

Abb. 6   Auftrag des niedrigviskosen Epoxidharzes durch Rollen

Abb. 7   selbstnivellierender Fugenverguss

Auf Grundlage des Instandsetzungsprinzips der Musterflächen wurden nach einem schadstellengenauen Aufmass die Ausschreibungsunterlagen erstellt. Im Ergebnis der Ausschreibung wurde die Firma Strassing-Limes Bau GmbH mit der restauratorischen Instandsetzung im August 2004 beauftragt. Die Reprofilierung und Oberflächenversiegelung wurde im Herbst 2004 ausgeführt. Die endgültige Abnahme der Leistungen erfolgte nach witterungsbedingter Winterpause im Frühjahr 2005.

4. Untersuchung der Betonimprägnierung

Aufgrund der starken Witterungsbeanspruchungen der denkmalgeschützten Straße hatte die Imprägnierung der Betonoberfläche als Schutz vor weiterem Eindringen von Feuchtigkeit und Taumitteln eine besondere Bedeutung für die restauratorische Instandsetzung. So konnten große Bereiche der Betonoberfläche in ihrer originalen Oberfläche sichtbar belassen werden.

Zur Überprüfung des Instandsetzungserfolges erfolgte nach einer Standzeit von ca. 9 Monaten eine ergänzende Untersuchung der Betonoberfläche und ihrer Imprägnierung. Insbesondere wurden folgende Eigenschaften des niedrigviskosen, lösemittelfreien zweikomponentigen Epoxidharzsystems überprüft:

- transparenter Oberflächenschutz von Beton
- Griffigkeit und Rauheit des Untergrundes
- beständig gegen Niederschlagswasser und Chemikalien (UV-beständig)
- wasserdampfbremsende und CO_2 bremsende Wirkung

Die Betonoberfläche war über das Winterhalbjahr 2004 / 2005 einer intensiven Bewitterung ausgesetzt. Da sich die Fahrbahnfläche in exponierter Lage befindet, traten häufige Frost-Tauwechsel auf.

Die konservierende Behandlung der geschädigten Betonoberflächen der Blutstraße in Buchenwald / Weimar mit dem neu entwickelten Imprägniermittel „MC-DUR porfil" führt zu einer nachweislichen Reduzierung der kapillaren Wasseraufnahme. Nach einer halbjährlichen winterlichen Bewitterung konnte eine Reduzierung der Wasseraufnahme um ca. 50% nachgewiesen werden.

Das auf der Basis von niedrigviskosen Epoxidharzen hergestellte Imprägniermittel „MC-DUR porfil" führt zu einem festen Verbund mit der Betonoberfläche insbesondere im Zementsteinbereich. Die Filmdicken liegen zwischen 50 und 150 µm. Ein Eindringen des Imprägniermaterials in die oberflächennahen Bereiche der Zementsteinmatrix konnte nachgewiesen werden. Die groben dichten Basaltzuschläge an der Fahrbahnoberfläche treten erhaben hervor. An den Basaltoberflächen war nach der mehrmonatigen Verkehrsbelastung keine Beschichtung mehr nachweisbar.

Es konnte nachgewiesen werden, dass die für die Rutschhemmung der Fahrbahn wesentliche Makrotopographie erhalten bleibt. Eine Verringerung der Rauheit tritt lediglich in den tiefer liegenden Bereichen auf.

Es kann eingeschätzt werden, dass die Oberflächenbeschichtung der Betonfahrbahn mit „MC-DUR porfil" zu einer deutlichen Reduzierung des Oberflächenabtrages führt.

Abb. 8   kurzfristige Veränderung der Oberflächenerscheinung nach der Applikation

Abb. 9   Topographie der Fahrbahnoberfläche (25x20 mm²) – „MC-DUR porfil"
Konservierung, 9 Monate Verkehrsbelastung; Konservierungsmittel nur in
tiefer liegenden Bereichen und als Saum um erhabene Zuschläge sichtbar.
Auf der Oberfläche der erhabenen Zuschläge ist kein Konservierungsmittel
nachweisbar.

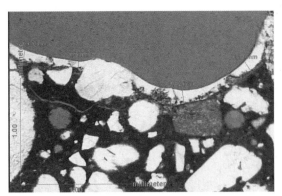

Abb. 10 Dünnschliff: „MC-DUR porfil" bedeckt die feinkörnige Betonmatrix, große
Zuschläge unbeschichtet, erhaben

5. Ausblick

Durch die Anwendung bewährter Betonersatzmaterialien in Kombination mit neuen Stoffen für den Oberflächenschutz konnte die Betonoberfläche der denkmalgeschützten Blutstraße konserviert werden. Dabei konnte gleichzeitig die Nutzbarkeit als Zufahrts- und Verbindungsstraße zur Gedenkstätte Buchenwald erhalten werden.

Abb. 11 Gesamteindruck des restaurierten Denkmals – zwei Jahre nach der
Instandsetzung

Längerfristige   schadensfreie   Standzeiten   setzen   die   Einhaltung   der Geschwindigkeitsbegrenzung und der Verkehrsbelastung voraus. Weiterhin sind im Rahmen regelmäßiger Inspektionen Veränderungen und Schäden zu erfassen und durch umgehende Wartungsarbeiten auf Grundlage des speziellen Instandhaltungskonzeptes zu beseitigen. Nur so kann der ausgewählte Abschnitt der „Blutstraße" auch künftig Zeugnis seiner Geschichte und erlebbares Denkmal sein.

5.   Quellen

[1] http://maps.google.de

[2] Institut für Steinkonservierung e.V. „Beton in der Denkmalpflege" Bericht Nr. 17; 2004

Tornado rettet Menschenleben

Prof. Dr.-Ing. **Rüdiger Detzer**, Dipl.-Ing. **Holm Klusmann,**
Imtech Deutschland GmbH & Co. KG, Hamburg

Vorspann

Im Neuen Mercedes-Benz Museum entsteht der größte künstlich erzeugte Wirbelsturm der Welt. Er erstreckt sich über eine Gesamthöhe von 34 m und dient der Rauchfreihaltung von Rettungswegen und Ausstellungsbereichen im Brandfall.

Neben der außergewöhnlichen Idee für ein innovatives Entrauchungskonzept des komplexen Museumsgebäudes wird in diesem Bericht ein ausgezeichnetes Beispiel für die Übertragbarkeit von Ergebnissen aus Modellversuchen in den realen Baukörper, dem Neuen Mercedes-Benz Museum in Stuttgart, vorgestellt.

Entwickelt wurde der Tornado im Labor der Imtech Deutschland GmbH & Co. KG in Hamburg an einem verkleinerten Gebäudemodell im Maßstab 1:18.

1.   Allgemeines

Öffentlich genutzte Gebäude erhalten häufig großzügig gestaltete Atrien, die offen mit den Nutzflächen zusammen hängen und so eine Transparenz für den Besucher erzeugen sollen. Die Architektur verwendet bei individuellen Gebäuden gerne auch geschwungene Flächen, um damit die Gestaltung einzigartig und gefällig für das Auge des Betrachters werden zu lassen. Unter dem Gesichtspunkt des Brandschutzes ergibt sich für die Entrauchung dabei eine anspruchsvolle Aufgabe.

Atrien mit hineinragenden Galeriebereichen oder Deckendurchbrüche mit darüber angeordneten Nutzungsbereichen stellen für die Entrauchung im Brandfall ein ganz besonderes Problem dar.

Entsteht unterhalb dieser Galerie ein Gebäudebrand, so breitet sich der Brandrauch an der Raumdecke, die gleichzeitig die Bodenplatte für den darüber liegenden Galeriebereich darstellt, in Längsrichtung aus und umströmt großflächig die Gebäudekante. Der dadurch gebildete Thermikstrahl induziert aus dem Rauminneren der über dem Brandherd liegenden Ebenen Raumluft, die durch Nachströmen ersetzt wird. Hierdurch entsteht eine Raumwalze mit intensiver Verrauchung des betroffenen Galeriebereiches. Bild 1 zeigt den Verrauchungsprozess schematisch, in Bild 2 ist der Vorgang der Verrauchung in einer Laborstudie und in Bild 3 in einer Ist-Aufnahme in einem Flughafengebäude gezeigt.

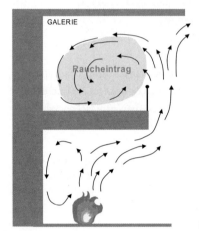

Bild 1: Galerieverrauchung (Prinzip)

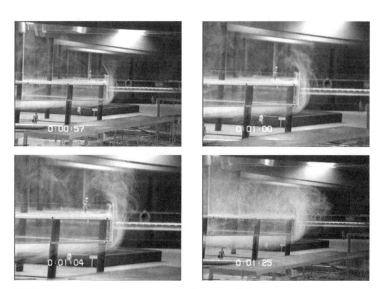

Bild 2: Ablauf der Galerieverrauchung (Laborstudie)

Um derartige Raumbereiche rauchfrei zu halten, sind besondere strömungstechnische Lösungen erforderlich.

Bild 3: Galerieverrauchung (Vor-Ort-Versuch)

2. Das Neue Mercedes-Benz Museum

Das Neue Mercedes-Benz Museum ist 47,5 m hoch, umschließt einen Raum von 210.000 m^3 und bietet 16.500 m^2 Ausstellungsfläche. In verschiedenen Ausstellungsebenen werden in dem Museum die Automobile und die Technik von Mercedes-Benz gezeigt werden. Das Gebäude besitzt eine dreieckige Grundstruktur auf ca. 3.500 m^2 Grundfläche und ein mittig angeordnetes Atrium, das sich über acht Ebenen und 40 m nach oben erstreckt. Die Ebenen bestehen im Wesentlichen aus den Ausstellungsbereichen, die um das dreieckige Atrium nach oben hin spiralförmig versetzt angeordnet sind. Die Ausstellungsebenen formen jeweils abwechselnd einen ein- bzw. zweigeschossigen Teil. Ansteigende Rampen verbinden die einzelnen Bereiche miteinander.

3. Aufgabenstellung und Anforderungen an die Entrauchung

Obwohl das gesamte Gebäude einen durchgängigen Rauchabschnitt darstellt, sollte die Brandrauchausbreitung auf den betroffenen Ausstellungsbereich beschränkt bleiben, um den Museumsbesuchern die Rauchfreihaltung der Rettungswege sicherzustellen und eine Kontamination von Ausstellungsgegenständen in nicht vom Brand betroffenen Ebenen zu verhindern. Der Rauchaustrag, der aus der Ausstellungsebene über die Gebäudeöffnung in das Atrium abströmt, sollte von dort auf natürlichem Wege durch NRA-Einrichtungen oder durch Rauchabsaugung im Kopfbereich des Atriums erfolgen.

Mit der Entwicklung des Entrauchungskonzeptes wurde die Firma Imtech in Hamburg beauftragt, um gemeinsam mit dem Brandschutzsachverständigen Halfkann + Kirchner sowie dem Projektsteuerer Drees + Sommer eine geeignete Lösung zu finden.

4. Modellstudie

Zur Lösung dieser Aufgabe wurde eine Untersuchung in einem verkleinerten Modell des Gebäudes durchgeführt, das im Maßstab 1:18 aus Plexiglas im Bereich Forschung und Entwicklung der Firma Imtech in Hamburg aufgebaut war. Bild 4 zeigt das Gebäudemodell im Maßstab 1:18.

Die Entwicklung von Entrauchungskonzepten in Modellstudien erfordert die geometrische Ähnlichkeit aller die Strömung beeinflussenden Details des Gebäudes und die Ähnlichkeit der Strömungsvorgänge in einem Originalbaukörper und den Verhältnissen im Modell. Die notwendigen Bedingungen für die Gleichartigkeit der Strömungen werden durch die so genannten Ähnlichkeitskriterien definiert.

Nach dem allgemeinen Ähnlichkeitsprinzip sind zwei physikalische Vorgänge dann ähnlich, wenn sie physikalisch gleichartig und alle Größen, die die betrachteten Vorgänge maßgeblich beeinflussen, also auch die Randbedingungen, ähnlich sind.

Bild 4: Gebäudemodell im Maßstab 1:18

Die zur Durchführung der Modellversuche einzuhaltenden Bedingungen gewinnt man aus den Größenbeziehungen, die den physikalischen Vorgang beschreiben; bei anisothermen turbulenten Strömungen sind dies die Differentialgleichungen für

- Bewegung
- Energie
- Wärmetransport

Für diese Strömungsprozesse lassen sich aus der Bewegungsgleichung folgende Ähnlichkeitskennzahlen ableiten:

Reynolds-Zahl   Re-Zahl $Re = \dfrac{w \cdot l}{\nu}$

Euler-Zahl   Eu-Zahl $Eu = \dfrac{\Delta p}{\rho \cdot w^2}$

Archimedes-Zahl   Ar-Zahl $Ar = \dfrac{g \cdot l \cdot \Delta t}{T_\infty \cdot w^2}$

Strouhal-Zahl   Sr-Zahl $Sr = \dfrac{l}{w \cdot \tau}$

Aus der Energiegleichung ergibt sich die Prandtl-Zahl

Prandtl-Zahl   Pr-Zahl $Pr = \dfrac{\eta \cdot c_P}{\lambda}$

Und die Wärmetransportgleichung liefert das Ähnlichkeitskriterium Nusselt

Nusselt-Zahl   Nu-Zahl $Nu = \dfrac{\alpha \cdot L}{\lambda}$

Wie vielfach gezeigt werden konnte, ist bei freien turbulenten Strömungen die Re-Zahl ohne Einfluss auf die Ähnlichkeit, sodass im Wesentlichen die Archimedes-Zahl Ar, an den Systemgrenzen die Eu-Zahl und bei instationären Vorgängen die Strouhal-Zahl einzuhalten sind. Die Prandtl-Zahl kann bei der Verwendung von Luft a priori als gleich und die Nusselt-Zahl in guter Näherung als gleich betrachtet werden. Letztere beschreibt den Wärmeübergang an der Wand, der bei längerem Überströmen des Brandrauches entlang von Gebäudeflächen wirksam wird.

Ist die Strömung im Wesentlichen durch den Strömungsimpuls und nur sehr wenig thermisch beeinflusst, genügt die Einhaltung von Eu und Sr, um die Strömungsprozesse ähnlich darzustellen.

Die unter Einhaltung von geometrischer und physikalischer Ähnlichkeit durchgeführten Versuche mit dem Entrauchungskonzept der Ursprungsplanung für das Museum zeigten zunächst kein befriedigendes Ergebnis.

Aufgrund der zuvor beschriebenen Strömungsprozesse an den Galerieebenen und aufgrund thermischer Ausgleichsströmungen zwischen dem Atrium und den einzelnen Ausstellungsebenen stellte sich bei allen Versuchen der Entrauchung über den Kopfbereich des Atriums ein vollständiges Verrauchen des Gebäudes ein. Bild 5 verdeutlicht die Situation und zeigt die komplette Verrauchung des mit dem Atrium zusammenhängenden Luftraumes.

Bild 5: Entrauchungsversuch mit dem Ursprungskonzept

Um die vom Bauherren gewünschten Anforderungen zu erfüllen und die architektonische Lösung überhaupt genehmigungsfähig zu machen, musste ein neues innovatives Konzept entwickelt werden, das im Atrium eine zur Mitte hin orientierte Strömung gewährleistet.

Derartige Strömungsformen lassen sich in der Natur nur bei Wirbelstürmen beobachten. Sie stellen im Prinzip die Eigenschaften zur Verfügung, die für das Entrauchungskonzept benötigt werden.

Es wurde daher versucht, ein derartiges Strömungsfeld im Atrium des Museums künstlich zu erzeugen. Dabei erfolgte die Anregung des Tornados mit regelmäßig angeordneten Treibstrahlen, die mit hoher Geschwindigkeit in Richtung der zu erzeugenden Drallströmung bla-

414

sen. Die Treibstrahldüsen sind in sechs vertikalen Reihen am Rand des Atriums so angeordnet, dass sich ein stabiler Tornado entwickeln kann.

Durch die auf logarithmischen Spiralen zum Zentrum des vertikal im Atrium angeregten Twister verlaufenden Stromlinien und die hohe Umfangsgeschwindigkeit um das Zentrum herum entsteht ein starkes Druckgefälle vom Randbereich zum „Auge des Wirbelsturmes". Dieses Druckgefälle bleibt längs der Drehachse konstant und hält damit die erforderlichen Druckdifferenzen über die gesamte Atriumshöhe aufrecht.

Der aus einer Ausstellungsebene in das Atrium austretende Brandrauch mischt in die rotierende Strömung ein und wird mit Hilfe des Druckgefälles zur Mitte transportiert. Im Wirbelkern wird der Rauch schließlich über die Plattform in Höhe der Ebene 8 und die entsprechenden Entrauchungsventilatoren nach außen befördert. Die Absaugöffnung befindet sich mittig unterhalb der Plattform.

Die Zuluft wird aus den Ausstellungsebenen gleichmäßig über die ganze Höhe am Rand des Atriums zugeführt; dabei werden ausschließlich die zur Belüftung der Ebenen vorgesehenen Anlagen eingesetzt.

Bild 6: Wirbelkern des Tornados im Modell

Bild 6 zeigt den Wirbelkern des Tornados; sichtbar gemacht mit Nebelfluid. In Bild 7 wird das Nebelfluid außerhalb der Atriumsmitte eingebracht; dabei ist zu erkennen, wie im rotierenden Strömungsfeld das Fluid auf spiralförmigen Bahnen zum Zentrum des vertikalen Tornados transportiert wird. Diese Darstellungen verdeutlichen die sich einstellenden strömungstechnischen Verhältnisse im Atrium.

Bild 7: Sichtbar gemachte Drallströmung im Modell

Als beeinflussend auf die Entwicklung und die Stabilität des Tornados erwiesen sich insbesondere Einbauten im Bodenbereich des Atriums, die in zahlreichen Details untersucht und strömungstechnisch angepasst werden mussten.

Durch die so erzeugte Lösung konnte das gewünschte Schutzziel in vollem Umfang erreicht werden, auch wenn noch weitere Ausbreitungswege, zum Beispiel im Bereich der Auffahrtsrampen, abzuschirmen waren, die jedoch weitgehend mit konventionellen Methoden gelöst werden konnten.

5. Umsetzung in die Praxis

Mit dem Bau des Museums wurde im Jahr 2003 begonnen; der Rohbau war im März 2005 fertiggestellt und die lufttechnischen Einrichtungen konnten im November 2005 in Betrieb genommen und getestet werden.

Bild 8: Tornado im Vor-Ort-Versuch sichtbar gemacht

Das in den Modellversuchen bei Imtech entwickelte Entrauchungskonzept für das Neue Mercedes-Benz Museum bestätigte sich bei den Vor-Ort-Versuchen in vollem Umfang.

Gezeigt werden konnten die dauerhaften Abschirmungen der nicht vom Brand betroffenen Ausstellungsbereiche mit dem Tornado im Atrium als wesentlichem Bestandteil des Entrauchungskonzeptes (Bild 8 und Bild 9) sowie die Notwendigkeit der im Labor entwickelten Maßnahmen zur Strömungsstabilisierung im Detail. Auch die Abschirmungsmaßnahmen im Rampenbereich konnten in vollem Umfang bestätigt werden.

Im Jahr 2007 hat das Mercedes-Benz Museum sogar den Eintrag ins Guinnessbuch der Weltrekorde für den höchsten künstlich erzeugten Wirbelsturm erreicht.

Bild 9: Entrauchungs-Tornado im Atrium des Museums

Neben der außergewöhnlichen Idee für ein innovatives Entrauchungskonzept des komplexen Museumsgebäudes ist diese Entwicklung ein ausgezeichnetes Beispiel für die Übertragbarkeit der Modellversuche in den realen Baukörper.

Rationelle Energieverwendung im Wohnbereich durch konsequente Wärmedämmung

Energetische Modernisierung des Altbaubestandes

Arnold Drewer, IpeG-Institut, Paderborn

Zusammenfassung

Der Klimawandel ist Realität. Der enorme CO_2-Ausstoss von Industrie- und Schwellen-ländern gilt als Verursacher für den Treibhauseffekt. Politisches Ziel ist deshalb bis 2020 die Senkung der Treibhausgasemissionen um 40 %. Eine Möglichkeit hierzu bietet die konse-quente Energieeinsparung im Wohnbereich durch Wärmedämmung, denn knapp ein Drittel der Endenergie wird für Wärme im häuslichen Bereich ver-braucht. Das Einsparpotenzial ist gewaltig und liegt zwischen 40 bis 80 %.

Mit dem vorliegenden Beitrag wollen wir zeigen, dass hochwertige Wärmedämmung nicht teuer sein muss. Aus einer Palette von 80 Dämmverfahren für alle Bauteile eines Gebäudes stellen wir anhand eines Beispiels aus der Praxis die Einblasdämmung als Schlüsseltechno-logie auf diesem Gebiet vor. Mit diesem Verfahren können die meist unzugänglichen Hohl-räume in der Baukonstruktion des Altbaubestandes bei niedrigen Kosten energetisch saniert werden. Die Effizienz dieses Dämmverfahrens, das heißt, der erzielte hohe Wärmedämm-wirkungsgrad bei vergleichsweise geringem finanziel-lem Aufwand macht dieses Verfahren zu einer echten Low-Level-Lösung mit hohem Anspruch. Wir hoffen, dass er seine Wirkung bald in der Fläche entfalten kann.

EnEV-Standard reicht nicht aus

Die Bandbreite der in Betracht zu ziehenden Wärmedämmaßnahmen im Altbaubestand reicht von der Dämmung des Rollladenkastens bis hin zur energetischen Rundum-Sanierung eines Gebäudes mit dem Ziel, den Passivhaus-Standard zu erreichen. Zwischen diesen beiden äußeren Punkten auf dem „Dämmstrahl" liegen eine Vielzahl an möglichen Einzelmaßnahmen oder Zwischenschritten, die alle in unterschiedlichen Standards ausgeführt werden können. Unabhängig von den Vorgaben durch die EnEV und dem KfW- Förderprogramm sind wir der Auffassung, dass auf das Bauteil bezogen immer der beste Wärmedämmgrad angestrebt werden sollte. Der IpeG-Standard ist Passivhaus-Standard.

Grafik 1 Der Dämmstrahl

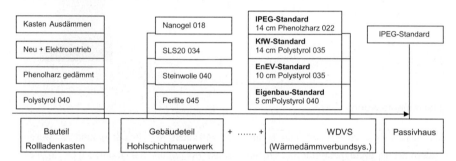

Mit dem IpeG-Qualitätskriterium setzen wir uns bei der energetischen Sanierung von Altbauten für den Passivhausstandard mit einem Ziel-U-Wert von 0,1 W/m^{2}K ein. Um dieses anspruchsvolle Ziel zu erreichen, werben wir für ein modulares Wärmekonzept zur systematischen und preisoptimierten Umsetzung der energetischen Modernisierung von Altbauten. Modular bedeutet in diesem Zusammenhang, dass wir jedes einzelne Bauteil betrachten, um hierfür die optimale Wärmedämmung zu erreichen. Nachdrücklich – und oft belächelt - setzen wir uns dafür ein, dass dies schon am Bauteil Rollladenkasten berücksichtigt wird, weil dieser Baueil eine typische Schwachstelle in der Baukonstruktion des Altbau-Bestands darstellt, die mit geringem finanziellem Aufwand zu beheben ist.

Für eine nachhaltige Dämmung, die den höchsten Standard anstrebt, setzen wir uns genauso nachdrücklich ein, weil einmal ausgeführte Dämmaßnahmen für die nächsten Jahrzehnte Bestand haben und unter wirtschaftlichen Aspekten nicht mehr zu korrigieren sind, und weil eine optimale Dämmung am Gebäudeteil gegenüber der weniger guten Lösung in der Regel keinen signifikanten finanziellen Mehraufwand bedeutet.

Betrachten wir dazu zwei Beispiele aus der Praxis:

Das Bild 1 zeigt ein aktuelles Beispiel für die ungenügende Dämmung der Außenwand eines größeren Gewerbegebäudes. Hier wird Polystyrol 040 mit einer Stärke von 5 cm aufgeklebt. Eine weitergehende Befestigung mit Dübeln ist hier nicht vorgesehen und Folgeschäden sind damit schon vorprogrammiert. Dies ist ein gutes Beispiel für eine schlechte Dämmaßnahme, wie sie in der Dämmpraxis leider allzu häufig sind.

Bild 2 zeigt ein Beispiel für nachhaltige Sanierung. Es handelt sich um eine KfW-förderfähige Altbausanierung mit der Wärmedämmung der Außenwände, des Daches, der Kellerdecke und der Erneuerung der Fenster.

Bild 1: „Kaputtsaniert" mit Polystyrol 040   Bild 2: Nachhaltige Sanierung mit WDVS 022

Gegenüberstellung zweier Wärmedämmmaßnahmen

	Polystyrol-WDVS (5 cm)	Phenolharz-WDVS (14 cm)
WLZ (W/mK)	0,04	0,022
U-Wert Konstruktion (W/m²K)	0,44	0,135
Kosten pro qm (incl. MwSt.)	89 €/m²	125 €/m²
Heizkosten Einsparung	- 4,27 €/m²	- 7,80 €/m²
Einsparung/Kosten („Zins")	4,8 %	6 %
CO_2/a (Energieträger: Öl)	- 14 kg/m²	- 31 kg/m²
Amortisationszeit (statisch)	21 Jahre	16 Jahre
Verbesserung Wärmeschutz	55 %	88 %

Tabelle 1   Stand: 06/2008

Der Vergleich zeigt, dass die Wärmedämmvariante mit Polystyrol 040 zu einem Wärmedurchgangskoeffizienten von 0,44 W/m²K führt und damit nicht einmal die Mindestanforderungen der EnEV 2007 (0,3 W/m²K) erreicht, während die zweite Variante (Phenolharz-WDVS) mit dem Bauteil Außenwand den Passivhausstandard erreicht. Interessanterweise fällt die Amortisationszeit der Polystyrol-Variante um fünf Jahre höher aus, obwohl die Investitionskosten nur etwa 70 % der Phenolharz-Variante ausmachen. Energiepreissteigerungen und Zinseffekte sind nicht berücksichtigt.

Dämmtechnik und Baukonstruktion

Die einzusetzende Dämmtechnik hängt von der vorliegenden Baukonstruktion ab. Es ist trivial, dass die Wärmedämmung eines Hohlschichtmauerwerks bei der Dämmung des Hohlraumes ansetzen muss, unterbleibt diese, so wird eine evtl. Außendämmung der Wand aufgrund der Konvektionsströmung nicht die gewünschte Verbesserung des U-Wertes bringen; mit anderen Worten: Ein hochwertiges Dämmmaterial verursacht unangemessen hohe Kosten, wenn seine Dämmeigenschaften nicht auf die Gebäudehülle übertragen werden. An erster Stelle einer effizienten Dämmtechnik für den Altbaubestand steht damit die Ortung von Hohlräumen in der Baukonstruktion. Als zweiter Merksatz sei hinzugefügt, dass hochwertiges Dämmmaterial nicht eingesetzt werden sollte, wenn für denselben Zweck ebenso gut kostengünstigere Materialien und/oder Konstruktionen eingesetzt werden können.

Einblasdämmung – Schlüsseltechnologie für die energetische Altbausanierung

Die Problematik der „versteckten" Hohlräume ist sehr verbreitet und ist bei den unterschiedlichsten Gebäudetypen anzutreffen. Wohnhäuser dieses Typs wurden schon vor 1900 und bis in die sechziger Jahre hinein gebaut. Gemeinsame Schätzungen mit der deutschen Perlite GmbH (Dämmstoffe) haben ergeben, dass ca. 1 Millionen Gebäude mit dem Hohlschichtmauerwerk errichtet wurden. Ab den sechziger Jahren folgten dann Wohnblocks bis 40 Metern Höhe mit vorgehängter Fassade, die dämmtechnisch die gleiche Problematik aufweisen und prinzipiell mit denselben Dämmverfahren saniert werden können, dies gilt für die Dämmung der Außenwände wie auch für die Sanierung der sog. ERTEX-Dächer wie weiter unten beschrieben. Die Einblasdämmung kommt prinzipiell für alle Bauteile in Frage, die Hohlräume aufweisen, und sollte dort auch eingesetzt werden, um eine optimale Wärmedämmung des Bauteils zu erreichen. Außenwände (Hohlschichtmauerwerk), Dachschrägen, oberste Geschoßdecken und Fußböden zum Keller hin lassen sich so kostengünstig und ohne großen zeitlichen Aufwand auf IpeG-Standard bringen, der immer den Passivhaus-Standard anstrebt. Die folgende Aufstellung zeigt die Einsatzmöglichkeiten der Einblasdämmung mit den für das Bauteil geeigneten Dämmaterialien

Einsatzmöglichkeiten der Einblasdämmung / geeignetes Dämmmaterial

Außenwand / nur hydrophobe Produkte möglich (Perlite 045, Steinwolle 040, SLS20 035, HK35 035, Nanogel 018)

- Zweischaliges Mauerwerk (Hohlschichtmauerwerk)
- Vorgehängte (Beton)-Fassaden
- Gebäudetrennfuge (Schallfuge zwischen Doppel- oder Reihenhäusern)

Dachschräge / Zellulose 040 empfohlen

- Zwischensparrendämmung (Dämmsackverfahren, s.u.)

Obere Geschossdecke / Zellulose 040 oder Steinwolle 040

- Hohlraum unter der Dielenlage (Kehlbalkenlage)
- Betondecke geeignet für aufgeständerte Konstruktion (s.u.)
- ERTEX-Dächer

Holzfußboden, Zwischenböden (eher Schalldämmung)

- Dielen auf Balkenlage / Zellulose
- Hohlräume („Kriechkeller") unter dem Erdgeschoß / hydrophobe Produkte

Einen Überblick über die Dämmeigenschaften einiger schüttfähiger und nicht schüttfähiger Dämmstoffe gibt die folgende Aufstellung, die nur einen kleinen Ausschnitt aus der breiten Palette der auf dem Markt gängiger Produkte darstellt.

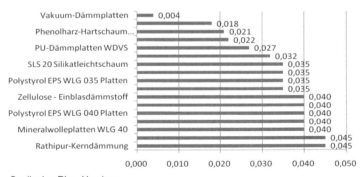

Auswahl einiger Dämmaterialien mit Kennwerten in W/mK

Quelle: LouRius, Hamburg

Typische Dämmaßnahmen im Wohnungsbestand*

Maßnahme, Bauteil	Konstruktion	U-Wert-Ver-besser-ung W/m²K	Ungefähre Kosten €/m² inkl. MwSt	Ver-besserung Wärme-schutz des Bauteils in %	CO_2 -Reduk-tion in kg/a* m²	Esparnis in €/a*m²	Verzin-sung in %
OG	Putz, 16 cm Beton, 36 cm Zellulose offen aufge-blasen	2,7	19,30	96	70	20,60	107
FB EG	14 cm Hohl-raum mit Zellulose ausblasen	0,8	23,50	80	10	3,65	13
OG	14 cm Kehl-balken-lage mit Zellulose ausblasen	0,8	23,50	80	20	6,10	26
Kellerdecke (von unten)	8 cm KT Dämmplatten unter Decke kleben	1,3	37,00	87	16	5,00	13
Kern-dämmung Außenwand	7 cm Hohl-raum mit Kerndämm-ung aus-blasen	1,2	28,50	75	28	8,60	30
Dämmung ausgebauter Dach-schrägen	14 cm Spar-renlage dämmen (InnoFlock-Verfahren)	2	42,00	87	51	15,20	23
Rollladen-kasten	Dämmen und luftdicht verkleben	3,6	71,00	90	91	27,50	38
Boden-einschub-treppe	Dämmen und luftdicht verkleben	2,6	81,00	88	67	20,20	25
Innen-dämmung, Außenwand	10 cm Zellu-lose in Installations-ebene, OSB, GK	1,5	48,00	75	38	11,50	24
Außen-dämmung, verputzt	24er Hoch-lochziegel, Putz, 14 cm, Resolharz, Putz	1	125,00	88	31	7,80	6

Stand: 06/2008

Tabelle 2

OG- Obere Geschoßdecke, KT Dämmplatten – Kooltherm K1[R] Flachdach-Dämmplatte
FB EG – Fußboden Erdgeschoß, OSB: Oriented Strand Board (Grobspanplatte), GK:: Gipskarton
*Ein- und Mehrfamilienhäuser
Anmerkung:
Die Ergebnisse, die in dieser Tabelle zusammengefasst sind, beruhen auf einer bauteilbe-zogenen Betrachtung und schließt die Berücksichtigung von Wärmebrücken nicht ein!

Aus der Dämmpraxis 2007

Objekt: EFH, 1,5 Etagen, BJ. 1950, Klinkerfassade

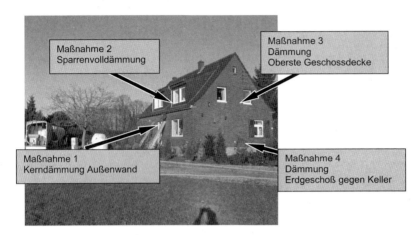

Bild 3: Mit 4 Maßnahmen eine Rundum-Dämmung

Maßnahme 1

Kerndämmung der ungedämmten Außenwand

Im Jahr gehen pro Quadratmeter ungedämmter Wand bis zu 120 kWh Heizenergie verloren, hierzu müssen ca. 12 Liter Heizöl oder 12 Kubikmeter Gas verbrannt werden. Insgesamt betragen die Wärmeverluste über die Außenwände bis zu 40 % der eingesetzten Heizenergie. Diese Verluste können durch eine nachträgliche Dämmung um bis zu 80 % reduziert werden. Liegt wie in diesem Sanierungsfall ein Hohlschichtmauerwerk vor, dann wird der Hohlraum über Einblasöffnungen mit bauaufsichtlich zugelassenen Kerndämmstoffen verfüllt. Abhängig vom eingesetzten Dämmstoff und der Breite der Hohlschicht kann der U-Wert durch diese Maßnahme von 1,0 - 2,0 W/m²K auf 0,7 – 0,25 W/m²K gesenkt werden. Zu beachten ist, dass die Wärmebrückenwirkung der Mauerwerksverbindungen (Fensterumfassungen, Oberkante der Trauf- und Giebelwände, Geschossdecken u.a.) bestehen bleibt.

Sind keine Hohlräume vorhanden oder soll die Wärmedämmung nach einer Kerndämmung durch eine zusätzliche Dämmung der Außenwand optimiert werden, kann die Außenwand (kalte Seite) mit einem Wärmedämmverbundsystem (WDVS) oder mit Holzkonstruktion, Dämmung und Vorhangfassade ausgerüstet werden.

Zweischaliges Mauerwerk (Hohlschichtmauerwerk)

Grafik 2 Vor der Dämmmaßnahme

Grafik 3 Nach der Dämmmaßnahme

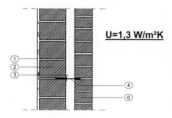

U=1,3 W/m²K

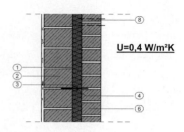

U=0,4 W/m²K

1. Innenputz	4. Maueranker	3. Einblas-Kerndämmstoff 70 mm
2. Mauerwerk	6. Verblendmauerwerk	8. Einblasöffnung
3. Luftschicht		

U-Werte für Außenwände verschiedener Ausführungen

U-Wert (W/m²K)	≥1,50	1,3	0,37	0,2	≤ 0,135
Bau-konstruktion	24 cm Vollziegel-mauerwerk mit Putz	33 cm Hohlschicht-MW mit 7 cm Hohlschicht ohne Däm-mung	33 cm Hohlschicht-MW mit 7 cm SLS 20 035-Dämmung (Silikatleicht-schaum)	33 cm Hohlschicht-MW mit 7 cm Nanogel-Dämmung (Aerogel)	36,5 cm Ziegelmauer-werk mit 14 cm Resol-harzdämmung

Tabelle 3   Quelle: Ipeg-Institut

Maßnahme 2

Energetische Sanierung von Steildächern

Die Dachflächen von Altbauten sind neben den Außenwänden für die größten Wärmever-luste eines Wohngebäudes verantwortlich, die einen Anteil von 20 % und mehr der einge-setzten Heizenergie ausmachen können. Die Ursache hierfür liegt in energetisch ungüns-tigen Dachkonstruktionen, die bis in die späten 60ziger Jahre und darüber hinaus für Ein-familienhäuser typisch waren. Für den Altbaubestand besteht an dieser Stelle oft dringender

426

Handlungsbedarf, denn nicht selten fehlt eine Wärmedämmung völlig, oder sie ist unzureichend. Vollsparrendämmung und Aufsparrendämmung (Vollflächendämmung) sind die beiden wichtigsten Formen des Warmdachs, bei dem die Lüftung über der Dämmung (Kaltdach) wegfällt.

Sparrenvolldämmung mit dem Dämmsackverfahren

Mit dem von uns entwickeltem Dämmsackverfahren ist es möglich, eine Dachsparren-Dämmung vorzunehmen, ohne das Dach abdecken und den Innenausbau entfernen zu müssen. Damit ist dieses Verfahren konkurrenzlos im Preis-Leistung-Vergleich, denn ein Dach kann so innerhalb weniger Stunden komplett - und mit dem Dämmstoff Zellulose preiswert – gedämmt werden. Entscheidend für die Dämmwirkung ist die verfügbare Sparrenhöhe; ist diese nicht ausreichend, können weitere Maßnahmen notwendig werden, um einen höheren Dämmstandard zu erreichen. Eine Möglichkeit stellt die aufgedoppelte Zwischensparrendämmung dar. Bei der Sparrenvolldämmung wird die gesamte verfügbare Sparrenhöhe genutzt. Der Dämmsack dient raumseitig als Dampfbremse und verhindert damit, dass übermäßig Feuchtigkeit aus dem Wohnraum in das Dämmaterial eindringt und eine Minderung der Wärmedämmung durch Tauwasser verursacht; dies würde zudem Bauschäden zur Folge haben. Dachflächenseitig hat der Dämmsack eine diffusionsoffene und reißfeste Unterdeckbahn, die dafür sorgt, dass Feuchtigkeit abgegeben werden kann und der Dämmstoff trocken bleibt.

U = 2,3 W/m²K

(Längsschnitt)

① Dacheindeckung
② Dachlattung 50/30mm
③ Sparren 140mm
④ vorhandene Dämmstofflage 50mm
⑤ Lattung 50/30mm
⑥ Holzwolleleichtbauplatte 25mm
⑦ Innenputz 15mm

Bild 4: Der Dämmsack wird befüllt

Grafik 4   Vor der Dämmmaßnahme

Bild 5: Zellulose eingeblasen

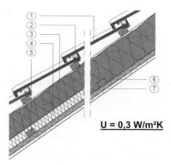

U = 0,3 W/m²K

(Längsschnitt)

① Dacheindeckung
② Dachlattung 50/30mm
③ Sparren 140mm
④ vorhandene Dämmstofflage 50mm
⑤ Lattung 50/30mm
⑥ Holzwolleleichtbauplatte 25mm
⑦ Innenputz 15mm
⑧ Hinterlüftungslatte 40/20mm
⑨ Innosack mit Einblasdämmstoff

Grafik 5 Nach der Dämmmaßnahme

Maßnahme 3

Oberste Geschossdecke

Mit den obersten Geschossdecken des Altbaubestandes liegt ein großes Einsparpotenzial an Heizenergie vor. Hier kann mit unserem Verfahren besonders preisgünstig der Einsparfaktor 15 realisiert und der IpeG-Standard (Passivhaus) durchgesetzt werden. Oberste Geschossdecken im Altbaubestand sind bis in die 20ziger Jahre als Holzbalkendecke mit Zwischenboden (Einschubdecke) ausgeführt worden. Der Zwischenboden wurde mit verschiedenen Baustoffen (Strohlehmwickel, Schlacke u.a.) ganz, teilweise oder gar nicht gefüllt. Der U-Wert eines solchen Bauteils liegt zwischen 1 und 2 W/m²K. Seit 1949 werden Geschossdecken auch als Stahlsteindecke oder Stahlbetondecken mit und ohne Dämmung ausgeführt. Für die Wärmedämmung von Bedeutung ist die Tatsache, dass der U-Wert dieser Decken noch größer ist als bei den Holzbalkendecken. Insbesondere die Stahlbetondecke ohne Dämmung ist mit einem U – Wert von >2,5 W/m²K extrem wärmedurchlässig; aber auch das ERTEX-Dach (Flachdach mit aufgeständerter Beton- oder Holzkonstruktion) ent-spricht dämmtechnisch mit einem U-Wert von 1,7 W/m²K nicht den aktuellen Anforder-ungen.

Holzbalkendecke mit Zwischenboden   **Grafik 6**   Vor der Dämmung

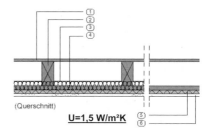

(Querschnitt)

U=1,5 W/m²K   ⑤ ⑥

① Hobeldielen 20mm
② Holzbalkendecke 160mm
③ vorhandene Dämmstofflage (Engelshaar) 50mm
    oder Masseschüttung (Schlacke o.ä.)
④ Lattung 50/30mm
⑤ Holzwolleleichtbauplatte 25mm
⑥ Putz 15mm

Bild 6: Holzbalkendecke während der
Dämmung

Grafik 7   Nach der Dämmung

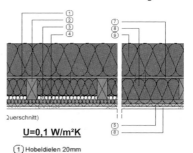

)uerschnitt)

U=0,1 W/m²K   ⑤ ⑥

① Hobeldielen 20mm
② Holzbalkendecke 160mm
③ vorhandene Dämmstofflage (Engelshaar) 40mm
    oder Masseeinschub (Schlacke o.ä.)
④ Lattung 50/30mm
⑤ Holzwolleleichtbauplatte 25mm
⑥ Putz 15mm
⑦ Einblasöffnung
⑧ Einblasdämmstoff
⑨ Einblasdämmstoff offen aufgeblasen

Bild 7: Die warme Mütze für das Haus

Der Hohlraum zwischen Dielen und unterseitiger Bekleidung ist mit Zellulose (14 cm) aufge-
füllt, und eine zusätzliche Dämmschicht (24 cm Zellulose) ist auf die Dielen offen aufgeblas-
en worden. Da der Dachboden nicht benutzt wird, konnte auf die Begehbarkeit verzichtet

werden; ein Mittelsteg gewährleistet den Zugang zum Kamin. 25 m² sind so energetisch saniert. IpeG-Standard (U=0,1 W/m²K) für 300 Euro!

Für den Fall, dass der Wunsch auf Begehbarkeit besteht, schlagen wir die Traghülsen-Konstruktion vor, wie sie weiter unten für das Betondach beschrieben wird.

Maßnahme 4
Fußboden Erdgeschoss

Unser Beispielhaus ist jetzt bis auf die Keller-decke dämmtechnisch energetisch saniert. Es bleibt die Dämmung des Fußbodens gegen den Keller. Bei dieser Arbeit sehen wir Vitali auf dem Bild 9. Hier wird Polystyrol-Einblasgranulat durch die zuvor erstellten Einblas-Öffnungen in den 12 cm starken Hohlraum der Holzbalken-lage eingeblasen.

Bild 8: Vitali verfüllt die letzten Hohlräume

Grafik 8 Vor der Dämmmaßnahme **Grafik 9** Nach der Dämmmaßnahme

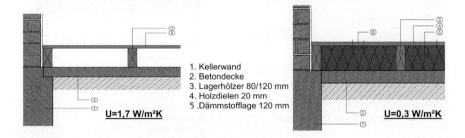

1. Kellerwand
2. Betondecke
3. Lagerhölzer 80/120 mm
4. Holzdielen 20 mm
5. Dämmstofflage 120 mm

U=1,7 W/m²K

U=0,3 W/m²K

Resümee

Der Anfangs-Energieverbrauch des Gebäudes lag mit ca. 350 kWh/m²a extrem hoch. Nach Dämmung der Außenwände, der Dachschrägen, der oberen Geschoßdecke und des EG-Fußbodens sank der Energiebedarf des Gebäudes um 44% auf ca. 210 kWh/m²a. Damit hat die mit dem Einblas-Verfahren ermöglichte Wärmedämmung dieses Objektes die Grundlage für eine weitergehende Sanierung des Gebäudes gelegt. Weitere Einsparungen sind durch zusätzliche Außendämmung, Erneuerung der Fenster, der Heizungsanlage, ggfs. dem Einbau einer Lüftungsanlage möglich.

Die hier beschriebenen, 4 effektivsten Maßnahmen wurden an einem Tag durchgeführt. Bezogen auf den Gesamt-Kostenrahmen von unter 3.000,- € und einer Amortisationszeit von unter 3 Jahren stellt sich dieses Projekt als typisches „low-level-Projekt" dar.

Unser low-level-Konzept zeichnet sich durch seinen modularen Ansatz aus. Indem jedes Bauteil für sich betrachtet optimal gedämmt wird, kann das Gebäude Schritt für Schritt energetisch weiter modernisiert werden (siehe Grafik 1). Low-level weist in diesem Zusammenhang auf den niedrigen Kostenrahmen hin, mit dem eine hochwertige Wärmedämmung zu erzielen ist. Damit eignet sich unser Konzept für die Anwendung in der Fläche und auch gerade für den Kundenkreis, für den ein größerer Kostenrahmen und damit längere Amortisationszeiten ein Hindernis auf dem Weg zu umfassenden Wärmedämmmaßnahmen darstellen.

Weitere Anwendungsfälle für die Einblasdämmung

Betondecke begehbar

Für den Fall, dass die oberste Geschossdecke begehbar ausgeführt werden soll, bietet sich als kostengünstigste Variante die Traghülsen-Konstruktion an. Die Hülsen dienen hierbei als statisches Tragelement, auf die eine Spanplatte aufgelegt wird. Die Hülsen werden vorab mit Dämmaterial gefüllt, dann wird Zellulose in den Hohlraum zwischen Betondecke und Spanplatte eingeblasen.

Betrachten wir die Grafik vor der Dämmaßnahme. Eine Betondecke mittlerer Dichte (raumseitig verputzt) weist einen U-Wert von 2,3 W/m²K auf. Der Vergleich der U-Werte, die durch unterschiedliche Dämmstärken erreicht werden, verdeutlicht noch einmal unseren Standpunkt: Wenn dämmen, dann richtig!

Grafik 10 Vor der Dämmmaßnahme

1. Stahlbetondecke 150mm
2. Innenputz 15mm
3. Einblasdämmstoff 400 mm
4. Pappröhren (R=50mm; L=380mm)
   als Traghülsen mit Dämmstoff gefüllt
5. Spanplatte 18 mm
6. Konstruktionsholz

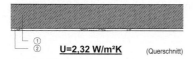

① ② **U=2,32 W/m²K** (Querschnitt)

Grafik 11 Nach der Dämmmaßnahme

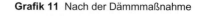
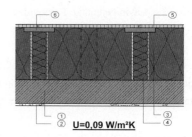

① ② **U=0,09 W/m²K** ③ ④

Wird die Traghülsenkonstruktion für eine 400 mm dicke Dämmschicht ausgelegt, folgt daraus der Spitzen-U-Wert von 0,09 W/m²K, demgegenüber liegt der U-Wert einer 120 mm dicken Dämmschicht bei 0,29 W/m²K (EnEV-Standard). Die Verschlechterung des U-Wertes durch die verringerte Dämmstärke ist signifikant und macht deutlich, dass bei der obersten Geschossdecke optimale Dämmung mit geringem Aufwand möglich ist, denn hier bestehen häufig die Spielräume bei der Wahl der Dämmschicht-Stärke, die andere Bauteile so nicht bieten. Dann gilt es aber auch, diese Spielräume zu nutzen.

Weiterer Anwendungsfall:

Bei den sog. ERTEX – Dächern handelt es sich um die obere Geschossdecke von Wohnblocks mit aufgeständerter Beton- oder Holzkonstruktion und Bitumen-Abdichtung.

Bild 9: Typ Sanierungsfall

Sanierung

Nachdem die zu dämmenden Flächen zugänglich gemacht worden sind (Bild 11), wird in den Hohlräumen der Dämmstoff (Zellulosedämmung, Steinwollgranulat) flächendeckend eingeblasen. Die Dämmstoffdicke ist abhängig von der Höhe der Konstruktion und beträgt in der Regel zwischen 20 und 30 cm. Auf eine funktionsfähige Hinterlüftung ist zu achten.

Bild 10: Geöffnetes Dach   Bild 11: Dämmung des Hohlraums

Einsparung Flachdächer

Mit einer durchschnittlichen Dachfläche von 1000 m^2 pro Objekt und 100.000 Objekten dieses Bautyps in Deutschland ergibt sich eine Sanierungsfläche von 100 Mio m^2. Hier summiert sich die durch Dämmung erzielte Einsparung mit 150 kWh/m²a auf 15.000 Mio kWh/a. Dies spart die Energie von 1.500 Mio m^3 Gas oder 1.500 Mio Liter Heizöl. Bei dem heutigen Ölpreis wären hierfür 1.350 Mio. Euro fällig!

Schlussbetrachtung

Die Heizkostenrechnung der deutschen Haushalte beläuft sich auf über 50 Mrd. € pro Jahr.
80 % des gesamten Wohnungsbestandes sind energetisch sanierungsbedürftig. Wir haben in diesem Beitrag dargestellt, dass mit kostengünstigen Verfahren hochwirksame Wärmedämmung realisiert werden kann. Konsequent durchgeführt könnte die bundesdeutsche Heizkostenrechnung um mindestens 50 % reduziert werden. Gleichzeitig ließe sich so der CO_2-Ausstoss um 100 Mio Tonnen verringern. Handwerk und Industrie wären in der Lage, zusätzlich 500.000 Arbeitsplätze zu schaffen.

Aus einer Palette von insgesamt 80 unterschiedlichen Dämmverfahren (Wand, Dach, obere Geschoßdecke, Kellerdecke usw.) haben wir hier die Einblasdämmverfahren vorgestellt, weil sie besonders gute Beispiele für kostengünstige und hochwirksame Lösungen darstellen.

433

Energie-Effizienz und Klimaschutz mit Ziegelmauerwerk

Vom EnEV–Standard über KfW-60- und KfW-40-Haus zum Passivhaus
Ausblick auf die EnEV 2009

Dipl.-Ing. (FH) **Bernd Schröder,** Wöllstein,
Leiter Bauberatung, JUWÖ Poroton Werke Ernst Jungk und Sohn GmbH

Zusammenfassung

Erderwärmung, Klimawandel und die ständig steigenden Energiekosten sind tägliche Gesprächsthemen. Mit innovativen Produkten der Ziegelindustrie werden zukunftsweisende Lösungen für den Wohnungsbau angeboten. Wie die staatliche Förderung beim energieeffizienten Bauen genutzt werden kann und wie sich die gesetzlichen Anforderungen weiter verändern werden, zeigt dieser Beitrag auf. Mit Ziegelmauerwerk lassen sich die heutigen und auch die zukünftigen Anforderungen sicher und wirtschaftlich erfüllen.

1. Historische Entwicklung der Ziegel und der gesetzlichen Anforderungen

Der Ziegel als Wandbildner begleitet den Menschen seit Tausenden von Jahren. Seine Geschichte begann in Vorderasien und auf dem indischen Subkontinent. Ziegel sind beim Turmbau zu Babel (ca. 4.000 v. Chr.) zu finden, in römischen Bauwerken wie dem Pont du Gard nahe Nîmes (um die Jahre der Zeitenwende) und auch in der Chinesischen Mauer (ca. 1.500 n. Chr.).

Die Anforderungen an den Ziegel, speziell für den Bau von Wohngebäuden haben sich im Laufe der Zeit deutlich verändert. Stand früher die Tragfähigkeit und der Schutz vor den Unbilden der Umgebung im Vordergrund, so ist es heute in erster Linie die Eigenschaft der Wärmedämmung mit dem Ziel, unsere Gebäude energieeffizient auf eine behagliche Temperatur beheizen zu können.

Anfänglich wurden zum Bau von Häusern handgeformte Mauerziegel in Feldbrand-Öfen hergestellt. Seit der Industrialisierung wurden auch in Ziegeleien hergestellte kleinformatige Ziegel verwendet. Das Reichsformat, Dünnformat oder auch Normalformat war bis in die Mitte des 20. Jahrhunderts üblicher Baustoff für Wände von Wohngebäuden. Die Wärmeleitfähigkeitswerte bewegten sich für diese kleinformatigen Mauerziegel im Bereich von ca. 0,60 bis 0,80 W/(m·K). Übliche Wandstärken lagen von 24 cm bis 50 cm. Mit Stroh porosierte Hochlochziegel ließen ab Mitte des letzten Jahrhunderts die Rohdichte auf Werte um 1,2 kg/dm³ und die Wärmeleitfähigkeiten auf 0,50 W/(m·K) sinken. In den 60er Jahren brachten Erfindungen, wie die des schwedischen Ingenieurs Fernhoff durch Porosierung des Rohtones mit Styroporkügelchen Rohdichten herunter bis zu 0,80 kg/dm³ (später bis zu 0,70 kg/dm³) verbunden mit Wärmeleitfähigkeiten von ca. 0,30 W/(m·K). Die Optimierung der Lochgeometrie dieser dann auch großformatigen Hochlochziegel führte zu einer weiteren Verminderung der Wärmeleitfähigkeit bis zu 0,24 W/(m·K) (W-Ziegel nach der Mauerziegel-Norm DIN 105 vermauert mit Leichtmauermörtel LM).

Die erste Ölkrise Anfang der 70er Jahre und die dadurch drastisch steigenden Energiekosten veranlassten die Bundesregierung zum Energie-Einsparungsgesetz und im Folgenden 1977 zur ersten Wärmeschutzverordnung, in der die U-Werte (damals noch k-Werte) der Außenbauteile festgelegt waren. Beweggrund war damals noch, die Abhängigkeit von Energie-Importen zu verringern, nicht wie heute der Umweltschutz und die CO_2-Minimierung. Unabhängig davon waren in der DIN 4108 schon seit den fünfziger Jahren Mindestanforderungen für den Wärmeschutz festgelegt worden, um ein hygienisch einwandfreies Wohnen in den Gebäuden nicht durch Tauwasserausfall und Schimmelbildungen zu gefährden.

Die Notwendigkeit des baulichen Wärmeschutzes im Sinne einer möglichst kostengünstigen Beheizung unserer Gebäude wurde durch die zunehmend steigenden Energiekosten weiten Schichten der Bevölkerung immer bewusster. Konsequenterweise wurden in der Ziegel-Industrie immer bessere Produkte und Verfahren entwickelt, um hochwärmedämmende Ziegel auf dem Markt für den Wohnungsbau anbieten zu können. Da diese Produkte bezüglich des Wärmeschutzes höherwertiger waren als die Produkte nach der Norm DIN 105, wurde durch Bauaufsichtliche Zulassungen des Institutes für Bautechnik in Berlin den Landesbauordnungen Genüge getan und somit wurden die verbesserten Werte für die wärmetechnische Bemessung nutzbar gemacht. Ein Meilenstein war der unter dem Markennamen „PO-ROTON TE" hergestellte Ziegel mit elliptischer Lochung mit einem Rechenwert der Wärmeleitfähigkeit von 0,16 W/(m·K) bei Verwendung von Leichtmauermörtel LM 21. Dadurch wurde es möglich, die Anforderungen der Wärmeschutzverordnung (WSVO) von 1995 in der Wandstärke von 30 cm ohne zusätzliche Wärmedämmung zu erfüllen. In der WSVO 95 wurde erstmals eine Bilanzierung der Wärmegewinne und -verluste eingeführt, indem die solaren und internen Wärmegewinne den Wärmeverlusten aus Transmission und Lüftung gegenübergestellt wurden. Die Heiztechnik und die verwendeten Energieträger gingen nach WSVO 95 noch nicht in die Berechnung mit ein.

Die bisher übliche Vermörtelung der Stoßfugen wich einer Stoßfugenverzahnung und die wärmetechnisch ungünstige Mörtelfuge wurde im Planziegel-System durch eine Lagerfuge in einer Stärke von nur 1 – 3 mm ersetzt. Möglich wurde dies durch das Schleifen der Ziegel auf eine exakte Höhe von 24,9 cm. Die Lagerfuge musste also nicht mehr die Toleranzen des Ziegels aus dem Herstellungsprozess mit Trocknen und Brennen ausgleichen, sondern die Ziegel nur noch durch den Dünnbettmörtel „verkleben". Die zulässigen Druckspannungen des Mauerwerkes wurden danach deutlich höher als bei der Verwendung von Leichtmauermörtel in der Lagerfuge. Das Planziegel-System setzte sich auf breiter Front durch, denn dadurch konnte ein besseres Mauerwerk schneller und somit kostengünstiger erstellt werden. Eine weitere Verschärfung der energetischen Anforderungen brachte die EnergieEinsparVerordnung EnEV aus dem Jahre 2002, in der die Gebäudetechnik (früher nach der Heizanlagenverordnung) und der bauliche Wärmeschutz (früher nach WSVO) zusammengeführt wurden. Der Primär-Energiebedarf war ab diesem Jahr die Messgröße für die Einhaltung der Grenzwerte, welche sich nach dem A / V -Verhältnisses (Hüllfläche / Volumen) des Gebäudes ergaben.

Mit der Neufassung der EnEV im Oktober 2007 wurde die europäische Gesamt-Energie-Effizienzrichtlinie umgesetzt und der Energiepass ohne weitere Verschärfung der Anforderungen eingeführt. Erstmalig wurde die Grundlage des Nachweisverfahrens nach Wohngebäuden und Nichtwohngebäuden getrennt, wobei für Erstere das Verfahren nach DIN 4107 Teil 10 gültig blieb und für Letztere die neue DIN EN 18599 anzuwenden ist.

Die meisten Bauherren sind jedoch auf Grund der drastisch steigenden Energiepreise bestrebt oder gar gezwungen, alle sinnvollen Möglichkeiten der Energieeinsparung auch deutlich über die gesetzlichen Anforderungen hinaus zu nutzen. Aktuell werden beim Bau von Einfamilien-, Doppel- und Reihenhäusern schon vielfach Ziegel der Wärmeleitfähigkeitsgruppe 0,09 oder auch 0,08 W/(m·K) eingesetzt. In der Wandstärke von 36,5 cm ergeben sich U-Werte von 0,23 oder 0,21 W/(m²·K). Mit der Wandstärke von 42,5 cm lassen sich dann sogar U-Werte von 0,20 bzw. 0,18 W/(m²·K) erreichen. Binnen absehbarer Zeit wird mit der monolithischen Wand der U-Wert von 0,15 W/(m²·K) erreichbar werden. Entweder mit einer Wand in 50 cm Wandstärke bei λ_R von 0,08 W/(m·K) oder mit einer Wand in 42,5 cm Wandstärke bei λ_R von 0,07 W/(m·K).

Bild 1: ThermoPlan S 9   Bild 2: ThermoPlan MZ 8

2. Neubau-Standard nach EnEV 2007

Kriterium: Die in der Tabelle 1 im Anhang 1 der EnEV 2007 (siehe Bild 3) angegebenen Höchstwerte des Jahres-Primärenergiebedarfs und des spezifischen Transmissionswärmeverlustes dürfen nicht überschritten werden.

Wie lässt sich dies erreichen?

Durch Anwendung von Ziegel in der Außenwand in Wandstärken von 30 cm oder 36,5 cm mit U-Werten um 0,35 W/(m²·K). Diese Standard-Produkte sind überall verfügbar. Weiterhin ist auf eine wärmebrückenarme Konstruktion zu achten und auf die Luftdichtigkeit der Gebäudehülle. Es ist oft hilfreich, den Keller in das beheizte Bauwerksvolumen mit aufzunehmen, denn das größere Volumen und das günstigere A / V – Verhältnis erleichtern den Nachweis. Ungünstig wirken sich sehr kleine Gebäudegeometrien aus oder solche mit zerklüfteten Außenflächen („Kühlrippen-Architektur"). Der Nachweis ist dann schwieriger zu führen oder der konstruktive Aufwand entsprechend größer.

Selbstverständlich müssen alle anderen Außenbauteile wie Dach, Boden und Fenster einem äquivalenten Dämmstandard entsprechen. Auch die Gebäudetechnik sollte dem heutigen Standard mit Niedertemperaturkessel oder besser Brennwertkessel entsprechen. Der Primär-Energiebedarf bewegt sich, bei üblichen Wohnhäusern je nach A / V – Verhältnis des Gebäudes bei 80 bis 130 kWh/(m²·a).

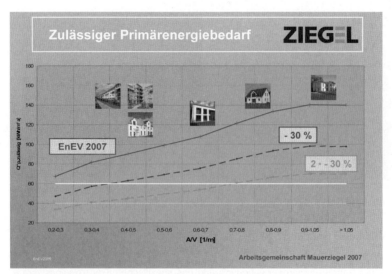

Bild 3: Primär-Energiebedarf nach EnEV 2007 und geplante Verschärfungen

3. Förderungen durch die KfW-Förderbank

Ab dem Jahre 2006 wurden nach dem Wegfall der Eigenheimzulage und des Baukinder-
geldes verstärkt die Fördermöglichkeiten der KfW-Förderbank (www.kfw-foerderbank.de)
genutzt. Das Programm der KfW dient der zinsgünstigen langfristigen Finanzierung für die
Errichtung, die Herstellung oder den Ersterwerb von KfW-Energiesparhäusern 40 und Pas-
sivhäusern, die aus Bundesmitteln in den ersten 10 Jahren der Kreditlaufzeit verbilligt werden, sowie KfW-Energiesparhäusern 60.

In welchem Umfang kann mitfinanziert werden?

Kreditbetrag: bei der Förderung von KfW-Energiesparhäusern 40 und 60 sowie Passivhäu-
sern 100 % der Bauwerkskosten (Baukosten ohne Grundstück), maximal 50.000,- EUR pro
Wohneinheit.

Mit dieser Förderung sollen die Mehrkosten für die energieeffiziente Ausführung der Gebäude ausgeglichen werden. Durch die vermehrte Nachfrage nach z. B. hochwärme-
dämmenden Fenstern (U_g-Werte um 0,8 W/(m²·K)) und Lüftungsanlagen mit Wärmerückgewinnung sind diese zu wirtschaftlichen Konditionen einsetzbar geworden. Somit ist die Förderung als Initialzündung für die breite Einführung innovativer Bauprodukte am Markt zu sehen und dürfte sich für den Bund auszahlen: durch höhere Steuereinnahmen z. B. bei der

438

Umsatzsteuer, durch Verringerung der Arbeitslosigkeit, durch mehr Chancen für innovative Produkte der deutschen Wirtschaft auf dem Weltmarkt.

3.1. KFW-60-Energiesparhaus

Kriterium: Der Jahres-Primärenergiebedarf darf nicht mehr als 60 kWh je m² Gebäudenutzfläche und Jahr betragen. Gleichzeitig muss der auf die wärmeübertragende Umfassungsfläche des Gebäudes bezogene spezifische Transmissionswärmeverlust (H_T' den in der EnEV (Anhang 1, Tabelle 1) angegebenen Höchstwert um mindestens 30 % unterschreiten.

Wie lässt sich dies erreichen?

Neben den im obigen Abschnitt zum EnEV-Standard angeführten Maßnahmen sind die U-Werte zu vermindern, so dass in der Außenwand Ziegel in der Wandstärke von 30 cm oder 36,5 cm mit λ_R 0,12 oder 0,10 W/(m·K) mit U-Werten um 0,30 W/(m²·K) eingesetzt werden. Die Wärmebrücken sind zu optimieren und nach Beiblatt 2 zur DIN 4108 auszuführen. Damit erfolgt nur noch ein Aufschlag von ΔU_{WB} = 0,05 W/(m²·K) auf den spezifischen Transmissionswärmeverlust H_T'. Dazu zeigen die Bilder 4 und 5 die Ausbildung des Deckenauflagers mit der Deckenrandschale Typ „DeRa-Schale plus". Diese erfüllt die Gleichwertigkeitsbedingungen zu den Details der DIN 4108 Beiblatt 2.

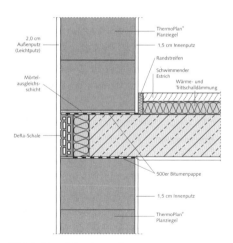

Bild 4: Detail Deckenauflager

Bild 5: DeRa Schale plus

Die Luftdichtigkeit eines Gebäudes ist sinnvollerweise durch den Blower-Door-Test nachzuweisen. Wird eine Überprüfung der Anforderungen nach § 6 Abs. 1 EnEV durchgeführt, so darf der nach DIN EN 13 829 : 2001-02 bei einer Druckdifferenz zwischen Innen und Außen von 50 Pa gemessene Volumenstrom - bezogen auf das beheizte Luftvolumen - bei Gebäuden

- ohne raumlufttechnische Anlagen 3 h^{-1} und
- mit raumlufttechnischen Anlagen 1,5 h^{-1}

nicht überschreiten.

3.2. KfW-40-Energiesparhaus

Kriterium: Der Jahres-Primärenergiebedarf darf nicht mehr als 40 kWh je m² Gebäudenutzfläche und Jahr betragen. Gleichzeitig muss der auf die wärmeübertragende Umfassungsfläche des Gebäudes bezogene spezifische Transmissionswärmeverlust (H_T') den in der EnEV (Anhang 1, Tabelle 1) angegebenen Höchstwert um mindestens 45 % unterschreiten.

Wie lässt sich dies erreichen?

Neben den bereits beim KfW-60-Haus gestellten Anforderungen sind weiter verminderte U-Werte in den Außenbauteilen zu erreichen und zusätzlich weitere Anstrengungen in der Anlagentechnik zu unternehmen. Für die Außenwände heißt dies, dass Ziegel in der Wandstärke 36,5 cm oder 42,5 cm zum Einsatz kommen bei Wärmeleitfähigkeiten von 0,10 W/(m·K) bis 0,08 W/(m·K) mit U-Werten um 0,23 W/(m²·K). Die Wärmebrücken sind weiter konstruktiv zu optimieren und auch im Nachweis exakt einzeln zu ermitteln und nachzuweisen. Dieser ist z. B. mit dem Nachweisprogramm für Wohngebäude „Ziegel EnEV-PC 6.0" schnell und sicher zu führen. Damit ergeben sich deutliche Vorteile gegenüber dem pauschalen Aufschlag von 0,05 W/(m²·K) bei Ausführung nach Beiblatt 2 der DIN 4108. Durch den exakten Nachweis lässt sich in der Regel der Wärmebrückenzuschlag um 2/3 reduzieren. Als Fenster werden hoch wärmedämmende Rahmen mit Dreischeiben-Wärmeschutzverglasung eingesetzt mit U-Werten von unter 1,0 W/(m²·K). In der Gebäudetechnik werden z. B. Pellets-Heizungen mit sehr günstigen e_p-Werten um 0,6 eingesetzt oder auch Wärmepumpen, die aus dem Erdreich, aus dem Grundwasser oder aus der Luft ihre Energie beziehen. Sinnvoll sind Lüftungsanlagen mit mehr als 80 % Wärmerückgewinnung aus der Abluft. Ebenso angezeigt ist der Einsatz einer thermischen Solaranlage zur Unterstützung der Warmwasserversorgung wie auch die Vorwärmung der Zuluft für die Lüftungsanlage über Erdwärme.

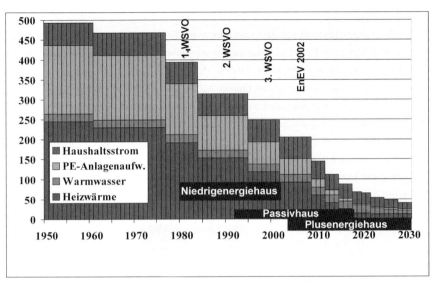

Bild 6: Energiestandards von Architekt Dr. Schulze Darup www.schulze-darup.de

3.3. Passivhaus

Kriterium: Der Jahres-Primärenergiebedarf darf nicht mehr als 40 kWh je m² Gebäudenutz-fläche und Jahr betragen. Gleichzeitig darf der Jahres-Heizwärmebedarf nicht mehr als 15 kWh je m² Wohnfläche und Jahr betragen.

Wie lässt sich dies erreichen?

Neben den bereits beim KfW-40-Haus beschriebenen Maßnahmen sind verminderte U-Werte der Außenbauteile sinnvoll. Für alle Außenbauteile sollte im Mittel ein U-Wert von ca. 0,15 W/(m²·K) erreicht werden und für die Fenster der U-Wert unter 0,8 W/(m²·K) liegen. Für die Außenwand ist dies mit Ziegel in der Wandstärke von 42,5 oder 49 cm bei λ_R von 0,08 W/(m·K) machbar. Eine Heizungsanlage ist in Häusern mit diesem Dämmstandard theoretisch nicht mehr erforderlich; eine Nachheizung der Zuluft in der Lüftungsanlage, meist durch ein elektrisches Nachheizregister üblich. Oftmals wird allerdings ein Ofen (Kamin-, Pellets- oder Kachelofen) aus Gründen der gewünschten Behaglichkeit und als „Notofen" eingebaut. Alle Maßnahmen müssen optimiert sein, um das Ziel von nur 15 kWh/(m²·a) Heizwärmebedarf zu erreichen: Gebäudehülle, Anschlüsse möglichst wärmebrückenfrei, energieeffiziente elektrische Antriebe der Haustechnik. Wirklich jedes Detail der Hülle und der Anlagentechnik ist mit dem Ziel des minimalen Energieverbrauches zu optimieren. Diese Detail-Optimierung sollte über erfahrene Planungsbüros umgesetzt werden.

4. Plus-Energiehaus

Wird z. B. über Photovoltaik von dem Gebäude mehr Energie erzeugt, als es verbraucht, so ergibt sich eine positive Bilanz und man spricht von einen Plus-Energiehaus. Im Bild 7 ist ein Plus-Energiehaus als Wohnhaus mit Büro in Geisenheim gezeigt, das mit dem Thermo-Plan MZ 8 in der Wandstärke 42,5 cm gebaut ist. Die Energiegewinne ergeben sich aus den großen, nach Süden ausgerichteten Fenstern und der Photovoltaik-Anlage mit 20 kWp. Die direkte Einstrahlung der Sonnenenergie im Winter und der Übergangszeit wird von den massiven Wänden und der Bodenplatte direkt gespeichert. Die elektrische Energie aus der Solaranlage auf dem Dach wird in das öffentliche Netz eingespeist und so „gepuffert" für Zeiten, in denen mehr Energie benötigt als produziert wird. Die Lüftungsanlage bezieht aus einem Erdwärmeübertrager im Winter vorgewärmte Luft, im Sommer vorgekühlte Luft.

Bild 7: BvH Hassel, Geisenheim-Stephanshausen mit ThermoPlan MZ 8 in 42,5 cm
Architekt Clemens Dahl, Geisenheim, Bauherrin Hassel www.skytravel24.de

5. Ausblick auf die EnergieEinsparVerordnung EnEV 2009

Nach ersten Ankündigungen im Herbst 2007, dem Referentenentwurf im April 2008 liegt nun seit 18. Juni 2008 ein Kabinettsbeschluss mit den im Folgenden ausgeführten Regelungen und Änderungen vor. Die EnEV soll nach Behandlung im Bundesrat zum Anfang 2009 in Kraft treten.

5.1. Was regelt die EnEV 2009?

Wie bisher regelt die EnergieEinsparVerordnung folgende Bereiche:

- Energieausweise für Gebäude (Bestand und Neubau)
- Energetische Mindestanforderungen für Neubauten

- Energetische Mindestanforderungen für Modernisierung, Umbau, Ausbau und Erweiterung bestehender Gebäude
- Mindestanforderungen für Heizungs-, Kühl- und Raumlufttechnik sowie Warmwasserversorgung
- Energetische Inspektion von Klimaanlagen

5.2. Welche sind die wesentlichen Änderungen der EnEV 2009?

- Verschärfung der **primärenergetischen Anforderungen** (Gesamtenergieeffizienz) um durchschnittlich 30%.
- Verschärfung der energetischen Anforderungen an **Außenbauteile** im Falle wesentlicher Änderungen im Gebäudebestand um ebenfalls durchschnittlich 30%.
- Einführung des **Referenzgebäudeverfahrens für Wohngebäude**. Der maximal zulässige Primärenergiebedarfskennwert wird für das Gebäude individuell anhand eines Referenzgebäudes mit gleicher Geometrie, Ausrichtung und Nutzfläche unter der Annahme standardisierter Bauteile und Anlagentechnik ermittelt. Der bisherige Nachweis in Abhängigkeit vom A / V-Verhältnis entfällt.
- Einführung eines **neuen Bilanzierungsverfahrens (DIN EN 18599) für Wohngebäude**, das alternativ zum bestehenden Verfahren (nach DIN V 4108-6 und DIN V 4701-10) für die Bilanzierung herangezogen werden kann. Die bereits für die Bilanzierung von Nichtwohngebäuden bekannte DIN EN 18599 soll hierfür um einen Teil erweitert werden, mit dem Wohngebäude bilanziert werden können. Ziele der Einführung der DIN EN 18599 auch für Wohngebäude sind die realistische Abbildung besonders energieeffizienter Gebäude und die Harmonisierung der Berechnungsmethoden für Wohn- und Nichtwohngebäude.
- Zwischen beiden Berechnungsverfahren (Referenzgebäude- oder Bilanzierungsverfahren) besteht freie Wahlmöglichkeit.
- Ausweitung einzelner **Nachrüstungspflichten** bei Anlagen und Gebäuden
- Regelungen zur stufenweisen Außerbetriebnahme von **Nachtstromspeicherheizungen**.
- Stärkung der Anwendung der EnEV durch **Einführung schriftlicher Belege** über durchgeführte Maßnahmen, die stichprobenartig von den zuständigen Behörden geprüft werden.

5.3. Was wird sich bei den Anforderungen für Wohngebäude im Neubau ändern?

- Beim Neubau von Wohngebäuden müssen wie bisher sowohl die Anforderungen an die energetische Qualität der Gebäudehülle als auch die Anforderungen an den zulässigen Höchstwert des Primärenergiebedarfs eingehalten werden.

- Die Anforderungen an die energetische Qualität der Gebäudehülle werden über die Einhaltung der Höchstwerte des spezifischen, auf die wärmeübertragende Umfassungsfläche bezogenen Transmissionswärmeverlust $_{zul}$ H'_T nachgewiesen:

Freistehende Wohngebäude AN ≤ 350 m²	0,40 W/(m²·K)
Freistehende Wohngebäude AN > 350 m²	0,50 W/(m²·K)
Einseitig angebautes Wohngebäude	0,45 W/(m²·K)
Alle anderen Wohngebäude	0,65 W/(m²·K)
Erweiterungen und Ausbauten von Wohngebäuden	0,65 W/(m²·K)

Es ist zu erwarten, dass die Förderung der KfW-Bank nach dem KfW-60 Standard zum Jahresende 2008 auslaufen wird, denn die neue gesetzliche Anforderung der EnEV 2009 liegt nahe an der derzeit gültigen KfW-60 Anforderung. Eine „normale", gesetzliche Anforderung wird dann wahrscheinlich nicht mehr besonders gefördert werden.

Angekündigt ist, dass im Jahre 2012 eine weitere Verschärfung der Anforderungen um ca. 25 bis 30 % zu erwarten ist. Damit wird das Niveau der gesetzlichen Anforderungen der Höhe nach die heute an ein KfW-40-Haus gestellten erreicht haben. Es ist davon auszugehen, dass durch die kontinuierliche Forschungs- und Entwicklungsarbeit in der Ziegelindustrie monolithische Wände in Ziegelbauweise, die den jeweiligen gesetzlichen Anforderungen entsprechen, wirtschaftlich erstellt werden können.

6. Exkurs: Schall- und Wärmeschutz mit Ziegel

Die Entwicklung in Richtung immer leichterer Ziegel zur Verbesserung der Wärmedämmeigenschaften führte Mitte der neunziger Jahre dazu, dass die Schallschutzeigenschaften nicht in gleichem Maße verbessert werden konnten. Speziell für Mehrfamilienhäuser, an die höhere Schallschutzanforderungen gestellt werden, konnten nur von der Wärmedämmung her schlechtere Ziegel eingesetzt werden, um die Erfüllung der Schallschutzerfordernisse nicht zu gefährden. Erst in den letzten Jahren konnten durch die Umsetzung neuerer Forschungsergebnisse die Schallschutzeigenschaften deutlich verbessert werden, ohne dass sich dies negativ auf die Wärmedämmeigenschaften auswirkt. So sind heute Ziegel z. B. der Thermo-Plan TS 13 für den Bau von Mehrfamilienhäusern verfügbar, die einen Rechenwert der

Wärmeleitfähigkeit von 0,13 W/(m·K) aufweisen, aber auch ein bewertetes Schalldämmmaß R'$_w$ von 49 dB in der 36,5er Wand sicherstellen.

Bild 8: ThermoPlan TS 13   Bild 9: TS 13 verarbeitet im VD-System (gede-
                                  ckelte Dünnbettmörtel-Fuge)

Ergänzend wird ein mit Mineralwolle gefüllter Ziegel für den Bau von Mehrfamilienhäusern verfügbar werden, der bei einer Wärmeleitfähigkeit von 0,11 W/(m·K) (perspektivisch 0,10 W/(m·K)) ein Schalldämmmaß von 50 dB in der 36,5er Wand erbringt.

Bild 10: ThermoPlan MZ 11

Mit Ziegel dieser Art und sachgerechter Detailausbildung sind alle Schallschutz-anforderungen beim Bau von Mehrfamilienhäusern zu erfüllen. Auch die Schalllängsleitung um die Wohnungstrennwand oder um die Geschoßdecke herum sind mit diesen Ziegel zu gewährleisten, so dass Mehrfamilienhäuser wirtschaftlich mit monolithischen Außenwänden aus Ziegel erstellt werden können.

Das weitere Optimierungspotential kerngedämmter Ziegel stellt sicher, dass auch die zukünf-tig verschärften Anforderungen an den baulichen Wärmeschutz effizient erfüllt werden. Durch die Verminderung des Schadstoffausstoßes beim Betreiben der Gebäude wird so der erforderliche Beitrag zum Klimaschutz erbracht.

Quellen:
www.kfw-förderbank.de
www.dena.de
www.dena-energieausweis.de
www.enev-online.net
www.juwoe.de
www.meinziegelhaus.de
www.ziegel.com
www.argemauerziegel.de

Bezugsquellen:
EnEV-PC 6.0 Nachweisprogramm für Wohngebäude bei www.juwoe.de Schutzgebühr von 95,- Euro, Up-Date-Version 35,- Euro

Tabelle: U-Werte

Sinnvolle U-Werte der Aussenbauteile und Auslegung der Gebäudetechnik

		Standard nach EnEV 2007	KfW 60-Haus	KfW 40-Haus	Passivhaus
U-Werte der Gebäudehülle in W/m²K	Dach	0,28	0,22	0,20	0,15
	Außenwand	0,35	0,30	0,23	0,15
	Kelleraußenwand	0,45	0,40	0,25	0,15
	Kellerfußboden	0,40	0,35	0,25	0,15
	Fenster	1,30	1,10	0,90	0,80
Wärmebrücken nach		pausch. Ansatz	DIN 4108 Bbl. 2	exakt ermittelt	exakt ermittelt
Ziegel in der Außenwand	Variante I	$\lambda_R \leq 0{,}14$ d ≥ 36,5 U = 0,35	$\lambda_R \leq 0{,}12$ d ≥ 36,5 U = 0,30 W/m²K	$\lambda_R \leq 0{,}09$ d ≥ 36,5 U = 0,23 W/m²K	$\lambda_R \leq 0{,}08$ d ≥ 42,5+WDP U=0,15
	Variante II	$\lambda_R \leq 0{,}12$ d ≥ 30 U = 0,36	$\lambda_R \leq 0{,}10$ d ≥ 30 U = 0,30 W/m²K	$\lambda_R \leq 0{,}08$ d ≥ 36,5 U = 0,21 W/m²K	$\lambda_R \leq 0{,}08$ d ≥ 50 U = 0,15
			Var. I / Var. II	Var. I / Var. II	
Heizsystem		Brennwerttechnik	Pelletsheizung / Brennwerttechnik	Pelletsheizung / Wärmepumpe	kein aktives Heizsystem
Solaranlage		nein	nein / ja, für Brauchwasser und Heizung	ja, für Brauchwasser / ja, für Brauchwasser und Heizung	ja, für Brauchwasser
Lüftung		Fensterlüftung	Fensterlüftung / Abluftanlage	Fensterlüftung / Lüftung mit Wärmerückgewin.	Vollautomatische Lüftung mit WRG

Fassaden – integraler Bestandteil nachhaltiger Gebäude

Dr.-Ing. **Winfried Heusler**, SCHÜCO International KG, Bielefeld

Zusammenfassung

In immer mehr Ländern sind bei Baumaßnahmen ökonomische, ökologische und soziokulturelle Aspekte zu beachten. Wirkliche Fortschritte, mit verbesserten und gleichzeitig bezahlbaren Lösungen, bringt dann nur eine ganzheitliche Betrachtung. Dabei sollten einerseits die Gesetze der Physik als Möglichkeiten und Risiken beachtet und andererseits das lokale Makro- und Mikroklima sowie die Besonderheiten des speziellen Gebäudetyps unter Berücksichtigung seiner späteren Nutzung berücksichtigt werden. In jedem Fall spielt künftig die effiziente Einsparung und Gewinnung von Energie in der Gebäudehülle eine noch wesentlichere Rolle. Will man die ökologischen, ökonomischen und soziokulturellen Auswirkungen von Fassaden über den gesamten Lebenszyklus des Gebäudes verbessern, so reichen funktionelle Optimierungen alleine nicht aus. Vielmehr müssen auch die Fertigung, Montage und Demontage der Fassade betrachtet werden. Dabei stellt sich die Elementbauweise auf Basis allgemeingültiger oder projektspezifisch optimierter Konstruktionsbaukästen besonders positiv dar. Im Idealfall sind nachhaltige Fassaden ein integraler Bestandteil nachhaltiger, klimagerechter Gebäude im Umfeld einer hoffentlich nachhaltigen Stadt- und Regionalplanung (Bild 1).

1. Einführung

Fassaden sind entscheidend für die Gebrauchstauglichkeit und Dauerhaftigkeit des Gebäudes, für den Schutz von Leben und Sachwerten sowie für behagliche Raumbedingungen. Ihre energetische Qualität beeinflusst ganz maßgeblich die Dimensionierung bzw. sogar die prinzipielle Notwendigkeit von Anlagen der technischen Gebäudeausrüstung. Dabei geht es letztendlich nicht nur um Investitions- und Betriebskosten, sondern auch um Primärenergieverbrauch sowie Schadstoffemissionen und das für Jahrzehnte. Je nach Standort, Gebäudekörper und Gebäudenutzung bietet die Gebäudehülle zudem ein mehr oder weniger großes Potential für die thermische und elektrische Nutzung der Sonnenenergie. Die Maßnahmen

zur Energieeinsparung und Energiegewinnung in der Gebäudehülle beeinflussen die
Rendite und den Verkehrswert einer Immobilie umso stärker, je höher die Energiepreise sind. Die Verknappung der Rohstoffe
wird die Entwicklung der nächsten Jahre
prägen. Gerade bei der Gebäudesanierung
lässt sich mit vergleichsweise geringem
Aufwand hinsichtlich Betriebskosten und
Umweltschutz viel erreichen, da die oftmals
sehr veralteten technischen Konzepte dem
heute üblichen Standard bei weitem nicht
mehr entsprechen. Die Wirtschaftlichkeit
steigt, wenn gleichzeitig eine optische Aufwertung des Gebäudes sowie eine Verbesserung des Bedien- und Raumkomforts bewirkt wird. So gilt es bei der Konzeption und
Planung von Fassaden, den gesamten Lebenszyklus des Gebäudes zu betrachten.

Bild 1   UNIQA Tower (Wien);
Beispiel für ein energieeffizientes
Bürogebäude ("Green Building"-
Programm der Europäischen
Kommission)

2. Nachhaltigkeit

Der fünfte Juni ist seit einigen Jahren der internationale Tag der Umwelt. Er hat seinen Ur-
sprung in der UNO-Weltkonferenz über die menschliche Umwelt, die vom 5.-16.6.1972 in
Stockholm, also noch vor der ersten so genannten Ölkrise, stattfand. Dabei bekannten sich
Vertreter aus 112 Staaten erstmals zur grenzüberschreitenden Zusammenarbeit auf dem
Gebiet des Umweltschutzes. 1979 fand in Genf die erste Weltklimakonferenz statt. Im Mittelpunkt dieser Konferenz stand die Diskussion zahlreicher Wissenschaftler über einen möglichen Zusammenhang von Klima-Anomalien seit 1972 und der Klimabeeinflussung durch die
menschliche Gesellschaft. Im Protokoll der Klimakonferenz von Kyoto, welches am
11.12.1997 unterzeichnet wurde, vereinbarten die Vertragsstaaten, ihre Emissionen an
sechs Treibhausgasen bis zum Jahre 2012 um mindestens 5 % unter das Niveau von 1990
zu senken. Die UN Klimaschutzkonferenz auf Bali (3.-14-12.2007) war der Auftakt einer Se-
rie von internationalen Klimaschutzkonferenzen, bei denen bis Dezember 2009 ein Nachfol-
geabkommen für das 2012 auslaufende Kyoto-Protokoll vereinbart werden soll.

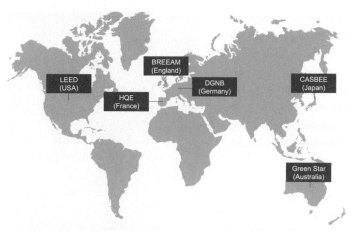

Bild 2   Zertifizierungssysteme für nachhaltige Gebäude

Parallel dazu entstehen seit einigen Jahren weltweit immer mehr Zertifizierungssysteme für nachhaltige Gebäude, die sich bezüglich der Bewertungskriterien z.T. erheblich unterscheiden (Bild 2). Als wesentliche Aspekte einer nachhaltigen Gebäudeplanung gelten in der Regel ökonomische, ökologische und soziokulturelle Aspekte (Bild 3).

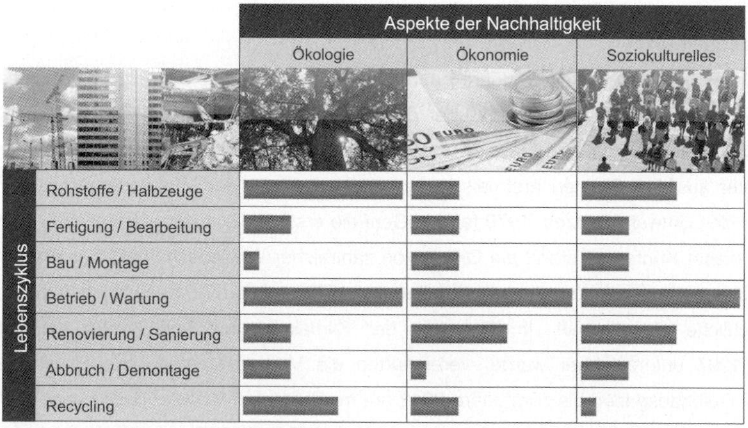

	Aspekte der Nachhaltigkeit		
	Ökologie	Ökonomie	Soziokulturelles
Rohstoffe / Halbzeuge			
Fertigung / Bearbeitung			
Bau / Montage			
Betrieb / Wartung			
Renovierung / Sanierung			
Abbruch / Demontage			
Recycling			

Bild 3   Lebenszyklusanalyse als Schlüssel einer nachhaltigen Gebäudeplanung

Es handelt sich dabei um eine ganzheitliche Lebenszyklusbetrachtung, ausgehend von den für das Bauen benötigten Rohstoffen, über die Herstellung, Fertigung und Montage der einzelnen Komponenten sowie den Betrieb des Gebäudes einschließlich Wartung und Instandhaltung, bis zur Renovierung bzw. bis zum Abbruch des Gebäudes mit möglichem Recycling der Baustoffe.

Die Investitionskosten für Gebäude liegen in Deutschland heute in der Regel zwischen 1.000 und 1.500 €/m² BGF. Bei Gebäuden mit hochkomplexen Konzepten und Komponenten werden teilweise auch 2.500 €/m² BGF erreicht. Es stellt sich dann die Frage, ob sich die erhöhten Investitionskosten später auszahlen. Aus Sicht eines längerfristig orientierten Investors geht es beim Thema **Ökonomie** nicht nur um die Lebenszykluskosten (Herstellungs- und Nutzungskosten sowie Kosten für Abbruch und Entsorgung), sondern auch um die Mieteinnahmen und den Verkehrswert des Gebäudes. Für ihn stellen darüber hinaus eine kurze Bauzeit und hohe Termintreue (Kapitalbindung) sowie eine schnelle Vermietbarkeit mit minimalen Leerstandszeiten eine Rolle. Potentielle Mieter orientieren sich bei ihrer Entscheidung für ein Mietobjekt bei vergleichbaren Objekten nicht nur an der architektonischen Attraktivität des Gebäudes, der Gebäudeausstattung und der Kaltmiete, sondern auch an den zu erwartenden Betriebskosten und am Raumkomfort. Mit den heute üblichen Produkten und Maßnahmen lassen sich im Gebäudebestand bei überschaubarem finanziellem Aufwand Energieeinsparungen von über 60 % erzielen. Wenn keine Anforderungen an die Investitionskosten gestellt würden, ließe sich der Energieverbrauch noch weiter reduzieren und der Bedien- und Raumkomfort noch weiter steigern. Die Maßnahmen zur Energieeinsparung und Energiegewinnung in der Gebäudehülle beeinflussen die Rendite und den Wert einer Immobilie umso stärker, je höher die Energiepreise sind. So erleben wir aktuell weltweit einen Durchbruch erneuerbarer Energien, die dabei einen immer größeren Anteil am Energiemix übernehmen. Insbesondere die Verbreitung von Anlagen zur thermischen und elektrischen Nutzung der Solarenergie in der Gebäudehülle hat in den vergangenen Jahren an Dynamik gewonnen.

Der Aspekt **Ökologie** beinhaltet nicht nur die Themen Treibhaus- und Ozonbildungspotential, Feinstaub aus dem Heizungsprozess, Flächen- und Ressourceninanspruchnahme sowie Risiken für Luft, Boden und Grundwasser, sondern insbesondere auch den Primärenergiebedarf des Gebäudes im gesamten Lebenszyklus. So muss bei der Beurteilung von Gebäudekonzepten berücksichtigt werden, dass insbesondere durch Maßnahmen, die den späteren Energieverbrauch des Gebäudes reduzieren, bezüglich der Schonung von Ressourcen kurze Amortisationszeiten zu erzielen sind. Energiesparen ist der am ehesten spürbare Umweltschutz, da etwa 40 % der CO_2-Emissionen bei der Energieversorgung von Gebäuden freigesetzt werden! So fordert die Richtlinie 2002/91/EG des Europäischen Parlamentes und des Rates über die „Gesamtenergieeffizienz von Gebäuden" von den Mitgliedsländern der EU, durch Gesetze bzw. Verordnungen die Energieeffizienz von Gebäuden zu verbessern.

WSVO 1982 / 1984	WSVO 1995	EnEV 2002 / 2004	EnEV 2007
Anforderungen an **Bauteile**	Anforderungen an Gebäudehülle	Anforderungen an Gebäudehülle + **Anlagentechnik**	Anforderungen an **Gesamtenergieeffizienz**
Bauteilverfahren	**Wärmebilanz**	Wärmebilanz **incl. Hilfsenergie**	**Gesamtenergiebilanz**
k-Wert	**Jahres- Heizwärmebedarf**	**Jahres- Primärenergiebedarf**	Jahres- Primärenergiebedarf* **für Gebäudereferenz** *für nicht erneuerbare Energien
Wärmedämmung <u>einzelner</u> Bauteile	**Wärmeschutz Gebäudehülle**	Wärmeschutz Gebäudehülle	Wärmeschutz Gebäudehülle
		Heizung + Belüftung + Warmwasser	Heizung + Belüftung + Warmwasser + **+ Kühlung + Beleuchtung**
	Passive solare Gewinne + interner Wärmegewinne	Passive solare Gewinne + interner Wärmegewinne	Passive solare Gewinne + interne Wärmegewinne
	Wärmeausweise Bedarf, Neubau	**Energieausweise** Bedarf, Neubau	Energieausweise Bedarf und **Verbrauch** Neubau und **Bestand**

Bild 4: Historie der Energiestandards in Deutschland; vom Wärmeschutz einzelner Bauteile zur Gesamtenergieeffizienz des Gebäudes.

In Deutschland erfolgt dies durch die novellierte Energieeinsparverordnung, welche im Oktober 2007 in Kraft trat (Bild 4). Demnach müssen bei Nichtwohngebäuden nicht nur die Energieaufwendungen für die Heizung, sondern auch die für künstliches Licht, mechanische Lüftung und Klimatisierung betrachtet und gemäß DIN 18599 ermittelt werden. Dies fördert das energieeffiziente Bauen, welches das Ziel verfolgt, mit möglichst geringem Einsatz von Ressourcen und Energie die negativen Einflüsse des lokalen Klimas zu minimieren und gleichzeitig dessen positive Auswirkungen wie Sonne, Tageslicht und Wind bestmöglich auszunutzen. Zudem sind ökologisch sinnvolle Ergebnisse nur erzielbar, wenn mit demontagefreundlichen Konstruktionen in umweltverträglichen Fertigungs- und Montageverfahren ein sparsamer Umgang mit den Ressourcen stattfindet. Dabei muss auch der Verpackungs- und Transportaufwand minimiert werden. Eine seriöse Erstellung von ganzheitlichen Lebenszyklus-Bewertungen ("Ökobilanzen") für Bauprodukte muss neben der Herstellungs- und Nutzungsphase auch die Wiederverwertung bzw. die Entsorgung beinhalten. Ökobilanzen können unterschiedlich aufwendig sein. Die Normen DIN EN ISO 14040 und DIN EN ISO 14044 geben ihren Ablauf und die erforderlichen Elemente vor. Die Normenreihe ISO 14000 und darin vor allem die Reihe ISO 14020 stellen zentrale Regeln bereit, wie produktbezogene Umweltinformationen entwickelt und genutzt werden können.

Unter den **soziokulturellen Aspekten** finden sich die Gestalt und Ästhetik des Gebäudes, die Barrierefreiheit und der Bedienkomfort sowie der thermische, akustische, visuelle und hygienische Raumkomfort. DIN EN 15251 „ Eingangsparameter für das Raumklima zur Auslegung und Bewertung der Energieeffizienz von Gebäuden – Raumluftqualität, Temperatur, Licht und Akustik" vom August 2007 gibt Empfehlungen, wie die Parameter des Innenraumklimas im Zusammenhang mit energetischen Aspekten dargestellt werden können und definiert erstmalig zulässige Temperaturen für Gebäude ohne maschinelle Kühlung. Die Norm gibt auch notwendige Lüftungsraten (Außenluftvolumenstrom) in Abhängigkeit der Personenanzahl und der Gebäudeemissionen vor. Die in diversen Normen dokumentierten Ansätze zur Bewertung der Behaglichkeit sind jedoch derzeit nicht in allen Fällen praxistauglich bzw. z.T. auch noch gar nicht verfügbar [1]. Zudem sei angemerkt, dass eine energetische Modernisierung für den Nutzer sichtbar sein und eine äußere Aufwertung des Gebäudes bewirken sollte. Es macht keinen Sinn nur Dichtungen, Beschlagteile und Glasscheiben zu tauschen und die sichtbaren Fensterprofile mit eventuellen Alterungserscheinungen der Oberfläche nicht zu ersetzen.

3. Grundlagen der Konzeption und Planung nachhaltiger Fassaden

Bauherren und Nutzer von Gebäuden werden mit ihrem Gebäude nur dann wirklich zufrieden sein, wenn zum einen die objektspezifischen Anforderungen und Randbedingungen sauber geklärt sowie die relevanten technischen Möglichkeiten den Planern bekannt und von diesen bezüglich ihrer Anwendbarkeit gründlich bewertet sind und wenn zum anderen die daraus abgeleiteten Zielvorgaben von den Fachplanern und ausführenden Firmen konsequent umgesetzt werden.

3.1 Klärung der Anforderungen und Randbedingungen

Deshalb muss vor der Konzeption und Planung der Gebäudehülle zwingend die konkrete Aufgabenstellung geklärt werden. Es geht dabei zunächst um die frühzeitige, lösungsoffene Definition der Zielvorgaben für das gesamte Bauvorhaben einschließlich des Budgets für Investitions-, Betriebs- und Unterhaltskosten durch den Bauherrn. Auf welche Nachhaltigkeitskriterien legt er wie viel Wert? Es geht aber auch um die projektspezifischen Randbedingungen. Das für den Standort typische Klima beeinflusst nicht nur die Anforderungen an die Fassade bezüglich Wärme- und Feuchteschutz sowie Sonnen- und Blendschutz, sondern auch deren Möglichkeiten bezüglich Solarenergie und Tageslichtnutzung sowie natürlicher Fensterlüftung (auch zur Nachtauskühlung). Aus der städtebaulichen Situation können Belastungen durch (Verkehrs-)Lärm und Abgase resultieren, woraus sich wiederum spezielle Anforderungen an die Fassade (beispielsweise Schallschutz) und gegebenenfalls eingeschränkte Möglichkeiten (z.B. Fensterlüftung) ergeben.

Immer mehr Bauten aus dem Bauboom der 50er und 60er Jahre kommen in die Jahre. Dann geht es um Themen wie Bauschäden und Modernisierung, da die damals eingesetzten Bauteile nun das Ende ihrer Lebensdauer erreichen. Selbst bei qualitativ höchstwertig ausgeführten Gebäuden dieser Epoche lassen sich die zwischenzeitlich erheblich gestiegenen Anforderungen an den Energieverbrauch und Raumkomfort nicht mehr erfüllen. Damals existierten die aus heutiger Sicht anforderungsgerechten Baumaterialien und Bauteile schlichtweg noch nicht. In beiden Fällen entscheiden der Zustand und die Lage des Gebäudes darüber, ob Abriss und Neubau oder Sanierung die wirtschaftlichere Lösung darstellt. Am Ende dieser Phase sollte jedenfalls ein detailliertes, verbindliches Lastenheft vorliegen. Dieses schafft Klarheit für alle Beteiligten. Es vermeidet nicht nur Missverständnisse, sondern es reduziert auch die Risiken und Kosten.

3.2 Konzeption nachhaltiger Gebäude

In der Konzeptionsphase geht es darum, innerhalb eines interdisziplinären Planungsteams mehrere grundsätzliche Lösungsansätze zu erarbeiten, mit denen die im Lastenheft definierten objektspezifischen Randbedingungen und Anforderungen unter Nutzung der heutigen konstruktiven und funktionalen Möglichkeiten sowie unter Berücksichtigung gestalterischer Gesichtspunkte so erfüllt werden können, dass die bestmögliche Lösung erzielt wird. Je nachdem aus welchem Blickwinkel – Ökonomie, Ökologie oder soziokulturelle Aspekte - das Gebäude mehr oder weniger optimiert werden soll, ergeben sich in dieser Phase unterschiedliche Prioritäten. Welche ökologischen und soziokulturellen Aspekte stehen den Kosten und Risiken in der Planungs-, Herstellungs-, Montage- und Inbetriebnahmephase sowie bei der späteren Wartung und Instandhaltung des Gebäudes (auch über den Gewährleistungszeitraum hinaus), bis hin zu Umbau- und Renovierungsmaßnahmen, gegenüber?

In einer traditionellen, vereinfachten Betrachtungsweise ist das Thema Energieeinsparung mit einer Verschlechterung des Raumkomforts verbunden (Bild 5). Wenn man mehr oder weniger vorbildliche Projekte analysiert, kommt man jedoch zur Erkenntnis, dass sich bei

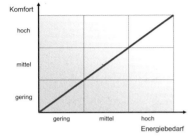

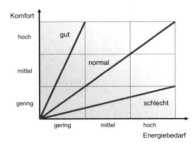

Bild 5   Zusammenhang zwischen Energiebedarf und Komfort

Bild 6   Energie- und Komfortstandards unterschiedlicher Gebäudekonzepte

gleichem Energiebedarf je nach Konzept und Betriebsweise unterschiedliche Komfortstandards erreichen lassen (Bild 6). Schlechte Konzepte verursachen trotz eines enormen Energiebedarfes einen inakzeptablen Raumkomfort. Ende der 1990er-Jahre förderte die Analyse von Gebäuden bezüglich des Sick-Building-Syndroms diesbezüglich zahlreiche Negativbeispiele zu Tage. Gute Konzepte zeichnen sich aber dadurch aus, dass sie mit geringem Energiebedarf einen hohen Raumkomfort garantieren.

Dabei versteht sich von selbst, dass die heutigen Möglichkeiten nur dann ausgeschöpft werden können, wenn Gewerke übergreifend gedacht wird. Dies gelingt umso besser, je früher das Thema Gebäudehülle im Planungsprozess wirklich ernsthaft betrachtet wird. Je später dies der Fall ist, umso mehr Randbedingungen sind bereits festgelegt und umso geringer sind die Spielräume einer kreativen Gebäudeplanung. Mindestens genauso schwierig wird es jedoch, wenn im Laufe des Planungsprozesses zu viele Randbedingungen zu lange offen gehalten werden. Es geht nicht um eine Optimierung einzelner Gesichtspunkte, sondern um eine Gesamt-Kosten-Nutzen-Optimierung von Gebäudekörper, Gebäudehülle, Innenwänden, Böden, Decken, Speichermassen, Anlagen der Technischen Gebäudeausrüstung und Gebäudeleittechnik.

Dabei ist die Gebäudehülle als integraler Bestandteil eines ganzheitlichen Gebäudekonzeptes im Umfeld der lokalen Stadt- bzw. Regionalplanung zu betrachten (Bild 7).

Bild 7   Fassade - integraler Bestandteil nachhaltiger Gebäude

Ziel kosten- und komfortoptimierter Fassaden ist, durch den bedarfsgerechten Einsatz von Schutz- und Nutzfunktionen mit vertretbarem Aufwand (Investitions- und Betriebskosten) den Zeitraum auszudehnen, in dem ohne Fremdenergieeinsatz behagliche Raumbedingungen herrschen. Hierbei bieten sich drei nacheinander geschaltete Optimierungsstufen an.

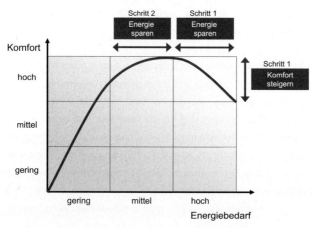

Bild 8   Konzeption energie- und komfortoptimierter Gebäude
Schritt 1: Optimierung Konzept und Komponenten
Schritt 2: Optimierung Dimensionierung und Betriebsweise

In einem **ersten Optimierungsschritt** geht es darum, mit geeigneten Konzepten und den daraus resultierenden Komponenten gleichzeitig den Komfort zu steigern und den Energiebedarf zu verringern (Bild 8). Dabei sind nachhaltige Fassaden in unterschiedlichen Klimazonen grundsätzlich unterschiedlich zu konzipieren, wenn alle Vorteile genutzt und mögliche Probleme vermieden werden sollen [2]. Sie sollten sich gegenüber wechselnden Außenbedingungen (Wetter, Verkehr...) nicht als starre, undurchlässige Grenze darstellen, sondern wie eine semipermeable Membran mit dynamischen Eigenschaften wirken, welche negative Außeneinflüsse (Regen, Sturm, Sonne, Hitze, Kälte, Feuchte, Lärm...) reduziert und die positiven (Sonne, Licht und Luft...) so weit wie möglich und sinnvoll zur natürlichen Beheizung, Beleuchtung und Belüftung nutzt [3 und 4].

In einem **zweiten Optimierungsschritt** geht es um die Dimensionierung und Betriebsweise der Komponenten des Gebäudes (Bild 8). Der Energieverbrauch von Gebäuden könnte nämlich erheblich reduziert werden, wenn nicht nur allgemeingültige, zum Teil überzogene, sondern projektspezifisch konkretere Anforderungen an den Raumkomfort gestellt würden [1]. Insofern müssen für jede Gebäudezone die relevanten Komfortgrenzen sauber definiert werden. Je großzügiger diese gesetzt werden, desto größer ist der Spielraum für energieeffiziente Maßnahmen. Beispielsweise lässt sich die maximal zulässige Raumlufttemperatur erhöhen, wenn in Büros an heißen Sommertagen nachmittags die Kleiderordnung gelockert wird. Umgekehrt kann die Effizienz der passiven Klimatisierung durch Nachtauskühlung gesteigert werden, wenn am Morgen niedrigere Raumlufttemperaturen zulässig sind. Das Energieeinsparpotenzial steigt zudem, wenn man außerhalb der tatsächlichen Betriebs- und Nutzungszeiten (messbar z.B. über Anwesenheitssensoren) geringere oder keine Anforderungen an den Raumkomfort stellt und stattdessen die zulässigen raumklimatischen Bedingungen nur noch mit Blick auf den Schutz der Bausubstanz eingrenzt.

Im **dritten Optimierungsschritt** geht es darum, die Fassade als solare Empfängerfläche auszubilden und damit den effektiven Energiebedarf des Gebäudes zu reduzieren, ohne den Komfort zu beeinträchtigen (Bild 9). Dann werden in die Fassade Thermokollektoren zur Raumheizung oder Raumkühlung bzw. PV-Module zur Stromerzeugung integriert. Optimale Ergebnisse liefert meist die Kombination der drei Optimierungsschritte. Es geht dann um Konzepte, die neben einem klima- und nutzungsgerechten Gebäudekörper und einer klima- und nutzungsgerechten Gebäudehülle (die nicht nur Energie spart, sondern auch gewinnt) auch die entsprechende Gebäude- und Regelungstechnik sowie die geeigneten gebäude- und nutzungsspezifisch optimierten Steuerungs- und Regelungsstrategien beinhalten.

Schritt 3
Energie gewinnen
Energie sparen
Energie sparen
Komfort
hoch
mittel
gering
Komfort steigern
gering
mittel
hoch
Energiebedarf

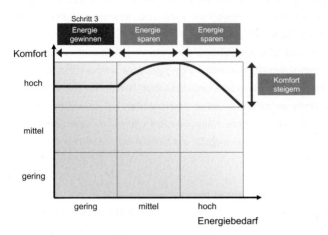

Bild 9 Ganzheitliche Optimierung energie- und komfortoptimierter Gebäude

Schritt 1 und 2: Energie sparen

Schritt 3: Energie gewinnen

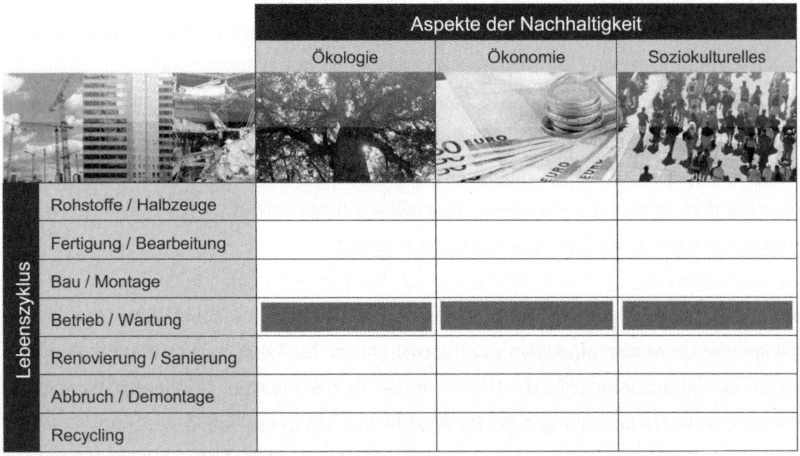

Aspekte der Nachhaltigkeit
Ökologie
Ökonomie
Soziokulturelles
Lebenszyklus
Rohstoffe / Halbzeuge
Fertigung / Bearbeitung
Bau / Montage
Betrieb / Wartung
Renovierung / Sanierung
Abbruch / Demontage
Recycling

Bild 10 Energie- und komfortoptimierte Konzepte: Energie sparen und Energie gewinnen

Bewertet man energie- und komfortoptimierter Konzepte in der Nachhaltigkeitsmatrix (Bild 10), so erkennt man schnell, dass sich derartige Maßnahmen im Wesentlichen nur auf die Nutzungsphase auswirken. Nachfolgend werden Überlegungen vorgestellt, mit denen sich während der Fassadenplanung die Aspekte der Nachhaltigkeit auch in den anderen Phasen des Lebenszyklus des Gebäudes positiv beeinflussen lassen.

3.3 Planung nachhaltiger Fassaden

Die Globalisierung geht auch für Planer und ausführende Firmen einher mit einem wachsenden Wettbewerbsdruck. Dieser stellt immer höhere Anforderungen in Bezug auf Kosten, Qualität und Geschwindigkeit. Da gleichzeitig die Individualisierung und Komplexität von Konzepten und Produkten sowie ihrer Erstellungsprozesse zunimmt, werden auch verbesserte Planungs- und Konstruktionsmethodiken benötigt. So teilt sich die eigentliche Fassadenplanung bei komplexen Bauvorhaben heute in die Varianten- und Integrationsplanung sowie in die Baugruppen- und Detailplanung auf. Sie ist mit Ausnahme der Detailplanung ein integraler Bestandteil einer ganzheitlichen Gebäudeplanung und sollte deshalb nicht isoliert von den anderen Gewerken betrachtet werden. Zunächst werden in der **Variantenplanung**, aufbauend auf den Ansätzen der Konzeptionsphase, objektspezifische Lösungsansätze bezüglich der Aspekte Ökologie und Ökonomie sowie bezüglich der o.g. soziokulturellen Aspekte im Lebenszyklus detaillierter betrachtet und bewertet. In dieser Planungsphase werden häufig unterstützende Untersuchungen wie numerische Simulationsberechnungen und Laboruntersuchungen an verkleinerten Modellen durchgeführt. Während der **Integrationsplanung** wird das ausgewählte Konzept durchgearbeitet und unter Mitwirkung der Fachingenieure und Behörden sowie beratender Unternehmer und Produkthersteller eine integrierte Lösung erarbeitet. Zur Erzielung optimaler Ergebnisse sind komplette Systeme, deren Teile in Wechselwirkung zueinander stehen, zu betrachten. Die Beschränkung auf Einzelteile oder Teilsysteme ist nur dann zulässig, wenn diese ohne maßgeblichen Einfluss auf andere Gebäudebestandteile sind. Deshalb muss genau zu diesem Zeitpunkt eine lückenlose Betrachtung aller Schnittstellen zwischen den Gewerken stattfinden sowie über das optimale Zusammenspiel nachgedacht und entschieden werden. Jetzt sind auch die wesentlichen Randbedingungen für die spätere Detaillierung festzulegen. Es geht um die Zusammenhänge zwischen mechanischer Kühlung, Sonnenschutz und Solarkühlung, zwischen Heizung, Wärmeschutz und passiver bzw. aktive Solarenergienutzung, zwischen mechanischer und natürlicher Lüftung sowie zwischen künstlicher und natürlicher Beleuchtung mit Tageslicht.

Erst wenn die Ergebnisse der Integrationsplanung mit den Zielvorgaben übereinstimmen, kann die **Baugruppenplanung** gestartet werden. Nun ist zu entscheiden, welche Aufgaben den einzelnen Bauteilen der Fassade zugeordnet werden. Dient beispielsweise der Sonnenschutz gleichzeitig als Blendschutz und Tageslichtlenkeinrichtung [4]? Durch die Entkopplung von Funktionen und die Spezialisierung einzelner Komponenten ergeben sich sowohl für den Planer und Metallbauer, als auch für den späteren Nutzer Vorteile. Zur Absicherung der Entscheidung werden bei komplexen Konzepten detaillierte numerische Simulationsberechnungen und Labor- oder Freilandversuche mit originalgroßen Musterfassaden oder ganzen Gebäudeausschnitten durchgeführt.

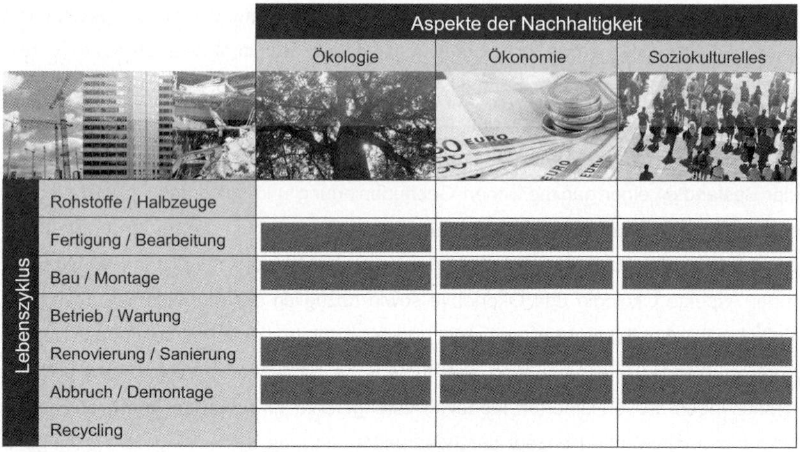

	Aspekte der Nachhaltigkeit		
	Ökologie	Ökonomie	Soziokulturelles
Lebenszyklus Rohstoffe / Halbzeuge			
Fertigung / Bearbeitung	■	■	■
Bau / Montage	■	■	■
Betrieb / Wartung			
Renovierung / Sanierung	■	■	■
Abbruch / Demontage	■	■	■
Recycling			

Bild 11 Modulares Bauen: Kosten senken, Qualität steigern

Spätestens zu diesem Zeitpunkt fällt auch die Entscheidung ob eine Pfosten-Riegel-Fassade oder eine Elementfassade zum Einsatz kommen soll [5]. Die Elementbauweise ist im Fassadenbau derzeit der konsequenteste Beitrag zur Industrialisierung des Bauens. Sie erweist sich gegenüber Bauweisen mit geringerem Vorfertigungsgrad aus Sicht der Nachhaltigkeit insbesondere in der Bau- und Demontagephase als deutlich überlegen (Bild 11). Die Verlagerung von Arbeitsschritten in Produktionshallen reduziert in der Bauphase zum einen die häufig Zeit fressende Abhängigkeit von Witterungseinflüssen und ermöglicht gleichzeitig industrielle Produktionsprozesse mit der entsprechenden Automatisierung und Rationalisierung. Dabei wird insbesondere die ungeplante Improvisation minimiert und stattdessen gleich bleibende Qualität produziert. Bei solchen Elementfassaden wird zunächst der am häufigsten vorkommende Standardtyp identifiziert und optimiert. Hierbei steht bei hochwertigen Gebäuden neben fertigungs-, montage- und demontagetechnischen Gesichtspunkten auch die gestalterische Integration der definierten Trag-, Sicherheits-, Schutz- und Nutzfunktionen der

Fassadenkomponenten im Fokus. Entscheidend ist die gründliche Entwicklung der Schnittstellen zwischen den einzelnen Komponenten innerhalb der Baugruppen. Dies gilt umso mehr, wenn in die Fassade Komponenten der Technischen Gebäudeausrüstung (z.B. dezentrale Fassadenlüfter) oder der Solartechnik (Thermokollektoren oder Photovoltaikmodule) integriert werden sollen. Nach erfolgter Vergabe erarbeiten Architekten, Fachingenieure, Unternehmer und Produkthersteller in der **Detailplanung** gemeinsam die ausführungsreife Planung. Dabei geht es nicht nur um die konstruktiven Details an den Schnittstellen der Fassade zum Primärtragwerk und Innenausbau (beispielsweise die Ausbildung der Wand- und Deckenanschlüsse), sondern auch um die Schnittstellen zwischen den einzelnen Baugruppen. Der Trend zu immer mehr Varianten erfordert ein wirkungsvolles und gleichzeitig einfach handhabbares Variantenmanagement. Komplexität ist nämlich nicht a priori als schlecht anzusehen. Sie ist und bleibt notwendig, um einen komplexen Markt bedienen und auf dessen Dynamik reagieren zu können.

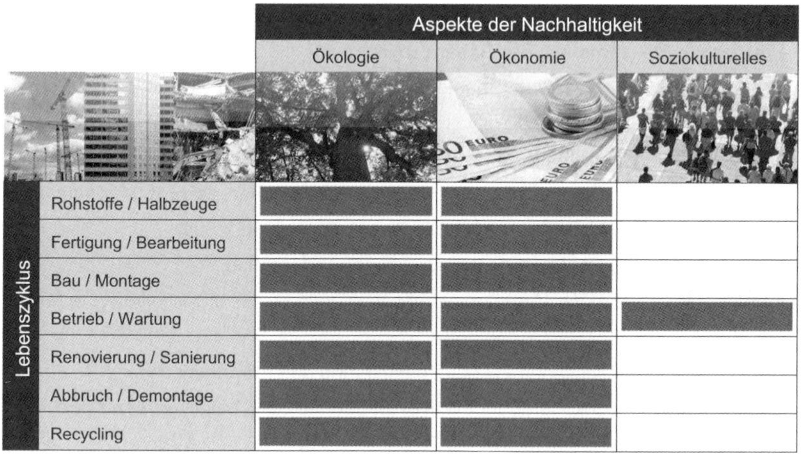

Lebenszyklus	Aspekte der Nachhaltigkeit		
	Ökologie	Ökonomie	Soziokulturelles
Rohstoffe / Halbzeuge			
Fertigung / Bearbeitung			
Bau / Montage			
Betrieb / Wartung			
Renovierung / Sanierung			
Abbruch / Demontage			
Recycling			

Bild 12 Systemtechnik: Schnittstellen optimieren, Flexibilität erhöhen

Dabei erweist sich insbesondere aus ökologischer und ökonomischer Sicht die Systemtechnik, im Fall von Fassaden die projektspezifisch individuelle Anwendung aufgabenspezifisch optimierten Konstruktionsbaukästen, als vorteilhaft (Bild 12). Die Reduzierung der Produkt-, Varianten- und Teilevielfalt verringert die Komplexität, ohne die Flexibilität bezüglich bauseitiger und räumlicher Gegebenheiten einzuschränken [6]. Da sie die Strukturen, Prozesse und Techniken vereinfacht, steigert sie wesentlich die Qualität bei Planung und Ausführung. Industriell (vor)gefertigte Komponenten mit erprobter, flexibler Verbindungstechnik haben als Serienprodukt in der Regel einen höheren Reifegrad als reine Sonderanfertigung [7]. Zudem ermöglichen Konstruktionsbaukästen in Verbindung mit zeitgemäßen CAD-CAM-Programmen (gerade bei Fassaden mit komplexer Geometrie) eine Zeit und Kosten sparende Variantenkonstruktion und -produktion. Optimale Ergebnisse bietet dieses Prinzip bei den o.g. Elementfassaden, da gerade bei parametrisierbaren Elementtypen die Vorteile der EDV-Unterstützung voll ausgespielt werden können.

4. Literatur

[1]   Hellwig R.T., Steiger S., Hauser G., Holm A., Sedlbauer K.: Kriterium des nachhalti-
       gen Bauens: Bewertung des thermischen Raumklimas – ein Diskussionsbeitrag;
       Bauphysik Heft 3/2008, Seite 152-162; Ernst & Sohn Verlag, Berlin (2008)

[2]   Heusler W.: Energieeffiziente Fassaden – Besonderheiten in unterschiedlichen Kli-
       mazonen; in: VDI (Hrsg.): Jahrbuch 2008 Bautechnik, VDI-Verlag GmbH, Düsseldorf
       (2007)

[3]   Heusler W.: Elektrifizierung der Gebäudehülle
       in: VDI (Hrsg.): Jahrbuch 2006 Bautechnik, VDI-Verlag GmbH, Düsseldorf (Septem-
       ber 2005)

[4]   Heusler W.: Sommerlicher Wärmeschutz - Glasmodifikationen und Additivsysteme
       in: VDI (Hrsg.):Innovative Fassaden II, Tagung Baden-Baden, März 2004, Tagungs-
       band; VDI Berichte Nr. 1811; VDI Verlag GmbH, Düsseldorf (2004)

[5]   Gartner F., Heusler W.: Fassadenkonstruktionen im Hochbau
       in: VDI (Hrsg.): Jahrbuch 1995 Bautechnik, VDI-Verlag GmbH, Düsseldorf (Septem-
       ber 1995)

[6]   Heusler W.: Integralfassaden - Gesamtoptimierung durch Systemtechnik
       Tagungsband 8. Fachkongreß Innovatives Bauen mit Glas, München, März.2000

[7]   Heusler W.: Der Systemhersteller als Projektbeteiligter
       in: VDI (Hrsg.): Innovative Fassaden, Tagung Baden-Baden, November 2001,
       Tagungsband; VDI-Berichte Nr. 1642, VDI Verlag GmbH, Düsseldorf (2001)

Photovoltaische Bauteile
zur Integration in Dächer und Fassaden

Handwerksgerechte Integration von Photovoltaik-Anlagen
Technik – Vertrieb – Marketing

Thomas Fellenberg, RHEINZINK, Datteln;
Prof. Dr.-Ing. habil. **Heinz Hullmann**, hwp, Hamburg,
Arbeitskreis „Photovoltaik in Gebäuden" in der Studiengemeinschaft für
Fertigbau, Koblenz

Jahr für Jahr etwas genauer hinhören, wenn es um die Wünsche von Kunden geht. Tag für Tag im Gespräch bleiben mit denen, die Bauteile für die Gebäudehülle planen und verarbeiten. Am besten schon antworten, bevor der Markt nach neuen Lösungen fragt. – Nur wer immer wieder bereit ist, mehr zu geben als andere, wird dem Markt regelmäßig neue Impulse geben können.

Als die so genannte „OLD ECONOMY" sind durch die Industrie immer und immer wieder neue Impulse in den Baumarkt geflossen. Es wurden Bedürfnisse erkannt, Trends aufgespürt und sogar Klassiker von morgen geschaffen.

„Wie können wir als Hersteller eines Bedachungs- und Fassadenbekleidungs-Werkstoffes Solartechnologien anwenden?" Diese oder ähnliche Fragen stellt sich die mittelständige Bauindustrie.

Wie können bestehende Kernkompetenzen der Unternehmen und die Eigenschaften der Werkstoffe zur energetischen Nutzung der Gebäudehülle beitragen? Wie können traditionelle handwerkliche Techniken, wie die im Bauwesen auch heute noch vielfach bestimmend sind, mit neuen Techniken zur Solarenergienutzung kombiniert werden? Welche Möglichkeiten gibt es, thermische und photovoltaische Bauteile zu schaffen, die sowohl im energetischen als auch im bautechnischen Sinn als „Bauteile" in die Gebäudehülle integriert werden können?

1.   Die Gebäudehülle

Es ist eine Vielzahl von Funktionen, welche die Gebäudehülle zu erfüllen hat – unabhängig davon, ob Elemente zur solaren Energiegewinnung integriert sind oder nicht. Wärmeschutz, Wetterschutz, Schallschutz, Brandschutz, Abschattung, Sichtschutz und Repräsentation im Sinne einer „corporate identity" sind nur einige von ihnen [hwp, ISET 2006]. Diese Funktionen sind weitgehend sowohl von der Fassade („senkrechtes Dach") als auch vom Dach („geneigte Fassade") zu erfüllen.

Bild 1 Glas-Glas-Module mit Kristallinen Silizium-Zellen. Die nicht mit einer Zelle belegten Bereiche der Module sind voll transparent, die Bereiche der Zellen dienen außer zur Stromerzeugung auch zur Abschattung des Innenraumes (Mont Cenis in Herne-Sodingen)

Ein wesentlicher Unterschied im Hinblick auf eine Integration photovoltaischer Module ergibt sich aus dem Unterschied von transparenten (Bild 1) und nicht transparenten (Bild 4) Teilen der Gebäudehülle. Die transparenten Teile – vom einfachen Fenster bis zur Glasfassade – basieren auf Glas als Werkstoff, materialtechnisch, gestalterisch, konstruktiv, herstellungstechnisch und wirtschaftlich. Seit dem sog. Glaspalast 1851 in London (Paxton) wurden faszinierende Konstruktionen für eine großflächige Anwendung von Glas in Gebäuden entwickelt. Sie haben eine breite Anwendung besonders bei hochwertigen Gebäuden gefunden.

Andererseits sind nicht transparente Teile der Gebäudehülle aus mineralischen Werkstoffen, Metallen, Holz oder auch Kunststoffen und unterschiedlichsten Verbundbauteilen – besonders angesichts der heute hohen Anforderungen an die thermischen Qualitäten der Gebäudehülle – technisch einfacher und daher auch zu vergleichsweise geringeren Kosten herzustellen, als das für transparente Gebäudehüllen der Fall ist.

2. Photovoltaische Module an und in Gebäuden

Solare Systeme in der Gebäudehülle werden eingesetzt für Energieeinsparung, für aktive (thermisch und photovoltaisch) und passive solare Energiegewinne. Sie arbeiten in der Regel dezentral, die Energiegewinne werden in dem jeweiligen Gebäude genutzt. Photovoltaisch gewonnene elektrische Energie wird auch unmittelbar in das öffentliche Netz eingespeist. Für all diese Systeme braucht es Bauteile, die gleichzeitig energetische und bauliche Funktionen erfüllen.

2.1 Additive Technik – Module außerhalb der Gebäudehülle

Funktionen von Solarsystemen sind je nach Klimabedingung Heizung, Kühlung und Warmwasserbereitung. Dazu sind erforderlich: Gewinnung, Transport, Umwandlung, Steuerung, Speicherung, Abgabe der thermischen oder elektrischen Energie mit jeweils angepassten Elementen. Die sichtbaren Komponenten – Kollektoren, Energieabsorber, photovoltaische Module – dienen der Energiegewinnung.

In einfachster Form und zu Beginn der Entwicklung werden sie „auf dem Dach" oder „an der Fassade" angebracht. Die weiteren Komponenten für Energietransport, Energiespeicherung und Energieabgabe sind innerhalb des Gebäudes angeordnet. Potentiale ergeben sich daraus, dass bei additiver Technik die Komponenten in Serien und in wenigen Ausführungsvarianten unabhängig vom Einzelprojekt hergestellt und angebracht werden können (Bild 2).

Bild 2 Additiv auf einem Metalldach befestigte Standardmodule (Messe München) und an einer Fassade als Verschattungselemente (Photo: solarnova)

2.2 Integrierte Technik – multifunktionale PV-Module als Teil der wasserführenden Schicht

Aus den Bedingungen der Funktion und der Herstellung solarer Komponenten ergeben sich Vorgaben für Abmessungen, Materialien und Aussehen solarer Komponenten. Bemühungen engagierter Architekten und Planer konzentrieren sich darauf, diese Komponenten in anspruchsvoller Form in Gebäude zu integrieren (Bild 3).

Bild 3 Teiltransparente kristalline Module als gestalterisches Motiv in der Bergstation der Kriegerhornbahn (Photos: solarnova)

Bild 4 Nicht transparente kristalline Module als vorgehängte hinterlüftete Außenwand an einem Bunker in Emden (Photos: solarnova)

Viele gute Beispiele finden sich bei Gebäuden mit Glasfassaden, bei denen die Integrationsbedingungen bereits im Planungsstadium berücksichtigt werden konnten. Potentiale liegen hier besonders bei hochwertigen Gebäuden im Nicht-Wohnungsbau. Andererseits werden ähnliche Konstruktionen auch bei nicht transparenten Teilen der Gebäudehülle angewandt, wie beispielsweise bei der PV-Fassade eines ehemaligen Bunkers in Emden, um mit einem möglichst gleichen Produkt auch diese Marktbereiche abdecken zu können (Bild 4). Hier

kommen auch Module in Frage, die auf der Grundlage nicht transparenter Materialien beispielsweise als vorgehängte hinterlüftete Fassade angebracht werden [Weller, Rexroth
2007].

Bild 5   Kristalline PV-Module, im Rahmen einer Modernisierung in eine geschlossene Außenwand eingebunden (Photos: D. Slawski, Universität Essen)

Im Gegensatz zu photovoltaischen Modulen, die ausschließlich zur Stromgenerierung verwendet werden, übernehmen integrierte photovoltaische Bauteile zusätzliche Funktionen, die
denen von nicht photovoltaischen Bauelementen entsprechen. Hierzu zählen beispielsweise
Wasserableitung, Wasser- und Luftdichtigkeit sowie Lichtdurchlässigkeit, Verschattung und
Wärmedämmung.

Die Integration von photovoltaischen Bauelementen bei Neubauten oder Sanierungen von
Gebäuden hat wesentliche Vorteile gegenüber der Anordnung von Standard-Modulen unabhängig von Gebäuden, auf Freiflächen oder auf Flachdächern. Bei der Verwendung von photovoltaischen Bauelementen in Gebäuden können hinsichtlich gestalterischer, technischer
und kostenspezifischer Aspekte positive Wechselwirkungen zwischen den multifunktionalen
Eigenschaften von photovoltaischen Bauteilen sowie gewünschten Funktionen der Gebäudehülle erzielt werden. Hierzu gehören u.a.: Abschattung, Elektromagnetische Energiewandlung, Elektromagnetische Schirmdämpfung, Gestaltung, Wärmeschutz, Witterungsschutz und
Schallschutz.

Beispiele für multifunktionale Bauteile sind u.a.:

- kristalline photovoltaische Module auf der Basis von Glas (erläutert u.a. in [hwp, ISET
  2006]),

- Außenwand- und Dachelemente als thermische Absorber und photovoltaische Module (u.a. Rheinzink GmbH & Co, KG, Datteln),

467

- Außenwandelemente als Luftkollektor (u.a. SolarWall, Conserval Engineering Inc., Toronto).

Die konstruktive Integration von photovoltaischen Bauelementen kann in einigen Fällen sehr aufwändig sein, wie dieses z.B. in der Regel bei massiven Konstruktionen des Gebäudebestands der Fall ist. Sie kann auch aus anderen Gründen nicht sinnvoll sein. In diesen Fällen kann die gestalterische Integration einer Photovoltaikanlage durchaus auch außerhalb der so genannten wasserführenden Schicht realisiert werden, beispielsweise in Form von Sonnenschutzanlagen.

Bild 6   Nautineum in Stralsund (Photos: BLS, Greifswald, und Hoesch Contecna). Die a-morphen PV-Module sind hier im mittleren Bereich der Dachbauteile aus Edelstahl auflaminiert, während der Randbereich nicht energetisch aktiv ist.

2.3   Solare Bauelemente

Während bei der unter 2.2 beschriebenen integrierten Solartechnik solche Bauteile verwendet werden, die im Wesentlichen aus den Anforderungen und der Optimierung der photovoltaischen Funktion entwickelt wurden, müssen Solare Bauelemente im Hinblick auf ihre Einbaubedingungen darüber hinaus gehen. Sie sind in gleichem Maße Bauelemente im bautechnischen Sinne als auch in ihrer photovoltaischen Funktion. Das betrifft beispielsweise die konstruktiven und die materialtechnischen Anschlüsse, die Herstellung, die Montage vor Ort, die Verträglichkeit („Affinität") mit den benachbarten Bauteilen und mit dem Gebäude als Ganzem (Bild 6). Und es betrifft nicht zuletzt die Wartung sowie die Größenordnung, die im Bereich der Kosten photovoltaisch nicht aktiver Bauteile mit sonst vergleichbaren Eigenschaften liegen sollte.

Wichtig für eine erfolgreiche Entwicklung der Komponenten sind Elementierung (für den Hersteller) und Anpassbarkeit an unterschiedliche konstruktive und gestalterische Einbaubedingungen (für den Anwender), wie sie beispielsweise in Bild 8 und Bild 9 dargestellt sind.

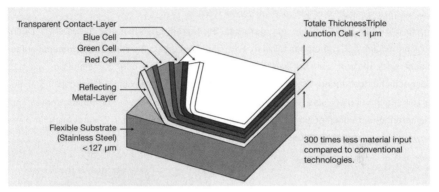

Bild 7   Schemadarstellung einer amorphen Photovoltaik-Zelle in Triple Junction-Technik (UNI-SOLAR®, United Solar Ovonic), wie sie auf unterschiedliche Trägermaterialien auflaminiert werden kann.

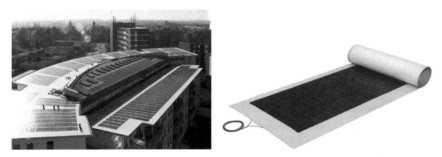

Bild 8   Photovoltaische Dünnschichtmodule (Uni-Solar), die vorkonfektioniert auf Dachbahnen aufgebracht wurden und dann als „Photovoltaisches Bauteil" verlegt wurden (Photos: alwitra)

3.   Gebäudeintegration Photovoltaischer Solarer Bauelemente

Photovoltaische Bauelemente sind in einer Vielzahl von Varianten erhältlich und können grundsätzlich differenziert werden in biegesteife und flexible Elemente.

Photovoltaische Bauelemente mit **hoher Steifigkeit** sind in der Regel mit Glas abgedeckt. Daher eignen sie sich besonders gut für die Gestaltung im Rahmen aller Formen von „Glasarchitektur", sowie für die Integration in feste Gebäudehüllflächen, wie hart gedeckte Dächer und die meisten Fassaden. Darüber hinaus können Module mit hoher Steifigkeit auch zur Deckung von Seilnetzkonstruktionen verwendet werden.

Photovoltaische Bauelemente mit **geringer Steifigkeit** bestehen aus biegsamen Dünnschichtmodulen (z.B. amorphes Silizium, Bild 7), die auf einem flexiblen Trägermaterial aufgebracht sind. Bislang sind im Handel Elemente aus Metallen oder Kunststoffen, wie z.B. Dachabdichtungsbahnen, erhältlich. Die hierfür verwendeten flexiblen dünnschichtigen Solarzellentechnologien sind auch für die Anwendung in leichten Flächentragwerken, auf Membranen und Folien geeignet. Sie werden daher voraussichtlich in Zukunft auch für diese Anwendungen vermehrt verfügbar gemacht werden.

Bild 9   Die gleichen photovoltaischen Dünnschichtmodule wie in Bild 8 auf Fassadenelementen aus Stahl – die angedeuteten Wellenlinien sind ein bewusst eingesetztes gestalterisches Element (Photo: ThyssenKrupp) – und als Dachfläche mit geringer Neigung aus Edelstahl mit auflaminierten Dünnschicht-Modulen (Photo: United Solar Ovonic)

Zukünftige Potentiale liegen in der Entwicklung von Bauelementen, bei denen die Funktionen solaren Energiegewinns ebenso erfüllt werden wie die bautechnischen des Wetterschutzes, des Wärme- und Schallschutzes sowie der Gestaltung von Fassaden und Dächern, ganz abgesehen von weiteren Funktionen (Abschattung, elektromagnetische Schirmdämpfung, elektromagnetische Energiewandlung), wie sie beispielsweise bereits heute von photovoltaischen Modulen erfüllt werden [hwp, ISET 2006]. Dabei scheint langfristig eine Technik am erfolgversprechendsten, die eine Verbindung mit anderen Baumaterialien erlaubt und für

470

welche nicht nur die Techniken des Einbaus vorhanden sind und genutzt werden können, sondern auch die Vertriebswege. Nur so kann eine zügige Verbreitung erreicht werden (Bild 6, Bild 8, Bild 9).

4. Einführung in den Baumarkt

Die Schlüsselfunktion zur Nutzung der Solartechnik an Gebäuden trägt, insbesondere bei photovoltaischen Bauelementen, der Architekt und Planer:

- Gebäudeintegrierte PV-Bauteile müssen bereits im Entwurfsstadium festgelegt werden.
- Die Entscheidung für ein Produkt muss frühzeitig fallen und bei der Planung und Ausschreibung konsequent umgesetzt werden.
- Probleme müssen im Zuge der Planung geklärt werden und in der Ausschreibung Berücksichtigung finden, sonst werden einfachere Lösungen bei der Montage den gestalterisch anspruchsvollen Lösungen vorgezogen. Anlagen, die erst im Nachhinein geplant oder auf bestehende Gebäude montiert werden, können gestalterisch nur in geringem Maß integriert werden.

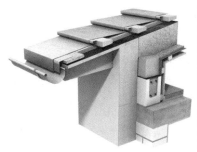 

Bild 10 Das Zinkdach im Quickstep-System kann sowohl mit als auch ohne bauteilintegrierte Photovoltaik (in diesem Fall Module mit kristallinen Zellen) ausgeführt werden. In beiden Fällen sind die Anschlusselemente die gleichen (Graphik und Photo: RHEIN-ZINK).

- Die komplette Bekleidung der Dächer und Fassaden erfolgt mit einem Verlegesystem durch den klassischen Dachhandwerker. Es sind keine zusätzlichen mechanischen Fixierungen der Solarmodule notwendig. Der Handwerker benötigt keine besonderen solartechnischen Kenntnisse.

- Die Dach- oder Fassadenflächen werden nicht den Abmessungen der Solarmodule angepasst, sondern die architektonische Gestaltung wird zusammen mit der Solartechnik umgesetzt.

Bild 11 Die klassische Stehfalztechnik erlaubt auf technisch einfache und gestalterisch ansprechende Art eine Integration photovoltaischer Dünnschichtmodule (Graphik und Photo: RHEINZINK).

Die Tradition eines Industrieunternehmens bedeutet Qualität in allen Unternehmensbereichen, Service mit direktem persönlichem Kontakt zum Kunden. Der rege Austausch mit Architekten und Planern sowie mit dem Fachhandel und Fachhandwerk besitzt einen hohen Stellenwert. Sie sind es, die die Werkstoffe verplanen, verkaufen oder verbauen. Die Pflege intensiver und vertrauensvoller Kundenbeziehungen ist von fundamentaler Bedeutung.

Ein Beispiel hierfür sind die Marktkontakte eines Metall produzierenden Unternehmens mit ca. 800 Mitarbeitern weltweit. Über die

- sieben Verkaufsniederlassungen in Deutschland werden
- etwa 16.000 Fachhandwerksunternehmen,
- 1.200 Fachhändler sowie
- über 20.000 Architekten und Planer betreut, informiert und beliefert,
- neue Marktsegmente erschlossen,
- veränderte Anforderungen an Gebäude in den Produkten berücksichtigt,
- die Kooperation mit den Solarfirmen gepflegt, da die Montage der PV-Bauelemente fachregelgerecht durch den Handwerker ausgeführt werden muss.

5. Zusammenfassung und Ausblick

Die Gebäudehülle wird in Zukunft einen Mehrwert durch die Zusatzfunktionen multifunktionaler solarer Bauteile erhalten – auch in bisher noch nicht erschlossenen Marktsegmenten. Daraus müssen und werden sich sowohl technisch als auch ökonomisch zusätzliche Potentiale und neue Perspektiven ergeben.

Welche Solar-Produkte werden in Zukunft weitere solare Integration in Bauteilen ermöglichen und Anwendungen in der Architektur erleichtern? Hier liegt ein großes Entwicklungspotential, denn immer mehr Photovoltaikanlagen werden, je weniger andere Flächen zur Verfügung stehen, in Gebäude integriert werden müssen. Hier gibt es ausreichend viele Flächen in Dächern und Fassaden. Das Bauwesen braucht Lösungen, die von allen Beteiligten angenommen werden!

Bild 12 Gebäudeintegrierte Photovoltaikbauteile in der Energie-Akademie auf Samsø, Dänemark (Photo: RHEINZINK)

473

Literatur

[Bendel, Hullmann 2005] Bendel, Christian; Hullmann, Heinz: Gebäudeintegrierte Photovoltaik bei Sanierung und Modernisierung, Wiesbaden: Studiengemeinschaft für Fertigbau, PV + Bau 05, 2005

[Fellenberg 2008] Fellenberg, Thomas: Gebäudeintegrierte PV-Bauteile, In: 23. Symposium
Photovoltaische Solarenergie, Kloster Banz, Bad Staffelstein: OTTI e.V., 2008

[Hullmann 2000] Hullmann, Heinz (Hrsg.): Photovoltaik in Gebäuden, Stuttgart: Fraunhofer
IRB Verlag, 2000

[Hullmann, Willkomm 2005] Hullmann, Heinz; Willkomm, Wolfgang: Gebäudeintegrierte
Photovoltaik im historischen Gebäudebestand, Wiesbaden: Studiengemeinschaft für
Fertigbau, PV + Bau 06, 2005

[hwp, ISET 2006] hwp und ISET: Multifunktionale Photovoltaik – Photovoltaik in der Gebäudehülle, Hamburg und Kassel: hwp und ISET, 2006

[Weller, Rexroth 2007] Weller, Bernhard; Rexroth, Susanne; Koerdt, Frithjof; Schäffler,
Raymund: Vorgehängte, hinterlüftete Fassaden mit Photovoltaikmodulen in Dünn-
schichttechnologie, In: Düsseldorf: VDI-Bau Jahrbuch 2007

Systematische Auftragsbeschaffung für Ingenieurbüros

Ein zu selten genutzter Vorteil

Ralph Knöß, StrategieQUADRAT, Rüsselsheim

Zusammenfassung

Freiberuflich im Markt agierende Ingenieurbüros sind wie jedes andere Unternehmen auch von Aufträgen abhängig, um dauerhaft im Markt bestehen. Es zählt somit unbestreitbar zu den Grundvoraussetzungen eines erfolgreichen Unternehmens, entsprechend seiner eigenen Struktur, über ein adäquates Volumen an auskömmlichen Aufträgen zu verfügen. In vielen Bereichen der Bauwirtschaft ist die Auftragslage aktuell nicht so gut, dass man die freie Auswahl zwischen interessanten und ertragsstarken Aufträgen hätte. Umso wichtiger ist es im Rahmen der Unternehmens-sicherung für eine kontinuierliche Auslastung zu sorgen und dies nicht dem Zufall zu überlassen. Der folgende Beitrag behandelt Lösungs-möglichkeiten der Systematisierung der Auftragsbeschaffung für Ingenieurbüros im Bauwesen und zeigt, dass die systematische und kontinuierliche Bearbeitung dieser Thematik, Ihrem Unternehmen viele Vorteile bieten kann.

Einleitung

Die Möglichkeit der Standardisierung und Kontrolle von entscheidenden Unternehmensaufgaben wird in vielen Bereichen intensiv genutzt. Für viele wiederkehrende oder gleichartige Tätigkeiten gibt es entsprechende Routinen und Prozeduren, die vielfach durch technische Hilfsmittel sichergestellt und unterstützt werden. Denken wir nur an Themen wie Projektmanagement, das Vergabewesen, die Buchhaltung oder die Abrechnung nach HOAI, vieles läuft in den Büros nach klaren Vorgaben, Regeln und Zuständigkeiten, teilweise direkt bedingt durch zwingend einzuhaltende Vorgaben von Gesetzen und Verordnungen. Dem gegenüber stehen Bereiche, die als nicht oder nur schwer standardisierbar bzw. systematisierbar gelten und bei denen die gesetzlichen Vorgaben nur einen indirekten Einfluss auf die Umsetzung haben, wie zum Beispiel bei der Personalführung, der Weiterentwicklung eines Unternehmens und der aktiven Akquisition von Aufträgen. Die systematische Akquisition von

Aufträgen stellt hierbei die Unternehmensverantwortlichen auf Grund der Größen und Struktur der Unternehmen oft vor

eine nicht einfach zu lösende besondere Problemstellung.

Problemdarstellung

In kleineren und mittleren Büros der Größe von 1-20 Beschäftigten gibt es meist keine eigene Verantwortlichkeit für den Bereich Auftragsbeschaffung. Besonders in inhaber-geführten freiberuflich arbeitenden Büros wird diese Aufgabe meist „irgendwie" vom Chef nebenbei mit erledigt. In Zeiten mangelnder Auftragsvolumina im Markt, die zu härterem Wettbewerb führen, kann dies schnell zu unternehmensbedrohenden Zuständen führen, mit denen sich kein Unternehmensverantwortlicher konfrontiert sehen möchte. Die oben beschriebene Marktsituation stellt für diverse Unternehmen eine akute Bedrohung dar. Die Betroffenen sehen sich vielfach als Opfer von nicht beeinflussbaren Faktoren, wie Globalisierung, politischen Entscheidungen, übermächtigen Wettbewerbern oder schlechter Konjunktur. Übersehen wird dabei aber häufig, dass es erfolgreich am gleichen Markt agierende Unternehmen gib, für die die gleichen Spielregeln gelten und denen es gelingt ohne illegale Praktiken kontinuierlich ihre Unternehmen weiterzuentwickeln und im Markt dauerhaft zu etablieren.

Lösungsvorschläge

Was macht nun den entscheidenden Unterschied zwischen den Wettbewerbern aus?

Abgesehen davon, dass jeder Unternehmer beziehungsweise Freiberufler permanent gefordert ist das eigene Büro in allen Unternehmensbereichen zu entwickeln und an aktuelle Marktveränderungen, sowie technische und rechtliche Entwicklungen anzupassen, stellt die aktive systematische Auftragsbeschaffung sicherlich einen der häufigsten Unterschiede zwischen den verschiedenen Wettbewerbern dar. Vielfach wird dies von den weniger Erfolgreichen nicht zur Kenntnis genommen und die daraus resultierenden negativen Ergebnisse werden anderen Ursachen zugeschrieben. Dies löst aber nicht das eigentliche Problem einer Auftragsunterdeckung. Es stellt sich vielmehr die Frage, welche Handlungsmöglichkeiten hat nun ein Ingenieurbüro, um seine Auftragslage aktiv zu verbessern? Im Folgenden sollen nun grundsätzliche Möglichkeiten aufgezeigt werden.

Wie kann eine „Systematische Auftragsbeschaffung" für ein Ingenieurbüro im Bauwesen aussehen, welche Teile gehören dazu?

- **Finden der Leistungsstärken**

Zunächst sollte man sich vergegenwärtigen, dass zwar in jedem Büro eine Vielzahl von Fähigkeiten vorhanden sind, aber vielleicht nicht alle soweit entwickelt sind, um in einem hart umkämpften Markt zu bestehen. Hier ist es sinnvoll bereits abgearbeitete Aufträge rückwirkend einer kritischen Prüfung und Bewertung zu unterziehen, um zu einer realistischen Einschätzung des tatsächlich gegebenen Leistungspotentiales zu gelangen. Diese Analyse sollte sowohl unter Nutzung von harten, als auch weichen Faktoren durchgeführt werden. Am Schluss einer solchen Bestandsanalyse sollten die wirklichen Leistungsstärken des Büros bekannt sein und am besten in einer präzisen Beschreibung schriftlich vorliegen. Die klare Definition der Leistungsstärken ist unumgänglich für die strategische Positionierung des Büros im Markt. Zum Erreichen, beziehungsweise Erhalten einer bestimmten strategischen Position sind daraus entsprechende Aktivitäten abzuleiten und unter Berücksichtigung der generellen Unternehmensziele umzusetzen.

- **Kundenstruktur**

Außer den Aufträgen sollten die bereits vorhandenen Auftraggeber eingehend betrachtet werden. Hierzu zählt neben der Prüfung und Aktualisierung der Adressdaten auch die Aktualisierung der Ansprechpartner und Entscheider, sowie das Zusammentragen von aktuellen Informationen über das Unternehmen, die Kommune oder den privaten Kunden. Bereits hier sollte eine Unterscheidung zwischen den verschiedenen Stufen in der Beziehung getroffen werden. Handelt es sich bei der Adresse um eine Zielgruppen-Adresse, um einen Wissens- oder Kaufinteressenten oder gar um einen Erst- oder Stammkunden. Es empfiehlt sich zunächst alle Daten, sofern im Büro keine spezielle Software zur Adressverwaltung vorhanden ist, in einem offenen System zu verwalten, da zunächst noch nicht klar sein kann, welche Informationen dauerhaft benötigt werden. Außerdem ist die Beziehung zu Auftraggebern etwas Dynamisches und erfordert eine ständige Fortschreibung. Der Aufbau, beziehungsweise Ausbau und die Pflege einer Adressdatei (Kundendatenbank) sollte mit größter Sorgfalt betrieben werden. Die Unterscheidung in die verschiedenen Kategorien ist, wie wir später sehen werden, ausschlaggebend für die Ansprache der einzelnen Gruppen.

- **Potentielle Neukunden**

  Im Rahmen ihrer normalen geschäftlichen und privaten Tätigkeiten lernen Sie ständig neue Menschen kennen, Sie prüfen ob diese Menschen für ihre Leistungen Verwendung haben könnten und nehmen sie gegebenenfalls in ihre Adressdatenbank auf. Informieren Sie diese potentiellen Neukunden unverbindlich über ihre Leistungen und treten Sie in einen ungezwungenen Dialog mit ihnen ein.

- **Leistungspräsentation ihres Unternehmens**

  Um Altkunden oder potentielle Neukunden über die Leistungsstärken ihres Unternehmens zu informieren, müssen verschiedene Leistungspräsentationen erstellt werden. Hierbei ist zu bedenken, dass zwar prinzipiell jede Einzelleistung im Unternehmen dargestellt werden kann, eine zu detaillierte Beschreibung für einen fachlichen Laien, gerade zu Beginn einer Auftragsanbahnung aber oft eher abschreckend wirkt. Wichtig ist es, sich in diesem Zusammenhang darüber im Klaren zu sein, dass der Kunde oft einen gänzlich anderen Blick auf ein Bauwerk oder eine technische Lösung hat als ein Fachmann, es anders wahrnimmt und somit andere Dinge für wichtig hält. Woran der Kunde in der Regel sehr interessiert ist, ist der Nutzen, den er von ihrer Leistung, beziehungsweise Lösung hat, z. B. Zeitersparnis ohne qualitative Abstriche bei der Leistung, Kostensenkung in der Bauunterhaltung, ökologische oder energetische Vorteile etc. Insofern erfordern die verschiedenen Stadien des Informationsflusses bis zur endgültigen Auftragsvergabe auch verschiedene Tiefen beim Informationsniveau. So dient zum Beispiel ein kleiner Flyer über die grundsätzlichen Leistungen des Büros als Gedächtnisstütze beim Abteilungsleiter des Kunden und die 30 Minuten lange Leistungspräsentation zu einem konkreten Projekt vor dem Entscheidungsgremium als letzte Entscheidungshilfe vor der Auftragsvergabe. Bei der Erstellung der verschiedenen Leistungspräsentationen sollte auf ein durchgängiges Erscheinungsbild über alle Medien geachtet werden und der Kundennutzen immer im Vordergrund stehen. Eine selbstverliebte Darstellung der eigenen Fähigkeiten ist hier deplaziert und wirkt kontraproduktiv.

- **Permanenter Dialog mit den Kunden**

  Wie bereits der Managementstratege Peter F. Drucker, zum Thema Marketing feststellte: „Marketing ist Denken und Handeln aus Kundensicht" und genau darum geht es im Dialog mit ihren Auftraggebern, den aktuellen und den zukünftigen. Ohne einen kontinuierlichen Dialog ist es nicht möglich sich in die Denkweise des Kunden zu versetzen und ihm den bestmöglichen Nutzen zu bieten. Ohne, dass der Kunde den Nutzen erkennt, den Sie ihm bieten können, betraut er einen anderen Anbieter mit der Bearbeitung seines Projektes.

Doch wie in einen Dialog treten? - Von der direkten Ansprache per Brief oder Email, über Internetseiten, Messestände auf einschlägigen Fachmessen, Einladungen zu Veranstaltungen mit Eventcharakter, von Seminarangeboten bis zu Produkt- oder Leistungspräsentationen im eigenen Haus ist fast alles denkbar. Die Entscheidung mit welchem Medium Sie ihre Botschaft versenden ist sekundär, entscheidend ist, dass die Botschaft zum richtigen Zeitpunkt an den richtigen Ort gelangt, um dort Gehör zu finden. Dies ist abhängig von ihrem Leistungsangebot, ihren Auftraggebern und diversen Rahmenbedingungen, die zu diskutieren den Rahmen dieses Beitrages übersteigen würde. Wichtig ist in diesem Zusammenhang zu erkennen, dass nur ein kontinuierliches Aussenden von Informationen gegen das Vergessen beim Kunden hilft. Einmalige Aktionen, seien sie auch noch so perfekt und aufwendig, sind ungeeignet einen kontinuierlichen Informationsfluss zu erzeugen, der wiederum Voraussetzung für einen ständigen Auftragszufluss ist. Somit ergibt es sich zwingend, eine eigene Systematik, angepasst an die eigene Bürostruktur, zu entwickeln um im Kopf des Kunden präsent zu bleiben. Diese Vorgehensweise schafft überhaupt erst die Voraussetzung dafür zu erfahren, ob ihre Leistungen benötigt werden. Die Unterschiedlichkeit der Leistungen und Kunden verbietet hier eine allgemeingültige Standardisierung der Vorgehensweise, gefordert ist hier die permanente Auseinandersetzung mit den Ansprüchen der Kundschaft im Dialogverfahren.

- **Das Dialogverfahren**

Im Rahmen des Dialogmarketings müssen gemeinsam mit dem Kunden verschiedene Stufen durchlaufen werden. Hierbei werden mehrere Ziele parallel erreicht:

1.) Durch ständigen Kontakt sind Sie, beziehungsweise ihr Unternehmen, ständig beim Kunden präsent, Sie werden nicht vergessen!

2.) Durch den Dialog sind Sie in der Lage die Wünsche des Kunden zu erkennen und ihr Leistungsangebot kann mit einem hohen Kundennutzen dargestellt werden, dies mündet häufig direkt in einer ersten Beauftragung.

3.) Nach dem Erstauftrag bleiben Sie weiterhin bei Ihrem Kunden aktiv und betreuen ihn weiter, daraus resultiert eine verstärkte Kundenbindung an Ihr Büro und der Kunde entwickelt sich mit hoher Wahrscheinlichkeit zum Stammkunden.

4.) Zufriedene Stammkunden werden zu Empfehlern für Ihr Unternehmen und unterstützen Sie beim Erlangen neuer Aufträge und der Festigung ihrer Marktposition.

Zum Erreichen der oben beschriebenen Ziele ist es nötig einige Regeln zu beachten. Zunächst darf das Verfahren nicht unterbrochen werden, ansonsten kommt es nicht zur beabsichtigten Kontinuität. So wie Sie stetig Aufträge für Ihr Unternehmen benötigen, brauchen Ihre Kunden ständig ihre Zuwendung und Aufmerksamkeit. Stellen Sie Ihre Bemühungen ein, bleibt der Erfolg aus. Es gibt keine Abkürzungen die längerfristig erfolgreich sind. Jede Stufe hat ihre Aufgabe im System zu erfüllen und muss durchlaufen werden um ihre Wirkung im Gesamtgefüge zu entfalten, alles andere führt maximal zu Einzelerfolgen und nicht zum beabsichtigten kontinuierlichen Auftragszufluss.

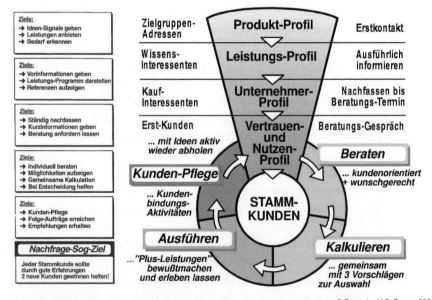

© Promoter H.S. Berger 2005

Bild 1   Ablaufdiagramm zur „Systematischen Auftragsbeschaffung"

Die im Rahmen der Graphik dargestellten Ablaufschritte im Kundendialog werden jeweils durch flankierende Aktivitäten unterstützt, deren Hauptziele auf der linken Seite dargestellt sind. Anhand der Kategorisierung von der Zielgruppen-Adresse bis zum Stammkunden und Empfehler werden die unterschiedlichen Entwicklungsstadien unterschieden. Diese Einteilung dient auch gleichzeitig als Selektionskriterium in der Datenbank für die unterschiedlichen Maßnahmen und Aktivitäten pro Entwicklungsstufe. Die Wahrung der schon angeführten Kontinuität im Ablauf kann nicht oft genug betont werden, da hier in der Praxis aufgrund von Ungeduld oder Leidensdruck die meisten Fehler gemacht werden. So wird vielfach versäumt die Stammkunden zu pflegen, da man der Ansicht ist diese hätte man ja auf Grund der erfolgreich abgewickelten Projekte bereits dauerhaft für sein Unternehmen gewonnen. Dies ist wie die Praxis zeigt eine falsche Annahme, da ein aktiver Wettbewerber häufig gerade Kunden, deren man sich sicher wähnt, ins Visier nimmt und dort verstärkt Aktivitäten entfaltet, wo man dies gar nicht erwartet hätte. Parallel verliert man möglicherweise mit diesem Stammkunden auch noch einen aktiven Empfehler, was bei dem vorab investierten Aufwand in den Kunden besonders schmerzlich ist und den Erfolg der Methode stark schmälern würde.

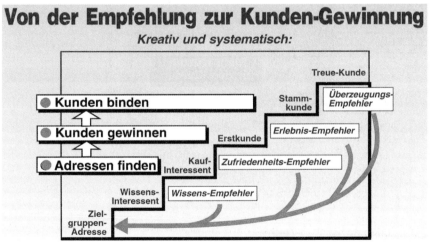

Bild 2   Kundengewinnung durch Empfehlung

Nutzt man die Optionen, die sich aus den Empfehlungen der eigenen Kunden ergeben konsequent, so können oft Aufträge akquiriert werden, bevor diese im Markt bekannt werden und das Interesse des Wettbewerbs auf sich ziehen. Diesen Vorteil gilt es zu sichern, um die angestrebte Marktposition zu erreichen. Da der Aufwand in der Akquisition pro Auftrag in den letzten Jahren sowieso permanent gestiegen ist sind durch Empfehlung gewonnene Aufträge ohne Wettbewerb ein willkommener Beitrag zur Verbesserung der Aufwandsbilanz in der Auftragsbeschaffung.

Unternehmenserfolg

Ein dauerhafter Unternehmenserfolg kann nur über einen dauerhaften Nutzen für Ihre Auftraggeber generiert werden. Lernen Sie im Rahmen des Dialoges die Faktoren kennen, die Ihr Kunde als Nutzen wertet und vergrößern Sie diesen Nutzen im Kundeninteresse.

Bild 3   Erfolgsspirale für Unternehmen

Fazit

Viele der oben beschriebenen Schritte sind heute durch die Unterstützung von CRM Systemen (Customer Relation Management) rationell im Büroalltag abzuwickeln wenn die Grundstrukturen passend zum Unternehmen und seinen Leistungsstärken gelegt wurden. Die

Grundsätze einer „Systematische Auftragsbeschaffung", basierend auf den Stärken des eigenen Unternehmens, aufzubauen und dies zu einem festen Bestandteil der Unternehmensaktivitäten zu machen ist eine Grundsatzentscheidung, die jeder Unternehmer für sich treffen muss. Ein bisschen Auftragsbeschaffung zu betreiben, bringt nur das was aus der Praxis nicht besonders erfolgreicher Unternehmen hinlänglich bekannt ist, Einzelerfolge ohne echte Kontinuität, Unsicherheit bei der Unternehmensentwicklung und Stress für die Verantwortlichen. Sollten Sie darauf verzichten können, so entscheiden Sie sich für den systematischen Aufbau einer Auftragsbeschaffung und integrieren Sie diese in Ihr Unternehmen. Setzen Sie auf Systematik, Kontinuität und Erfolg und verabschieden Sie sich von Unsicherheit, Stress und Zukunftsängsten. Nutzen Sie lieber erprobte Techniken und Erfahrungen zum Starten Ihrer persönlichen Erfolgsspirale als in Unzufriedenheit und Dauerstress zu verharren. Die hierzu nötigen Verhaltensänderungen und Investitionen zahlen sich für Sie und Ihr Unternehmen sicher aus.

Verlängerte Gewährleistung bei unzureichender Bauwerksabdichtung

RA Dr. **Jörg Zerhusen** und RA Dr. **Felix Nieberding**[1],
ROTTHEGE WASSERMANN & PARTNER, Düsseldorf

Zusammenfassung

Die Abdichtung von Bauwerken zählt aus rechtlicher Sicht zu den riskantesten Bauabschnitten. Planung, Bauüberwachung und Ausführung erfordern höchste Aufmerksamkeit[2]. Die Rechtsprechung hat die ungeschriebenen Pflichten zur Beratung des Bauherrn, Prüfung des Bausolls und Kontrolle der Bauausführung erheblich ausgedehnt. Mit ihren Ansprüchen halten sich Geschädigte gern an Planer und Bauüberwacher, da diese in der Regel über eine Haftpflichtversicherung verfügen. Außerdem haften sie - bei ungünstiger Vertragsgestaltung - erheblich länger als die ausführenden Unternehmen; insbesondere wenn die Bauunternehmen bereits insolvent sind. Häufig kommt es vor, dass sich Mängel an der Bauwerksabdichtung erst nach Ablauf der Verjährungsfrist zeigen. Bauherren versuchen nun, in den Genuss der „verlängerten" Gewährleistungsfrist zu kommen, indem sie sich auf arglistiges Verschweigen von Mängeln, der fehlenden Organisation oder auf die Sekundärhaftung der Planer berufen.

1. Einführung

Gemessen an den Gesamtbaukosten ist der Aufwand für fachgerechte Abdichtungsmaßnahmen relativ gering. Er wird beispielsweise bei einem Einfamilienhaus durchschnittlicher Größe zwischen zwei und drei Prozent betragen. Im Schadensfall können darauf jedoch 20

---

[1]   Die Autoren sind Fachanwälte für Bau- und Architektenrecht. Weitere Publikationen: Zerhusen, Privates Baurecht, 3. Auflage 2008; ders., Alternative Streitbeilegung im Bauwesen, 2005; ders. Der Hausbau, 2000; Nieberding, Haftungsrisiken bei der Bauwerksabdichtung, Bau & Praxis, Fachseminare 2006, Band 3; Lachmann/Nieberding, Insolvenz am Bau, 2006; Nieberding, Sachverständigenhaftung nach dt. und engl. Recht, 2002 sowie diverse Fachveröffentlichungen.

[2]   Ausführlich Nieberding, in: Bau & Praxis, Fachseminare 2006, Band 3, S. 139 ff.

% der Gesamtbaukosten und mehr entfallen. Hinzu kommt, dass in vielen Fällen instand zu setzende Abdichtungen nur noch mit erheblichem Aufwand oder gar nicht mehr zugänglich sind[3].

Oftmals liegt die Ursache bereits in der Planung der konkreten Abdichtungsmaßnahme. Nicht selten betreffen Schäden an Abdichtungen erdberührter Bauteile aber auch Baugrundgutachter und bauausführendes Unternehmen.

In rechtlicher Hinsicht ist für die Bauwerksabdichtung maßgeblich, dass sie sich für die gewöhnliche Verwendung eignet und eine Beschaffenheit aufweist, die bei Werken der gleichen Art üblich ist und die der Besteller nach der Art des Werkes erwarten darf[4]. Dies gilt insbesondere dann, wenn im Vertrag über die Beschaffenheit der Abdichtung keine ausdrückliche Regelung getroffen worden ist. Da sich Abdichtungen erdberührter Bauteile zugänglichkeitsbedingt nicht laufend warten und instand setzen lassen, erstreckt sich die Anforderung an die Gebrauchstauglichkeit auf einen Zeitraum, den man mit der Nutzungsdauer eines Gebäudes oder Bauteils gleichsetzen muss. Bei einer Wohnbebauung beträgt die übliche Nutzungsdauer beispielsweise zwischen 80 und 100 Jahren[5].

Bereits deshalb sind an die Planung und an die Ausführung von Bauwerksabdichtungen hohe Anforderungen zu stellen. Weitere Anforderungen ergeben sich im Wege der Vertragsauslegung unter Berücksichtigung des zu erwartenden Nutzerverhaltens, der Boden- und Grundwasserverhältnisse, der öffentlich-rechtlichen Bestimmungen oder anerkannten Regeln der Technik. Nicht zuletzt sind alle Leistungen und Rahmenbedingungen einer ständig dem Wandel der Zeit unterliegenden Bewertung der Gesellschaft und damit auch der Rechtsprechung ausgesetzt.

2. Grundlagen der Mängelhaftung

Die einschlägigen Haftungsgrundlagen für Fehler der Bauwerksabdichtung ergeben sich für Planer und Gutachter aus dem Bürgerlichen Gesetzbuch, für Bauunternehmer im Falle ihrer Einbeziehung zusätzlich aus der VOB/B. Somit sind die Haftungsgrundlagen für Fehler der Bauwerksabdichtung im Folgenden anhand des Bürgerlichen Gesetzbuches und des Teils B der VOB darzustellen.

---

[3] Ruhnau / Platts / Wetzel, Schäden an Abdichtungen erdberührter Bauteile, 2005, Seite 13.
[4] Bürgerliches Gesetzbuch (BGB), § 633 Abs. 2 Nr. 2.
[5] Ruhnau / Platts / Wetzel, a.a.O.

2.1 Verträge über die Planung und Herstellung einer Bauwerksabdichtung

Grundsätzlich kann angenommen werden, dass der Vertrag über die Planung und Errichtung eines Bauwerks - und damit auch über die Planung und Errichtung einer Bauwerksabdichtung - ein Werkvertrag ist. Der Werkvertrag zeichnet sich durch seine Erfolgsbezogenheit aus. Denn durch den Werkvertrag wird der „Unternehmer" (damit gemeint sind der bauausführende Auftragnehmer, der Architekt oder der Ingenieur) zur Herstellung des versprochenen Werkes verpflichtet[6]. Dem gesetzlichen Werkvertragsrecht sind die Rechte des „Bestellers" (gemeint ist der Auftraggeber) bei Mängeln der Planung oder des Bauwerks den §§ 633 bis 638 BGB zu entnehmen. Bei Vereinbarung der VOB/B, die für Planungsleistungen allerdings nicht vereinbart werden kann, gelten bei Mängel die Bestimmungen der §§ 4 Nr. 7 und 13 VOB/B.

2.2 Überblick über die Mängelansprüche nach BGB und VOB/B

2.2.1 BGB

Im Unterschied zur VOB/B differenziert das BGB nicht zwischen Mängelansprüchen des Auftraggebers vor und nach der Abnahme. Die in § 634 BGB aufgeführten Rechte des Bestellers bei Mängeln gelten ganz allgemein für den Fall, dass das Werk mangelhaft ist.

Nach der seit der Schuldrechtsmodernisierung geltenden Systematik ist unklar, ob die aus § 634 BGB bei Mängeln des Werkes folgenden Sonderrechte des Auftraggebers (insbesondere Selbstvornahme mit Kostenerstattung oder Kostenvorschuss für die Mängelbeseitigung oder Minderung) die Abnahme erfordern. In der juristischen Literatur werden hierzu unterschiedliche Auffassungen vertreten. Eine herrschende Meinung zeichnet sich für die Lösung ab, dass die Rechte des Auftraggebers aus § 634 BGB auch schon vor Abnahme gelten sollen, weil der Gesetzessystematik und dem Willen des Gesetzgebers keine entgegenstehenden Anhaltspunkte zu entnehmen sind. Klar dürfte dagegen sein, dass vor Abnahme die Regelungen des allgemeinen Leistungsstörungsrechts der §§ 280, 323 ff. BGB n.F. anwendbar sind[7].

Ist die Bauwerksabdichtung mangelhaft, so kann der Bauherr innerhalb einer angemessenen Frist die Beseitigung des Mangels verlangen. Erst nach Ablauf dieser Nacherfüllungsfrist kann er weiter gehende Recht wie Selbstvornahme, Rücktritt, Minderung oder Schadensersatz geltend machen. Sofern das Architektenwerk bei der Bauwerksabdichtung wegen Planungs- und/oder Überwachungsfehler mangelhaft, kann der Bauherr den Architekten auch

---

[6] § 631 Abs. 1 BGB.
[7] Kniffka, ibr-online-Kommentar, Stand: 03.06.2008, § 634 Rn. 11 f.; Zerhusen, Privates Baurecht, Rn. 276.

ohne Nacherfüllungsfrist auf Schadensersatz in Anspruch nehmen, da sich die mangelhafte Leistung zumeist im Werk konkretisiert haben wird.

2.2.2 VOB/B

Bei Einbeziehung der VOB/B in einen Bauvertrag scheidet ein Rückgriff auf die gesetzlichen Mängelansprüche des Auftraggebers nach Werkvertragsrecht und nach allgemeinem Schuldrecht vor und nach Abnahme des Werkes aus, da die VOB/B insoweit vorrangige und abschließende Sonderregelungen in den §§ 4 Nr. 7, 13 VOB/B bereithält. Bis zur Abnahme hat der Auftragnehmer solche Leistungen, die schon während der Ausführung als mangelhaft oder vertragswidrig erkannt werden, auf eigene Kosten durch mangelfreie zu ersetzen. Hat der Auftragnehmer den Mangel oder die Vertragswidrigkeit zu ersetzen, so hat er auch den daraus entstehenden Schaden gegenüber dem Auftraggeber zu ersetzen. Kommt der Auftragnehmer der Pflicht zur Beseitigung des Mangels nicht nach, so kann ihm der Auftraggeber eine angemessene Frist zur Beseitigung des Mangels setzen und erklären, dass er ihm nach fruchtlosem Ablauf der Frist den Auftrag entziehe[8]. Für die Auftragsentziehung vor Abnahme hat der Auftraggeber die Bestimmungen des § 8 Nr. 3 VOB/B zu berücksichtigen. Außerdem gilt § 8 Nr. 5 VOB/B, wonach die Kündigung schriftlich zu erklären ist.

Nach Abnahme der Bauleistung hingegen gilt § 13 VOB/B für Mängelansprüche des Auftraggebers. Eine Ausnahme gilt für - allerdings selten in der Praxis auftretende - Rechtsmängel der Bauleistung, für die in Ermangelung einer speziellen Vereinbarung in der VOB/B auf die gesetzlichen Vorschriften zurückzugreifen ist.

3. Voraussetzungen der Gewährleistung

3.1. Sachmangel der Planungs- oder Bauleistung

Der Auftragnehmer einer Planungs- oder Bauleistung ist verpflichtet, dem Auftraggeber das Werk frei von Sachmängeln zu verschaffen. Wann ein Sachmangel vorliegt, ist § 633 Abs. 2 BGB zu entnehmen. Zunächst liegt ein Sachmangel vor, wenn das Werk die vereinbarte Beschaffenheit nicht hat. Die beiden anderen Alternativen betreffen den Fall, dass der Vertrag keine Vereinbarung zur Beschaffenheit enthält, was bei Architektenleistungen leider häufig der Fall ist. Insoweit differenziert das Gesetz, ob das Werk sich für die nach dem Vertrag vorausgesetzte oder - falls nach dem Vertrag keine Verwendung vorausgesetzt wird - für die gewöhnliche Verwendung eignet.

---

[8]   § 4 Nr. 7 VOB/B.

3.1.1 Vereinbarte Beschaffenheit

Primär zu prüfen ist, ob die Bauwerksabdichtung der vertraglich vereinbarten Beschaffenheit entspricht. Eine Beschaffenheitsvereinbarung kann sich etwa im Bauvertrag oder im Leistungsverzeichnis finden. Weicht die Bauausführung von der Beschaffenheitsvereinbarung ab, liegt ein Mangel vor.

Enthält der Vertrag eine Leistungsbeschreibung, ist diese grundsätzlich maßgebend. Die Befolgung einer fehlerhaften Leistungsbeschreibung kann jedoch trotzdem zu einem Mangel des Werkes führen, selbst wenn die vereinbarte Leistungsbeschreibung in jedem Detail befolgt wird. Denn nach der ständigen Rechtsprechung des Bundesgerichtshofes, die auch auf das neue Schuldrecht anzuwenden ist, ist mit dem subjektiven Fehlerbegriff ein funktionales Verständnis von der Leistungspflicht des Auftragnehmers verbunden. Danach hat der Auftragnehmer ungeachtet der gegebenenfalls falschen Vorgaben im Leistungsverzeichnis des Auftraggebers ein funktionstaugliches und zweckentsprechendes Werk herzustellen[9].

3.1.2 Vertraglich vorausgesetzte Verwendung

Soweit die Beschaffenheit nicht vereinbart ist, ist das Werk zunächst frei von Sachmängeln, wenn es sich für die nach dem Vertrag vorausgesetzte Verwendung eignet. Die nach dem Vertrag vorausgesetzte Verwendungseignung hat bei nicht hinreichend genauer Vereinbarung der Beschaffenheit der Leistung besondere Bedeutung für den Architektenvertrag, weil die Vertragsparteien häufig ihre Vorstellungen nicht auf einzelne Merkmale der Beschaffenheit, sondern eher auf die Tauglichkeit einer Sache für einen bestimmten Verwendungszweck richten[10]. In diesem Zusammenhang ist eine neuere Entscheidung des LG Berlin zu nennen. Danach genügt bei der Herstellung eines Einfamilienhauses mit Kellerräumen die Ausführung des Kellers als reine WU-Beton-Konstruktion ohne zusätzliche Abdichtung gegen aufsteigende Feuchtigkeit grundsätzlich nicht den vertragsmäßigen Anforderungen. Denn nach heutigem Nutzerverständnis umfasst der Verwendungszweck eines Vollkellers in einem Einfamilieneigenheim auch eine hochwertige Nutzung als Lager für feuchtigkeitsempfindliche Materialien, wie Papier, Lebensmittel und Möbel, aber auch als Hobby-Räume. Hier ist daher mehr Feuchtigkeitsschutz erforderlich, als z. B. bei einer offenen Tiefgarage[11].

---

9   BGH, Urteil vom 11.11.1999 - VII ZR 403/98, BauR 2000, 411; BGH, Urteil vom 15.10.2002 - X ZR 69/01, BauR 2003, 236; BGH, Urteil vom 08.11.2007 - VII ZR 183/05, BauR 2008, 344 Kniffka, a.a.O., § 633, Rn. 10; Zerhusen, Privates Baurecht, Rn. 262.

10   Wirth/Würfele/Broocks, Rechtsgrundlagen des Architekten und Ingenieurs, 2004, S. 131.

11   LG Berlin, Urteil vom 29.07.2005 - 34 O 200/05.

488

3.1.3 Gewöhnliche Verwendung

Liegt keine Beschaffenheitsvereinbarung vor und auch keine nach dem Vertrag vorausgesetzte Verwendungseignung des Werkes, so ist das Werk frei von Sachmängeln, wenn es sich für die gewöhnliche Verwendung eignet und eine Beschaffenheit aufweist, die bei Werken der gleichen Art üblich ist und die der Besteller nach der Art des Werkes erwarten kann. Solche Verträge, in denen nicht einmal der Verwendungszweck des Werkes vertraglich definiert ist, sind selten.

3.1.4 Begriff der anerkannten Regeln der Technik

Anerkannte Regeln der Technik beschreiben nach allgemein gebräuchlicher Definition „technische Regeln für den Entwurf und die Ausführung baulicher Anlagen, die in der technischen Wissenschaft als theoretisch richtig anerkannt sind und feststehen sowie insbesondere in dem Kreise der für die Anwendung der betreffenden Regeln maßgeblichen, nach dem neuesten Erkenntnisstand vorgebildeten Techniker durchweg bekannt und aufgrund fortdauernder praktischer Erfahrung als technisch geeignet, angemessen und notwendig anerkannt sind"[12]. Von den anerkannten Regeln der Technik sind die Begriffe des „Standes der Technik" und des „Standes von Wissenschaft und Technik" zu unterscheiden. Beide beschreiben stufenweise gesteigerte technische Anforderungen[13]. Nach der Rechtsprechung sichert der Unternehmer/Planer üblicherweise stillschweigend bei Vertragsabschluss einen Standard zu, der den anerkannten Regeln der Technik zur Zeit der Abnahme entspricht[14].

3.1.5 DIN-Normen

Bei den Regeln und Richtlinien für das Abdichten erdberührter Bauteile sind die DIN-Normen sicherlich hervorzuheben. Deshalb ist hierzu anzumerken, dass DIN-Normen keine Rechtsnormen, sondern private technische Regelungen mit Empfehlungscharakter sind; sie geben allerdings - ebenso wie die übrigen Bestimmungen und Richtlinien zur Bauwerksabdichtung - nicht aus sich heraus die allgemein als gültig anerkannten Regeln der Technik wider. Vielmehr geht der Begriff der allgemein anerkannten Regeln der Technik über die Vorschriften in DIN-Normen hinaus. DIN-Normen können deshalb, was im Einzelfall durch Sachverständigenrat zu überprüfen ist, die anerkannten Regeln der Technik widerspiegeln oder aber hinter ihnen zurückbleiben[15].

---

[12]   Ingenstau/Korbion-Oppler, VOB/B, 16. Auflage 2007, B § 4 Nr. 2, Rn. 39 ff.; Zerhusen, Privates Baurecht, Rn. 266.
[13]   Wirth/Würfele/Broocks, a.a.O., S. 133.
[14]   BGH, Urteil vom 14.05.1998 - VII ZR 184/97, BauR 1998, 872.
[15]   Werner/Pastor, Der Bauprozess, 12. Aufl., 2008, Rn. 1461 mit Nachweisen auf die Rechtsprechung; Zerhusen, Privates Baurecht, Rn. 266..

In Zweifelsfällen sollte DIN-Normen erst dann die Qualität anerkannter Regeln der Technik beigemessen werden, wenn die Prüfung anhand der Generalklausel (in der Wissenschaft anerkannt und in der Praxis bewährt) positiv ausfällt.

Nach DIN 820-1 „Normungsarbeit; Grundsätze" sollen sich DIN-Normen zwar als anerkannte Regeln der Technik einführen. Dennoch handelt es sich bei DIN-Normen nicht um verbindliche Vorschriften, sondern um Regeln für technisch ordnungsgemäßes Verhalten im Regel- bzw. Normalfall. So wird auch in den von der DIN herausgegebenen Hinweisen für die Anwender von DIN-Normen darauf hingewiesen, dass DIN-Normen nicht die einzige, sondern nur eine Erkenntnisquelle für technisch ordnungsgemäßes Verhalten im Regelfall darstellen. Der DIN weist außerdem wörtlich auf Folgendes hin:

„Durch das Anwenden von Normen entzieht sich niemand der Verantwortung für eigenes Handeln. Jeder handelt insofern auf eigene Gefahr."

In der Rechtsprechung ist jedoch anerkannt, dass DIN-Normen die Vermutung für sich haben, die allgemein anerkannten Regeln der Technik wiederzugeben. Diese Vermutung ist im Prozess widerlegbar, wobei derjenige, der eine DIN-Norm widerlegen will, darlegungs- und beweisbelastet ist. Derjenige trägt somit auch das Risiko, den Prozess allein deshalb zu verlieren, weil er entgegen der DIN-Norm nicht darlegen und beweisen kann, dass seine Auffassung den anerkannten Regeln der Technik entspricht.

3.2   Ausgewählte Praxisbeispiele aus der Rechtsprechung

3.2.1. BGH: Erkundigungen immer Pflicht!

Der Bundesgerichtshof mit einem jüngeren Beschluss vom 28.04.2005[16] wichtige Grundsätze für die Planung der Bauwerksabdichtung aufgestellt. Danach muss ein Architekt auch ohne entsprechende Anhaltspunkte die Grundwasserstände nach den vorgenannten Aspekten untersuchen. Hier ist auf einen bedeutenden Wandel der Rechtsprechung hinzuweisen. Denn mit Urteil vom 17.07.1997 hatte das OLG Düsseldorf noch entschieden, dass der mit den Leistungsphasen 5 bis 9 des § 15 Abs. 2 HOAI beauftragte Architekt nur dann zur Überprüfung der Grundwasserverhältnisse verpflichtet war, wenn hierzu konkreter Anlass bestand[17]. Nach heutigen Maßstäben genügt nicht einmal mehr eine Bohruntersuchung (Baugrundsondierung), um die notwendigen Untersuchungen pflichtgemäß vorzunehmen, weil sie

---

[16]   BGH; Urteil vom 28.04.2005, VII ZR 221/04.
[17]   OLG Düsseldorf, Urteil vom 17.07.1997 - 23 U 184/96, ZIP 1998, 2097.

nur eine Momentaufnahme des aktuellen Grundwasserstandes darstellt[18]. Vielmehr muss der Planung grundsätzlich der höchste bekannte Grundwasserstand zugrunde gelegt werden, selbst wenn dieser seit Jahren nicht mehr erreicht worden sein sollte (40 Jahre!). Auch insoweit hat die Rechtsprechung eine Verschärfung der Anforderungen an die Planung vollzogen, weil im Jahre 1997 nach OLG Düsseldorf noch 20 Jahre ausreichten[19]. Liegt die Kellersohle ohne Schutz gegen drückendes Wasser unterhalb des höchsten bekannten Grundwasserspiegels, ist die Planung mangelhaft, und zwar auch dann, wenn es über zehn Jahre nicht zu Grundwasserschäden gekommen ist.

3.2.2. Haftungsrisiken bei der Planung und Herstellung der Bauwerksabdichtung

Die maßgeblichen Vertragspflichten des Architekten hinsichtlich der Planung und Bauüberwachung der Bauwerksabdichtung fasste das OLG Düsseldorf in den Leitsätzen zu der Entscheidung vom 30.11.2004[20] treffend wir folgt zusammen:

„Der Architekt schuldet eine mangelfreie, funktionstaugliche Planung, wozu auch die Berücksichtigung der Bodenverhältnisse gehört und die deshalb den nach der Sachlage notwendigen Schutz gegen drückendes Wasser vorsehen muss. Hierbei sind auch die Grundwasserstände zu berücksichtigen, die in langjähriger Beobachtung nur gelegentlich erreicht worden sind.

Die Planung der Abdichtung muss bei einwandfreier Ausführung zu einer fachlich richtigen, vollständigen und dauerhaften Abdichtung führen. (…).“

Abdichtungsschäden beruhen oftmals auf Fehlern in frühen Planungsphasen. Zur Vermeidung von Schäden der Bauwerksabdichtung ist es bereits von der Grundlagenermittlung allein erforderlich, die Abdichtung durch erfahrene Fachkräfte sorgfältig zu planen, zu überwachen und auszuführen.

3.2.3. Erforderlicher Beobachtungszeitraum: 40 Jahre

Zur grundwassersicheren Planung entschied das Oberlandesgericht Düsseldorf bereits mit Urteil vom 12.01.1996[21]: Wer die Planung und Errichtung eines Hauses nebst Keller übernimmt, muss sich - wie jeder mit der Planung eines Bauvorhabens mit Kellergeschoss beauf-

---

[18] BGH, Beschluss vom 28.04.2005 - VII ZR 221/04.
[19] OLG Düsseldorf, Urteil vom 17.07.1997 - 23 U 184/96, ZIP 1998, 2097.
[20] OLG Düsseldorf, Urteil vom 30.11.2004, 23 U 73/04, BauR 2005, 442.
[21] OLG Düsseldorf, Urteil vom 12.01.1996, 22 U 257/92, NJW-RR 1996, 1300.

tragte Architekt - nach den Grundwasserständen erkundigen und seine Planung nach dem höchsten, aufgrund langjähriger Beobachtung bekannten Grundwasserstand zuzüglich eines Sicherheitszuschlags von 0,30 m ausrichten. Was hier mit langjährig gemeint ist, ist ebenfalls geklärt. Danach ist der Grundwasserstand mindestens über einen Zeitraum von 40 Jahren in der Vergangenheit zu berücksichtigen[22]. Nach der nicht insoweit spezifizierten BGH-Rechtsprechung kann der Beobachtungszeitraum auch noch weiter zu bemessen sein mit der Folge, dass der gesamte Beobachtungszeitraum zu beachten ist.

3.2.4 Objekt- bzw. Bauüberwachung

Auch im Rahmen der Objektüberwachung schuldet der Architekt die Bewirkung einer mangelfreien und funktionstauglichen Bauwerksabdichtung. Hier ist insbesondere die Verpflichtung hervorzuheben, dass der Architekt die Durchführung der Abdichtungsmaßnahmen als ein besonderes schadensanfälliges und für den Gesamterfolg des Bauvorhabens bedeutendes Werk persönlich vor Ort zu beaufsichtigen hat. Der Umstand, dass diese Abdichtung von einem Fachplaner geplant und überwacht werden soll, lässt die Verantwortlichkeit des objektüberwachenden Architekten nicht zwangsläufig entfallen[23].

4. Verlängerung der Gewährleistungsfristen

4.1 Allgemeines

Die Verjährung für Gewährleistungsansprüche des Bauherrn beginnt grundsätzlich mit Abnahme des Werkes. Die Abnahme setzt voraus, dass die Bauleistung bis auf unwesentliche Mängel erbracht ist. Durch das Inkrafttreten des Schuldrechtsmodernisierungsgesetzes zum 01.01.2002 haben sich bei der Verjährung von Gewährleistungsvorschriften des Bauherrn wesentliche Änderungen ergeben. Welches Recht anwendbar ist, bestimmt sich nach den Überleitungsvorschriften in Art. 229, § 6 EGBGB. In diesem Beitrag werden nur die gesetzlichen Vorschriften seit dem 01.01.2002 behandelt, es sei denn, Ausführungen machen einen Exkurs zu dem alten Recht erforderlich.

4.1.1. Verjährungsregelungen des BGB

Die in den §§ 634 Nr. 1, 2 und 4 BGB enthaltenen Mängelrechte des Bauherrn gegen den Unternehmer verjähren nach § 634a Abs. 1 Nr. 2 bei Bauwerken in fünf Jahren. Der in § 634 Nr. 3 BGB aufgeführte Rücktritt sowie die Minderung unterliegen als Gestaltungsrechte nicht

---

[22]   Schulze-Hagen, IBR 2005, 433.
[23]   OLG München, Urteil vom 19.06.2002 - 27 U 951/01, BauR 2003, 278.

der Verjährung, trotzdem gilt auch hier im Ergebnis die Verjährungsfrist des § 634 a BGB. Die 5-jährige Verjährungsfrist gilt auch bei Planungs- und Überwachungsleistungen bei der Bauwerksabdichtung. Handelt es sich um Arbeiten an einem Grundstück, so beträgt die Verjährungsfrist nach § 634a Abs. 1 Nr. 1 BGB zwei Jahre.

4.1.2   Verjährungsregelungen der VOB/B

Liegt ein VOB/B-Vertrag vor, so sind die Verjährungsfristen des § 13 Nr. 4 VOB/B maßgebend. Nach § 13 Nr. 4 Abs. 1 VO/B verjähren die Gewährleistungsansprüche in vier Jahren, soweit es sich um Mängel an Bauwerken handelt. Die Verjährungsfrist des § 13 Nr. 4 VOB/B ist somit kürzer als die des § 634a Abs. 1 Nr. 2 BGB. Da die VOB grundsätzlich nur für die vom Unternehmer geschuldeten Bauleistungen, nicht aber für Architekten- oder Ingenieurleistungen gilt, findet für die zuletzt genannten Leistungen auch die 4-jährige Verjährungsfrist des § 13 Nr. 4 VOB/B keine Anwendung.

4.2   „Verlängerung" der Verjährung

Häufig treten Mängel im bestimmten Bereichen des Bauwerks, so auch bei Abdichtungsarbeiten, erst nach Ablauf der vereinbarten Verjährungsfrist auf. Bauherren suchen sodann nach einem Ausweg aus dem „Verjährungsdilemma" und finden - vermeintlich - schnell eine Lösung, indem sie einwenden, der Unternehmer bzw. sein planender und überwachende Architekt habe Mängel gekannt, jedoch bewusst dem Bauherrn nicht offenbart, oder es handele sich bei den Mängel um solche, die so gravierend sind, dass davon auszugehen ist, der Unternehmer / Architekt hätte bei ordnungsgemäßer Organisation den Mangel entdeckt und daher müsse eine verlängerte Gewährleistungsfrist gelten.

4.2.1   Verjährung bei arglistig verschwiegenen Mängeln

Bei arglistig verschwiegenen Mängeln verjähren die Gewährleistungsansprüche zwar nur in der regelmäßigen 3-jährigen Verjährungsfrist des § 195 BGB, jedoch nicht vor Ablauf der fünfjährigen Frist, § 634a Abs. 3 BGB. Der Bauherr wird bei arglistig verschwiegenen Mängeln insoweit geschützt, dass die Höchstfrist bei arglistig verschwiegenen Mängeln 10 Jahre für alle anderen Ansprüche als Schadensersatzansprüche beträgt, § 199 Abs. 4 BGB. Die Verjährungsfrist von drei Jahren beginnt erst mit der Entstehung des Anspruchs und der Kenntnis des Bestellers von den den Anspruch begründenden Umständen und der Person des Schuldners.

Arglistig verschweigt, wer sich bewusst ist, dass ein bestimmter Umstand für die Entschließung seines Vertragspartners erheblich ist, nach Treu und Glauben diesen Umstand mitzuteilen verpflichtet ist und ihn trotzdem nicht offenbart[24]. Arglist liegt vor, wenn dem Unternehmer bewusst ist, dass dem Besteller ein Mangel unbekannt sein könnte und er das angebotene Werk bei Kenntnis des Mangels nicht als Vertragserfüllung annehmen werde. Arglistig wird ein Mangel verschwiegen, der dem Unternehmer bei der Abnahme bekannt war und gleichwohl nicht offenbart wird, obwohl eine Offenbarungspflicht besteht. Dabei reicht es aus, dass der Unternehmer die vertragswidrige Ausführung gekannt hat. Arglist liegt danach immer vor, wenn ein Unternehmer eine Bauausführung als vertragswidrig einordnet, jedoch darauf nicht hinweist. Arglist kann vorliegen, wenn der Unternehmer bewusst von Vorgaben des Bestellers abweicht oder eine Abweichung durch seine Mitarbeiter zulässt[25]. In der Praxis ist arglistiges Verschweigen der Mängel schwierig nachzuweisen, da die Beweislast für die die Arglist begründenden Umstände der Auftraggeber trägt.

4.2.2   Verjährung bei Organisationsverschulden

Nach der Rechtsprechung wird ein Unternehmer so behandelt, als sei er arglistig, wenn er seine Organisationspflichten bei der Herstellung und Abnahme des Bauwerks verletzt hat und infolge dieser Verletzung ein Mangel nicht erkannt worden ist. Danach muss der Unternehmer sich so behandeln lassen, als habe er zum Zeitpunkt der Abnahme den Mangel gekannt, wenn seine für die Qualitätskontrolle eingesetzten Mitarbeiter oder Nachunternehmer den Mangel kannten oder wenn der Auftragnehmer die Baustelle erst gar nicht ausreichend organisiert hatte, um Mängel rechtzeitig vor Abnahme zu erkennen. Während sich nach der alten Rechtslage daran eine dreißigjährige Haftung knüpfte, sind die Folgen durch die Schuldrechtsmodernisierungsgesetz abgemildert. Der Unternehmer haftet im Regelfall maximal zehn Jahre.

Der Besteller trägt die Darlegungs- und Beweislast für die Voraussetzungen einer Arglist oder eines Organisationsfehlers. Insoweit können ihm Beweiserleichterungen zugute kommen. Mit der Konstruktion des Organisationsverschuldens hat die Rechtsprechung einen Weg entwickelt, dem Auftraggeber Darlegung und Beweis der Arglist des Auftragnehmers, mithin der Kenntnis des Auftragnehmers von dem offenbarungspflichtigen Mangel, zu erleichtern. Grundlegend war die Entscheidung des BGH vom 12.03.1992[26].

Diese hat der BGH angenommen, wenn der Mangel so augenfällig und schwerwiegend war, dass ohne weiteres davon ausgegangen werden konnte, dass die Baustelle nicht richtig organisiert war und der Mangel bei richtiger Organisation entdeckt worden wäre. So kann ein gravierender Mangel an besonders wichtigen Gewerken ebenso den Schluss auf eine man-

---

[24]   BGH, Urteil vom 12.10.2006 - VII ZR 272/05, IBR 2006, 667.
[25]   BGH, Urteil vom 20.04.2004 - X ZR 141/01, BauR 2004, 1776.
[26]   BGH, Urteil vom 12.03.1995 - VII ZR 5/91, BauR 1992, 500.

gelhafte Organisation zulassen wie ein besonders augenfälliger Mangel an weniger wichtigen Bauteilen[27]. Das bedeutet nicht, dass jeder schwere Mangel den Schluss auf ein Organisationsverschulden und die Kausalität für seine Aufdeckung zulässt. Es kommt vielmehr darauf an, ob nach der Art und Erscheinungsform des Mangels bis zur Abnahme der Mangel nach aller Lebenserfahrung bei richtiger Organisation entdeckt worden wäre. Die Beurteilung, inwieweit eine Beweiserleichterung möglich ist, hängt von den Umständen des Einzelfalles ab, insbesondere der Art des Mangel und inwieweit diese einen Rückschluss auf die Organisation der Baustelle zulässt.

In der Rechtsprechung ist anerkannt, dass die Rechtsgrundsätze über die Verjährung von Gewährleistungsansprüchen bei Organisationsverschulden auch auf den planenden Architekten anzuwenden sind, sofern er die Planung arbeitsteilig anfertigen lässt[28]. Der allein tätige und nur mit der Planung befasste Architekt haftet nicht nach den Grundsätzen des Organisationsverschulden[29].

4.2.3 Verjährung bei Sekundärhaftung

Nach der Rechtsprechung des BGH und der Instanzgerichte ist der Architekt im Rahmen seines jeweils übernommenen Aufgabengebiets verpflichtet, seinen Auftraggeber auch ohne dessen entsprechender Nachfrage auf erkannte eigene Fehler und Mängel der Architektenleistung hinzuweisen. Auch und gerade der Objektüberwacher hat den Bauherrn darauf hinzuweisen, dass gegen ihn ein Anspruch wegen unzureichender Objektüberwachung besteht, wenn sich in unverjährter Zeit ein Baumangel zeigt, dessen Ursachen bei ordnungsgemäßer Bauüberwachung bereits während der Bauausführung hätten erkannt werden können. Selbstverständlich sieht die Wirklichkeit in der Praxis oftmals anders aus, da vielfach allein wegen der Klärung der Frage nach der Überwachungspflicht der einzelnen Tätigkeit Rechtsstreitigkeiten geführt werden. Hingegen dürfte sich diese Frage bei der Bauwerksabdichtung erübrigen, da es sich um ein besonders schadensträchtige Ausführung handelt, die einer besonderen Überwachung bedarf.

Eine Pflichtverletzung der unterlassenen Aufklärung eigener Mängel hat ebenfalls Auswirkungen auf die Verjährung. Der BGH wies in seinem Urteil vom 26.10.200 noch einmal ausdrücklich darauf hin, dass es zu den Pflichten des Architekten gehört, den Bauherrn über die Ursachen sichtbar gewordener Baumängel sowie die sachkundige Unterrichtung des Bauherrn vom Ergebnis der Untersuchung und von der sich daraus ergebenden Rechtslage aufzuklären. Verstößt der Architekt/Ingenieur gegen eine ihm obliegende Aufklärungs- und Hin-

---

[27]   BGH, a.a.O.
[28]   OLG Düsseldorf, Urteil vom 22.09.2006 - 22 U 49/06, IBR 2007, 35.
[29]   OLG Köln, Urteil vom 20.06.2006 - 3 U 155/05, IBR 2007, 627.

weispflicht und kann der Bauherr aus diesem Grund nicht rechtzeitig vor Eintritt der Verjährung bestehende Gewährleistungsansprüche verfolgen, führt dies zu einem Schadensersatzanspruch. Aufgrund dieses Schadensersatzanspruches muss sich der Archi-
tekt/Ingenieur so behandeln lassen, als wäre die Verjährung der gegen ihn Architekten gerichteten Gewährleistungsansprüche nicht eingetreten[30]. Das bedeutet, dass sich der Architekt nicht auf die Verjährung des Gewährleistungsanspruchs berufen darf.

4.3 Fälle aus der Rechtsprechung zur „verlängerten" Gewährleistung

4.3.1 Verschärfte Objektüberwachung bei Abdichtungsarbeiten

In der Rechtsprechung ist anerkannt, dass bei Abdichtungsarbeiten eine gesteigerte Verpflichtung des Sonderfachmanns (Ingenieur, Architekt) zur erhöhten Bauüberwachung besteht, da erfahrungsgemäß ein hohes Mängelrisiko vorliegt. Vielfach ist das arglistige Verschweigen von Mängeln des Architektenwerks schwierig nachzuweisen; dementsprechend
hat der Verjährungseinwand oft Erfolg. Anders entschied das Kammergericht in Berlin in seinem Urteil vom 08.12.2005[31]. Dort führte der beklagte Architekt keine Bauüberwachung bezüglich der Abdichtungsarbeiten durch. Aufgrund der unzureichenden Abdichtungsarbeiten
der Balkone kam es zu Feuchtigkeitsschäden in dem Haus des Bauherrn. Nach den Feststellungen des Kammergerichts hätte dem Architekten die mangelhafte Ausführung zwingend auffallen müssen, da alle Balkone gravierende, identische Mängel aufwiesen. Der Architekt war nach Meinung des Gerichts arglistig. Ein arglistiger Verstoß gegen vertragliche
Offenbarungspflichten lag deswegen vor, weil hinsichtlich eines abgrenzbaren und besonders schadensträchtigen Teils der Baumaßnahmen keine Bauüberwachung stattfand. Eine
Offenbarungspflicht entfällt nur dann, wenn der Architekt stichprobenartige Überprüfungen
vornimmt und in diesem Rahmen keine Ausführungsfehler erkennbar sind. Der Architekt
muss dabei nicht jeden einzelnen Arbeitsschritt überwachen. Hier lagen aber nicht nur einzelne Ausführungsfehler vor, sondern Serienfehler, die auf die immer wieder gleiche Ausfüh-
rungsart zurückzuführen waren. Dies lässt nur den Schluss zu, dass überhaupt keine Bauüberwachung hinsichtlich dieses Bauteils stattgefunden hatte.

4.3.2 Organisationsverschulden bei nicht arbeitsteiligen Architekten?

Das Organisationsverschulden gilt bei allen Werkverträgen, also auch beim Architektenvertrag. Die Grundsätze des Organisationsverschulden wurden vom BGH aber für die arbeitstei-

---

[30]   BGH, Urteil vom 26.10.2006 - VII ZR 133/04, BauR 2007, 423.
[31]   KG, Urteil vom 08.12.2005 - 4 U 16/05, BauR 2005, 746.

lige Werkleistung entwickelt. In der Rechtsprechung der Obergerichte ist jedoch umstritten, ob auch den allein tätigen Architekten ein Organisationsverschulden treffen kann. Überwiegend wird vertreten, dass die Grundsätze des Organisationsverschuldens nur bei arbeitsteiliger Herstellung des Werks anzuwenden sind[32], also z.B. bei größeren Architektur- und Ingenieurbüros, nicht jedoch beim Einzelarchitekten, der die Leistung komplett selbst durchführt. Nach einer Entscheidung des OLG Düsseldorf vom 20.07.2007[33] haftet jedoch auch ein Einzelarchitekt nach den Grundsätzen des Organisationsverschuldens noch nach Ablauf der 5-jährigen Gewährleistungsfrist, wenn er keine Abdichtung nach DIN 18195 gegen drückendes Wasser plant, da er keine Grundwasserstände einholte und sich mit einem Blick in die Baugrube begnügte. Nach Auffassung des OLG Düsseldorf verlängert sich die Regelverjährung wegen eines Organisationsverschuldens, so dass im Ergebnis der Architekt sich nicht mit Erfolg auf die Einrede der Verjährung berufen kann. Ein Organisationsverschulden nimmt das Gericht deshalb an, weil der Architekt in den Bereichen mit hohem Grundwasserstand keinerlei Planungen im Hinblick auf drückendes Wasser vorgenommen hat. Der Architekt muss eine Planung nach den höchsten bekannten Grundwasserständen ausrichten, auch wenn diese Jahre zurückliegen. Gegen diese Planungsverpflichtung hat der Architekt in besonders krasser Weise verstoßen. Die Verletzung der Kardinalspflichten beruht – so das Gericht – auf einem Organisationsverschulden, da der Architekt keinerlei Vorkehrungen getroffen hat, um eine ordnungsgemäße Erstellung des Werkes zu gewährleisten. Er hat sich bezüglich des Grundwasserstandes vielmehr bewusst unwissend gehalten. Auch bei nicht arbeitsteilig tätigen Architekten begründet nach Auffassung des Oberlandesgerichts Düsseldorf dieses Verhalten den Vorwurf eines Organisationsverschuldens.

4.3.3 Sekundärhaftung des Architekten bei mangelhafter Abdichtungsarbeiten ohne Verjährung

Es gehört zu den Pflichten des Architekten, den Bauherrn bei der Untersuchung und Behebung von Baumängeln zu unterstützen. Er hat umfassend und unverzüglich die Ursachen der Mängel zu erforschen und den Bauherrn darüber und insbesondere über die sich daraus ergebende Haftung zu unterrichten. Dies gilt auch für Planungs- oder Aufsichtsfehler und die sich daraus ergebende eigene Haftung des Architekten. Verletzt er diese Untersuchungs- und Beratungspflicht schuldhaft, ist er dem Bauherrn schadensersatzpflichtig. Nach Auffassung des BGH besteht bei dem sich ergebenden Schadensersatzanspruch die Besonderheit,

---

32   OLG Köln, Urteil vom 30.06.2006 - 3 U 144/05, IBR 2007, 626; OLG Düsseldorf, Urteil vom 22.09.2006 - 22 U 49/06, IBR 2007, 35.
33   OLG Düsseldorf, Urteil vom 20.07.2007 - 22 U 145/05, IBR 2008, 37.

dass die Verjährung der gegen ihn gerichteten werkvertraglichen Ansprüche als nicht eingetreten gilt[34]. Die Sekundärhaftung des Architekten hat also im Ergebnis zur Folge, dass sich der Architekt nicht auf Verjährung berufen darf; mit diesem Einwand ist der ausgeschlossen. Der Entscheidung des BGH lag der Fall zu Grunde, dass bereits kurz nach der Abnahme Feuchtigkeitsschäden an dem Haus des Bauherrn auftraten. Grund für diese Feuchtigkeitsschäden waren mangelhafte Abdichtungsarbeiten an dem Keller. Der BGH wirft dem Architekten vor, dass er den Bauherrn nicht über seine möglicherweise bestehende Mitverantwortung der Feuchtigkeitserscheinungen wegen unzureichender Bauaufsicht aufgeklärt habe.

5.   Fazit

Nach alledem ist festzustellen, dass die Abdichtung von Bauwerken für Architekten, Fachingenieure und Bauunternehmen zu den haftungsträchtigsten Bauabschnitten überhaupt zählt. Der Architekt/Ingenieur schuldet eine mangelfreie, funktionstaugliche Planung, wozu u.a. die genaue Berücksichtigung der Bodenverhältnisse gehört und die deshalb den nach der Sachlage notwendigen Schutz gegen drückendes Wasser vorsehen muss. Die Planung der Abdichtung muss bei einwandfreier Ausführung zu einer fachlich richtigen, vollständigen und dauerhaften Abdichtung führen. Auch im Rahmen eines eingeschränkten Planungsauftrages muss der Architekt sich planerisch um eine mangelfreie, druckwasserhaltende Bauwerksabdichtung kümmern.

Es hat sich gezeigt, dass die Rechtsprechung die ungeschriebenen Pflichten zur Beratung des Bauherrn, Prüfung des Bausolls und Kontrolle der Bauausführung kontinuierlich ausgeweitet hat. Obwohl die maßgeblichen Pflichten, deren Verletzung zum Schadensersatz führen kann, selten in einem Vertrag stehen, sollten alle Baubeteiligten sich derer stets bewusst sein und durch pflichtgemäße Beratung und sorgfältige Dokumentation Haftpflichtfälle abwenden. Gleichzeit sollte beachtet werden, dass die Rechtsprechung dem Bauherrn auch nach Ablauf der 5-jährigen Verjährungsfrist Schadensersatzansprüche gegen Architekten/Ingenieure wegen Mängel des Architektenwerks zuspricht. Bauwerksabdichtungsarbeiten sind daher einem großen Haftungsrisiko ausgesetzt und sollten mit der notwendigen Sorgfalt begegnet werden.

---

[34]   BGH, Urteil vom 26.10.2006 - VII ZR 133/04, BauR 2007, 423.

Das Selbständige Beweisverfahren in Bausachen

Erfahrungen und Anwendungen in der Praxis

Rechtsanwalt **Georg-Friedger Drewsen,**
Rechtsanwalt **Thomas Peter Aschke,**
Drewsen Rechtsanwälte, Kanzlei für Baurecht, Hamburg

Zusammenfassung:

Das gerichtliche Selbständige Beweisverfahren dient im Vorfeld eines streitigen Verfahrens der Feststellung von Mängeln, Mängelursachen oder Leistungsständen zur Beweissicherung oder aber auch zur Vermeidung eines Rechtsstreites. Das zentrale Beweismittel des Selbständigen Beweisverfahrens ist das Sachverständigengutachten zum Beispiel eines öffentlich bestellten und vereidigten („ö.b.u.v.") Sachverständigen (Architekt, Bauingenieur oder Baubetriebswirt). Beweismittel sind aber auch der „richterliche Augenschein" oder die Zeugenvernehmung. Dem Gerichtsgutachten in einem Selbständigen Beweisverfahren kommt im späteren Gerichtsverfahren große Beweiskraft zu, denn grundsätzlich bleiben die Parteien im anschließenden Hauptverfahren an das Ergebnis des Selbständigen Beweisverfahrens gebunden. Die Qualität und die Verwertbarkeit des Gerichtsgutachtens hängt von der Kompetenz des Gutachters und von der fachlichen Präzision der rechtlich vorausschauend konzipierten Fragestellung der Parteien ab. Letzteres ist oftmals nur mit Hilfe von Privatgutachten möglich.

Ein weiterer bedeutsamer Aspekt des Selbständigen Beweisverfahrens ist die Hemmung der Verjährungsfristen.

Um diese Ziele zu erreichen, sind Kenntnisse hilfreich, die dieser Beitrag vermitteln soll; der Anwender findet einen Fahrplan.

1. Grundsätzliches zum Verfahren

Das Selbständige Beweisverfahren dient der gerichtsverwertbaren oder vergleichsfördernden Sicherung von Beweisen und kann zu jedem Zeitpunkt der Abwicklung eines

Bauvorhabens beantragt werden. Es ist ein einseitiges, vornehmlich vom Antragsteller und dem Gericht bestimmtes Verfahren, in dem der oder die Antragsgegner neben prozessualen Rechten (z.b. Ablehnung des Gutachters oder ausforschender Fragen) auch das Recht zur Stellung ergänzender Fragen an den Gutachter haben. Häufiger Gegenstand eines Selbständigen Beweisverfahrens ist die Feststellung von Mängeln vor oder nach der Abnahme sowie von Leistungsständen z.b. bei Insolvenz oder Kündigung. Insbesondere der drohende Ablauf von Gewährleistungsfristen gibt oftmals Anlass, ein Selbständiges Beweisverfahren zur Mängelfeststellung einzuleiten.

Neben der gerichtlichen Klärung eines Zustandes, einer Ursache und eines Aufwandes[1], soll das Selbständige Beweisverfahren auch zur *„Vermeidung eines Rechtsstreits"[2]* dienen.

2.   Anwenderbezogener Fahrplan

2.1   Vorüberlegung zur Beweissicherung

Bevor eine Beweissicherung durchgeführt werden soll, stellen sich strategische Fragen: Welches Ziel soll erreicht werden? Geht es um die Vorbereitung eines voraussichtlich nicht zu vermeidenden Rechtsstreits? Muss die Verjährung zuverlässig gehemmt werden? Sind Dritte mit bindender Wirkung einzubeziehen? Bedarf es kurzfristiger Entscheidungsgrundlagen? Sind gütliche Regelungen möglich? Welche Vor- und Nachteile hat das Selbständige Beweisverfahren? Welche Alternativen gibt es?

Anschließend stellen sich taktische Fragen: Wie kann das Ziel erreicht werden? Welche Maßnahme ist zu wählen, insbesondere wann sollen welche Fragen gestellt werden? Wie kann der Zeitbedarf und die Kostenfolge der Beweissicherung beeinflusst werden?

All diese Fragen stellen sich dem Antragsteller wie auch dem Antragsgegner eines Selbständigen Beweisverfahrens und natürlich oftmals in erster Linie dem Berater der Parteien, dem Architekten, beratenden Ingenieur, Projektsteuerer oder Anwalt.

2.2   Auswahl des geeigneten Verfahrens

Aus der Sicht des Architekten, beratenden Ingenieurs oder Projektsteuerers ist mit dem Auftraggeber (z.B. Bauherr oder Bauunternehmer) zu allererst das Ziel und die geeignete Maßnahme zu beraten. Die Rechtsprechung erwartet zum Beispiel von dem mit der Objekt-

---

[1] § 485 Abs. 2 Ziffer 1-3 Zivilprozessordnung (ZPO)
[2] § 485 Abs. 2 Satz 2 ZPO

betreuung (Leistungsphase 9) beauftragten Architekten, dass er beim Auftreten von Mängeln angemessene Maßnahmen wie die Einleitung eines Selbständigen Beweisverfahrens oder alternative Beweissicherungen anregt und die Hinzuziehung des Anwalts zur Abklärung der rechtlichen Möglichkeiten empfiehlt. Alternativ zum gerichtlichen Selbständigen Beweisverfahren kommen für eine Beweissicherung in Betracht

Auswahl an Alternativen	**Kurzbewertung**
A eine gemeinsame, schriftlich protokollierte und von den Parteien unterzeichnete Feststellung (z.B. Aufmaß oder Mängelprotokoll),	→ schnell, aber nicht immer möglich
B ein Privatgutachten,	→ schnell, aber nur Parteivortrag
C ein Schiedsgutachten,	→ regelmäßig nicht überprüfbar
D ein Schlichtungsverfahren (z.B. die baubegleitende Schlichtung nach der Schlichtungsordnung des Vereins zur Förderung der alternativen Streitbeilegung im Baubereich (ASIB)[3] oder gemäß der Schlichtungs- und Schiedsordnung für Baustreitigkeiten der ARGE Baurecht des Deutschen Anwaltvereins (SOBau)[4].).	→ zügig, sachkundig, überprüfbar

Die zuverlässige Unterbrechung der Verjährung erreicht nur das rechtzeitige, vor Fristablauf zugestellte gerichtliche Selbständige Beweisverfahren, gegebenenfalls mit einer Streitverkündung an Dritte (Ankündigung des Regresses).

Schneller und oftmals auch kostengünstiger sind Privatgutachten, die aber nur zur Stärkung des Parteivortrages dienen und als solche nur eine „geringere" Beweissicherungswirkung und niemals eine verjährungsunterbrechende Wirkung haben. Dennoch sind sie oftmals Grundlage für eine Einigung oder einen erfolgreichen Prozessvortrag.

Schiedsgutachten haben den Vorteil, eine endgültige Regelung herbeiführen zu können, sind aber nur in Ausnahmefällen durch ein Gericht überprüfbar.

---

[3] www.asibev.de.

[4] www.arge-baurecht.com

Schlichtungsverfahren gewinnen zunehmend an Bedeutung, da sie – zumindest bei interdisziplinärer Besetzung (Ingenieure und Juristen) – hohe Fach-Entscheidungskompetenz mit der Möglichkeit einer kurzfristigen und von Gerichten auf Antrag einer Partei überprüfbaren Entscheidung verbinden.

2.3. Beweisantrag, Beweisbeschluss und Auswahl des Sachverständigen

Das Selbständige Beweisverfahren wird durch einen Antrag, z.B. eine Auflistung der zu begutachtenden Leistungen, Mängel, Ursachen und Kosten der Mängelbeseitigungsmaßnahmen eingeleitet. Das Gericht prüft die Zulässigkeit des Antrages und erlässt nach Anhörung des Antraggegners einen Beweisbeschluss, in dem es auch einen Sachverständigen vorschlägt. Der Gutachter soll nach Möglichkeit öffentlich bestellt und vereidigt (ö.b.u.v.) sein. Zur Auswahl eines Sachverständigen greifen die Gerichte auf die Listen und Vorschläge der zuständigen Handels-, Handwerks-, Ingenieur- und Architektenkammern zurück oder wählen aufgrund ihrer Erfahrungen in vorangegangenen Verfahren einen Sachverständigen aus.

Die Parteien können Gründe zur Ablehnung des Sachverständigen geltend machen. Es ist möglich, dass sich die Parteien auf einen Sachverständigen einigen, den das Gericht dann auch ernennen wird. Der vom Gericht benannte Sachverständige (Gerichtsgutachter) muss zunächst prüfen und mitteilen, ob er für die Beantwortung der Beweisfragen die notwendige Sachkunde besitzt. Fehlt diese ganz oder teilweise, bestimmt allein das Gericht, ob der Gerichtsgutachter selbst einen Dritten hinzuziehen darf oder ob ein anderer bzw. zusätzlicher Gerichtsgutachter beauftragt wird. Der Gerichtsgutachter ist nicht befugt, den Auftrag auf einen anderen zu übertragen.

2.4. Die Bestellung, Beweiserhebung und der Ortstermin

Mit der Bestellung durch das Gericht ist der Gerichtsgutachter gesetzlich zur Erstattung eines gerichtlichen Gutachtens verpflichtet. Wird die Begutachtung erheblich verzögert, kann das Gericht ein Ordnungsgeld gegen den Gerichtsgutachter festsetzen.

Der Gerichtsgutachter darf – im Gegensatz zum Privatgutachter – für die Erstellung seines Gutachtens nur verwerten, was er selbst feststellt und dokumentiert oder die Parteien während des gerichtlichen Beweisverfahrens vortragen (Inhalt der Gerichtsakte) oder dem Gerichtsgutachter im Rahmen eines Ortstermins zu Protokoll erklären. Zusätzliche Unterlagen, die der Gerichtsgutachter zur Beantwortung der Beweisfragen für notwendig erachtet, soll er über das Gericht oder sinnvollerweise direkt anfordern. Immer jedoch muss der Gerichtsgutachter darauf achten, dass seine Fragen und die ihm erteilten Informationen im Verfahren „öffentlich" gemacht werden, also in Protokollen mit Herkunftsnachweis in Kopien an alle Verfahrensbeteiligten gelangen. Anderenfalls setzt sich der Gerichtsgutachter dem Vorwurf der mangelnden Neutralität oder gar Befangenheit aus.

Ist die Durchführung eines Ortstermins sinnvoll, muss der Sachverständige die Parteien rechtzeitig laden (soweit keine Eilbedürftigkeit vorliegt, in der Regel 10 Tage vorher)[5]. Sind nach Auffassung des Gerichtsgutachters für die Begutachtung Maßnahmen erforderlich, die in die Substanz des Gebäudes eingreifen (Bauteilöffnungen), sollte der Gerichtsgutachter eine gerichtliche Weisung für den Eingriff einholen.

Die umfassende und sorgfältige Protokollierung der Ortstermine ist notwendig. Dies beginnt mit der Notierung der anwesenden Personen. Besonders exakt sollte die Befundaufnahme dokumentiert werden. In Beweisverfahren, die baubegleitend erfolgen, ist die gerichtsfeste Verwertbarkeit der gutachterlichen Feststellungen von der detailgetreuen, von den Beteiligten nachvollziehbaren Dokumentation der Vorort vorgefundenen Situation abhängig, weil der begutachtete Bauzustand sich nach dem Ortstermin verändert und nicht mehr – oder nur mit unverhältnismäßigem Aufwand – ein weiteres Mal zu überprüfen ist. Beschreibungen wie zum Beispiel *„mehre ca. 1,5 bis 2 m lange Risse"* sind viel zu unpräzise, um darauf verlässliche Ausführungen zu Ursachen und Kosten zu stützen und nachzuvollziehen. Aus Gutachten, in denen zum Beispiel detaillierte Rissbilder mit Angaben zum Rissverlauf, zu Länge, Breite und Tiefe der Risse, zu den Rissflanken und dem Verschmutzungsgrad enthalten sind, sowie aus dokumentiert entnommenen Proben und Laboruntersuchungen, die das Alter bestimmen und aus dokumentiert gesetzten Gipsmarken, die die Bewegungen der Risse erfassen, lassen sich verwertbare, weil nachvollziehbare Ergebnisse gewinnen.

2.5 Die Gutachtenerstellung

Nach Feststellung und Prüfung der Fragestellung des gerichtlichen Beweisbeschlusses und ggf. nach Durchführung des Ortstermins, erstellt der Gerichtsgutachter sein schriftliches Gutachten. Die Ergebnisse des Gutachtens müssen nach wissenschaftlichen Kriterien nachvollziehbar begründet sein, Annahmen oder Rückschlüsse von Folgen auf Ursachen sind kenntlich zu machen, alle zur Begutachtung verwendeten Unterlagen (Fotos, Pläne, Proto-

---

[5] Vgl. Ulrich, Selbständiges Beweisverfahren mit Sachverständigen, S. 57.

kolle, Schriftwechsel) dem schriftlichen Gutachten beizufügen. Angewendete Methoden (z.B. zur Feuchtemessung in Bauteilen) sind zu erläutern und die das gutachterliche Urteil tragenden technischen Regelwerke aufzuführen und gegebenenfalls zu erklären, weshalb sie nicht oder nur eingeschränkt Anwendung finden können.

Das Gutachten erhält das Gericht und leitet es an die Parteien, regelmäßig mit einer Fristsetzung zur Stellungnahme, weiter.

2.6   Beendigung des Selbständigen Beweisverfahrens

Nach Zugang des Gutachtens können die Parteien innerhalb der gerichtlichen Frist Ergänzungsfragen an den Gerichtsgutachter richten und auch dessen mündliche Befragung beantragen. Diese Phase hat für die Parteien oftmals sehr weit reichende Bedeutung:

Da das Selbständige Beweisverfahren grundsätzlich die Beweisaufnahme in einem Hauptverfahren ersetzen soll und kann, bedarf es einer besonders sorgfältigen Prüfung der im späteren Hauptverfahren zur Durchsetzung der jeweiligen Rechtsposition beweiserheblichen Tatsachen. Diese gilt es deshalb noch im Selbständigen Beweisverfahren zu sichern, das heißt, festzustellen und ihre Ursachen und Kosten bewerten zu lassen. Enthält das Gutachten aus der Sicht der betroffenen Partei unschlüssige, missverständliche oder unzutreffende Aussagen, müssen unmittelbar nach Vorlage des Gutachtens fristgemäß entsprechend konkrete Fragen an den Gerichtsgutachter gestellt werden, von deren Beantwortung sich die Partei eine Unterstützung ihrer Position erwartet. Dies zu beurteilen erfordert in der Regel die Hinzuziehung eines Ingenieurs und eines Anwaltes, um sämtliche später eventuell rechtlich notwendigen Fragen auch fachlich zutreffend zu formulieren.

Werden in einem späteren Hauptverfahren Ansprüche aus Mängeln hergeleitet, die Gegenstand des Selbständigen Beweisverfahrens waren, verwertet das Gericht das Ergebnis des Selbständigen Beweisverfahrens von Amts wegen. Hat eine Partei das Ergebnis einer Mängelfeststellung im Selbständigen Beweisverfahren widerspruchslos bzw. ohne ergänzende Fragen an den Gerichtsgutachter hingenommen, trifft sie im Hauptprozess die volle Beweislast dafür, dass das im Selbständigen Beweisverfahren erzielte Ergebnis unzutreffend ist. Der „Gegenbeweis" kann nur mit einem „neuen Gerichtsgutachten"[6] geführt werden und dazu bedarf es regelmäßig eines Gegen-Privatgutachtens, das das Gericht von der Notwendigkeit eines „neuen Gerichtsgutachtens" überzeugt.

---

[6] § 412 Abs.1 ZPO

Selbständige Beweisverfahren sind deshalb stets von allen Parteien in rechtlicher und fachlicher Hinsicht mit größter vorausschauender Sorgfalt zu führen.

Werden keine Ergänzungsfragen gestellt, endet das Selbständige Beweisverfahren mit Zugang des Gutachtens bzw. des Protokolls von der mündlichen Anhörung des Gerichtsgutachters oder mit der Festsetzung des Streitwertes durch das Gericht.

Führt das Selbständige Beweisverfahren nicht zu einer gütlichen Lösung, kann der Antragsgegner, wenn das Gutachten zu seinen Gunsten ausgegangen ist und Klage deshalb nicht erhoben wird, bei Gericht beantragen, dass der Antragsteller Klage erheben oder die Kosten des Selbständige Beweisverfahrens tragen möge.

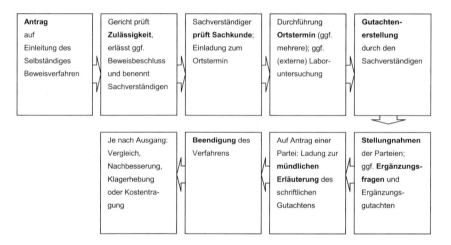

Schematische Darstellung des Ablaufes eines Selbständigen Beweisverfahrens

Während der Durchführung des Selbständigen Beweisverfahrens ist der Ablauf der Verjährung z.B. der Gewährleistungsrechte gehemmt, allerdings nur betreffend derjenigen Mängel, die Gegenstand des Beweisgutachtens gewesen sind.

Mit der Beendigung des Selbständigen Beweisverfahrens endet in der Regel 6 Monate später auch die Wirkung der Verjährungshemmung.

2.7 Die Einbeziehung Dritter und Verjährungshemmung

In Bausachen besteht nahezu regelmäßig die Notwendigkeit, weitere am Bauvorhaben Beteiligte in die Beweissicherung einzubeziehen. Wird beispielsweise das Selbständige Beweisverfahren vom Bauherrn wegen Rissen gegen den Rohbauer geführt, stellt sich die Frage, ob nicht auch der Erdbauer, der Tragwerksplaner oder der Grundbauingenieur als eventuell letztlich Verantwortliche, Mitverursacher oder Gesamtschuldner in das Verfahren einbezogen werden sollten, um diesen das Ergebnis des Verfahrens entgegenhalten zu können und auch ihnen gegenüber den Ablauf der Verjährungsfristen zu hemmen.

Dies kann mit einem Schriftsatz an das Gericht erfolgen, der einen möglichen Regressanspruch ankündigt und kurz begründet (Streitverkündungsschrift). Der Streit-verkündete muss sich dann am Ergebnis des Gerichtsgutachtens festhalten lassen, hat aber auch die Möglichkeit, durch einen Beitritt zum Verfahren selber Fragen an den Gerichtsgutachter zu stellen und dadurch auf das Ergebnis des Verfahrens Einfluss zu nehmen. Der Streitverkündete kann auch seinerseits Streitverkündungen ausbringen, zum Beispiel gegenüber seinen Subunternehmern.

2.8 Vergütung des Sachverständigen

Die Vergütung des im Selbständigen Beweisverfahren eingeschalteten Gerichtsgutachters richtet sich nach dem Justizvergütungs- und -entschädigungsgesetz (JVEG). Im bautechnischen Bereich bewegen sich die Vergütungssätze meist zwischen 70 € und 75 € pro Stunde. Allerdings ist es in einzelnen Fällen für den Sachverständigen möglich, einen höheren Stundensatz zu fordern. Voraussetzung dafür ist die vorherige Zustimmung der Parteien. Bei Zustimmung nur einer Partei kann das Gericht sich über die Ablehnung der anderen Partei hinwegsetzen.

Erkennt der Sachverständige während der Begutachtung, dass die Kosten (z.B. für Bauteilöffnungen oder weiterführende Laboruntersuchungen) höher als erwartet ausfallen, trifft ihn hierfür eine Hinweispflicht gegenüber dem Gericht als seinem Auftraggeber. Das Gericht prüft die Vergütung. Stellt sich heraus, dass der Gerichtsgutachter die notwendige Sachkunde nicht besaß, kann sein Vergütungsanspruch entfallen. Deshalb sieht das Gesetz vor, dass der Gerichtsgutachter „unverzüglich" prüft, ob der Auftrag in sein Fachgebiet fällt[7].

---

[7] § 407a Abs.1, Satz 1 ZPO

506

2.9 Haftung des Sachverständigen

Seit der am 01.08.2002 eingeführten Regelung des § 839a BGB haftet der Gerichtsgutachter als Verfasser des Gutachtens für grob fahrlässige oder vorsätzlich fehlerhaft erstellte Gutachten, soweit ein Gerichtsurteil darauf beruht. Verursacht der Gerichtsgutachter anlässlich seiner Begutachtung Schäden, die nicht durch seinen Gutachterauftrag abgedeckt sind, wie z.b. Bauteilöffnungen, trifft ihn die gesetzliche Haftpflicht. Schäden, die ein vom Sachverständigen beauftragter Unternehmer verursacht, muss der Sachverständige im Wege des Schadensersatzes für den Geschädigten geltend machen oder dem Geschädigten seine Ansprüche gegenüber dem schadenverursachenden Unternehmer abtreten.

3. Schlussbemerkung

Das Selbständige Beweisverfahren ist ein ernstzunehmendes gerichtliches Verfahren zur meist bindenden Klärung beweiserheblicher Anspruchsvoraussetzungen in einem gerichtlichen Hauptverfahren. Es ist ein oftmals aufgrund seines formellen Charakters (allseitige Informationspflichten, Fragerechte der Parteien usw.) langwieriges aber sicheres, gerichtsfestes Verfahren mit definierter Verjährungshemmung und Bindung für Streitverkündete.

Schnelle gutachterliche Klärungen und Entscheidungen lassen sich besser durch die aufgezeigten Alternativen erreichen. Verjährungshemmende Wirkungen und Bindungen Dritter wären dann allerdings vertraglich zu regeln.

Die Empfehlung des einen oder anderen Verfahrens kann nur einzelfallbezogen erfolgen und bedarf immer umfassender und vorausschauender technisch-fachlicher und rechtlicher Kompetenzen, um eine effiziente Lösung zu erreichen.

BAU 2009: Pflichttermin für Planer und Ingenieure

2000 Aussteller aus 40 Ländern zeigen die Zukunft des Bauens

Die BAU in München ist Europas bedeutendste Fachmesse für Architektur, Baumaterialien und Bausysteme. Zur BAU 2009 werden vom 12. bis 17. Januar auf dem Münchner Messegelände annähernd 2.000 Aussteller aus 40 Ländern Produkte und Dienstleistungen rund ums Bauen, Planen und Gestalten präsentieren. Motto: Die Zukunft des Bauens. Mehr als 200.000 Besucher werden erwartet, darunter über 35.000 Architekten, Ingenieure und Planer.

Tageseintrittskarte für VDI-Mitglieder

Seit vielen Jahren unterhält die Messe München GmbH eine enge Kooperation mit der VDI-Gesellschaft Bautechnik. So werden die VDI-Mitglieder (Bautechnik und Technische Gebäudeausrüstung) auch zur BAU 2009 wieder einen Gutschein für eine Tageseintrittskarte bekommen – Nutzung öffentlicher Verkehrsmittel inklusive. Die Gutscheine werden in November 2008 verschickt. Auf dem Messegelände wird der VDI-Stand in Halle B0 wieder Anlaufstelle für die Mitglieder sein.

Einzigartiger Marktüberblick

Das Messegelände ist komplett ausgebaucht. Die BAU 2009 bietet auf 180.000 m² Fläche einen einzigartigen Marktüberblick. Das einzelnen Ausstellungsbereiche sind nach Baustoffen, Produkt- und Themenbereichen gegliedert. Die wichtigsten Segmente sind: Aluminium, Aufzüge und Fahrtreppen, Außenraumgestaltung, Bauchemie, Bodenbeläge, Energie- und Solartechnik, Fliesen und Keramik, Gebäudeautomation und Gebäudesteuerung, Glas, Holz und Kunststoff, Naturstein, Schloss und Beschlag, Software und Hardware am Bau, Stahl,

Edelstahl, Zink und Kupfer, Steiner/Erden, Tor- und Parksysteme, Türen und Fenster, Ziegel und Dachkonstruktionen.

Insbesondere für Architekten, Planer und Ingenieure ist die BAU 2009 eine Informations- und Inspirationsquelle ersten Ranges. Keine andere Veranstaltung verzeichnet so viele Besucher aus Architektur- und Ingenieurbüros. Auf besonderes Interesse dürften insbesondere folgende Themen stoßen:

Fassaden und Fassadensysteme
In den Hallen C1, B1, B2 und B3 geht es um Fassaden und Fassadensysteme, Bauelemente und Bausysteme vorrangig aus Aluminium und Stahl, darunter Sonnenschutzsysteme sowie Lösungen für Gebäudeautomation und –Steuerung. Der Bereich umfasst auch die komplette Palette der Tor- und Türantriebstechnik. Die führenden Unternehmen der internationalen Glasindustrie präsentieren in Halle C2 die neuesten Entwicklungen in den Bereichen Glas und Glas-Architektur.

Energie- und Solartechnik
Unter dem Titel Solarhorizonte hat die Energie- und Solartechnik in Halle B3 einen eigenen Ausstellungsbereich. Hier geht es im wesentlichen darum, wie Solartechnik architektonisch anspruchsvoll in die Fassade integriert werden kann. Hersteller präsentieren entsprechende Lösungen rund um Photovoltaik und Solarthermie. Die BAU kooperiert bei diesem Thema mit dem Bundesverband Solarwirtschaft.

Innovative Fassadentechnik auf der BAU

Bauelemente für globale Märkte

Eine Sonderschau mit dem Titel „Bauelemente für globale Märkte" zeigt in Halle C3 die Lösungskompetenz moderner Bauelemente für landestypische Anforderungen. Anhand zukunftsweisender Bauprojekte wird der Einsatz von innovativen Fenstern, Fassaden und Bauelementen in unterschiedlichen Regionen präsentiert. Die funktionale und konstruktive Vielfalt der Praxis zeigt sich in den unterschiedlichsten Anforderungen – vom Wärmeschutz in Sibirien, Sonnenschutz in Südeuropa, erdbebensicheren Gebäuden für China bis zu hochwassertauglichen Fenstern in Überschwemmungsgebieten. Die Sonderschau wird gemeinsam vom ift Rosenheim, der Messe München und führenden Herstellern veranstaltet.

Holzbau der Zukunft

In Zusammenarbeit mit der Deutschen Gesellschaft für Holzforschung präsentiert die BAU eine Reihe von Projekten, die unter dem Titel „Holzbau der Zukunft" vom Bayerischen Wirtschaftsministerium gefördert werden. Dabei haben sich unter dem Dach der TU München verschiedene Institutionen und Forschungseinrichtungen mit Verbänden der Holzwirtschaft zu einem Forschungsverbund zusammengetan. Präsentiert werden die Ergebnisse aus 20 Teilprojekten zu den Themengruppen: Brandschutz, Fassade, Energie-, Klima- und Anlagentechnik, neue Bauteile, neue Baustoffe. Dabei geht es jeweils darum, die ungenutzten Potentiale des Baustoffs Holz auszuloten.

Barrierefreies Bauen

Der Begriff „barrierefrei" ist nicht auf Menschen mit Handicap oder ältere Menschen gemünzt. Er hat eher einen philosophischen und sozialen Ansatz und meint die Gleichstellung aller Menschen, unabhängig von Alter, körperlicher Befindlichkeit oder besonderen Fähigkeiten. Bezogen auf die Architektur und Planung geht es darum, die Wohnung und das Wohnumfeld so zu gestalten, dass Menschen mit und ohne einem Handicap möglichst selbständig und komfortabel darin leben können. Die BAU veranstaltet gemeinsam mit der Initiative „Leben ohne Barrieren" in Halle A4 eine Sonderschau zu diesem Thema. Es geht um die Gestaltung verschiedener Wohnräume, aber auch um neue Wohnformen wie z.B das Generationen übergreifende Wohnen. Weitere Themen sind „Steuerung & Automation", „Sicherheit & Innovation", „Bad & Wellness" sowie „Außenraumgestaltung". Darüber hinaus werden Produkte präsentiert, die speziell auf ältere Menschen oder Menschen mit körperlichen Beeinträchtigungen zugeschnitten sind.

Bauen im Bestand

Rund 50 Prozent der Bautätigkeit in Europa entfällt auf die Sanierung, Renovierung und Modernisierung von Gebäuden. Die BAU widmet diesem Thema deshalb einen speziellen Ausstellungsbereich in Halle B0. Hier sind alle Initiativen und Aktivitäten auf nationaler wie auf europäischer Ebene zusammengefasst. Themen sind beispielsweise: Gebäudediagnose; Barrierefreies Bauen; Schäden erkennen, Mängel beseitigen; Energiesparendes Bauen; Vorschriften und Gesetze der Gebäudemodernisierung; Finanzierung und Förderung.

Unter dem Motto „Marktplatz Bauen im Bestand" finden täglich Vorträge, Seminare und Workshops statt. Insgesamt stehen – kostenlos und für jeden zugänglich - mehr als 50 Vorträge auf dem Programm. Partner der BAU bei diesem Projekt sind das Bundesministerium für Verkehr, Bau und Stadtentwicklung sowie der Bundesarbeitskreis Altbauerneuerung (BAKA).

Innovativ und zukunftsweisend: Die Kampagne zur BAU 2009

Soft- und Hardwarelösungen für den BAU

Einen eigenen Ausstellungsbereich bildet in Halle C3 die BAU IT, mit über 5.000 qm Fläche die größte Schau dieser Art in Europa. Führende Hersteller präsentieren Soft- und Hardwarelösungen für alle Berufsgruppen der Baubranche.

Italian Design

In Zusammenarbeit mit „Abitare Il Tempo", der Messe für Innenausbau und Design in Verona, zeigt die BAU 2009 die Sonderschau „Italian Design". In Halle A6 wird auf 250 m² Fläche ein hochwertiges innenarchitektonisches Projekt präsentiert. Dabei handelt es sich um den Gewinner einer Design-Sonderschau auf der Abitare Il Tempo.

Architektur und Industrie im Dialog

Wie sieht die Zukunft des Bauens aus und wie gestaltet sich künftig der Dialog zwischen Architektur und Industrie? Antworten darauf liefern zwei hochkarätige Foren, die sich insbesondere an Architekten, Planer, Projektentwickler und Ingenieure richten.

Forum „Zukunft des Bauens"

Neu ist das Forum „Zukunft des Bauens" in Halle C2. Es greift das gleichnamige Motto der BAU wieder auf und gliedert sich in sechs Oberthemen, welche das Planen und Gestalten im kommenden Jahrzehnt maßgeblich beeinflussen werden: Megacities, Energie und Architektur, Wohnen heute und morgen, Solares Bauen, Innovation und Automation in der Architektur, Emerging Stars. Die BAU präsentiert dieses Forum in Zusammenarbeit mit der Bundesarchitektenkammer und dem Bauverlag, Gütersloh. Unterstützt wird das Forum vom Informationszentrum Beton und der Deutschen Steinzeug Agrob-Buchtal.

Forum „MakroArchitektur"

Das Forum „MakroArchitektur" in Halle A6 konzentriert sich auf den Dialog zwischen Architektur und Industrie. Die Gebäudehülle wird dabei ebenso thematisiert wie der Innenausbau von Gebäuden. Auch dieses Forum bietet an jedem der sechs Messetage ein neues Thema, und zwar unter folgenden Headlines: „Material und Produkt", „Farbe und Ornament", „Oberfläche und Innovation", „Gebäude und Detail", „Fassade und Funktion", „Architektur und Verantwortung". Partner der BAU bei diesem Projekt sind die Architektur-Fachzeitschrift AIT, der Bund Deutscher Innenarchitekten, bulthaup und Egger Holzwerkstoffe.

Vorträge renommierter Bauingenieure

Referenten in beiden Foren sind in erster Linie renommierte Architekten, Planer und Bauingenieure. Unter den jeweiligen Oberthemen gibt es täglich wechselnde Vorträge. Sämtliche Vorträge werden simultan deutsch/englisch übersetzt. Beide Foren vermitteln nicht nur Informationen, sondern laden mit ihrem Lounge-Charakter zum Verweilen ein. In Verbindung mit hochwertigen Kaffee-Bars auf dem Foren-Areal dienen sie als Meeting-Points und Kommunikationszentren für die Zielgruppe. Die Foren sind frei zugänglich, der Besuch der Foren ist in der BAU-Eintrittskarte inbegriffen. Vorträge und Referenten sind ab September 2008 unter www.bau-muenchen.com einsehbar.

Architektur- und Ingenieurpreise

Im Rahmen der BAU werden wieder zahlreiche Architektur- und Ingenieurpreise verliehen, darunter am Freitag, 16. Januar 2009, der bayerische Ingenieurpreis im Rahmen des Bayerischen Ingenieurtags.

Attraktive Reisepackages: Mit der Bahn zur BAU

Unter dem Motto „einfach, praktisch, günstig", wird die Deutsche Bahn zur BAU attraktive Reise-Packages schnüren. Es gibt Angebote mit und ohne Übernachtung. Auf besonders attraktive Preise dürfen sich Auszubildende, Schüler und Studenten freuen. Die Angebote haben für alle deutschen Bahnhöfe im Nah- und Fernverkehr für die Laufzeit der BAU 2009 Gültigkeit. Insgesamt ein heißer Tipp für alle, die bequem reisen und sich die Hotelsuche sparen wollen. Nähere Informationen zu den Reise-Packages gibt es auf den Webseiten der BAU 2009 unter www.bau-muenchen.com unter der Rubrik „Anreise".

www.bau-muenchen.com

Alles rund um die BAU 2009 inkl. Informationen zu Anreise und Unterkunft findet man online unter www.bau-muenchen.com Die Seiten werden laufend aktualisiert.

Teil II
Fachwissen

Einfluss der fließfähigen und selbstverdichtenden Betone auf den Frischbetondruck bei lotrechter Schalung und deren Auswirkung auf den Auftrieb bei geneigter Schalung

Dipl.-Ing. **Helmut Schuon**, Dr.-Ing. **Olaf Leitzbach**, Haiterbach

Kurzfassung

Moderne Architektur entdeckt den Sichtbeton wieder, wie die jüngsten repräsentativen Bauwerke zeigen – Phaeno in Wolfsburg, Mercedes-Benz-Museum in Stuttgart, Freilichtpavillon in Grafenegg (Bild 1). Zur Realisierung dieser geometrisch komplexen Stahlbetonstrukturen sind fließfähige oder selbstverdichtende Betone nötig, die auf die formgebende Schalung höhere Kräfte in Form des Frischbetondrucks ausüben, als dieser in den bisherigen Technischen Regeln beschrieben ist.

Bild 1:   Moderne Architektur (Freiluftpavillon, Schlosspark Grafenegg, AT)

1 Einleitung

Verschiedene wissenschaftliche Veröffentlichungen [1]-[5] setzen sich mit dem Frischbeton-druckverhalten fließfähiger und selbstverdichtender Betone auseinander. Den teilweise nur labortechnischen Untersuchungen liegen Betoniergeschwindigkeiten zugrunde, die nicht immer praxisgerecht sind. Auf Basis dieser Ergebnisse wird vorwiegend die Empfehlung abgeleitet, die einzusetzenden Schalungssysteme sicherheitshalber auf den hydrostatischen Frischbetondruck zu bemessen. Die Gründe liegen in den vielfältigen potentiellen Einfluss-größen:

- Betonrezeptur,
- Betonrheologie,
- Betoniergeschwindigkeit,
- Beton- und Umgebungstemperatur,
- Erstarrungsverhalten und
- eingesetzte Rüttlertechnik.

Diese Empfehlung führt bei den aktuellen Schalungskonstruktionen zu unwirtschaftlichen Einsatzbedingungen. Hier setzt der DAfStb-Sachstandbericht [6] an, in dem theoretische Betrachtungen mit verschiedenen Laboruntersuchungen und aktuellen Baustellenergebnissen korreliert werden. Der Bericht führt zu einem baustellen-geeigneten Berechnungsmodell für den Frischbetondruck fließfähiger Betone und ermöglicht auf diese Weise den wirtschaftlichen Einsatz marktüblicher Schalungssysteme.

2 Theorie des Frischbetondrucks

Die bisherige Berechnung des Frischbetondrucks auf lotrechte Schalungen [7] geht von den in den 70er Jahren üblichen 3-Stoff-Betonen aus, deren Eigenschaften im wesentlichen durch die DIN 1045- und DIN 1048-Familie bestimmt sind. Die heutigen in Europa normativ geregelten Betone besitzen demgegenüber nicht nur größere Ausbreitmaße (Tabelle 1), sondern auch ein anderes Erstarrungsverhalten, die die Berechnung des Frischbetondrucks und dessen Auswirkung erschweren oder im Extremfall unmöglich machen.

Tabelle 1: Gegenüberstellung der Frischbeton-Konsistenzen nach alter und neuer Norm

Konsistenzklasse nach DIN 18218 [7] bzw. DIN 1045 [8]	Ausbreitmaß a (mm) nach DIN 1045 [8]	Konsistenzklasse nach DIN 1045-2 [9] bzw. DIN EN 206-1 [10]	Ausbreitmaß a (mm) nach DIN 1045-2 [9]
K1 (steif)	-	F1	≤ 340
K2 (plastisch)	≤ 400	F2	350 bis 410
K3 (weich)	410 bis 500	F3	420 bis 480
Fließbeton [a]	500 bis 600 [a]	F4	490 bis 550
		F5	560 bis 620
- [b]		F6	≥ 630
		SVB	≥ 700 [c]

[a] Fließbeton ist definiert nach DAfStb-Richtlinie für Fließbeton [11].

[b] Der Beton der Konsistenzklassen F5, F6 und SVB ist nicht in DIN 18218 [7] geregelt.

[c] Bei Ausbreitmaßen a ≥ 700 mm ist die DAfStb-SVB-Richtlinie [12] zu beachten.

Die bisher verwendete Grundgleichung der Normwerte des Frischbetondruckes [7] lautet:

$$p_{b.max} = \frac{\gamma_b}{2}\, v_b\, \lambda_0\, t_E + h_r\, \gamma_b\, (1 - \lambda_0)$$

mit $p_{b.max}$ – größte Ordinate des Frischbetondruckes (kN/m^2)

v_b – Steiggeschwindigkeit (m/h)

γ_b – Frischbetonrohwichte (kN/m^3)

λ_0 – Seitendruckbeiwert, abhängig von Frischbetonkonsistenz zum Zeitpunkt t=0

t_E – Erstarrungszeit des Betons (h)

h_r – Rütteltiefe (m)

Aus dieser Gleichung ergeben sich die konsistenzabhängigen Formeln und das dazugehörige Frischbetondruck-Diagramm (Bild 2) unter Berücksichtigung der dort genannten Voraussetzungen (Erstarrungsende des Betons, Frischbetontemperatur, etc.).

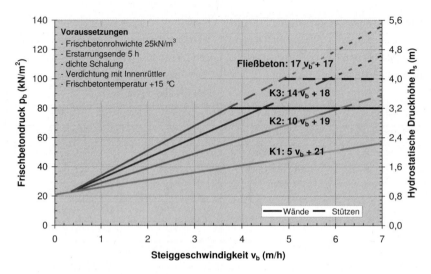

Bild 2: Frischbetondruck p_b in Abhängigkeit von der Steiggeschwindigkeit v_b nach [7] für die Konsistenzklassen K1 bis K3 und für Fließbeton

Die Lasteinflussordinate auf die senkrechten Schalungen ergibt sich nach DIN 18218 [7] aus der folgenden Darstellung (Bild 3). Der Faktor "5" in der Einflusshöhe "5 v_b" bedeutet, dass der Frischbeton ein Erstarrungsende von höchstens 5 Stunden besitzt, das diesen normativen Berechnungen zugrunde liegt. Korrekturfaktoren berücksichtigen die Zugabe von Erstarrungsverzögerern und ihren Einfluss auf das Erstarrungsende. Damit sind aber die unterschiedlichen Anteile von Flugasche und deren Auswirkungen auf das Erstarrungsverhalten des Frischbetons nicht zu erfassen.

Dieser Ansatz zeigt den Einfluss des Frischbetondrucks bei unterschiedlicher Betonierhöhe H als Lasteinwirkung auf die Schalung mit Berücksichtigung der hydrostatischen Druckhöhe h_s. Im Fall A entfällt ein Teil der Belastung, beim kontinuierlichen Betonierprozess tritt sie als Wanderlast auf, Fall B.

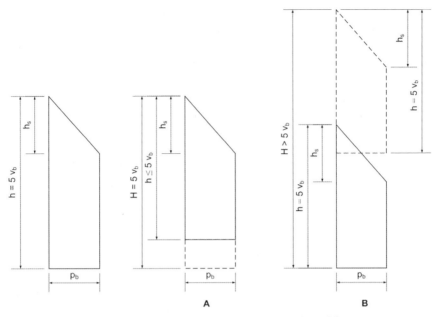

Bild 3: Lasteinflussordinate und Verteilung des Frischbetondrucks p_b [7]

3 Wissenschaftliche Grundlage

Die Lücke zur Berechnung des Frischbetondruckes ist vor allem durch die Einführung der neuen DIN 1045-2 [9] und mit den Entwicklungen der leichtverdichtbaren sowie selbstverdichtenden Betone immer offenkundiger geworden. Daher hat sich 2005 auf Veranlassung von Prof. Dr.-Ing. C. A. Graubner die "Initiativgruppe Schalungsdruck" gebildet und den DAfStb-Sachstandbericht "Frischbetondruck fließfähiger Betone" [6] erarbeitet. Der DIN-Normenausschuss NA 005-07-11 AA "Bauausführungen" hat im Juli 2006 entschieden, die bisher gültige DIN 18218 [7] auf Grundlage dieses Sachstandberichtes zu überarbeiten. Der Kernpunkt für die Erweiterung ist die Druckverteilung nach DIN 18218 mit veränderten Variablen, die das beton- und rezepturspezifische Erstarrungsverhalten berücksichtigen.

3.1 Frischbetondruck-Diagramm für SVB nach dem Erstarrungsverfahren nach Schuon

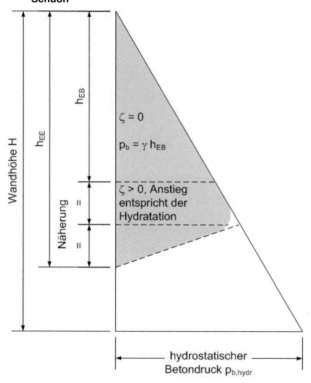

Bild 4: Frischbetondruck-Diagramm für SVB (SCC) nach dem Erstarrungsverfahren nach Schuon (Index: EB – Erstarrungsbeginn, EE – Erstarrungsende)

Bereits DIN 18218 berücksichtigt den Übergang von Druckanstieg auf gleichförmigen Silodruck, der sich nach der Elastizitätstheorie nachweisen lässt.

3.2 Nachweis für Übergang zum Silodruck

Nach der Elastizitätstheorie ergibt sich:

$$\delta_h = 1 / (m\text{-}1)\ \delta_v$$

mit δ_h – Silodruckanteil, horizontal

δ_v – Silodruckanteil, vertikal

m – Querdehnungszahl

Nach Janssen [13] ist

$$\delta_h = \lambda_0 \, \delta_v$$

mit $\quad \lambda_0 \quad$ – Seitendruckbeiwert.

In Abhängigkeit vom Winkel der inneren Reibung ζ folgt vereinfacht (s. a. [14])

$$\lambda_0 = 1 - \sin \zeta \, .$$

Ein Beton nach DIN 1045 [8] hat für die Konsistenz "plastisch" eine Querdehnungszahl $m = 3,5$. Daraus berechnet sich der Seitendruckbeiwert zu $\lambda_0 = 0,4$ und damit der innere Reibungswinkel $\zeta \approx 37°$. Diese Auswertung ergibt in der ansteifenden Betonschicht einen Frischbetondruck von 40 % der aufgebrachten vertikalen Last (Frischbeton).

Im Frischbeton reagiert das Wasser chemisch mit den Zementanteilen während des Hydratationsprozesses bis zum stabilen Gefüge. Dieser Vorgang führt zur Volumenminderung und zum plastischen Schwinden im jungen Beton. Damit verkürzt sich der Betonkörper in allen drei Dimensionen, gibt keinen Druck ab und entlastet die Schalung.

Während des Betoniervorganges steigt die fließfähige Betonsäule und erzeugt den Frischbetondruck auf die Schalung. Mit fortschreitender Betonierdauer beginnt während des Hydratationsprozesses das Ansteifen des zuerst eingebauten Betons, so dass die aufgebrachte Last nicht mehr vollständig als Seitendruck wirkt. Der Druckanstieg geht daher in Silodruck über. Er verändert sich bei fortschreitender Betonierdauer und bei gleichzeitigem Erstarrungsfortschritt nicht mehr.

4   Anwendungsgerechte Umsetzung

Nach Proske/Schuon beruht das zukünftige Berechnungsmodell auf der Silodrucktheorie in Verbindung mit dem Erstarrungsverhalten des Frischbetons. Der Frischbetondruck ist durch drei mögliche Grenzwerte des Horizontaldrucks δ_h charakterisiert [6]:

- Erstarren des Frischbetons

$$\delta_{h,\mathrm{max}\,1} = \gamma_c \, v_b \, t_E \, \lambda_{tot,E} \, ,$$

- Grenzwert aus dem Siloeffekt

$$\delta_{h,\mathrm{max}\,2} = \frac{b \, \gamma_c}{2 \, \mu} + h_v \, \gamma_c \, C + 2 v_b$$

- und der maximale hydrostatische Wert

$$\delta_{h,\max 3} = \gamma_c \, h \,.$$

Der kleinste Wert (in kN/m²) ist maßgebend:

$$\delta_{h,\max} = \min \begin{vmatrix} \delta_{h,\max 1} \\ \delta_{h,\max 2} \\ \delta_{h,\max 3} \end{vmatrix} .$$

4.1 Frischbetondruckverteilung nach Proske/Schuon – Verlauf bis zum maximalen Frischbetondruck

Das zeitabhängige Frischbetondruckverhalten kann in drei Phasen unterschieden werden:

- hydrostatischer Druckanstieg bis zur Höhe h_s,
- konstanter Druck bis Höhe h_A bei Erstarrungsbeginn t_A und
- Druckabbau infolge Erstarrens zwischen den Höhen h_A und h_E bei Erstarrungsende t_E.

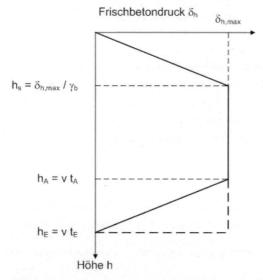

Bild 5: Hydrostatischer Verlauf bis zum maximalen Frischbetondruck

Sowohl die aktuelle als auch die künftige Berechnungsnorm zum Frischbetondruck berücksichtigt nicht die Druckreduzierung zwischen Erstarrungsbeginn t_A und Erstarrungsende t_E. Der wirksame Frischbetondruck wird bis zur Höhe h_E als konstant angenommen. Somit befindet sich die Bemessung der Schalung bei diesem Berechnungsansatz auf der sicheren Seite.

Als Neueinführung gelten die konsistenzabhängigen Gesamtseitendruckbeiwerte $\lambda_{tot,E}$ zur Berücksichtigung des Erstarrungsendes [15] (Tabelle 2).

Tabelle 2: Konsistenzklassen mit dazugehörigen Seitendruckwerten $\lambda_{tot,E}$ und Wandreibungswerten μ [6]

	Konsistenzklasse							
	F1	F2	F3	F4	F5	F6	SVB	SVB, gerüttelt
$\lambda_{tot,E}$	0,15	0,2	0,22	0,25	0,35	0,45 – 0,5	0,35 – 0,42	0,6
μ	0,19	0,15	0,11	0,07	-	-	-	-

Bild 6: Unterbrechungsfreies Betonieren einer 11 m hohen Wand (links) unter Beachtung der auftretenden Ankerkräfte (rechts)

Zur Verifizierung des Berechnungsansatzes sind bei einem Bauvorhaben, das mehrere hohe Betonierabschnitte besessen hat, an verschiedenen Horizontal- und Vertikal-Positionen die Ankerkräfte aufgezeichnet worden.

Beispiel 1

Konsistenz F5: $\lambda_{tot,E} = 0,35$;   H = 11,00 m; $v_b = 1$ m/h; $t_E = 9$ h

- $\delta_{h,\max 1} = \gamma_c\, v_b\, t_E\, \lambda_{tot,E} = 25\ kN/m^3 * 1\ m/h * 9\ h * 0,35 \approx 79\ kN/m^2$

- $\delta_{h,\max 2} = \gamma_c\, H = 25\ kN/m^3 * 11\ m = 275\ kN/m^2$

Der kleinere Wert mit rund 79 kN/m² ist maßgebend und stimmt mit den Baustellen-beobachtungen überein, die das Messdiagramm zeigt (Bild 7). Mit fortschreitendem Ansteifen des Betons nimmt der Frischbetondruck nach Erreichen des Maximums ab.

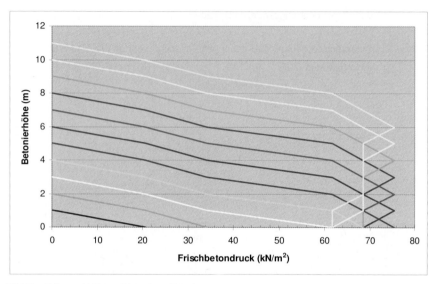

Bild 7: Zeit- und höhenabhängiger Frischbetondruckverlauf während des Betonierens einer 11 m hohen Wand (zu Beispiel 1)

Beispiel 2

Konsistenz F5: $\lambda_{tot,E}$ = 0,35;   H = 7,00 m; v_b = 1 m/h; t_E = 10 h

- $\delta_{h,\max 1} = \gamma_c\, v_b\, t_E\, \lambda_{tot,E} = 25\ kN/m^3 * 1\ m/h * 10\,h * 0{,}35 = 87{,}5\ kN/m^2$

- $\delta_{h,\max 2} = \gamma_c\, H = 25\ kN/m^3 * 10\ m = 250\ kN/m^2$

Auch hier ist der kleinere Wert maßgebend (Bild 8).

Die Übereinstimmungen in diesen Beispielen zeigen, dass der theoretische Ansatz zutreffend ist und bei mehr als 15 ähnlichen Betoniervorgängen die Vorausberechnung stimmig gewesen ist. Die Anwendung dieses Berechnungsansatzes mit dem Gesamtseitendruck-beiwert $\lambda_{tot,E}$ (Tabelle 2) ist bis zur baupraktischen Bestätigung zu empfehlen.

526

Diese Berechnungsgrundlage kann nur für die Betoneinfüllung von oben angesetzt werden, so dass die Silodruckwirkung ausgenutzt werden kann.

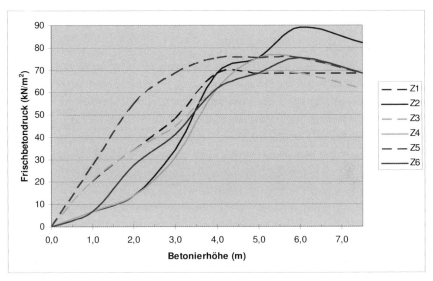

Bild 8: Innerhalb einer Wand gemessener Frischbetondruck auf 0,5 m Höhe (Z1, Z3, Z5) und 1,75 m Höhe (Z2, Z4, Z6) (zu Beispiel 2)

Anders verhält es sich bei der Befüllung von unten. Der selbstverdichtende Beton (SVB) muss in diesem Fall innerhalb von 60 Minuten mittels Betonierstutzen bis zur Oberkante gepumpt werden, da der Rücksteifeeffekt nur in diesem Zeitraum nicht eintreten darf.

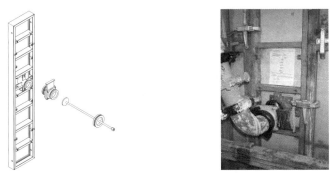

Bild 9: Schalungselement mit Betonierstutzen

Für diesen Lastfall sind von der Schalung nicht nur der volle hydrostatische Druck, sondern auch die entstehenden Reibungskräfte kumuliert aufzunehmen. Im bisher bekannten Bereich liegt der entstehende Frischbetondruck beim 1,2-fachen des hydrostatischen Drucks, so dass dieses Betonierverfahren nur bis zu Betonierhöhen von 3,0 – 3,5 m zu empfehlen ist.

4.2 Lasteinfluss-Ordinate

Die DIN 18218 [7] hat die Höhe der Lasteinflussordinate auf "5*v_b" begrenzt. Diese Höhe resultierte aus der Definition des Erstarrungsendes mit t_E = 5 h. Nachdem die neue Berechnungsgrundlage vom variablen Erstarrungsende ausgeht, ist diese Ordinate mit "v*t_E" in der Höhe definiert. Hierdurch hat der Betontechnologe in Abstimmung mit dem Statiker der Schalungskonstruktion die Möglichkeit, die Lasteinzugsfläche zu bestimmen. Diese Abstimmung ist vor allem im Einhäuptigen Bereich sowie bei Sperrenschalung zwingend erforderlich.

Die Problematik liegt bisher darin, dass die Transportbetonwerke den Erstarrungsbeginn und das Erstarrungsende des gelieferten Betons nicht angeben konnten. Das soll sich künftig ändern. Auf Bestreben der Schalungsindustrie und aufgrund der mittlerweile vorhandenen praktischen Erfahrungen in der Betonindustrie können die Transportbetonwerke diese beiden Werte zumindest auf Anfrage angeben, mindestens jedoch das Erstarrungsende.

Das Erstarrungsende kann entweder mit dem Vicat-Penetrationsverfahren nach DIN EN 480-2 [16] am Mörtel oder am Frischbeton mit Hilfe des "Knetbeutel-Tests" bestimmt werden, der im Entwurf der DIN 18218 [17] beschrieben ist. Der Knetbeutel-Test bietet den Vorteil, dass hierbei die tatsächliche Betonmischung einschließlich aller Additive verwendet wird. Der Frischbeton wird hierfür in wasserdichte Kunststoffbeutel eingefüllt und nach bestimmten festgelegten Zeitabständen mit dem Daumen eingedrückt. Wenn sich der Frischbeton weniger als 0,5 mm eindrücken lässt, ist das Erstarrungsende $t_{E,Knet}$ des Frischbetons erreicht. Das für die Berechnung des Frischbetondrucks erforderliche Erstarrungsende $t_E = 1,25 * t_{E,Knet}$ berücksichtigt mit dem Faktor 1,25 den Einfluss der individuellen Daumenkraft und weitere Randerscheinungen.

Der Bauunternehmer kann daraufhin die Steiggeschwindigkeit mit den Diagrammen bestimmen, die im Entwurf DIN 18218 [17] dargestellt sind. Durch diese neu eingeführten Diagramme können sämtliche Konsistenzen bezüglich des maximalen Frischbetondrucks und somit der zulässigen Betoniergeschwindigkeit abgelesen werden.

Die nachfolgenden Diagramme (Bild 10, Bild 11) unterscheiden sich hinsichtlich des Erstarrungsendes des Betons von 5 h und 15 h und weisen die Werte für Betone der Konsistenzklassen F1 bis F6 und für SVB auf. Dabei sind die Werte für die Konsistenzen F1 bis F4 von der bisherigen DIN 18218 unverändert übernommen.

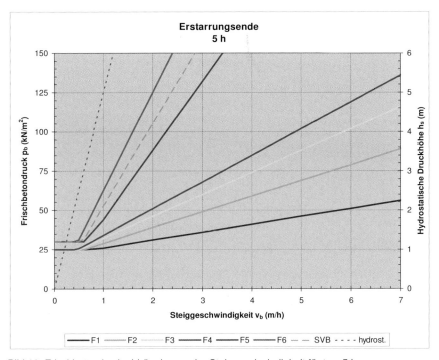

Bild 10: Frischbetondruck abhängig von der Steiggeschwindigkeit für t_E = 5 h

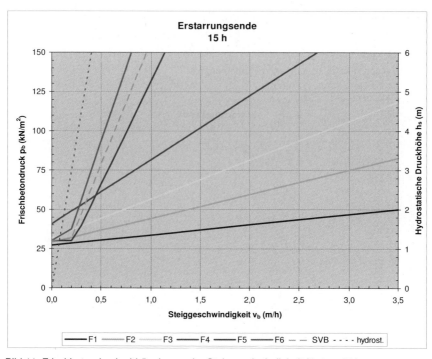

Bild 11: Frischbetondruck abhängig von der Steiggeschwindigkeit für $t_E = 15$ h

5   Auftrieb

Bei geneigten Wänden ist die obere Gegenschalung durch Abstandshalter und durch Anker-stäbe einerseits auf Wanddicke fixiert und andererseits gleichzeitig gegen den Auftrieb ge-sichert (Bild 12). Zusätzlich wird die Gegenschalung am Fußpunkt fixiert oder im Extremfall auch mit Ballastgewichten stabilisiert.

Ganz anders wirkt sich der Auftrieb aus, wenn bei doppelhäuptigen Schalungen die Schal-ebenen nicht parallel zueinander verlaufen oder wenn bei einhäuptigen Wänden die Scha-lung gegen den Beton geneigt angeordnet ist (Bild 13).

Bild 12: Geneigte Wandschalung mit parallel angeordneter Gegenschalung (Bauzustand des Freiluftpavillons, siehe Bild 1)

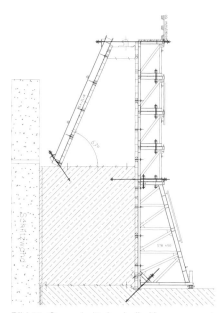

Bild 13: Querschnitt durch die Kammerwand einer Schleuse

Die konventionellen Rüttelbetone zeigen das rheologische Verhalten einer struktur-viskosen Flüssigkeit – Bingham-Körper mit plastischem Fließverhalten. Daraus resultiert bei gering geneigten Wandschalungen der Auftriebseffekt nur aufgrund der vertikalen Frischbeton-druckkomponente:

$$p_{bA} = p_b \, tan \, (90°-\alpha)$$

Beispiel:

α=80° ; h=3 m ; γ_b = 25 kN/m³ ; p_b=0,9*γ_b*h' (Annahme: 90% des hydrostatischen Drucks) mit h' = h sin α = 2,95 m und als dreiecksförmige Last angesetzt (Faktor 0,5):

$$p_{bA} = 0,5 * 0,9 * 25 * 2,95 \, kN/m^2 * tan \, 80° = 5,9 \, kN/m^2$$

Auftriebskräfte in dieser Größenordnung sind konstruktiv beherrschbar und können durch das Eigengewicht der Schalung und beispielsweise einer Fußpunktfixierung kompensiert werden (Bild 14).

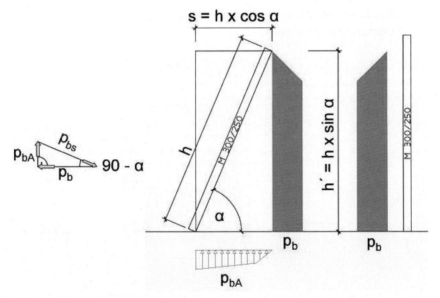

Bild 14: Resultierende Frischbetondruck-Komponenten auf eine geneigte Schalung bei Verwendung von Rüttelbetonen

Im Vergleich zu den Rüttelbetonen verhalten sich die leichtverdichtbaren Betone (Konsistenz F5 oder F6) sowie die selbstverdichtenden Betone nahezu wie Newtonsche Flüssigkeiten. Dadurch erfahren Verdrängungskörper oder einseitig geneigte Schalungen (Bild 13) einen zusätzlichen Auftrieb, der der Masse des verdrängten Betons entspricht (Bild 15).

Beispiel: wie oben und zusätzlich Auftrieb durch verdrängten Beton

$$F_A = V_v = 0,5 * s * h' \gamma_b = 0,5 * h * \cos \alpha * h * \sin \alpha * \gamma_b = 19,2 \text{ kN/m}^2$$

Die sich hierbei einstellenden Auftriebskräfte sind nicht zu vernachlässigen und können allein durch den Einsatz schwerer Rahmenschalungen nicht kompensiert werden. Hier müssen weitere Sicherungsmaßnahmen durchgeführt werden, die ein Abheben der gesamten Schalungskonstruktion verhindern – beispielsweise durch eine Rückverankerung.

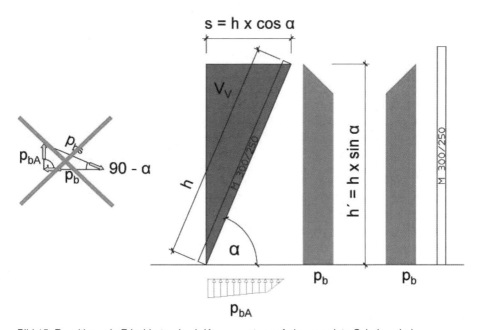

Bild 15: Resultierende Frischbetondruck-Komponenten auf eine geneigte Schalung bei Verwendung leichtverdichtbarer oder selbstverdichtender Betone

6   Zusammenfassung

Der Frischbetondruck fließfähiger und selbstverdichtender Betone auf vertikale Schalungs-konstruktionen lässt sich mit der bisherigen Berechnungsnorm DIN 18218 [7] nicht sicher be-rechnen. Die gute Übereinstimmung theoretischer und praktischer Ergebnisse bei den fließ-fähigen Betonen hat dazu geführt, dass die Erkenntnisse des DAfStb-Sachstandberichts [6] in den Entwurf der DIN 18218 [17] eingeflossen sind. Hiermit ist es möglich, die Schalungs-systeme einerseits sicher zu bemessen und andererseits die wirtschaftliche Einsatzfähigkeit zu gewährleisten.

Auch die überarbeitete Bemessungsnorm gilt nur für vertikale Schalungskonstruktionen. Bei geneigten Schalungen treten Auftriebseffekte auf, die beim Einsatz fließfähiger und selbst-verdichtender Betone nicht zu vernachlässigen sind, und daher der physikalische Auftrieb überlagert werden muss.

7   Literatur

[1]   Brameshuber, W.; Uebachs, St.: Schalungsdruck bei der Anwendung von selbst-verdichtendem Beton. RWTH Aachen, Forschungsbericht F 848 (2003).

[2]   Leemann, A.; Hoffmann, C.: Schalungsdruck von selbstverdichtendem Beton. BFT (2003) 11, S. 48-55.

[3]   Staiger, J.; Weith, Fr.; Dehn, Fr.: SVB, F6, F3 – Neue Betone, unterschiedliche Drücke. Tiefbau 116 (2004) 4, S. 221-226.

[4]   Beitzel, M.: Neue Erkenntnisse zum Frischbetondruckverhalten. Kurzbericht, Universi-tät Karlsruhe, (2006).

[5]   Schmidt, D.; Kapphahn, G.: Messung des Drucks von leichtverdichtbaren und selbst-verdichtenden Betonen auf die Schalung. beton 58 (2008) 3, S. 84-89.

[6]   Graubner, C.-A.; et. al.: Frischbetondruck fließfähiger Betone. DAfStb-Sachstandbericht Heft 567 (2003).

[7]   DIN 18218:1980:09: Frischbetondruck auf lotrechte Schalungen.

[8]   DIN 1045:1978:12: Beton und Stahlbeton – Bemessung und Ausführung.

[9]   DIN 1045-2:2001:07: Tragwerke aus Beton, Stahlbeton und Spannbeton – Teil 2: Beton; Festlegung, Eigenschaften, Herstellung und Konformität; Anwendungsregeln zu DIN EN 206-1.

[10]   DIN EN 206-1:2001-07: Beton – Teil 1: Festlegung, Eigenschaften, Herstellung und Konformität.

[11]   DAfStb-Richtlinie für Fließbeton – Herstellung, Verarbeitung und Prüfung. (1995-08).

[12] DAfStb-Richtlinie – Selbstverdichtender Beton (SVB-Richtlinie). (2003-11).

[13] Janssen, H.A.: Versuche über Getreidedruck in Silozellen. VDI Zeitschrift. V. 39, August 1895, S. 1045-1049.

[14] DIN 4085:1987-02: Baugrund; Berechnung des Erddrucks – Berechnungsgrundlagen.

[15] Proske, T.: Schalungsdruck bei Verwendung von Selbstverdichtenden Beton – Ein neues Konzept für die Berechnung. 45. DAfStb-Forschungskolloquium. Beton- und Stahlbetonbau 100 (2005), S. 159-166.

[16] DIN EN 480-2:2006-11: Zusatzmittel für Beton, Mörtel und Einpressmörtel – Prüfverfahren – Teil 2: Bestimmung der Erstarrungszeit.

[17] DIN E 18218:2008:01: Frischbetondruck auf lotrechte Schalungen.

Europäische Normen und technische Regeln im Arbeits- und Schutzgerüst- und im Traggerüstbau

Dr.-Ing. **Robert Hertle** VDI
Prüfingenieur für Baustatik VPI, Beratender Ingenieur VBI, Gräfelfing

Kurzfassung

Sowohl auf dem Gebiet der europäischen Harmonisierung des Normenwerks für temporäre Bauhilfsmittel, als auch auf dem Gebiet der Vereinheitlichung der Vorschriften zur Arbeitssicherheit wurden in den vergangenen zwei Dekaden erhebliche, allerdings nicht in allen Aspekten konkludente Fortschritte gemacht. Diese haben für den hier insbesondere interessierenden Bereich der temporären Bauhilfsmittel zur Folge, dass sowohl das Umfeld für Entwurf und Bemessung dieser Konstruktionen, als auch die Randbedingungen für das Arbeiten mit diesen Konstruktionen einem signifikanten Wandel unterworfen werden. Erschwert wird diese Übergangsperiode dadurch, dass, in Ergänzung zum umfangreichen europäischen Regelwerk, eine Fülle von nationalen Anwendungsdokumenten und Sonderreglungen zu beachten sind. Dies resultiert zwangsläufig in nennenswerten Mehraufwänden und Unsicherheiten bei der technischen Bearbeitung und bei der Umsetzung der konkreten Aufgabe auf der Baustelle. Offene technische Fragen können und werden erst im Zuge der Erstanwendung der neuen Normengeneration erkannt und auch beantwortet werden, die aus der Sphäre der Vorschriften zur Arbeitssicherheit ableitbaren Fragen zur Verantwortlichkeit für die Arbeitsverfahren und Arbeitsplätze werden, in Ermangelung ausreichend präziser Vorgaben des staatlichen Regelwerks, wohl erst durch „Richterrecht" einer gewissen Sicherheit zugeführt werden. Im vorliegenden Beitrag wird der Versuch unternommen die Entwicklung des europäischen Regelwerks in den vergangen zwanzig Jahren zu erläutern, wesentliche Unterschiede zwischen dem bisherigen und dem zukünftigen Regelungsrahmen zu beschreiben, auf Defizite und Unzulänglichkeiten im Vorschriftenwerk hinzuweisen und eine Perspektive für die weitere Entwicklung der wesentlichen Dokumente zu skizzieren.

Abstract

During the last two decades significant, but not in every aspect conclusive progress was done regarding the European harmonization of standards for temporary works equipment and in the field of unification of the legal requirements for working and occupational safety. These steps ahead result for the constructions under consideration and for the temporary works related methods on the building sites in a partly fundamental change of the boundary requirements not only for design, structural analysis and assessment, but also for the way of working on site. Aggravating to the extensive European regulations and directives, a multitude of National Application Documents and special requirements are to be obeyed. This inevitably results in additional work and in uncertainties developing, detailing and realizing of a concrete task. Open technical questions will be detected and answered only during the pilot-application of the new generation standards, questions related to the sphere of working and occupational safety, i.e. questions addressing the responsibility for working methods and working environment, will, in default of sufficient precise legislative guidelines, be led to a reasonable degree of certainty through the sentences of courts. The paper presented here tries to explain the development of the European standards during the last twenty years, highlights the differences between the hitherto and the future frame of requirements, point out the deficits and insufficiencies of the regulations and sketches a perspective for future work and development of these documents.

1. Einleitung

Auf der Plenumssitzung von CEN/TC53 „Temporary Works Equipment" im Jahr 1990 in London wurde beschlossen, für den gesamten Bereich der temporären Bauhilfsmittel ein europäisch vereinheitlichtes, auf die Bemessung auf Traglastniveau abgestimmtes Regelwerk, unter Beachtung von Teilsicherheits- und Kombinationsfaktoren, zu schaffen. Hierzu wurden zuerst acht Arbeitsgruppen, welche sich mit:

- Allgemeinen Regelungen und Anforderungen an Arbeits- und Schutzgerüste
- Regelungen für Arbeits- und Schutzgerüste aus Systembauteilen
- Fahrbaren Arbeitsbühnen
- Lastturmstützen
- Traggerüsten
- Schutznetzen
- Längenverstellbaren Baustützen aus Stahl
- Grabenverbaugeräte

befassten, installiert. Im Nachgang dazu wurden vier weitere Arbeitsgruppen für:

- Kupplungen
- Schutzausrüstung
- Holzschalungsträger
- Vertikale Schalungssyteme

eingerichtet. Der Tabelle 1 kann die diesbezügliche Gliederung der Arbeitsgruppen des CEN/TC53 und der Vorsitz der jeweiligen Arbeitsgruppe entnommen werden.

Nach zum Teil mehr als 14 Jahren Bearbeitungszeit wurden die in der Tabelle 2 durch kursive Schrift und Fettdruck gekennzeichneten Normen publiziert. Die übrigen in der Tabelle 2 genannten, zum Teil nationalen Normen sind ebenfalls für Entwurf, Bemessung und Nutzung von temporären Bauhilfsmitteln von Bedeutung. Im folgenden wird den Normen keine Quellenangabe angefügt da sie im Abschnitt 2 dieses Beitrags vollständig zitiert werden.

Für die öffentlich-rechtlich verbindliche Anwendung dieser Normen in der Bundesrepublik Deutschland ist es erforderlich, dass diese in die Liste der eingeführten technischen Baubestimmungen /1/ respektive in die Bauregelliste /2/ aufgenommen werden. In der Tabelle 2 ist ebenfalls angegeben, welche der europäisch vereinheitlichten Dokumente durch die ARGE Baunormung in die beiden genannten Listen aufgenommen wurden. Festzustellen ist, dass die Mehrheit dieser Normen bis heute nicht in diese Listen aufgenommen wurde. Weitergehende technische Begründungen, warum einzelne Europäische Normen durch das DIBt nicht zur bauaufsichtlichen Einführung empfohlen wurden, werden im folgenden bei der Diskussion des Inhalts der einzelnen Dokumente gegeben.

Tabelle 1: Arbeitsgruppen im CEN/TC 53

Working Group	Arbeitsgebiet	Vorsitz
1	Arbeits- und Schutzgerüste	Schweden
2	Arbeits- und Schutzgerüste, Systemgerüste	Deutschland
3	Kupplungen	Italien
4	Fahrbare Arbeitsbühnen	Deutschland
5	Lastturmstützen	Frankreich
6	Traggerüste	Vereinigtes Königreich
7	Schutznetze	Deutschland
8	Längenverstellbare Baustützen	Deutschland
9	Grabenverbaugeräte	Deutschland
10	Schutzausrüstung	Schweden
11	Holzschalungsträger	Österreich
12	Vertikale Schalungssyteme	Frankreich

Tabelle 2: Zusammenfassung der Normen für temporäre Bauhilfsmittel

Norm	Musterliste der Technischen Baubestimmungen	Bauregelliste
DIN 4420-1:2004	X	
DIN 4421:1982	X	
DIN 4425:1990		X
DIN EN 39:2001		X
DIN EN 74:1988		X
DIN EN 1065:1998		X
DIN EN 12810-1:2004		
DIN EN 12810-2:2004		
DIN EN 12811-1:2004	X	
DIN EN 12811-2:2004		
DIN EN 12811-3:2004		
DIN EN 12812:2004		
DIN EN 12813:2004		
DIN EN 13377:2003		X

Die in der Tabelle 3 wiedergegebene Synopse von bisheriger nationaler Situation und europäisch vereinheitlichtem Normenkonzept für temporäre Bauhilfsmittel zeigt, dass durch die Arbeit im CEN/TC53 eine erhebliche Verbreitung und weitergehende Detaillierung der Regelungsbasis erreicht wurde. Diese ist zur Schließung von erkannten Regelungslücken zwar wünschenswert, hat aber auch den Nachteil, dass sich dadurch Regelungen und Vorschriften teilweise zu sehr aufsplitten und in ihrem gemeinsamen Fundament oftmals nicht mehr erkennbar sind.

Tabelle 3: Übersicht über die Struktur der Normung im Gerüstbau

	Bisherige nationale Situation	Europäisch vereinheitlichte Situation
Arbeits- und Schutzgerüste	DIN 4420-1:1990 DIN 4420-2:1990 DIN 4420-3:1990 DIN 4420-4:1988	DIN EN 12811-1:2004 / DIN EN 12810-2:2004 DIN 4420-2:1990 DIN 4420-3:2006-09-22 DIN EN 12810-1:2004 DIN EN 12810-1:2004 DIN EN 12811-2:2004 DIN EN 12811-3:2003 DIN EN 1004:2005
Traggerüste	DIN 4421:1980	DIN EN 12812:2004 DIN EN 12813:2004
Produktnormen	DIN 4424:1987 DIN 4425:1990 DIN EN 74:1988 DIN 4427:1990	DIN EN 1065:1998 DIN EN 13377:2002 / DIN V 20000-2:2006 prEN 15113-1:2005 DIN EN 74-1:2005 DIN EN 74-3:2005 DIN EN 39:2001

2. Normen, technische Regeln und Regeln für die Arbeitssicherheit

Das zuletzt vor circa 25 Jahren vollständig überarbeitete nationale Regelwerk für Konstruktionen des Gerüstbaus wurde und wird in den kommenden Jahren, in weiten Teilen, durch europaweit vereinheitlichte Normen abgelöst werden. Im einzelnen betrifft dies:

- DIN 4420-1: Arbeits- und Schutzgerüste; Allgemeine Regelungen, Sicherheitstechnische Anforderungen, Prüfungen. Berlin 1990
- DIN 4420-2: Arbeits- und Schutzgerüste – Leitergerüste; Sicherheitstechnische Anforderungen. Berlin 1990
- DIN 4420-3: Arbeits- und Schutzgerüste; Ausgewählte Gerüstbauarten und ihre Regelausführungen. Berlin 1990
- DIN 4420-4: Arbeits- und Schutzgerüste aus vorgefertigten Bauteilen (Systemgerüste); Werkstoffe, Gerüstbauteile, Abmessungen, Lastannahmen und sicherheitstechnische Anforderungen. Berlin 1988
- DIN 4421: Traggerüste; Berechnung, Konstruktion und Ausführung. Berlin 1982
- DIN 4422-1: Fahrbare Arbeitsbühne (Fahrgerüste) aus vorgefertigten Bauteilen; Werkstoffe, Gerüstbauteile, Maße und sicherheitstechnische Anforderungen. Berlin 1992
- DIN 4425: Leichte Gerüstspindeln; Konstruktive Anforderungen, Tragsicherheitsnachweis und Überwachung. Berlin 1990

sowie die hierzu vom Deutschen Institut für Bautechnik herausgegebenen Richtlinien:

- Zulassungsgrundsätze; Versuche an Gerüstsystemen und Gerüstbauteilen. Schriften des Deutschen Instituts für Bautechnik, Reihe B, Heft 5. August 1998
- Zulassungsrichtlinie; Anforderungen an Fassadengerüstsysteme. Schriften des Deutschen Instituts für Bautechnik, Reihe B, Heft 7. Berlin 1996
- Zulassungsgrundsätze für die Bemessung von Aluminiumbauteilen im Gerüstbau. Schriften des Deutschen Instituts für Bautechnik, Reihe B, Heft 9. Berlin 1996
- Merkblatt für den Nachweis von Baustützen aus Aluminium mit Ausziehvorrichtung im Rahmen einer allgemeinen bauaufsichtlichen Zulassung. Deutsches Institut für Bautechnik. Entwurfsfassung. Berlin 1995

Die diese Regeln ablösenden, im CEN/TC53 erarbeiteten Normen gliedern sich für Arbeitsgerüste in die Dokumente:
- DIN EN 12810-1: Fassadengerüste aus vorgefertigten Bauteilen; Produktfestlegungen. Berlin 2004
- DIN EN 12810-2: Fassadengerüste aus vorgefertigten Bauteilen; Besondere Bemessungsverfahren und Nachweise. Berlin 2004
- DIN EN 12811-1: Temporäre Konstruktionen für Bauwerke; Arbeitsgerüste – Leistungsanforderungen, Entwurf, Konstruktion und Bemessung. Berlin 2004

- DIN EN 12811-2: Temporäre Konstruktionen für Bauwerke; Informationen zu den Werkstoffen. Berlin 2004
- DIN EN 12811-3: Temporäre Konstruktionen für Bauwerke; Versuche zum Tragverhalten. Berlin 2004

und für Traggerüste in die Dokumente:

- DIN EN 12812: Traggerüste; Anforderungen, Bemessung und Entwurf. Berlin 2004
- DIN EN 12813: Temporäre Konstruktionen für Bauwerke – Stützentürme aus vorgefertigten Bauteilen; Besondere Bemessungsverfahren. Berlin 2004
- DIN EN 1065: Baustützen aus Stahl mit Ausziehvorrichtung; Produktfestlegung, Bemessung und Nachweis durch Berechnung und Versuche. Berlin 1998
- DIN EN 13377: Industriell gefertigte Schalungsträger aus Holz; Anforderungen, Klassifizierung und Nachweis. Berlin 2003

Da es bei den Verhandlungen für die europäischen Normen nicht möglich war, die in der Bundesrepublik Deutschland obligatorische Schutzfunktion für Arbeitsgerüste verpflichtend in den Normen der Reihen DIN EN 12810 und DIN EN 12811 festzuschreiben, und weiterhin die europäischen Dokumente keine Informationen zur baulichen Durchbildung von Regelausführungen enthalten, wurden hierzu im Normenausschuss Bauwesen des DIN ergänzende nationale Normen erarbeitet:

- DIN 4420-1: Arbeits- und Schutzgerüste; Allgemeine Regelungen, Sicherheitstechnische Anforderungen, Prüfungen. Berlin 2004
- DIN 4420-3: Arbeits- und Schutzgerüste; Ausgewählte Gerüstbauarten und ihre Regelausführungen. Berlin 2006

Im Zuge der bauaufsichtlichen Einführung dieser Normen wurden und werden künftig durch das Deutsche Institut für Bautechnik Nationale Anwendungsdokumente herausgegeben, welche in Teilen die europäischen Regelungen präzisieren als auch die notwendigen Anpassungen an das deutsche Baurecht, insbesondere im Bereich der Bemessungsvorschriften und bei den Werkstoffen, vornehmen. Diese Nationalen Anwendungsdokumente gliedern sich in:

- Zulassungsgrundsätze für Arbeits- und Schutzgerüste; Anforderungen, Berechnungsannahmen, Versuche, Übereinstimmungsnachweis. Schriften des Deutschen Instituts für Bautechnik, Reihe B, Heft 5. Berlin 2005
- Anwendungsrichtlinie für Traggerüste. Deutsches Institut für Bautechnik. Entwurfsfassung. Berlin 2005

–   DIN V 20000-2: Anwendung von Bauprodukten in Bauwerken; Schalungsträger aus Holz.
    Berlin 2005

Es ist besonders darauf hinzuweisen, dass eine Bemessung von temporären Bauhilfsmitteln allein auf Grundlage der in den europäischen Normen verankerten Regeln nicht in allen Fällen ausreichend ist, um den Anforderungen des Baurechts in der Bundesrepublik Deutschland zu genügen.

3.   Erläuterungen zu den Europäischen Regelungen

Eine umfassende Erläuterung und Kommentierung der europäischen Regelungen würde den hier zur Verfügung stehenden Rahmen deutlich überdehnen. Daher wird im folgenden stichpunktartig auf die wesentlichen Grundprinzipien der einzelnen Normen eingegangen, und es werden die entsprechenden Hinweise zu den ergänzenden nationalen Anwendungsregeln gegeben.

DIN EN 12810-1:2004:

Bei dieser Norm handelt es sich um den Nachfolger zur bisherigen DIN 4420-4:1988. Im Wesentlichen werden in ihr die Leistungsanforderungen, die Bemessungsverfahren und die Überprüfungsmethoden für Fassadengerüste aus vorgefertigten Bauteilen beschrieben. Neben einer Klassifizierung des Systems hinsichtlich Nutzlast, Belagkonstruktion, geometrischer Parameter und Bekleidung des Gerüsts, wird im Abschnitt 7.2 der Norm eine Regelausführung definiert, der ein Fassadengerüst entsprechen muss. Diese Regelausführung ist in weiten Teilen an die aus den allgemeinen bauaufsichtlichen Zulassungen des Deutschen Instituts für Bautechnik bekannten Regelausführungen angelehnt.

Da die DIN EN 12810-1:2004 allgemein verbindliche Produktfestlegungen trifft, war es erforderlich, für die Bemessung des Produkts einheitliche Regelungen zu erarbeiten. Hiervon betroffen ist in erster Linie der Bemessungsstaudruck für die Windlast (Bild 1), da dieser, bei Bezug auf die relevanten nationalen und internationalen Normen abhängig vom Standort, den topographischen Randbedingungen und anderen Einflüssen ist. Für den konkreten Einsatzfall ist es dann erforderlich, die aus projektspezifischen Windlasten – siehe hierzu DIN 1055-4:2005 – zu entnehmenden Staudrücke mit dem nach Bild 1 angesetzten Bemessungsstaudruck zu vergleichen.

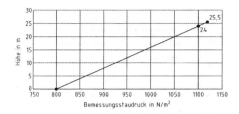

Bild 1: Bemessungsstaudruck für Fassadengerüste nach DIN EN 12810-1:2004

Die DIN EN 12810-1:2004 enthält, ebenso wie die Vorgängernorm DIN 4420-1:1990 Angaben zu mit Planen und Netzen bekleideten Gerüsten, welche im wesentlichen auf die Untersuchungen /3/ zurückgehen. Das Bild 2 zeigt ein wesentliches Ergebnis dieser Windkanalstudien. Sowohl der Druckbeiwert $C_{f,\perp}$Druck als auch der Sogbeiwert $C_{f,\perp}$Sog sind hochgradig vom Anströmwinkel β abhängig.

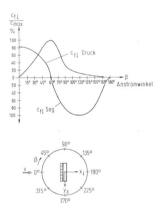

Bild 2: Staudruckbeiwerte für bekleidete Gerüste in Abhängigkeit des Anströmwinkels β

Auf die einschränkenden Regelungen zur Verwendung von Kupplungen an Aluminiumrohren mit reduzierter Wanddicke, welche im nationalen Anwendungsdokument formuliert sind, sei an dieser Stelle hingewiesen.

DIN EN 12810-2:2004:

In dieser Norm werden wesentliche Hinweise für die Berechnung und für die versuchsgestützte Bewertung von Fassadengerüstsystemen gegeben. Wesentlich ist dabei, daß, wie es die Tabelle 1 der DIN EN 18210-2:2004 (Tabelle 4) zeigt, die Bemessung einer derartigen Konstruktion immer eine Kombination von Versuchen und analytischer Bearbeitung ist.

Tabelle 4: Bemessungsmethoden für Arbeitsgerüste nach DIN EN 12810-2:2004

Bemessungs-schritte		Weg 1	Weg 2
		Modul- und Rahmensysteme	**Nur Rahmensysteme**
1		Versuche für Bauteile und Verbindungsmittel	
2/3		Berechnung für jede Systemkonfiguration der Regelausführung	
2			Bestimmung von α_{cr}
			Weiterführung von Weg 2 nur, wenn $\alpha_{cr} \geq 2$;
			wenn $\alpha_{cr} < 2$ zu Weg 1 wechseln
3		Tragwerksanalyse zur Bestimmung des Verlaufs der Schnittgrößen	
	3a	Theorie 2. Ordnung	Theorie 1. Ordnung mit Vergrößerungsfaktoren auf der Basis von α_{cr}
	3b	Untersuchung der einzelnen Bauteile und Verbindungsmittel auf ausreichende Tragfähigkeit	
4		Ein Großversuch für eine Systemkonfiguration	
		Typ 1	Typ 2
		Zur Überprüfung von signifikantem Lastverschiebungsverhalten	Zur Überprüfung von α_{cr}

α_{cr} Faktor der Erhöhung der Bemessungslast bis zum Knicken

Für Systeme mit weitgehend linearen Eigenschaften und bei geringer bis mittlerer Normalkraftbeanspruchung – $\alpha_{cr} \geq 2$ –, im Wesentlichen sind damit konventionelle Rahmensysteme gemeint, kann die technische Bearbeitung auf der Basis einer Untersuchung nach Theorie I. Ordnung mit Anwendung von Vergrößerungsfaktoren des Typs

$$\delta = \frac{1}{1 - \alpha_{cr}} \tag{1}$$

mit $\qquad \alpha_{cr} = \frac{N_{cr}}{N_{Ed}} \tag{2}$

erfolgen. N_{cr} steht in vorstehenden Gleichungen für die kritische Verzweigungslast, N_{Ed} für den Bemessungswert der Einwirkungen. Auf die Probleme, das zutreffende Versagensmodell zur Definition von N_{cr} zu finden, sei hier nur am Rand hingewiesen. Unter Umständen sind für die Bemessung von Ständern, Querriegeln und Spindeln unterschiedliche Versagensmodi in die Überlegungen einzubeziehen. Ein einfacherer und auch konsistenterer Weg kann durch eine, auf Detailversuchen basierende Berechung des Gesamtsystems nach Theorie II. Ordnung beschritten werden. Diese, seit vielen Jahren in der Bundesrepublik Deutschland erfolgreich im Zuge der Erteilung von allgemeinen bauaufsichtlichen Zulassung für Fassadengerüstsysteme eingesetzte Vorgehensweise konnte bei der Erarbeitung der DIN EN 12810-2:2004 nicht als Standardverfahren verankert werden, da die DIN EN 1993-1-1:2005, neben einer Berechnung der Systeme nach Theorie II. Ordnung im Abschnitt 5.2.2 auch das auf Vergrößerungsfaktoren fußende Näherungsverfahren zulässt. Aus deutscher Sicht bedauerlich, und für die technische Bearbeitung von Fassadengerüstsystemen durchaus hinderlich ist die in der DIN EN 12810-2:2004 aufgestellte Forderung, dass auch bei einer vollständigen Behandlung des Systems nach Theorie II. Ordnung ein Bestätigungsversuch zur „Überprüfung von signifikantem Lastverschiebungsverhalten" (Tabelle 4) durchgeführt werden muss.

Hilfreich sind die in den Anhängen der DIN EN 12810-2:2004 zusammengefassten Hinweise zu den Detailversuchen, sowohl den Aufbau, als auch die Durchführung betreffend.

DIN EN 12811-1:2004:

Durch diese Norm wurden die wesentlichen, bis jetzt in der DIN 4420-1:1990 enthaltenen Anforderungen und Bemessungsregeln in ein europäisch vereinheitlichtes Dokument übersetzt. Sie bildet die Grundlage für den Entwurf und die Konstruktion von Arbeitsgerüsten und stellt damit das eigentliche Grundlagendokument für derartige temporäre Bauhilfsmittel dar. Wie schon aus der DIN 4420-1:1990 bekannt, werden die Gerüstkonstruktionen hinsichtlich ihrer Lastklassen klassifiziert (Tabelle 5).

Da diese Einstufung auf die DIN 4420-4:1988 zurückgeht, mithin damals schon europaweit vereinheitlicht wurde, sind hier keine Veränderungen festzustellen. Neu ist die ergänzende Einführung von Breitenklassen (Tabelle 5) und Klassen für die lichte Höhe (Tabelle 6 und Bild 3).

Tabelle 5: Lastklassen für Arbeitsgerüste nach DIN EN 12811-1:2004

Lastklasse	Gleichmäßig verteilte Last q_1 kN/m^2	Auf einer Fläche von 500 mm × 500 mm konzentrierte Last F_1 kN	Auf einer Fläche von 200 mm × 200 mm konzentrierte Last F_2 kN	Teilflächenlast q_2 kN/m^2	Teilflächenfaktor $a_p{}^l$)
1	0,75^2)	1,50	1,00	–	–
2	1,50	1,50	1,00	–	–
3	2,00	1,50	1,00	–	–
4	3,00	3,00	1,00	5,00	0,4
5	4,50	3,00	1,00	7,50	0,4
6	6,00	3,00	1,00	10,00	0,5

Tabelle 6: Breitenklassen

Breitenklasse	w in m
W06	$0,6 \leq w < 0,9$
W09	$0,9 \leq w < 1,2$
W12	$1,2 \leq w < 1,5$
W15	$1,5 \leq w < 1,8$
W18	$1,8 \leq w < 2,1$
W21	$2,1 \leq w < 2,4$
W24	$2,4 \leq w$

Tabelle 7: Klassen für die lichte Höhe

Klasse	Lichte Höhe		
	Zwischen den Gerüstlagen h_3	Zwischen Gerüstlagen und Querriegeln oder Gerüsthaltern h_{1a} und h_{1b}	Schulterhöhe h_2
H$_1$	$h_3 \geq 1,90$ m	$1,75\,\text{m} \leq h_{1a} < 1,90\,\text{m}$ $1,75\,\text{m} \leq h_{1b} < 1,90\,\text{m}$	$h_2 \geq 1,60$ m
H$_2$	$h_2 \geq 1,90$ m	$h_{1a} \geq 1,90\,\text{m}$ $h_{1b} \geq 1,90\,\text{m}$	$h_2 \geq 1,75$ m

Mit Ausnahme der rechnerischen Erfassung der Auflagerung des Gerüsts über die Fußspindel hat sich das aus der DIN 4420-1:1990 bekannte Vorgehen zur Berechnung und Bemessung von Arbeitsgerüsten nur unwesentlich geändert. Aufbauend auf den aus Detailversuchen abzuleitenden Steifigkeits- und Tragfähigkeitsparametern für Knotenpunkte und horizontal wirkende Aussteifungselemente wird das System, entweder als Gesamtsystem (Bild 4) oder als in die Ebenen senkrecht und parallel zur Fassade aufgeteilte Ersatzsysteme untersucht. Im zweitgenannten Fall ist auf eine zutreffende Abbildung und Berücksichtigung der Interaktion der beiden Ebenen zu achten.

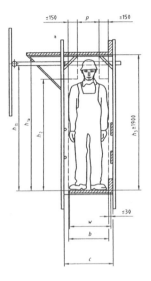

Bild 3: Geometerische Randbedingungen für die Klassifizierung nach DIN EN 12811-1:2004

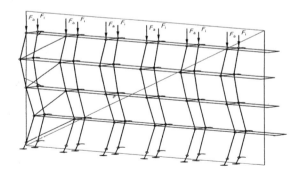

Bild 4: Beispiel für die Untersuchung des Fassadengerüsts im Gesamtsystem

Im Gegensatz zum bisher im deutschen Regelwerk verankerten Grundsatz, dass der Fuß-punkt von Spindeln, bedingt durch die auf der Baustelle nicht vermeidbaren Unwägbarkeiten bei einer vollflächigen Auflagerung, als vollständiges Gelenk abzubilden ist, erlaubt die DIN EN 12811-1:2004 die Annahme einer drehelastischen Auflagerung (Bild 5). Es ist darauf hinzuweisen, dass damit, je nach zu untersuchendem System, teilweise nennenswerte Last-steigerungen erwartet werden können. Bei der bisherigen Praxis war in den meisten Fällen der Fußbereich des Gerüsts, bedingt durch die Forderung, dass die erste Ankerlage erst in 4,0 m Höhe über der Aufstellfläche angenommen werden darf, traglastbegrenzend.

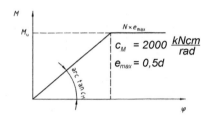

Bild 5: Drehfedercharakteristik für die Fußeinspannung der Spindel

Nicht eindeutig äußert sich die DIN EN 12810-1:2004 zur Frage, wie mit der Drehfeder nach Bild 5 im Fall einer Untersuchung des Gesamtsystems umzugehen ist. Hier erhebt sich die Frage, ob diese Feder in der Ebene der resultierenden Beanspruchung anzusetzen ist, oder ob sie in zwei zueinander orthogonalen Ebenen angesetzt werden darf. Da auch bei der ver-einfachten Berechnung an ebenen Ersatzsystemen die Interaktion in den Fußfedern nicht berücksichtigt werden kann, mithin eine Auswertung in der Ebene der resultierenden Bean-spruchung unterbleibt, ist der Verfasser der Auffassung, dass bei der Untersuchung am Ge-samtsystem die Federsteifigkeit am Fußpunkt von Spindeln mit ihrem vollen Wert sowohl senkrecht als auch parallel zur Fassade angesetzt werden darf.

Auf die Informationen zur Ermittlung der Windlasten bei bekleideten Gerüsten wurde an an-derer Stelle – DIN EN 12810-1:2004 – bereits hingewiesen. Ergänzend kann der DIN EN 12811-1:2004 die Ermittlung Lagebeiwerts c_s in Abhängigkeit vom Völligkeitsgrad der hinter dem Gerüst liegenden Fassade φ_B entnommen werden. Das Bild 6 zeigt die entsprechende Zusammenhänge.

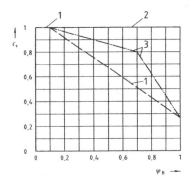

Bild 6: Lagebeiwert c_s für bekleidete Gerüste in Abhängigkeit des Völligkeitsgrads φ_B
1 Bei Bekleidung mit Netzen bei rechtwinkliger und paralleler Anströmung
2 Bei Bekleidung mit Planen bei rechtwinkliger und paralleler Anströmung
3 Bei Bekleidung mit Planen, jedoch nur zur Berechnung der Verankerungszug-
   kräfte rechtwinklig zur Fassade

Bei einer Bekleidung mit Planen darf, bei Beanspruchung senkrecht zur Fassade, für die Berechnung der Verankerungszugkraft von der Abminderung nach Kurve 3 Gebrauch gemacht werden.

DIN EN 12811-2:2004:

Neben den Angaben in den Grundnormen für den allgemeinen Ingenieurbau sind Informationen zu Werkstoffen für Gerüstkonstruktionen auch in der DIN EN 12811-2:2004 und in der Anwendungsrichtlinie für Arbeits- und Schutzgerüste (2005) des Deutschen Instituts für Bautechnik enthalten. Dabei ist insbesondere auf die Regelungen zu den Werkstoffen für Gerüste aus Altbeständen und für zusätzliche Werkstoffe die häufig in Traggerüsten eingesetzt werden hinzuweisen.

Die Angaben in DIN EN 12811-2:2004 zielen vor allem auf das Einsatz- und Konstruktionsprofil von Arbeits- und Schutzgerüsten nach DIN EN 12810-1:2004, DIN EN 12810-2:2004 und DIN EN 12811-1:2004 ab und beschränken sich im Wesentlichen auf Metalle. Nachteilig ist dabei, dass der Inhalt der DIN EN 12811-2:2004 auf die Wiedergabe von Informationen aus Werkstoffgütenormen reduziert ist. Fortschritte und neue Erkenntnisse auf diesem Gebiet fließen in die DIN EN 12811-2:2004 nicht ein. Bezogen auf den Werkstoff Holz sei an dieser Stelle beispielhaft auf die Umstellung des Nachweiskonzepts in DIN 1052:2004 für Druck senkrecht zur Faser hingewiesen, das vom einfachen Spannungsnachweis hin zum Konzept der Teilflächenpressung übergeht. Dies hatte eine signifikante Veränderung der charakteristischen Ferstigkeitswerte $f_{c,90,k}$ in der DIN EN 338:2003 zur Folge. Ein unkritisches Anwenden der Daten der DIN 12811-2:2004, welche noch auf das alte Konzept abgestimmt sind und somit deutlich zu hoch liegen, würde für den vorliegenden Fall zu einem erheblichen Sicherheitsdefizit führen. Hinzuweisen ist an dieser Stelle ebenso auf die Tatsache, dass die charakteristischen Werte für die Beanspruchung auf Schub bei Nadelholz in DIN 1052:2004 sowie Angaben zur Behandlung von Aussparungen deutlich zu hohe, d.h. auf der unsicheren Seite liegende Werte liefern.

Um unnötige Probleme und damit verbundene Doppelbearbeitungen zu vermeiden, wird daher dringend empfohlen, die die Werkstoffe betreffende Fragen, unter Anwendung entsprechender Grundlagennormen zu lösen.

DIN EN 12811-3:2004:

Die DIN EN 12811-3:2004 ersetzt die bisher im Zuge der Bearbeitung einer allgemeinen bauaufsichtlichen Zulassung grundlegenden Zulassungsgrundsätze: Versuche an Gerüstsystemen und Gerüstbauteilen des Deutschen Instituts für Bautechnik, August 1998. Die in diesem Merkheft formulierten grundlegenden Anforderungen an Versuchsplanung, Versuchsaufbau, Versuchsdurchführung und Versuchsauswertung wurden vollständig überarbeitet und an den erweiterten Erfahrungsschatz angepasst. In diesem Zusammenhang ist insbesondere auf die Umstellung des Versagenskriteriums bei duktilen Bauteilen weg vom Verformungsansatz $- 6 \cdot f_{el} -$ hin zu einer Energiebetrachtung hinzuweisen (Bild 7).

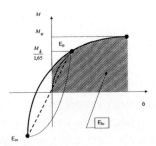

Bild 7: Energiebetrachtung bei Knotenversuchen

Die erhöhte Sprödbruchgefährdung bei eingeschränkter Verformungskapazität wird durch einen zusätzlichen Teilsicherheitsfaktor γ_{R2} in Abhängigkeit des Energieverhältnisses zwischen Belastung und Entlastung $\overline{q}_E$ abgefangen (Bild 8).

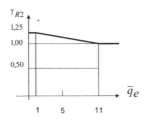

Bild 8: Teilsicherheitsfaktor γ_{R2}

Ebenfalls präzisiert und ergänzt werden die Vorgaben zum Hysteresisverhalten und zur Auswertung von Lose und Steifigkeit. Die Tabelle 8 zeigt die entsprechenden Regelungen für die Bestimmung der Steifigkeiten in Abhängigkeit von Variationskoeffizienten v_x.

Tabelle 8: Charakteristische Werte der Steifigkeit in Abhängigkeit des Variationskoeffizienten

Variationskoeffizient v_x	Charakteristischer Wert der Steifigkeit c_i
$v_x = \leq 0{,}10$	$\overline{c}$
$0{,}10 < v_x \leq 0{,}20$	$0{,}9 \times \overline{c}$
$0{,}20 < v_x \leq 0{,}30$	$0{,}8 \times \overline{c}$
$0{,}30 < v_x \leq 0{,}40$	$0{,}7 \times \overline{c}$
$0{,}40 < v_x$	Die Konfiguration ist umzukonstruieren

Große Probleme sind mit der in Abschnitt 10.7 der DIN EN 12811-3:2004 formulierten Anpassung der in den Versuchen ermittelten Grenzwerte an die normativ garantierten Werkstoffeigenschaften verbunden. Solange im Versuch nur ein Werkstoff beteiligt ist, ergeben sich keine wesentlichen Schwierigkeiten, da die Abminderung gemäß Gleichung (3-3) dann eindeutig ist:

$$r_{u,i}^{\;b} = \frac{r_{u,i}^{\;b}}{\xi_a} \qquad\qquad (3)$$

mit $\quad \xi_a = \dfrac{f_{y,a}}{f_{y,k}} \qquad\qquad (4)$

$r_{u,i}^{\;b}$ ... im Versuch ermittelter Grenzwert

$r_{u,i}^{\;c}$ ... abgeminderter Grenzwert

$f_{y,a}$ ... im Versuch gemessene Steckgrenze

$f_{y,k}$ ... normativ garantierte Steckgrenze

Deutlich verwickelter stellt sich die Interpretation der Ergebnisse eines typischen Zugversuchs an einem Modulknoten nach Bild 9 dar. Beteiligt sind hierbei die Bauteile:
- Querriegel (5)
- Klaue (1)
- Keil (3)
- Lochscheibe (2)
- Ständerrohr (4).

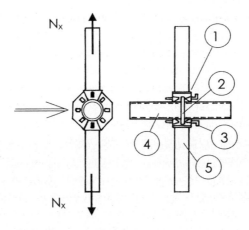

Bild 9: Zugversuch an einem Modulknoten

Die Tabelle 9 zeigt die Ermittlung der jeweiligen ξ-Werte. Es erhebt sich die Frage, welcher dieser ist der zutreffend ist. Die Versuchsplanung und die Versuchsauswertung sind auf diese Eigenheiten abzustellen, da unter Umständen neben der Frage der Streckgrenzen auch Themen verschiedener Werkstoffe, verschiedener Teilsicherheitsbeiwerte und verschiedener Duktilitäten eine Rolle spielen.

Tabelle 9: Versuchsauswertung zur Ermittlung des Abminderungsfaktors ξ bei einem typischen Modulknoten (siehe Bild 9)

Nr.	Bezeichnung	Steckgrenzen [N/mm²]		Überfestigkeit	Versagen im Versuch
		Versuch	Norm	ξ	
1	Klaue	460,2	360	1,278	
2	Lochscheibe	456,6	360	1,268	Keilbruch und Lochscheibenausreissen
3	Keil	1070,3	900	1,189	
4	Ständerrohr	436,8	360	1,213	
5	Riegelrohr	320,6	240	1,336	

DIN EN 12812:2004:

Die DIN EN 12812:2004 ist die konsequente Weiterentwicklung der bisher für Traggerüste gültigen DIN 4421:1982. Im Rahmen der mehr als zehnjährigen Verhandlungen in der Arbeitsgruppe 6 von CEN/TC 53 ist es gelungen, die bewährten Grundsätze der DIN 4421:1982 auch im europäischen Dokument zu verankern. Der augenscheinlich größte Unterschied besteht in der Bezeichnung Traggerüstgruppen nach DIN 4421:1982 und Bemessungsklassen nach DIN EN 12812:2004. Ursächlich hierfür war die vielfach angetroffene Interpretation, dass durch die Bezeichnung Traggerüstgruppen Qualitätsunterschiede zwischen den einzelnen Konstruktionen deutlich gemacht werden. Dies war bei der Einführung des Gruppenkonzepts in der DIN 4422:1982 nicht beabsichtigt. Es sollte lediglich für den entwerfenden Ingenieur die Möglichkeit geschaffen werden, zwischen verschiedenen Bearbeitungstiefen mit gleicher globaler Sicherheit zu wählen /4/. Durch den jetzigen Bezug zum Bemessungsprozess soll dieser Zusammenhang deutlich gemacht werden. Manche Regelung der DIN EN 12812:2004 wurde durch nationale Ergänzungen präzisiert, um ein Arbeiten mit dem weit verbreiteten Bestand an Gerüsten auch unter den neuen Regelungen auf Grundlage der bisherigen Erfahrungen zu ermöglichen. Im einzelnen handelt es sich dabei um:

- Festlegungen zu den anzusetzenden Imperfektionen. Diese dürfen im Zuge der technischen Bearbeitung mit einem oberen Grenzwert gedeckelt werden. Dieser ist dann im Zuge der Bauausführung zu gewährleisten.
- Festlegungen zu den Spindeln. Analog zur drehelastischen Einspannung von Spindeln für Arbeitsgerüste darf auch bei Traggerüsten vom bisherigen Grundsatz der gelenkigen Lagerung abgewichen werden.
- Präzisierungen zu den Stapelbauteilen.

Deutlich umfangreicher und präziser in der Aussage ist die DIN EN 12812:2004 hinsichtlich der Lastfälle und Lastkombinationen. Die Tabelle 10 gibt einen entsprechenden Überblick.

Tabelle 10: Lastkombinationen und Konmbinationsfaktoren ψ nach DIN EN 12812:2004

Einwirkung	Bezeichnung	Kombinationsfaktoren ψ			
		Lastfall 1	Lastfall 2	Lastfall 3	Lastfall 4ᵃ
	Direkte Einwirkungen				
Q_1	Ständige Einwirkungen	1,0	1,0	1,0	1,0
Q_2	Veränderliche dauernde Vertikallasten	0	1,0	1,0	1,0
Q_3	Veränderliche dauernde Horizontallasten	0	1,0	1,0	0
Q_4	Veränderliche kurzzeitige Lasten	0	1,0	1,0	0
Q_5	Maximaler Wind	1,0	0	1,0	0
Q_6	Arbeitswind	0	1,0	0	0
Q_7	Fließendes Wasser	0,7	0,7	0,7	0,7
	Seismisch	0	0	0	1,0
	Indirekte Einwirkungen				
$Q_{8,i}$	Temperatur	0	1,0	1,0	1,0
	Setzungen		0	1,0	1,0
	Vorspannung		0	1,0	1,0
Q_9	Sonstige Lasten	0	1,0	1,0	1,0
ᵃ Für diesen Lastfall gilt nach ENV 1998-1-1: Außergewöhnliche Einwirkung					

DIN EN 12813:2004:

Dieses als Produktnorm für Lastturmstützen gedachte europäische Papier entstand aus einem Kompromiss im Zuge der Einteilung der Arbeitsgruppen im CEN/TC 53 im Jahr 1990. Die dort formulierten Bemessungs- und Bewertungsmethoden sind leider nicht in allen Facetten aufeinander abgestimmt und führen unter Umständen zu widersprüchlichen Resultaten. Aus diesem Grund hat die deutsche Bauaufsicht beschlossen, diese Norm nicht in die Liste der eingeführten technischen Baubestimmungen aufzunehmen. Lastturmstützen sind weiterhin, wie bisher, nach der einschlägigen Norm für Traggerüste, d.h. nach der DIN EN 12812:2004 zu berechnen.

DIN EN 1065:1998 und DIN EN 13377:2003:

Bei diesen beiden Dokumenten handelt es sich um Produktnormen mit entsprechenden Spezifikationen und Festlegungen für längenverstellbare Baustützen aus Stahl und für industriell gefertigte Holzschalungsträger. Der Einsatz und die Verwendung dieser Bauteile ist zum einen in der DIN EN 12812:2004 und zum anderen in den entsprechenden bauaufsichtlichen Ergänzungsregelungen – Anwendungsrichtlinie Traggerüste und DIN V 20000-2:2006 – geregelt. Gemeinsam ist beiden Normen, dass durch ihre Einführung die Zulassungspflicht für die durch sie abgedeckten Bauteile in Deutschland entfallen ist.

4. Arbeitssicherheit im Gerüstbau

4.1 Ausgangssituation

Die Umsetzung der aus der europäischen Arbeitsschutz-Rahmen-Richtlinie 89/3391 EWG resultierenden Verordnung über Sicherheit und Gesundheitsschutz bei der Bereitstellung von Arbeitsmitteln und deren Benutzung bei der Arbeit, über Sicherheit beim Betrieb überwachungsbedürftiger Anlagen und über die Organisation des betrieblichen Arbeitsschutzes (Betriebssicherheitsverordnung – BetSichV) /5/ schafft veränderte Rahmenbedingungen für den Arbeits- und Gesundheitsschutz. Danach sind Tätigkeiten nicht mehr vorschriftenorientiert, sondern gefährdungsorientiert zu beurteilen. Mit dem neuen Konzept wird ein hohes Maß an Eigenverantwortung eingerichtet. Der Arbeitgeber muss aus den Grundpflichten in Bezug auf Organisation und Führungskräfte und aus den Grundsätzen der Vermeidung (ArbSchG § 3) Maßnahmen des Arbeitsschutzes bestimmen, die aus einer Beurteilung der Gefährdung von Beschäftigten im Zuge der Verrichtung von Arbeiten resultieren (ArbSchG § 5). Die Ergebnisse der Gefährdungsbeurteilung und die getroffenen Schutzmaßnahmen sind zu dokumentieren (§ 6 des ArbSchG). Der Versicherte (Arbeitnehmer) ist verpflichtet, wachsam die aus den Maßnahmen resultierenden richtigen Anweisungen zu befolgen oder sie für den Fall zu verweigern, wenn sie mangelhaft sind. Dieser Umstand ist dem Unternehmer (Arbeitgeber) anzuzeigen. Die Wirksamkeit der Arbeitsschutzmaßnahmen ist stets zu prüfen.

Die hier in der Diskussion stehenden Gerüstarbeiten und die Ausführung von Arbeiten auf Gerüsten sind mit erheblichen Gefahren verbunden. Nach einer Studie der Bundesanstalt für Arbeitsschutz und Arbeitsmedizin /6/, in der Unfälle mit Todesfolge der Jahre 1998 bis 2000 untersucht wurden, bilden Absturzunfälle mit einem Anteil von 35 % den dominierenden Unfallschwerpunkt. Weiterhin wurde festgestellt, dass etwa 25 % davon bei einer Höhe von 10 m und mehr passieren. 95 % der Absturzunfälle sind auf Verhaltensfehler zurückzuführen. Eine andere Studie bestätigt die besondere Gefährdung des Berufszweigs der Gerüstbauer, die eine Absturzhäufigkeit innerhalb des Untersuchungszeitraums von 28 Absturzunfällen je 1000 Versicherte feststellt gegenüber zwölf Absturzunfällen je 1000 Versicherte im Gewerbezweig Hochbau /7/. Daher formuliert die Betriebssicherheitsverordnung (BetrSichV) im Anhang 2, Nr. 5.2 besondere Vorschriften für die Benutzung von Gerüsten. Daraus ergeben sich unter anderem folgende Pflichten und Anforderungen (Auswahl):

–   Die Standsicherheit des Gerüsts muss gewährleistet sein. Die belastete Fläche muss eine ausreichende Tragfähigkeit haben. Für den Fall, dass nach einer allgemein anerkannten Regelausführung das Errichten des Gerüstes nicht möglich ist, muss eine Festigkeits- und Standfestigkeitsberechnung vorgenommen werden.

–   Je nach Komplexität des gewählten Gerüsts ist vom verantwortlichen Arbeitgeber respektive der von ihm bestimmten, befähigten Person ein Plan für Aufbau, Benutzung und Abbau zu erstellen. Dabei kann es sich um eine allgemeine Aufbau- und Verwendungsanleitung handeln, die durch Detailangaben für das jeweilige Gerüst ergänzt wird.

–   Die Abmessungen, Form und die Anordnung der Gerüstbeläge müssen für die auszuführende Arbeit geeignet sein. In den Auf-, Ab- oder Umbauphasen sind nicht einsatzbereite Teile besonders zu kennzeichnen oder abzusperren.

–   Gerüste dürfen nur unter der Aufsicht einer befähigten Person und von fachlich geeigneten Beschäftigen auf-, ab- oder umgebaut werden, die speziell für diese Arbeiten eine angemessene Unterweisung gemäß § 9 (BetrSichV) erhalten haben.

–   Der befähigten Person (Aufsicht) und den betreffenden Beschäftigten muss die Aufbau- und Verwendungsanleitung (s. oben) mit allen darin enthaltenen Anweisungen vorliegen.

In der Praxis werden besondere Defizite beim Einsatz der befähigten Personen im Sinne der BetrSichV registriert. Eine Erhebung über den Stand der Aus- und Weiterbildung bei Aufsichtführenden im Bereich des Auf-, Um- und Abbaus von Gerüsten /8/ kommt zu folgendem Ergebnis:

–   25 % der Aufsichtführenden im Gewerk Gerüstbau haben ihre Kenntnisse durch Ausbildung erworben, 44 % sind als unterwiesen zu bezeichnen und 31 % besitzen lediglich praktische Erfahrung,

–   22 % der Aufsichtführenden beim Auf-, Um- und Abbau von Gerüsten in übrigen Gewerken haben ihre Kenntnisse durch Ausbildung erworben, 38 % sind als unterwiesen zu bezeichnen und 40 % besitzen lediglich praktische Erfahrung.

Im Ergebnis der Erhebung könnten im Sinne der BetrSichV unter den befragten Aufsichtführenden 25 % im Gewerk Gerüstbau und 22 % in übrigen Gewerken als befähigte Personen eingestuft werden.

4.2   Folgen für das Berufgenossenschaftliche Regelwerk

Infolge der neuen Rechtslage wurde ein wesentlicher Eingriff in die bisherigen Berufsgenossenschaftlichen Regeln im Bereich der Gerüste vorgenommen. Mit Wirkung zum Januar 2005 wurden die hierzu relevanten Berufsgenossenschaftlichen Regeln zurückgezogen: BGR 165 Gerüstbau - Allgemeiner Teil, BGR 166 Systemgerüste, BGR 167 Stahlrohr- Kupplungsgerüste, BGR 168 Auslegergerüste, BGR 169 Konsolgerüste für den Hoch- und Tiefbau, BGR 170 Konsolgerüste für den Stahl- und Anlagenbau, BGR 171 Bockgerüste, BGR 172 Fahrgerüste, BGR 173 Kleingerüste, BGR 174 Hängegerüste, BGR 175 Montagegerüste in Aufzugschächten.

Anstelle der BG-Regeln 165 bis 175 wurde eine Handlungsanleitung für den Umgang mit Arbeits- und Schutzgerüsten als BG-Information 663 /9/ eingeführt. Sie bezieht sich normativ auf DIN EN 12 811, DIN 4420 und DIN EN 1004. Nachfolgend werden ausgewählte Komplexe aus der BGI 663 dargelegt. Für die Umsetzung in der Praxis sind alle Elemente zu befolgen.

Die BGI 663 erläutert die Vorschriften des Arbeitsschutzgesetzes (ArbSchG), der Betriebssicherheitsverordnung (BetrSichV), der Berufsgenossenschaftlichen Regelungen sowie des dazugehörigen Normenwerkes über den Auf-, Um- und Abbau sowie die sichere Lagerung, den Transport und die Benutzung von Arbeits- und Schutzgerüsten, ausgenommen Bockgerüste. Einen der Kernprozesse bildet darin die Gefährdungsbeurteilung, bei der Arbeitsmittel und –verfahren sowie die Arbeitsumgebung zur Gewährleistung von Sicherheit und Gesundheitsschutz beurteilt werden. Ziel ist die Ableitung von Maßnahmen zur Beseitigung von Gefährdungen. Die Gefährdungsbeurteilung wird je nach Leistungsumfang Maßnahmen des Unternehmers beinhalten, der das Gerüst aufstellt und desjenigen, der das Gerüst benutzt. Beide tragen Verantwortung. Von einem sicheren Auf-, Um- und Abbau sowie deren sicheren Lagerung und Transport kann ausgegangen werden, wenn die Maßnahmen gemäß der Gefährdungsbeurteilung angewendet werden und das Gerüst dem Benutzer ordnungsgemäß bereitgestellt wird. Im Vorfeld der Gefährdungsbeurteilung ist eine Prüfung vorzunehmen, ob das ausgewählte Gerüst einer allgemein anerkannten Regelausführung (dokumentiert in der Aufbau- und Verwendungsanleitung des Herstellers) entspricht. Abweichungen von der Regelausführung sind alle konstruktiven Eingriffe in die Stand-/Betriebssicherheit wie zum Beispiel Veränderung der Verankerung und zusätzliche Lasteintragung aus Bauaufzügen. Hierfür erfolgt die Beurteilung auf der Grundlage des Baurechts, der technischen Baubestimmungen, der Normen DIN EN 12 811, DIN 4420 sowie DIN EN 1004, der allgemeinen bauaufsichtlichen Zulassung, einer Typenberechnung oder eines Entwurfs und einer Bemessung. In Bild 10 sind die einzelnen Schritte zum Nachweis der Eignung als sicheres Gerüst dargestellt.

Bild 10: Einzelschritte zum Nachweise als sicheres Gerüst (Arbeits- und Schutzgerüst) /9/

Nach Abschluss der Montage des Gerüsts ist eine Prüfung durchzuführen. Der Ablauf der Prüfung von Arbeits- und Schutzgerüsten nach § 10 BetrSichV ist in Bild 11 dargestellt. Dazu ist ein Prüf- und Übergabeprotokoll (in der Praxis vorzugsweise in einem Dokument zusammengefasst) anzufertigen. Im Anhang 3 zur BGI 663 befindet sich eine Checkliste für den Gerüstbenutzer zur Überprüfung von Arbeits- und Schutzgerüsten. Ferner ist das Gerüst zu kennzeichnen.

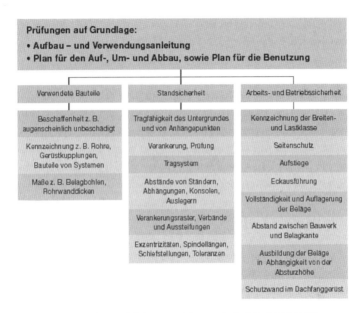

Bild 11: Prüfung von Arbeits- und Schutzgerüsten nach § 10 BetrSichV /9/

Definierte Pflichten haben ebenso der das Gerüst benutzende Unternehmer und seine Mitarbeiter zu erfüllen. Dazu gehören unter anderem (Auszug aus /9/):

– Prüfung und Protokollierung des ordnungsgemäßen Zustands und der sicheren Funktion des Gerüsts vor der ersten Inbetriebnahme. Dieses kann vereinfacht werden, wenn dazu die Gefährdungsbeurteilung und der Plan für die Benutzung (vom Gerüstersteller, dem Bauherrn oder dem SiGeKo im Sinne der Baustellenverordnung zur Verfügung gestellt) Verwendung finden. Die Prüfung ist durch eine hierzu befähigte Person vorzunehmen. In der BGI 663 sind Aufsichtführende als Personen mit abgeschlossener Berufsausbildung im Gerüstbau-Handwerk und ausreichender praktischer Berufserfahrung, geprüfte Gerüstbau-Obermonteure, geprüfte Gerüstbau-Kolonnenführer, geprüfte Poliere oder Personen mit vergleichbaren Fachkenntnissen und einer bauhandwerklichen Ausbildung sowie ausreichenden praktischen Berufserfahrung im Gerüstbau angegeben. Gleiches gilt beispielsweise bei längeren Arbeitsunterbrechungen.

– Bei Gerüstnutzung von mehreren Unternehmen ist die sichere Benutzbarkeit jeweils zu prüfen. Auch der SiGeKo hat die Koordinations- und Hinweispflicht wegen gegenseitiger Gefährdungen.

– Die Mitarbeiter, die auf Gerüsten arbeiten, sind zu unterweisen. Sie tragen ebenso eine Mitwirkungspflicht für Sicherheit und Gesundheitsschutz am Arbeitsplatz.

Die Berufsgenossenschaftlichen Regeln für den Bereich der Traggerüste und Schalungen sind gegenwärtig in der BG-Regel 187, Fassung Oktober 2001 /10/, formuliert. Sie findet Anwendung auf Bauarbeiten beim Auf-, Um- und Abbau sowie bei Arbeiten an und auf Traggerüsten und Schalungen. Definitionsgemäß sind Traggerüste und Schalungen in der BGR 187 noch in der Sphäre der DIN 4421 verankert. Es wird differenziert zwischen Maßnahmen zur Verhütung von Gefährdungen durch Mängel in der Arbeitsorganisation und Maßnahmen zur Verhütung von mechanischen Gefährdungen. Entsprechende Gefährdungsanalysen sind durchzuführen. Auch hier ist die Leitung von fachlich geeigneten Vorgesetzten zu leisten. Sie müssen die vorschriftsmäßige Durchführung der Arbeiten gewährleisten. Fachliche Eignung und Erfahrung haben Personen, die aufgrund ihrer Ausbildung und bisherigen Tätigkeiten umfassende Kenntnisse auf dem Gebiet der jeweils durchzuführenden Arbeiten haben und mit den einschlägigen staatlichen Arbeitsschutzvorschriften, Unfallverhütungsvorschriften, Richtlinien und allgemein anerkannten Regeln der Technik vertraut sind (so in [3.5-6]). Detaillierte Angaben sind der BGR 187 zu entnehmen.

4.3   Auswirkungen auf die Praxis

Auf Basis der Betriebssicherheitsverordnung müssen nun die Arbeitsschutzziele vom Unternehmen eigenverantwortlich formuliert werden. Bei der Erstellung der Gefährdungsbeurteilung haben sich die Baustellen an den Regeln und Festlegungen der berufsgenossenschaftlichen Regelwerke zu orientieren und gleichzeitig die betrieblichen respektive baustellenspezifischen Verhältnisse des Einzelfalls zu berücksichtigen und zu integrieren. Die materiellen Vorschriften des ArbSchG sind so gefasst, dass sie insbesondere kleinen und mittleren Betrieben die dem jeweiligen Gefährdungspotenzial angepassten Arbeitsschutzmaßnahmen ermöglichen, wenn diese zuvor überflüssig oder übertrieben gestaltet waren. Hierbei kann scheinbar ein Beitrag zu Kostensenkung geleistet werden. Der Unternehmer ist bei diesem

Konzept alleinverantwortlich für die Aufbau- und Montageanleitung und für alle ergänzenden arbeitssicherheitstechnischen Vorgaben für die Baustellen.

Da der Bauunternehmer in vielen Fällen nicht in der Lage ist, entsprechende Aufbau und Verwendungsanleitungen beziehungsweise Montageanleitungen zu entwickeln, wurde und wird diese Aufgabe meistens an die Hersteller temporärer Bauhilfsmittel weiter gereicht. Dies hat dazu geführt, dass, in Verbindung mit der ebenfalls in den vergangenen Jahren zunehmend festzustellenden Verlagerung der Arbeitsvorbereitung und der Planung von Traggerüsten und Schalungen vom Bauunternehmen hin zum Anbieter der temporären Bauhilfsmittel, ein heute noch nicht abgeschlossener Prozess zur Überarbeitung und Aktualisierung der grundlegenden Produktinformationen in Gang gesetzt wurde. Bedauerlich ist in diesem Zusammenhang, dass notwendige Klarstellungen und Präzisierungen zur Betriebssicherheitsverordnung, wie sie von staatlicher Seite diskutiert wurden, bis heute noch nicht in der ausreichenden Informationstiefe veröffentlicht wurden. An juristisch entscheidenden Stellen sind die Hersteller und die Anwender von temporären Bauhilfsmitteln auf sich selbst gestellt /11/. Der Verzicht auf klare Regelungen und Strukturen wird zwangsläufig zu aufwendigeren, komplexeren und weniger klar durchschaubaren Verantwortungsgeflechten führen. Letztendliche Klärung kann hier wohl erst durch die Rechtssprechung in der Folge von Schadensfällen erwartet werden.

Vergleichbare Probleme sind mit der Umsetzung der Regelungen des Produkt- und Gerätesicherheitsgesetzes /12/ verbunden. Durch allgemeine, in weiten Bereichen je nach Standpunkt interpretierbare Formulierungen, wie:

„Ein Produkt darf, ..., nur in den Verkehr gebracht werden, wenn es so beschaffen ist, dass bei bestimmungsgemäßer Verwendung oder vorhersehbarer Fehlanwendung Sicherheit und Gesundheit von Verwendern oder Dritten nicht gefährdet werden".

wurden Freiräume geschaffen, welche im Fall eines Schadens ohne ein Rechtsurteil keine Hilfestellung bieten. Hinsichtlich des Begriffs *vorhersehbare Fehlanwendung* wird dazu noch präzisiert:

„Vorhersehbare Fehlanwendung ist die Verwendung eines Produkts in einer Weise, die von demjenigen, der es in den Verkehr bringt, nicht vorgesehen ist, sich jedoch

aus dem vernünftigerweise vorhersehbaren Verhalten des jeweiligen zu erwarten-
den Verwenders ergeben kann."

Wie diese wenig präzise Definition der „vorhersehbaren Fehlanwendung" umzusetzen ist, bleibt unklar - Positivliste mit dezidierter Beschreibung der Verwendung und allen Abweichungen als Fehlanwendungen oder umfangreiche und nie vollständige Negativliste.

Die eingeführte BGI 663 bildet einen Leitfaden für den Auf-, Um-, Abbau und die Benutzung von Arbeits- und Schutzgerüsten. Für die Belange der Praxis ist von Bedeutung, dass die detaillierten Inhalte der BGR 165 bis BGR 175 in elektronischer Form nach wie vor zur Verfügung stehen, auch wenn sie formal zurückgezogen wurden. Damit ist das wertvolle und über viele Jahrzehnte aufgebaute Wissen über den Arbeits- und Gesundheitsschutz der früheren Unfallverhüttungsvorschriften und Regeln konserviert und kann bei Bedarf abgerufen werden. Die Ausführungen offenbaren jedoch, dass durch die entsprechenden Gesetze und Verordnungen ein Spannungsfeld erzeugt wurde, welches bei der Entwicklung und dem Einsatz von temporären Bauhilfsmitteln nicht nur technische Probleme, sondern in zunehmendem Maße auch juristische Betrachtungen aufwirft. Ohne deren entsprechende Würdigung und Absicherung entstehen Risiken, welche, verglichen mit den kalkulierbaren technischen Fragestellungen, erhebliche Auswirkungen erzeugen können.

5.   Schlußbemerkungen

Durch die jetzt vorliegenden, europaweit vereinheitlichten Normen wurde das Bemessungsverfahren für temporäre Bauhilfsmittel den Vorgaben der Eurocodes angepaßt. Neben der Umstellung der Nachweisformate war es erforderlich auch die Anforderungen an die experimentelle Bestimmung von Steifigkeit und Tragfähigkeit von Gerüstbauteilen entsprechend anzupassen. Dieses sinnvolle und für die Herstellung eines einheitlichen Sicherheitsniveaus zwingend notwendige Vorhaben wurde, durch die im Zuge der Erarbeitung europäischer Normen unvermeidlichen, im Wesentlichen auf kulturelle Unterschiede zurückzuführenden Abstimmungsschwierigkeiten zwischen den einzelnen an der Normenarbeit beteiligten Nationen, behindert und erschwert. Typisch dafür sind die an vielen Stellen in den Normen zu findenden Kompromissformen der Klassifizierung und der Gruppeneinteilung. Damit wird es den einzelnen Nationen zwar ermöglicht ihre jeweilige Position im Dokument wiederzuerkennen, gleichzeitig führt diese nur am Zustandekommen einer Norm orientierte Vorgehensweise dazu, dass die technische Regeln zum Teil einen erheblichen Mangel an ausreichender Präzision aufweisen. Diese Defizite ermöglichen es einzelnen nationalen Bauaufsichtsbehörden durch ergänzende Regelungen in den Nationalen Anwendungsdokumenten massiv in den Regelungsrahmen der Normen einzugreifen. Derartige Praktiken konterkarieren den Harmonisierungsprozess und den diesem unterliegenden Willen zum Abbau von Handelshemmnissen nachhaltig. Der heute erreichte Stand der europäischen Normung kann daher nur als Zwischenstation auf dem Weg zu einem tatsächlich harmonisierten Markt angesehen werden. Notwendig für die weiteren Schritte ist ein wesentlich tieferes Verständniss für die Ursprünge der einzelnen nationalen Regelungen und der Entwurfs-, Bemessungs- und Ausführungsverfahren. Gleichzeitig sollte der Tendenz zur Überregulierung, welche in praktisch allen Normen des konstruktiven Ingenieurbaus zu erkennen ist, energisch entgegengetreten werden. Die an der Normung Beteiligten, der Autor selbstredend eingeschlossen, sollten sich in Zukunft etwas mehr durch *Terres des Hommes* von Antoine de Saint-Exupéry (1939) inspirieren lassen:

Perfection is achieved, not when there is nothing more to add,
but when there is nothing left to take away.

Literatur

/1/   Musterliste der Technischen-Baubestimmungen; Fassung Februar 2007 und Änderung September 2007. Deutsches Institut für Bautechnik. Berlin 2007
/2/   Bauregelliste A, B und C; Mitteilungen der Deutschen Instituts für Bautechnik; Sonderheft Nr. 34; August 2007. Ernst & Sohn, Berlin 2007
/3/   Schnabel: Ermittlung von aerodynamischen Formbeiwerten für Fassadengerüste. Abschlussbericht eines Forschungsvorhabens der LGA-Bayern – Aerodynamische Untersuchungsstelle, München, 1981
/4/   Pelle, K.; Hertle, R.: Traggerüste – DIN 4421. In: Beuth Kommentare Gerüste. Berlin, Beuth, 1995
/5/   Verordnung über Sicherheit und Gesundheitsschutz bei der Bereitstellung von Arbeitsmitteln und deren Benutzung bei der Arbeit, über Sicherheit beim Betrieb überwachungsbedürftiger Anlagen und über die Organisation des betrieblichen Arbeitsschutzes, Betriebssicherheitsverordnung – BetrSichV vom 27. Sept. 2002 (BGBl. I, S. 3777)
/6/   Henter, A.; Hermanns, D.; Wittig, P.: Tödliche Arbeitsunfälle 1998-2000, Schriftenreiche der Bundesanstalt für Arbeitsschutz und Arbeitsmedizin, Dortmund,
/7/   Stypa, D: Arbeits- und Schutzgerüste. Ernst & Sohn, Berlin, 2004
[8]   Lethe, M.: Ausbildung im Gerüstbau – Eine Erhebung über den Stand der Aus- und Weiterbildung bei Ausführenden im Gerüstbau, Fachausschuss Bau, 2002
/9/   BG-Information 663: Handlungsanleitung für den Umgang mit Arbeits- und Schutzgerüsten, März 2005
/10/   BGR 187 (bisherige ZH 1/603), Traggerüst- und Schalungsbau, Fachausschuss „Bau" der BGZ, Oktober 2001
/11/   Rathfelder, M.: Anwendungserfahrungen mit der Baustellenverordnung und der Betriebssicherheitsverordnung aus Sicht der Hersteller. VDI-Berichte 1741. Verfahrenstechnik im Ingenieurbau, S. 89-112. VDI-Verlag, Düsseldorf, 2002
/12/   Gesetz über technische Arbeitsmittel und Verbraucherprodukte (Geräte- und Produktsicherheitsgesetz – GPSG) vom 6. Januar 2004

Köröshegy Viadukt

Vorschubgerüsttechnik mit vielfältigen Möglichkeiten

Dr.-Ing. A. Mertinaschk, saul ingenieure gmbh, Braunschweig

Kurzfassung

Südlich des Balatons steht eine 1800m lange Talbrücke, der Köröshegy Viadukt. Bei der Herstellung dieser imposanten zweizelligen Hohlkastenbrücke aus Spannbeton kamen zwei verschiedene Bauverfahren zum Einsatz, die es in dieser Art und Größenordnung noch nicht gab. Der Beitrag befasst sich mit der Darstellung dieser Bauverfahren.

1. Einführung

Mit der Autobahn M7 wird zurzeit die neue Ost-West-Verbindung von Budapest zur Adria realisiert. Ein Viadukt führt sie in der Nähe des Namengebenden Ortes Köröshegy südlich des Balatons über ein Tal (Bild 1).

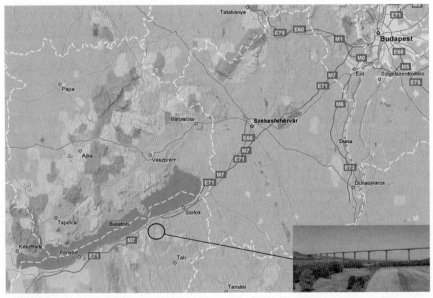

Bild 1: Lage

Zentraleuropas längste Spannbetonbrücke mit einer Gesamtlänge von über 1800m wurde durch ein Konsortium der Bauunternehmen Hídépítö und Strabag ausgeführt. Die Planung der Brücke erfolgte durch die Büros Pont Terv und Hídépítö. Die ursprüngliche Planung sah für den Brückenüberbau eine Stahlverbundkonstruktion vor. Als Sondervorschlag des Brückenbaukonsortiums wurde nun eine Spannbetonbrücke ausgeführt.

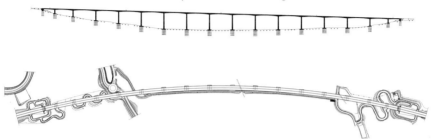

Bild 2: Gesamtübersicht

Der Brückenüberbau hat eine Breite von ca. 24m und ist als zweizelliger Hohlkasten ausgeführt. Die Längsneigung beträgt fast 3% bei einer Querneigung von 2,5%, der Brückenradius 4000m. Der Überbau wird von 16 Pfeilern mit Höhen bis zu 80m und zwei Widerlagern gestützt, wobei die Spannweiten 60m, 95m, 13x120m, 95 und 60m betragen (Bilder 2 und 3).

Bild 3: Querschnitte

Der Fertigstellungstermin wurde bei Vertragsabschluss im Mai 2004 mit November 2006 angegeben. Durch Verzögerungen des Baubeginns, die im Wesentlichen in der Änderung der Brückenlänge und Lage und damit verbundenen Planung zweier zusätzlicher Pfeiler begründet waren, verschob sich der Eröffnungstermin auf August 2007.

Im Sinne einer optimalen Brückenfertigung unter Berücksichtigung der wirtschaftlichen Erfordernisse war es daher unabdingbar, dass es zwischen den einzelnen Schritten, die bei der Entstehung eines Brückenbauwerkes nacheinander folgen, Anpassungen gibt. Diese vier Schritte, von Dr. Wittfoht auf dem Spannbetonkongress 1982 in Stockholm benannt, sind

Entwurf, Bauverfahren, Brückensystem und Statische Berechnung einschließlich konstruktiver Durchbildung. Dies wurde bei der Planung und beim Bau des Köröshegy Viaduktes durchgängig berücksichtigt [3].

Die Herstellung von Spannbetonbrücken erfolgt in der Regel auf temporär einsetzbaren Traggerüsten. In Abhängigkeit der Abmessungen des zu erstellenden Überbaus und der zu Grunde liegenden örtlichen Gegebenheiten kommen sehr unterschiedliche Ausführungen dieser Gerüste zum Einsatz. Für die Herstellung dieses sehr breiten, hohen und damit entsprechend schweren Überbaus bei bis zu 120m Feldweite konnten bei der Findung des passenden Bauverfahrens die Feldweisen Verfahren von vornherein ausgeschlossen werden. Als mögliche Verfahren kristallisierten sich schließlich der klassische Freivorbau und die abschnittsweise Herstellung mit Vorschubrüstung heraus. Da die Abschnittslängen beim Freivorbau bei ca. 5m liegen und die vorgesehene Bauzeit damit nicht einzuhalten war, kam letztgenanntes Verfahren zum Einsatz.

Das Grundprinzip dieses Bauverfahrens, das im Englischen sehr viel treffender mit „balanced cantilever" bezeichnet wird, beruht auf der am Pfeiler beginnenden symmetrischen Fertigung des Überbaus mit an Gerüstträgern befestigten Schalwagen. Die verschiebbaren Gerüstträger werden neben der Weiterleitung der Betonlasten gleichzeitig zur Stabilisierung des Überbaus verwendet (Bild 4). Es ist lediglich eine temporäre Einspannung des Pfeilertisches bei der Herstellung der ersten beiden Segmente erforderlich [1].

Bild 4: Herstellung zweites Segment in Ortbeton

Nach der Fertigstellung des Lückenschlusses zum rückwärtigen Überbaukragarm fährt die Vorschubrüstung einschließlich der Schalwagen und Auflagerkonstruktionen zum nächsten Pfeilertisch vor (Bild 5). Die Vorteile dieser Technik liegen in der auf etwas mehr als die maximale Spannweite des Überbaus reduzierten Gerüstträgerlänge und in der Möglichkeit, mehr als doppelt so lange Segmente als beim Freivorbau ausführen zu können.

Bild 5: Vorfahren zum nächsten Pfeiler

2. Herstellung in Ortbeton

Die Fertigung der Anfangsfelder und aller Felder bei denen die Untergrundverhältnisse eine Fabrikmäßige Vorfertigung nicht zuließen bzw. bei Querungen von Straßen wurde mit diesem Verfahren in Kombination mit Schalwagen zur Einbringung von Ortbeton durchgeführt [2]. Das erste Betonieren erfolgte am 30. April 2005. Für die Herstellung kamen zwei Vorschubgerüste von RöRö Shoring Systems zum Einsatz. Beginnend an den Widerlagern bewegten diese sich aufeinander zu.

Die einzelnen Abschnitte des Überbaus wurden jeweils in zwei Phasen betoniert. Nach Herstellung der Bodenplatte, der Stege und anschließender Vorspannung des erhärteten Troges folgte das Betonieren der Fahrbahnplatte. Das Gesamtgewicht eines solchen Segmentes beträgt ca. 700to. Im Anschluss an das Vorspannen der Fahrbahnplatte wurden die Vorschubgerüste abgesenkt und für den nachfolgenden Betonierabschnitt vorbereitet. Dazu wurden jeweils die Hauptauflager an das Ende des jeweiligen Segmentes gefahren und die Hauptträger mit den Schalwagen verschoben. Die Herstellung eines Abschnittes einschließlich des Umbaus der Vorschubrüstung und Einrichtung der Schalwagen dauerte zwischen 11 und 14 Tagen.

Bild 6: Herstellung Schlusssegment

Nach dem Betonieren des Schlusssegmentes (Bild 6) erfolgte die Umsetzung der Vorschubrüstung zum nächsten Pfeiler. Für diesen komplexen Umbau, der sehr viele einzelne Phasen
beinhaltet, wurden etwa 8 Tage benötigt. Dabei stellten die Umbauphasen die kritischen Situationen für den Spannbetonüberbau dar. Durch die sehr enge Zusammenarbeit zwischen
den Planern der Gerüsttechnik und den Planern des Überbaus konnten die Arbeitsabläufe
ständig optimiert werden. Zur Reduktion der Auflagerkräfte, die beim Vorfahren der Hauptträger auf dem Kragarmende des Überbaus entstanden, wurden die Hauptträger einzeln
vorgefahren.

3. Heben von Fertigteilen

Im Dezember 2005 begann nach Fertigstellung der ersten Felder die Umrüstung der Vorschubgerüste zu Hebegeräten, zunächst auf der Westseite, da hier die Untergrundsituation
bereits die Vorfertigung der Fertigteile am Boden zuließ. Auf der Ostseite musste vor dem
Umbau erst noch die Straße überquert werden. Bei der Umrüstung wurde der vordere 12m
lange Schalwagen derart geteilt, dass zwei 3m lange Schalwagen entstanden [3]. Diese kleinen Schalwagen dienten zur Herstellung der nassen Fuge zwischen Fertigteil und Brückenüberbau. Der rückwärtige Schalwagen wurde auf 6m Länge gekürzt und für das Betonieren
der Schlusssegmente eingesetzt.

Die Umrüstung der Gerüste zu Hebegeräten erforderte den Aufbau von zwei Hubwagen je Vorschubrüstung (Bild 7). Die Hubwagen bestanden aus Querträgerpaaren die gleitend auf Längsträgern gelagert und unter Last verschiebbar waren. Auf diesen Querträgern waren die Pressenschlitten mit den Hubzylindern angeordnet. Diese waren ebenfalls unter Last verschiebbar. Jeder dieser Zylinder führte 14 Litzen mit einem Durchmesser von 18mm und hatte eine hydraulische Tragfähigkeit von 210to. Mit einem Hubwagen konnte so ein Gewicht von 840to angehoben werden. Das schwerste Fertigteil wog 650to. Zwischen den Querträgerpaaren waren die Betonverteiler angebracht.

Bild 7: Hubwagen mit Betonverteiler

Die Fertigteile wurden auf temporären Plattformen am Boden direkt unterhalb der späteren Position gefertigt. Nach Ausrichtung der Vorschubrüstung und des Hubwagens wurden die Traversen abgelassen und auf dem Fertigteil fixiert. Das Heben erfolgte gleichzeitig mit einer Hubgeschwindigkeit von bis zu 25m in der Stunde. Nach dem Erreichen der erforderlichen Höhe wurde das Fertigteil ausgerichtet und temporär befestigt. Die kleinen 3m langen Schalwagen wurden unter die 1,5m breite Fuge gefahren, ausgerichtet und vertikal angepresst. Jetzt konnte in bekannter Art und Weise die nasse Fuge hergestellt werden. War die

Fuge geschlossen und vorgespannt, wurde das Vorschubgerüst abgesenkt und zum nächsten Hebepunkt umgesetzt. Der Vorteil des gewählten Konstruktionsprinzips mit der nassen Fuge bestand darin, dass die statische Berechnung des Überbaus, einschließlich der Spanngliedführung, weiterhin Gültigkeit behielt.

Das erste Heben erfolgte im Mai 2006 (Bild 8).

Bild 8: Erstes Heben

Beim Hebevorgang, der manuell oder halbautomatisch erfolgen konnte, wurden die über 100m langen Einzellitzen oberhalb der Zylinder geführt und dann seitlich in zylindrischen Behältern aufgewickelt. Die ständige Überwachung der Pressendrücke durch den für das Heben Verantwortlichen und die Überprüfung der Höhenlage der einzelnen Anhängepunkte durch den stets anwesenden Vermesser ermöglichten eine kontinuierliche Korrektur und stellten einen reibungslosen Hebevorgang sicher.

Im Anschluss an den Hebevorgang, der mit dem Ausrichten der Fertigteile beendet war, wurden diese in horizontaler Richtung am vorhandenen Überbau fixiert. Beim Heben des ersten Fertigteils wurden die kleinen Schalwagen geöffnet und über den Hammerkopf gefahren. Die Schalwagen wurden unter der Fuge positioniert, geschlossen, ausgerichtet und gegen das Fertigteil bzw. den Überbau gepresst. Die Herstellung der nassen Fuge erfolgte analog zum Fertigungsverfahren der Abschnittsweisen Herstellung in Ortbeton, wie in Abschnitt 2 beschrieben. Durch den geringeren Zeitaufwand beim Bewehren, Schalen und Betonieren, sowie der Möglichkeit früher vorzuspannen ergab sich eine Taktzeit für die Herstellung eines Segments von nur 6-7 Tagen.

Für die Herstellung der Abschnitte 2 bis 5 (Bild 9) wurden die kleinen Schalwagen nicht mehr geöffnet sondern lediglich abgesenkt und unter den schon fertig gestellten Überbau gefahren. Analog zum Ortbetonverfahren wurde das Schlusssegment mit dem großen 6m-Schalwagen erstellt. Die Positionen der einzelnen Hub- bzw. Schalwagen wurden in ständiger Abstimmung mit der ausführenden und planenden Baufirma Hídépítö an die geänderten Situationen angepasst.

Das Umsetzen des Vorschubgerüstes erfolgte wie bei den Anfangsfeldern, wurde jedoch weiter optimiert, da die Ausrüstung auf den Hauptträgern der Vorschubrüstung einen größeren Platzbedarf hatte.

Bild 9: Liften Segment 5

4 Planung

Die Planung der Vorschubgerüstträger, der Schal- und Hubwagen sowie der Auflagerkonstruktionen wurde mit modernen CAD/CAM und FEM – Systemen durchgeführt. Dabei wurden speziell bei den Schalwagen auch die für die Produktion erforderlichen NC – Daten bereitgestellt und von der ausführenden Stahlbaufirma verwendet.

Für die Schalwagen wurde ein vollständiges 3D Modell für die Konstruktion erstellt (Bild 10). Von diesem Modell wurden alle Werkstattzeichnungen inklusive der für die Maschinenansteuerung erforderlichen NC – Daten abgeleitet. Als Ergebnis zeigte sich, das neben einer sehr hohen Fertigungsqualität eine einfache und problemlose Montage ohne fehlende oder falsch gefertigte Teile möglich war. Dies ist auch der implementierten Kollisionskontrolle des CAD/CAM – Programms zu verdanken.

Bild 10: Detail der verstellbaren Bodenschalung des 3D Modells

Die Berechnungen für das Gesamtgerät erfolgten an einem gekoppelten System, d.h. neben der Abbildung des Gerüstes wurde auch der Stahlbetonüberbau simuliert. Damit wurde es möglich eine genauere Erfassung der Lastverteilung zwischen Gerüst und Überbau unter anderem bei der Herstellung der Fahrbahnplatte zu ermitteln. Weiterhin war dieses Modell bei der Ermittlung der Verformungen und den daraus resultierenden Einstellwerten für das Gerüst sehr nützlich. Die Berücksichtigung der Steifigkeit des Überbaus lieferte auch bei der Berechnung der Reaktionskräfte an den Auflagerpunkten wirklichkeitsnahe Ergebnisse. Dies war insbesondere bei der Optimierung der Verschiebephasen zur Reduktion der Auflagerkräfte auf den Kragarmen hilfreich, da für den Stahlbetonüberbau, wie in Abschnitt 2 angemerkt, die Phasen des Verschiebens von einem Pfeiler auf den nächsten von wesentlichem Interesse waren.

Schon während der Montage wurden von der ausführenden Firma die Verformungen der Hauptträger aufgenommen und unserem Büro zur Verfügung gestellt. In Verbindung mit den Verformungsmessungen der Hauptträger vor, während und nach dem Betonieren konnte eine Kalibrierung der Steifigkeiten im Berechnungsmodell durchgeführt werden [1].

Der Schalungsanschluss an die Koppelfuge wurde durch Anpressen der Schalung an den Überbau mit einer definierten Anpresskraft ausgeführt. Dabei waren keine zusätzlichen Verbindungen erforderlich, die ein- und ausgebaut werden mussten. Bei diesen Untersuchungen war es sehr vorteilhaft, dass die Einflüsse auf die Schalwagenkonstruktion am für die Festigkeitsuntersuchung erstellten 3D Modell dargestellt werden konnten (Bild 11).

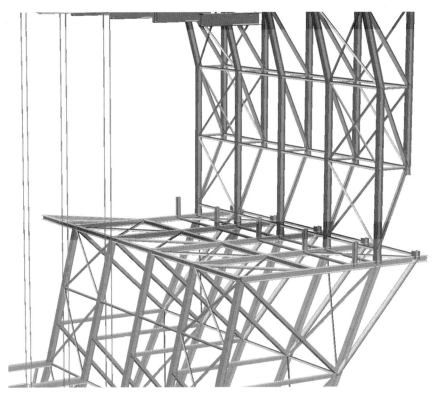

Bild 11: Ausschnitt 3D FEM Modell

5. Sicherheitsbetrachtung

Das Heben von Fertigteilen in dieser speziellen Form war für alle Beteiligten ein neues Bauverfahren. Vor diesem Hintergrund und mit dem uns Ingenieuren eigenen Verantwortungsbewusstsein wurden verschiedene Szenarien möglicher Versagensmechanismen diskutiert und untersucht. Besonderes Augenmerk wurde dabei auf ausfallende Zugelemente gelegt, die aufgrund ihrer Materialeigenschaften ein eher sprödes Verhalten aufweisen. So wurden alle relevanten Bauteile derart ausgelegt, dass bei Ausfall eines kompletten Litzenbündels die verbleibenden diagonal tragenden Litzenbündel die vollständige Last tragen konnten.

Bei Versagen eines Litzenbündels treten auch dynamische Beanspruchungen infolge der plötzlichen Lastumlagerung auf. In Abstimmung mit dem Planer des Überbaus wurde der Zuwachs der Einwirkungen infolge dynamischer Einflüsse auf 40% festgelegt. Die aus diesen Lastfällen resultierenden Beanspruchungen wurden in den angrenzenden Hubwagen über die Hauptträger bis zu den Auflagerpunkten weitergeleitet.

Das Tragmodell mit nur zwei diagonal tragenden Litzenbündeln, analog zum Zweibeinproblem des vierbeinigen Stuhles, tritt ebenfalls auf, wenn zwei diagonal angeordnete Hubzylinder eine, von den anderen beiden diagonal angeordneten Hubzylindern, abweichende Hubgeschwindigkeit aufweisen. Die endliche Steifigkeit der Stahlbeton-Fertigteile wirkt diesem Effekt positiv entgegen. Die in Abschnitt 3 angeführte Überwachung der Höhenlage der einzelnen Anhängepunkte und der Pressendrücke in den Hubzylindern begrenzte diese ungleiche Beanspruchung auf ein vertretbares Minimum.

6. Zusammenfassung und Ausblick

Die Vorgabe eines sehr engen Zeitplanes für die Herstellung des Köröshegy Viaduktes in Verbindung mit zahlreichen Änderungen in der Planungsphase führten letztlich zum Einsatz von zwei Vorschubgerüsten, die anfänglich zur Abschnittsweisen Herstellung in Ortbeton und später als Hebegeräte für Fertigeile eingesetzt wurden. Immer längere Brücken mit größer werdenden Spannweiten stellen immer wieder neue Herausforderungen an Planer und Brückenbauer. Durch das Vertrauen, welches das Bauunternehmen dem Traggerüstanbieter entgegengebracht hat und den Mut, auch ungewöhnliche Wege zu gehen, wurden bei diesem Bauvorhaben zwei Bauverfahren eingesetzt, die es in dieser speziellen Form und Größenordnung noch nicht gab.

Durch die Umstellung des Bauverfahrens von Abschnittsweiser Herstellung in Ortbeton auf das Heben von Fertigteilen mit nasser Fuge wurden die Taktzeiten praktisch halbiert.

Bild 12: Impressionen

Die Eröffnung des Köröshegy Viaduktes fand im August 2007 statt.

6. Literatur

[1] Mertinaschk, A.: Köröshegy Viadukt – Eine Idee von vor 40 Jahren trifft CAD/CAM-Technologie von heute. Tagungsband 16. Dresdner Brückenbausymposium Dresden 2006, S. 261-265.

[2] Mertinaschk, A.: Köröshegy Viadukt – Abschnittsweise Herstellung mit Vorschubrüstung in Ortbeton. Tagungsband 6. Symposium Brückenbau in Leipzig 2006, S. 70-73.

[3] Mertinaschk, A.: Der Bau des Köröshegy Viaduktes – Bewährte Verfahren neu kombiniert. Tagungsband 7. Symposium Brückenbau in Leipzig 2007, S. 41-44.

Schalwagen für Verbundbrücken

Probleme bei der Bauausführung und Optimierungen

Dipl.-Ing. **Karsten Weise**, C. O. Weise GmbH & Co. KG, Dortmund

Kurzfassung

Im VDI-Bericht-Nr.: 1741 aus dem Jahre 2002 haben wir (Thomas Weise und Karsten Weise) schon einmal ausführlich über die Konstruktionen von Schalwagen und Traggerüste für Verbundbrücken berichtet.
Bei diesem Vortrag wurde der Schwerpunkt auf die verschiedenen Ausführungen der Schalwagen gelegt.

Im Folgenden werden nun die Erfahrungen aus Sicht des Traggerüstbauers mit den Kunden dargestellt, die sich auch speziell aus dem o. g. Bericht ergeben haben.
Dabei wird im Besonderen die Anzahl der Durchdringungen durch die Betonfahrbahnplatte als auch die mögliche Taktzeit und die Problematik der Stahlbaugeometrie besprochen.

Es hat sich gezeigt, dass sich gerade bei den Landesämtern für Straßenbau Meinungen aufgebaut haben, die ein wirtschaftliches Arbeiten mit einem Schalwagen aus Sicht des Traggerüstbauers nur schwer ermöglichen. Auf der einen Seite wird ein möglichst leichter und gut händelbarer Schalwagen gefordert, bei dem natürlich auch alle arbeitsschutztechnischen Anforderungen zu erfüllen sind, auf der anderen Seite soll aber die Betonfahrbahnplatte möglichst monolithisch (ohne Durchdringungen oder nachträgliche Verfüllungen) hergestellt werden. Dies steht zum Teil im Widerspruch zueinander und wurde von unserer Seite schon mehrfach mit den Ämtern besprochen.

Anhand eines Beispieles aus dem Jahre 2007 wird anschaulich dargestellt, wie es zu der Auffassung der Ämter gekommen ist. In diesem Beispiel werden zwei Schalwagen gegenüber gestellt, die auf der einen Seite modular einfach aufgebaut sind, dafür aber viele Durchdringungen haben und auf der anderen Seite speziell für den Überbau entwickelt worden sind und somit nur wenige Durchdringungen haben.

Anhand dieses Beispieles wird auch noch einmal vorgestellt, welche Probleme es bei der Planung der Stahlverbundüberbauten gibt, damit die Standard-Schalwagen verschiedener Hersteller einsetzbar sind.

Hierbei werden insbesondere die Punkte Geometrie des Stahlbaus und Gewicht des Schalwagens angesprochen. Gerade diese beiden genannten Punkte führen immer wieder zu Diskrepanzen zwischen Tragwerksplanern und Schalwagenherstellern. Es ist nur sehr schwer möglich, sowohl den Stahlbau als auch den Schalwagen gleichzeitig zu optimieren.

1. Rückblick

Im VDI-Bericht-Nr.: 1741 aus dem Jahre 2002 haben mein Bruder Thomas Weise und ich schon einmal ausführlich über die Konstruktionen von Schalwagen und Traggerüste für Verbundbrücken berichtet.

Dabei haben wir die verschiedenen Ausführungsmöglichkeiten der Schalwagen dargestellt. Im Wesentlichen handelt es sich dabei auch heute noch um die Version oben laufende Konstruktionen (Bild 1)

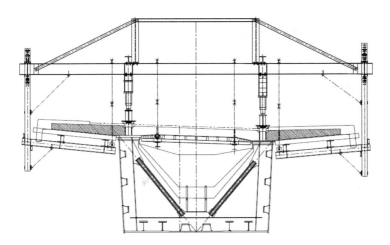

Bild 1   Querschnitt Schalwagen *Küstrin-Kietz*

oder unten laufende Konstruktionen (Bild 2).

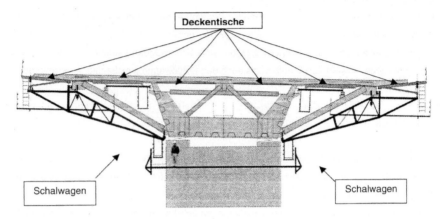

Bild 2   Querschnitt Schalwagen *Talbrücke Albrechtsgraben*

Ebenso wurde die spezielle Problematik des möglichen Einsatzes einer Mittelschublade dargelegt, da sehr häufig Querträger oder Querspannglieder geometrisch dem Einsatz einer Mittelschublade im Wege sind (Bild 3).

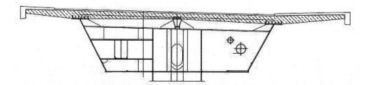

Bild 3   Querschnitt *Schnettkerbrücke*

In den nachfolgenden Jahren hat sich gezeigt, dass die im o. g. Bericht dargestellten Probleme leider nur teilweise von den Ausführungsplanern bzw. von den ausführenden Firmen berücksichtigt wurden.

2. Problematik der Stahlbaugeometrie

Die Projekte der letzten 5 Jahre haben gezeigt, dass die unterschiedlichen am Bau beteiligten Parteien auch unterschiedliche Ansichten von der Ausführung der Arbeiten auf der Baustelle haben.

Nachdem eine Verbundbrücke im Endzustand von dem ausführenden Planer berechnet worden ist, muss zudem untersucht werden, ob der gewählte Querschnitt (hier speziell der Stahlquerschnitt) in der Lage ist, auch die Lasten für die verschiedenen Bauzustände aufzunehmen. Hierbei gibt es zum einen den reinen Montagezustand des Stahlüberbaus, der entweder in einer Feldfabrik hergestellt und eingeschoben wird oder in einzelnen Teilen auf der Baustelle hergestellt und mit Kränen eingehoben und anschließend verschweißt wird. Schon diese Montage hat sehr unterschiedliche Belastungen für den reinen Stahlüberbau im Montagezustand zur Folge. Ist die Montage des reinen Stahlbaus beendet, muss noch die Last aus dem Schalwagen inkl. des Betons aufgenommen werden. Dabei ist es aus statischer Sicht sehr häufig notwendig, dass der Überbau im Pilgerschrittverfahren hergestellt wird, so dass die Belastung des Stahlüberbaus und der dazugehörigen Betonplatte möglichst gering bleibt. Ein typischer Betonierablauf sieht nach dem Beginn am Widerlager immer erst die Betonagen in den Feldern zwischen zwei Stützen vor, bevor der Bauabschnitt direkt über der Stütze betoniert wird. So wird vermieden, dass der Betonquerschnitt des kompletten Stahlverbundquerschnittes über der Stütze nachträglich allein aus Eigenlasten unnötige Zugspannungen aufnehmen muss. Dies bedingt jedoch, dass sowohl der außenlaufende Schalwagen als auch die innenliegende Schublade gegebenenfalls wieder über bzw. unter schon betonierten Abschnitten herfahren muss, um den Schalwagen über der Stütze entsprechend für die Betonage zu positionieren. Hierfür muss sowohl der äußere Schalwagen als auch die Schublade entsprechend ausgebildet sein, damit beide Teile entsprechend in beiden Fahrtrichtungen problemlos laufen können. Ein Umbauen der Verzugseinrichtung ist damit fast unumgänglich. Dieses Pilgerschrittverfahren bedeutet bei einigen Bauwerken, dass zum Teil Wege von bis zu 120 m mit dem Schalwagen zurückgelegt werden müssen, um diesen an die nächste Betonierposition zubringen. Bei diesem Takt ist es dann oft nicht möglich, den ganzen Schalwagen innerhalb eines Tages abzusenken, zu verziehen und wieder an dem neuen Betonierabschnitt einzurichten. Ein Einhalten eines Wochentaktes ist oft nur durch zusätzliche Zweischicht-Arbeit möglich.

Bei einigen Verbundquerschnitten wird auf diese Art der Herstellung verzichtet und es wird der nachfolgende Betonierabschnitt jeweils am davor hergestellten Abschnitt betoniert.

Dies vereinfacht den Arbeitsablauf auf der Baustelle enorm, da man hier zum Teil auch auf dem schon fertiggestellten Teilstück hinterher fahren kann und somit diese Fläche zusätzlich als Verkehrs- und Lagerfläche für nachfolgende Bauabschnitte nutzen kann. Hierfür muss, wie im ersten Verfahren auch, der Stahlüberbau und auch der Gesamtquerschnitt speziell nachgewiesen werden.

Aus Sicht des Schalwagenbauers und auch für das Handling auf der Baustelle ist es viel einfacher, den Schalwagen nur in eine Richtung zu bewegen, um auch die Taktzeiten auf der Baustelle entsprechend zu reduzieren. Leider ist dies oft nicht möglich, da sowohl der Stahlquerschnitt als auch der schon zum Teil vorhandene Betonquerschnitt (auch im Verbund) nicht in der Lage ist, diese Kräfte aufzunehmen. Hier erfolgt in den meisten Fällen erst die Optimierung des Querschnittes und im Nachhinein die Anpassung der einzelnen Bauzustände / Betonierabschnitte an die optimierten Querschnitte. Auf einen optimierten Bauablauf wird hier nur sehr selten Rücksicht genommen.

Speziell bei langen Fahrwegen mit den Schalwagen ist es wichtig, dass keine störenden Querträger (z.B. über Stützen) oder entsprechende Verbände geometrisch im Wege sind, um die Schublade auch entsprechend reibungslos verfahren zu können.
Im Bild 4 wird dargestellt, dass der vorhandene K-Verband beim Verziehen der Schublade maßgebend wird, da auch die Schublade mit dem darunter liegendem Hängegerüst über diesen K-Verband hinweg fahren muss. Auch hier sei das Augenmerk auf den Anschluss des K-Verbandes an die Tröge genannt, an denen es aus Platzgründen oft Schwierigkeiten beim Absenken der Schublade gibt.

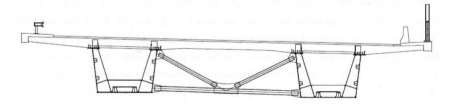

Bild 4   Querschnitt *Urselbachtal*

Bei einer entsprechenden Abstimmung zwischen dem ausführenden Planungsbüro und dem späteren Schalwagenlieferant ist es oft noch möglich, den K-Verband auf den Einsatz der Mittelschublade abzustimmen. Hier ist es umso wichtiger, dass der Schalwagenlieferant schon zu Beginn der Planungsphase des Stahlüberbaus bzw. schon bei der Entwurfsplanung mit eingebunden wird. Gleiches gilt auch (siehe auch Bild 3) für oben liegende Querriegel bzw. oben liegende Ankerstäbe, die ausschließlich für den Montagezustand des Stahlüberbaus und zum Teil auch noch für den reinen Betonierzustand notwendig sind. Gerade bei den dargestellten Ankerstäben ist ein Verfahren der Mittelschublade bzw. des ganzen Schalwagens sehr aufwändig, da diese bei jedem Verfahren extra ein- und anschließend wieder ausgebaut werden müssen. Oft wird dieser Lastfall beim Erstellen der Statik nicht berücksichtigt, so dass dies dann erst kurz vor dem Einsatz des Schalwagens geklärt werden muss. Außerdem ist es bei diesen Querschnitten auch oft nicht möglich, die Schublade auf unten angebrachten Konsolen verfahren zu lassen, da diese extra vom Stahlbauer angefertigt und geliefert werden müssten, was die Kosten für den Stahlbau deutlich erhöhen würde. Diese angeordneten Ankerstäbe verbleiben zwar nach der Betonage im Überbau, sind aber, wie oben schon erwähnt, hinderlich bei der Herstellung des Überbaus. Vorzuziehen sind deshalb etwas tiefer liegende Querstreben, die auch später im Überbau verbleiben und auf denen die Schublade auch verfahren werden kann (siehe VDI-Bericht-Nr.: 1741). Aus statischer Sicht ist es auch hier besser, diese Querverbindung (entweder Ankerstange oder Querriegel) möglichst weit oben anzuordnen, was in diesem Fall aber wieder einem guten Handling des Schalwagens entgegenwirkt. Hier gibt es oft keinerlei Abstimmung zwischen aufstellendem Planer und der ausführenden Firma des Schalwagens.

Als letzte Problematik bezogen auf die Stahlbaugeometrie sei hier noch das Gewicht des Schalwagens genannt. Hier wird von der zuständigen Planungsfirma oft aus alten Projekten oder geringer Erfahrung ein zu geringes Gewicht für den Schalwagen angesetzt. Bei den Auftragsverhandlungen zwischen GU und den Schalwagenbauern steht dann nicht mehr die Technik oder die Handlichkeit des Schalwagens im Vordergrund, sondern das Gesamtgewicht dieses Wagens. Da die komplette Überbaustatik zu diesem Zeitpunkt oft schon aufgestellt und auch geprüft ist und im Normalfall auch der Stahlbau schon in der Fertigung ist, lässt sich dieser Parameter des Gewichtes des Schalwagens nicht mehr ändern. Bei Nachfrage in verschiedenen Ingenieurbüros wurde festgestellt, dass hier sehr unterschiedliche Erfahrungen beim Ansatz des Gewichtes vorliegen. So wird auf der einen Seite ein Schalwagengewicht von ca. 2,5 kN/m² Betonierabschnitt angesetzt (auf der sicheren Seite liegend) und bei anderen Ingenieurbüros dieses Gewicht möglichst weit minimiert, um auch den Stahleinsatz des Stahlüberbaus zu minimieren. Oft ist das Gewicht des Schalwagens, gerade wenn dieser in Feldmitte betoniert wird, im Betonierzustand maßgebend für den Stahlquerschnitt der Brücke. Aus diesem Grund wird hier keinerlei Rücksicht auf die spätere Handlichkeit des Schalwagens sondern ausschließlich auf die Optimierung des kompletten Querschnittes Rücksicht genommen. Oft wäre es mit einfachen Mitteln möglich, den Stahlüberbau entsprechend zu ertüchtigen, um auch bei der Wahl des Schalwagens relativ unabhängig von deren Gewicht zu sein.

Man kann einen Schalwagen auf der einen Seite steif ausbilden, um mögliche Durchbiegungen klein zu halten und auf der anderen Seite möglichst leicht, was zu leichteren Profilen und damit auch gegebenenfalls zu größeren Durchbiegungen führt. Außerdem ist es möglich, die Anzahl der Profile im Schalwagen zu erhöhen, was aber eine erhöhte Montage- und Demontagezeit mit sich bringt.

An diese Problematik schließt sich gleichzeitig der nachfolgende Punkt an, in dem speziell die Anzahl der Durchdringungen durch die Betonfahrbahnplatte besprochen wird.

3. Durchdringungen durch die Fahrbahnplatte

Wie schon in den Bildern 1 und 2 dargestellt, gibt es sowohl Schalwagen mit Durchdringungen durch die fertige Betonplatte als auch ohne. Dabei liegt der Vorteil der unten fahrenden Schalwagen im Wesentlichen bei den nicht vorhandenen Löchern der Aufhängung, so dass nach der Betonage der Fahrbahnplatte diese sofort fertig ist für die weitere Bearbeitung. Es müssen keine Schalwagenstühlchen abgebrannt bzw. vergossen, noch müssen irgendwelche Löcher von Durchdringungen durch Ankerstangen geschlossen werden. Die Fahrbahnplatte wurde monolithisch hergestellt und enthält keinerlei Störstellen durch nachträglich geschlossene Löcher. Einer der wesentlichen Nachteile liegt jedoch bei der Handlichkeit dieser Wagen, da diese grundsätzlich unter den vorhandenen Querschnitten bewegt werden müssen. Somit muss an allen Stellen dafür gesorgt werden, dass man diese Schalwagen sowohl bewegen als auch betreten kann. Dies ist speziell beim Pilgerschrittverfahren schwer möglich, da dort ggf. lange Fahrwege unter schon betonierten Abschnitten überbrückt werden müssen (s. o.). Sollte es jedoch möglich sein, diese Wagen im kontinuierlichen Ablauf einzusetzen, können sie vorne betreten werden. Dann entfällt der komplizierte Zugang zu diesem Wagen.

Dem entgegen stehen die Schalwagen, die oben auf dem Überbau laufen und somit Ankerstangen zur Aufhängung und Abtragung der Lasten benötigen. Diese Durchdringungen müssen nach Betonage des Überbaus und Wegfahren des Schalwagens geschlossen werden. Hier sehen viele Auftraggeber Risiken für die Langlebigkeit der Fahrbahnplatte.

Betrachtet werden muss hier jedoch der Sachverhalt, dass unterschiedliche Schalwagensysteme auch unterschiedliche Anzahlen von Durchdringungen haben. So ist bei dem Schalwagen Bild 5 deutlich zu sehen, dass dieser im Regelfall mit 4 bis 6 Ankerpunkten pro Querrahmen auskommt, wobei bei einer Betonierabschnittslänge von 16 bis 20 m 4 Querrahmen ausreichen und ansonsten 5 Querrahmen eingesetzt werden müssen.

Dies ergibt eine notwendige Anzahl von Durchdringungen von 16 bis 20 Stück.

Bild 5 Schalwagen CZ *Weise*

Bild 6 Schalwagen CZ *Metrostaff*

Der Schalwagen gemäß Bild 6 besteht im Wesentlichen aus Standardmaterial eines großen Schalungsherstellers, der mit Material aus dem hauseigenen Mietpark den Schalwagen auftragsbezogen zusammenstellt und auf der Baustelle zusammenbaut. Hier steht die Nutzbarkeit des eigenen Mietmaterials im Vordergrund, so dass diese Schalwagen in der Regel im Querschnitt nicht 4 sondern bis zu 8 Durchdringungen haben.

Da bei diesen Systemen die äußeren Längsträger fehlen (diese werden durch längslaufende Schalhölzer ersetzt), haben die Querrahmen einen Abstand von ca. 3 m und nicht wie bei dem Schalwagen gemäß Bild 5 einen Abstand von ca. 5 m (hier werden die Schalhölzer quer angeordnet).

Dies ergibt eine deutlich höhere Anzahl an Querrahmen, die zwangsläufig auch eine höhere Anzahl von Durchdringungen mit sich bringt. So haben solche Schalwagen bis zu 48 Durchdringungspunkte, was eine Mehranzahl an Störstellen und nachträglich zu verfüllenden Löchern mit sich bringt.

Diese erhöhte Anzahl an Durchdringungen bringt zwangsläufig eine erhöhte Anzahl an Störstellung für den Betonierablauf mit sich. Der Schlauch der Betonpumpe und auch die Rüttler müssen um die Ankerstellen herumgeführt werden. Dies führt zu einer längeren Betonierzeit durch ein erschwertes Händling der Geräte.

Ferner ist es hierdurch sehr viel schwieriger, den Beton am Ende der Betonage abzuziehen und zu glätten. Die entsprechenden Geräte müssen um die Ankerstangen herumbewegt werden und der Einsatz einer Abziehwalze ist nur schwer möglich, wenn der Abstand der Ankerstangen 3m oder weniger beträgt. Weniger Störstellen bedeuten auch eine bessere Betonoberfläche, was für die nachfolgende Aufbringung der Abdichtung wichtig ist.

Zu erwähnen ist an dieser Stelle, dass nach der Betonage des Überbaus und der nachträglichen Verfüllung der Löcher eine komplette Fahrbahnabdichtung auf die Betonplatte aufgebracht wird, so dass es eigentlich keinerlei Probleme mit den nachträglich verfüllten Löchern geben kann.

Gerade bei der Fahrbahnabdichtung wird sehr darauf geachtet, dass hier keine Undichtigkeiten entstehen und der Beton nicht angegriffen wird. Eine sonst zulässige Rissbreite wird hier durch das Aufbringen dieser Abdichtung komplett ausgeschlossen bzw. abgedichtet.

Schon aus diesem Grund ist es eigentlich unerheblich, ob bei der Herstellung der Verbundplatten Durchdringungen vorhanden sind oder nicht. Hier handelt es sich um Ansichten der einzelnen Straßenbauämter, die dies in den jeweiligen Ausschreibungen selbst festlegen.

Sicher ist es richtig, dass eine große Anzahl von Durchdringungen sowohl den Arbeitsaufwand beim Verschluss der Löcher als auch eine Behinderung bei der Betonage darstellt, jedoch können Schalwagen mit weniger Durchdringungen diesem Problem stark entgegenwirken.

Auf diese Gesichtspunkte wird bei der Ausschreibung keinerlei Rücksicht genommen, da wie schon oben besprochen, nur das Endprodukt „die Brücke" im Vordergrund steht, und die Herstellung zweitrangig ist.

Genau dieses Problem der Herstellung war auch ein großes Thema bei der Herstellung der Verbundbrücke „St. Kilian" (Bild 7), bei der der Überbau zwar sequentiell hergestellt werden konnte, jedoch viele andere Parameter während der Planung mit keinem Schalwagenhersteller abgestimmt wurden.

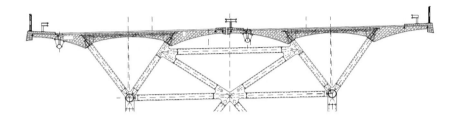

Bild 7   Querschnitt *Talbrücke St. Kilian*

So kam es zu einer sehr aufwendigen Schalwagenkonstruktion, bei der alle geometrischen Randbedingungen berücksichtigt werden mussten, damit die Schalwagen überhaupt verfahren werden konnten. Speziell seien hier noch einmal die Querverbände der einzelnen Überbauten, sowie die zusätzlichen Querverbände im Bereich der Stützen genannt.

Bei diesem Bauwerk war es wichtig, dass der Schalwagen möglichst geringe Verformungen hatte, da es hier Bereiche gab, in denen die tragenden Betonbalken des Querschnittes sowohl vom Stahl umfasst als auch zum Teil später frei sichtbar waren. Diese Übergangsstellen sind für einen Schalwagen immer kritisch, da hier möglichst keinerlei Durchbiegungen entstehen dürfen. Um diese möglichst zu reduzieren, musste eine entsprechende Anzahl von Profilen oder steifere Profile eingesetzt werden, die wiederum ein höheres Gewicht mit sich bringen.

Auch wurde an diesem Beispiel deutlich, dass es zwar aus ingenieurmäßiger Sicht sinnvoll war, den Überbau längs vorzuspannen, es für den Schalwagen jedoch sehr kompliziert war, die vorlaufenden Spannglieder mit zuführen, da diese in einem separaten Schalwagen dem eigentlichen Schalwagen vorweg laufen mussten.

Hier sei noch mal an das Problem der Taktzeiten und des Handlings erinnert, gerade wenn es sich um Arbeiten in großer Höhe mit schwierigem Zugang handelt.

Als wesentlich hat sich auch herausgestellt, dass es aus Zeitgründen oft notwendig ist, die ersten Betonierabschnitte schon zu betonieren, obwohl der komplette Stahlüberbau noch nicht montiert und vollständig verschweißt worden ist.

Hier muss oft im Nachhinein überprüft werden, wieviel des Stahlüberbaus schon fertiggestellt sein muss, damit der Schalwagen eingesetzt werden kann.

Oft ist es möglich, die Gesamtbauzeit noch einmal deutlich zu reduzieren, da hier verschiedene Arbeiten an verschiedenen Stellen gleichzeitig ausgeführt werden können.

Bei den Beispielen der Bilder 5 und 6, bei dem es sich um zwei nebeneinander liegende identische Brücken handelt, kann man sehen, wie unterschiedlich die beiden genannten Systeme arbeiten. Bei der Bauausführung hat sich gezeigt, dass die Taktzeiten mit dem Schalwagen gemäß Bild 5 um ca. 30 % geringer ausfielen als die gemäß Bild 6. Hier spielte sowohl die reine Betonierzeit eine Rolle, als auch das Handling des Schalwagens und der Schublade. Allein das Aus- und Einbauen doppelt so vieler Ankerstangen benötigt mind. einen halben Arbeitstag. Zusätzlich muss beim Betonieren des Überbaus und hier speziell beim Abziehen der Betonoberfläche jede einzelne Ankerstange *umkurvt* werden, um eine möglichst glatte Oberfläche zu erhalten, was fast unmöglich ist.

Eine Besonderheit stellte auch hier der innere Verband der beiden Walzprofilverbundträger dar, der beim Schalwagen gemäß Bild 5 noch um 15 cm heruntergelegt werden konnte, so dass hier eine Schublade ungehindert verfahren werden konnte.

Beim Schalwagen gemäß Bild 6 wurde zum Teil auf die Schublade verzichtet und dieser Bereich stationär eingerüstet, da es mit dem eingesetzten Modulsystem nicht möglich war, eine so flache Schublade herzustellen, das diese über die Verbände herfahren konnte.

Diese Volleinrüstung ist generell möglich, aber natürlich bei einer sehr langen Brücke sehr arbeits- und materialintensiv und somit auch kostenintensiv.

Bei kürzeren Bauwerken ist es möglich, bei Hohlkastenverbundquerschnitt eine stationäre Schalung gemäß Bild 8 einzusetzen, damit zum einen das Verfahren der Schublade entfällt und zum anderen auch keine Durchdringungen vorhanden sind.

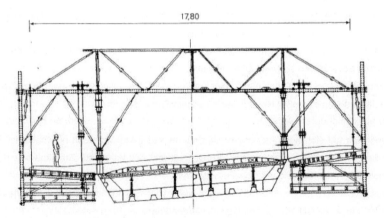

Bild 8   Querschnitt Schalwagen *AD Nuthetal*

Dies gilt auch für das stationäre Einschalen eines Verbundquerschnittes gemäß Bild 9, bei dem komplett auf einen Schalwagen verzichtet wurde.

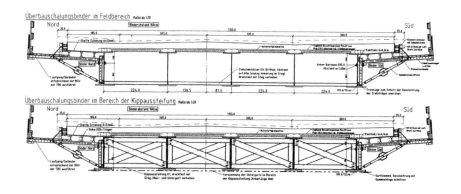

Bild 9 Querschnitt Verbundquerschnitt I-Profil

Beim Einsatz dieser Art der Schalungen muss jedoch auch die jeweilige Wirtschaftlichkeit der Systeme berücksichtigt werden.

4. Zusammenfassung

In diesem Bericht wurde dargelegt, wie wichtig es ist, schon bei der Entwicklung des Stahlverbundquerschnittes mit den jeweiligen Schalwagenherstellern zu sprechen, um nicht nur den Stahlbau zu optimieren sondern dies auch in Abstimmung mit dem später eingesetzten Schalwagen zu tun. Hier kann man auf der einen Seite Geld für den Stahlbau sparen auf der anderen Seite auch Rücksicht auf die Taktzeiten im späteren Handling des Schalwagens nehmen, da speziell bei langen Brücken sich hier die Stunden auf der Baustelle enorm addieren können. Es hat sich gezeigt, dass beim rechtzeitigen Kontakt mit dem späteren Schalwagenlieferant viele dieser Punkte miteinander abgesprochen und optimiert werden können. Oft ist jedoch das Gewicht des Schalwagens ein Kriterium, was aber in Abhängigkeit mit den anderen o. g. Dingen in Abstimmung gebracht werden muss.
Es wird nur sehr schwer möglich sein, alle Punkte zu optimieren, wenn man jedoch in guter Zusammenarbeit die Planung durchführt, können viele Probleme im Vorhinein gelöst werden.

A new concept of overhead movable scaffolding system for bridge construction

Prof. Dr.-Ing. **Pedro Pacheco**, Dipl.-Ing. **António Adão da Fonseca**, Dipl.-Ing. **Hugo Coelho**, BERD, Matosinhos, Portugal; Dipl.-Ing. (FH) **Michael Jentsch**, Österreichische DOKA GmbH, Amstetten, Österreich

Kurzfassung

Untersuchungen und Umsetzung eines neuartigen Systems der Vorspannung werden vorgestellt, welches durch die Funktionsweise der menschlichen Muskulatur inspiriert wurde. Dieses System ermöglicht eine stufenlose Kompensation der Verformung von Tragkonstruktionen aus veränderlichen Belastungszuständen.

Anhand des Beispiels einer oben laufenden Vorschubrüstung mit klappbarer modularer Aussenschalung erfolgt die Erläuterung dieses Prinzips im Vergleich zu konventionellen Vorschubgerüsten.

Abstract

In the last decade, a research and development process, initiated in the Faculty of Engineering of the University of Porto has brought out an innovative technology for bridge construction: *Organic Prestressing*. This new technology is now being applied to a brand new generation of movable scaffolding systems.

The present paper presents a new concept of overhead movable scaffolding systems for *in situ* bridge construction, in which the scaffolding structure is similar to a "bowstring", with the particularity of having an arched upper chord and an actively controlled lower chord.

1. Introduction

Advantages of organic prestressing application in structures with high "live load / dead load" ratios and with relatively "slow" loadings, such as movable scaffolding systems used for bridge construction [1], has promoted an increasing development of this technology in the past few years.

Inspired on the behaviour of nature structures (biomimetics), more specifically in the muscle behaviour, *Organic Prestressing System* (OPS) is an automatically adaptive prestressing system which has the ability to increase or decrease prestressing forces according to live load variation. It is no more than a prestressing system in which the tension applied is automatically adjusted to the actuating loads, through a control system, in order to reduce the structural deformations and minimize tensions.

The first OPS movable scaffolding system was designed for the construction of the Rio Sousa highway bridge in northern Portugal, a double deck comprising 15x30 m long spans [2]. The scaffolding steel structure comprises four independent main girders (see Fig.1), brackets, friction collars and bogies sets. It is strengthened with an OPS equipment, which essentially consists of unbonded prestressing cables, anchorages, deviation shores and saddles, hydraulic actuators (see Fig. 2), sensors and automation components.

Fig 1:   First OPS movable scaffolding system application

Fig 2:   Actuator and organic anchorage

The application of OPS allows for lighter and more functional structures. The maximization of its potential, whose limits are yet to be established, justifies the design of new types of steel scaffolding structures, congregating structural advantages and responses to functional needs, especially of kinematic nature.

A new concept of movable scaffolding system for *in situ* bridge construction is presented, namely, an overhead equipment in which the scaffolding structure is similar to a "bowstring", with the particularity of having an arched upper chord and an actively controlled lower chord.

This paper includes a presentation of the main concept, a description of the main girder and of the transverse structures which sustain the formwork and an analysis of their kinematics, comprising simultaneously structural features and formwork engineering related issues. Finally, the launching stage is analysed and the main components related with the launching operations are described.

2. Equipment description

The equipment presented in Fig.3 is an overhead movable scaffolding system conceived to build cast *in situ* concrete bridge decks with a maximum span of 50 m. The superior girder is a steel structure similar to a "bowstring", with an arched upper chord and a lower chord actively controlled by an Organic Prestressing System (OPS) during the concrete pouring and deck prestressing stages.

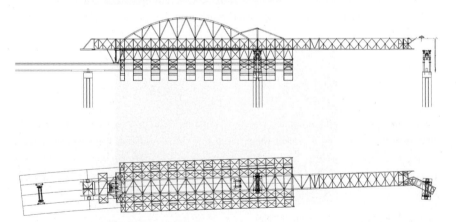

Fig 3:   M50-S elevation (top) and plan view (bottom)

2.1 Superior Girder

The steel structure of the M50-S superior girder comprises the following main components: arch, main girder, upper tie, front nose, front crane and rear nose.

The steel arch, with a maximum height of 9 m and a maximum distance between supports of 40 m, is an HEB 400 profile that diverges into 2 HEB 300 in the abutments.

The main girder – a modular truss with a transversal section of 4,00m x 3,00m – has a total length of 60 m, of which 40 m are suspended from the arch, 15 m form the front cantilever and the remaining 5 m constitute an extraordinarily short rear cantilever. Its main purpose is to suspend the formwork supporting transversal structures. The main girder inferior chords are actively controlled by an OPS system between the arch abutments, retaining abutments displacements and subsequent arch opening. This particularity allows the structure to behave like a "bowstring" during the concrete pouring stage.

The arch and active tie structural efficiency allows a drastic reduction of the main girder deformations between supports during the concrete pouring stage, with a maximum mid-span vertical deflection inferior than L/2000 (approximately 2,5 cm). The cantilever concrete pouring extension (1/5 of the following span) is not controlled by OPS. The cantilever deflections are reasonably restricted through inclusion of two superior passive ties with a maximum eccentricity of 6 m in the pier support section relative to the girder inferior chord, resulting in a considerable stiffness increase.

The feasibility of the equipment launching is guaranteed by the front nose, the front crane and the rear nose. The front nose has a total length of 27,5 m and a triangular transversal section with a height of 3 m and a width of 4 m.

The rear nose consists on a prolongation of the main girder, formed by two vertical plane trusses with capacity to open (through independent rotation around a vertical axis), enabling the rear pier frame disassembling with the movable scaffolding structure in the concrete pouring position.

On the other hand, the front crane consists of a rotatory nose prolongation equipped with a temporary frame and an elevation winch. With the structure still in the concrete pouring position, the temporary frame "lands" on the front pier (by means of hydraulic jacks) allowing the front crane to elevate, from the ground, and to assemble the previously dismounted pier frame.

2.2 OPS system

OPS is nothing more than an active control prestressing system whose objective is to reduce deformations and/or tensions due to live loads. The main elements (see Fig. 4) are the actuator in the organic anchorage, the unbonded cables, the sensors and the electronic controller in the girder control unit [3], [4], [5], [6].

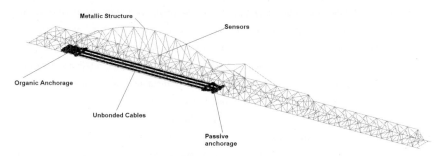

Fig 4:   3D scheme of an overhead MSS girder equipped with OPS

The control strategy is similar to the first OPS applications, adopting the mid-span vertical deflection as primordial control variable. The mid-span deflection is measured by means of sensors (pressure transducers) strategically spread along the structure. The sensors transmit the information to an automaton which processes it according to a control algorithm, and then "decides" between maintaining or changing the prestressing force [1]. Typically, in a concrete pouring situation, the *concrete pouring mode* is turned on and if the mid-span deflection exceeds a pre-defined limit, the automaton "decides" to increase the hydraulic jack (actuator) stroke, moving the anchorage beam (see Fig. 2) and simultaneously tensioning four rectilinear prestressing cables.

In addition, OPS performs continuous monitoring of the main girder steel structure, evaluating the main structural parameters and emitting warnings or alarms in case of anomalous situations (for example loose bolts).

2.3 Transversal structure

An overhead movable scaffolding system constructs the bridge deck beneath the main girder. Therefore, the formwork supporting transversal structure is suspended from the main girder by means of "transversal grips" that guarantee the required width for the formwork. The transversal structure is materialized by two pairs of steel trusses, each of them constituted by a horizontal and a vertical truss.

During the concrete pouring, the horizontal trusses are interconnected in order to position the formwork. During this stage, the high level of loading and deformation requirements imply the installation of a pair of high strength steel threadbars in an inner position, suspending the transversal structure and reducing its span (see Fig.5). The threadbars are conveniently positioned to facilitate the placing of prefabricated deck steel reinforcement.

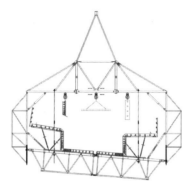

Fig 5: Movable scaffolding system in concrete pouring position (cross section)

Before the launching stage, the horizontal trusses are disconnected, the steel threadbars are disassembled and the transversal structures are opened. The opening motion is performed by means of hydraulic jacks actuation, allowing the automatic rotation of transversal structures and formwork.

The transversal structures were conceived to construct bridge and viaduct decks with a maximum longitudinal slope of 5% and variable transversal slope up to a maximum of 8%. Unlike the traditional scaffolding systems, in which the deck is constructed in a straight line between piers, this transversal structure allows the construction of a polygonal with 5 m long segments, obtaining a better approximation to the directrix shape (circular or clothoid).

The "transversal grips" support pairs of winches (see Fig. 5), making possible the transportation of pre-fabricated steel reinforcement and prestressing cables ducts directly from the lorry to the construction front, with no need for auxiliary elevation equipment.

2.4 Formwork

The formwork of movable scaffolding systems is, in general, specifically conceived for each application. The first application of M50-S was developed for the construction of a box cross section concrete deck, 11,50 m wide and with a constant height of 2,40 m. It was assumed that the concrete pouring was to be carried out in two different stages: the first stage comprises the construction of the bottom slab and vertical walls and the second stage comprises the construction of the top slab, cantilevers included (see Fig. 6). In order to avoid the appearance of cracks in the first stage concrete (mainly in the vertical walls) the scaffolding structure mustn´t experiment significant deformations during the second concrete pouring stage. The inclusion of an OPS system is synonym of deflection control and a guarantee of low deformations.

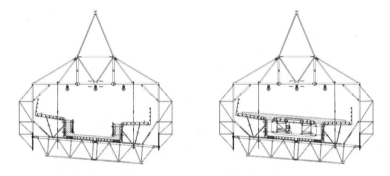

Fig 6:   Formwork and concrete pouring stages: 1st stage (left) and 2nd stage (right)

The formwork design process took in account several peculiar features related with the movable scaffolding system geometry and kinematics. A formwork "table", with a length of 5 m and a longitudinal distance between support alignments of 2,80 m, was achieved. The bottom external formwork is divided in two symmetric parts, in order to make the transversal structures opening motion viable. The supports are materialized by 6 points of vertical contact and 2 points of horizontal contact (fundamental throughout the opening motion) with each transversal structure.

The formwork was developed aiming at functionality, being noteworthy the connection between the bottom and the lateral external panel which allows vertical and transversal adjustments as well as the formwork "table" adaptability to the deck geometry. In addition, the top slab formwork is launched to the following span concrete pouring position by its own means.

3 Launching

Throughout the operation of movable scaffolding systems, it is essential to complete the launching process with safety, speed and efficacy in order to avoid delays and accidents during the bridge construction, which generally imply substantial economic and human costs. The present equipment was conceived to perform 1 week cycles, allowing the accomplishment of demanding deadlines and therefore contributing to a strong reduction of the bridge construction costs.

In order to attain short duration working cycles, it's imperative to perform quick launchings, setting the girder in concrete pouring position in a few hours. With this purpose, the second pier frame is assembled during concrete pouring tasks performance, after being elevated from the ground by means of a winch located in the front crane. After this operation (represented in Fig. 7), the pier frame is ready to receive the superior girder front nose during the launching stage.

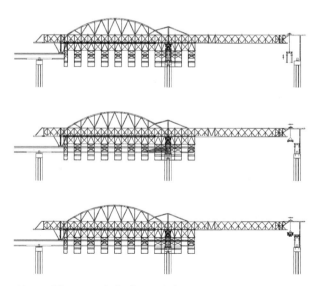

Fig 7:   Assemblage of the second pier frame during concrete pouring tasks performance

The M50-S equipment is characterised for having an unusually short rear cantilever so, in order to perform the launching, it is necessary to set a launching frame on the previously constructed deck. The launching frame position is evaluated to guarantee that the loading of the deck by the travelling weight doesn't exceed the loading that the deck will experiment after entrance in service. Therefore, after the concrete curing, the deck is prestressed with OPS turned to *deck prestressing mode*. Afterwards, OPS is turned off and the movable scaffolding system is lowered (about 15 cm) by means of elevation jacks actuation, promoting the contact with the bogie sets located at the first pier frame and at the rear launching frame. By then, the rear concrete pouring support is disassembled (by rotation). After that, and with the girder still in this position, the formwork supporting threadbars are disassembled and the transversal structures are disconnected, enabling the transversal structures rotation. These operations are schematically represented in Fig. 8.

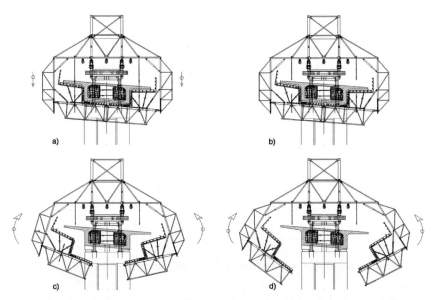

Fig 8: Girder descending, threadbars disassembling and transversal structures rotation

In case of a curve directrix, it is necessary to align the superior girder with the second pier frame through a transversal movement before the launching takes place. Afterwards, the launching begins and the movable scaffolding system is moved until the front nose skate reaches the second pier frame.

When the skate reaches the second pier frame bogie set, the rails are generally lower than the bogie wheels, mainly because of girder deformation due to the travelling weight. In order to establish the contact between the skate rail and the bogie wheels located at the second pier frame, it is necessary to perform the nose elevation by means of hydraulic jacks that react against the pier frame. The skate includes a mechanism that allows the opening of the inferior chords. During this operation, the nose is elevated and the deformation is compensated. Then, the rails are "casted" in place through rotation of the inferior chords. Afterwards, the jacks are retracted and the rails make contact with the wheels (see Fig. 9). The movable scaffolding system remains immobilized during this operation.

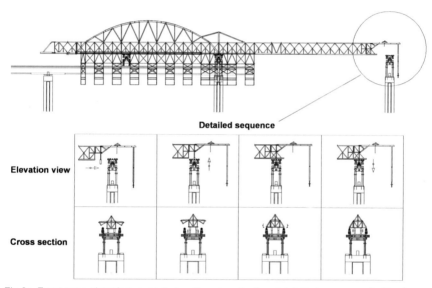

Fig 9: Front nose elevation: overall elevation view (top) and detailed sequence (bottom)

The launching proceeds with the girder supported in three sections until it leaves the rear launching frame, proceeding then with the girder supported in the two pier frames until the final position. This launching sequence is represented in Fig. 10.

Afterwards, the movable scaffolding system is positioned for the next span concrete pouring. First, the girder is transversally moved, then the rear concrete pouring frame is assembled.

After that, the girder is elevated, the transversal structures are closed and connected and the formwork supporting threadbars are assembled. Finally, the rear nose is opened, enabling the disassembling of the first pier frame and, therefore, granting an easy access to the construction front.

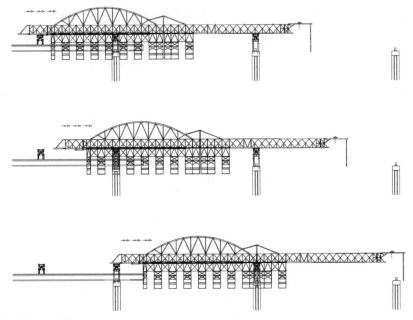

Fig 10: Launching sequence

4. Conclusions

The conjugation of OPS technology with the structural efficiency of an arch gave rise to an active "bowstring" steel structure, allowing the achievement of an extremely light and functional movable scaffolding system. The following advantages standout, in comparison with a current equipment:

- Reduction of the equipment weight (25 to 30% of steel volume);
- Reduction of the acquisition costs (about 15%);
- Reduction of operational costs (10 to 20%);
- Mid-span deflection control and ability to program deflections;

- Continuous monitoring of the scaffolding structure, enabling higher safety levels;
- Easier transportation and on site assemblage of the scaffolding equipment;
- Simplicity of steel connections (maximum tensions substantially reduced).

Moreover, implementation of OPS technology in movable scaffolding systems and, particularly, in the present equipment, enables the construction of high speed railways bridge decks, which are substantially heavier (about 30%) than both common railway bridge decks and highway bridge decks.

Acknowledgments

The authors wish to thank all members of BERD production team for all the work and dedication throughout the development of the present project: Pedro Borges, António André, André Resende, Inês Ferraz, Frederico Fonseca, Teresa Oliveira and António Guerra, who are, indeed, co-authors of this project. Finally, the authors are also grateful to DOKA Portugal, specially to Sousa Lima and Patrícia Gomes for their commitment in the search of the best formwork solution.

References

[1]   Pacheco P, Adão da Fonseca A. "Organic Prestressing", Journal of Structural Engineering, ASCE, 2002, 400-405.

[2]   Pacheco P, Guerra A, Borges P, Coelho H. "A Scaffolding System strengthened with Organic Prestressing – the first of a new generation of structures", Structural Engineering International, Journal of IABSE, Vol. 17, N.4, 314-321, 2007.

[3]   Pacheco P. "Organic Prestressing – an Effector System example (in Portuguese)", PhD Thesis, Dep. Civil. Eng., Faculty of Engineering of the University of Porto, 1999.

[4]   André A. "Experimental study of a movable scaffolding system reduced scale model strengthened with organic prestressing (in Portuguese)", MSc Thesis, Dep. Civil Eng., Faculty of Engineering of the University of Porto, 2005.

[5]   Pacheco P. et al, "Strengthening by organic prestressing of existing launching gantries in the construction of high speed railway bridge decks", Workshop Bridges for High Speed Railways, Porto, 289-299, 2004.

[6]   André A, Pacheco P, Adão da Fonseca A. "Experimental study of a launching gantry reduced scale model strengthened with organic presstressing", Structural Engineering International, Journal of IABSE, Vol. 16, N.1, 49-52, 2006.

Teil III

Schriftenreihe „Heraus-ragende Ingenieur-leistungen in der Bautechnik"

In der Schriftenreihe **Herausragende Ingenieurleistungen in der Bautechnik** sind bisher folgende Monographien erschienen:

Titel	Verfasser	Jahr
John A. Roebling - Leben und Werk des Konstrukteurs der Brooklyn-Brücke	H. Wittfoht	1983
Eduard Züblin - Leben und Wirken eines Ingenieurs in der Entwicklungszeit des Stahlbetons	V. Hahn	1984
Emil Mörsch - Erinnerungen an einen großen Lehrmeister des Stahlbetons	H. Bay	1985
Karl Imhoff - Ein Wegbereiter der Stadtentwässerung und der Gewässerreinhaltung	G. Annen	1986
Ulrich Finsterwalder - Mensch - Werk - Impulse	H. Rausch	1987
Geheimrat **Gottwalt Schaper** - Wegbereiter für den Stahlbrückenbau vom Nieten zum Schweißen	H. Siebke	1988
Karl Schaechterle Ein Leben für fortschrittlichen Brückenbau	F. Leonhardt	1989
Max Mengeringhausen und seine Kunst individueller Baugestaltung mit Serienelementen	H. Eberlein	1990
Heinrich Müller-Breslau Vollender der klassischen Baustatik	G. Hees	1991
Kurt Beyer - Hochschullehrer und Bauingenieur in Theorie und Praxis	M. Koch/G. Franz/ H. Steup	1992
Otto Graf - ein Genie?	G. Rehm	1993
Johann Wilhelm Schwedler (1823 - 1894)	H. Ricken	1994
Die Talbrücke bei Müngsten - Vor 100 Jahren begann der Bau dieses Meisterwerks der Ingenieurbaukunst	H.-F. Schierk	1994
Leopold Müller-Salzburg (1908-1988) Wegbereiter der Felsmechanik und des modernen Tunnelbaus	E. Fecker/ A. Negele/ G. Spaun	1996
Hubert Rüsch (1903 - 1979) Wegbereiter des modernen Massivbaues	H. Kupfer	1997

Thomas. A. Jaeger – Ein bemerkenswerter Bauingenieur

Dr.-Ing. **Klaus Brandes**, Berlin

Zusammenfassung

Nur 51 Jahre sind Thomas A. Jaeger vergönnt gewesen. In dieser karg bemessenen Lebenszeit, die durch technologische Umbrüche gekennzeichnet war, hat er in unvergleichlicher Weise die Entwicklung der Kerntechnik in der Bundesrepublik Deutschland geprägt, und darüber hinaus die konstruktionstechnische Sicherheitsbewertung allgemein mit nachhaltigen Impulsen zu neuen Ufern geführt.

In den 1950er Jahren hat er nach dem Studium des Bauingenieurwesens in Dresden sich ganz den Problemen der Kerntechnik verschrieben, ja bereits schon während des Studiums. Damit betrat er völliges Neuland, musste dieses neue Feld überhaupt erst benennbar machen und mit Inhalt füllen, was ihm unzweifelhaft gelungen ist. Sein unermüdliches Wirken in den 1960er und 1970er Jahren hat starke Wirkungen in Deutschland und weit darüber hinaus gezeigt. Die Werkzeuge, die er dazu brauchte – ein wirklich umfassendes Wissen, aber auch Handbücher und eine eigens gegründete exzellente Fachzeitschrift – „Nuclear Engineering and Design" – ermöglichten ihm diese Wirksamkeit. Ab 1971 hat er für die weltweite Verbreitung der Kenntnisse die Reihe der SMiRT-Konferenzen („Structural Mechanics in Reactor Technology") ins Leben gerufen, die noch heute weiterlebt [1].

Er hat die letzten 13 Jahre seiner Tätigkeit in die Bundesanstalt für Materialprüfung (BAM), Berlin gelegt, und von dieser Anstalt ist ihm auch nach seinem Tode eine Ge-denkschrift gewidmet worden, übrigens die einzige, die diese Anstalt jemals einem

ihrer führenden Köpfe hat zuteil werden lassen.

1. Die frühen Jahre

Zahlreiche hervorragende Bauingenieure haben in der hier vorliegenden Reihe der VDI-Gesellschaft Bautechnik Erwähnung und Würdigung gefunden, nur wenigen allerdings ist die verfügbare Zeit für ihr Tun und die Verwirklichung ihrer Visionen so wenig Zeit gegeben worden, wie Thomas A. Jaeger.

Er wurde 1929 in Breslau geboren und geriet so noch aktiv in die Wirren des Zweiten Weltkriegs - als sog. "Flakhelfer". Immerhin konnte seine Familie aus Breslau entkommen und in der Sowjetisch Besatzungszone (später dann "DDR") Fuß fassen. Er studierte dann seit 1949 Bauingenieurwesen an der renommierten Technischen Universität Dresden, an der er das Studium 1956 mit dem Diplom beendete.

Bereits schon während dieser Zeit pflegte er zahlreiche Kontakte zu bekannten Wissenschaftlern und Ingenieuren in aller Welt, die ihm in aller Regel auch bereitwillig Auskunft auf seine Fragen und Anregungen gaben, u. a. W. Kliefoth, E. P. Blizard, A. Sawczuk, F. Schleicher.

Zugleich hatte er es übernommen, für Forschungsprojekte an der TH Dresden ausländische - vor allem englischsprachige - Aufsätze zu referieren, da damals in Dresden große Anstrengungen unternommen wurden, den verlorengegangenen Anschluß an das internationale Wissensniveau wieder herzustellen. Zahlreiche dieser Kurzreferate wurden auch bei der Dokumentationsstelle für Bautechnik der Fraunhofer-Gesellschaft übernommen, und mit dem Honorar dafür konnte er die Lebensbedingungen etwas aufbessern. Im Wesentlichen hat er aus dem Gebiet der Atomkernenergie und der Sicherheit im Bauwesen referiert und damit einen immensen Schatz an neuesten Kenntnissen erworben.

Das hat ihn dann wohl auch bewogen, ein damals ungewöhnliches Thema für die Diplomarbeit zu wählen: Traglastberechnung biegesteifer Stahltragwerke.

Er selbst hat diese intensive Bearbeitung des Themas als fundamental für seine weitere Entwicklung bezeichnet. In zwei Aufsätzen, im BAUINGENIEUR 31 (1956) und in BAUPLANUNG-BAUTECHNIK 10 (1956) hat er darüber berichtet. F. Schlei-cher, zu dieser Zeit Professor an der RWTH Aachen und Herausgeber des BAUINGENIEUR, ermunterte ihn nach diesem "Einstieg", das gerade erschienene Buch von B. G. Neal: *The plastic methods of structural* analysis zu übersetzen, das noch im Jahr 1958 herauskam (Die Verfahren der plastischen Berechnung von biegesteifen Stahlstabwerken, Julius Springer; Heidelberg).

Unzweifelhaft hatte Jaeger mit diesem Rüstzeug einen Niveausprung im damaligen Deutschland erreicht, der ihn danach in die Lage versetzte, die komplexen Probleme der Strukturmechanik in der Kerntechnik anzugehen.

Doch zuvor erschien noch ein Band, der mehr den speziellen Problemen der Reaktortechnik gewidmet war, als Ergebnis der zahlreichen Recherchen and Rezensionen: *Grundzüge der Strahlenschutztechnik*, Springer, Heidelberg, 1960 [5] mit einem sehr interessanten Vorwort von E. P. Blizard.

Die politischen Verhältnisse in Deutschland allerdings legten einen Wechsel nach Westdeutschland nahe, und die ganze Familie Jaeger verließ Dresden.

Thomas Jaeger hatte schon zuvor einiges vorbereitet, z. T. über Max von Laue, zu dem er Verbindung über seinen Onkel Rudolf Ladenburg hatte, einen renommierten Physiker, der Deutschland 1938 verlassen mußte und nach Princeton ging, wohin auch Einstein gegangen war. Zwar ließ es sich für einen aus Ostdeutschland kommenden jungen Ingenieur nicht verwirklichen, in die U.S.A. zu weiteren Studien zu gehen, aber in ein Forschungsvorhaben der DFG, das F. Schleicher auf den Weg gebracht hatte, konnte Thomas Jaeger einsteigen, nicht mehr bei F. Schleicher, der plötzlich verstarb, sondern nun in Berlin bei Werner Koepcke, Ordinarius für Massivbau an der TU Berlin. Es ging um Stahlbetonplatten, und - natürlich - um deren Grenztragfähigkeit. Kurz zuvor hatte Antoni Sawczuk in Warschau Arbeiten über die Grenztragfähigkeit von orthotropen Platten weit voran gebracht, worüber Thomas Jaeger in ständigem Kontakt mit ihm informiert war, und nun die experimentellen Bestätigungen in langen Versuchsreihen lieferte, ergänzt um praxisnahe Berechnungen für orthogonal bewehrte Stahlbetonplatten unterschiedlicher Ausführungen, Randbedingungen und Belastungen. Dass selbst für recht komplexe Fälle die theoretisch vorausgesagten Fließgelenklinien sich einstellten, ist schon verwunderlich, selbst in solchen Sonderfällen wie die Belastungen einer frei drehbar aufgelagerten Quadratplatte mit zentrischer Einzellast: die Ortskurve der Fließgelenklinie ist eine logarithmische Spirale, Bild 2.

Bei Julius Springer erschien dann 1963 *"Grenztragfähigkeit der Platten"* mit dem von Thomas Jaeger ins Deutsche übersetzten theoretischen Teil von Sawczuk und dem mit seiner Dissertation weitgehend übereinstimmenden Teil. Bis heute ist dieses Buch ein "Klassiker" und ein Standardwerk.

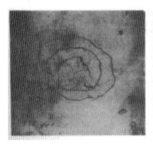 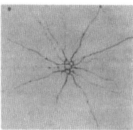

Bild 2. Bruchlinien-figur einer frei drehbar gelagerten quadra-tischen Stahlbeton-platte unter zentrischer Einzellast, Oberseite und Unterseite [4]

Mit dem so erarbeiteten Rüstzeug konnte Thomas Jaeger nun daran gehen, die offenen Fragen der Strukturmechanik und konstruktionstechnischen Reaktor-sicherheit (Diesen Terminus hat er erst später benutzt) im praktischen Tun einzusetzen.

1. Erste konkrete Aktivitäten in der Reaktortechnik

Für ein Jahr, von 1962 bis 1963, ging Thomas Jaeger zum Institut für Reaktorentwicklung der Kernforschungsanlage (KFA) Jülich, damals ein Mekka für alle, die von der Kerntechnik fasziniert waren. Er war mit der Intention in das im Aufbau befindliche Institut gegangen, die Gesichtspunkte der Beanspruchung und der Beanspruchbarkeit von Reaktoranlageteilen in die Entwicklung von Reaktoren einzubringen. Aber die Art, wie die Fragen der Festigkeit und der Dauerhaftigkeit von Anlageteilen von Reaktoren in den Entwicklungsgruppen in der KFA damals als unerheblich abgetan wurden, hat Thomas Jaeger sehr ernüchtert. Nichtsdestoweniger konnte er in dieser Zeit einiges zusammentragen über die Auslegung von Reaktor-Containments , wie sie in den U.S.A. zu dieser Zeit erarbeitet wurden, und Entwicklungstendenzen für die in Vorbereitung befindlichen Hochtemperatur-Reaktoren (Kugelhaufen-Reaktor von Rudolf Schulten). Der Kugelhaufen-Versuchsreaktor wurde 1966 zum ersten Mal kritisch.

Mit dem Hochtemperatur-Reaktor eng verbunden war der Spannbeton-Reaktor-Druckbehälter, der ganz besonders Jaegers Interesse weckte, und dem dann auch für etliche Zeit sein Hauptaugenmerk galt. Doch an der KFA Jülich wurde dieser Problematik keine Bedeutung zugemessen, und Thomas Jaeger mußte seine Aktivitäten zunächst einstellen, während gleichzeitig in England dieser Aspekt der Reaktorentwicklung mit hoher Priorität bedacht wurde.

Erst einige Jahre später konnte Thomas Jaeger, zu dieser Zeit bereits in der Bundesanstalt für Materialprüfung tätig, das Thema wieder aufnehmen, und so ein wirklich umfassendes F&E-Programm entwickeln und leiten.

2. NUCLEAR ENGINEERING and DESIGN

Die Ernüchterung über die Beschränktheit der Entwicklung in Deutschland hat Thomas Jaeger zu anderen Aktivitäten veranlaßt. Es war schon längere Zeit seine Intention, in einer speziellen Zeitschrift ein Forum zu schaffen, in der die Probleme der Struktur-Sicherheit von Kernkraftwerken in ihrer Vielgestaltigkeit und in aller Breite behandelt werden sollten. Aber einfach gestaltete sich die Verwirklichung der Idee nicht. Auch einige Dringlichkeit war 1963 geboten, nachdem in den U.S.A. von der American Nuclear Society (ANS) ein vergleichbares Journal geplant wurde. Doch der Springer-Verlag, den Jaeger mehrfach kontaktierte, ließ sich Zeit, so dass Jaeger im September 1963 ungehalten schreibt:

"Ich wage nicht zu unterstellen, dass der Springer-Verlag in der Angelegenheit meines Projektes mit mangelnder Sachkunde beraten worden ist, wenn man auch zuweilen von

der geringen Einsicht von Naturwissenschaftlern in oft   maßgebende technische Fragen

beeindruckt ist."

Schließlich aber folgte er dem Rat A. Sawczuks und kontaktierte North-Holland Publishing Company, und dort fiel die Entscheidung, diese Zeitschrift herauszubringen, in wenigen Wochen. Es war nicht leicht ein Editorial Board mit umfassender Kompetenz zusammenzubringen, aber er gelang schließlich doch. Im Januar 1965 erschien die erste Ausgabe von NUCLEAR ENGINEERING AND DESIGN, zunächst noch unter einem etwas anderen Titel.

Bis   heute   ist   es   **die**   internationale   Zeitschrift   auf   diesem   Gebiet.

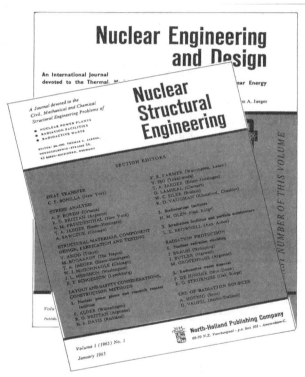

Bild 3. NUCLEAR ENGINEERING AND DESIGN

3. Tätigkeit in der Bundesanstalt für Materialprüfung (BAM)

Wie Thomas Jaeger seinen beruflichen Weg gestalten sollte, blieb lange ungewiß, da er im Wesentlichen zwischen einer Hochschullaufbahn oder einer Tätigkeit in der Industrie meinte wählen zu sollen. Allerdings hatte er schon seit 1958 einige Kontakte mit Max Pfender, Präsident der Bundesanstalt für Materialprüfung (BAM), Berlin, der ihm anbot, in der BAM einen verantwortungsvollen Posten zu erhalten. Dabei ließ er Jaeger viel Zeit, sich in weiteren Feldern zu betätigen und so an Erfahrung zu gewinnen, und schließlich zu gegebener Zeit auf das Angebot zurück zukommen. Thomas Jaeger kam nun auf das Angebot zurück und unterbreitete zugleich seine Idee, eine Reihe von internationalen Konferenzen zu organisieren, durch die die dringend notwendige Verbreitung der überall entstehenden Kenntnisse vorangebracht werden sollte. Pfender war dieser Idee nicht abgeneigt, sagte im Laufe der Kontakte 1968 auch zu, Jaeger einen größeren Stab von Mitarbeitern zuzuordnen, die dieser sich heranholen könnte.

Am 1. August nahm Jaeger seine Tätigkeit als Direktor der Fachgruppe "Tragfähigkeit der Baukonstruktionen" auf. Die neuen Mitarbeiter kamen aus den Reihen seiner Studenten im Fach "Kerntechnischer Ingenieurbau" an der TU Berlin.

Die Wirkung seiner Initiativen wurde schon bald sichtbar. Bereits im Jahresbericht 1969 der BAM werden zwei umfangreiche Arbeiten vorgestellt, die aus dem Gebiet des Kerntechnischen Ingenieurbaus stammten:

(a)   Aufstellung eines Grundsatzprogramms der deutschen Forschung und Entwicklung für Spannbeton-Reaktordruckbehälter (Systemanalyse und Problemsystematik)

(b)   Gutachten zur mechanischen Beanspruchung der Core-Einbauten des THTR- Kugelhaufen-Reaktors

Und im darauffolgenden Jahresbericht werden dann bereits drei spezielle Projekte benannt, die aus dem inzwischen angelaufenen Programm der deutschen Bundesregierung in der BAM erfolgreich bearbeitet wurden:

- Festigkeit und Bruchverhalten von Zementbeton bei mehrachsiger Lasteintragung im Temperaturbereich von +20°C bis +150°C.

- Untersuchung des Feuchtigkeitsverhaltens von Beton bei Einwirkung erhöhter Temperatur

- Spannbeton-Reaktordruckbehälter-Instrumentierung

Doch auch an zahlreichen anderen Stellen war das F&E-Programm für Spannbeton-Reaktordruckbehälter angelaufen und sollte bei steter Begleitung durch ein von Thomas Jaeger geleitetes Gremium immense Erfolge zeitigen.

Auch die von Thomas Jaeger auf den Weg gebrachten Konferenzen - über diese ist später zu berichten - fanden 1971 und dann alle zwei Jahre statt, aber keineswegs freudig unterstützt von der BAM, sondern gegen erhebliche Widerstände.

Die vom Bundesminister für Bildung und Wissenschaft zugesagte Ausweitung des Mitarbeiterstabs für Thomas Jaeger ließ lange auf sich warten und erreichte niemals den zugesagten Umfang. Darüber hinaus fielen innerhalb der BAM etliche der Stellen anderen Abteilungen zu, die eigentlich für Jaegers Gruppe vorgesehen waren.

Es mag nicht verwundern, dass in einem durch Traditionen gebundenen Institut wie der BAM, die Aktivitäten eines Thomas Jaeger in seinem durch interdisziplinäre und internationale Zusammenarbeit gekennzeichneten Arbeitsfeld nicht Begeisterung hervorruft. Aber doch hat die BAM in vielen Gebieten deutliche innovative Impulse erhalten, denen in etlichen Bereichen, wenn zunächst auch nur zögernd, gefolgt worden ist.

Beklagt hat sich Jaeger des Öfteren über das Maß an administrativem Leerlauf. Aus fachlicher Sicht ist ihm immer vieles davon als entbehrlich erschienen.

BIG SCIENCE

Im Zusammenhang mit dem Bereich Bautechnik an der BAM zu jener Zeit von BIG SCIENCE reden zu wollen, erscheint vielleicht nicht ganz angezeigt, und doch hat sich unter den unbändigen Aktivitäten von Thomas Jaeger Big Science entwickelt, vor allem durch die sehr enge Zusammenarbeit mit zahlreichen Institutionen im In- und Ausland bei der Bewältigung sehr komplexer Problemfelder. In einigen Fällen allerdings konnte Jaeger auch auf sehr kompetentes Potenzial in der BAM zurückgreifen.

Spannbeton-Reaktordruckbehälter

Favorisiert man die Entwicklungslinie der gasgekühlten Hochtemperatur-Reaktoren, dann ist der Einsatz von Spannbeton-Druckbehältern (wenn man sie denn so vereinfacht nennen darf), naheliegend, ja sogar zwingend. Dieser Sachverhalt war Thomas Jaeger seit langem einsichtig, und seine Intention für die Tätigkeit in der KFA Jülich folgte dieser Einsicht. Schon 1958 hatte er in einem Bericht im BAUINGENIEUR dazu folgendes geschrieben:

"Bei Kernkraftsystemen, die als Wärmeträger ein Gas verwenden, ist bei gegebener höchst-zulässiger Temperatur der Spaltstoffelemente die Steigerung der Nettoleistung des Reaktorsystems proportional der Vergrößerung des Durchmessers des Reaktorkerns und der Erhöhung des Gasdruckes. Somit wird die Bemessung des Druckbehälters zum Kardinalpunkt für die Bemessung der ganzen Kernkraftanlage... .

Beim Bau der ... Reaktoren in Marcoule, Frankreich, ist eine (zu Stahlbehältern) alternative Lösung für die Konstruktion des Druckbehälters zur Anwendung gekommen. Anstatt die drei Erfordernisse Druckhaltevermögen, Gasdichtigkeit und Strahlenschutz wie üblich durch Verwendung eines stählernen Druckbehälters mit ihn umgebenden Beton-Strahlenschutzwänden zu erfüllen, assoziierten die Franzosen Druckhaltevermögen und Strahlenschutz durch Verwendung eines Spannbeton-behälters und erzielten die Gasdichtigkeit durch innere Stahlblechauskleidung... .

Spannbeton scheint ein Maximum an technischen Möglichkeiten zu bieten: große Form-
gebungsfreiheit, die Ermöglichung von Behälterabmessungen und Drücken, wie sie sich
bei Verwendung von Stahl nicht erzielen lassen, sowie Sicherheit, und dies alles bei ver-
hältnismäßig geringen Kosten."

Dass ein so umfassendes Potenzial mit dem Konzept eines Spannbetonbehälters verbunden war, hat Thomas Jaeger früh erkannt, und es kann nicht verwundern, dass es ihn faszinierte, Bild 4.

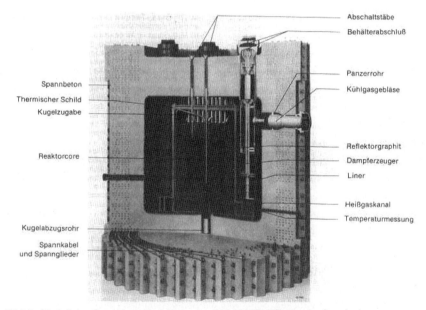

Bild 4. Modell des Spannbetonbehälters des 300 MW-THTR-Kernkraftwerks in
Schmehausen (Hamm-Uentrop) (Photo: HRB Mannheim)

Zur gleichen Zeit als Jaeger seine Tätigkeit in der BAM 1968 aufnahm, hatte sich in der Poli-tik grundsätzliches geändert. Der Forschung und Entwicklung wurde deutlich Priorität einge-räumt und die alten verkrusteten Strukturen wurden als sehr hinderlich erkannt, wenn man denn eine effektive Forschung wollte. So wurde Jaeger bereits wenige Monate nach seinem Eintritt in die BAM von der Bundesregierung beauftragt, ein F&E-Programm für die Spannbe-ton-Reaktordruckbehälter zu formulieren. Gerade hatte er einige junge kompetente Ingenieurwissenschaftler einstellen können, und mit ihnen gemeinsam im Einklang mit einer in großer Eile zusammengerufenen Expertengruppe gelang es, ein ungewöhnliches Programm zu kompilieren. Thomas Jaeger beschreibt die Konzeption auf der "2. Informationstagung über Reaktordruckbehälter aus Spannbeton" im Herbst 1969 in Brüssel folgendermaßen:

"Die Konzeption des Grundsatzprogramms sieht eine möglichst weitgehende Verlagerung des Gewichts der Forschung in Richtung auf die Grundlagenforschung hin vor. Es ist eine bedauerliche Tatsache, daß die überwiegend sehr starke Projektbezogenheit der bisherigen Forschung ... in ihrem gesamten internationalen Umfang die Übertragbarkeit und generelle Verwendbarkeit der Ergebnisse erheblich einschränkt. Von einer effektiven, vorausschauenden Nutzung der in der Summe aufgewendeten großen Forschungsmitteln kann keine Rede sein."

Eine derartige grundsätzliche Kritik an der durch Konzeptionslosigkeit der Forschungsmittelvergabe gekennzeichneten Politik konnte man von denjenigen, die in diesem System verankert waren, nicht erwarten.

Doch wo findet man Persönlichkeiten diese Formats, die nicht innerhalb des Systems ihre Unabhängigkeit verloren haben ?

Die Forschungsarbeiten an dem Projekt haben in relativ kurzer Zeit zu den erwarteten Ergebnissen geführt. Die zahlreichen Beiträge zu den SMiRT-Konferenzen (darauf ist später einzugehen) zu diesem Thema bestätigen das.

Nicht unerwähnt darf bleiben, dass einige bedeutsame Beiträge zu dem Forschungsprojekt aus der BAM kamen, insbesondere die Instrumentierungs-Konzeptionen für die verschiedenen Bereiche des Behälters und die Lösungsvorschläge für die Festigkeitsprobleme des Betons bei dreiachsiger Beanspruchung und erhöhten Temperaturen, Bild 5.

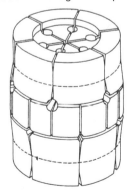

Bild 5. Bruchlinienfigur eines Spannbeton-Reaktordruckbehälters
(aus : Konstruktiver Ingenieurbau, Berichte, Heft 12, Essen 1975)

Äußere Einwirkungen auf Kernkraftwerke

Die Einbeziehung der sog. "äußeren Einwirkungen" auf Kernkraftwerke erlangte auf intensives Drängen Jaegers jene Priorität bei der Sicherheitsbeurteilung, die ihnen als mögliche Auslöser von "common failure scenarios" zukommt: Erdbeben und Auftreffen eines abstürzenden Flugzeugs.

Zu beiden Bereichen entstanden vergleichbare F&E-Konzeptionen, bei dem Erdbeben-Komplex mit maßgeblicher ausländischer Beratung. Eines der umfangreichsten F&E-Programme wurde für die Lösung der Probleme, die beim Auftreffen eines Flugzeugs auf eine Stahlbeton-Containment auftreten. In diesem Falle war das Projekt weitgehend von deutschen Instituten und Firmen zu bearbeiten und hat ihnen ein Renommee beschert, das dann sogar noch in den späten 1990er Jahren Grundlage für ein japanisch-deutsches F&E-Projekt geworden ist.

4. SMiRT - Konferenzen

Die "International Conferences on Structural Mechanics in Reactor Technolgy", kurz SMiRT-Conferences genannt, sollten sich zu **dem** zentralen Angelpunkt des Wirkens von Thomas Jaeger entwickeln, Bild 6. Wie bereits erwähnt, spielte Jaeger schon mit dem Gedanken einer Reihe von Veranstaltungen bevor er in die BAM eintrat, und deren seinerzeitige Präsident, Max Pfender, hat ihn in diesem Vorhaben ermutigt. Dass die erste große Konferenz dann schon drei Jahre nach der Aufnahme der Tätigkeit in der BAM stattfand, war wohl von niemanden recht erwartet worden, bedarf es doch zur Vorbereitung einer internationalen Veranstaltung mit vielen hundert Teilnehmern mindestens zweier Jahre. Bei einer erstmals ins Leben gerufenen Konferenz muss man eher einige Jahre veranschlagen

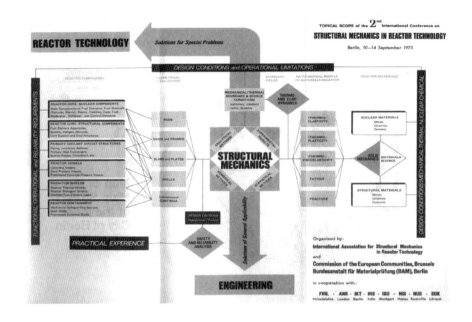

Bild 6 Themenspektrum der SMiRT-Konferenzen mit dem zum späteren Logo gewordenen Doppelpfeil [2]

Gesichert war im Beginn nichts. Um überhaupt beginnen zu können, nahm Jaeger einen nicht unbeträchtlichen privaten Kredit auf. Die Freunde und Kollegen vom Editorial Board von NUCLEAR ENGINEERING and DESIGN erwiesen sich als sehr hilfreich, ja, ohne diese Vorbereitung mit der Zeitschrift wäre die Konferenz nicht denkbar gewesen, Bild 7. Eine vorlaufende
internationale Veranstaltung des American Concrete Instituts (ACI), die auf Anregung Jaegers im Oktober 1970 in der BAM stattfand, endete mit einem großen Erfolg, ein gutes Omen für die größere Konferenz.

Allerdings, eine finanzielle Absicherung in irgendeiner Weise, oder gar eine grundlegende Förderung, wie bei der Bundesregierung beantragt, war nicht zu erreichen. Schließlich übernahm die Kommission der Europäischen Gemeinschaften (CEC) die gesamten Kosten für die Preprints und Proceedings und noch einige organisatorische Unterstützung. Vom Senat von Berlin kam dann wenige Wochen vor der Konferenz die Zusage für eine - wenn auch karg bemessene Förderung.

Bild 7. Strategie-Treffen für die Vorbereitung von SMiRT-1. Von links:
Zenons Zudans, J. R. Feldmeier, Thomas A. Jaeger. John. H. Argyris

So konnte denn die Vision Thomas Jaegers, die in der Kerntechnik tätigen Kollegen zusammenzuführen und so die notwendige Gemeinschaft derer zu begründen, deren Anliegen die Sicherheit der Kernkraftanlagen war. Über die Idee dieser Konferenzen gibt es umfangreiche Zeugnisse, die aber an dieser Stelle leider keinen Platz finden können.

Die Resonanz offizieller Stellen mag für andere Ausführungen stehen:

Der Bundesminister für Bildung und Wissenschaft schrieb:

"Sehr geehrter Herr Kollege !
Durch meine Mitarbeiter und andere maßgebliche deutsche Stellen habe ich von dem
überaus erfolgreichen Verlauf des von Ihnen initiierten und organisierten internationalen
Kongresses "Structural Mechanics in Reactor Technology" erfahren. Auch im Ausland bin
ich auf die hervorragende Qualität Ihrer Veranstaltung angesprochen worden. Sie haben
damit nicht nur einen wertvollen technisch-wissenschaftlichen Beitrag geleistet, sondern
auch zur Stärkung des Ansehens der Bundesrepublik Deutschland auf dem Gebiet der
Reaktortechnik wesentlich beigetragen. ..."

Und Otto Kellermann, Leiter des Instituts für Reaktorsicherheit (IRS), Köln, schrieb:

"Ich nehme die Gelegenheit gern wahr, um Ihnen zu bestätigen, dass die von Ihnen veranstaltete Konferenz die bestorganisierte Tagung war, an der ich je teilgenommen habe. Die Orientierung aller Vorträge und Sessions nach einem klaren Grundkonzept und die äußere Form der Tagung haben mich in gleicher Weise beeindruckt wie die vorzüglichen Tagungsunterlagen."

Bild 8. SMiRT-1, 1971. Empfang durch den Senat von Berlin im Schloß Charlottenburg (Von links: Senator König, Zenons Zudans, Thomas A. Jaeger, Frau B. Jaeger, K. Brandes, Frau E. Brandes)

Während dieser ersten Konferenz der Reihe der SMiRT-Konferenzen wurde die "International Association for Structural Mechanics in Reactor Technology" (IA SMiRT) gegründet, die in Zukunft die alle zwei Jahre stattfindenden Konferenzen organisierte. Damit

Bild 9.
A. H. Hadjian, der 1989 SMiRT-10 in Anaheim, CA. ausrichten sollte, während SMiRT-1 vor dem Tagungsort, der Kongresshalle in Berlin

war man auch der Schwierigkeiten enthoben, die durch die Funktion Jaegers in der Bundesanstalt für Materialprüfung, einer nachgeordneten Behörde des Bundeswirtschaftsministeriums, entstanden. Fortan konnte Thomas Jaeger unter dem Dach der IASMiRT sehr frei agieren, was sich schon sehr bald als dringend notwendig herausstellte.

Zwar war es im Vorfeld der nächsten SMiRT-Konferenz, 1973 wieder in Berlin, deutlich einfacher, Förderung von der Bundesregierung und dem Senat von Berlin zu erhalten, auch die CEC setzte sich in nun schon bewährte Weise ein, aber nachdem zahlreiche Ingenieurwissenschaftler aus aller Welt dem Call for Papers gefolgt waren, kamen aus den U.S.A. zahlreiche Rücknahmen. Die amerikanische Administration hatte konstatiert, dass bei der 1. Konferenz zuviel Wissen aus den U.S.A. nach Europa geflossen sei, so einige der Informationen, die Thomas Jaeger erreichten. Über das Zutreffen derartiger Behauptungen lässt sich gut streiten.

Thomas Jaeger entschloss sich zu einem drastischen Schritt; Am 16. April 1973 schrieb er einen sehr ernst gehaltenen Brief an den amerikanischen Präsidenten, in dem er ausführlich Intention und Konzeption der SMiRT-Konferenzen erläuterte und das alles einbettete in die politische Szene jener Zeit - ein Dokument exzellenter technisch-wissenschaftlicher Diplomatie. Das ging natürlich nur unter dem Dach von IASMiRT. Ob der Brief jemals bis zum Präsidenten gedrungen ist, bleibt fraglich. Er hat aber auf anderen Ebenen für neues

Bild 10. Diskussion während SMiRT-2: Thomas Jaeger mit G. Schuster (CEC) und Antoni Sawczuk

Überlegen gesorgt; denn etliche der zurückgezogenen Beiträge wurden erneut eingereicht.

Die Teilnehmerlisten von SMiRT-1 und SMiRT-2 lesen sich wie ein internationales Who-is-Who der Struktur-Mechanik und der Reaktortechnik.

Die dritte und vierte Konferenz gingen nach London und San Francisco.

Die Anzahl der Teilnehmer stieg von zunächst 800 auf 1200. Die 5. Konferenz kam wieder nach Berlin, die letzte, die Jaeger erleben konnte. Trotz schwerer Krankheit war er voller Vitalität, starb aber ein Jahr später. Auf dieser letzten Konferenz, die er erleben konnte, wurde die Stiftung eines **Thomas A. Jaeger - Preises** für herausragende Beiträge junger Ingenieurwissenschaftler beschlossen, der von der CEC seitdem anlässlich von SMiRT-Konferenzen vergeben wird.

Die Reihe der SMiRT-Konferenzen lebt bis heute weiter und ist unverändert vital in ihrer Aufgabe, Ingenieur und Wissenschaftler aus aller Welt in diesem so wichtigen Feld - der Sicherheit technischer Systeme - zusammenzubringen.

Die 20. Konferenz der Reihe wird 2009 in Espoo, Finnland stattfinden.

5. Verantwortung in der Reaktorsicherheits-Kommission

Es liegt im Wesen der Technik begründet, dass der Ingenieur – betreibt er denn nicht einzig praxisferne Ingenieurwissenschaft – sehr konkrete Verantwortung übernimmt, ja übernehmen muss. Der Ingenieur wird haftbar gemacht, wenn seine Konstruktion versagt, sei es wegen fehlerhafter Ausführung, sei es wegen unzutreffender Annahmen bei der Konzipierung und Auslegung der Anlage oder wegen Nachlässigkeit im Betrieb. Nicht zuletzt hängen Menschenleben davon ab, dass Geräte, Maschinen und Bauwerke zuverlässig ihre Funktion erfüllen.

Dass diese Verantwortung bei den sehr komplexen kerntechnischen Anlagen um vieles schwerer wiegt als bei herkömmlichen technischen Anlagen unterliegt wohl keinem Zweifel. Thomas Jaeger hat diese Verantwortung angenommen, als er der Berufung in die Reaktorsicherheits-Kommission (RSK) Folge leistete. Die RSK berät den für die Reaktorsicherheit zuständigen Bundesminister und wird von diesem benannt

Im Jahr 1970 wurde Thomas Jaeger zum ersten Mal in die RSK berufen. Zu dieser Zeit deutete sich auch auf diesem Feld ein deutlicher Wechsel an: Zuvor waren vor allem erfahrene, zumeist alte Experten benannt worden, die aus ihrem Erfahrungsschatz die technischen Risiken zu beurteilen hatten, die mit der neuen Technik zusammenhingen. Das war nicht immer zielführend gewesen, da viele Erfahrungen aus dem Umgang mit ganz andersartigen Technologien entstanden waren. Vor 1970 war für einige Zeit Otto Luetkens für die Belange der Bautechnik in der RSK, der Bücher über Rahmen und Bergschäden geschrieben hatte. Für die nun anstehenden Fragen war jemand, der sich mit den neuesten Fragen der Beanspruchung von baulichen Anlageteilen und ihrer Behandlung auskannte, der richtige Fachmann.

Von Beginn seiner Tätigkeit in der RSK an gab es für ihn einen grundlegenden Dissens. So sehr Jaeger die physikalischen und technischen Zusammenhänge zu durchleuchten und erkennen vermochte, so sehr hat er sich geweigert, den häufig behaupteten Vorrang bloßer juristischer oder gar verwaltungstechnischer Argumentation auch nur ansatzweise Verständnis entgegenzubringen.

Das „Verhältnis des Aufwandes an gewissenhafter Mühewaltung" zu den tatsächlich durchgesetzten sicherheitstechnischen Verbesserungen ließ in Jaeger allmählich ein „Gefühl der Resignation aufkommen", nachdem er sich jahrelang darum bemüht hatte, die konstruktionstechnische Reaktorsicherheit zu verbessern.

Zuweilen hat Jaeger die Problematik leicht überpointiert, um verstanden zu werden:

> *„Obwohl nun wirklichkeitsnahe Berechnungen des mechanischen Verhaltens von KKW-Anlagen für den planmäßigen Betrieb von sehr viel einfacherer Natur sind als Berechnungen ... für hochgradig transiente dynamische Störfalleinwirkungen bzw. Einwirkungen von außen, sind in der Vergangenheit diverse Schäden während des Normalbetriebes aufgetreten, die Nachrüstungen erforderlich gemacht haben. Da aber in der Reaktortechnik wesentlich mehr Sorgfalt aufgewendet wird als in jeder anderen Großtechnik (mit Ausnahme der Raumfahrttechnik), überrascht die Häufigkeit von zu beseitigenden Mängeln. In diesem Zusammenhang steht übrigens eine reflektierende Anmerkung von Norman. C. Rasmussen (Combustion, 1974):*

‚Wahrscheinlich ist eine der berechtigsten Streitfragen, die Kernkraftgegner aufwerfen können, auf Grund guter statistischer Unterlagen, diejenige, dass Kernkraftwerke sich nicht mit jenem Grad an Zuverlässigkeit erwiesen haben, die man von Apparaten erwarten kann, die mit jener Sorgfalt und Aufmerksamkeit für Sicherheit und Zuverlässigkeit gebaut worden sind, wie wir so oft behaupten'. "

Den vor allem bürokratischen Hemmnissen hat Thomas Jaeger nie Verständnis entgegenbringen können Gegenüber dem Bundesminister des Innern spricht er es direkt an:

„Ein erhebliches Hindernis in der Durchsetzung von Wissenschaft und Technik ist ... ein Phänomen, das in der amerikanischen (Fach-)Literatur als „principle of avoidance of cognitive dissonance" bekannt ist. .Cognitive Dissonanz ist ein Phänomen, das sowohl Personen als auch Gruppen beeinflusst; jene, die diese Erfahrung machen, versuchen, interne Konflikt dadurch zu verringern, dass sie Fehler in vorangegangenen Entscheidungen rational begründen. "

Das Lernen aus Fehlentscheidungen in der Vergangenheit wird dadurch sehr erschwert, mag es auch in Wirtschaft oder Politik recht verbreitet sein – nur gibt es dort keine konkrete Verantwortung !

Thomas Jaeger nahm seine Tätigkeit in der RSK auf, als eine Fülle neuer Aufgaben auf die Kommission zukam. Von grundsätzlicher Bedeutung waren alle Fragen, die mit den neuen Reaktorlinien des Hochtemperatur-Reaktors und des Schnellen Natrium-gekühlten Brutreaktors zusammenhingen. Zu beiden Reaktorlinien wurden um 1970 Prototypen für Leistungsreaktoren in Auftrag gegeben: Das 300 MW-Thorium-Hochtemperatur-Prototypkraftwerk (300 MW-THTR) bei Hamm-Uentrop und der Prototyp des Schnellen Natrium-gekühlten Reaktors (SNR 300) in Kalkar.

Während aber der THTR wegen seines hohen Potenzials an inhärenter Sicherheit Thomas Jaegers größtes Interesse fand, so dass er auch seine eigenen konkreten Aktivitäten darauf lenkte - so das F&E-Programm für Spannbeton-Reaktordruckbehälter einerseits und die Untersuchung der Reaktor-Innen-Einbauten andererseits, worauf im Abschnitt 3 hingewiesen wurde -, beschäftigten ihn beim SNR 300 die zahlreichen physikalischen und verfahrentechnischen Besonderheiten.

Ein ganzes Bündel neuer Problemfelder wurde durch die von ihm ausgelöste Betrachtung von sog. Äußeren Einwirkungen, z. b. Erdbeben oder Flugzeug-Absturz, angesprochen. Es wurde schnell evident, dass für diese hochgradig dynamischen Beanspruchungen keinerlei Vorkehrungen getroffen worden waren, und dass auch das Ingenieur-Potenzial zu Bearbeitung dieser Fragen in Deutschland nicht vorhanden war. Dieses Defizit hat Thomas Jaeger

durch einige spezielle Veranstaltungen, vorzüglich mit Experten aus den U.S.A., zu schließen gesucht, mit großem Erfolg (Seminar 1978 in der BAM).

Zuvor schon hatte er ein Seminar unter dem Titel "Reliability Analysis of Systems and Components of Nuclear Power Plants" organisiert, das im wesentlichen von N. C. Rasmussen
(Autor der bekannten Rasmussen-Studie in den U.S.A.) und A. M. Freudenthal gestaltet
wurde. Auch dem Aspekt der probabilistischen Analyse der Sicherheit von technischen Anlagen war bislang kaum Aufmerksamkeit gewidmet worden.

In diese Zeit fällt dann auch die Gründung der Deutschen Gesellschaft für Erdbeben-
Ingenieurwesen und Baudynamik" (DGEB), die allerdings erst nach Thomas Jaegers Tod
stattfand.

7. Lehre aus innerer Verantwortung

Bereits seit seiner Zeit als Doktorand an der TU 1963 hat Thomas Jaeger an der Fakultät für
Bauingenieurwesen Vorlesungen über *Kerntechnischen Ingenieurbau* gehalten. Später kamen am Institut für Kerntechnik Vorlesungen über *Reaktor-Konstruktions- und Abschir-
mungsberechnung* hinzu. Mit Beginn der 1970er Jahre nahmen Thomas Jaeger und Klaus
Brandes gemeinsam die Lehrverpflichtungen wahr.

Vom Herbst 1974 war er dann ein Semester lang Gastprofessor am MIT, School of Engineering, mit dem Thema *Structural Mechanics in Reactor Technolgy.* Mit dieser Reihe wurde
am MIT das Fach *Structural Mechanics in Nuclear Power Technology* eröffnet. Ein Jahr später hat er dann n der University of California in Los Angeles (UCLA) wiederum das Fach innerhalb einer Gast-Professur gelehrt.

A. F. Keil, Dean der School of Engineering am MIT, schrieb in dieser Angelegenheit an den
Präsidenten der BAM:

*Ich habe zahlreiche hervorragende Beurteilungen der Qualität und der Durchführung die-
ser Vorlesungen als auch des hervorragenden Fachwissens Professor Jaegers auf diesem
Gebiet erhalten. Diese Berichte wurden von Mitgliedern meiner Fakultät abgegeben, die
selbst Fachleute auf dem Gebiet der Strukturmechanik sind. ...*

Über seine Lehrtätigkeit schreibt Jaeger in einem Brief:

*Meine Lehrfächer betrachte ich nur zweckmäßig als Aufbaustudium für besonders aufge-
schlossene und in den konstruktiven Grundlagenfächern besonders gute Studenten der
höheren Semester. Der Neuorientierungsprozeß (an den Hochschulen) geht wohl mit Sicherheit darauf hinaus, die grundlegenden Ingenieurwissenschaften ganz in den Vorder-*

grund zu schieben ... und die Spezialisierung ... auf das "postgraduate" Studium zu ver-
schieben. Meine Perspektive liegt wohl nur in dem Bereich des postgraduate Studiums. ...
Mein früherer aus der Begeisterung für das neuen technische Fachgebiet genährter Antrieb
ist ausgewechselt gegen eine Antriebskraft, die sich aus der Überzeugung, etwas sehr
Nützliches zu tun, nährt.

Zahlreich Doktorarbeiten hat Thomas Jaeger begleitet und betreut, die letzte Prüfung noch
wenige Wochen vor seinem Tod zu Hause abgenommen.

8. Das Spannungsfeld zwischen Technik und Risiko

Thomas Jaeger hatte immer gewünscht, sich mehr dem Problem der technischen Sicherheit
widmen zu können. Das ist ihm nicht mehr vergönnt gewesen, aber in seinem konkreten Tun
hat er sehr viel zur Sicherheit technischer Systeme beigetragen und das dafür notwendige
allgemeine Bewußtsein geschärft. In einigen Vorträgen und Artikeln hat er aber die Problematik deutlich gemacht und dies - wohl auch als Vermächtnis - hinterlassen. Aus zwei dieser
Texte soll hier abschließend zitiert werden.

Es hat den Anschein, daß in unserer Zeit das Risikoproblem in der Technik zu einer der
brennendsten Fragen der ganzen industriellen Entwicklung geworden ist. Dieses Problem
hat sowohl eine grundsätzliche als auch eine höchst praktisch Bedeutung. Die Beantwor-
tung der Frage "Wie sicher ist sicher genug" erfordert eine Kombination von besinnlichem
und rechnerischem Denken, erfordert die Integration technischer, wirtschaftlicher, soziolo-
gischer, psychologischer und ökologischer Kenntnisse aus übergeordneter Sicht.

Man sollte annehmen, daß ein so komplexes und dringliches Problem, das die Seins- und
Bewußtseinsbeziehungen des Menschen zu seine Umwelt betrifft, die Philosophen auf den
Plan ruft. Aber in dieser Annahme sieht man sich getäuscht, und man wundert sich, daß es
in einer ganzen Heerschar von Philosophen nur wenige gibt, die sich mit einem gewissen
Verständnis und mit einigem Tiefgang überhaupt mit der Technik befassen. Konkrete
Denkansätze wird man aber schwerlich finden. Denn diese wenigen scheinen ganz und
gar befangen in einem mit verschiedenartigen Emotionen beladenen Streit über das allge-
meine Wesen des Phänomens Technik, bei dem sich verschiedene Richtungen idealisti-
scher Denkschulen und rationalistisch-empirische Auffassungen gegenüberstehen.

(Schweizer Archiv für angewandte Wissenschaft und Technik 36 (1970), S. 201-207)

Die Frage "Wie sicher ist sicher genug?" wird an allen Fronten einer sich ständig weiter
entwickelnden Technik täglich neu gestellt. Sie wird bisher meist pragmatisch beantwortet
und im allgemeinen in einem langsamen Anpassungsprozeß an das gesellschaftliche Wä-

gungs- und Wertungssystem sukzessive korrigiert. Die sicherheitstechnische Entwicklung in vielen Bereichen der Technik ist traditionell durch einen dynamischen Prozeß der Anpassung erfolgt. Dabei hat die durch große Unfälle oder schwerwiegende ökologische Störungen (wie bei der Wasserverschmutzung) alarmierte öffentliche Meinung - mit erheblichem Phasenverzug - schrittweise Korrekturen von Risiken bewirkt, die sich dem Wägen und Werten der Öffentlichkeit als nicht entsprechend herausstellten. Entweder sind es aus wirtschaftlichem Egoismus oder aus mangelnder Systemübersicht eingegangene zu hohe Risiken gewesen, die zu korrigieren waren.

Rücksichtsloser Geschäftüchtigkeit oder Gruppenegoismen sollte natürlich juristisch und politisch entgegengewirkt werden, und krasse Fehleinschätzungen des technischen Risikos aus mangelnder Systemübersicht können wir uns bei dem heutigen Stand der Technik und ihrer großen Verbreitung sowie dem Wachsen der potentiellen unmittelbaren und langfristigen Gefahren nicht mehr leisten. Das traditionelle Prinzip "durch Schaden wird man klug" muß abgelöst werden von einer vorausschauenden, umfassenderen und tieferen Analyse der Sicherheitsprobleme als sie bisher üblich gewesen ist. Dafür benötigt man neben einer Analyse-Methodik einen Wertungsmaßstab für die Festsetzung zulässiger Risiko-Werte.

Festsetzungen von für Einzelpersonen und die Gesellschaft akzeptablen zulässigen Werten für technische Risiken beinhalten neben Nutzen/Risiko-Analysen die Berücksichtigung individual- und sozialpsychologischen Faktoren. Diese Kombination verschiedener Kategorien stellt ein zentrales Problem sowohl der industriellen Technik und der Wirtschaft als auch der Gesellschaft dar. Es geht um den individuell und gesellschaftlich akzeptablen Kompromiss der Beantwortung der Frage "Wie sicher ist sicher genug?". Die Antwort "absolut sicher" ist verfehlt, denn es gibt keine absolute Sicherheit. Die Antwort "so sicher wie möglich" ist keine Antwort, denn mit Geld und weiteren ingenieurmäßigen Anstrengungen kann jedes technische Risiko reduziert werden, - aber in Verbindung damit stellt sich die weitere Frage, ob finanzielles und intellektuelles Potential nicht anderweitig effektiver für das Gemeinwohl eingesetzt werden könnte. Jedoch sollte m. E. im konkreten Fall stets untersucht und gewertet werden, ob ein als akzeptabel angesehenes Risiko mit relativ geringem Aufwand noch in erheblichem Maße weiter reduziert werden könnte; (ALAP ("as low as practicable")-Konzept der U.S. Environmental Protection Agency). ...

Die Bewältigung dieser Aufgabe erfordert eine gedankliche Methodik, mit der sich eine Integration technischer, wirtschaftlicher, ökologischer, soziologischer und auch psychologischer Kenntnisse zusammen mit einem Wertesystem bewältigen läßt. (Technisches Sachverständigenwesen, VDE-Verlag, Berlin, 1978, S. 129-150)

9. Blick zurück und Blick nach vorn

Diese von Thomas Jaeger angesprochene und letztlich erwünschte Entwicklung ist noch kaum auf dem Wege, und wir können es nur als Auftrag verstehen, auf diesem Wege weiter zu gehen.

Die technischen Probleme, die ihn bewegten, bestehen fort, doch geringfügige Fortschritte sind erkennbar.

Für den SNR 300 gab es bereits zu seinen Lebzeiten das Aus. Der von Thomas Jaeger hoch geschätzte Kugelhaufen-Reaktor (THTR), dessen Prototyp für einige Jahre im Probebetrieb war, wird in einigen Ländern weiterentwickelt. Vor einiger Zeit gab die chinesische Regierung bekannt, dass sie eine ganze Reihe von Reaktoren dieses Typs errichten wolle.

Die Diskussion über die Kernenergie tritt in einem wieder einmal veränderten Kontext in eine neue Diskussion; denn gibt es Technik ohne Risiko ?

Abschließende Anmerkungen

1979 wurde Thomas Jaeger auf Initiative des Senats von Berlin das Verdienstkreuz am Bande des Verdienstordens der Bundesrepublik Deutschland verliehen.

Damit erhielt er eine Ehrung, die er wie kaum ein anderer verdient hatte.

Er war Bauingenieur geworden weil das Physik-Studium ihm in der damaligen DDR verwehrt worden war. Er hat dann nicht große Brücken oder Türme gebaut, sehr wohl aber seine Faszination für die Physik, speziell der Kerntechnik, mit dem Wissen um den Konstruktiven Ingenieurbau in einer Weise vereinen können, die ihn in die Lage versetzte, in einem sehr neuartigen Feld ungewöhnliches zu leisten. Mit dieser Einmaligkeit gelang es ihm auch unter den damals nicht günstigen Bedingungen für eine deutschen Ingenieur weltweite Geltung und hohes Ansehen zu erringen,

Jede Zeit bringt neue Aufgaben für Ingenieure mit sich, Aufgaben, die inzwischen mit einer Standard-Ausbildung allein nicht mehr zu meistern sind. Dies gelingt nur in einem interdisziplinären und internationalen Umfeld und stellt wohl eine der größten Herausforderungen dar. Thomas Jaeger hat sie angenommen und vorbildlich gemeistert.

Quellen

[1] Thomas A. Jaeger – Ein Leben im Spannungsfeld zwischen Technik und Risiko. Klaus Brandes (Hrg.), Bundesanstalt für Materialprüfung (BAM) und International Association for Structural Mechanics (IASMiRT), Berlin 1985 (mit 11 zweisprachigen Beiträgen).

[2] Bruno A. Boley: A short History of SMiRT – A personal View. IASMiRT and AASMiRT 1989

[3] Nuclear Engineering and Design, Vol. 69 (1982), No. 3

[4] Sawczuk, A. and Jaeger, Th.: Grenztragfähigkeit der Platten. Springer, Berlin 1962

[5] Jaeger, Th.: Grundzüge der Strahlenschutztechnik. Springer, Berlin, 1960

Autor dieses Beitrages:

Dr.-Ing. Klaus Brandes, Institut für angewandte Forschung im Bauwesen e. V. (IaFB), Berlin (seit 2004)

Studium des Bauingenieurwesens an der TU Berlin 1956-1964.

Wissenschaftlicher Assistent am Lehrstuhl für Stahlbau der TU Berlin 1964-1968

Promotion zum Dr.-Ing. daselbst 1968

Tätigkeit in der Bundesanstalt für Materialforschung und -prüfung (BAM

Leiter mehrerer Laboratorien der BAM, zuletzt: "Tragwerkssicherheit"

Mitarbeiter von Th. A. Jaeger seit 1968.

Daneben freier Mitarbeiter in Ingenieurbüros, Lehraufträge an der TU Berlin und an der Fachhochschule Potsdam

Gast-Professor an der Yamaguchi-University, Japan

Zahlreiche Bücher (Autor, Herausgeber) und Zeitschriftenartikel

Teil IV
VDI-intern

Tätigkeitsbericht und Ausblick

VDI-Entwurfswettbewerb für Studierende „Brücke über den Rhein"

Die VDI-Gesellschaft Bautechnik schrieb am 1. Dezember 2007 einen Entwurfswettbewerb für Studierende aus, bei dem es um die Konstruktion einer Straßenbrücke über den Rhein bei Karlsruhe-Maxau geht. Für die besten drei Brückenentwürfe wurden Preise in Höhe von insgesamt 9.500 € ausgelobt. Einzigartig ist, dass es sich um ein reales Brückenbauvorhaben handelt, das die Länder Baden-Württemberg und Rheinland-Pfalz verbindet.

Gegenwärtig, das heißt Ende Juli 2008, gehen die ersten Entwürfe ein. Wesentliche Daten und Fakten des Wettbewerbs werden im Folgenden beschrieben:

Teilnahmeberechtigt waren Studierende des Bauingenieurwesens und der Architektur an allen deutschsprachigen Hochschulen oder Fachhochschulen. Es wurden Teams von bis zu drei Personen zugelassen. Empfohlen wurden 2er-Teams. Die Teilnahme konnte mit einer Diplom- oder Studienarbeit kombiniert werden. Die offizielle Ausschreibung des Wettbewerbs (Ziel und Zweck, Teilnahmebedingungen, Termine, Aufgabenstellung, Wettbewerbsunterlagen, geforderte Leistungen, Beurteilungskriterien, Verfahren, Preise, Jury, Mitträger und Sponsoren) kann auf dem Portal www.vdi.de/bau eingesehen und heruntergeladen werden.

Der Wettbewerb wurde zur Förderung der fachlichen und entwerferischen Fähigkeiten der teilnehmenden Studierenden ausgeschrieben. Durch die öffentlichkeitswirksame Darstellung des Wettbewerbs in den Medien soll der Nachwuchs für das Studium des Bauingenieurwesens interessiert und motiviert werden. Der Wettbewerb wird von zahlreichen namhaften Institutionen und Verbänden mitgetragen. Die Liste der Mitträger und der Sponsoren ist lang und wird auf der o.g. Homepage ständig fortgeschrieben. Bau- und Consultingfirmen, Ingenieur- und Planungsbüros sowie Einzelpersonen können den Wettbewerb unterstützen. Interessenten werden gebeten, sich unter bau@vdi.de zu melden. Die VDI nachrichten begleiten den Wettbewerb als Medienpartner und berichten ausführlich darüber.

Die Ausschreibungsunterlagen enthielten detaillierte Informationen zur Aufgabenstellung, z.B. historische Hintergründe, nähere Beschreibungen der örtlichen Situation, Lagepläne, Luftbilder und Fotos des künftigen Brückenstandorts und der Umgebung sowie Höhenplan mit Gradiente und Lichtraumprofilen.

Im Bild dargestellt ist eine seit 1966 bestehende Straßenbrücke in Sichtweite der neuen Rheinquerung in einer Entfernung von etwa 1,5 km flussaufwärts.

Die Jury, bestehend aus Architekt BDA, Dipl.-Ing. **Mete Arat**, Stuttgart; Prof. Dr.-Ing. **Manfred Curbach**, TU Dresden; Ltd. Baudirektor **Heinrich Frießem**, Koblenz; Baudirektor Dipl.-Ing. **Walter Katzik**, Karlsruhe; Prof. Dr.-Ing. **Ulrike Kuhlmann**, Universität Stuttgart;

Ministerialrat Dipl.-Ing. **Joachim Naumann**, BMVBS Bonn; Ltd. Baudirektor Dipl.-Ing. **Ulrich Neuroth**, Mainz; Ministerialrat Dipl.-Ing. **Willi Ries**, Stuttgart und Dipl.-Ing. **Mathias Scherer**, Karlsruhe, beurteilt die Entwürfe nach dem Innovationsgrad und der Schlüssigkeit der Ideen unter Beachtung der Aspekte Bautechnik, Gestaltung, Verkehr, Umwelt und Wirtschaftlichkeit.

Zum gegenwärtigen Zeitpunkt liegen die Anmeldungen von 14 Teams vor mit Teamgrößen von 1 bis 3 Personen, darunter zwei Kooperationen zwischen zwei Hochschulen und zwei Kooperationen zwischen Studierenden des Bauingenieurwesens und der Architektur. Die Teilnehmer kommen von den Hochschulen in Aachen, Berlin, Darmstadt, Dortmund, Dresden, Hamburg, Karlsruhe, Köln, Stuttgart und Wismar.

Brücken: Auf den Euro-Scheinen und in Deutschland

Brücken üben seit jeher eine große Faszination auf Menschen aus, nicht nur auf Fachleute sondern auch auf den spontanen Betrachter. Die Formenvielfalt ist nahezu unerschöpflich und die Materialien und Dimensionen können sehr unterschiedlich sein. Eines haben Brücken gemeinsam: Sie überwinden Hindernisse und verbinden Menschen, Länder, Kulturen und werden damit zu eindrucksvollen Landmarken.

Dies kommt u.a. durch die Brückenmotive auf den Euro-Scheinen zum Ausdruck. Dieses Jahrbuch enthält im Teil I einen Aufsatz von Prof. Dr.-Ing. Manfred Curbach mit dem Thema „Die Brücken auf den Euro-Scheinen - Bilder für die Verbindung zwischen Menschen, Ländern und Kulturen".

Zeitlich passend zum VDI-Entwurfswettbewerb „Rheinbrücke" – aber rein zufällig – erschien jetzt das Buch „Brücken in Deutschland II für Straßen und Wege". In diesem Bildband werden 75 deutsche Brücken für Straßen und Wege mit kurzen Informationen zu Baugeschichte, Planung und Bauausführung vorgestellt. Jede der ausgewählten Brücken ist in Gestaltung und Konstruktion einmalig. Hunderte von Fotos und Abbildungen (z.B. Landkarten mit den Standorten der Brücken) machen das Betrachten und Lesen dieses Bildbands zu einem anschaulichen Vergnügen. Für kreative Entwerfende, Planer und Konstrukteure von Brücken bietet das Buch eine Fülle von Anregungen und Denkanstößen.

Bibliografische Angaben:

Brücken in Deutschland II für Straßen und Wege, Verfasser: Joachim Naumann, Friedrich Standfuß; Hrsg.: Bundesministerium für Verkehr, Bau und Stadtentwicklung, Berlin, 2007, 179 Seiten, zahlreiche farbige Abbildungen; gebunden, Format A4 quer, ISBN 978-3-8167-7451-8, Preis 56 €

Englische Bauingenieure zu Besuch beim VDI in Dresden

Die Präsidentin (Mrs. Diane Marshall) und der Geschäftsführers (Mr. David Gibson) der ABE Association of Building Engineers besuchten am 16.01.2008 den Vorsitzenden der VDI-Bau, Prof. Dr.-Ing. Manfred Curbach, an seinem Institut für Massivbau an der TU Dresden. Die beiden Vertreter dieses großen britischen Verbandes waren schon öfter beim VDI zu Gast aber zum ersten Mal in Dresden und in einer deutschen Universität.

Auf dem Prototyp der Brücke aus Textilbeton (v.l.n.r.) bei echt englischem Wetter und behütet von VDI-Schirmen: Prof. Horlacher, Prof. Curbach, Diane Marshall, Prof. Schach, David Gibson.

Auf dem Programm standen Gespräche über das Bauingenieurwesen in beiden Ländern sowie die Ausbildung und die Stellung der Bauingenieure in der Gesellschaft. Zum Erfahrungsaustausch gehörten auch Besichtigungen im Hinblick auf aktuelle Bauforschungsthemen. In der Fakultät Bauingenieurwesen begrüßte Dekan Prof. Rainer Schach die Gäste und stellte ihnen die Fakultät vor. Es zeigte sich, dass die Fragen diesseits wie jenseits des Ärmelkanals sich sehr ähneln. Prof. Hans-B. Horlacher vom Institut für Wasserbau und Technische Hydromechanik stellte das Institut und Deutschlands ältestes Wasserbaulabor - das

Hubert-Engels-Labor – vor. Prof. Manfred Curbach berichtete über den Sonderforschungsbereich 528 "Textile Bewehrungen zur bautechnischen Verstärkung und Instandsetzung" und stellte das Institut für Massivbau und das Otto-Mohr-Labor vor. Beide Labore sahen sich die Besucher am Nachmittag in eigenen Führungen detailliert an. Den Abschluss des offiziellen Besuchs bildete eine Führung durch die Stadt Dresden auf Einladung und im Auftrag der VDI-Bau.

VDI-Hochschulabend in Kaiserslautern

Am 13. November 2007 veranstaltete die VDI-Gesellschaft Bautechnik an der Fachhochschule Kaiserslautern eine Podiumsdiskussion unter dem Motto Bauingenieur/in – ein Beruf mit Zukunft.

Diese Veranstaltung diente in erster Linie der Nachwuchsgewinnung und -förderung künftiger Bauingenieure. Sie wendete sich an die Studierenden und Absolventen des Bauingenieurwesens, aber auch an die Schüler der gymnasialen Oberstufe, die sich für Ingenieurwesen und Technik - insbesondere für das Berufsbild des Bauingenieurs - interessierten. Die Bandbreite der beruflichen Tätigkeiten und die typischen Einsatzgebiete wurden durch renommierte Experten dargestellt und erläutert. Hinweise und Tipps für die Gestaltung des Studiums, zum Eintritt in das Berufsleben und für die anschließende Karriere boten den Teilnehmern eine solide Entscheidungsgrundlage für ihren künftigen Werdegang.

Acht anerkannte Persönlichkeiten und erfolgreiche Repräsentanten aus Baufirmen, Ingenieurbüros und aus dem öffentlichen Dienst berichteten über ihren jeweiligen Werdegang und ihre beruflichen Erfahrungen und gaben dem Nachwuchs damit wesentliche Orientierungshilfen.

Besonders drängende Fragen, etwa zu den Themen Entwicklung und Zukunft des Baumark-tes, Gestaltung des Studiums (Studiengänge, Fächerkombinationen), günstige Zusatzqualifi-kationen, Einkommen und Anfangsgehälter, Chancen der Frauen in diesem Berufsfeld, die Bedeutung von Sprachkenntnissen und Auslandserfahrungen, die Rolle von günstigen Per-sönlichkeitsmerkmalen, Bewerbungsstrategien, Akzeptanz von Bachelor- und Masterabsol-venten in der Bauwirtschaft u.v.a.m. wurden gestellt und beantwortet. Bei einem abschlie-ßenden Stehempfang hatten die Teilnehmer die Möglichkeit, ihre Fragen und Probleme in direkten Gesprächen mit den Mitwirkenden anzusprechen.

Bauverfahrenstechnik

Unter diesem Titel stand die VDI-Fachtagung „Verfahrenstechnik im Ingenieurbau" am 19. und 20. Februar 2008 in Darmstadt. Sie informierte über Maßnahmen zum Arbeitsschutz auf Baustellen, den neusten Stand der Technik und der Regelsetzung von Traggerüsten, Scha-lungen sowie Arbeits- und Schutzgerüsten. Ebenso wurden Planungs- und Ausführungsbei-spiele vorgestellt. Die begleitende Ausstellung bot den Teilnehmern der vom VDI Wissensfo-rum GmbH veranstalteten Tagung die Möglichkeit, sich über Produkte und Dienstleistungen der Branche zu informieren und auszutauschen.

Wie wichtig das Thema „Sicher bauen mit Gerüsten und Schalungen" ist, hat nicht zuletzt der tragische Einsturz eines riesigen Stahlgerüsts auf der Baustelle des Braunkohlekraftwerks in Grevenbroich gezeigt. Von mangelhaften Schutzvorrichtungen über unwissentliches Fehlverhalten bis zum bewussten Nichtbefolgen von Schutzvorschriften kommen vielfältige Gründe für Arbeitsunfälle am Bau in Betracht, die es zu vermeiden gilt.

Die Beiträge zur Tagung wurden im VDI-Bericht 2025 dokumentiert, der zum Preis von 58 € beim VDI-Verlag Düsseldorf bestellt werden kann. Dieser Tagungsband wendet sich an Bauingenieure und Experten in Ingenieur- und Planungsbüros, Verantwortliche in Baufirmen sowie Planer und Anwender von Schalungen und Gerüsten, Wissenschaftler, Hersteller, Vertreter von Baubehörden und Aufsichtspersonen.

Fassaden: Grenzen des Machbaren erreicht?

Mit dem ersten Fassaden-Kongress „Fassaden – Blick in die Zukunft" betrat die VDI Wissensforum GmbH neues Terrain. Für 150 Fachleute aus Planung, Ausführung und Entwicklung waren die bekannten Architekten und Ingenieure und nicht minder bekannten Bauprojekte wie die Elbphilharmonie Grund, am Fassaden-Kongress am 22. und 23. April in Düsseldorf

teilzunehmen. Gemäß dem Veranstaltungsmotto wagten sie einen Blick in die Zukunft. Highlights waren die Präsentationen von imponierenden nationalen und internationalen Bauprojekten wie „1 Bligh Street" in Sydney mit dem „green building-concept". Anregend diskutiert wurden die Themen Energieeinsparung, Revitalisierung und Kosten. Durch die Veranstaltung führten der Architekt Thomas Pink (Geschäftsführender Gesellschafter Petzinka Pink Technologische Architektur) und Martin Lutz (Vorstand DS-Plan AG). „Der Kongress bot eine ideale Kommunikationsplattform für alle im Fassadenbau beteiligten Personen", so Lutz und wird in dieser Form am 21. und 22. April 2009 wieder in Düsseldorf stattfinden. Kongress begleitend wird, wie auch in diesem Jahr, erneut eine Fachausstellung stattfinden, auf der sich Teilnehmer und Anbieter über neue Produkte und Dienstleistungen aus der Branche der Fassadentechnik austauschen können.

Neben dem wohl spektakulärsten Projekt, der Elbphilharmonie in Hamburg, wurden viele weitere spannende fassadenbautechnische Projekte aus dem In- und Ausland vorgestellt, unter anderem Gebäude in Dubai und Abu Dhabi. Eine Frage war dabei immer, ob ein wirklicher Technologietransfer aus anderen Disziplinen in die Architektur stattfindet. Gezeigt hat die Tagung, dass das Bauwesen zwar noch viel von anderen Disziplinen lernen kann, aber teilweise auch die Grenzen der zur Zeit wirtschaftlichen Machbarkeit erreicht sind, was in einigen Vorträgen deutlich wurde.

Neue Köpfe im Beirat der VDI-Gesellschaft Bautechnik

Mit Wirkung vom 1. Januar 2008 wurden drei Persönlichkeiten neu in den Beirat der VDI-Gesellschaft Bautechnik gewählt. Die Amtszeit beträgt in allen Fällen drei Jahre:

Dipl.-Ing. **Günther Funke** (Jahrgang 1957) ist seit 1999 Leiter der Abteilung Arbeitsvorbereitung, Schalungstechnik und Baulogistik für die OEVERMANN Hoch- und Ingenieurbau GmbH in Münster. Ehrenamtlich leitet er den Arbeitskreis Bautechnik im VDI-Bezirksverein Münsterland.

Bei OEVERMANN ist er zuständig für die Bereiche Bauverfahrenstechnik, Baulogistik, Baustelleneinrichtung, Schalungstechnik und Terminplanung - sowohl in der Angebots- als auch in der Ausführungsphase.

Funke studierte Bauingenieurwesen an der Fachhochschule Oldenburg und arbeitete anschließend ab 1980 in einem Ingenieurbüro, in dem er für Brücken, Tunnel und Türme zuständig war. Als Bauleiter, technischer Koordinator und Kalkulator für Ingenieurbauwerke erweiterte er sein Fachwissen und seine Erfahrungen kontinuierlich. Seit 1997 ist er an der Entwicklung und Bauausführung großer Windenergieanlagen beteiligt, wobei der Schwerpunkt auf Betontürmen mit externer Vorspannung liegt (siehe www.betonturm.de).

Dipl.-Ing. Dipl.-Wirtsch.-Ing. **Günter Jösch** (Jahrgang 1960) ist Geschäftsführer der Studiengemeinschaft für Fertigbau e.V. mit Sitz in Koblenz. Er studierte Bauingenieur- und Wirtschaftingenieurwesen an den Hochschulen Koblenz, Ludwigshafen und Mannheim.

Nach erfolgreichem Abschluss beider Studiengänge war Günter Jösch auf dem Sektor des schlüsselfertigen Bauens im Wohn- und Gewerbebau tätig. Danach arbeitete er in einem größeren Unternehmen der Wohnungswirtschaft und des Städtebaus mit den Schwerpunkten Bauträgerschaft und Generalmodernisierungsmaßnahmen bei bundeseigenen Liegenschaften. Unter anderem war er an der Sanierung und Modernisierung der Bebauung auf dem Gelände der Deutschen Botschaft in Moskau (ehemalige DDR-Botschaft) beteiligt.

Als Geschäftsführer der Studiengemeinschaft betreut er neun Arbeitskreise, die sich mit der Entwicklung rationeller Bauverfahren unter Berücksichtigung der Vorfertigung und neuer Baustoffe beschäftigen. Er ist zuständig für die Erarbeitung von Veröffentlichungen der Studiengemeinschaft und veranstaltet Lehr- und Informationsveranstaltungen für Ingenieure, Interessierte und den Nachwuchs.

Frau Dipl.-Ing. **Sabine Twardy** (Jahrgang 1969) ist als beratende Ingenieurin auf dem Gebiet Tragwerksplanung und Baustatik freiberuflich tätig. Ehrenamtlich leitet sie die Arbeitskreise Bautechnik in den VDI-Bezirksvereinen Leipzig und Halle.

Sabine Twardy studierte Bauingenieurwesen im Studiengang Konstruktiver Ingenieurbau, zunächst an der Technischen Hochschule Leipzig und anschließend an der University of Paisley (Schottland).

In den ersten Berufsjahren von 1995-1997 war sie im Ingenieurbüro Mann & Bernhardt, Darmstadt-Leipzig, im Bereich Tragwerksplanung tätig. Zu ihren Aufgaben gehörte die Aufstellung und Prüfung bautechnischer Nachweise.

Im Jahr 1997 machte sie sich selbständig mit den Schwerpunkten allgemeiner Hochbau, Neubau und Sanierung von Kindergärten, Schulen, Wohnungen und Geschäftshäusern. Konstruktionen in Holzbauweise gehören in den letzten Jahren zu ihren bevorzugten Projekten.

Informationen über die Richtlinienarbeit der VDI-Bau

VDI 6200:

Regelmäßige Bauwerkskontrollen nach VDI 6200 garantieren Schadensfreiheit! Das ist die Botschaft und der Inhalt der Richtlinie VDI 6200 (Entwurf) **„Standsicherheit von Bauwerken – Regelmäßige Überprüfung"**, die voraussichtlich im Oktober 2008 erscheinen wird.

Sie beschreibt, wie regelmäßige Überprüfungen der Standsicherheit effizient und wirtschaftlich durchzuführen sind, um Bauschäden oder Schäden für Leib und Leben zu verhindern. Sie gibt Beurteilungs- und Bewertungskriterien, Handlungsanleitungen und Empfehlungen zur Beurteilung der Standsicherheit baulicher Anlagen und zu ihrer Instandhaltung sowohl für Bestands- als auch für Neubauten. Sie enthält eine Einstufung der Bauwerke in eine Schadensfolgeklasse und in eine Robustheitsklasse. Sie formuliert Vorgaben für die Bestandsdokumentation und definiert Anforderungen an die Überprüfenden. Abhängig von Schadensfolgeklasse, statisch-konstruktiven Merkmalen, Baustoffeigenschaften und Einwirkungen gibt sie Überprüfungsmethoden und -verfahren an und empfiehlt Überprüfungsintervalle. Der Anwendungsbereich der Richtlinie umfasst bauliche Anlagen aller Art mit Ausnahme von Verkehrsbauwerken, also Brücken und Tunneln.

Die VDI-Richtlinie richtet sich an Gebäudeeigentümer und Verfügungsberechtigte, vor allem jedoch auch an die beteiligten Fachleute, z.B. planende und beratende Ingenieure, Architekten, Prüfingenieure für Baustatik, Facility Manager, Verwalter von Immobilien, Bauabteilungen von Industrie- und Privatunternehmen sowie öffentliche Bauherren. Für diese Zielgruppe bietet die VDI-Richtlinie eine strukturierte Vorgehensweise an mit praktischen Arbeitsunterlagen, Entscheidungshilfen, bewährten Checklisten und weiteren Kriterien für einwandfreies technisches Handeln.

VDI-SGF 6205

Die Richtlinie VDI-SGF 6205 „Transportanker und –systeme – Grundlagen, Bemessung, Anwendungen" wird gemeinsam mit der Studiengemeinschaft für Fertigbau erarbeitet und herausgegeben. Der Ausschuss hat seine Arbeit im Mai 2008 aufgenommen, um die Richtlinie zur sicheren Entwicklung, Herstellung, Prüfung, Überwachung und Anwendung von Transportankersystemen zu erstellen.

Zum Heben von Betonfertigteilen werden üblicherweise Transportanker verwendet. Diese müssen zuverlässig funktionieren. Dazu müssen sie alle Einwirkungen, die während der Hebevorgänge und der Montage entstehen, sicher aufnehmen und in das Bauteil einleiten. Das Versagen von Transportankersystemen kann Menschenleben bedrohen sowie zu erheblichen Schäden mit hohen wirtschaftlichen Folgen führen. Daher müssen Transportankersysteme mit hoher Qualität gefertigt, sorgfältig für die jeweilige Anwendung ausgesucht sowie durch erfahrenes Fachpersonal bemessen und montiert werden.

Die in dieser VDI-SGF-Richtlinie angegebenen Einwirkungen und Widerstände sind unter Berücksichtigung der europäischen Maschinenrichtlinie als Empfehlungen zur Schaffung eines ausreichenden Sicherheitsniveaus zu verstehen. Sie basieren auf einwandfreier Produktion, Montage und Bemessung unter Einhaltung der Regelungen eines Qualitätsmanagementsystems. Vorhersehbare Fehlanwendungen sind zu berücksichtigen.

Diese Richtlinie gilt für alle Typen von Transportankersystemen, unabhängig davon, ob die Transportanker bzw. Transportanker-Systeme für spezielle Anwendungen entwickelt und gefertigt oder serienmäßig produziert werden.

Transportankersysteme bestehen aus einem im Betonfertigteil dauerhaft verankerten Transportanker und dem daran vorübergehend befestigten zugehörigen Lastaufnahmemittel.

Die Richtlinie gibt Empfehlungen und Erläuterungen zur korrekten Auswahl, Bemessung und Anwendung von Transportankersystemen während der Hebevorgänge von Stahlbeton- und Spannbetonfertigteilen aus Normalbeton. Sie enthält weiterhin Prüf- und Auswertverfahren für Transportanker und Transportanker-Systeme für die Bemessung auf einem einheitlichen Sicherheitsniveau. Die Richtlinie (Entwurf) wird voraussichtlich im Herbst 2009 erscheinen.

VDI 6210

Die konstituierende Sitzung des Richtlinienausschusses VDI 6210 „Abbruch und Rückbau von baulichen und technischen Anlagen" fand am 03. Juli 2008 in Stuttgart statt. Die Richtlinie soll den Stand der Technik von Rückbauarbeiten unter Einbeziehung laufender und zukünftiger Entwicklungen beschreiben und den beteiligten Fach- und Verkehrskreisen, die sich mit dem Abbruch und Rückbau von Bauwerken und technischen Anlagen beschäftigen, eine richtungweisende Arbeitsunterlage bieten. Die Geschäftsstelle erteilt gerne nähere Auskünfte zum Stand der Ausschussarbeit.

Bauingenieure vom VDI geehrt

Am 28.09.2007 verlieh der Thüringer Bezirksverein die goldene **Ehrenmedaille des VDI** an Dr.-Ing. **Wolfgang Ellinger** mit Dank und in Anerkennung seines langjährigen Engagements im Beirat des Thüringer Bezirksvereins und als Obmann des Arbeitskreises Bautechnik. Wolfgang Ellinger gehört zu den Mitbegründern des nach der Wende wieder aufgebauten Bezirksvereins und hat sich durch seine umfangreiche ehrenamtliche Tätigkeit außerordentlich um die technisch-wissenschaftliche Gemeinschaftsarbeit verdient gemacht.

Der VDI-Bezirksverein Schwarzwald verlieh am 12. April 2008 in Todtmoos die **Ehrenmedaille des VDI** an **Dr.-Ing. E.h. Martin Herrenknecht** in Würdigung seiner hervorragenden Leistungen als Ingenieur und Unternehmer. Sein Engagement galt und gilt nicht nur der Wirtschaftsregion Südbaden, sondern auch den Innovationen im Bereich des Maschinenbaus, welcher von ihm in vorbildlicher Weise weltweit repräsentiert wird, sowie der technischen Bildung unserer Jugend, die er als Garant für eine erfolgreiche Zukunft sieht.

Am 11. März 2008 verlieh der Moselbezirksverein des VDI an **Professor Dr.-Ing. Harald Beitzel** die **Ehrenmedaille des VDI** mit Dank und in Anerkennung seiner langjährigen, verdienstvollen Arbeit in verschiedenen Gremien des VDI, insbesondere als Vorsitzender des Moselbezirksvereins und in Würdigung seines großen Engagements als Leiter des Arbeitskreises Bautechnik. Harald Beitzel hat somit das Gemeinschaftswesen und das Interesse für den VDI in überdurchschnittlich hohem Maße gefördert und sich mit seinem außerordentlichen, unermüdlichen Einsatz, seinem Ideenreichtum und seiner gewinnenden Persönlichkeit besondere Verdienste erworben.

Die **Ehrenplakette des VDI** wurde anlässlich der Beiratssitzung der VDI-Gesellschaft Bautechnik (VDI-Bau) am 10.10.2007 verliehen an Dr.-Ing. **Franz-Hermann Schlüter** in Würdigung seiner erfolgreichen ehrenamtlichen Tätigkeit als Leiter des Arbeitskreises Bautechnik im Karlsruher Bezirksverein des VDI seit 1992. Die Laudatio hielt der Vorsitzende der VDI-Bau, Prof. Dr.-Ing. Manfred Curbach.Durch die anspruchsvollen Veranstal-tungen des Arbeitskreises, die F.-H. Schlüter in enger Kooperation mit der Universität Karlsruhe (TH) gestaltet, hat er die technisch-wissenschaftliche Gemeinschaftsarbeit auf dem Gebiet des Bauingenieurwesens in der Region Karlsruhe nachhaltig geprägt und gefördert.

Manfred Curbach (links) und F.-H. Schlüter

Überregional arbeitet er darüber hinaus seit dem Jahr 2002 ehrenamtlich im Beirat der VDI-Bau mit und stellt dem VDI seine langjährigen Erfahrungen und Erkenntnisse aus dem Blickwinkel eines Ingenieur- und Planungsbüros zur Verfügung. Durch diese Tätigkeiten hat er sich besondere Verdienste im Interesse und zum Wohle des VDI erworben.

Arbeitskreise Bautechnik bei den VDI-Bezirksvereinen

Bei der Mehrzahl der VDI-Bezirksvereine bestehen Arbeitskreise Bautechnik, die den Erfahrungsaustausch und die Weiterbildung für unsere Mitglieder auf regionaler Ebene organisieren. Eine Übersicht enthält der folgende Abschnitt „VDI-Gesellschaft Bautechnik – ein Überblick" unter der Rubrik „Ehrenamtliche Mitarbeiter".

Zu den Veranstaltungsformen gehören Vorträge, Diskussionsabende, Baustellen- und Firmenbesichtigungen, Filmvorführungen, Exkursionen und Seminare. Die Angebote der

Eine Gruppe der Teilnehmer am Obleutetreffen 2008 im verregneten Weimar

einzelnen Arbeitskreise sind sehr unterschiedlich. Sie hängen von der Größe der Bezirksvereine und vom Einzugsgebiet ab. Die Nähe oder die Kooperation mit einer Hochschule oder einem befreundeten Verband spielt auch eine wesentliche Rolle. Entscheidend sind die Initiative und das Engagement der Obleute (Leiter der Arbeitskreise). Die Obleute treffen sich jährlich einmal, um ihre Erfahrungen untereinander und mit der Geschäftsstelle auszutauschen.

Aktuelle Baufilme

Die VDI-Gesellschaft Bautechnik bemüht sich, eine Liste aktueller Baufilme zu führen. Dabei ist sie auf Informationen von Baufirmen, Bauherren, Filmproduzenten oder Betreibern von Bauwerken angewiesen. Diese Liste wird ständig fortgeschrieben und enthält stichwortartige

Angaben zum Inhalt der Filme, zum Format (üblicherweise DVD), zur Dauer, zur Vertonung (Sprache) und zur Bezugsquelle bzw. zum Verleiher.

Derartige Filme werden beispielsweise auf VDI-Baufilm-Abenden einzelner VDI-Bezirksvereine oder auf Baumessen mit VDI-Beteiligung gezeigt. Einige Filme werden in der Geschäftsstelle bereit gehalten und können bei Interesse ausgeliehen werden.

Statistiken zu Schule, Hochschule und Arbeitsmarkt unter

www.vdi.de/monitor-ing.de

Wie viel Prozent aller Bauingenieure sind weiblich? Hat sich dieser Wert in den letzten Jahren signifikant geändert? Wie viele Studierende des Bauingenieurwesens legten in den letzten Jahren erfolgreich ihr Diplom ab? Wie verteilt sich dies auf Universitäten und Fachhochschulen? Wie viele Studierende haben bereits Bachelor- oder Masterstudiengänge abgeschlossen? Wie sieht die Entwicklung der „Erstsemester-Studierenden" in verschiedenen Ingenieurstudiengängen aus? Wie hoch ist eigentlich die Zahl der Schulabgängerinnen und Schulabgänger, die überhaupt ein Hochschulstudium aufnehmen dürfen? Mit diesen und ähnlichen Fragen sehen sich Berufs- und Arbeitsmarktforscher, Personalleiter, Hochschulprofessoren, Studenten, Schüler, Journalisten und besorgte Eltern konfrontiert. Die entsprechenden Statistiken und Daten waren bislang nicht sofort zur Hand oder nur mühsam auszuwerten.

Die Seite www.vdi.de/monitor-ing.de bietet jetzt vielfältige Recherchemöglichkeiten zu den Themengebieten Arbeitsmarkt, Hochschule und Schule. Selbst detaillierte Recherchen sind aufgrund der großen Datenmenge möglich. Sämtliche Selektionen oder Abfragen können ausgedruckt bzw. als pdf-Dateien gespeichert werden. Neben den Daten des Statistischen Bundesamtes und des Instituts für Arbeitsmarkt- und Berufsforschung werden künftig auch qualitative Erhebungen die Datenbestände und Abfragemöglichkeiten erweitern. Machen Sie einen Test, besuchen Sie die VDI-Homepage unter www.vdi.de/monitor-ing

Beiträge aus der Fachzeitschrift „Bauingenieur"

Jetzt neu: Reviewte Hauptaufsätze online abrufen

Ab sofort können Sie die Hauptaufsätze der Jahrgänge 2000 bis 2007 der Zeitschrift „Bauingenieur" zum Preis von 19 € pro Artikel als PDF herunterladen. So haben Sie die fundierten Informationen aus den wissenschaftlich reviewten Artikeln gleich zur Hand. Die Abrechnung erfolgt bequem und datensicher über ClickandBuy. Und so gehen Sie vor:

1. Sie rufen in Ihrem Browser die Seite www.bauingenieur.de auf.

2. Im Menü klicken Sie auf Archiv. Sie finden Ihren Aufsatz entweder über den Menüpunkt „Ausgaben", über das Sach- oder über das Verfasserregister. Sie klicken auf den Aufsatztitel.

3. Mit Hilfe der deutschen und englischen Zusammenfassung wählen Sie genau den Aufsatz aus, den Sie für Ihre Arbeit benötigen.

4. Mit einem Klick auf „hier abrufen" in der unteren grauen Fläche geht es zum Login Ihres ClickandBuy-Kontos.

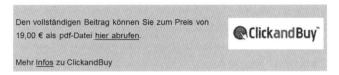

5. Falls Sie noch kein ClickandBuy-Konto eingerichtet haben, können Sie dies jetzt problemlos nachholen. Im Anschluss bestätigen Sie die Zahlung …

6. … und schon öffnet sich das gewünschte pdf-Dokument. Die Abrechnung erfolgt bequem und datensicher über Ihren monatlichen ClickandBuy-Auszug.

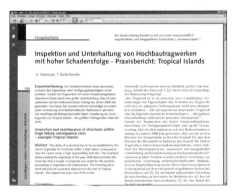

Falls Sie Fragen zu diesem neuen Angebot der Zeitschrift „Bauingenieur" haben, hilft Ihnen der Leserservice des Springer-VDI-Verlags gerne weiter. Sie erreichen ihn während der üblichen Bürozeiten telefonisch unter (02 11) 61 03-140. Selbstverständlich können Sie auch faxen an (02 11) 61 03-414 oder ein E-Mail senden an leserservice@technikwissen.de.

Gesellschaft Bautechnik – ein Überblick

Aufbau und Arbeitsweise

Die VDI-Gesellschaft Bautechnik ist eine von 22 Fachgliederungen des VDI. In ihr finden alle VDI-Mitglieder, die im Bauwesen tätig sind oder sich für dieses Gebiet interessieren, ihre fachliche Heimat. Rund 7.000 VDI-Mitglieder haben sich der VDI-Gesellschaft Bautechnik "zugeordnet" und sichern sich damit zusätzliche fachliche Informationen und Betreuung.

Die Zuordnung zu einer Fachgliederung ist im Mitgliedsbeitrag enthalten, jede weitere Zuordnung erhöht den Mitgliedsbeitrag. Eingebettet in den Gesamt-VDI ist die VDI-Gesellschaft Bautechnik die fachlich kompetente und neutrale Plattform und Interessenvertretung für alle Bauingenieure. Sie bietet ihren Mitgliedern in vielfältiger Gemeinschaftsarbeit aktuelle, technische Informationen und Auskünfte, fachlichen Erfahrungsaustausch und Zugang zu neuesten Erkenntnissen aus Industrie, Wissenschaft, Forschung und Verwaltung.

Die Arbeit erstreckt sich auf nahezu alle Gebiete des Bauwesens, z. B.:

Konstruktiver Ingenieurbau (Massiv-, Stahl-, Holz- und Verbundbau)

Grundbau und Bodenmechanik

Baubetrieb und Bauwirtschaft

Wasserbau und Wasserwirtschaft

Bauphysik und Baustoffkunde

Baumaschinentechnik

Bauinformatik

Bauvertragswesen

Umweltschutz und Umweltverträglichkeit

Vermessungswesen

Verkehrswegebau und Infrastruktur

Städtebau und Raumplanung

Integriertes Planen und Bauen

Industrie- und Anlagenbau

Bausachverständigenwesen.

Die Aufgaben und Tätigkeiten der VDI-Gesellschaft Bautechnik werden von einem Lenkungsgremium, dem Beirat, und dem von ihm gewählten Vorstand und Vorsitzenden, bestimmt. Diesen ehrenamtlich tätigen Mitarbeitern der VDI-Bau steht eine Geschäftsstelle mit hauptamtlichen Mitarbeitern zur Verfügung. Bei Bedarf werden für bestimmte Aufgaben Ausschüsse gebildet, die z.b. Stellungnahmen erarbeiten und sonstige Projekte durchführen.

Die regionalen Arbeitskreise Bautechnik, die organisatorischer Bestandteil des jeweiligen VDI-Bezirksvereins sind, werden ausschließlich ehrenamtlich geleitet. Die Geschäftsstelle der VDI-Bau unterstützt diese Arbeitskreise durch fachliche Beratung.

Leistungen auf einen Blick

- VDI-Mitglieder haben Anspruch auf individuelle Beratung bei allen fachlichen und berufsbezogenen Problemen (auf schriftliche, telefonische oder persönliche Anfrage).

- VDI-Mitglieder erhalten wöchentlich top-aktuelles Wissen mit den VDI nachrichten, Europas führende Wochenzeitung für Technik, Wirtschaft und Gesellschaft.

- Einmal jährlich erhalten VDI-Mitglieder der VDI-Bau kostenlos das Jahrbuch der VDI-Gesellschaft Bautechnik (ca. 500 Seiten im Format DIN-A5 mit festem Einband und eingelegter CD) mit aktuellen Beiträgen zu den Themen Beruf, Ausbildung, Karriere, sowie Fachaufsätzen, Übersichten, Tabellen und Adressen.

- Auf die Schriften und Bücher des VDI-Verlages, die VDI-Bücher des Springer-Verlages, die VDI-Richtlinien und die Teilnehmergebühren bei VDI-Tagungen erhalten persönliche VDI-Mitglieder 10 % Ermäßigung.

- Die Fachzeitschrift "Bauingenieur", Organ der VDI-Gesellschaft Bautechnik (Springer-VDI-Verlag GmbH & Co KG, Düsseldorf), erscheint 12 x zum Jahresabonnementpreis von 343,00 €. Für VDI-Mitglieder gelten folgende reduzierten Abo-Preise: 308,70 €, VDI-Mitglieder der VDI-Bau 171,50 €, Studenten 85,00 € (gegen Studienbescheinigung) (Preise inkl. MwSt. zzgl. Versandkosten, Inland 14,00 €, Ausland 34,00 €, Luftpost auf Anfrage).

- Die Fachzeitschrift „Der Bausachverständige – Zeitschrift für Bauschäden, Grundstückswert und gutachterliche Tätigkeit" erfüllt die speziellen Informationsbedürfnisse des Bausachverständigen und bietet qualifizierte Beiträge für Fachleute aus allen Bereichen des Bauwesens und der Grundstückswertermittlung. VDI-Mitglieder erhalten einen Nachlass von 20% und zahlen für ein Jahresabonnement nur noch EUR 66,00 zzgl. Versandkosten (ISSN 1614-6123, 72 Seiten, 21 x 29,7 cm, geheftet). Bestellung an die VDI-Bau.

- VDI-Mitglieder profitieren von der Kooperation zwischen VDI und IRB. Über das Portal der Ingenieure (www.vdi.de/irb) erhalten sie Zugang zu sämtlichen Datenbanken (wwwbaudatenbanken.de/koop/vdi/) des Fraunhofer IRB zu vergünstigten Preisen. Zum Kennenlernen stehen RSWB, BAUFO und FORS sowie die englischsprachige ICONDA 90 Tage kostenlos zur Verfügung. Im Anschluss erhalten VDI-Mitglieder einen Preisnachlass von

10%. Von SCHADIS können 15 Dokumente kostenfrei genutzt werden. Im ersten Nutzungsjahr wird das Jahresabonnement mit 20 % rabattiert. Von der Datenbank IRB sind 10 Dokumente kostenfrei. Auf die Leistungen des Kopienservice sowie Online-Literaturdokumentationen gewährt das IRB den VDI-Mitgliedern 10 % Nachlass.

- VDI-Mitglieder können in den Literaturdatenbanken des Fachinformationszentrum Technik (FIZ Technik) kostenfrei recherchieren und Zusammenfassungen ausdrucken. Die Bestellung eines Originalartikels bei FIZ Technik ist kostenpflichtig.
- Unter der Domain des VDI kann kostenlos eine E-Mail-Adresse: name.vorname@vdi.de beantragt werden.
- Bei Tätigkeiten im Ausland bietet der VDI mit seinem internationalen Netzwerk Unterstützung an.
- Der VDI vertritt die Interessen seiner Mitglieder in Politik und Gesellschaft, z.B. bei Gesetzgebungsmaßnahmen (Honorarordnungen, Bauordnungen der Länder, Umweltschutz, Bildungswesen, Sachverständigenwesen, Ingenieurkammern).
- VDI-Mitglieder können an den meisten Veranstaltungen der VDI-Bezirksvereine kostenlos teilnehmen.
- VDI-Mitglieder, die den vollen Mitgliedspreis bezahlen, haben bei gleichzeitiger Mitgliedschaft in einem oder mehreren der Verbände, mit denen der VDI ein Doppelmitgliedschaftsabkommen abgeschlossen hat, Anspruch auf 25 % Beitragsermäßigung.
- VDI-Mitglieder haben Anspruch auf eine erste kostenlose Rechtsberatung in berufsspezifischen Fragen durch die VDI-Vertrauensanwälte, die von der Mehrzahl der VDI-Bezirksvereine berufen wurden. Ansprechpartner ist auch der Justitiar des VDI.
- Der VDI-Versicherungsdienst bietet seine Leistungen den VDI-Mitgliedern zu besonders günstigen Bedingungen an.
- Die VDI-Ingenieurhilfe unterstützt unverschuldet in Not geratene VDI-Mitglieder und deren Angehörige.
- Als VDI-Mitglied genießen Sie erhebliche Ermäßigung für Mietwagen durch die Nutzung eines Großkundentarifs des VDI bei mehreren namhaften Autovermietern (PKW/LKW/Motorrad) innerhalb Deutschlands und günstige Leasingraten.
- Als VDI-Mitglied haben Sie immer gute Karten. Beantragen Sie die exklusive VDI-VISA Business Card der Landesbank Baden-Württemberg. Für studierende Mitglieder gibt es die VDI-StudyIng Card.
- Mit dem Focus auf die Bereiche Bau und Vergabe haben der VDI e.V. und der Bundesanzeiger Verlag interessante Vorzugskonditionen für VDI-Mitglieder vereinbart. Die Zeit-

schrift „Der Bausachverständige", den vergaberechtlichen Infodienst „VergabeNews" und den elektronischen Ausschreibungs-Dienst „Vergabe Mail" können VDI-Mitglieder zu besonders günstigen Konditionen beziehen. Darüber hinaus bietet er den VDI-Mitgliedern den Register-Ordner „So sorge ich vor" als eine VDI-Sonderedition an.

- Für die Werbung neuer VDI-Mitglieder oder Abonnenten können VDI-Mitglieder attraktive Werbeprämien erhalten.
- Jedes VDI-Mitglied gehört automatisch dem für seinen Wohnsitz zuständigen Bezirksverein an. Die VDI-Bezirksvereine veranstalten Vorträge, Seminare, Exkursionen, Baustellenbesichtigungen, Filmabende und gesellschaftliche Treffen, die sich nach den Wünschen und der Einflussnahme der VDI-Mitglieder richten. Bei der Mehrzahl der 45 VDI-Bezirksvereine bestehen ARBEITSKREISE BAUTECHNIK, in denen der regionale, fachliche Erfahrungsaustausch gepflegt und gefördert wird.

Tätigkeitsgebiete

- Erfahrungsaustausch und „unbezahlbare" Kontakte im führenden Netzwerk der Ingenieure und Naturwissenschaftler durch Fachtagungen, Symposien, Exkursionen und sonstige Veranstaltungen
- Betreuung in fachlichen, berufsständischen und gesellschaftspolitischen Fragen
- Förderung des Nachwuchses und der beruflichen Fortbildung, wie z. B. Unterstützung bei der Existenzgründung
- Mitwirkung bei Entscheidungen in Wirtschaft, Politik und Gesellschaft
- Zusammenarbeit mit anderen technisch-wissenschaftlichen Vereinigungen, Verbänden, Behörden, Forschungsstätten, Instituten und Einzelpersonen
- Förderung des technischen Fortschritts im Bauwesen nach humanen und umweltfreundlichen Aspekten

Ehrenamtliche Mitarbeiter der VDI-Gesellschaft Bautechnik

Vorstand

CURBACH, M., Univ.-Prof. Dr.-Ing. Institut für Massivbau, TU Dresden (Vorsitzender)

BEICHE, H., Prof. Dipl.-Ing., Stuttgart

CLAUß, W., Dr.-Ing., Geschäftsführer, IQ Real Estate GmbH, Düsseldorf

HERTLE, R., Dr.-Ing., Ingenieurbüro für Bauwesen, Gräfelfing

KUHLMANN, Ulrike, Prof. Dr.-Ing.; Leiterin des Instituts für Konstruktion und Entwurf der Universität Stuttgart (stellv. Vorsitzende)

KUNKEL, K., Dr.-Ing. (stellv. Vorsitzender)
Ingenieurbüro Kunkel + Partner KG, Düsseldorf

MÜLLER, H.S., Prof. Dr.-Ing., Institut für Massivbau und Baustofftechnologie, Universität Karlsruhe (TH)

STEINHAGEN, P., Dipl.-Ing. Ed. Züblin AG, UB Building and Civil Engineering Construction Europe, Dir. International Business Development, Stuttgart

Beirat

ANDRÄ, H.-P., Dr.-Ing., Geschäftsführer Leonhardt, Andrä und Partner GmbH, Berlin

BEICHE, H., Prof. Dipl.-Ing, Stuttgart

BRANDIN, T., Dipl.-Ing., Hauptabteilungsleiter Werksplanung,
A. STIHL AG & Co KG, Waiblingen

CLAUß, W.; Dr.-Ing., IQ Real Estate GmbH, Düsseldorf

CHLOSTA, B., Dipl.-Ing., Essen

CURBACH, M., Univ.-Prof. Dr.-Ing., Technische Universität Dresden

DA CUNHA, R.-M., Dipl.-Kfm., Deutsche Bahn ProjektBau GmbH,
Sprecher und Leiter der Niederlassung Südwest, Karlsruhe

FELDWISCH, W., Dipl.-Ing., Deutsche Bahn Netz AG – Zentrale, Leiter Großprojekte (I.NIP), Frankfurt/Main

FISCHER, O., Dr.-Ing., Geschäftsleitung Bilfinger Berger AG, München

FUNKE, G., Dipl.-Ing., Oevermann GmbH & Co. KG. Hoch- und Tiefbau, Münster

HARTE, R., Univ.-Prof. Dr.-Ing., Bergische Universität Wuppertal
FB D-Abt. Bauingenieurwesen, Lehr- und Forschungsgebiet Statik und Dynamik der Tragwerke, Wuppertal

HERTLE, R., Dr.-Ing., Ingenieurbüro für Bauwesen Dr.-Ing. Robert Hertle, Gräfelfing

HINKERS, Eva-Maria, Dipl.-Ing., Arup GmbH, Düsseldorf

JÖSCH, G., Dipl.-Ing. Dipl.-Wirtsch.-Ing., Studiengemeinschaft für Fertigbau e. V., Koblenz

KUHLMANN, U., Prof. Dr.-Ing., Universität Stuttgart

KUNKEL; K:; Dr:-Ing., Kunkel + Partner AG, Düsseldorf

MÜLLER, H., Prof. Dr.-Ing., Institut für Massivbau und Baustofftechnologie, Karlsruhe

SCHLÜTER, F.-H., Dr.-Ing., Ingenieure im Bauwesen GbR ehem. Prof. Eibl + Partner GbR, Karlsruhe

SCHMIESKORS, E., Dipl.-Ing., Ministerium für Bauen und Verkehr des Landes Nordrhein-Westfalen, Leiter des Referats VI A3, Düsseldorf

SCHNELL, J., Prof. Dr.-Ing., Universität Kaiserslautern Massivbau und Baukonstruktion, Kaiserslautern

STEINHAGEN, P., Dipl.-Ing., Ed. Züblin AG, Stuttgart

STOLLE, C.-D., MDirig., Bundesministerium für Verkehr, Bau und Stadtentwicklung, Bonn

STRATE, J., Dipl.-Ing., Spay

TWARDY, S., Dipl.-Ing., Ingenieurbüro für Tragwerksplanung, Leipzig

TRUSS, W., Ing., Ingenieurbüro W. Truss, Flörsheim

VOGT, N., Prof. Dr.-Ing., Zentrum Geotechnik, TU München

WERNER, D., Dr.-Ing., Geschäftsführer ARCUS Planung + Beratung, Cottbus

ZILCH, K., Prof. Dr.-Ing., Lehrstuhl für Massivbau, Institut für Tragwerksbau, Technische Universität München

Arbeitskreise der VDI-Gesellschaft Bautechnik in den VDI-Bezirksvereinen bzw. in den VDI-Bezirksgruppen

VDI Aachener Bezirksverein

BRAMESHUBER, W., Prof. Dr.-Ing., Lehrstuhl für Baustoffkunde und Institut für Bauforschung der RWTH Aachen, Schinkelstr. 3, 52062 Aachen

Tel. +49 (0) 241 80 51 02, Fax +49 (0) 241 8 88 81 39

E-Mail: brameshuber@ibac.rwth-aachen.de

VDI Augsburger Bezirksverein

SCHNELL, M., Prof. Dipl.-Ing., Fachhochschule Augsburg, FB Architektur + Bauingenieurwesen, Geb. G2, Zi. G121, EG, Baumgartnerstr. 16, 86161 Augsburg

Tel. +49 (0) 821 55 86 31 29, Fax +49 (0) 821 55 86 31 26,

E-Mail: Manfred.schnell@hs-augsburg.de

VDI Bayern Nordost e.V.

KEILHOLZ, G., Dipl.-Ing. (FH), Glaserstr. 20, 90427 Nürnberg

Tel. +49 (0) 911 30 70 94 61, Fax +49 (0) 911 9 30 16 29

Tel. +49 (0) 911 30 62 47, Fax +49 (0) 911 30 35 98

E-Mail: info@keilholz-gmbh.de, georg.keilholz@t-online.de

VDI Bergischer Bezirksverein

HANSEN, H., Dipl.-Phys.-Ing., Hansen-Ingenieure, Lise-Meitner-Str.5-9, 42119 Wuppertal

Tel. +49 (0) 202/9468787, Fax +49 (0) 202468790, E-Mail: info@hansen-inenieure.de,

Internet: www.hansen-ingenieure.de

VDI Bezirksverein Berlin-Brandenburg e.V.

KRONE, M., Dipl.-Ing., Krone Ingenieurbüro GmbH, Sophienstr. 33 A, 10178 Berlin

Tel. +49 (0) 30 28 39 28-0, Fax +49 (0) 30 28 39 28-39, E-Mail: krone@ibkrone.de

VDI Bremer Bezirksverein

JAGAU, H., Dr.-Ing., Jagau Ingenieurbüro, Geotechnik – Umwelttechnik

Hertha-Sponer-Str. 17, 28816 Stuhr-Brinkum

Tel. +49 (0) 421 8 00 53-0, Fax +49 (0) 421 8 00 53-30

E-Mail: drjagau@drjagau.de, Internet: drjagau.de

VDI Bezirksgruppe Cottbus

WERNER, D., Dr.-Ing., Geschäftsführer, ARCUS Planung + Beratung

Bauplanungs-gesellschaft mbH, Vetschauer Str. 13, 03048 Cottbus

Tel. +49 (0) 355 47 70-1 50, Fax +49 (0) 355 47 70-1 53,

E-Mail: Dieter.Werner@arcus-pb.de

VDI Dresdner Bezirksverein

BÖSCHE, T., Dr.-Ing., Curbach Bösche Ingenieurpartner, Helmholtzstr. 3b, 01069 Dresden
Tel. +49 (0) 351 4667677, Fax +49 (0) 351 4667679, E-Mail: mailbox@cbing.de

VDI Emscher-Lippe Bezirksverein

KUNZE, W., Dipl.-Ing., Humperdinckstr. 75, 45657 Recklinghausen
Tel. +49 (0) 2361/14066, Fax +49 (0) 209 601 3295,
E-Mail: wolfgang.kunze@eon-engineering.com

VDI Bezirksverein Frankfurt/Darmstadt

FLICKE, H., Prof. Dipl.-Ing., Udalrichstr. 18, 64646 Heppenheim
Tel. +49 (0) 6252 7 12 34 + 7 10 34, (nur Mittwoch) Fax +49 (0) 6252 7 10 33/35
E-Mail: harald.flicke@t-online.de+ flicke@fb10.fh-frankfurt.de (nur Mittwoch)

VDI Hallescher Bezirksverein

TWARDY, Sabine, Dipl.-Ing., Ingenieurbüro für Tragwerksplanung, Feuerbachstr. 24,
04105 Leipzig Tel. +49 (0) 341 9 80 57 97, Tel. +49 (0) 341 9 83 13 45,
 E-Mail: s.twardy@t-online.de

VDI Hamburger Bezirksverein

ZIPELIUS, J. U., Prof. Dipl.-Ing., Lehrstuhl Baustoffe/Material + Bauphysik,
Hochschule für Bildende Künste, Lerchenfeld 2, 22083 Hamburg
Tel. +49 (0) 40 20 97 02 03, Fax +49 (0) 40 20 97 02 04, E-Mail: Jens.zipelius@t-online.de

LINDEMANN, C., Dipl.-Ing. (FH), Mühlenbogen 31, 21493 Schwarzenbek
Tel. +49 (0) 40 4 28 47-28 97 (Büro), Tel. +49 (0) 41 51 89 40 25
E-Mail: Christoph@computerkunst.de, christoph.lindemann@bsu.hamburg.de

VDI Hannoverscher Bezirksverein

ACHILLES, M., Dr.-Ing., Eichendorffstr. 3 H, 30916 Isernhagen, Tel. +49 (0) 511 49 82 76
Tel. +49 (0) 511/2603565, E-Mail: markus@achilles-net.de
LEMMERMEYER, T., Dipl.-Ing. Univ., Hakenstr. 2, 31582 Nienburg
Tel. +49 (0) 5021/601713, Fax +49 (0) 5021/601735,
E-Mail: lemmermeyer@bkm-bau.de

VDI Karlsruher Bezirksverein

SCHLÜTER, F.-H., Dr.-Ing., Ingenieure im Bauwesen GbR, ehem. Prof. Eibl + Partner,
Stephanienstr. 102, 76133 Karlsruhe,
Tel. +49 (0) 721 9 13 19-33, Fax +49 (0) 721 9 13 19-99 E-Mail: fh-schlueter@iibw.de

VDI Kölner Bezirksverein

BECKER, W., Dipl.-Ing., Küttler + Partner GbR, Ostmerheimer Str. 198, 51109 Köln
Tel. +49 (0) 221 96 36 29-0, Fax +49 (0) 221 63 60 90 E-Mail: be@kup-koeln.de

VDI Bezirksverein Leipzig

TWARDY, Sabine, Dipl.-Ing., Ingenieurbüro für Tragwerksplanung, Feuerbachstr. 24,
04105 Leipzig Tel. +49 (0) 341 9 80 57 97, Tel. +49 (0) 341 9 83 13 45,
E-Mail: s.twardy@t-online.de

VDI Lenne Bezirksverein

N.N.

VDI Magdeburger Bezirksverein

SCHLÖMP, S.-H., Dipl.-Ing., M.Sc., M.Eng., PGI Planungsbüro GmbH, Maxim-Gorki-Str. 16,
39108 Magdeburg, Tel. +49 (0) 391 3004230, Fax +49 (0) 391 3004237
E-Mail: schloemp-vdi@gmx.de

VDI Mittelrheinischer Bezirksverein

STRATE, J., Dipl.-Ing., Rheinufer 27, 56322 Spay, Tel. +49 (0) 2628/986898
(nach 18.00 Uhr), Tel. +49 (0) 176 22 23 36 53 (tagsüber), E-Mail: strate.juergen@vdi.de

VDI Moselbezirksverein

BEITZEL, H., Prof. Dr.-Ing., Institut für Bauverfahrens- und Umwelttechnik, Wissenschafts-
park Trier, Max-Planck-Str. 24, 54296 Trier, Tel: +49 (0) 651/9917155, Fax +49 (0)
651/1451794, E-Mail: lewandowski@ibu-trier.de, Internet www.ibu-trier.de

VDI Bezirksverein München, Ober- u. Niederbayern

ZILCH, K., Prof. Dr.-Ing., TU München – Lehrstuhl für Massivbau, Theresienstr. 90,
Geb. N6, Zimmer N1615, 80333 München, Tel. +49 (0) 89 2 89-23038, Fax +49 (0) 89 289-2
3046, E-Mail: k.zilch@mb.bv.tum.de, massivbau@mb.bv.tum.de

VDI Münsterländer Bezirksverein

FUNKE, G., Dipl.-Ing., Schlagholz 34, 48165 Münster

Tel. +49 (0) 2501/4991, Tel. +49 (0) 251/7601545,

Fax +49 (0) 251/7601565, E-Mail: funke.guenther@oevermann.com

VDI Niederrheinischer Bezirksverein

SCHÜßLER, N., Dipl.-Ing., Schüßler-Plan Ingenieurgesellschaft für Bau- und

Verkehrswegeplanung mbH, St.-Franziskus-Str. 148, 40470 Düsseldorf

Tel. +49 (0) 211 6102-103, Fax +49 (0) 211 6102-199 E-Mail: nschuessler@spig.com

VDI Nordbadisch-Pfälzischer Bezirksverein

HERBOLD, Timo, Dipl.-Ing. (FH), Münzstr. 2, 76855 Annweiler, Tel. +49 (0) 621 702299,

Fax +49 (0) 621 792158, Mobil: +49 (0) 174 3440983, E-Mail: herboldtimo@aol.com

VDI Nordhessischer Bezirksverein

EISFELD, M. Dr.-Ing. MSc., Eisfeld Ingenieure, Wilhelmshöher Allee 306 b, 34131 Kassel,

Tel. 0561/32803, Fax: 0561/37742, E-Mail: michael.eisfeld@e3p.de, Internet: www.e3p.de

VDI Osnabrücker Bezirksverein

ROHLING, K., Dipl.-Ing., Am Pingelstrang 64 A, 49134 Wallenhorst,

Tel. +49 (0) 5407/30169, E-Mail: rohling.klemens@pbr.de

VDI Rheingau Bezirksverein

TRUSS, W., Ing., Kapellenstr. 27, 65439 Flörsheim, Tel. +49 (0) 6145 6869,

Fax +49 (0) 6145/53602, E-Mail: truss-ing-buero@t-online.de

VDI Ruhrbezirksverein

DRESENKAMP, H., Dr.-Ing., Spillheide 23, 45239 Essen, Tel. +49 (0) 201 40 34 67,

Fax +49 (0) 201/40 84 51 E-Mail: dresenkamp@t-online.de

VDI Bezirksverein Schwarzwald

HEINE, A., Eisenbahnstr. 1, 77966 Kappel-Grafenhausen, Tel. +49 (0) 78 22 7 64 91, Fax +49

(0) 78 22 86 67 12, E-Mail: HygroScan@t-online.de, info@hygroscan.de

VDI Siegener Bezirksverein

VETTER, E., Dipl.-Ing., Salveter-Vetter, Ingenieurbüro für Bauwesen, Marktplatz 2,
57250 Netphen, Tel. +49 (0) 2738/3050, Fax +49 (0) 2738/305013,
E-Mail: eike.vetter@web.de

VDI Teutoburger Bezirksverein

JUNGK, R., Dipl.-Ing., C. Stühmeyer GmbH + Co. KG, Lübbecker Str. 24, 32584 Löhne,
Tel. +49 (0) 5732/ 33 68, Fax +49 (0) 5732/126 40, E-Mail: c.stuehmeyer@t-online.de

VDI Thüringer Bezirksverein

ELLINGER, W., Dr.-Ing., Abraham-Lincoln-Str. 43, 99427 Weimar, Tel. +49 (0) 3643/ 2029
14, Fax: +49 (0) 3643/513220, E-Mail: ellinger-wolfgang@t-online.de

VDI Unterweser Bezirksverein

HONKEN, R., Dipl.-Ing., Kastanienweg 22, 27578 Bremerhaven, Tel. +49 (0) 471/61312

VDI Westfälischer Bezirksverein

ÖTES, A. Univ.-Prof. Dr.-Ing., Universität Dortmund, Lehrstuhl für Tragkonstruktionen,
44221 Dortmund, Tel. +49 (0) 231 7552077, Fax +49 (0) 2317/553420,
E-Mail: oetes@bauwesen.uni-dortmund.de

VDI Westsächsischer Bezirksverein

MÖCKEL, W., Dr.-Ing., UNGER Boden-Systeme GmbH, Donauwörther Str. 2,
09114 Chemnitz, Tel. +49 (0) 371 369 85-0, Fax +49 (0) 371 3698 5-40,
E-Mail: boden-systeme@unger-firmengruppe.de, Internet: www.bautechnikforum.de

VDI Württembergischer Ingenieurverein

BEICHE, H., Prof. Dipl.-Ing., Stuttgart
Tel. +49 (0) 711/1 31 63-0

VDI-Mitgliedschaft und Beiträge

- Ordentliche VDI-Mitglieder können werden: Ingenieure und Naturwissenschaftler mit abgeschlossener Hochschulausbildung (Uni/TH/FH) und Personen, die gemäß den deutschen Ingenieurgesetzen zur Führung der Berufsbezeichnung Ingenieur berechtigt sind.

- Ordentliche VDI-Mitglieder haben bis zum 33. Lebensjahr Anspruch auf Einstufung als Jungmitglied mit reduzierten Mitgliedsbeiträgen.
- Studierende VDI-Mitglieder können Studenten aller technischen und naturwissenschaftlichen Fachrichtungen vom 1. Semester an werden.
- Außerordentliche VDI-Mitglieder können Personen werden, die an einer aktiven Mitarbeit im VDI interessiert sind. Der Nachweis eines Studiums ist nicht erforderlich.
- Ordentliche VDI-Mitglieder (auch Jungmitglieder) sind berechtigt, die Initialen VDI unmittelbar hinter dem Nachnamen zu führen.
- Für "Doppelmitglieder" und "Altmitglieder" (Hinweise durch die VDI-Mitgliedsabteilung) gelten ermäßigte Beiträge.

Jährlicher Mitgliedsbeitrag	EUR
Ordentliche und Außerordentliche Mitglieder	€120,00
Reduzierte Beiträge: Studierende Mitglieder	€ 28,00
Jungmitglieder bis 30. Lebensjahr + Pensionierte Mitglieder	€ 60,00
Jungmitglieder bis 33. Lebensjahr + Doppelmitglieder	€ 90,00
Altmitglieder	€ 40,00
1. Zuordnung	kostenfrei
2. Zuordnung (jährlicher Zusatzbeitrag)	€ 12,00
Zuordnung und weitere je (jährliche Zusatzbeitrag)	€ 24,00

Der VDI-Mitgliedsbeitrag ist steuerlich absetzbar, entweder unter "Werbungskosten" oder unter "Sonderausgaben".

Veröffentlichungen

Die folgende Aufzählung beschränkt sich auf aktuelle Veröffentlichungen, die von der VDI-Gesellschaft Bautechnik herausgegeben wurden. Ein Verzeichnis der VDI-Schriftenreihen (VDI-Berichte und VDI-Fortschrittsberichte) kann kostenlos angefordert werden beim VDI-Verlag GmbH, Postfach 101054, 40001 Düsseldorf, Tel. +49 (0) 211 6 18 84 59, Fax +49 (0) 211 6 18 81 33, E-Mail pkoether@vdi-nachrichten.com.

Ein Verzeichnis über das VDI-Buchprogramm, das seit Januar 1997 beim Springer-Verlag erscheint, kann kostenlos angefordert werden beim Springer-Verlag Heidelberg GmbH & Co. KG, Kundenservice Bücher, Haberstr. 7, 69126 Heidelberg, Tel. +49 (0) 62 21 3 45-0, Fax +49 (0) 62 21 3 45-2 29 und kundenservice@springer.de

Kostenlose Hinweisblätter

Aufgrund häufiger Anfragen hält die VDI-Bau drei ständig aktualisierte Merkblätter bzw. Übersichten zu folgenden Themen bereit:

- Berufsbild des Bauingenieurs (pdf-Datei)
- Literaturverzeichnis zum Berufsbild des Bauingenieurs - Ausbildung, Aufgaben, Tätigkeitsfelder, Karriere, Berufseinstieg
- Übersicht mit den Homepages aller Hochschulen (Universitäten, Gesamthochschulen, Fachhochschulen), an denen man Bauingenieurwesen studieren kann

Faltblatt über das Fraunhofer-IRB

Fraunhofer-Informationszentrum Raum und Bau (IRB), Nobelstr. 12, 70569 Stuttgart, Tel. +49 (0) 711 9 70-25 00 oder -26 00, Fax +49 (0) 711 9 70-25 08 oder -29 00, E-Mail: irb@irb.fhg.de

Bei dieser Institution handelt es sich um die führende deutsche Dienstleistungseinrichtung für den Wissenstransfer zum Planen und Bauen. Es arbeitet national und international mit vielen Stellen zusammen und betreibt die weltweit größten Datenbanken für Baufachliteratur. VDI-Mitglieder genießen erhebliche Vorteile bei der Nutzung von Dienstleistungen des IRB. Nähere Angaben findet man unter folgenden Homepages: www.baufachinformation.de und www.irbbuch.de.

Jahrbücher der VDI-Gesellschaft Bautechnik

Seit 1989 erscheinen die Jahrbücher exklusiv für Mitglieder mit Zuordnung zur VDI-Gesellschaft Bautechnik, ca. 500 Seiten, DIN-A5, gebunden.

Aktuelle VDI-Berichte

Nr.	Thema	Preis
2034	Fassaden – Blick in die Zukunft [*)	58,00 €
	Düsseldorf 2008, 140 Seiten; ISBN-Nr. 978-3-18-092034-4	
2025	Verfahrenstechnik im Ingenieurbau-Neue Entwicklungen bei Bauverfahren, Bauhilfsmitteln und Baustoffen für Neubau, Instandhaltung und Instandsetzung der Infrastruktur [*)	58,00 €
	Darmstadt 2008, 232 Seiten; ISBN-Nr. 978-3-18-092025-2	

2007	Welt in Bewegung – Mobilität verbindet [*]	42,00 €
	Mannheim, 2007, 142 Seiten, 66 Abbildungen	
	ISBN-Nr. 978-3-18-092007-8	

1970	Bauen mit innovativen Werkstoffen*)	58,00 €
	Leonberg, 2007, 334 Seiten, 206 Abbildungen	
	ISBN-Nr. 978-3-18-091970-6	

1936	Bürogebäude der Zukunft*)	42,00 €
	Hamburg, 2006, 142 Seiten, 131 Abbildungen	
	ISBN-Nr. 3-18-091936-1	

1941	Baudynamik*)	159,00 €
	Kassel, 2006, 821 Seiten DIN B5	
	mit zahlreichen Abbildungen, inkl. CD ROM,	
	ISBN-Nr. 3-18-091941-8	

1933	Bauen mit Glas – Transparente Werkstoffe im Bauwesen*)	90,00 €
	Baden-Baden, 2006, 426 Seiten DIN B5	
	mit 379 Abbildungen, ISBN-Nr. 3-18-091933-7	
1902	Durchsetzung und Abwehr von Nachträgen bei Bauleistungen*)	42,00 €
	Tagung Düsseldorf 2005, ca. 120 Seiten DIN A5	

*) Auf die Preise erhalten VDI-Mitglieder einen Nachlass von 10 %.

Fachzeitschrift „Bauingenieur"

Die Fachzeitschrift „Bauingenieur" ist Organ der VDI-Gesellschaft Bautechnik und erscheint monatlich im Springer-VDI-Verlag GmbH & Co. KG, Düsseldorf. Berichterstattung und Aufsätze erstrecken sich auf das gesamte Gebiet des Bauwesens, insbesondere aber auf den Konstruktiven Ingenieurbau, den Baubetrieb und Bauinformatik. VDI-Mitgliedern mit Zuordnung zur VDI-Gesellschaft Bautechnik wird ein Nachlass von 50% auf den Abonnementsbezugspreis gewährt. Bei studentischen VDI-Mitgliedern beträgt der Nachlass sogar 75%. Bestellungen bitte nur an die Geschäftsstelle der VDI-Gesellschaft Bautechnik richten (Probeexemplar kostenlos).

Fachzeitschrift „Der Bausachverständige"

Die Fachzeitschrift „Der Bausachverständige – Zeitschrift für Bauschäden, Grundstückswert und gutachterliche Tätigkeit" erfüllt die speziellen Informationsbedürfnisse des Bausachverständigen und bietet qualifizierte Beiträge für Fachleute aus allen Bereichen des Bauwesens und der Grundstückswertermittlung. VDI-Mitglieder erhalten einen Nachlass von 20%.

Der Verein Deutscher Ingenieure (VDI) – ein Überblick

Der VDI ist mit rund 135.000 persönlichen Mitgliedern (Ingenieure und Naturwissenschafter aller Fachrichtungen) der größte technisch-wissenschaftliche Ingenieurverein Deutschlands. Der VDI ist gemeinnützig, arbeitet unabhängig von einzelwirtschaftlichen Interessen und ist politisch neutral. Ihm gehören Ingenieure und Naturwissenschaftler aller Fach- und Ausbildungsrichtungen an. Seit seiner Gründung im Jahre 1856 hat sich der VDI einen hervorragenden Ruf als eine in allen technischen und berufspolitischen Fragen kompetente Ingenieur-Organisation in Wirtschaft, Wissenschaft, Politik und Gesellschaft erworben.

Technik-Wissenstransfer ist eine primäre Zielsetzung der Arbeit des VDI. Sein enormes technisches Wissen in den verschiedensten Branchen und übergreifenden Bereichen sowie in der Ingenieurförderung generiert er aus dem Netzwerk seiner Mitglieder und Kooperationspartner sowie in Zusammenarbeit mit Wirtschaft und Wissenschaft. Dieses Wissen stellt er diesen Zielgruppen sowie anderen Technikinteressierten in Form von zum Beispiel Beratungsleistungen, Broschüren, Seminaren, Tagungen, VDI-Richtlinien, Messen u. v. m. wiederum zur Verfügung. Dieses duale Netzwerk (Nukleus des Wissens) – einerseits mit einem enormen Wissen und andererseits einer Vielzahl interessantester, persönlicher Beziehungsgeflechte – wird in Zukunft noch stärker im Vordergrund aller Aktivitäten des VDI stehen.

Die 22 Fachgesellschaften – darunter die VDI-Gesellschaft Bautechnik – und 5 Kompetenzfelder bilden das Herzstück der technisch-wissenschaftlichen Arbeit. Sie ermöglichen die besondere professionelle und persönliche Betreuung seiner VDI-Mitglieder. Hier zeigt sich der VDI als Kompetenzträger und Expertennetz. Technologieszenarien werden entwickelt, das Expertennetz weiter ausgebaut und Kooperationen mit Fachmessen und ausländischen Organisationen intensiviert.

Die übergeordneten gesellschaftspolitischen Interessen der Ingenieure werden durch den VDI- Bereich „Beruf und Gesellschaft" wahrgenommen. Dort werden u.a. die Gebiete Berufs- und Standesfragen, Ingenieuraus- und -weiterbildung, Technikbewertung, Technik und Recht, Technikgeschichte behandelt. Regional gliedert sich der VDI in 45 Bezirksvereine.

Durch die neue Struktur und Gliederung in einzelne GmbHs kann der VDI künftig stärker expandieren und seine Position als führender Meinungsbildner in technikrelevanten und berufspolitischen Themenfeldern ausbauen.

Mehrere kommerziell organisierte Beteiligungsgesellschaften bzw. Dienstleistungsbereiche, wie VDI-Verlag GmbH, Springer-VDI-Verlag GmbH & Co. KG, VDI-Wissensforum IWB GmbH, VDI-Versicherungsdienst GmbH, VDI-Projekt und Service GmbH sowie zwei Technologiezentren unterstützen die technisch-wissenschaftliche Gemeinschaftsarbeit des VDI.

Das oberste Lenkungsgremium des VDI ist das Präsidium des VDI

Prof. Dr.-Ing. habil. Bruno O. Braun, Präsident

Dr.-Ing. Willi Fuchs, Direktor und geschäftsführendes Mitglied des Präsidiums

Dipl.-Ing. Joachim Möller, Vorsitzender Berufspolitischer Beirat

Prof. Dr.-Ing. Rainer Hirschberg, Vorsitzender Beirat VDI-Bezirksvereine

Prof. Dr.-Ing. Bernd-Robert Höhn, Vorsitzender des Wissenschaftlichen Beirates des VDI

Dipl.-Ökonom Peter Urban, Vorsitzender Finanzbeirat

Hinweis: Ausführliche Informationen über den VDI beinhaltet der aktuelle VDI-Tätigkeitsbericht, der kostenlos angefordert werden kann. Darüber hinaus geben einzelne Bereiche des VDI gesonderte Informationsbroschüren heraus.

Ansprechpartner im VDI

Verein Deutscher Ingenieure e.V., VDI-Gesellschaft Bautechnik

Dipl.-Ing. Reinhold Jesorsky, Geschäftsführer, Tel. +49 (0) 2 11 62 14-3 13, jesorsky@vdi.de

Heidemarie Krey, Sekretärin, Tel. +49 (0) 211 62 14-2 51, E-Mail bau@vdi.de

VDI KundenCenter, montags bis freitags 8:00 bis 18:00 Uhr,

Telefon: + 49 (0) 211 62 14-0, E-Mail kundencenter@vdi.de

VDI Technik und Wissenschaft ,

Tel. +49 (0) 211 62 14-2 97, E-Mail technik-und-wissenschaft@vdi.de

VDI Beruf und Gesellschaft,

E-Mail bg@vdi.de, Beruf und Karriere, Tel. +49 (0) 211 62 14-2 72/-2 21

E-Mail karriere@vdi.de

VDI-Büro Berlin,

Tel. +49 (0) 30 27 59 57 0 E-Mail vdiberlin@vdi.de

VDI-Büro Brüssel

Tel. +32 (0) 25 00-89 65 E-Mail bruxelles@vdi.de

VDI Mitgliederservice

Tel. + 49 (0) 211 62 14-0, E-Mail mitgliederservice@vdi.de

Mitgliedsabteilung

Tel. + 49 (0) 211 62 14-6 00, E-Mail mitgliedsabteilung@vdi.de

VDI nachrichten Leserservice

Tel. +49 (0) 211 61 88-12 2, E-Mail ukoehn@vdi-nachrichten.com

VDI-Ingenieurhilfe e.V.

Tel. +49 (0) 211 62 14-2 69/2 82

VDI-Richtlinien

Tel. +49 (0) 211 62 14-339, E-Mail vdi-richtlinien@vdi.de

Mitgliederentwicklung der VDI-Gesellschaft Bautechnik

(Stand seit 2001 jeweils per 1. Januar)

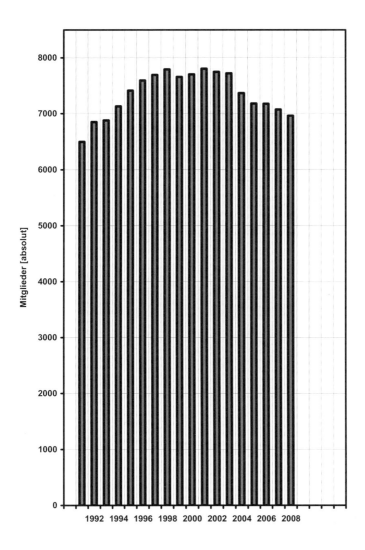

Antwort-Formblatt

bitte abtrennen und senden an

Fax-Nr. +49 (0) 211/6214-177

VDI-Gesellschaft Bautechnik

Postfach 10 11 39

40002 Düsseldorf

Absender

Name: ....

Vorname: ....

Titel: ....

Straße: ....

PLZ/Ort: ....

Mitgliederwerbung

❏ Als möglichen Interessenten an der VDI-Mitgliedschaft benenne ich:

Name, Vorname: ....Titel: ....

Straße/PLZ/Ort: ....

❏ Als Werbeprämie wähle ich ggf. (s. Anlage zur letzten Beitragsrechnung):

....

Einladungen/Programme/Informationen

❏ Bitte senden Sie mir Einladungen/Programme zu Veranstaltungen, Tagungen oder Seminaren usw. bezüglich der umseitig vermerkten Interessensgebiete

❏ Bitte senden Sie mir Informationen über Aufbau und Arbeitsweise des VDI und der VDI-Gesellschaft Bautechnik, Beitragssätze, Leistungsangebot usw.

Fachzeitschrift „Bauingenieur", Organ der VDI-Bau im Springer-VDI-Verlag Düsseldorf

❏ Bitte senden Sie mir ein kostenloses Probeexemplar

Fachzeitschrift „Der Bausachverständige" – Zeitschrift für Bauschäden, Grundstückswert und gutachterliche Tätigkeit"

❏ Bitte senden Sie mir ein kostenloses Probeexemplar

Bücherbestellungen, insbesondere VDI-Berichte

Für VDI-Mitglieder ermäßigen sich die angegebenen Preise um 10%.

....

....

....

_____

(Ort / Datum)   (Unterschrift)

Damit wir Sie künftig noch gezielter informieren können, kreuzen Sie bitte Ihre Stellung im Beruf, den Wirtschaftszweig, Ihre Tätigkeitsmerkmale und Ihre Interessengebiete an:

Berufliche Stellung	Interessengebiete
☐ Student	☐ Baubetrieb/Bauwirtschaft (I30B)
☐ Pensionär/Rentner	☐ Bauen im Bestand (I300077)
☐ Angestellter/Beamter	
☐ Freiberufler/Unternehmer	☐ Bauen mit Textilien (I301102)
☐ Architekt (Kammermitglied)	☐ Bauinformatik (I300053)
☐ Prüfingenieur für Baustatik	☐ Baumanagement (I301030)
☐ Hochschullehrer	
☐ Sonstige (z. B. arbeitslos)	☐ Baumaschinentechnik (I301028)
	☐ Bauplanung (I30P)
	☐ Baustoffkunde/Bauphysik (I301036)
	☐ Bausachverständigenwesen (I300017)
Wirtschaftszweig/Branche	☐ Bauvertragswesen (I300015)
☐ Ingenieur-/Planungsbüros	☐ Betonbau/Massivbau (I300073)
☐ Bauindustrie (Bauhauptgewebe)	☐ Brandschutz, baulicher (I301037)
☐ Öffentlicher Dienst, Gebietskörperschaften, z. B. Bauverwaltung, Deutsche Bundesbahn, Hochschule usw.	☐ Fassadentechnik (I301026)
	☐ Grundbau/Geotechnik (I301101)
☐ Produzierndes Gewerbe, Handel, Versicherungen	☐ Hochbau/Städtebau (I301027)
☐ Sonstige	☐ Holzbau (I300076)
	☐ Industriebau (I30I)
	☐ Ingenieurbau, konstruktiver (I30K)

Tätigkeitsmerkmale

☐ Bauplanung, Beratung

☐ Bauausführung, Baubetrieb

☐ Betrieb, Überwachung, Instandhaltung

☐ Lehre, Forschung, Entwicklung

☐ Sonstige (z. B. Projektsteuerung)

☐ Schalungstechnik (I300016)

☐ Stahlbau (I300074)

☐ Umwelttechnik im Bauwesen (I301032)

☐ Verbundbau (I300075)

☐ Vermessungswesen (I301038)

☐ Wasserbau/Wasserwirtschaft (I30W)

Jahrbuch der VDI-Gesellschaft Bautechnik

Für die nächste Ausgabe des Jahrbuchs wünsche ich mir

☐ Beiträge zu folgenden Themen:

☐ folgende Verbesserungen:

Arbeit des VDI (Technik und Wissenschaft, Beruf und Gesellschaft, Wissensforum, Verlag und VDI nachrichten, Bezirksvereine, Versicherungsdienst usw.):

☐ ich bin unzufrieden mit

☐ ich wünsche mir

Teil V

Übersichten/
Tabellen/
Adressen

Homepages der Universitäten, Gesamthochschulen und Fachhochschulen mit Studiengängen Bauingenieurwesen

Universitäten		Homepage
RWTH	Aachen	www.rwth-aachen.de
Technische Universität	Berlin	www.tu-berlin.de
Ruhr-Universität	Bochum	www.ruhr-uni-bochum.de
Technische Universität	Braunschweig	www.tu-braunschweig.de
Brandenburgische TU	Cottbus	www.tu-cottbus.de
Technische Universität	Darmstadt	www.tu-darmstadt.de
Universität	Dortmund	www.uni-dortmund.de
Technische Universität	Dresden	www.tu-dresden.de
Universität Duisburg-Essen	Duisburg-Essen	www.uni-due.de
Technische Universität	Hamburg-Harburg	www.tuhhg.de
Universität	Hannover	www.uni-hannover.de
Universität	Kaiserslautern	www.uni-kl.de
Universität TH	Karlsruhe	www.uni-karlsruhe.de
Universität	Kassel	www.uni-kassel.de
Universität	Leipzig	www.uni-leipzig.de
Universität Lüneburg	Suderburg	www.uni-lueneburg.de
Technische Universität	München	www.tu-muenchen.de
Universität der Bundeswehr	München (Neubiberg)	www.unibw-muenchen.de
Universität	Siegen	www.uni-siegen.de
Universität	Stuttgart	www.uni-stuttgart.de
Bauhaus Universität	Weimar	www.uni-weimar.de
Bergische Universität	Wuppertal	www.uni-wuppertal.de

Fachhochschulen		Homepage
FH Aachen	Aachen	www.fh-aachen.de
FH Augsburg	Augsburg	www.fh-augsburg.de
Technische FH Berlin	Berlin	www.tfh-berlin.de
FH für Technik und Wirtschaft	Berlin	www.fhtw-berlin.de
FH Biberach	Biberach	www.hochschule-biberach.de
FH Bielefeld/Minden	Minden	www.fh-bielefeld.de
FH Bochum	Bochum	www.fh-bochum.de
Hochschule Bremen (FH)	Bremen	www.hs-bremen.de
Hochschule21	Buxtehude	www.hs21.de
FH Coburg	Coburg	www.fh-coburg.de
FH Lausitz	Cottbus	www.fh-lausitz.de
FH Darmstadt	Darmstadt	www.fh-darmstadt.de
FH Deggendorf	Deggendorf	www.fh.deggendorf.de
FH Lippe und Höxter	Detmold	www.fh-luh.de
Hochschule für Technik und Wirtschaft Dresden (FH)	Dresden	www.htw-dresden.de
FH Kiel	Eckernförde	www.fh-kiel.de

FH Erfurt	Erfurt	www.fh-erfurt.de
FH Frankfurt	Frankfurt	www.fh-frankfurt.de
FH Gießen-Friedberg	Gießen	www.fh-giessen-friedberg.de
HafenCity-Universität (HCU)	Hamburg	www.haw-hamburg.de
FH Hildesheim-Holzminden-Göttingen	Hildesheim	www.hawk-hhg.de
FH Kaiserslautern	Kaiserslautern	www.fh-kl.de
Hochschule Karlsruhe - Technik und Wirtschaft	Karlsruhe	www.hs-karlsruhe.de
FH Koblenz	Koblenz	www.fh-koblenz.de
FH Köln	Köln	www.fh-koeln.de
HTWG Konstanz	Konstanz	www.bi-htwg-konstanz.de
Hochschule für Technik, Wirtschaft und Kultur Leipzig	Leipzig	www.htwk-leipzig.de
FH Lübeck	Lübeck	www.fh-luebeck.de
Hochschule Magdeburg-Stendal (FH)	Magdeburg	www.hs-magdeburg.de
FH Mainz	Mainz	www.fh-mainz.de
FH Bielefeld	Minden	www.fh-bielefeld.de
FH München	München	www.fhm.edu
FH Münster	Münster	www.fh-Muenster.de
FH Neubrandenburg	Neubrandenburg	www.hs-nb.de
FH Hannover	Nienburg	www.fh-hannover.de
Georg-Simon-Ohm-FH	Nürnberg	www.fh-nuernberg.de
FH Oldenburg/Ostfriesland/Wilhelmshaven	Oldenburg	www.fh-oow.de
FH Potsdam	Potsdam	www.fh-potsdam.de
FH Regensburg	Regensburg	www.fhr.de
HTW Hochschule für Technik und Wirtschaft des Saarlandes	Saarbrücken	www.htw.-saarland.de
FH Stuttgart Hochschule für Technik	Stuttgart	www.fht-stuttgart.de
FH Trier	Trier	www.fh-trier.de
FH Wiesbaden	Wiesbaden	www.fh-wiesbaden.de/
FH Wismar	Wismar	www.hs-wismar.de
FHWS Würzburg-Schweinfurt	Würzburg	www.fh-wuerzburg.de
Hochschule Zittau/Görlitz	Zittau	www.hs.zigr.de

Berufsakademien

Berufsakademie Sachsen – Staatliche Studienakademie Glauchau	Glauchau	www.ba-glauchau.de

Stand: 02/2008

673

DIN Deutsches Institut für Normung e. V.
Normenausschuss Bauwesen (NABau)

Neue DIN-Taschenbücher Bauwesen
Zeitraum: 1. Juli 2007 bis 30. Juni 2008

Nr.	Titel	Ausgabe	Preis/€
5	Beton- und Stahlbeton-Fertigteile	2007-10	150,00
35	Schallschutz 1 – Anforderungen, Nachweise, Berechnungsverfahren	2008-03	98,90
38	Bauplanung	2008-01	156,00
73	Estricharbeiten, Gussasphaltarbeiten VOB/STLB-Bau – VOB Teil B: DIN 1961, VOB Teil C: ATV DIN 18353, ATV DIN 18354	2007-08	150,00
74	Parkettarbeiten, Bodenbelagsarbeiten, Holzpflasterarbeiten VOB/STLB-Bau – VOB Teil B: DIN 1961, VOB Teil C: ATV DIN 18356, ATV DIN 18365, ATV DIN 18367	2007-08	148,10
75	Erdarbeiten, Verbauarbeiten, Ramm-, Rüttel- und Pressarbeiten, Einpressarbeiten, Nassbaggerarbeiten, Untertagebauarbeiten VOB/STLB-Bau/STLK – VOB Teil B: DIN 1961, VOB Teil C: ATV DIN 18300, ATV DIN 18303, ATV DIN 18304, ATV DIN 18309, ATV DIN 18311, ATV DIN 18312	2007	150,00
76	Verkehrswegebauarbeiten VOB/STLB-Bau/STLK – Oberbauschichten ohne Bindemittel, Oberbauschichten mit hydraulischen Bindemitteln, Oberbauschichten aus Asphalt – Pflasterdecken, Plattenbeläge und Einfassungen – VOB Teil B: DIN 1961, VOB Teil C: ATV DIN 18315, ATV DIN 18316, ATV DIN 18317, ATV DIN 18318	2007-08	140,80

Nr.	Titel	Ausgabe	Preis/€
77	Mauerarbeiten VOB/STLB-Bau/STLK – VOB Teil B: DIN 1961, VOB Teil C: ATV DIN 18330	2008	150,00
81	Landschaftsbauarbeiten VOB/STLB-Bau/STLK – VOB Teil B: DIN 1961, VOB Teil C: ATV DIN 18300, ATV DIN 18315, ATV DIN 18317, ATV DIN 18318, ATV DIN 18320, ATV DIN 18332, ATV DIN 18333	2007-10	135,00
82	Tischlerarbeiten VOB/STLB-Bau – VOB Teil B: DIN 1961, VOB Teil C: ATV DIN 18355	2007-08	146,00
85	Raumlufttechnische Anlagen VOB/STLB-Bau – VOB Teil B: DIN 1961, VOB Teil C: ATV DIN 18379	2008	150,00
88	Entwässerungskanalarbeiten, Druckrohrleitungsarbeiten im Erdreich, Dränarbeiten, Sicherungsarbeiten an Gewässern, Deichen und Küstendünen VOB/STLB-Bau – VOB Teil B: DIN 1961, VOB Teil C: ATV DIN 18306, ATV DIN 18307, ATV DIN 18308, ATV DIN 18310	2007-08	125,30
91	Bohrarbeiten, Brunnenbauarbeiten, Wasserhaltungsarbeiten VOB/STLB-Bau/STLK – VOB Teil B: DIN 1961, VOB Teil C: ATV DIN 18301, ATV DIN 18302, ATV DIN 18305	2007	148,00
94	Fassadenarbeiten – Vorgehängte hinterlüftete Fassaden VOB/STLB-Bau – VOB Teil B: DIN 1961, VOB Teil C: ATV DIN 18351	2007-10	150,00
97	Maler- und Lackiererarbeiten, Beschichtungen VOB/STLB-Bau – VOB Teil B: DIN 1961, VOB Teil C: ATV DIN 18363	2007-08	148,00
134	Sporthallen und Sportplätze	2007-10	150,00

Nr.	Titel	Ausgabe	Preis/€
297	Feuerwehrwesen – Bauliche Anlagen, Einrichtungen, organisatorischer Brandschutz	2008-01	58,00
358	Gesteinskörnungen, Wasserbausteine, Gleisschotter, Füller – Prüfverfahren Einzelplatzversion – CD-ROM	2008	168,00
464	Verkehrswegebauarbeiten – Hydraulische Bindemittel und vorwiegend mineralische Baustoffe	2007-07	148,00
465	Verkehrswegebauarbeiten – Anwendungsregeln, vorwiegend mineralische Bauteile, andere Baustoffe und Bauteile	2007-07	134,00
468	Schallschutz 2 – Bauakustische Prüfungen	2008-03	152,50
471/1	Fenster und Türen – Anforderungen und Klassifizierungen	2008-06	71,60
471/2	Fenster und Türen – Prüfungen und Berechnungen	2008-04	121,70

DIN Deutsches Institut für Normung e. V.
Normenausschuss Bauwesen (NABau)

Neue DIN-Normen des NABau
Zeitraum: 1. Juli 2007 bis 30. Juni 2008

Dokumentnummer	Dokument-art	Ausgabe-datum	Titel	Preis €
N = Norm				
N-E = Norm-Entwurf				
VN = Vornorm				
TR = Andere Technische Regelwerke				
DIN 276-1/A1	N-E	2008-02-00	Kosten im Bauwesen – Teil 1: Hochbau / Achtung: Erscheinungsdatum 2008-02-11 *Vorgesehen als Änderung von DIN 276-1 (2006-11).	18,80
DIN 1045-2/A3	N-E	2008-01-00	Tragwerke aus Beton, Stahlbeton und Spannbeton – Teil 2: Beton – Festlegung, Eigenschaften, Herstellung und Konformität; Anwendungsregeln zu DIN EN 206-1; Änderung A3 / Achtung: Erscheinungsdatum 2008-01-08 *Vorgesehen als Änderung von DIN 1045-2 (2001-07).	49,00
DIN 1052/A1	N-E	2008-04-00	Entwurf, Berechnung und Bemessung von Holzbauwerken – Allgemeine Bemessungsregeln und Bemessungsregeln für den Hochbau; Änderung A1 / Achtung: Erscheinungsdatum 2008-04-28 *Vorgesehen als Änderung von DIN 1052 (2004-08).	76,30
DIN 1053-100	N	2007-09-00	Mauerwerk – Teil 100: Berechnung auf der Grundlage des semiprobabilistischen Sicherheitskonzepts	76,30
DIN 1054 Berichtigung 3	N	2008-01-00	Baugrund – Sicherheitsnachweise im Erd- und Grundbau, Berichtigungen zu DIN 1054:2005-01	0,00
DIN 1056	N-E	2007-10-00	Freistehende Schornsteine in Massivbauart – Tragrohr aus Mauerwerk – Berechnung und Ausführung / Achtung: Vorgesehen als Ersatz für DIN 1056 (1984-10).	59,90
DIN 1298	N-E	2007-10-00	Verbindungsstücke für Feuerungsanlagen – Rohre und Formstücke aus Metall für Abgase aus häuslichen Feuerstätten im Unterdruckbetrieb / Achtung: Vorgesehen als Ersatz für DIN 1298 (1978-07).	32,40
DIN 4030-1	N	2008-06-00	Beurteilung betonangreifender Wässer, Böden und Gase – Teil 1: Grundlagen und Grenzwerte	59,90
DIN 4030-2	N	2008-06-00	Beurteilung betonangreifender Wässer, Böden und Gase – Teil 2: Entnahme und Analyse von Wasser- und Bodenproben	59,90
DIN 4085	N	2007-10-00	Baugrund – Berechnung des Erddrucks	95,00
DIN 4108-10	N	2008-06-00	Wärmeschutz und Energie-Einsparung in Gebäuden – Teil 10: Anwendungsbezogene Anforderungen an Wärmedämmstoffe – Werkmäßig hergestellte Wärmedämmstoffe	81,90
DIN V 4133	VN	2007-07-00	Freistehende Stahlschornsteine	76,30
DIN 4140	N	2008-03-00	Dämmarbeiten an betriebstechnischen Anlagen in der Industrie und in der technischen Gebäudeausrüstung – Ausführung von Wärme- und Kältedämmungen	143,70
DIN 4301	N-E	2008-06-00	Eisenhüttenschlacke und Metallhüttenschlacke im Bauwesen / Achtung: Erscheinungsdatum 2008-06-02 *Vorgesehen als Ersatz für DIN 4301 (1981-04).	43,60
DIN 18012	N	2008-05-00	Haus-Anschlusseinrichtungen – Allgemeine Planungsgrundlagen	65,60
DIN 18014	N	2007-09-00	Fundamenterder – Allgemeine Planungsgrundlagen	59,90

Geschäftsstelle: Burggrafenstr. 6, Berlin-Mitte, Postanschrift: 10772 Berlin,
Telefon +49 30 2601-2501, Telefax +49 30 2601-1180
E-Mail: eckhard.vogel@din.de, Internet: http://www.nabau.din.de

Dokumentnummer	Doku-ment-art	Ausgabe-datum	Titel	Preis €
	N =	Norm		
	N-E =	Norm-Entwurf		
	VN =	Vornorm		
	TR =	Andere Technische Regelwerke		
DIN 18015-1	N	2007-09-00	Elektrische Anlagen in Wohngebäuden – Teil 1: Planungsgrundlagen	59,90
DIN 18015-3	N	2007-09-00	Elektrische Anlagen in Wohngebäuden – Teil 3: Leitungsführung und Anordnung der Betriebsmittel	37,90
DIN 18015-3 Berichtigung 1	N	2008-01-00	Elektrische Anlagen in Wohngebäuden – Teil 3: Leitungsführung und Anordnung der Betriebsmittel, Berichtigungen zu DIN 18015-3: 2007-09	0,00
DIN 18032-6	N-E	2008-03-00	Sporthallen – Hallen für Turnen und Spiele – Teil 6: Bauliche Maßnahmen für Einbau und Verankerung von Sportgeräten / Achtung: Erscheinungsdatum 2008-02-25 *Vorgesehen als Ersatz für DIN 18032-6 (1982-04).	54,30
DIN 18035-5	N	2007-08-00	Sportplätze – Teil 5: Tennenflächen	76,30
DIN 18036	N-E	2008-03-00	Eissportanlagen – Anlagen für den Eissport mit Kunsteisflächen – Grundlagen für Planung und Bau / Achtung: Erscheinungsdatum 2008-03-03 *Vorgesehen als Ersatz für DIN 18036 (1992-11).	95,00
DIN V 18073	VN	2008-05-00	Rollläden, Markisen, Rolltore und sonstige Abschlüsse im Bauwesen – Begriffe, Anforderungen	43,60
DIN 18124	N-E	2007-11-00	Baugrund, Untersuchung von Bodenproben – Bestimmung der Korndichte – Kapillarpyknometer, Weithalspyknometer, Gaspyknometer / Achtung: Vorgesehen als Ersatz für DIN 18124 (1997-07).	43,60
DIN V 18160-1 Beiblatt 1 Berichtigung 1	VN	2007-10-00	Abgasanlagen – Teil 1: Planung und Ausführung; Nationale Ergänzung zur Anwendung von Metall-Abgasanlagen nach DIN EN 1856-1, von Innenrohren und Verbindungsstücken nach DIN EN 1856-2, der Zulässigkeit von Werkstoffen und der Korrosionswiderstandsklassen, Berichtigungen zu DIN V 18160-1:2006-01	0,00
DIN 18160-5	N	2008-05-00	Abgasanlagen – Teil 5: Einrichtungen für Schornsteinfegerarbeiten – Anforderungen, Planung und Ausführung	49,00
DIN 18168-2	N	2008-05-00	Gipsplatten-Deckenbekleidungen und Unterdecken – Teil 2: Nachweis der Tragfähigkeit von Unterkonstruktionen und Abhängern aus Metall	32,40
DIN 18181/A1	N-E	2007-12-00	Gipsplatten im Hochbau – Verarbeitung; Änderung A1 / Achtung: Vorgesehen als Änderung von DIN 18181 (2007-02).	18,80
DIN 18182-1	N	2007-12-00	Zubehör für die Verarbeitung von Gipsplatten – Teil 1: Profile aus Stahlblech	32,40
DIN 18182-2	N-E	2008-06-00	Zubehör für die Verarbeitung von Gipskartonplatten – Teil 2: Schnellbauschrauben, Klammern und Nägel / Achtung: Erscheinungsdatum 2008-05-26 *Vorgesehen als Ersatz für DIN 18182-2 (1987-01), DIN 18182-3 (1987-01), DIN 18182-4 (1987-01)	37,90
DIN 18183-1	N	2008-01-00	Trennwände und Vorsatzschalen aus Gipsplatten mit Metallunterkonstruktionen – Teil 1: Beplankung mit Gipsplatten	59,90
DIN 18184	N-E	2007-10-00	Gipsplatten-Verbundelemente mit Polystyrol- oder Polyurethan-Hartschaum als Dämmstoff / Achtung: Vorgesehen als Ersatz für DIN 18184 (1991-06).	26,70
DIN 18195-2	N-E	2007-12-00	Bauwerksabdichtungen – Teil 2: Stoffe / Achtung: Vorgesehen als Ersatz für DIN 18195-2 (2000-08).	49,00
DIN 18218	N-E	2008-01-00	Frischbetondruck auf lotrechte Schalungen / Achtung: Erscheinungsdatum 2008-01-21 *Vorgesehen als Ersatz für DIN 18218 (1980-09).	54,30
DIN 18230-1	N-E	2008-06-00	Baulicher Brandschutz im Industriebau – Teil 1: Rechnerisch erforderliche Feuerwiderstandsdauer / Achtung: Erscheinungsdatum 2008-06-02 *Vorgesehen als Ersatz für DIN 18230-1 (1998-05).	117,00
DIN 18232-2	N	2007-11-00	Rauch- und Wärmefreihaltung – Teil 2: Natürliche Rauchabzugsanlagen (NRA); Bemessung, Anforderungen und Einbau	65,60
DIN 18232-7	N	2008-02-00	Rauch- und Wärmefreihaltung – Teil 7: Wärmeabzüge aus schmelzbaren Stoffen; Bewertungsverfahren und Einbau	86,50

Dokumentnummer	Doku-ment-art	Ausgabe-datum	Titel	Preis €
	N =	Norm		
	N-E =	Norm-Entwurf		
	VN =	Vornorm		
	TR =	Andere Technische Regelwerke		
DIN 18531-2	N-E	2007-08-00	Dachabdichtungen – Abdichtungen für nicht genutzte Dächer – Teil 2: Stoffe / Achtung: Gilt in Verbindung mit DIN 18531-1 (2004-07), DIN 18531-3 (2004-07), DIN 18531-4 (2004-07). *Vorgesehen als Ersatz für DIN 18531-2 (2005-11).	43,60
DIN 18542	N-E	2008-02-00	Abdichten von Außenwandfugen mit imprägnierten Dichtungsbändern aus Schaumkunststoff – Imprägnierte Dichtungsbänder – Anforderungen und Prüfung / Achtung: Erscheinungsdatum 2008-02-18 *Vorgesehen als Ersatz für DIN 18542 (1999-01).	76,30
DIN 18545-2	N-E	2007-10-00	Abdichten von Verglasungen mit Dichtstoffen – Teil 2: Dichtstoffe, Bezeichnung, Anforderungen, Prüfung / Achtung: Vorgesehen als Ersatz für DIN 18545-2 (2001-02).	32,40
DIN 18551	N-E	2007-11-00	Spritzbeton – Nationale Anwendungsregeln zur Reihe DIN EN 14487 und Regeln für die Bemessung von Spritzbetonkonstruktionen / Achtung: Vorgesehen als Ersatz für DIN 18551 (2005-01, t).	54,30
DIN 18740-4	N	2007-09-00	Photogrammetrische Produkte – Teil 4: Anforderungen an digitale Luftbildkameras und an digitale Luftbilder	54,30
DIN 18799-1	N-E	2008-03-00	Ortsfeste Steigleitern an baulichen Anlagen – Teil 1: Steigleitern mit Seitenholmen, sicherheitstechnische Anforderungen und Prüfungen / Achtung: Erscheinungsdatum 2008-02-25 *Vorgesehen als Ersatz für DIN 18799-1 (1999-08), DIN 18799-3 (1999-08).	65,60
DIN 18799-2	N-E	2008-03-00	Ortsfeste Steigleitern an baulichen Anlagen – Teil 2: Steigleitern mit Mittelholm, sicherheitstechnische Anforderungen und Prüfungen / Achtung: Erscheinungsdatum 2008-03-03 *Vorgesehen als Ersatz für DIN 18799-2 (1999-08), DIN 18799-3 (1999-08).	65,60
DIN 18960	N	2008-02-00	Nutzungskosten im Hochbau	43,60
DIN V 20000-202	VN	2007-12-00	Anwendung von Bauprodukten in Bauwerken – Teil 202: Anwendungsnorm für Abdichtungsbahnen nach Europäischen Produktnormen zur Verwendung in Bauwerksabdichtungen / Achtung: Gilt in Verbindung mit DIN EN 13967 (2007-03), DIN EN 13969 (2007-03), DIN EN 14909 (2006-06), DIN EN 14967 (2006-08).	70,80
DIN 52452-4	N-E	2007-10-00	Prüfung von Dichtstoffen für das Bauwesen – Verträglichkeit der Dichtstoffe – Teil 4: Verträglichkeit mit Beschichtungssystemen / Achtung: Vorgesehen als Ersatz für DIN 52452-4 (1992-09).	49,00
DIN 66136-4	N-E	2008-06-00	Bestimmung des Dispersionsgrades von Metallen durch Chemisorption – Teil 4: Statisch-gravimetrisches Verfahren / Achtung: Erscheinungsdatum 2008-06-16	54,30
DIN EN 40-4 Berichtigung 1	N	2008-05-00	Lichtmaste – Teil 4: Anforderungen an Lichtmaste aus Stahl- und Spannbeton; Deutsche Fassung EN 40-4:2005; Berichtigungen zu DIN EN 40-4:2006-06; Deutsche Fassung EN 40-4:2005/AC:2006	0,00
DIN EN 74-3	N	2007-07-00	Kupplungen, Zentrierbolzen und Fußplatten für Arbeitsgerüste und Traggerüste – Teil 3: Ebene Fußplatten und Zentrierbolzen – Anforderungen und Prüfverfahren; Deutsche Fassung EN 74-3:2007	43,60
DIN EN 74-3 Berichtigung 1	N	2007-10-00	Kupplungen, Zentrierbolzen und Fußplatten für Arbeitsgerüste und Traggerüste – Teil 3: Ebene Fußplatten und Zentrierbolzen – Anforderungen und Prüfverfahren; Deutsche Fassung EN 74-3:2007, Berichtigungen zu DIN EN 74-3:2007-07	0,00
DIN EN 179	N	2008-04-00	Schlösser und Baubeschläge – Notausgangsverschlüsse mit Drücker oder Stoßplatte für Türen in Rettungswegen – Anforderungen und Prüfverfahren; Deutsche Fassung EN 179:2008	112,70
DIN EN 196-3/A1	N-E	2008-06-00	Prüfverfahren für Zement – Teil 3: Bestimmung der Erstarrungszeiten und der Raumbeständigkeit; Deutsche Fassung prEN 196-3:2005/prA1:2008 / Achtung: Erscheinungsdatum 2008-06-02 *Vorgesehen als Änderung von DIN EN 196-3 (2005-05).	32,40
DIN EN 196-6	N-E	2008-05-00	Prüfverfahren für Zement – Teil 6: Bestimmung der Mahlfeinheit; Deutsche Fassung prEN 196-6:2008 / Achtung: Erscheinungsdatum 2008-05-26 *Vorgesehen als Ersatz für DIN EN 196-6 (1990-03).	59,90

Dokumentnummer	Dokumentart	Ausgabedatum	Titel	Preis €
	N =	**Norm**		
	N-E =	**Norm-Entwurf**		
	VN =	**Vornorm**		
	TR =	**Andere Technische Regelwerke**		
DIN EN 196-7	N	2008-02-00	Prüfverfahren für Zement – Teil 7: Verfahren für die Probenahme und Probenauswahl von Zement; Deutsche Fassung EN 196-7:2007	59,90
DIN EN 197-1/A3	N	2007-09-00	Zement – Teil 1: Zusammensetzung, Anforderungen und Konformitätskriterien von Normalzement; Deutsche Fassung EN 197-1:2000/A3:2007	32,40
DIN EN 206-9	N-E	2008-01-00	Beton – Teil 9: Ergänzende Regeln für selbstverdichtenden Beton (SVB); Deutsche Fassung prEN 206-09:2007 / Achtung: Erscheinungsdatum 2008-01-08	76,30
DIN EN 385	N	2007-11-00	Keilzinkenverbindung im Bauholz – Leistungsanforderungen und Mindestanforderungen an die Herstellung; Deutsche Fassung EN 385:2001	54,30
DIN EN 445	N	2008-01-00	Einpressmörtel für Spannglieder – Prüfverfahren; Deutsche Fassung EN 445:2007	59,90
DIN EN 446	N	2008-01-00	Einpressmörtel für Spannglieder – Einpressverfahren; Deutsche Fassung EN 446:2007	59,90
DIN EN 447	N	2008-01-00	Einpressmörtel für Spannglieder – Allgemeine Anforderungen; Deutsche Fassung EN 447:2007	54,30
DIN EN 450-1	N	2008-05-00	Flugasche für Beton – Teil 1: Definition, Anforderungen und Konformitätskriterien; Deutsche Fassung EN 450-1:2005+A1:2007	81,90
DIN EN 506	N-E	2008-01-00	Dachdeckungsprodukte aus Metallblech – Festlegungen für selbsttragende Bedachungselemente aus Kupfer- oder Zinkblech; Deutsche Fassung prEN 506:2007 / Achtung: Erscheinungsdatum 2008-01-08 *Vorgesehen als Ersatz für DIN EN 506 (2000-12).	81,90
DIN EN 508-1	N-E	2008-01-00	Dachdeckungsprodukte aus Metallblech – Festlegungen für selbsttragende Bedachungselemente aus Stahlblech, Aluminiumblech oder nichtrostendem Stahlblech – Teil 1: Stahl; Deutsche Fassung prEN 508-1:2007 / Achtung: Erscheinungsdatum 2008-01-08 *Vorgesehen als Ersatz für DIN EN 508-1 (2000-12).	95,00
DIN EN 508-2	N-E	2008-01-00	Dachdeckungsprodukte aus Metallblech – Festlegungen für selbsttragende Bedachungselemente aus Stahlblech, Aluminiumblech oder nichtrostendem Stahlblech – Teil 2: Aluminium; Deutsche Fassung prEN 508-2:2007 / Achtung: Erscheinungsdatum 2008-01-08 *Vorgesehen als Ersatz für DIN EN 508-2 (2000-12).	86,50
DIN EN 508-3	N-E	2008-01-00	Dachdeckungsprodukte aus Metallblech – Festlegungen für selbsttragende Bedachungselemente aus Stahlblech, Aluminiumblech oder nichtrostendem Stahl – Teil 3: Nichtrostender Stahl; Deutsche Fassung prEN 508-3:2007 / Achtung: Erscheinungsdatum 2008-01-08 *Vorgesehen als Ersatz für DIN EN 508-3 (2000-12).	86,50
DIN EN 845-1	N	2008-06-00	Festlegungen für Ergänzungsbauteile für Mauerwerk – Teil 1: Maueranker, Zugbänder, Auflager und Konsolen; Deutsche Fassung EN 845-1:2003+A1:2008	112,70
DIN EN 845-3	N	2008-06-00	Festlegungen für Ergänzungsbauteile für Mauerwerk – Teil 3: Lagerfugenbewehrung aus Stahl; Deutsche Fassung EN 845-3:2003+A1:2008	76,30
DIN EN 934-1	N	2008-04-00	Zusatzmittel für Beton, Mörtel und Einpressmörtel – Teil 1: Gemeinsame Anforderungen; Deutsche Fassung EN 934-1:2008	43,60
DIN EN 934-5	N	2008-02-00	Zusatzmittel für Beton, Mörtel und Einpressmörtel – Teil 5: Zusatzmittel für Spritzbeton – Begriffe, Anforderungen, Konformität, Kennzeichnung und Beschriftung; Deutsche Fassung EN 934-5:2007	70,80
DIN EN 1013	N-E	2007-12-00	Lichtdurchlässige profilierte Platten aus Kunststoff für Innen- und Außenanwendungen für einschalige Dacheindeckungen, Wand- und Deckenbekleidungen – Anforderungen und Prüfverfahren; Deutsche Fassung prEN 1013:2007 / Achtung: Vorgesehen als Ersatz für DIN EN 1013-1 (1998-01), DIN EN 1013-2 (1999-03), DIN EN 1013-3 (1998-01), DIN EN 1013-4 (2000-02), DIN EN 1013-5 (2000-02).	90,80

Dokumentnummer	Doku-ment-art	Ausgabe-datum	Titel	Preis €
	N =	Norm		
	N-E =	Norm-Entwurf		
	VN =	Vornorm		
	TR =	Andere Technische Regelwerke		
DIN EN 1036-1	N	2008-03-00	Glas im Bauwesen – Spiegel aus silberbeschichtetem Floatglas für den Innenbereich – Teil 1: Begriffe, Anforderungen und Prüfverfahren; Deutsche Fassung EN 1036-1:2007	76,30
DIN EN 1036-2	N	2008-05-00	Glas im Bauwesen – Spiegel aus silberbeschichtetem Floatglas für den Innenbereich – Teil 2: Konformitätsbewertung – Produktnorm; Deutsche Fassung EN 1036-2:2008	81,90
DIN EN 1051-2	N	2007-12-00	Glas im Bauwesen – Glassteine und Betongläser – Teil 2: Konformitätsbewertung/Produktnorm; Deutsche Fassung EN 1051-2:2007	76,30
DIN EN 1125	N	2008-04-00	Schlösser und Baubeschläge – Paniktürverschlüsse mit horizontaler Betätigungsstange für Türen in Rettungswegen – Anforderungen und Prüfverfahren; Deutsche Fassung EN 1125:2008	112,70
DIN EN 1168/A1	N-E	2007-09-00	Betonfertigteile – Hohlplatten; Deutsche Fassung EN 1168:2005/prA1:2007 / Achtung: Vorgesehen als Änderung von DIN EN 1168 (2005-08).	43,60
DIN EN 1279-5/A2	N-E	2008-06-00	Glas im Bauwesen – Mehrscheiben-Isolierglas – Teil 5: Konformitätsbewertung; Deutsche Fassung EN 1279-5:2005/prA2:2008 / Achtung: Erscheinungsdatum 2008-06-02 *Vorgesehen als Änderung von DIN EN 1279-5 (2005-08).	26,70
DIN EN 1308	N	2007-11-00	Mörtel und Klebstoffe für Fliesen und Platten – Bestimmung des Abrutschens; Deutsche Fassung EN 1308:2007	32,40
DIN EN 1317-1	N-E	2007-12-00	Rückhaltesysteme an Straßen – Teil 1: Terminologie und allgemeine Kriterien für Prüfverfahren; Deutsche Fassung prEN 1317-1:2007 / Achtung: Vorgesehen als Ersatz für DIN EN 1317-1 (1998-07).	76,30
DIN EN 1317-2	N-E	2007-12-00	Rückhaltesysteme an Straßen – Teil 2: Leistungsklassen, Abnahmekriterien für Anprallprüfungen und Prüfverfahren für Schutzeinrichtungen und Fahrzeugbrüstungen; Deutsche Fassung prEN 1317-2:2007 / Achtung: Vorgesehen als Ersatz für DIN EN 1317-2 (2006-08).	65,60
DIN EN 1317-3	N-E	2007-12-00	Rückhaltesysteme an Straßen – Teil 3: Leistungsklassen, Abnahmekriterien für Anprallprüfungen und Prüfverfahren für Anpralldämpfer; Deutsche Fassung prEN 1317-3:2007 / Achtung: Vorgesehen als Ersatz für DIN EN 1317-3 (2000-07).	65,60
DIN EN 1317-5	N	2007-07-00	Rückhaltesysteme an Straßen – Teil 5: Anforderungen an die Produkte, Konformitätsverfahren und -bescheinigung für Fahrzeugrückhaltesysteme; Deutsche Fassung EN 1317-5:2007 / Achtung: Vorgesehene Änderung durch DIN EN 1317-5/A1 (2008-01).	70,80
DIN EN 1317-5/A1	N-E	2008-01-00	Rückhaltesysteme an Straßen – Teil 5: Anforderungen an die Produkte, Konformitätsverfahren und -bescheinigung für Fahrzeugrückhaltesysteme; Deutsche Fassung EN 1317:2007/prA1:2007 / Achtung: Erscheinungsdatum 2008-01-08 *Vorgesehen als Änderung von DIN EN 1317-5 (2007-07).	26,70
DIN EN 1323	N	2007-11-00	Mörtel und Klebstoffe für Fliesen und Platten – Betonplatten für Prüfungen; Deutsche Fassung EN 1323:2007	32,40
DIN EN 1324	N	2007-11-00	Mörtel und Klebstoffe für Fliesen und Platten – Bestimmung der Haftfestigkeit von Dispersionsklebstoffen; Deutsche Fassung EN 1324:2007	37,90
DIN EN 1337-8	N	2008-01-00	Lager im Bauwesen – Teil 8: Führungslager und Festhaltekonstruktionen; Deutsche Fassung EN 1337-8:2007	70,80
DIN EN 1346	N	2007-11-00	Mörtel und Klebstoffe für Fliesen und Platten – Bestimmung der offenen Zeit; Deutsche Fassung EN 1346:2007	32,40
DIN EN 1347	N	2007-10-00	Mörtel und Klebstoffe für Fliesen und Platten – Bestimmung der Benetzungsfähigkeit; Deutsche Fassung EN 1347:2007	32,40
DIN EN 1348	N	2007-11-00	Mörtel und Klebstoffe für Fliesen und Platten – Bestimmung der Haftfestigkeit zementhaltiger Mörtel für innen und außen; Deutsche Fassung EN 1348:2007	32,40

Dokumentnummer	Dokumentart	Ausgabedatum	Titel	Preis €
	N =	Norm		
	N-E =	Norm-Entwurf		
	VN =	Vornorm		
	TR =	Andere Technische Regelwerke		
DIN EN 1366-5	N-E	2007-11-00	Feuerwiderstandsprüfungen für Installationen – Teil 5: Installationskanäle und -schächte; Deutsche Fassung prEN 1366-5:2007 / Achtung: Vorgesehen als Ersatz für DIN EN 1366-5 (2003-12).	65,60
DIN EN 1366-9	N-E	2007-11-00	Feuerwiderstandsprüfungen für Installationen – Teil 9: Entrauchungsleitungen für einen Einzelabschnitt; Deutsche Fassung prEN 1366-9:2007	81,90
DIN EN 1436	N	2007-10-00	Straßenmarkierungsmaterialien – Anforderungen an Markierungen auf Straßen; Deutsche Fassung EN 1436:2007 / Achtung: Vorgesehene Änderung durch DIN EN 1436/A1 (2008-04).	70,80
DIN EN 1436/A1	N-E	2008-04-00	Straßenmarkierungsmaterialien – Retroreflektierende Markierungsknöpfe – Teil 1: Anforderungen im Neuzustand; Deutsche Fassung EN 1436:2007/prA1:2008 / Achtung: Erscheinungsdatum 2008-04-21 *Vorgesehen als Änderung von DIN EN 1436 (2007-10).	32,40
DIN EN 1457 Berichtigung 2	N	2007-08-00	Abgasanlagen – Keramik-Innenrohre – Anforderungen und Prüfungen (enthält Korrigendum AC:1999 und Änderung A1:2002); Deutsche Fassung EN 1457:1999 + AC:1999 + A1:2002, Berichtigungen zu DIN EN 1457:2003-04; Deutsche Fassung EN 1457:1999/ A1:2002/AC:2007	0,00
DIN EN 1457/A20	N	2007-09-00	Abgasanlagen – Keramik-Innenrohre – Anforderungen und Prüfungen; Änderung A20	18,80
DIN EN 1504-9	N-E	2008-04-00	Produkte und Systeme für den Schutz und die Instandsetzung von Betontragwerken – Definitionen, Anforderungen, Qualitätsüberwachung und Beurteilung der Konformität – Teil 9: Allgemeine Grundsätze für die Anwendung von Produkten und Systemen; Deutsche Fassung prEN 1504-9:2008 / Achtung: Erscheinungsdatum 2008-06-02	81,90
DIN EN 1520	N-E	2007-10-00	Vorgefertigte bewehrte Bauteile aus haufwerksporigem Leichtbeton; Deutsche Fassung prEN 1520:2007 / Achtung: Vorgesehen als Ersatz für DIN EN 1520 (2003-07).	135,00
DIN EN 1634-1	N-E	2008-03-00	Prüfungen zum Feuerwiderstand und zur Rauchdichte für Feuer- und Rauchschutzabschlüsse, Türen, Fenster und Beschläge – Teil 1: Prüfungen zum Feuerwiderstand für Feuerschutzabschlüsse, Türen und Fenster; Deutsche Fassung prEN 1634-1 / Achtung: Erscheinungsdatum 2008-04-21 *Vorgesehen als Ersatz für DIN EN 1634-1 (2000-03).	130,20
DIN EN 1739	N	2007-07-00	Bestimmung der Schubtragfähigkeit von Fugen zwischen vorgefertigten Bauteilen aus dampfgehärtetem Porenbeton oder haufwerksporigem Leichtbeton bei Belastung in Bauteilebene; Deutsche Fassung EN 1739:2007	49,00
DIN EN 1857	N	2008-06-00	Abgasanlagen – Bauteile – Betoninnenrohre; Deutsche Fassung EN 1857:2003+A1:2008	95,00
DIN EN 1906	N-E	2008-01-00	Schlösser und Baubeschläge – Türdrücker und Türknäufe – Anforderungen und Prüfverfahren; Deutsche Fassung prEN 1906:2007 / Achtung: Erscheinungsdatum 2008-01-08 *Vorgesehen als Ersatz für DIN EN 1906 (2002-05).	99,50
DIN EN 1912	N	2008-06-00	Bauholz für tragende Zwecke – Festigkeitsklassen – Zuordnung von visuellen Sortierklassen und Holzarten; Deutsche Fassung EN 1912:2004+A2:2008	59,90
DIN EN 1991-1-5/NA	N-E	2007-12-00	Nationaler Anhang – National festgelegte Parameter – Eurocode 1: Einwirkungen auf Tragwerke – Teil 1-5: Allgemeine Einwirkungen – Temperatureinwirkungen	18,80
DIN EN 1991-3/NA	N-E	2008-04-00	Nationaler Anhang – National festgelegte Parameter – Eurocode 1: Einwirkungen auf Tragwerke – Teil 3: Einwirkungen infolge von Kranen und Maschinen / Achtung: Erscheinungsdatum 2008-04-07	26,70

Dokumentnummer	Doku-ment-art	Ausgabe-datum	Titel	Preis €
	N =	Norm		
	N-E =	Norm-Entwurf		
	VN =	Vornorm		
	TR =	Andere Technische Regelwerke		
DIN EN 1991-4/NA	N-E	2007-07-00	Nationaler Anhang – National festgelegte Parameter – Eurocode 1: Einwirkungen auf Tragwerke – Teil 4: Einwirkungen auf Silos und Flüssigkeitsbehälter / Achtung: Gilt in Verbindung mit DIN EN 1991-4 (2006-12).	18,80
DIN EN 1993-1-1/NA	N-E	2007-10-00	Nationaler Anhang – National festgelegte Parameter – Eurocode 3: Bemessung und Konstruktion von Stahlbauten – Teil 1-1: Allgemeine Bemessungsregeln und Regeln für den Hochbau / Achtung: Gilt in Verbindung mit DIN EN 1993-1-1 (2005-07). *Vorgesehen als Ersatz für DIN 18800-1 (1990-11, t), DIN 18800-1/A1 (1996-02, t), DIN 18800-2 (1990-11, t), DIN 18800-2/A1 (1996-02, t), DIN 18801 (1983-09, t).	37,90
DIN EN 1993-1-3/NA	N-E	2008-02-00	Nationaler Anhang – National festgelegte Parameter – Eurocode 3: Bemessung und Konstruktion von Stahlbauten – Teil 1-3: Allgemeine Regeln – Ergänzende Regeln für kaltgeformte dünnwandige Bauteile und Bleche / Achtung: Erscheinungsdatum 2008-01-21 *Vorgesehen als Ersatz für DIN 18800-1 (1990-11, t), DIN 18800-1/A1 (1996-02, t), DIN 18800-3 (1990-11, t), DIN 18800-3/A1 (1996-02, t).	32,40
DIN EN 1993-1-6	N	2007-07-00	Eurocode 3: Bemessung und Konstruktion von Stahlbauten – Teil 1-6: Festigkeit und Stabilität von Schalen; Deutsche Fassung EN 1993-1-6:2007 / Achtung: Gilt in Verbindung mit DIN EN 1993-1-1 (2005-07), DIN EN 1993-1-3 (2007-02), DIN EN 1993-1-4 (2007-02), DIN EN 1993-1-9 (2005-07), DIN EN 1993-3-1 (2007-02), DIN EN 1993-3-2 (2007-02), DIN EN 1993-4-1 (2007-07), DIN EN 1993-4-2 (2007-08), DIN EN 1993-4-3 (2007-07).	139,40
DIN EN 1993-1-7	N	2007-07-00	Eurocode 3: Bemessung und Konstruktion von Stahlbauten – Teil 1-7: Plattenförmige Bauteile mit Querbelastung; Deutsche Fassung EN 1993-1-7:2007 / Achtung: Gilt in Verbindung mit DIN EN 1993-1-1 (2005-07).	86,50
DIN EN 1993-1-8/NA	N-E	2007-08-00	Nationaler Anhang – National festgelegte Parameter – Eurocode 3: Bemessung und Konstruktion von Stahlbauten – Teil 1-8: Bemessung von Anschlüssen / Achtung: Gilt in Verbindung mit DIN EN 1993-1-8 (2005-07). *Vorgesehen als Ersatz für DIN 18800-1 (1990-11, t), DIN 18800-1/A1 (1996-02, t).	32,40
DIN EN 1993-1-9/NA	N-E	2007-08-00	Nationaler Anhang – National festgelegte Parameter – Eurocode 3: Bemessung und Konstruktion von Stahlbauten – Teil 1-9: Ermüdung / Achtung: Gilt in Verbindung mit DIN EN 1993-1-9 (2005-07).	32,40
DIN EN 1993-1-10/NA	N-E	2007-08-00	Nationaler Anhang – National festgelegte Parameter – Eurocode 3: Bemessung und Konstruktion von Stahlbauten – Teil 1-10: Stahlsortenauswahl im Hinblick auf Bruchzähigkeit und Eigenschaften in Dickenrichtung / Achtung: Gilt in Verbindung mit DIN EN 1993-1-10 (2005-07).	26,70
DIN EN 1993-1-12	N	2007-07-00	Eurocode 3: Bemessung und Konstruktion von Stahlbauten – Teil 1-12: Zusätzliche Regeln zur Erweiterung von EN 1993 auf Stahlsorten bis S700; Deutsche Fassung EN 1993-1-12:2007	37,90
DIN EN 1993-4-1	N	2007-07-00	Eurocode 3: Bemessung und Konstruktion von Stahlbauten – Teil 4-1: Silos; Deutsche Fassung EN 1993-4-1:2007	148,00
DIN EN 1993-4-3	N	2007-07-00	Eurocode 3: Bemessung und Konstruktion von Stahlbauten – Teil 4-3: Rohrleitungen; Deutsche Fassung EN 1993-4-3:2007	81,90
DIN EN 1993-5	N	2007-07-00	Eurocode 3: Bemessung und Konstruktion von Stahlbauten – Teil 5: Pfähle und Spundwände; Deutsche Fassung EN 1993-5:2007	125,80
DIN EN 1993-5/NA	N-E	2007-08-00	Nationaler Anhang – National festgelegte Parameter – Eurocode 3: Bemessung und Konstruktion von Stahlbauten – Teil 5: Pfähle und Spundwände / Achtung: Gilt in Verbindung mit DIN EN 1993-5 (2007-07).	37,90
DIN EN 1993-6	N	2007-07-00	Eurocode 3: Bemessung und Konstruktion von Stahlbauten – Teil 6: Kranbahnen; Deutsche Fassung EN 1993-6:2007	86,50

Dokumentnummer	Doku-ment-art N = Norm N-E = Norm-Entwurf VN = Vornorm TR = Andere Technische Regelwerke	Ausgabe-datum	Titel	Preis €
DIN EN 1995-1-1/A1	N-E	2008-02-00	Eurocode 5: Bemessung und Konstruktion von Holzbauten – Teil 1-1: Allgemeines – Allgemeine Regeln und Regeln für den Hochbau; Deutsche Fassung EN 1995-1-1:2004/prA1:2007 / Achtung: Erscheinungsdatum 2008-02-04 *Vorgesehen als Änderung von DIN EN 1995-1-1 (2005-12).	54,30
DIN EN 1997-2	N	2007-10-00	Eurocode 7: Entwurf, Berechnung und Bemessung in der Geotechnik – Teil 2: Erkundung und Untersuchung des Baugrunds; Deutsche Fassung EN 1997-2:2007	192,80
DIN EN 12002	N-E	2008-03-00	Mörtel und Klebstoffe für Fliesen und Platten – Bestimmung der Verformung zementhaltiger Mörtel und Fugenmörtel; Deutsche Fassung prEN 12002:2008 / Achtung: Erscheinungsdatum 2008-03-10 *Vorgesehen als Ersatz für DIN EN 12002 (2003-07).	43,60
DIN EN 12003	N-E	2008-03-00	Mörtel und Klebstoffe für Fliesen und Platten – Bestimmung der Scherfestigkeiten von Reaktionsharz-Klebstoffen; Deutsche Fassung prEN 12003:2008 / Achtung: Erscheinungsdatum 2008-03-10 *Vorgesehen als Ersatz für DIN EN 12003 (1997-08).	43,60
DIN EN 12004	N	2007-11-00	Mörtel und Klebstoffe für Fliesen und Platten – Anforderungen, Konformitätsbewertung, Klassifizierung und Bezeichnung; Deutsche Fassung EN 12004:2007	65,60
DIN EN 12350-8	N-E	2008-01-00	Prüfung von Frischbeton – Teil 8: Selbstverdichtender Beton – Setzfließversuch; Deutsche Fassung prEN 12350-8:2007 / Achtung: Erscheinungsdatum 2008-01-08	43,60
DIN EN 12350-9	N-E	2008-01-00	Prüfung von Frischbeton – Teil 9: Selbstverdichtender Beton – Auslauftrichterversuch; Deutsche Fassung prEN 12350-9:2007 / Achtung: Erscheinungsdatum 2008-01-08	37,90
DIN EN 12350-10	N-E	2008-01-00	Prüfung von Frischbeton – Teil 10: Selbstverdichtender Beton – L-Kasten-Prüfung; Deutsche Fassung prEN 12350-10:2007 / Achtung: Erscheinungsdatum 2008-01-08	37,90
DIN EN 12350-11	N-E	2008-01-00	Prüfung von Frischbeton – Teil 11: Selbstverdichtender Beton – Bestimmung der Sedimentationsstabilität im Siebversuch; Deutsche Fassung prEN 12350-11:2007 / Achtung: Erscheinungsdatum 2008-01-08	37,90
DIN EN 12350-12	N-E	2008-01-00	Prüfung von Frischbeton – Teil 12: Selbstverdichtender Beton – Blockierring-Versuch; Deutsche Fassung prEN 12350-12:2007 / Achtung: Erscheinungsdatum 2008-01-08	43,60
DIN CEN/TS 12390-10	VN	2007-12-00	Prüfung von Festbeton – Teil 10: Bestimmung des relativen Karbonatisierungswiderstandes von Beton; Deutsche Fassung CEN/TS 12390-10:2007	59,90
DIN EN 12697-2	N	2007-11-00	Asphalt – Prüfverfahren für Heißasphalt – Teil 2: Korngrößenverteilung; Deutsche Fassung EN 12697-2:2002+A1:2007	37,90
DIN EN 12697-5	N	2007-10-00	Asphalt – Prüfverfahren für Heißasphalt – Teil 5: Bestimmung der Rohdichte; Deutsche Fassung EN 12697-5:2002+A1:2007	59,90
DIN EN 12697-6	N	2007-10-00	Asphalt – Prüfverfahren für Heißasphalt – Teil 6: Bestimmung der Raumdichte von Asphalt-Probekörpern; Deutsche Fassung EN 12697-6:2003+A1:2007	54,30
DIN EN 12697-12	N-E	2008-03-00	Asphalt – Prüfverfahren für Heißasphalt – Teil 12: Bestimmung der Wasserempfindlichkeit von Asphalt-Probekörpern; Deutsche Fassung prEN 12697-12:2008 / Achtung: Erscheinungsdatum 2008-02-25 *Vorgesehen als Ersatz für DIN EN 12697-12 (2004-03).	59,90
DIN EN 12697-17	N	2007-10-00	Asphalt – Prüfverfahren für Heißasphalt – Teil 17: Kornverlust von Probekörpern aus offenporigem Asphalt; Deutsche Fassung EN 12697-17:2004+A1:2007	32,40
DIN EN 12697-19	N	2007-10-00	Asphalt – Prüfverfahren für Heißasphalt – Teil 19: Durchlässigkeit von Probekörpern; Deutsche Fassung EN 12697-19:2004+A1:2007	43,60
DIN EN 12697-22	N	2007-10-00	Asphalt – Prüfverfahren für Heißasphalt – Teil 22: Spurbildungstest; Deutsche Fassung EN 12697-22:2003+A1:2007	70,80

Dokumentnummer	Dokument-art	Ausgabe-datum	Titel	Preis €
	N =	Norm		
	N-E =	Norm-Entwurf		
	VN =	Vornorm		
	TR =	Andere Technische Regelwerke		
DIN EN 12697-24	N	2007-10-00	Asphalt – Prüfverfahren für Heißasphalt – Teil 24: Beständigkeit gegen Ermüdung; Deutsche Fassung EN 12697-24:2004+A1:2007	99,50
DIN EN 12697-30	N	2007-11-00	Asphalt – Prüfverfahren für Heißasphalt – Teil 30: Probenvorbereitung, Marshall-Verdichtungsgerät; Deutsche Fassung EN 12697-30: 2004+A1:2007	59,90
DIN EN 12697-32	N	2007-11-00	Asphalt – Prüfverfahren für Heißasphalt – Teil 32: Laborverdichtung von Asphalt mit einem Vibrationsverdichter; Deutsche Fassung EN 12697-32:2003+A1:2007	49,00
DIN EN 12697-33	N	2007-11-00	Asphalt – Prüfverfahren für Heißasphalt – Teil 33: Probestückvorbereitung mit einem Walzenverdichtungsgerät; Deutsche Fassung EN 12697-33:2003+A1:2007	54,30
DIN EN 12697-34	N	2007-11-00	Asphalt – Prüfverfahren für Heißasphalt – Teil 34: Marshall-Prüfung; Deutsche Fassung EN 12697-34:2004+A1:2007	43,60
DIN EN 12697-35	N	2007-10-00	Asphalt – Prüfverfahren für Heißasphalt – Teil 35: Labormischung; Deutsche Fassung EN 12697-35:2004+A1:2007	37,90
DIN EN 12737	N	2008-02-00	Betonfertigteile – Spaltenböden für die Tierhaltung; Deutsche Fassung EN 12737:2004+A1:2007	81,90
DIN EN 12767	N	2008-01-00	Passive Sicherheit von Tragkonstruktionen für die Straßenausstattung – Anforderungen und Prüfverfahren; Deutsche Fassung EN 12767:2007	76,30
DIN EN 12794	N	2007-08-00	Betonfertigteile – Gründungspfähle; Deutsche Fassung EN 12794:2005+A1:2007	86,50
DIN EN 12808-1	N-E	2008-03-00	Klebstoffe und Fugenmörtel für Fliesen und Platten – Teil 1: Bestimmung der Chemikalienbeständigkeit von Reaktionsharzmörteln; Deutsche Fassung prEN 12808-1:2008 / Achtung: Erscheinungsdatum 2008-03-26 *Vorgesehen als Ersatz für DIN EN 12808-1 (1999-06).	43,60
DIN EN 12808-2	N-E	2008-03-00	Klebstoffe und Fugenmörtel für Fliesen und Platten – Teil 2: Bestimmung der Abriebfestigkeit; Deutsche Fassung prEN 12808-2:2008 / Achtung: Erscheinungsdatum 2008-03-26 *Vorgesehen als Ersatz für DIN EN 12808-2 (2002-04).	43,60
DIN EN 12808-3	N-E	2008-03-00	Klebstoffe und Fugenmörtel für Fliesen und Platten – Teil 3: Bestimmung der Biege- und Druckfestigkeit; Deutsche Fassung prEN 12808-3:2008 / Achtung: Erscheinungsdatum 2008-03-26 *Vorgesehen als Ersatz für DIN EN 12808-3 (2002-04).	43,60
DIN EN 12808-5	N-E	2008-03-00	Klebstoffe und Fugenmörtel für Fliesen und Platten – Teil 5: Bestimmung der Wasseraufnahme; Deutsche Fassung prEN 12808-5:2008 / Achtung: Erscheinungsdatum 2008-03-26 *Vorgesehen als Ersatz für DIN EN 12808-5 (2002-04).	32,40
DIN EN 12812	N-E	2008-01-00	Traggerüste – Anforderungen, Bemessung und Entwurf; Deutsche Fassung prEN 12812:2007 / Achtung: Erscheinungsdatum 2008-01-28 *Vorgesehen als Ersatz für DIN EN 12812 (2004-09).	95,00
DIN EN 12839	N-E	2007-07-00	Betonfertigteile – Betonelemente für Zäune; Deutsche Fassung prEN 12839:2007 / Achtung: Vorgesehen als Ersatz für DIN EN 12839 (2001-12).	95,00
DIN EN 12859	N	2008-06-00	Gips-Wandbauplatten – Begriffe, Anforderungen und Prüfverfahren; Deutsche Fassung EN 12859:2008	76,30
DIN EN 12899-1	N	2008-02-00	Ortsfeste, vertikale Straßenverkehrszeichen – Teil 1: Ortsfeste Verkehrszeichen; Deutsche Fassung EN 12899-1:2007	112,70
DIN EN 12899-2	N	2008-02-00	Ortsfeste, vertikale Straßenverkehrszeichen – Teil 2: Innenbeleuchtete Verkehrsleitsäulen (TTB); Deutsche Fassung EN 12899-2:2007	70,80
DIN EN 12899-3	N	2008-02-00	Ortsfeste, vertikale Straßenverkehrszeichen – Teil 3: Leitpfosten und Retroreflektoren; Deutsche Fassung EN 12899-3:2007	70,80
DIN EN 12899-4	N	2008-02-00	Ortsfeste, vertikale Straßenverkehrszeichen – Teil 4: Werkseigene Produktionskontrolle; Deutsche Fassung EN 12899-4:2007	59,90
DIN EN 12899-5	N	2008-02-00	Ortsfeste, vertikale Straßenverkehrszeichen – Teil 5: Erstprüfung; Deutsche Fassung EN 12899-5:2007	54,30

Dokumentnummer	Doku-ment-art N = Norm N-E = Norm-Entwurf VN = Vornorm TR = Andere Technische Regelwerke	Ausgabe-datum	Titel	Preis €
DIN EN 13036-6	N	2008-06-00	Oberflächeneigenschaften von Straßen und Flugplätzen – Prüfver-fahren – Teil 6: Bestimmung der Quer- und Längsprofile in den Wel-lenlängen der Ebenheit und der Megatextur; Deutsche Fassung EN 13036-6:2008	54,30
DIN EN 13036-8	N	2008-06-00	Oberflächeneigenschaften von Straßen und Flugplätzen – Prüfver-fahren – Teil 8: Bestimmung der Parameter zur Ermittlung der Brei-tenunebenheit; Deutsche Fassung EN 13036-8:2008	65,60
DIN EN 13063-1	N	2007-10-00	Abgasanlagen – System-Abgasanlagen mit Keramik-Innenrohren – Teil 1: Anforderungen und Prüfungen für Rußbrandbeständigkeit; Deutsche Fassung EN 13063-1:2005+A1:2007	76,30
DIN EN 13063-2	N	2007-10-00	Abgasanlagen – System-Abgasanlagen mit Keramik-Innenrohren – Teil 2: Anforderungen und Prüfungen für feuchte Betriebsweise; Deutsche Fassung EN 13063-2:2005+A1:2007	76,30
DIN EN 13063-3	N	2007-10-00	Abgasanlagen – System-Abgasanlagen mit Keramik-Innenrohren – Teil 3: Anforderungen und Prüfungen für Luft-Abgasleitungen; Deut-sche Fassung EN 13063-3:2007	65,60
DIN EN 13084-2	N	2007-08-00	Freistehende Schornsteine – Teil 2: Betonschornsteine; Deutsche Fassung EN 13084-2:2007	65,60
DIN EN 13108-1 Be-richtigung 1	N	2008-06-00	Asphaltmischgut – Mischgutanforderungen – Teil 1: Asphaltbeton; Deutsche Fassung EN 13108-1:2006; Berichtigung zu DIN EN 13108-1:2006-08; Deutsche Fassung EN 13108-1:2006/AC:2008	0,00
DIN EN 13108-2 Be-richtigung 1	N	2008-06-00	Asphaltmischgut – Mischgutanforderungen – Teil 2: Asphaltbeton für sehr dünne Schichten; Deutsche Fassung EN 13108-2:2006; Berich-tigung zu DIN EN 13108-2:2006-08; Deutsche Fassung EN 13108-2:2006/AC:2008	0,00
DIN EN 13108-3 Be-richtigung 1	N	2008-06-00	Asphaltmischgut – Mischgutanforderungen – Teil 3: Softasphalt; Deutsche Fassung EN 13108-3:2006; Berichtigung zu DIN EN 13108-3:2006-08; Deutsche Fassung EN 13108-3:2006/AC:2008	0,00
DIN EN 13108-4 Be-richtigung 1	N	2008-06-00	Asphaltmischgut – Mischgutanforderungen – Teil 4: Hot Rolled As-phalt; Deutsche Fassung EN 13108-4:2006; Berichtigung zu DIN EN 13108-4:2006-08; Deutsche Fassung EN 13108-4:2006/AC:2008	0,00
DIN EN 13108-5 Be-richtigung 1	N	2008-06-00	Asphaltmischgut – Mischgutanforderungen – Teil 5: Splittmasti-xasphalt; Deutsche Fassung EN 13108-5:2006; Berichtigung zu DIN EN 13108-5:2006-08; Deutsche Fassung EN 13108-5:2006/AC:2008	0,00
DIN EN 13108-6 Be-richtigung 1	N	2008-06-00	Asphaltmischgut – Mischgutanforderungen – Teil 6: Gussasphalt; Deutsche Fassung EN 13108-6:2006; Berichtigung zu DIN EN 13108-6:2006-08; Deutsche Fassung EN 13108-6:2006/AC:2008	0,00
DIN EN 13108-7 Be-richtigung 1	N	2008-06-00	Asphaltmischgut – Mischgutanforderungen – Teil 7: Offenporiger Asphalt; Deutsche Fassung EN 13108-7:2006; Berichtigung zu DIN EN 13108-7:2006-08; Deutsche Fassung EN 13108-7:2006/AC:2008	0,00
DIN EN 13119	N	2007-07-00	Vorhangfassaden – Terminologie; Dreisprachige Fassung EN 13119:2007	59,90
DIN EN 13126-4	N-E	2008-03-00	Baubeschläge – Beschläge für Fenster und Fenstertüren – Anforde-rungen und Prüfverfahren – Teil 4: Kantenverschlüsse; Deutsche Fassung prEN 13126-4:2008 / Achtung: Erscheinungsdatum 2008-03-03 *Vorgesehen als Ersatz für DIN CEN/TS 13126-4 (2004-08).	43,60
DIN EN 13126-6	N-E	2008-04-00	Beschläge für Fenster und Fenstertüren – Anforderungen und Prüf-verfahren – Teil 6: Scheren mit veränderlicher Geometrie (mit oder ohne Friktionssystem); Deutsche Fassung prEN 13126-6:2008 / Achtung: Erscheinungsdatum 2008-04-28 *Vorgesehen als Ersatz für DIN CEN/TS 13126-6 (2004-08).	70,80

Dokumentnummer	Doku-ment-art	Ausgabe-datum	Titel	Preis €
	N =	Norm		
	N-E =	Norm-Entwurf		
	VN =	Vornorm		
	TR =	Andere Technische Regelwerke		
DIN EN 13126-7	N	2007-12-00	Baubeschläge – Anforderungen und Prüfverfahren für Fenster und Fenstertüren – Teil 7: Fallen-Schnäpper; Deutsche Fassung EN 13126-7:2007	37,90
DIN EN 13126-10	N-E	2008-04-00	Beschläge – Beschläge für Fenster und Fenstertüren – Anforderungen und Prüfverfahren – Teil 10: Senkklappflügel-Systeme; Deutsche Fassung prEN 13126-10:2008 / Achtung: Erscheinungsdatum 2008-05-19 *Vorgesehen als Ersatz für DIN CEN/TS 13126-10 (2004-08).	49,00
DIN EN 13126-11	N-E	2008-04-00	Beschläge – Beschläge für Fenster und Fenstertüren – Anforderungen und Prüfverfahren – Teil 11: Umkehrbeschläge für auskragende Schwing-Klappflügelfenster; Deutsche Fassung prEN 13126-11:2008 / Achtung: Erscheinungsdatum 2008-05-19 *Vorgesehen als Ersatz für DIN CEN/TS 13126-11 (2004-08).	49,00
DIN EN 13126-12	N-E	2008-04-00	Baubeschläge – Beschläge für Fenster und Fenstertüren – Anforderungen und Prüfverfahren – Teil 12: Beschläge für auskragende Drehflügel-Umkehrfenster; Deutsche Fassung prEN 13126-12:2008 / Achtung: Erscheinungsdatum 2008-05-19 *Vorgesehen als Ersatz für DIN CEN/TS 13126-12 (2004-08).	49,00
DIN EN 13126-15	N	2008-04-00	Baubeschläge – Beschläge für Fenster und Fenstertüren – Anforderungen und Prüfverfahren – Teil 15: Horizontalschiebe- und Faltschiebe-Fenster und Fenstertüren; Deutsche Fassung EN 13126-15:2008	65,60
DIN EN 13126-16	N	2008-04-00	Baubeschläge – Beschläge für Fenster und Fenstertüren – Anforderungen und Prüfverfahren – Teil 16: Beschläge für Hebeschiebe-Fenster und -Fenstertüren; Deutsche Fassung EN 13126-16:2008	70,80
DIN EN 13126-17	N	2008-04-00	Baubeschläge – Beschläge für Fenster und Fenstertüren – Anforderungen und Prüfverfahren – Teil 17: Beschläge für Kippschiebe-Fenster und -Fenstertüren; Deutsche Fassung EN 13126-17:2008	70,80
DIN EN 13162	N-E	2008-04-00	Wärmedämmstoffe für Gebäude – Werkmäßig hergestellte Produkte aus Mineralwolle (MW) – Spezifikation; Deutsche Fassung prEN 13162:2008 / Achtung: Erscheinungsdatum 2008-05-14 *Vorgesehen als Ersatz für DIN EN 13162 (2001-10), DIN EN 13162 Berichtigung 1 (2006-06).	90,80
DIN EN 13163	N-E	2008-04-00	Wärmedämmstoffe für Gebäude – Werkmäßig hergestellte Produkte aus expandiertem Polystyrol (EPS) – Spezifikation; Deutsche Fassung prEN 13163:2008 / Achtung: Erscheinungsdatum 2008-05-14 *Vorgesehen als Ersatz für DIN EN 13163 (2001-10), DIN EN 13163 Berichtigung 1 (2006-06).	99,50
DIN EN 13164	N-E	2008-04-00	Wärmedämmstoffe für Gebäude – Werkmäßig hergestellte Produkte aus extrudiertem Polystyrolschaum (XPS) – Spezifikation; Deutsche Fassung prEN 13164:2008 / Achtung: Erscheinungsdatum 2008-05-14 *Vorgesehen als Ersatz für DIN EN 13164 (2001-10), DIN EN 13164 Berichtigung 1 (2006-06), DIN EN 13164/A1 (2004-08).	95,00
DIN EN 13165	N-E	2008-04-00	Wärmedämmstoffe für Gebäude – Werkmäßig hergestellte Produkte aus Polyurethan-Hartschaum (PUR) – Spezifikation; Deutsche Fassung prEN 13165:2008 / Achtung: Erscheinungsdatum 2008-05-14 *Vorgesehen als Ersatz für DIN EN 13165 (2005-02), DIN EN 13165 Berichtigung 1 (2006-06).	99,50
DIN EN 13166	N-E	2008-04-00	Wärmedämmstoffe für Gebäude – Werkmäßig hergestellte Produkte aus Phenolharzschaum (PF) – Spezifikation; Deutsche Fassung prEN 13166:2008 / Achtung: Erscheinungsdatum 2008-05-14 *Vorgesehen als Ersatz für DIN EN 13166 (2001-10), DIN EN 13166 Berichtigung 1 (2006-06), DIN EN 13166/A1 (2004-08).	95,00

Dokumentnummer	Doku-ment-art	Ausgabe-datum	Titel	Preis €
	N =	Norm		
	N-E =	Norm-Entwurf		
	VN =	Vornorm		
	TR =	Andere Technische Regelwerke		
DIN EN 13167	N-E	2008-04-00	Wärmedämmstoffe für Gebäude – Werkmäßig hergestellte Produkte aus Schaumglas (CG) – Spezifikation; Deutsche Fassung prEN 13167:2008 / Achtung: Erscheinungsdatum 2008-05-14 *Vorgesehen als Ersatz für DIN EN 13167 (2001-10), DIN EN 13167 Berichtigung 1 (2006-06), DIN EN 13167/A1 (2004-08).	86,50
DIN EN 13168	N-E	2008-05-00	Wärmedämmstoffe für Gebäude – Werkmäßig hergestellte Produkte aus Holzwolle (WW) – Spezifikation; Deutsche Fassung prEN 13168:2008 / Achtung: Erscheinungsdatum 2008-05-14 *Vorgesehen als Ersatz für DIN EN 13168 (2001-10), DIN EN 13168 Berichtigung 1 (2006-06), DIN EN 13168/A1 (2004-08).	95,00
DIN EN 13169	N-E	2008-05-00	Wärmedämmstoffe für Gebäude – Werkmäßig hergestellte Produkte aus Blähperlit (EPB) – Spezifikation; Deutsche Fassung prEN 13169:2008 / Achtung: Erscheinungsdatum 2008-05-14 *Vorgesehen als Ersatz für DIN EN 13169 (2001-10), DIN EN 13169 Berichtigung 1 (2006-06), DIN EN 13169/A1 (2004-08).	95,00
DIN EN 13170	N-E	2008-05-00	Wärmedämmstoffe für Gebäude – Werkmäßig hergestellte Produkte aus expandiertem Kork (ICB) – Spezifikation; Deutsche Fassung prEN 13170:2008 / Achtung: Erscheinungsdatum 2008-05-14 *Vorgesehen als Ersatz für DIN EN 13170 (2001-10), DIN EN 13170 Berichtigung 1 (2006-06).	90,80
DIN EN 13171	N-E	2008-05-00	Wärmedämmstoffe für Gebäude – Werkmäßig hergestellte Produkte aus Holzfasern (WF) – Spezifikation; Deutsche Fassung prEN 13171:2008 / Achtung: Erscheinungsdatum 2008-05-14 *Vorgesehen als Ersatz für DIN EN 13171 (2001-10), DIN EN 13171 Berichtigung 1 (2006-06), DIN EN 13171/A1 (2004-08).	90,80
DIN EN 13172	N-E	2007-12-00	Wärmedämmstoffe – Konformitätsbewertung; Deutsche Fassung prEN 13172:2007 / Achtung: Vorgesehen als Ersatz für DIN EN 13172 (2005-09).	70,80
DIN EN 13224	N	2007-08-00	Betonfertigteile – Deckenplatten mit Stegen; Deutsche Fassung EN 13224:2004+A1:2007	81,90
DIN EN 13238	N-E	2007-12-00	Prüfungen zum Brandverhalten von Bauprodukten – Konditionie-rungsverfahren und allgemeine Regeln für die Auswahl von Träger-platten; Deutsche Fassung prEN 13238:2007 / Achtung: Vorgese-hen als Ersatz für DIN EN 13238 (2001-12).	32,40
DIN EN 13242	N	2008-03-00	Gesteinskörnungen für ungebundene und hydraulisch gebundene Gemische für den Ingenieur- und Straßenbau; Deutsche Fassung EN 13242:2002+A1:2007	90,80
DIN EN 13279-1	N-E	2008-01-00	Gipsbinder und Gips-Trockenmörtel – Teil 1: Begriffe und Anforde-rungen; Deutsche Fassung prEN 13279-1:2008 / Achtung: Erschei-nungsdatum 2008-01-28 *Vorgesehen als Ersatz für DIN EN 13279-1 (2005-09).	90,80
DIN EN 13363-1	N	2007-09-00	Sonnenschutzeinrichtungen in Kombination mit Verglasungen – Be-rechnung der Solarstrahlung und des Lichttransmissionsgrades – Teil 1: Vereinfachtes Verfahren; Deutsche Fassung EN 13363-1:2003+A1:2007	49,00
DIN EN 13381-8	N-E	2008-03-00	Prüfverfahren zur Bestimmung des Beitrages zum Feuerwiderstand von tragenden Bauteilen – Teil 8: Reaktive Ummantelung von Stahl-bauteilen; Deutsche Fassung EN 13381-8:2008 / Achtung: Erschei-nungsdatum 2008-03-26	121,90
DIN EN 13384-1/A2	N-E	2007-10-00	Abgasanlagen – Wärme- und strömungstechnische Berechnungs-verfahren – Teil 1: Abgasanlagen mit einer Feuerstätte; Deutsche Fassung EN 13384-1:2002/prA2:2007 / Achtung: Vorgesehen als Änderung von DIN EN 13384-1 (2006-03).	54,30
DIN EN 13384-2/A1	N-E	2008-06-00	Abgasanlagen – Wärme- und strömungstechnische Berechnungs-verfahren – Teil 2: Abgasanlagen mit mehreren Feuerstätten; Deut-sche Fassung EN 13384-2:2003/prA1:2008 / Achtung: Erschei-nungsdatum 2008-06-02 *Vorgesehen als Änderung von DIN EN 13384-2 (2003-12).	65,60

Dokumentnummer	Doku-ment-art	Ausgabe-datum	Titel	Preis €
	N =	Norm		
	N-E =	Norm-Entwurf		
	VN =	Vornorm		
	TR =	Andere Technische Regelwerke		
DIN EN 13422/A1	N-E	2007-10-00	Straßenverkehrszeichen (vertikal) – Transportable Verkehrszeichen – Leitkegel und Leitzylinder (einschließlich Erstprüfung und werkseigener Produktionskontrolle) – Änderung 1; Deutsche Fassung EN:13422:2004/prA1:2007 / Achtung: Vorgesehen als Änderung von DIN EN 13422 (2005-01).	26,70
DIN EN 13454-2	N	2007-11-00	Calciumsulfat-Binder, Calciumsulfat-Compositbinder und Calcium-sulfat-Werkmörtel für Estriche – Teil 2: Prüfverfahren; Deutsche Fassung EN 13454-2:2003+A1:2007	59,90
DIN EN 13501-1/A1	N-E	2007-11-00	Klassifizierung von Bauprodukten und Bauarten zu ihrem Brandverhalten – Teil 1: Klassifizierung mit den Ergebnissen aus den Prüfungen zum Brandverhalten von Bauprodukten; Deutsche Fassung EN 13501-1:2007 / Achtung: Vorgesehen als Änderung von DIN EN 13501-1 (2007-05).	32,40
DIN EN 13501-2	N	2008-01-00	Klassifizierung von Bauprodukten und Bauarten zu ihrem Brandverhalten – Teil 2: Klassifizierung mit den Ergebnissen aus den Feuerwiderstandsprüfungen, mit Ausnahme von Lüftungsanlagen; Deutsche Fassung EN 13501-2:2007 / Achtung: Vorgesehene Änderung durch DIN EN 13501-2/A1 (2007-11).	130,20
DIN EN 13501-2/A1	N-E	2007-11-00	Klassifizierung von Bauprodukten und Bauarten zu ihrem Brandverhalten – Teil 2: Klassifizierung mit den Ergebnissen aus den Feuerwiderstandsprüfungen, mit Ausnahme von Lüftungsanlagen; Deutsche Fassung EN 13501-2/prA1:2007 / Achtung: Vorgesehen als Änderung von DIN EN 13501-2 (2008-01).	43,60
DIN EN 13501-3/A1	N-E	2007-12-00	Klassifizierung von Bauprodukten und Bauarten zu ihrem Brandverhalten – Teil 3: Klassifizierung mit den Ergebnissen aus den Feuerwiderstandsprüfungen an Bauteilen von haustechnischen Anlagen: Feuerwiderstandsfähige Leitungen und Brandschutzklappen; Deutsche Fassung EN 13501-3:2005/prA1:2007 / Achtung: Vorgesehen als Änderung von DIN EN 13501-3 (2006-03).	32,40
DIN EN 13501-4/A1	N-E	2007-11-00	Klassifizierung von Bauprodukten und Bauarten zu ihrem Brandverhalten – Teil 4: Klassifizierung mit den Ergebnissen aus den Feuerwiderstandsprüfungen von Anlagen zur Rauchfreihaltung; Deutsche Fassung EN 13501-4:2007/prA1:2007 / Achtung: Vorgesehen als Änderung von DIN EN 13501-4 (2007-04).	32,40
DIN EN 13501-5/A1	N-E	2007-11-00	Klassifizierung von Bauprodukten und Bauarten zu ihrem Brandverhalten – Teil 5: Klassifizierung mit den Ergebnissen aus Prüfungen von Bedachungen bei Beanspruchung durch Feuer von außen; Deutsche Fassung EN 13501-5:2005/prA1:2007 / Achtung: Vorgesehen als Änderung von DIN EN 13501-5 (2006-03).	32,40
DIN EN 13561/A1	N-E	2008-05-00	Markisen – Leistungs- und Sicherheitsanforderungen; Englische Fassung EN 13561:2004/prA1:2008 / Achtung: Erscheinungsdatum 2008-05-26 *Vorgesehen als Änderung von DIN EN 13561 (2004-09).	12,80
DIN EN 13577	N	2007-07-00	Chemischer Angriff an Beton – Bestimmung des Gehalts an angreifendem Kohlendioxid in Wasser; Deutsche Fassung EN 13577:2007	32,40
DIN EN 13659/A1	N-E	2008-05-00	Abschlüsse außen – Leistungs- und Sicherheitsanforderungen; Englische Fassung EN 13659:2004/prA1:2008 / Achtung: Erscheinungsdatum 2008-05-26 *Vorgesehen als Änderung von DIN EN 13659 (2004 11).	12,80
DIN EN 13747/A1	N-E	2008-04-00	Betonfertigteile – Deckenplatten mit Ortbetonergänzung; Deutsche Fassung EN 13747:2005/prA1:2008 / Achtung: Erscheinungsdatum 2008-04-21 *Vorgesehen als Änderung von DIN EN 13747 (2007-04).	65,60
DIN EN 13791	N	2008-05-00	Bewertung der Druckfestigkeit von Beton in Bauwerken oder in Bauwerksteilen; Deutsche Fassung EN 13791:2007	95,00

Dokumentnummer	Doku-ment-art	Ausgabe-datum	Titel	Preis €
	N =	Norm		
	N-E =	Norm-Entwurf		
	VN =	Vornorm		
	TR =	Andere Technische Regelwerke		
DIN EN 13859-1/A1	N-E	2008-02-00	Abdichtungsbahnen – Definitionen und Eigenschaften von Unter-deck- und Unterspannbahnen – Teil 1: Unterdeck- und Unterspann-bahnen für Dachdeckungen; Deutsche Fassung EN 13859-1:2005/prA1:2008 / Achtung: Erscheinungsdatum 2008-02-25 *Vorgesehen als Änderung von DIN EN 13859-1 (2005-05).	26,70
DIN EN 13859-2/A1	N-E	2008-02-00	Abdichtungsbahnen – Definitionen und Eigenschaften von Unter-deck- und Unterspannbahnen – Teil 2: Unterdeck- und Unterspann-bahnen für Wände; Deutsche Fassung EN 13859-2:2004/prA1:2008 / Achtung: Erscheinungsdatum 2008-02-25 *Vorgesehen als Ände-rung von DIN EN 13859-2 (2005-02).	26,70
DIN EN 13915	N	2007-11-00	Gipsplatten-Wandbaufertigtafeln mit einem Kartonwabenkern – Beg-riffe, Anforderungen und Prüfverfahren; Deutsche Fassung EN 13915:2007	70,80
DIN EN 13947	N	2007-07-00	Wärmetechnisches Verhalten von Vorhangfassaden – Berechnung des Wärmedurchgangskoeffizienten; Deutsche Fassung EN 13947:2006	95,00
DIN EN 13948	N	2008-01-00	Abdichtungsbahnen – Bitumen-, Kunststoff- und Elastomerbahnen für Dachabdichtungen – Bestimmung des Widerstandes gegen Wur-zelpenetration; Deutsche Fassung EN 13948:2007	54,30
DIN EN 13967/A2	N-E	2008-05-00	Abdichtungsbahnen – Kunststoff- und Elastomerbahnen für die Bau-werksabdichtung gegen Bodenfeuchte und Wasser – Definitionen und Eigenschaften; Deutsche Fassung EN 13697:2004/prA2:2008 / Achtung: Erscheinungsdatum 2008-05-05 *Vorgesehen als Ände-rung von DIN EN 13967 (2007-03).	32,40
DIN EN 14064-1	N-E	2007-09-00	Wärmedämmstoffe für Gebäude – An der Verwendungsstelle herge-stellte Wärmedämmung aus Mineralwolle (MW) – Teil 1: Spezifikati-on für Schüttdämmstoffe vor dem Einbau; Deutsche Fassung prEN 14064-1:2007	90,80
DIN EN 14064-2	N-E	2007-09-00	Wärmedämmstoffe für Gebäude – An der Verwendungsstelle herge-stellte Wärmedämmung aus Mineralwolle (MW) – Teil 2: Spezifikati-on für die eingebauten Produkte; Deutsche Fassung prEN 14064-2:2007	59,90
DIN EN 14081-4	N	2007-12-00	Holzbauwerke – Nach Festigkeit sortiertes Bauholz für tragende Zwecke mit rechteckigem Querschnitt – Teil 4: Maschinelle Sortie-rung – Einstellungen von Sortiermaschinen für maschinenenkontrol-lierte Systeme; Deutsche Fassung EN 14081-4:2005+A2:2007 / Achtung: Vorgesehene Änderung durch DIN EN 14081-4/A4 (2008-07) (in Vorbereitung).	65,60
DIN EN 14081-4/A3	N-E	2007-11-00	Holzbauwerke – Nach Festigkeit sortiertes Bauholz für tragende Zwecke mit rechteckigem Querschnitt – Teil 4: Maschinelle Sortie-rung – Einstellungen von Sortiermaschinen für maschinenkontrollier-te Systeme; Deutsche Fassung EN 14081-4:2005+A2:2007/prA3:2007 / Achtung: Vorgesehen als Änderung von DIN EN 14081-4 (2007-05).	54,30
DIN EN 14229	N-E	2008-01-00	Holzbauwerke – Holzmaste für Freileitungen; Deutsche Fassung prEN 14229:2008 / Achtung: Erscheinungsdatum 2008-06-09	90,80
DIN EN 14246 Berich-tigung 1	N	2007-11-00	Gipselemente für Unterdecken (abgehängte Decken) – Begriffe, An-forderungen und Prüfverfahren; Deutsche Fassung EN 14246:2006, Berichtigungen zu DIN EN 14246:2006-09; Deutsche Fassung EN 14246:2006/AC:2007	0,00
DIN EN 14250	N-E	2007-10-00	Holzbauwerke – Produktanforderungen an vorgefertigte tragende Bauteile mit Nagelplattenverbindungen; Deutsche Fassung prEN 14250:2007 / Achtung: Vorgesehen als Ersatz für DIN EN 14250 (2005-02).	59,90
DIN EN 14353	N	2008-03-00	Hilfs- und Zusatzprofile aus Metall zur Verwendung mit Gipsplatten – Begriffe, Anforderungen und Prüfverfahren; Deutsche Fassung EN 14353:2007	76,30

Dokumentnummer	Doku-ment-art	Ausgabe-datum	Titel	Preis €
	N =	Norm		
	N-E =	Norm-Entwurf		
	VN =	Vornorm		
	TR =	Andere Technische Regelwerke		
DIN EN 14389-1	N	2008-02-00	Lärmschutzeinrichtungen an Straßen – Verfahren zur Bewertung der Langzeitwirksamkeit – Teil 1: Akustische Eigenschaften; Deutsche Fassung EN 14389-1:2007	43,60
DIN EN 14411 Berich-tigung 1	N	2007-07-00	Keramische Fliesen und Platten – Begriffe, Klassifizierung, Güte-merkmale und Kennzeichnung; Deutsche Fassung EN 14411:2006, Berichtigungen zu DIN EN 14411:2007-03	0,00
DIN EN 14488-4/A1	N-E	2007-10-00	Prüfung von Spritzbeton – Teil 4: Haftfestigkeit an Bohrkernen bei zentrischem Zug; Deutsche Fassung EN 14488-4:2005/prA1:2007 / Achtung: Vorgesehen als Änderung von DIN EN 14488-4 (2005-11).	26,70
DIN EN 14490	N-E	2007-11-00	Ausführung von besonderen geotechnischen Arbeiten (Spezialtief-bau) – Bodenvernagelung; Deutsche Fassung prEN 14490:2007	99,50
DIN EN 14566	N	2008-04-00	Mechanische Befestigungsmittel für Gipsplattensysteme – Begriffe, Anforderungen und Prüfverfahren; Deutsche Fassung EN 14566:2008	76,30
DIN EN 14637	N	2008-01-00	Schlösser und Baubeschläge – Elektrisch gesteuerte Feststellanla-gen für Feuer-/Rauchschutztüren – Anforderungen, Prüfverfahren, Anwendung und Wartung; Deutsche Fassung EN 14637:2007	117,00
DIN EN 14648	N	2007-12-00	Schlösser und Baubeschläge – Beschläge für Fensterläden – Anfor-derungen und Prüfverfahren; Deutsche Fassung EN 14648:2007	59,90
DIN EN 14651	N	2007-12-00	Prüfverfahren für Beton mit metallischen Fasern – Bestimmung der Biegezugfestigkeit (Proportionalitätsgrenze, residuelle Biegezugfes-tigkeit); Deutsche Fassung EN 14651:2005+A1:2007	54,30
DIN EN 14707	N	2008-02-00	Wärmedämmstoffe für die Haustechnik und für betriebstechnische Anlagen – Bestimmung der oberen Anwendungsgrenztemperatur von vorgeformten Rohrdämmstoffen; Deutsche Fassung EN 14707:2005+A1:2007	65,60
DIN EN 14721	N	2007-12-00	Prüfverfahren für Beton mit metallischen Fasern – Bestimmung des Fasergehalts in Frisch- und Festbeton; Deutsche Fassung EN 14721:2005+A1:2007	32,40
DIN EN 14809 Berich-tigung 1	N	2008-04-00	Sportböden – Bestimmung der vertikalen Verformung; Deutsche Fassung EN 14809:2005, Berichtigungen zu DIN EN 14809:2006-03; Deutsche Fassung EN 14809:2005/AC:2007	0,00
DIN EN 14843	N	2007-07-00	Betonfertigteile – Treppen; Deutsche Fassung EN 14843:2007	76,30
DIN EN 14844/A1	N-E	2008-03-00	Betonfertigteile – Hohlkastenelemente; Deutsche Fassung EN 14844:2006/prA1:2008 / Achtung: Erscheinungsdatum 2008-03-17 *Vorgesehen als Änderung von DIN EN 14844 (2006-09).	65,60
DIN EN 14845-1	N	2007-09-00	Prüfverfahren für Fasern in Beton – Teil 1: Referenzbetone; Deut-sche Fassung EN 14845-1:2007	37,90
DIN EN 14891	N	2007-11-00	Flüssig zu verarbeitende wasserundurchlässige Produkte im Ver-bund mit keramischen Fliesen- und Plattenbelägen – Anforderun-gen, Prüfverfahren, Konformitätsbewertung, Klassifizierung und Be-zeichnung; Deutsche Fassung EN 14891:2007	65,60
DIN EN 14891 Berich-tigung 1	N	2008-02-00	Flüssig zu verarbeitende wasserundurchlässige Produkte im Ver-bund mit keramischen Fliesen- und Plattenbelägen – Anforderun-gen, Prüfverfahren, Konformitätsbewertung, Klassifizierung und Be-zeichnung; Deutsche Fassung EN 14891:2007, Berichtigungen zu DIN EN 14891:2007-11	0,00
DIN EN 14909/A1	N-E	2008-05-00	Abdichtungsbahnen – Kunststoff- und Elastomer-Mauersperr-bahnen – Definitionen und Eigenschaften; Deutsche Fassung EN 14909:2006/prA1:2008 / Achtung: Erscheinungsdatum 2008-05-05 *Vorgesehen als Änderung von DIN EN 14909 (2006-06).	26,70
DIN EN 14933	N	2007-12-00	Wärmedämmung und leichte Füllprodukte für Anwendungen im Tief-bau – Werkmäßig hergestellte Produkte aus expandiertem Polystyrol (EPS) – Spezifikation; Deutsche Fassung EN 14933:2007	90,80
DIN EN 14934	N	2007-12-00	Wärmedämmung und leichte Füllprodukte für Anwendungen im Tief-bau – Werkmäßig hergestellte Produkte aus extrudiertem Polystyrol-schaum (XPS) – Spezifikation; Deutsche Fassung EN 14934:2007	86,50

Dokumentnummer	Doku-ment-art	Ausgabe-datum	Titel	Preis €
	N =	Norm		
	N-E =	Norm-Entwurf		
	VN =	Vornorm		
	TR =	Andere Technische Regelwerke		
DIN EN 14989-2	N	2008-03-00	Abgasanlagen – Anforderungen und Prüfverfahren für Metall-Abgasanlagen und materialunabhängige Luftleitungen für raumluftunabhängige Anlagen – Teil 2: Abgas- und Luftleitungen für raumluftunabhängige Feuerstätten; Deutsche Fassung EN 14989-2:2007	135,00
DIN EN 14991	N	2007-07-00	Betonfertigteile – Gründungselemente; Deutsche Fassung EN 14991:2007	70,80
DIN EN 14992	N	2007-07-00	Betonfertigteile – Wandelemente; Deutsche Fassung EN 14992:2007	76,30
DIN EN 15026	N	2007-07-00	Wärme- und feuchtetechnisches Verhalten von Bauteilen und Bauelementen – Bewertung der Feuchteübertragung durch numerische Simulation; Deutsche Fassung EN 15026:2007	65,60
DIN EN 15050	N	2007-08-00	Betonfertigteile – Fertigteile für Brücken; Deutsche Fassung EN 15050:2007	99,50
DIN EN 15080-10	N-E	2007-07-00	Erweiterter Anwendungsbereich der Ergebnisse aus Feuerwiderstandsprüfungen – Teil 10: Feuerwiderstandsfähige Leitungen; Deutsche Fassung prEN 15080-10:2007	59,90
DIN EN 15080-11	N-E	2008-04-00	Erweiterter Anwendungsbereich der Ergebnisse aus Feuerwiderstandsprüfungen – Teil 11: Brandschutzklappen; Deutsche Fassung prEN 15080-11:2008 / Achtung: Erscheinungsdatum 2008-05-05	59,90
DIN EN 15080-12	N-E	2007-12-00	Erweiterter Anwendungsbereich der Ergebnisse aus Feuerwiderstandsprüfungen – Teil 12: Tragende Mauerwerkswände; Deutsche Fassung prEN 15080-12:2007	49,00
DIN EN 15080-15	N-E	2008-01-00	Erweiterter Anwendungsbereich der Ergebnisse aus Feuerwiderstandsprüfungen – Teil 15: Abdichtungssysteme für Bauteilfugen; Deutsche Fassung prEN 15080-15:2007 / Achtung: Erscheinungsdatum 2008-01-28	54,30
DIN EN 15101-1	N-E	2007-07-00	Wärmedämmstoffe für Gebäude – An der Anwendungsstelle hergestellte Wärmedämmung aus Zellulosefüllstoff – Teil 1: Spezifikation für die Produkte vor dem Einbau; Deutsche Fassung prEN 15101-1:2007	90,80
DIN EN 15101-2	N-E	2007-07-00	Wärmedämmstoffe für Gebäude – An der Verwendungsstelle hergestellte Wärmedämmung aus Zellulosefüllstoff – Teil 2: Spezifikation für die eingebauten Produkte; Deutsche Fassung prEN 15101-2:2007	59,90
DIN EN 15102	N	2008-01-00	Dekorative Wandbekleidungen – Rollen- und Plattenform; Deutsche Fassung EN 15102:2007	65,60
DIN EN 15129	N-E	2007-07-00	Erdbebenvorrichtungen; Deutsche Fassung prEN 15129:2007	166,60
DIN EN 15217	N	2007-09-00	Energieeffizienz von Gebäuden – Verfahren zur Darstellung der Energieeffizienz und zur Erstellung des Gebäudeenergieausweises; Deutsche Fassung EN 15217:2007	76,30
DIN EN 15228	N-E	2007-08-00	Bauholz – Bauholz für tragende Zwecke mit Schutzmittelbehandlung gegen biologischen Befall; Deutsche Fassung prEN 15228:2007	37,90
DIN EN 15254-4	N	2008-06-00	Erweiterter Anwendungsbereich der Ergebnisse von Feuerwiderstandsprüfungen – Nichttragende Wände – Teil 4: Verglaste Konstruktionen; Deutsche Fassung EN 15254-4:2008	86,50
DIN EN 15254-5	N-E	2007-12-00	Erweiterter Anwendungsbereich der Ergebnisse von Feuerwiderstandsprüfungen – Nichttragende Wände – Teil 5: Sandwichelemente in Metallbauweise; Deutsche Fassung prEN 15254-5:2007	54,30
DIN EN 15255	N	2007-11-00	Wärmetechnisches Verhalten von Gebäuden – Berechnung der wahrnehmbaren Raumkühllast – Allgemeine Kriterien und Validierungsverfahren; Deutsche Fassung EN 15255:2007	86,50
DIN EN 15265	N	2007-11-00	Wärmetechnisches Verhalten von Gebäuden – Berechnung des Heiz- und Kühlenergieverbrauchs – Allgemeine Kriterien und Validierungsverfahren; Deutsche Fassung EN 15265:2007	112,70

Dokumentnummer	Doku-ment-art	Ausgabe-datum	Titel	Preis €
	N =	Norm		
	N-E =	Norm-Entwurf		
	VN =	Vornorm		
	TR =	Andere Technische Regelwerke		
DIN EN 15269-1	N-E	2007-11-00	Erweiterter Anwendungsbereich von Prüfergebnissen zur Feuerwi-derstandsfähigkeit und/oder Rauchdichte von Feuerschutzabschlüs-sen und Fenstern einschließlich ihrer Beschläge – Teil 1: Allgemeine Anforderungen; Deutsche Fassung prEN 15269-1:2007	37,90
DIN EN 15269-10	N-E	2008-04-00	Erweiterter Anwendungsbereich von Prüfergebnissen für Feuerwi-derstandsfähigkeit und/oder Rauchschutz für Türen, Tore, Abschlüs-se und zu öffnende Fenster einschließlich ihrer Beschläge – Teil 10: Feuerwiderstandsfähigkeit von Stahlrolltüren und -toren; Deutsche Fassung prEN 15269-10:2008 / Achtung: Erscheinungsdatum 2008-04-14	112,70
DIN EN 15283-1	N	2008-05-00	Faserverstärkte Gipsplatten – Begriffe, Anforderungen und Prüfver-fahren – Teil 1: Gipsplatten mit Vliesarmierung; Deutsche Fassung EN 15283-1:2008	86,50
DIN EN 15283-2	N	2008-05-00	Faserverstärkte Gipsplatten – Begriffe, Anforderungen und Prüfver-fahren – Teil 2: Gipsfaserplatten; Deutsche Fassung EN 15283-2:2008	90,80
DIN EN 15287-1	N	2007-11-00	Abgasanlagen – Planung, Montage und Abnahme von Abgasanla-gen – Teil 1: Abgasanlagen für raumluftabhängige Feuerstätten; Deutsche Fassung EN 15287-1:2007	112,70
DIN EN 15287-2	N	2008-06-00	Abgasanlagen – Planung, Montage und Abnahme von Abgasanla-gen – Teil 2: Abgasanlagen für raumluftunabhängige Feuerstätten; Deutsche Fassung EN 15287-2:2008	135,00
DIN EN 15301-2	N	2007-07-00	Sportböden – Teil 2: Bestimmung der Scherfestigkeit durch Prüfung der dynamischen Decklage von ungebundenen mineralischen Belä-gen im Laboratorium; Deutsche Fassung EN 15301-2:2007	37,90
DIN EN 15304	N	2007-08-00	Bestimmung des Frost-Tau-Widerstandes von dampfgehärtetem Po-renbeton; Deutsche Fassung EN 15304:2007	54,30
DIN EN 15318	N	2008-01-00	Planung und Ausführung von Bauteilen aus Gips-Wandbauplatten; Deutsche Fassung EN 15318:2007	43,60
DIN EN 15319	N	2007-10-00	Allgemeine Grundsätze der Planung von Arbeiten aus Formteilen aus faserverstärktem Gips; Deutsche Fassung EN 15319:2007	86,50
DIN EN 15330-1	N	2008-01-00	Sportböden – Überwiegend für den Außenbereich hergestellte Kunststoffrasenflächen und Nadelfilze – Teil 1: Festlegungen für Kunststoffrasen; Deutsche Fassung EN 15330-1:2007	70,80
DIN EN 15330-2	N	2008-04-00	Sportböden – Überwiegend für den Außenbereich hergestellte Kunststoffrasenflächen und Nadelfilze – Teil 2: Festlegungen für Nadelfilze; Deutsche Fassung EN 15330-2:2008	59,90
DIN EN 15368	N	2008-04-00	Hydraulisches Bindemittel für nichttragende Anwendungen – Defini-tion, Anforderungen und Konformitätskriterien; Deutsche Fassung EN 15368:2008	59,90
DIN EN 15422	N	2008-06-00	Betonfertigteile – Festlegung für Glasfasern als Bewehrung in Mörtel und Beton; Deutsche Fassung EN 15422:2008	37,90
DIN EN 15651-1	N-E	2007-07-00	Fugendichtstoffe im Hochbau – Definitionen, Anforderungen und Bewertung der Konformität – Teil 1: Fugendichtstoffe für Fassaden; Deutsche Fassung prEN 15651-1:2007	65,60
DIN EN 15651-2	N-E	2007-08-00	Fugendichtstoffe im Hochbau – Begriffe, Anforderungen und Kon-formitätsbewertung – Teil 2: Dichtstoffe für Verglasungen; Deutsche Fassung prEN 15651-2:2007 / Achtung: Vorgesehen als Ersatz für DIN EN ISO 11600 (2004-04, t).	70,80
DIN EN 15681-1	N-E	2007-07-00	Glas im Bauwesen – Basiserzeugnisse aus Alumo-Silicatglas – Teil 1: Definitionen und allgemeine physikalische und mechanische Eigenschaften; Deutsche Fassung prEN 15681-1:2007	54,30
DIN EN 15681-2	N-E	2007-07-00	Glas im Bauwesen – Basiserzeugnisse aus Alumo-Silicatglas – Teil 2: Konformitätsbewertung/Produktnorm; Deutsche Fassung prEN 15681-2:2007	70,80

Dokumentnummer	Dokumentart	Ausgabedatum	Titel	Preis €
	N =	Norm		
	N-E =	Norm-Entwurf		
	VN =	Vornorm		
	TR =	Andere Technische Regelwerke		
DIN EN 15682-1	N-E	2007-07-00	Glas im Bauwesen – Heißgelagertes thermisch vorgespanntes Erdalkali-Silicat-Einscheibensicherheitsglas – Teil 1: Definition und Beschreibung; Deutsche Fassung prEN 15682-1:2007	81,90
DIN EN 15682-2	N-E	2007-07-00	Glas im Bauwesen – Heißgelagertes thermisch vorgespanntes Erdalkali-Silicat-Einscheibensicherheitsglas – Teil 2: Konformitätsbewertung/Produktnorm; Deutsche Fassung prEN 15682-2:2007	76,30
DIN EN 15683-1	N-E	2007-07-00	Glas im Bauwesen – Thermisch vorgespanntes Kalknatron-Profilbau-Sicherheitsglas – Teil 1: Definition und Beschreibung; Deutsche Fassung prEN 15683-1:2007	54,30
DIN EN 15683-2	N-E	2007-07-00	Glas im Bauwesen – Thermisch vorgespanntes Kalknatron-Profilbau-Sicherheitsglas – Teil 2: Konformitätsbewertung/Produktnorm; Deutsche Fassung prEN 15683-2:2007	70,80
DIN EN 15684	N-E	2007-07-00	Schlösser und Baubeschläge – Mechatronische Zylinder – Anforderungen und Prüfverfahren; Deutsche Fassung prEN 15684:2007	70,80
DIN EN 15685	N-E	2007-07-00	Schlösser und Beschläge – Schlösser – Mehrfachverriegelungen und deren Schließbleche – Anforderungen und Prüfverfahren; Deutsche Fassung prEN 15685:2007	95,00
DIN EN 15715	N-E	2007-09-00	Wärmedämmstoffe – Einbau- und Befestigungsbedingungen für die Prüfung des Brandverhaltens – Werkmäßig hergestellte Wärmedämmstoffe; Deutsche Fassung prEN 15715:2007	117,00
DIN EN 15725	N-E	2007-11-00	Berichte zum erweiterten Anwendungsbereich, bezogen auf das Brandverhalten von Bauprodukten und Bauarten; Deutsche Fassung prEN 15725:2007	59,90
DIN EN 15732	N-E	2007-12-00	Leichte Schütt- und Wärmedämmstoffe für bautechnische Anwendungen (CEA) – Produkte aus Blähton-Leichtzuschlagstoffen (LWA); Deutsche Fassung prEN 15732:2007	86,50
DIN EN 15736	N-E	2008-01-00	Holzbauwerke – Prüfverfahren – Ausziehwiderstand von Nagelplatten; Deutsche Fassung prEN 15736:2007 / Achtung: Erscheinungsdatum 2008-01-08	43,60
DIN EN 15737	N-E	2008-01-00	Holzbauwerke – Prüfverfahren – Bruchdrehmoment und Eindrehwiderstand von Schrauben; Deutsche Fassung prEN 15737:2007 / Achtung: Erscheinungsdatum 2008-01-08	37,90
DIN EN 15743	N-E	2008-01-00	Sulfathüttenzement – Zusammensetzung, Anforderungen und Konformitätskriterien; Deutsche Fassung prEN 15743:2007 / Achtung: Erscheinungsdatum 2008-01-08	59,90
DIN EN 15752-1	N-E	2008-01-00	Glas im Bauwesen – Selbstklebende Polymerfolie – Teil 1: Begriffe und Beschreibungen; Deutsche Fassung prEN 15752-1:2008 / Achtung: Erscheinungsdatum 2008-01-28	81,90
DIN EN 15755-1	N-E	2008-02-00	Glas im Bauwesen – Glas mit selbstklebender Polymerfolie – Teil 1: Begriffe und Beschreibungen; Deutsche Fassung prEN 15755-1:2008 / Achtung: Erscheinungsdatum 2008-02-11	76,30
DIN EN 15757	N-E	2008-02-00	Erhaltung des kulturellen Erbes – Vorgaben für Temperatur und relative Feuchte zur Reduzierung von klimabedingter mechanischer Beschädigung in organischen hygroskopischen Materialien; Deutsche Fassung prEN 15757:2008 / Achtung: Erscheinungsdatum 2008-02-11	54,30
DIN EN 15758	N-E	2008-02-00	Erhaltung des kulturellen Erbes – Methoden und Instrumente für die Messung der Lufttemperatur und der Oberflächentemperatur von Objekten; Deutsche Fassung prEN 15758:2008 / Achtung: Erscheinungsdatum 2008-02-11	54,30
DIN EN 15759	N-E	2008-02-00	Erhaltung des kulturellen Erbes – Spezifikation und Kontrolle des Raumklimas – Beheizung von Kirchen; Deutsche Fassung prEN 15759:2008 / Achtung: Erscheinungsdatum 2008-02-11	59,90
DIN EN 15801	N-E	2008-04-00	Erhaltung des kulturellen Erbes – Prüfmethoden – Bestimmung der Wasserabsorption durch Kapilarität; Deutsche Fassung prEN 15801:2008 / Achtung: Erscheinungsdatum 2008-04-28	43,60

Dokumentnummer	Dokument-art	Ausgabe-datum	Titel	Preis €
	N = N-E = VN = TR =	Norm Norm-Entwurf Vornorm Andere Technische Regelwerke		
DIN EN 15802	N-E	2008-04-00	Erhaltung des kulturellen Erbes – Prüfmethoden – Messung des statischen Kontaktwinkels; Deutsche Fassung prEN 15802:2008 / Achtung: Erscheinungsdatum 2008-04-28	43,60
DIN EN 15803	N-E	2008-04-00	Erhaltung des kulturellen Erbes – Prüfmethoden – Bestimmung des Wasserdampfleitkoeffizienten; Deutsche Fassung prEN 15803:2008 / Achtung: Erscheinungsdatum 2008-04-28	49,00
DIN EN 15804	N-E	2008-04-00	Nachhaltigkeit von Bauwerken – Umweltdeklarationen für Produkte – Regeln für Produktkategorien; Deutsche Fassung prEN 15804:2008 / Achtung: Erscheinungsdatum 2008-04-28	95,00
DIN EN 15812	N-E	2008-05-00	Kunststoffmodifizierte Bitumendickbeschichtungen – Bestimmung der Fähigkeit zur Überbrückung von Rissen; Deutsche Fassung prEN 15812:2008 / Achtung: Erscheinungsdatum 2008-06-02	37,90
DIN EN 15813	N-E	2008-05-00	Kunststoffmodifizierte Bitumendickbeschichtungen – Bestimmung der Flexibilität bei niedrigen Temperaturen; Deutsche Fassung prEN 15813:2008 / Achtung: Erscheinungsdatum 2008-05-26	32,40
DIN EN 15814	N-E	2008-05-00	Kunststoffmodifizierte Bitumendickbeschichtung zur Bauwerksabdichtung – Begriffe und Anforderungen; Deutsche Fassung prEN 15814:2008 / Achtung: Erscheinungsdatum 2008-06-02	43,60
DIN EN 15815	N-E	2008-05-00	Kunststoffmodifizierte Bitumendickbeschichtungen – Beständigkeit gegen Stauchung; Deutsche Fassung prEN 15815:2008 / Achtung: Erscheinungsdatum 2008-06-02	32,40
DIN EN 15816	N-E	2008-05-00	Kunststoffmodifizierte Bitumendickbeschichtungen – Beständigkeit gegen Regen; Deutsche Fassung prEN 15816 / Achtung: Erscheinungsdatum 2008-06-02	32,40
DIN EN 15817	N-E	2008-05-00	Kunststoffmodifizierte Bitumendickbeschichtungen – Wasserbeständigkeit; Deutsche Fassung prEN 15817:2008 / Achtung: Erscheinungsdatum 2008-06-02	32,40
DIN EN 15818	N-E	2008-05-00	Kunststoffmodifizierte Bitumendickbeschichtungen – Bestimmung der Maßbeständigkeit bei hohen Temperaturen; Deutsche Fassung prEN 15818:2008 / Achtung: Erscheinungsdatum 2008-06-02	32,40
DIN EN 15819	N-E	2008-05-00	Kunststoffmodifizierte Bitumendickbeschichtungen – Verringerung der Schichtdicke nach dem Austrocknen; Deutsche Fassung prEN 15819:2008 / Achtung: Erscheinungsdatum 2008-06-02	32,40
DIN EN 15820	N-E	2008-05-00	Kunststoffmodifizierte Bitumendickbeschichtungen – Bestimmung der Wasserdichtheit; Deutsche Fassung prEN 15820:2008 / Achtung: Erscheinungsdatum 2008-06-02	32,40
DIN EN ISO 1288-1	N-E	2007-10-00	Glas im Bauwesen – Bestimmung der Biegefestigkeit von Glas – Teil 1: Grundlagen der Glasprüfungen (ISO/DIS 1288-1:2007); Deutsche Fassung prEN ISO 1288-1:2007 / Achtung: Vorgesehen als Ersatz für DIN EN 1288-1 (2000-09).	59,90
DIN EN ISO 1288-2	N-E	2007-10-00	Glas im Bauwesen – Bestimmung der Biegefestigkeit von Glas – Teil 2: Doppelring – Biegeversuch an plattenförmigen Proben mit großen Prüfflächen (ISO/DIS 1288-2:2007); Deutsche Fassung prEN ISO 1288-2:2007 / Achtung: Vorgesehen als Ersatz für DIN EN 1288-2 (2000-09).	54,30
DIN EN ISO 1288-3	N-E	2007-10-00	Glas im Bauwesen – Bestimmung der Biegefestigkeit von Glas – Teil 3: Prüfung von Proben bei zweiseitiger Auflagerung (Vierschneiden-Verfahren) (ISO/DIS 1288-3:2007); Deutsche Fassung prEN ISO 1288-3:2007 / Achtung: Vorgesehen als Ersatz für DIN EN 1288-3 (2000-09).	37,90
DIN EN ISO 1288-4	N-E	2007-10-00	Glas im Bauwesen – Bestimmung der Biegefestigkeit von Glas – Teil 4: Prüfung von Profilbauglas (ISO/DIS 1288-4:2007); Deutsche Fassung prEN ISO 1288-4:2007 / Achtung: Vorgesehen als Ersatz für DIN EN 1288-4 (2000-09).	49,00

Dokumentnummer	Dokumentart	Ausgabedatum	Titel	Preis €
N = Norm				
N-E = Norm-Entwurf				
VN = Vornorm				
TR = Andere Technische Regelwerke				
DIN EN ISO 1288-5	N-E	2007-10-00	Glas im Bauwesen – Bestimmung der Biegefestigkeit von Glas – Teil 5: Doppelring Biegeversuch an plattenförmigen Proben mit kleinen Prüfflächen (ISO/DIS 1288-5:2007); Deutsche Fassung prEN ISO 1288-5:2007 / Achtung: Vorgesehen als Ersatz für DIN EN 1288-5 (2000-09).	43,60
DIN EN ISO 6946	N	2008-04-00	Bauteile – Wärmedurchlasswiderstand und Wärmedurchgangskoeffizient – Berechnungsverfahren (ISO 6946:2007); Deutsche Fassung EN ISO 6946:2007	81,90
DIN EN ISO 9229	N	2007-11-00	Wärmedämmung – Begriffe (ISO 9229:2007); Dreisprachige Fassung EN ISO 9229:2007	86,50
DIN EN ISO 9346	N	2008-02-00	Wärme- und feuchtetechnisches Verhalten von Gebäuden und Baustoffen – Physikalische Größen für den Stofftransport – Begriffe (ISO 9346:2007); Dreisprachige Fassung EN ISO 9346:2007	70,80
DIN EN ISO 10211	N	2008-04-00	Wärmebrücken im Hochbau – Wärmeströme und Oberflächentemperaturen – Detaillierte Berechnungen (ISO 10211:2007); Deutsche Fassung EN ISO 10211:2007	108,70
DIN EN ISO 10456	N	2008-04-00	Baustoffe und Bauprodukte – Wärme- und feuchtetechnische Eigenschaften – Tabellierte Bemessungswerte und Verfahren zur Bestimmung der wärmeschutztechnischen Nenn- und Bemessungswerte (ISO 10456:2007); Deutsche Fassung EN ISO 10456:2007	86,50
DIN EN ISO 13370	N	2008-04-00	Wärmetechnisches Verhalten von Gebäuden – Wärmeübertragung über das Erdreich – Berechnungsverfahren (ISO 13370:2007); Deutsche Fassung EN ISO 13370:2007	108,70
DIN EN ISO 13786	N	2008-04-00	Wärmetechnisches Verhalten von Bauteilen – Dynamisch-thermische Kenngrößen – Berechnungsverfahren (ISO 13786:2007); Deutsche Fassung EN ISO 13786:2007	76,30
DIN EN ISO 13789	N	2008-04-00	Wärmetechnisches Verhalten von Gebäuden – Spezifischer Transmissions- und Lüftungswärmedurchgangskoeffizient – Berechnungsverfahren (ISO 13789:2007); Deutsche Fassung EN ISO 13789:2007	70,80
DIN EN ISO 14439	N-E	2007-11-00	Glas im Bauwesen – Anforderungen für die Verglasung – Verglasungsklötze; Deutsche Fassung prEN 14439:2007	59,90
DIN EN ISO 14683	N	2008-04-00	Wärmebrücken im Hochbau – Längenbezogener Wärmedurchgangskoeffizient – Vereinfachte Verfahren und Anhaltswerte (ISO 14683:2007); Deutsche Fassung EN ISO 14683:2007	76,30
DIN EN ISO 15927-2	N-E	2007-07-00	Wärme- und feuchteschutztechnisches Verhalten von Gebäuden – Berechnung der Darstellung von Klimadaten – Teil 2: Stundendaten zur Bestimmung der Norm-Heizlast für die Raumheizung (ISO/DIS 15927-2:2007); Deutsche Fassung prEN ISO 15927-2:2007	37,90
DIN EN ISO 15927-6	N	2007-11-00	Wärme- und feuchteschutztechnisches Verhalten von Gebäuden – Berechnung und Darstellung von Klimadaten – Teil 6: Akkumulierte Temperaturdifferenzen (Gradtage) (ISO 15927-6:2007); Deutsche Fassung EN ISO 15927-6:2007	54,30
DIN EN ISO 19111	N	2007-10-00	Geoinformation – Koordinatenreferenzsysteme (ISO 19111:2007); Englische Fassung EN ISO 19111:2007	117,00
DIN EN ISO 19126	N-E	2008-02-00	Geoinformation – Verzeichnisse und Register für Featurekonzepte (ISO/DIS 19126:2007); Englische Fassung prEN ISO 19126:2007 / Achtung: Erscheinungsdatum 2008-03-17	99,50
DIN EN ISO 19128	N-E	2007-08-00	Geoinformation – Web Map server interface (ISO 19128:2005); Englische Fassung prEN ISO 19128:2007	130,20
DIN EN ISO 19131	N-E	2007-11-00	Geoinformation – Produktspezifikationen für Geodaten (ISO 19131:2007); Englische Fassung prEN ISO 19131:2007	86,50
DIN EN ISO 19132	N-E	2008-03-00	Geoinformation – Standortbezogene Dienste – Referenzmodell (ISO 19132:2007); Englische Fassung prEN ISO 19132:2007 / Achtung: Erscheinungsdatum 2008-03-17	152,10

Dokumentnummer	Doku-ment-art N = N-E = VN = TR =	Ausgabe-datum Norm Norm-Entwurf Vornorm Andere Technische Regelwerke	Titel	Preis €
DIN EN ISO 19134	N-E	2008-02-00	Geoinformation – Standortbezogene Dienste – Multimodale Routen-planung und Navigation (ISO 19134:2007); Englische Fassung prEN ISO 19134:2007 / Achtung: Erscheinungsdatum 2008-02-11	95,00
DIN EN ISO 19137	N-E	2007-11-00	Geoinformation – Kernprofil des Raumbezugsschemas (ISO 19137:2007); Englische Fassung prEN ISO 19137:2007	59,90
DIN EN ISO 22282-1	N-E	2008-04-00	Geotechnische Erkundung und Untersuchung – Geohydraulische Versuche – Teil 1: Allgemeine Regeln (ISO/DIS 22282-1:2007); Deutsche Fassung prEN ISO 22282-1:2007 / Achtung: Erschei-nungsdatum 2008-06-02	81,90
DIN EN ISO 22282-2	N-E	2008-04-00	Geotechnische Erkundung und Untersuchung – Geohydraulische Versuche – Teil 2: Wasserdurchlässigkeitsversuche in einem Bohr-loch unter Anwendung offener Systeme (ISO/DIS 22282-2:2007); Deutsche Fassung prEN ISO 22282-2:2007 / Achtung: Erschei-nungsdatum 2008-06-02	76,30
DIN EN ISO 22282-3	N-E	2008-01-00	Geotechnische Erkundung und Untersuchung – Geohydraulische Versuche – Teil 3: Wasserdruckversuch im Fels (ISO/DIS 22282-3:2007); Deutsche Fassung prEN ISO 22282-3:2007 / Achtung: Erscheinungsdatum 2008-01-21	81,90
DIN EN ISO 22282-4	N-E	2008-01-00	Geotechnische Erkundung und Untersuchung – Geohydraulische Versuche – Teil 4: Pumpversuche (ISO/DIS 22282-4:2007); Deut-sche Fassung prEN ISO 22282-4:2007 / Achtung: Erscheinungsda-tum 2008-01-21	81,90
DIN EN ISO 22282-5	N-E	2008-01-00	Geotechnische Erkundung und Untersuchung – Geohydraulische Versuche – Teil 5: Infiltrometerversuche (ISO/DIS 22282-5:2007); Deutsche Fassung prEN ISO 22282-5:2007 / Achtung: Erschei-nungsdatum 2008-01-21	70,80
DIN EN ISO 22282-6	N-E	2008-04-00	Geotechnische Erkundung und Untersuchung – Geohydraulische Versuche – Teil 6: Wasserdurchlässigkeitsversuche im Bohrloch un-ter Anwendung geschlossener Systeme (ISO/DIS 22282-6:2006); Deutsche Fassung prEN ISO 22282-6:2008 / Achtung: Erschei-nungsdatum 2008-03-31	59,90
DIN EN ISO 22476-4	N-E	2008-02-00	Geotechnische Erkundung und Untersuchung – Felduntersuchun-gen – Teil 4: Pressiometerversuch nach Ménard (ISO/DIS 22476-4:2007); Deutsche Fassung prEN ISO 22476-4:2007 / Achtung: Er-scheinungsdatum 2008-02-11 *Vorgesehen als Ersatz für DIN 4094-5 (2001-06, t).	103,90
DIN EN ISO 22476-5	N-E	2008-02-00	Geotechnische Erkundung und Untersuchung – Felduntersuchun-gen – Teil 5: Versuch mit dem flexiblen Dilatometer (ISO/DIS 22476-5:2007); Deutsche Fassung prEN ISO 22476-5:2007 / Achtung: Er-scheinungsdatum 2008-02-18 *Vorgesehen als Ersatz für DIN 4094-5 (2001-06, t).	86,50
DIN EN ISO 22476-7	N-E	2008-02-00	Geotechnische Erkundung und Untersuchung – Felduntersuchun-gen – Teil 7: Seitendruckversuch (ISO/DIS 22476-7:2007); Deutsche Fassung prEN ISO 22476-7:2007 / Achtung: Erscheinungsdatum 2008-02-18 *Vorgesehen als Ersatz für DIN 4094-5 (2001-06).	76,30
DIN EN ISO 23993	N	2008-05-00	Wärmedämmung an betriebstechnischen Anlagen in der Industrie und der technischen Gebäudeausrüstung – Bestimmung der Be-triebswärmeleitfähigkeit (ISO 23993:2008); Deutsche Fassung EN ISO 23993:2008	86,50
DIN EN ISO 29581-2	N-E	2007-07-00	Prüfverfahren für Zement – Chemische Analyse von Zement – Teil 2: Analyse mittels Röntgenfluoreszenzanalyse (ISO/DIS 29581-2:2007); Deutsche Fassung prEN ISO 29581-2:2007	76,30
DIN 18195-7	N-E	2008-06-00	Bauwerksabdichtungen – Abdichtungen gegen von innen drücken-des Wasser – Teil 7:Bemessung und Ausführung	43,60
DIN EN 1856-1	N-E	2008-01-00	Abgasanlagen – Anforderungen an Metall-Abgasanlagen – Teil 1: Bauteile für System-Abgasanlagen; Deutsche Fassung prEN 1856-1:2007	

Dokumentnummer	Doku-ment-art	Ausgabe-datum	Titel	Preis €
	N =	Norm		
	N-E =	Norm-Entwurf		
	VN =	Vornorm		
	TR =	Andere Technische Regelwerke		
DIN EN 1859	N-E	2008-01-00	Abgasanlagen – Metall-Abgasanlagen – Prüfverfahren; Deutsche Fassung prEN 1859:2007	95,00
DIN EN 12390-8	N-E	2008-06-00	Prüfung von Festbeton – Teil 8: Wassereindringtiefe unter Druck	43,60
DIN EN 12978/A1	N-E	2008-06-00	Türen und Tore – Schutzeinrichtungen für kraftbetätigte Türen und Tore – Anforderungen und Prüfverfahren; Englische Fassung EN 12978:2003/prA1:2008	37,90

Veranstaltungskalender 2008/2009

09. - 10. September 2008 Frankfurt	**Gebäude der Zukunft** Auskunft: VDI Wissensforum GmbH Kundenzentrum Postfach 101139 40002 Düsseldorf Telefon +49 (0) 211/6214-201 Telefax +49 (0) 211/6214-154 wissensforum@vdi.de
07.-11. September 2008 Edinburgh	**EUROCORR 2008** Auskunft: The Institute of Materials, Minerals and Mining, 1 Carlton House Terrace, London, SW1Y 5DB, UK, Tel: +44-20-7451 7300, Fax: +44-20-7839 1702, Internet: www.eurocorr.org
16. -17. September 2008 Berlin	**Rechtssichere Durchführung von Bauvorhaben - Für Bauleiter, Architekten und Ingenieure** Auskunft: VDI Wissensforum IWB GmbH Kundenzentrum Postfach 101139, 40002 Düsseldorf Telefon +49 (0) 2116214-201, Telefax +49 (0) 2116214-154 E-Mail: wissensforum@vdi.de
14.-19. September 2008 Chicago, USA	**IABSE Congress Chicago 2008** **Creating and Renewing Urban Structures – Tall Buildings, Bridges and Infrastructure, Chicago (USA)** Contact: IABSE Secretariat, ETH Hoenggerberg, CH-8093 Zurich, Switzerland, Phone: +41-44-633 3150, Fax: +41-44-633 1241, E-mail: niggeler@iabse.org

20.-21. September 2008 Bernau	**BarnimBau** Auskunft: mcd-messer consult dankert Meraner Str. 31 16341 Panketal Tel.: +49 (0) 30-94417794/96 E-Mail: info@messe-consult.de
24.-27. September 2008 Dortmund	**Baugrundtagung 2008** Auskunft: DVV Media Group GmbH Frau Nicole Hagen Nordkanalstr. 36 20010 Hamburg Telefon +49 (0) 201/782723 Telefax +49 (0) 201/782743 E-Mail: service@dggt.de
30.09.-02.10. 2008 Bremen	**INTERGEO** Kongress und Fachmesse für Geodäsie, Geoinformation und Land-management Veranstalter: DVW e.V., Bremen Ausrichter: HINTE Messe- und Ausstellungs-GmbH, Karlsruhe http://www.hinte-messe.de
02.-03. Oktober 2008 München	**VBI-Bundeskongress 2008** Auskunft Budapester Str. 31 10787 Berlin Telefon +49 (0) 30/26062-0 Telefax +49 (0) 30/26062-100 E-Mail vbi@vbi.de

08.-10. Oktober 2008 Düsseldorf	**Deutscher Straßen- und Verkehrskongress 2008** Auskunft: Düsseldorf Marketing & Tourismus GmbH Tel. +49 (0)2 11 / 17 202 839 Fax +49 (0)2 11 / 17 202 3221 E-Mail messe@dus-mt.de
09.-10. Oktober 2008 Mainz	**Deutscher Stahlbautag Mainz 2008** Auskunft: Stahlbau Verlags- und Service GmbH Postfach 105145 40002 Düsseldorf Telefon +49 (0) 211/6707-804 Telefax +49 (0) 211/6707-821 vowe@deutscherstahlbau.de www.deutscherstahlbau.de
09.-11. Oktober 2008 Heringsdorf	**16. Jahresversammlung VDI-TGA** Auskunft: VDI-Gesellschaft Technische Gebäudeausrüstung Postfach 101139 40002 Düsseldorf Telefon +49 (0)211/6214-251 Telefax: +49(0)211/6214-177 www.vdi.de/tga
09.-12. Oktober 2008 Augsburg	**reCONSTRUCT 2008** Auskunft: REECO GmbH Unter den Linden 15, 72762 Reutlingen Telefon +49(0)7121/3016-0 Telefax +49(0)3016-100 redaktion@energie-server.de

701

11.-12. Oktober 2008	**MittelmarkBau**
Kleinmachnow	Auskunft:
	mcd-messer consult dankert
	Meraner Str. 31
	16341 Panketal
	Tel.: +49 (0) 30-94417794/96
	E-Mail: info@messe-consult.de

21.-23. Oktober 2008	**glastec**
Düsseldorf	Auskunft
	Messe Düsseldorf GmbH
	Messeplatz
	40474 Düsseldorf
	Telefon: +49 (0)21145 60 01
	Telefax: +49 (0)21145 60-668
	Internet http://www.messe-duesseldorf.de/

28.-29. Oktober 2008	**BauProtect 2008**
Bad Reichenhall	Sicherheit der baulichen Infrastruktur vor außergewöhnlichen Ein-
	wirkungen
	bauprotect@unibw.de

17.-18. November	**Aktuelles Baurecht für Fachplaner (VOB 2006) - für Architekten,**
2008	**Ingenieure und Projektsteuerer**
Düsseldorf	Auskunft: VDI Wissensforum IWB GmbH
	Kundenzentrum
	Postfach 101139, 40002 Düsseldorf
	Telefon +49 (0) 2116214-201, Telefax +49 (0) 2116214-154
	E-Mail: wissensforum@vdi.de

18.-19. November	**Innovative Beleuchtung mit LED**
2008	Auskunft:
Düsseldorf	VDI Wissensforum IWB GmbH
	Kundenzentrum; Postfach 101139, 40002 Düsseldorf
	Telefon +49 (0) 2116214-201, Telefax +49 (0) 2116214-154
	E-Mail: wissensforum@vdi.de

20.-22. November 2008	**Denkmal 2008**
	Auskunft
	Leipziger Messe GmbH
	Messe-Allee 1, D-04356 Leipzig
	Postfach 100 720, D-04007 Leipzig
	Telefon: +49 (0) 341 678-0
	Telefax: +49 (0) 341 678-87 62
	http://www.leipziger-messe.de

25.-26. November 2008 Haan b. Düsseldorf	**Baulicher Brandschutz - Schwerpunkt: Hochbau**
	Auskunft:
	VDI Wissensforum IWB GmbH
	Kundenzentrum
	Postfach 101139, 40002 Düsseldorf
	Telefon +49 (0) 2116214-201, Telefax +49 (0) 2116214-154
	E-Mail: wissensforum@vdi.de

25.-28. November 2008 Shanhai	**bauma China**
	Internationale Messe für Baustoffmaschinen, Baufahrzeuge und Baugeräte
	Auskunft:
	Messe München International
	Ms Melitta Arkossy
	Phone (+49 89) 9 49-2 02 95
	Fax (+49 89) 9 49-2 02 99
	visitor@bauma-china.com

12.-17. Januar 2009 München	**Messe BAU 2009**
	Auskunft
	Messe München GmbH
	Messegelände
	81823 München
	Tel. (+ 49 89) 9 49-1 13 08
	Fax (+ 49 89) 9 49-1 13 09
	info@bau-muenchen.de

23.-24. April 2009   **Deutscher Bautechnik-Tag 2009**
Berlin   Auskunft:

Deutscher Beton- und Bautechnik-Verein e.V.

Kurfürstenstr. 129, 10785 Berlin

Telefon +49 (0) 30/236096-0

Fax +49 (0)/23609623, www.betonverein.de

04.-06. Mai 2009   **Deutscher Ingenieurtag 2009**
Düsseldorf   Auskunft:

VDI Wissensforum IWB GmbH

Kundenzentrum

Postfach 101139, 40002 Düsseldorf

Telefon +49 (0) 2116214-201, Telefax +49 (0) 2116214-154

E-Mail: wissensforum@vdi.de

27. Mai 2009   **Tag der Deutschen Bauindustrie 2009**
Berlin   Auskunft

Hauptverband der Deutschen Bauindustrie

Kurfürstenstraße 129

10785 Berlin

Telefon: +49 (0) 30 / 212 86 – 262

Telefax: +49 (0) 30 / 212 86 – 297

www.bauindustrie.de

01.-03. Dezember   **STUVA-Tagung ´09**
2009   Auskunft
Hamburg   Mathias-Brüggen-Straße 41

D-50827 Köln

Telefon: +49 (0) 221 597950

Telefax: +49 (0) 221 5979550

E-Mail: info/at/stuva.de

704

Neue Mitglieder

Im Zeitraum Juli 2007 bis Juni 2008 verzeichnete die VDI-Gesellschaft Bautechnik einen Zugang von 287 Mitgliedern. Dabei handelt es sich um Neuaufnahmen oder Neuzuordnungen von bereits früher eingetretenen VDI-Mitgliedern.

Abbonizio	Giuseppe	Darmstadt
Abdelhadi	Mohannad	Darmstadt
Al Hussein	Youssef	Hannover
Alt	Marc	Langen
Altmann	Benjamin	Bochum
Anic	Daniel	Ennigerloh
Apitz	Stephanie	Saarlouis
Arndt	Laura Friederike	Bickenbach
Aschke	Thomas	Hamburg
Auer	Leander	Weimar
Baake	Nils	Buttenwiesen
Balitzki	Benjamin	Darmstadt
Ballhausen	Claus	Hameln
Becker	Roland	Stromberg
Behnke	Martin	Wuppertal
Benecke	Constanze	Offenburg
Bertling	Thomas	Ringe
Besier	Silas	Stadthagen
Bierbrauer	Kerstin	Mainz
Binninger	Marco	Karlsruhe
Binz	Vanessa	Denzlingen
Blinde	Gesine	Elpersbüttel
Blum	Johann	Erftstadt
Bock	Hans Günter	Wuppertal
Bohnemann	Carsten	Aachen
Bönecke	Felix	Ettenheim
Bönsch	Christian	Darmstadt
Brekoulakis	Spyridon	22 ATHEN
Bruckermann	Oliver	Voerde
Brügmann	Jürgen	Roth
Buchele	Jörg Andreas	Plochingen
Budach	Christoph	Essen
Bühring	Lennart	Hildesheim
Busch	Friederike	Stuttgart
Buschbacher	Peter	Hildesheim
Christan	Jörn	Großhansdorf
Cirkel	Rudolf	Ahlen
Dietrich	Richard J.	Traunstein

Dill	Stefan	Jena
Dommaschk	Daniel	SANTANDER
Döring	Manfred	Romrod
Dörpmund	Mark	Harsum
Douti	Rafiou	Augsburg
Drechsler	Raphael	Oelde
Drüen	Jessica	Berlin
Dyck	Andreas	Münster
Eberth	Florian	Winden
Egeler	Henrik	Warburg
Eggers	Moritz	Heide
El-Nahry	Hazem	Berlin
Engelhardt	Carsten	Dresden
Engels	Roland	Aachen
Engmann	Jochen	Bietigheim-Bissingen
Eskes	Marcel	Düsseldorf
Fahlbusch	Lars	Katlenburg-Lindau
Fahrentz	Michael	Cottbus
Fast	Alexej	Bochum
Ferro Paulo	Henrique	Warburg
Feuerhak	Eiko	Berlin
Friedrich	Andreas	Leipzig
Frilling	Henrik	Lohne
Funk	Achim	Sinzig
Gabriel	Enrico	Volkach
Gaone	Fillippo	Darmstadt
Gashi	Leonard	Hagen
Gebhardt	Andreas	Wuppertal
Gefäller	Julius	Hannover
Gerharz	Patrick	Virneburg
Gerstewitz	Thomas	München
Ghaderi	Fariborz	Bonn
Gieler	Rolf P.	Fulda
Gleiter	Uwe	Birkenheide
Glißmann	Bernd	Walsrode
Göckel	Tim	Berlin
Goeddertz	Stefan	Hamburg
Goller	Barbara	BRUNECK
Grauvogl	Helmut	Augsburg
Greve	Manuel	Nienburg
Groschup	Ingo	Karlsruhe
Grün	Tobias Thomas	Karlsruhe
Gründer	Heinz	Braunschweig
Grundmann	Jens	Köln

Güngär	Derya	Rödermark
Gunkel	Oliver	Altena
Haase	Frank	Berlin
Hackober	Maria	Braunschweig
Hackradt	Jens	Hamburg
Haffke	Stefanie	Braunschweig
Hanitz	Inga	Braunschweig
Harms	Sandra	Jever
Hartung	Josef	Gräfelfing
Hartwig	Birgit	Berlin
Hattendorf	Andreas	Bad Bramstedt
Hauer	Gerhard	Kirchberg
Hausdorff	Robert	Dresden
Havelka	Thomas	Mannheim
Heiss	Stephan	Berlin
Hentschel	Sebastian	Oelde
Hermann	Anatoli	Aachen
Hermann	Thorsten	Wilhelmshaven
Herrgesell	Sebastian	Fellbach
Hessel	Bernd	Radebeul
Heuer	Jens	Berlin
Holler	Stefan	Aachen
Horstkotte	Benjamin	Köln
Horstmann	Uwe	Osnabrück
Hötzl	Stephan	Ebersberg
Hübner	Volkhard	Rammenau
Huhn	Markus	Maintal
Hülsmann	Christof	Troisdorf
Hupfauf	Achim	Wiesbaden
Jaeche	Simone	Eichwalde
Janischewski	Julia	Appenweier
Jarrold	Micol Berenike	Dortmund
Jaschke	Stefan	Hannover
Jeche	Christoph	Eberswalde
Jesper	Steffen	Marsberg
Johann	Matthias A.	Nordhorn
Jösch	Günter	Koblenz
Jundt	Richard	Darmstadt
Jung	Felix	Darmstadt
Jürges	Dominik	Edingen-Neckarhausen
Kahles	Kai	Krefeld
Kallenbach	Benjamin	Braunschweig
Kehm	Klaus	Freiensteinau
Keller	Jens	München

Keutgen	Stefan	Roetgen
Kiefer	Rainer	Hatingen
Kintscher	Matthias	Memmingen
Kirchhoff	Verena	38106 Braunschweig
Kläs	Wolfgang	Marburg
Kleibel	Matthias	Rosenheim
Kling	Ulrich	Bonn
Klingenberger	Jörg	Riedlingen
Köhler	Julius	Wiesbaden
Kolthoff	Daniel	Liederbach
Korpis	Karsten	Ovelgönne
Korte	Ansgar	Meppen
Kortgödde	Jörg	Mönchengladbach
Krätzig	Thomas	Osnabrück
Kraus	Oliver	Aachen
Krippner	Jens	Hamm
Krüger	Heiko	Hannover
Krull	Marten	Hagen
Kukushkin	Dmitri	Aachen
Kunz	Tobias	Puchheim
Küper	Michael	Aachen
Kurzhöfer	Ingo	Wendelstein
Lakowitz	Melanie	Bochum
Legel	Lydia	Hannover
Legeland	Philip	Wiesbaden
Leonhard	Felix	Schwieberdingen
Lieberknecht	David	Hildesheim
Lohmann	Andreas	Kaiserslautern
Loose	Simona	Salzgitter
Löschmann	Friedhelm	Düsseldorf
Lossau	Pierre	Freiberg
Machnik	Christof	Hagen
Maier	Vitali	Hannover
Maier	Tobias	München
Maier	Andreas	Butzbach
Maier	Achim	Stuttgart
Malik	Ingolf	Berlin
Max	Paul-Christian	Leipzig
May	Silvio	Chemnitz
Mayer	Christian	Wuppertal
Mayerhofer	Markus	Manching
Meier	Sebastian	Neumünster
Meinecke	Peter	Hildesheim
Merz	Axel	Frücht

Meter	Valeri	Darmstadt
Meurer	Alexander	Hannover
Meyer	Jörg	Oldenburg
Meyer	Helge	Dreieich
Möhl	Rolf-Jürgen	Panketal
Möhring	Bernd	Altenberge
Moreau	Reinhard	Berlin
Morenz	Ulrich	Regensburg
Mösta	Philipp	Zierenberg
Müffelmann	Hermann	27283 Verden
Müller	Thorsten	Braunschweig
Müller	Karl	Reinheim
Müller	Anna-Lena	Kaiserslautern
Münch	Jochen	Geiselberg
Münzner	Paul	Freiberg
Mürmann	Dirk	Bochum
Müther	Uwe	Witten
Nestoropoulos	Charilaos	Dortmund
Neydert	Michael	Freihung
Niedermair	Regina	Augsburg
Njosseu Nkwaya	Sylvain	Möhnesee
Noack	Matthias	Meuro
Oehme	Joachim	Bielefeld
Orth	Matthias	Bad Hersfeld
Otto	Alexander	Borgentreich
Parsch	Thomas	Bochum
Perez Silva	Ricardo	Aachen
Petersen	Malte Steffen	Eppelheim
Pfirrmann	Benjamin	Ludwigshafen
Pflug	Christoph	Ober-Ramstadt
Porsche	Anja	Rimsting
Pozzi	Pietro	MAILAND
Pracht	Marius F.	Castrop-Rauxel
Pribosic	Martin	Haar
Pusch	David	Kelkheim
Reher	Stephan	Lüdenscheid
Reisinger	Peter	LINZ
Reitenberger	Stefan	Aachen
Richter	Daniel	Hannover
Richter	Daniel	NEEWILLER
Rieß	Dominik	Feldkirchen-Westerham
Rogers	Hilka	Kleinmachnow
Roik	Matthias	Witten
Romel	Sebastian	Nordstemmen

Rosenbrock	Jens	Hildesheim
Röttgers	Thomas	Essen
Rottmann	Tobias	Berlin
Rübe	Matthias	Regensburg
Ruck	Hans-Jürgen	Holzheim
Rudorf-Witrin	Wolfgang	Greven
Rupp	Markus	Pfaffenhofen
Rupprecht	Eric	Cottbus
Sagert	Dirk	Dortmund
Sahm	Carwing	Berlin
Schad	Stefan	Kremmen
Scherenberg	Michel	Hattingen
Schilling	Andre	Mülsen
Schlechter	Peter	Cottbus
Schlenter	Johannes	Aachen
Schlüter	Sören	Braunschweig
Schmeling	Albrecht	Hildesheim
Schmidt	Jan	Nohfelden
Schmitt	Andreas	St. Wendel
Schneider	Burkhard	Solingen
Schneider	Achim	Unnau
Schoch	Otto	Emmingen-Liptingen
Schratt	Adrian	Pfaffenhofen
Schroebler	Germo	Stuttgart
Schüler	Dennis	Falkensee
Schultze	Christian	Osnabrück
Schultze	Markus	Wuppertal
Seidenkranz	Harald	Hannover
Seifen	Uwe	Willich
Siepelmeyer	Ludger	Burscheid
Smiljanic	Tanja	Neu-Isenburg
Stahl	Falk	Ziesar
Stalter	Stephan	Allershausen
Stenzel	Gerhard	Maisach
Stiller	Michael	Rosenheim
Strauß	Holger	Detmold
Strokow	Maria	Unna
Strunk	Werner	Göppingen
Taschner	Karsten	Ebereschenhof
Tech	Olaf	Recke
Teich	Andreas	Bad Wimpfen
Thalhammer	Stephan	Aham
Thees	Clemens	Hannover
Thielker	Christian	Herford

Ti	Fei	Dieburg
Unverhau	Bianca	Hildesheim
Viemeister	Daniel	Bielefeld
Vosberg	Helge	Weimar
Wackermann	Tim	Hamburg
Wagner	Hendrik	Leipzig
Wahl	Joachim Peter	Alsdorf
Wandelt	Eva	Unterschleißheim
Wanhoff	Frank-Peter	Amberg
Wardak	Alias	Bochum
Weber	Dieter	Karlsruhe
Weidner	Jörg	Ettlingen
Weidner	Michael	Holler
Weinkopf	Philipp	Münster
Wendelmuth	Monika	Altenkunstadt
Westermann	Timo	Aachen
Winkelmann	Katrin	Hamburg
Wittmann	Jörg	Marktredwitz
Wunderlich	Carolin	Brandenburg
Wylutzki	Natascha	Neckarwestheim
Zacharakis	Stefanos	36 ATHEN
Zanchetti	Jennifer	Aachen
Zengerle	Jürgen	Höchstädt
Zentgraf	Jochen	Berlin
Ziegler	Ulrich	Frankfurt
Zielinski	Ralf	Stolzenau
Zielsdorf	Robert	Cottbus
Ziemer	Carsten	Neuenhagen
Zoschke	Ines	Sankt Augustin

Inserentenverzeichnis Jahrbuch Bautechnik 2008/2009